营造法式

YingZaoFaShi

中国古代物质文化丛书

〔宋〕李 诚 / 撰　　方木鱼 / 译注

重庆出版集团 重庆出版社

图书在版编目（CIP）数据

营造法式/（宋）李诚撰；方木鱼译注. 一 重庆：重庆
出版社，2018.12（2024.4重印）

ISBN 978-7-229-13613-0

Ⅰ.①营… Ⅱ.①李…②方… Ⅲ.①建筑史—中国—宋代 Ⅳ.
①TU-092.44

中国版本图书馆CIP数据核字（2018）第234299号

营造法式
YINGZAO FASHI

〔宋〕李诚 撰　方木鱼 译注

策 划 人：刘太亨
责任编辑：赵仲夏
责任校对：李小君
封面设计：日日新
版式设计：曲　丹

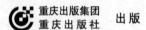 重庆出版集团
重庆出版社 　出版

重庆市南岸区南滨路162号1幢　邮编：400061　http://www.cqph.com
重庆市国丰印务有限责任公司印刷
重庆出版集团图书发行有限公司发行
全国新华书店经销

开本：720mm×1000mm　1/16　印张：40.25　字数：810千
2018年12月第1版　2024年4月第12次印刷
ISBN 978-7-229-13613-0

定价：98.00元

如有印装质量问题，请向本集团图书发行有限公司调换：023-61520678

　　最近几年，众多收藏、制艺、园林、古建和品鉴类图书以图片为主，少有较为深入的文化阐释，明显忽略了"物"应有的本分与灵魂。有严重文化缺失的品鉴已使许多人的生活变得极为浮躁，为害不小，这是读书人共同面对的烦恼。真伪之辨，品格之别，只寄望于业内仅有的少数所谓的大家很不现实。那么，解决问题的方法何在呢？那就是深入研究传统文化、研读古籍中的相关经典，为此，我们整理了一批内容宏富的书目，这个书目中的绝大部分书籍均为文言古籍，没有标点，也无注释，更无白话。考虑到大部分读者可能面临的阅读障碍，我们邀请相关学者进行了注释和今译，并辑为"中国古代物质文化丛书"，予以出版。

　　关于我们的努力，还有几个方面需要加以说明。

　　一、关于选本，我们遵从以下两个基本原则：一是必须是众多行内专家一直以来的基础藏书和案头读本；二是所选古籍的内容一定要细致、深入、全面。然后按专家的建议，将相关古籍中的精要梳理后植入，以求在同一部书中集中更多先贤智慧和研习经验，最大限度地厘清一个知识门类的基础与常识，让读者真正开卷有益。而且，力求所选版本皆是善本。

　　二、关于体例，我们仍沿袭文言、注释、译文的三段式结构。三者同在，是满足各类读者阅读需求的最佳选择。为了注译的准确精雅，我们在编辑过程中进行了多次交叉审读，以此减少误释和错译。

　　三、关于插图的处理。一是完全依原著的脉络而行，忠实于内容本身，真正做到图文相应，互为补充，使每一"物"都能植根于相应的历史视点，同时又让文化的过去形态在"物象"中得以直观呈现。

古籍本身的插图，更是循文而行，有的虽然做了加工，却仍以强化原图的视觉效果为原则。二是对部分无图可寻，却更需要图示的内容，则在广泛参阅大量古籍的基础上，组织画师绘制。虽然耗时费力，却能辨析分明，令人眼目生辉。

四、对移入的内容，在编排时都与原文作了区别，也相应起了标题。虽然它牢牢地切合于原文，遵从原文的叙述主线，却仍然可以独立成篇。再加上因图而生的图释文字，便有机地构成了点、线、面三者结合的"立体阅读模式"。"立体阅读"对该丛书所涉内容而言，无疑是妥当之选。

还需要说明的是，不能简单地将该丛书视为"收藏类"读本，但也不能将其视为"非收藏类读本"。因为该丛书，其实比"收藏类"更值得收藏，也更深入，却少了众多收藏类读物的急功近利，少了为收藏而收藏的平庸与肤浅。我们组织编译和出版该丛书，是为了帮助读者重获中国文化固有的"物我观"，是为了让读者重返古代高洁的"清赏"状态。清赏首先要心底"清静"；心底"清静"，人才会独具"慧眼"；而人有了"慧眼"，又何患不能鉴真识伪呢？

中国古代物质文化丛书　编辑组
2009年6月

李诫与《营造法式》

　　《营造法式》（以下简称《法式》）一书是中国古代最为全面的营造学专著，它集制度、功限、料例等营造之大成于一书之中，是中国官方颁布最早的营造法典，是研究中国古代建筑的经典著作。它问世于我国古代科学技术发展高峰时期的北宋王朝，其作者是供职于将作监[1]多年的李诫。

一

　　李诫字明仲，北宋后期官吏。因其官职级别较低，最高至三品，故《宋史》无传。仅有宋程俱《北山小集》卷33所收他的《墓志铭》（由李诫属吏傅冲益所作），附于商务印书馆1933年版《法式》书末，我们从中可知李诫的情况。《墓志铭》谓："公讳诫，字明仲，郑州管城县人。曾祖……金紫光禄大夫。祖……秘阁校里，赠司徒。父讳南公，故龙图阁直学士，大中大夫，赠左正议大夫。元丰八年，哲宗登大位，正议时为河北转运副使，以公奉表致方物，恩补郊社斋郎，调曹州济阴县尉。……迁承务郎。"这段文字明确告诉我们，李诫字明仲，郑州管城县（今属郑州市）人，出身于官宦家庭，自小受到良好教育，于北宋元丰八年（1085年）开始当官，初为济阴县尉，因工作尽职迁承务郎。

　　李诫生年不详，据"宋史职官志及选举志，大臣子弟荫官初试郊祀斋郎，年逾二十始补官"[2]之规定，依李诫的才能当官不会太晚，按常理约为21或22岁。则可推测出李诫生年约在公元1063或1064年，时值北宋中期。

　　李诫荫官7年之后奉调京城，于"元祐七年（1092年）以承奉郎为将作监主簿。绍圣三年（1096年）以承事郎为将作监丞。……崇宁元年（1102年）以宣德郎为将少监。二年冬，请外以便养，以通直郎为京西转运判官。不数月，复召入将作为少监。辟雍成，迁将作监，再入将作又五年"。由以上文字可知，李诫1092年始任将作监最低官职主簿。4年后的1096年升迁为将作监丞，又6年之后的1102年又迁为将作少监。任少监第二年的冬天即崇宁二年（1103年）冬，调出将作监改任京西转运判官。李诫于1092～1103年第一次在将作监供职，时间长达11年。在京西转运判官位上仅几个月，又奉召复回将作监继续任少监。这是李诫第二次进将作监供职，时间应为崇宁三年（1104年）夏或秋。又入将作监因政绩显著，升迁为将作监，第二次又在将作监供职5年。从1104年推后5年，李诫当为1109年离开将作监位改任别职。

由上述推算，李诫在将作监先后任职时间长达16年是确切的。

《墓志铭》开头写道："大观四年二月丁丑，今龙图阁直学士李惠对垂拱。上问弟诫所在。龙图言，方以中散大夫知虢州，有旨趣召。后十日，龙图复奏事殿中，既以虢州不禄闻。上嗟惜久之。……公卒二月壬申也。"这里说的是大观四年二月丁丑日，皇帝召见李诫的兄长，当时的龙图阁直学士李惠，问其弟李诫现在何处。答以中散大夫知虢州，皇帝即刻下旨要召见李诫。后十日，李惠上殿奏明皇帝，弟诫已故。李诫病殁于大观四年二月壬申，即公元1110年农历二月二十一日。

李诫自1085年荫官，至1110年卒于虢州任上，为官仅25年，享年不过47岁上下，徽宗皇帝闻才华横溢的李诫英年早逝，为之嗟惜良久，吏民怀之如久，后人也为之惋惜。

二

李诫一生勤奋好学，博览群书，"家藏书数万卷，手抄者数千卷"。他博学多艺能，长于书法又善于绘画，且功力深厚。其书法"工篆籀草隶皆为能品"。曾有书法作品"《重修朱雀门记》以小篆书丹以进，有旨勒石朱雀门下"。其绘画技艺不凡，深得多才多艺的徽宗皇帝的赏识并谕旨为其作画，诫以已所绘《五马图》呈进，得到皇帝称赞。李诫学识渊博，喜著书。在短暂的一生中除巨著《营造法式》外，还著有"《续山海经》十卷、《续同姓名录》二卷、《琵琶录》三卷、《马经》三卷、《六博经》三卷、《古篆说文》十卷"。从这些著作中可见李诫的知识面极广。"公资孝友、乐善赴义、喜周人之急"，又见李诫的品德之高尚。李诚德才兼备，他长于图绘书画、音乐史事，又深于天文算法、佛法感情，可以说是位完美的封建社会知识分子。

李诚迁官悉以资劳年格、盖一心营职，他每升一步均有政绩所在。如"元符中建五王邸成，迁宣义郎；……辟雍成，迁将作监；……其迁奉议郎以尚书省；其迁承议郎以龙德官、棣华宅；其迁朝奉郎赐五品服以朱雀门；其迁朝奉大夫以景龙门、九成殿；其迁朝散大夫以开封府；其迁右朝议大夫赐三品服以修太庙；其迁中散大夫以钦慈太后佛寺成"。这又说明，李诚在将作监供职期间，曾亲自主持修建过不少宫廷殿宇、府邸、寺庙等大型营造工程，积累了丰富的建筑设计、施工及工程管理方面的经验。他既忠于职守、勤政敬业；又能深入工地与工匠仔细考究、细心观察、虚心学习、不耻下问。因此能使营造技艺了然于心，有能力编著《营造法式》。

三

北宋末期流传下来的李诚《营造法式》，有人认为始于熙宁中，经过多次改编于元符三年定稿，崇宁二年颁行，这种说法有进一步考证的必要。

《法式》卷首有李诚奏请镂板《札子》曰："契勘：熙宁中敕令将作监编修《营造法式》，至元祐六年方成书。准绍圣四年十一月二日敕，以元祐《营造法式》只是料状，别无变造用材制度。其间工料太宽，关防无术。三省同奉圣旨，着臣重别编修。"李诚在此讲得明确，元祐《法式》始于宋熙宁年间。"北宋神宗临御之初，临川王安石当国，百度维新，整饬庶官，明修大法。即考工营造之事，亦在规范定制之中。故由皇帝下令，命当时的将作监编修《营造法式》，至元祐六年（1091年）书成。"但此书由于缺乏用材制度，以致工料太宽，不能防止各种弊端而无法使用。所以于6年后的1097年，即宋哲宗绍圣四年十一月二日敕令，由李诚重新编修《营造法式》。

李诚在《总诸作看详》中又说："朝旨以《营造法式》旧文只是一定之法，及有营造位置尽皆不同，临时不可考据，徒为空文，难以行用。先次更不施行。"李诚视元祐《营造法式》为一纸空文，根本无法施行，所以在自己编修的《营造法式》中，"各于逐项制度、功限、料例内创行修立，并不曾参用旧文。"

上述已知，元祐《法式》成书于1091年。而李诫入仕将作监是1092年，可以说元祐《营造法式》的编修，李诫绝未与闻。

由上述三点足以说明，李诫《法式》是自己重别编修的，并非在元祐《法式》的基础上进一步改编而成，先（元祐）后（李诫）《法式》是毫无关系的。"元祐《营造法式》虽已成书，实际并未镂版颁行。"也不会流传下来。

李诫撰写《法式》，是绍圣四年底奉敕，实际动手应是绍圣五年（1098年）的事了。他著书期间，查阅旧章，考究经史群书，并勒人匠逐一解说，稽参众智，付出了三年的艰辛，于元符三年（1100年）内定稿成书。"至崇宁二年（1103年）正月十九日李诫上乞用小字镂版札子。一年后，即崇宁三年（1104年）正月十八日三省同奉圣旨，依奏施行。……过去言李诫《营造法式》版本者，都说其第一个刻本为崇宁二年本，这在理解李诫的乞奏札子的文义上是有毛病的，在时间的推算上也是有误差的。"

李诫撰写《法式》期间的官职是将作监丞，请求《法式》镂板及批准施行期间其官职为将作少监，官级通直郎。李诫《法式》从降旨（1097年底）编修到依奏颁行（1104年初）共7年时间。

四

李诫为官25年，其中在将作监供职先后长达16年之久，"其考工庀事，必究利害。坚窳之制，堂构之方与绳墨之运，皆了然于心"。故其所著《法式》具有很高的科学与实用价值而流传百世。

《法式》"总释并总例共二卷，制度一十五卷（现存十三卷），功限一十卷，料例并工作等第共三卷，图样六卷，共三十六卷。计三百五十七篇，共三千五百五十五条"。全书体系严谨，层次井然，营造内容丰富，包举无剩。因是圣旨颁行，此书又是官方建筑设计、结构、用料和施工的国家标准。按其内容可分为：名例、制度、功限、料例和图样共五个部分，具体言之如下：

首为看详和目录各一卷。看详卷说明了若干规定和数据，如指出若用"周三经一为率"，在工程中发现因精度不足"周少而经多"，则改为"圆经七其周二十有二";还有屋顶曲线的画法、计算材料所用各种几何形的比例;定垂直和水平的方法;按不同订劳动日的标准等各类规则、尺度的依据;总诸作看详中还有对《法式》全书撰写的概略说明。

第一、二卷为名例,即总释和总例。总例中考证了多个营造术语在古代文献中的不同名称和当时的通用名称,确定了《法式》中使用的统一名称。消除了以前营造构件中一物多名,讹谬互传的混乱现象。总例则对若干营造工程通过数据及功限料例等作了统一规定。

第三卷为壕寨及石作制度。在壕寨制度中详细介绍了"取正""定平"的方法、所用工具仪器的大小及使用方法。其中包括"正方"时所用的景表板、望筒与水池景表,"定平"时所用的水平直尺;还论述了筑基、筑城、筑墙、筑临水基的施工方法和材料配比。尤其在筑临水基中明确规定了桩基、桩距的工程技术标准。

在石作制度中,详尽介绍了石料造作的工序流程,雕镌的4种工艺制度,11种基本花饰和龙、凤、狮及化生之类,随其所宜分布用之。另有20种石质构件的尺寸与造作方法、构造位置。这充分反映了北宋时期石材应用与高超的雕镌技艺水平。

第四、五卷为大木作制度,凡屋宇的结构均属于大木作制度部分。中国古代建筑经过长期发展演进,到北宋时期,以木结构为主的房屋建筑技术,已达到高度成熟的阶段,标准化设计与施工是必然的结果。《法式》最突出的贡献之一就是明文规定了"凡构屋之制,皆以材为祖,材有八等,度屋之大小,因而用之"的"材份制"的基本制度,亦即当今的"模数制"。"它所规定的八个等级的材的截面尺寸是与房屋的规模大小相适应的。"接着又进一步指出"各依其材之广分为十五分[3],以十分为其厚。凡屋宇之高深,名物之短长,曲直举折之势,规矩绳墨之宜,皆以用材之分为制度焉"。显而易见,"材"是一个标准的矩形截面,其高为15份、宽为10份,则高宽比为3∶2。屋宇规模的大小与各部分的比例;各个构件的长短、截面大小;屋顶坡度、举折等各种外观尺度,都要用"材"的"份"数为基本"模数",以一定的倍率推算出来。这种以"材份"为"模数制"的设计方法,是我国建筑科学技术史上的巨大进步。这种设计方法易于估工备料,便于各工种构件的分工制作和总体装配,大大减化了设计程序,提高了施工效率。"对后世的斗口模数制和倍斗模数制都有直接影响。"[4]当今的"优化设计"思想与方法中,"模数制"的标准化设计也占有突出的重要地位。

斗拱是我国古代建筑中特有的构造系统,其构件复杂且繁多,组合起来之后,在《法式》中称为"铺作"。大木作制度中用了较大篇幅记述了铺作系统各构件的形状和尺寸大小及安放位置,从四铺作到八铺作。早期的建筑仅有柱头铺作,到了宋代,铺作进一步完善。除柱头铺作外,《法式》中还明确规定了安装补间铺作,并又规定当心间两朵,次间及梢间各用一朵。这样就形成了一个铺作层,使之成为受力整体,使结构的整体性更加合理,使古建筑的结构技术又前进了一步。

大木作制度还对房屋构件的梁、柱、檩、椽等等的选材、规格、加工式样,出檐、举折的尺寸与营造方法均作了详细的记述。

第六至十一卷为小木作制度,凡门窗栏槛、装饰器用均属小木作。小木作制度篇幅较长,内容丰富。从门窗、拱眼壁板、垂鱼惹草的规格尺寸,到佛道帐、壁板,甚至水槽等等的小件器物应有尽有,资料十分珍贵。

第十二卷为雕作、旋作、锯作、竹作制度。本卷旋作制度中说明,可旋制各种木制明件。虽未明示旋制工具,但是可以肯定,其设备就是简易的现代车削机床。这是宋代生产工具先进、科学技术水平发达的旁证。

第十三和十五卷为瓦作、泥作、砖作、窑作制度。凡陶制砖瓦、鸱尾、兽头、琉璃制品等的建筑材料的加工制作方法、种类与规格大小、功能用途、使用方法,详尽无遗。其中,琉璃制品的釉配方,沿用至今,也无大的变化。

第十四卷为彩画作制度。我国古建筑彩画到宋代有了很大发展,其水平之高,前代无可比拟。彩画作制度中记述的有五彩遍装、碾玉装、青绿叠晕棱间装、解绿装、丹粉刷饰等六种基本彩画,并以此衍生出新的彩画式样。这些彩画配色精道,工艺严格细腻,花饰素材多种多样,有花草、飞仙、走兽、云纹等等。这些都标志着中国古建筑彩画工艺技术的成熟。

第十六至二十五卷为诸作功限,二十六至二十八卷为诸作料例。李诚不惜笔墨，用长达十三卷的篇幅规定功限、料例制度，一是为国理财节用；二也反映了北宋营造管理水平之高超。功限、料例换言之，乃当今现代管理学中的"工时定额"和"材料消耗定额"。李诚"考阅旧章，稽参众智。功分三等第，为精粗之差；役辨四时，用度短长之晷；以至木议刚柔，而理无不顺；土评远迩，而力易以供"。这段文字说明，作者在制订工时定额时考虑到了工匠的技术水平、熟练程度，季节变化带来白昼时间长短的差别，木材质地的软硬，构件制作的难易程度，运输距离的远近，漕运的顺水与逆水行舟，还有劳动者的体力强弱的诸多因素。科学合理，便于利用。细细推论，这里还包含着在保证质量的前提下，"能者多劳，多劳多得"的激励机制。

第二至五卷、十一至十二卷以及十四卷附有诸作图样。《法式》全书，图样约占五分之二的篇幅。古代科学技术书籍，多重文而少图。而《法式》一书则不然，一改常规，既重文又重图。"凡诸作名件内，或有须于画图可见规矩者，皆制定图样，以明制度。"《法式》开创了古代书籍图文并茂的一代新风。这些图样，绘制精确，数量众多。按其内容有：总例图、测量工具图、石作雕镂图、大木作、小木作、雕木和彩画作图样。这些图样中有房屋的平面图、剖面图，还有构件详图和名件系统图；有雕饰和彩画的平面构成图案，又有花纹素材详图。按现代图学理论分，有轴测图、正投影图和透视图。尤其是平面构成图样的变化多样，有狮子、天马、仙鹿、真人、化生等画稿，栩栩如生，足见李诚美术功底之深厚。这些图样，充分反映了北宋时期高度发达的工程图学和工艺美术学的水平，李诚的博学多艺，在此也得到了更充分的体现。

五

《法式》体系严谨，内容丰富，具有很高的科学和应用价值，这部营造经典，按其内容有以下几个特点：

（一）模数制的制订与优化设计

《法式》对建筑与结构设计所规定的用材制度——"材份制"，即为古代优化设计的"模数制"。凡建造房屋都要以"材"为根据，"份"为基本模数。"材"是一个高15份、厚10份、高宽比为3∶2的矩形截面，有八个等级。为补充"材"的不足，又将高为6份，厚为4份的矩形截面称为"契",作为补充模数。这样，按建筑物的种类和规模，选定适当的材等，再按建筑物的形式和结构构件的规定份数，把它建造出来。

这种"材份"模数制可使全部设计、构件制作标准化，使施工预算等工作能快速完成，既能保证工程质量，又能提高工效；"材份"模数制还可控制建筑群体中主体建筑与辅助建筑的体量差别，使建筑群主次有别、比例恰当。

（二）体现了宋代杰出的建筑力学成就

《法式》把"材"的截面定为高宽比为3∶2的矩形，把梁、枋等承重（受弯）构件的截面规定为高宽比为3∶2的矩形。这个重要规定，是以力学性能为根据的，得到现代材料力学的证实。据推算，构件抗弯强度最佳理论截面的高宽比为$\sqrt{2}$∶1；刚性最佳理论截面的高宽比为$\sqrt{3}$∶1。而"材"及梁、枋的截面取3∶2，介于二者之间，说明它既考虑了最佳理论强度，也考虑了最佳理论刚度。同时，高宽比为3∶2是整数倍，非常适合民间工匠记忆，便于推广应用。足见我国北宋时期力学成就之高，早于世界同类学说五百多年。另外，体现在力学方面的重要设计还有柱的"侧脚"，即外围柱列向内侧微微倾斜。这样可使房屋上部荷载重心内移，产生一种四周向内的压力，提高了房屋抵抗侧向力的能力，有利于抗风、抗震，提高了房屋的整体稳定性。

（三）顾及了设计、施工与管理中的灵活性

《法式》中对于多种制度虽有明确的规定，但基于制度条文而未明示的有关内容，还有"随便之大小，有增减之法"的总原则。定而不死、活而不乱，充分考虑了营造过程中的灵活性。如很多条文下有"随宜加减""约此加减""随意取曲"等脚注。尤其是彩绘中的用色之制，李诫这样写道："随意所写，或深或浅，或轻或重，千变万化，任其自然。"这些注释条文，给了设计人员和营造巧匠们以很大余地，在多种制度总原则指导下，可以充分发挥他们自己的创造性，为建筑物锦上添花。这是《法式》的又一个重要特点，非常符合营造工程的实际需要，也推动了中国古代建筑向更新、更高的层次发展转化。

（四）功能与艺术的完美结合

宋之前代的建筑以气势而著称，宋代因经济水平、科学技术、文化艺术的发达，建筑艺术得到发展。《法式》对石作、砖作、小木作、彩画作都有详细的说明条文和图样，明显地反映出宋代建筑的艺术水平远远高出前代，如门窗格子和彩画的多种多样，就是最好的例证。再如枋、梁、斗拱等构件，在满足它们结构功能需要的同时，还规定了它们的艺术加工的方法。如"月梁"与"梭柱"的外轮廓曲线，就比等经的圆柱视觉效果好，艺术感染力强。《法式》中规定用："卷杀"的方法制作的诸如梁、柱、拱及飞椽头等构件的轮廓曲线，就是利用结构构件，加以适当的艺术加工，使之具有强烈的装饰效果。类似这些在《法式》中体现得非常充分。

（五）是我国最早的营造管理科学文献

《法式》用大量文字规定工时定额和材料定额，并把影响定额的诸多因素考虑进去。对每一工种的构件按等级、大小和质量要求规定了明确的工值，即直接定额。另有类比的间接定额，"如斗拱等功限，以六等材为法，若材增减一等，功限各有加减法之类。"这种规定，为编制工程预算和实施组织管理订出了严格标准，打下了良好的基础，既便于生产，也便于检查，"可以说这是研究宋代营造生产分工、劳动生产率乃至生产关系变化的宝贵资料"。

（六）是营造系统工程的经验总结

《法式》全书共357篇，3555条，其中有308篇总计3272条知识来自工匠相传，是经久可用之法。此外还有李诚搜集到的各种技术处理方法的条文，如柱侧脚、柱升起、举折、铺作设置位置等等；书中更有许许多多精确、肯定的数据，令后人叫绝。这些数据有结构中的"份"值，具体的尺寸长度；又有砖瓦、石料的规格尺寸；甚至到颜料配比中各原料的具体重量，黏结木材缝长与耗胶几两几钱，都有对应的准确数字，凡此种种数据，必须由生产第一线得来，才能这么详细具体。

《营造法式》一书的科学性、理论性和实用性对后世产生了很大影响，的确为人类建筑文化遗产中一份十分珍贵的文献。

【注释】〔1〕将作监，宋代主管营造工程的政府机构，官员设置有：监、少监各一个，丞、主簿各二人。

〔2〕李诚《营造法式》商务印书馆1933年版（以下引文，除已标注脚注者，其余均引自《墓志铭》或引自该版《营造法式》正文）。

〔3〕《法式》原著中，分寸的"分"与材份的"份"同用一字，此处的"分"即为"份"。因引用原文，故用原字。

〔4〕引自杨焕成所著《河南宋代建筑浅谈》，载于《中原文物》1991年第四期。

左满常　张大伟　2002年2月于河南大学

进新修《营造法式》序

【原文】臣闻"上栋下宇[1]"，《易》为"大壮"之时；"正位辨方[2]"，《礼》实太平之典。"共工"命于舜日；"大匠[3]"始于汉朝。各有司存，按为功绪。况神畿之千里，加禁阙之九重；内财宫寝之宜，外定庙朝之次；蝉联庶府[4]，棋列百司。榱栌枅柱之相枝，规矩准绳之先治；五材并用，百堵皆兴。惟时鸠僝[5]之工，遂考翚飞[6]之室。而斫轮[7]之手，巧或失真；董役[8]之官，才非兼技，不知以"材"而定"分"，乃或倍斗而取长。弊积因循，法疏检察。非有治"三宫[9]"之精识，岂能新一代之成规？温诏下颁，成书入奏。空靡岁月，无补涓尘[10]。恭惟皇帝陛下仁俭生知，睿明天纵。渊静而百姓定，纲举而众目张。官得其人，事为之制。丹楹刻桷[11]，淫巧既除；菲食卑宫[12]，淳风斯复。乃诏百工之事，更资千虑之愚。臣考阅旧章，稽参众智。功分三等，第为精粗之差；役辨四时，用度长短之晷。以至木议刚柔，而理无不顺；土评远迩，而力易以供。类例相从，条章具在。研精覃思[13]，顾述者之非工；按牒披图，或将来之有补。通直郎、管修盖皇弟外第、专一提举修盖班直诸军营房等、编修臣李诫谨昧死上。

【注释】〔1〕上栋下宇：《易·系辞下》："上古穴居而野处，后世圣人易之以宫室，上栋下宇，以待风雨，盖取诸大壮。"后用以指宫室的基本结构形式。

〔2〕正位辨方：摆正位置，辨别方位。语出《周礼·天官·序官》："惟王建国，辨方正位。"郑玄注："辨，别也。郑司农云：'别四方，正君臣之位。'"

〔3〕大匠：官名，也称将作大匠。秦称将作少府。西汉景帝时改称将作大匠，掌宫室、宗庙、陵寝及其他土木营建。此后各代皆有沿袭，称

谓不一,明初曾设将作司卿,后废除,其职并入工部。

〔4〕庶府:指政府各部门。

〔5〕鸠僝(jiū chán):《书·尧典》:"驩兜曰:'都!共工方鸠僝功。'"孔传:"鸠,聚;僝,见也。叹共工能方方聚见其功。"后以"鸠僝"谓筹集工料,从事或完成建筑工程。

〔6〕翚(huī)飞:形容宫室的高峻壮丽。

〔7〕斫(zhuó)轮:斫木制造车轮,借指经验丰富、水平高超的人。

〔8〕董役:监督劳作。

〔9〕三宫:指明堂、辟雍、灵台。

〔10〕涓尘:细水与微尘。比喻微小的事物。

〔11〕丹楹刻桷(jué):楹,房屋的柱子;桷,方形的椽子。柱子漆成红色,椽子雕着花纹,形容建筑精巧华丽。

〔12〕菲食卑宫:指宫室简陋,饮食菲薄。旧时用以称美朝廷自奉节俭的功德。

〔13〕研精覃思:研,研究;精,细密;覃,深入;思,思考。精心研究,深入思考。

【译文】臣听闻,《周易》中"上栋下宇,以蔽风雨"之句,指"大壮"时期;《周礼》中"唯王建国,辨正方位",乃是天下太平时的礼仪典册。"共工"一职,始于帝舜时期;"大匠"一职,始设于汉朝。这些官职各有职责,分工合作。至于幅员千里的京师,以及九重宫阙,则必须考虑内部宫寝的布置和外部宗庙朝廷的次序、位置;官署府衙要互相联系,按序排列。要使枓、栱、昂、柱等相互支撑而构成建筑,必须先准备圆规、曲尺、水平仪、墨线等工具;只要各种材料都使用,大量的房屋就都能建造起来。按时聚集工役,则可以做出屋檐似飞翼的宫室。然而工匠之手虽然灵巧,却也难免走样;主管工程的官员,才能虽广,也不能兼通各个工种,不知道用"材"来作为度量建筑物比例、大小的尺度,以至于用斗的倍数来确定构件长短的尺寸。弊病因此积累,法规疏于检察。如果没有关于建筑的精湛学识，又怎能制定新的规章制度呢？皇上下诏，指定我编写有关营建宫室制度的书籍，送呈审阅。现在虽然写成了，但我总觉得辜负了皇帝的提拔，白白浪费了时间，却贡献甚微。皇上生来仁爱节俭，天赋聪明智慧。在皇上的治理下，国家如深渊般平静，百姓安定，所制定的规范准则纲举目张，条理分明。选派了得力官员，制定了办事制度。像鲁庄公那样"丹其楹而刻其桷"的淫巧之风已经消除；而像大禹那样节衣食、卑宫室的风尚又得以恢复。于是皇上下诏关心百工之事，还咨询我这样才疏学浅之人。我遍览旧的规章，调查参考众人智慧。按精粗之差，将工作日分为三等；根据日头的长短，把劳役按四季区分。考虑木材的软硬，则条理没有不顺当的；按远近距离来定搬运的土方量，使劳动力便于供应。分类比例相互协调，条例规章都有依据。我虽然精心研究，深入思考，但考虑到文字叙述不够完备，所以按照条文画成图样，将来对工作也许有所补助。臣通直郎、管修盖皇弟外第、专一提举修盖班直诸军营房等、编修李诫冒死进上。

札子〔1〕

【原文】编修《营造法式》所

准崇宁二年正月十九日敕〔2〕："通直郎、试将作少监、提举修置外学〔3〕等李诫札子奏：'契勘熙宁中敕，令将作监编修《营造法式》，至元祐六年方成书。准绍圣四年十一月二日敕：以元祐《营造法式》只是料状，别无变造用材制度；其间工料太宽，关防无术。三省〔4〕同奉圣旨，着臣重别编修。臣考究经史群书，并勒人匠逐一讲说，编修海行《营造法式》，元符三年内成书。送所属看详〔5〕，别无未尽未便，遂具进呈，奉圣旨：依。续准都省指挥：只录送在京官司。窃缘上件《法式》，系营造制度、工限等，关防工料，最为要切，内外皆合通行。臣今欲乞用小字镂版，依海行敕令颁降，取进止。'正月十八日，三省同奉圣旨：依奏。"

【注释】〔1〕札子：古代的一种公文，多用于上奏，后来也用于下行。

〔2〕敕：帝王的诏书、命令。

〔3〕外学：指太学以外的学校。

〔4〕三省：宋承唐制，设门下省、中书省、尚书省，以及工部、刑部、兵部、礼部、户部、吏部，号称"三省六部"。但北宋前期三省六部的主要职权都已转移至其他机构，三省六部制名存实亡。

〔5〕看详：审阅研究。

【译文】编修《营造法式》所

根据崇宁二年（公元1103年）正月十九日皇帝的敕令："由通直郎升任将作少监、负责修建外学等工程的李诫奏报：'勘察熙宁（公元1068—1077年）年间皇帝命令编纂的《营造法式》，在元祐六年（公元1091年）方才编纂完成。根据绍圣四年（公元1097年）十一月二日的皇帝敕令：因为元祐（1086—1094年）年间编成的《营造法式》只有用料规则，并未改变做法和用材的制度；其中用工用料的额度太宽泛，以致无法杜绝和防止舞弊。三省同奉圣旨，差遣臣等重新编写。臣等考究经史群书，并命工匠逐一讲解，编成了可以通用的《营造法式》，在元符三年（公元1100年）内成书，审核后，认为再无未尽之处，于是进呈圣上，得到圣旨：同意。随后根据尚书省命令：只抄送在京有关部门。臣自以为这部《营造法式》中的营造制度、工限等，对于使用、控制工料，非常重要，京城内外乃至全国都能通用。臣特请求准许用小字刻版刊印，遵照通行指令颁布，静候上谕。'正月十八日，三省同时接到圣旨：同意。"

目 录

卷十四·彩画作制度

卷十五·砖作制度　窑作制度

砖作制度 ···（428）

窑作制度 ···（434）

卷十六·壕寨功限　石作功限

壕寨功限 ···（440）

石作功限 ···（444）

卷二十五·诸作功限二

卷二十六·诸作料例一

卷二十七·诸作料例二

卷二十八·诸作用钉料例　诸作用胶料例　诸作等第

《营造法式》看详

方圆平直

【原文】《周官·考工记》："圆者中规，方者中矩，立者中垂，衡者中水。郑司农注云：治材居材，如此乃善也。"

《墨子》："子[1]墨子言曰：天下从事者，不可以无法义。虽至百工从事者，亦皆有法。百工为方以矩，为圆以规，直以绳，衡以水，正以垂。无巧工不巧工，皆以此五者为法。巧者能中之，不巧者虽不能中，依放以从事，犹愈于己。"

《周髀算经》："昔者周公问于商高[2]曰：'数安从出？'商高曰：'数之法出于圆方。圆出于方，方出于矩，矩出于九九八十一。万物周事而圆方用焉；大匠造制而规矩设焉。或毁方而为圆，或破圆而为方。方中为圆者谓之圆方；圆中为方者谓之方圆也。'"

《韩非子》："韩子曰：'无规矩之法、绳墨之端，虽王尔[3]不能以成方圆。'"

看详：诸作制度，皆以方圆平直为准；至如八棱之类，及欹[4]、斜、羡[5]（《礼图》云："羡为不圆之貌。璧羡以为量物之度也。"郑司农云："羡，犹延也，以善切；其袤一尺而广狭焉。"）、陊[6]（《史记索隐》云："陊，谓狭长而方去其角也。陊，丁果切，俗作隋，非。"），亦用规矩取法。今谨按《周官·考工记》等修立下条。

诸取圆者以规，方者以矩，直者抨绳取则，立者垂绳取正，横者定水取平。

【注释】〔1〕子：夫子，即先生、老师。《墨子》一书为墨子的弟子所记，此处为尊称。

〔2〕商高：西周初数学家。曾发现勾股定理中勾三、股四、弦五的特例，比毕达哥拉斯早了五百到六百年。

〔3〕王尔：古巧匠名。战国楚宋玉《笛赋》："乃使王尔、公输之徒，合妙意，角较手，遂以为笛。"

〔4〕欹（qī）：与主要面成斜角的次要面。

〔5〕羡：梁思成认为，羡应为椭圆形。今读xiàn。

〔6〕陊：圆角或者去角的方形。今读duǒ。

【译文】《周官·考工记》上说："圆的应与圆规相合，方的应与曲尺相合，直立的应与垂线相合，横放的应与水面相平。郑司农注说：在处理木材方面，用此法最为妥当。"

《墨子》:"先师墨子说:天下间做事的人,不能没有法度。即便是各行业中的工匠,也有法度。工匠们用曲尺画方,用圆规画圆,用墨绳画直线,用水平器物规定偏正,用悬垂测定垂直的角度。不论是否为能工巧匠,都要以这五点作为自己的法度。能工巧匠能达到标准,一般的工匠即便不能达到标准,只要依循这五点法则,就会发现借此可以超过自己原先的水平。"

《周髀算经》:"过去周公问商高说:'数学从何而来?'商高说:'数学的方法源于圆方。圆的方法由方推导,方的法则由矩推导,矩由九九八十一推导。周围的万物都用圆和方;工匠设立规和矩进行建筑。求圆于方或需要由正方形变为多边形作为圆的近似形;或需要分割圆变为多块弧形,并以此作为多边形面积的推算。由内接方向外推算圆称为方圆,由外切方向内推算圆称为圆方。'"

《韩非子》:"韩非子说:'没有规矩的准则、绳墨的校正,即使是巧匠王尔也画不好方圆。'"

看详:诸作的制度,都以方圆平直作为标准;至于如八棱这类图形,以及与主要面成斜角的次面、斜面、椭圆(《礼图》说:"美就是不圆的样子。璧的径长可以做度量物体的标准。"郑司农说:"美,如同长,读以、善的切音;其长一尺且宽狭窄。今读xiàn。")、隋(《史记索隐》说:"隋,即抹去角的狭长方形。隋,丁、果切音,俗名为隋,并不是。今读duò。")),也用规矩为准则。现在只按照《周官·考工记》等制定下条。

本书规定,用圆规画各种圆形,用曲尺画直角和方形矩,用墨绳弹紧取直线作为准则,用垂绳的办法确定垂直以取正,用水平尺寻取横向水平面。

取径围[1]

【原文】《九章算经》:"李淳风注云:旧术求圆,皆以周三径一为率。若用之求圆周之数,则周少而径多。径一周三,理非精密。盖术从简要,略举大纲而言之。今依密率[2],以七乘周二十二而一即径;以二十二乘径七而一即周。"

看详:今来诸工作已造之物及制度,以周径为则者,如点量大小,须于周内求径,或于径内求周,若用旧例,以"围三径一,方五斜七"为据,则疏略颇多。今谨按《九章算经》及约斜长等密率,修立下条。

诸径围斜长依下项:

圆径七,其围二十有二。

方一百,其斜一百四十有一。

八棱径六十,每面二十有五,其斜六十有五。

六棱径八十有七，每面五十，其斜一百。

圆径内取方，一百中得七十有一。

方内取圆径，一得一。（八棱、六棱取圆准此。）

【注释】 〔1〕径围：径指直径，围即周长。

〔2〕密率：长度比值换算关系，此处指圆周率。

【译文】 《九章算经》上说："李淳风注说：旧时计算圆，都用圆周周长与直径比率三比一的方法。如果用此方法计算圆周率，就会使圆周周长减少、直径增多。直径与圆周周长比率一比三，这种方法并不准确。实在是因为算术从简，粗略例举要点而已。如今依照圆周率的精确值，用七乘圆周的二十二分之一作为径；用二十二乘径的七分之一作为周。"

看详：如今诸工匠制作之前已经有的产品的方法，以周长、直径为准则的，例如点量的大小，需要从圆周周长中求直径，抑或是从直径求得圆周周长，如果用旧时的方法，即"直径为一则圆周周长为三，正方形边长为五则对角线为七"作为依据，那么粗糙简略的地方较多。如今只按照《九章算经》和大致的对角线斜长等长度比值换算关系精确值制定下条。

诸径围斜长依下项：

圆的直径为七，则其周长为二十二。

方形的边长为一百，其对角线斜长为一百四十有一。

八边形，其直径为六十，每一面的边长为二十五，斜径长为六十五。

六边形，其直径为八十七，每一面的边长为五十，斜径长为一百。

在圆形内取内切的正方形，面积为一百的圆形中可得面积为七十一的正方形。

在方形内取圆形，直径与正方形边长相等。（八边形、六边形内取圆都一次为准。）

定功

【原文】 《唐六典》："凡役有轻重，功有短长。注云：以四月、五月、六月、七月为长功；以二月、三月、八月、九月为中功；以十月、十一月、十二月、正月为短功。"

看详：夏至日长，有至六十刻[1]者。冬至日短，有止于四十刻者。若一等定功，则枉弃日刻甚多。今谨按《唐六典》修立下条。

诸称功者，谓中功，以十分为率。长功加一分，短功减一分。

诸称长功者，谓四月、五月、六月、七月；中功谓二月、三月、八月、九月；短功谓十月、十一月、十二月、正月。

以上三项并入总例。

【注释】〔1〕刻：计时单位，一昼夜为一百刻，一刻为今十四分二十四秒。

【译文】《唐六典》："凡是劳役都有轻重的区别，功有时间长短。注说：四月、五月、六月、七月的工作量为长功；二月、三月、八月、九月的工作量为中功；十月、十一月、十二月、正月的工作量为短功。"

看详：夏至白昼时间较长，最长可达六十刻之久。冬至白昼时间较短，只有四十刻。如果用统一的标准来确定工作时长，则浪费的时间太多。如今只按照《唐六典》制定下条。

本书中所说的"功"，如果没有特殊说明，就是"中功"，"中功"以十分为标准工作量。增加一分为长功，少一分则为短功。

本书中的"长功"，是指以农历四月、五月、六月、七月所能完成的工作量；"中功"是指以农历二月、三月、八月、九月所能完成的工作量；"短功"是指十月、十一月、十二月、正月所能完成的工作量。

以上三条并入总例之中。

取正

【原文】《诗》："定之方中。又：揆之以日。〔1〕注云：定，营室也。方中，昏正四方也。揆，度也。度日出日入以知东西。南视定，北准极，以正南北。"

《周礼·天官》："唯王建国，辨方正位。"

《考工记》："置槷〔2〕以垂，视以景〔3〕。为规识日出之景与日入之景；夜考之极星，以正朝夕。郑司农注云：自日出而画其景端，以至日入既，则为规。测景两端之内规之，规之交，乃审也。度两交之间，中屈之以指槷，则南北正。日中之景，最短者也。极星，谓北辰。"

《管子》："夫绳，扶拨以为正。"

《字林》："抟〔4〕（时钏切），垂臬〔5〕望也。"

《刊谬正俗·音字》："今山东匠人犹言垂绳视正为抟。"

看详：今来凡有兴造，既以水平定地平面，然后立表测景、望星，以正四方，正与经传相合。今谨按《诗》及《周官·考工记》等修立下条。

取正之制：先于基址中央，日内置圜版〔6〕，径一尺三寸六分；当心立表，高四寸，径一分。画表景〔7〕之端，记日中最短之景。次施望筒于其上，望日景以正四方。

望筒长一尺八寸，方三寸（用版合造）；两罨〔8〕头开圜眼，径五分。筒身当中两壁用轴,安于两立颊之内。其立颊自轴至地高三尺,广三寸,厚二寸。画望以筒指南,令日景透北。夜望以筒指北,于筒南望,令前后两窍内正见北辰极星。然后各垂绳坠下,记望筒两窍心于地以为南,则四方正。若地势偏衺,既以景表[9]、望筒取正四方,或有可疑处,则更以水池景表较之。其立表高八尺,广八寸,厚四寸,上齐(后斜向下三寸);安于池版之上。其池版长一丈三尺,中广一尺。于一尺之内,随表之广,刻线两道;一尺之外,开水道环四周,广深各八分。用水定平,令日景两边不出刻线;以池版所指及立表心为南,则四方正。(安置令立表在南,池版在北。其景夏至顺线长三尺,冬至长一丈二尺。其立表内向池版处,曲尺较,令方正。)

【注释】 〔1〕定:定星,又叫营室星。十月之交,定星昏中而正,宜定方位,造宫室。日:日影。

〔2〕槷(niè):测日影的标杆。

〔3〕景:通"影",影子。

〔4〕抟(tuán):凭借的意思,通过立杆的方式取正。

〔5〕臬:通"槷",读音为niè,测日影的标杆。

〔6〕圜版:即下文所述标影杆。

〔7〕表景:表通"标",表景即标影。

〔8〕罨(yǎn):捕兽或捕鸟的网,亦指用罨捕取。

〔9〕景表:即水池景表,校正或确定南北方向的仪器。

【译文】 《诗》上说:"定星在黄昏时位于天中央。又说:测量日影来确定方位。注说:定,即建造房屋之意。方中,黄昏时在四个方位的正中。揆,测量之意。测量日出日落,以知道东西方位。南通常被视为确定北方的标准,以确定南北方位。"

《周礼·天官》上说:"只有在君王建造国都的时候,才会明辨方向和端正位置。"

《考工记》上说:"垂直放置测量日影的标杆,观察它的影子所在。目的是为了识别日出和日落时太阳的影子所在;夜晚考察北极星的方位,以确证早晚。郑司农注说:从太阳刚出来一直到日落时记录下槷影远端的变化,这样可以形成一定的规律,测量槷影两端距离的变化,就是审。测量两端之间的影线,如果与槷影重合,则南北的方位就正。太阳在中天的时候,影子最短。极星就是北极星。"

《管子》上说:"绳子,用来扶持拨动倾斜,以使其保持垂直端正。"

《字林》上说:"抟(读时、钏的切音,今读tuán),就是垂直竖立一根标杆用来观测日影。"

《刊谬正俗·音字》上说:"现在,山东等地的工匠还常常说垂悬一根绳子来观察是不是端正，他们把这叫做抟。"

看详：如今一旦有施工建造，都先用水平确定地面，后立标杆进行测量、望星，以此可使四个方位得到确定，这正好与经传相合。如今只按照《诗经》和《周官·考工记》制定下条。

取正的制度：白天在基址正中放置一个标影杆，直径一尺三寸六分。在它的正中心位置上竖立一根高四寸，直径一分的标杆。画出阳光下标杆影子的末端，记录一天之中影子最短的地方。然后在这个位置上安放一个望筒，通过观察太阳的影子来辨正方位。

望筒长一尺八寸，三寸见方（用木板合造）；在望筒的两端凿出两个直径五分的圆眼。望筒身上通过两壁用轴安装在两根立颊之内。立颊从轴到地面高为三尺，宽三寸，厚二寸。白天用望筒指向南方，让日影穿过圆孔透向北方，夜间用望筒的筒身指向北方，在筒眼里向南望，使前后两端的孔窍正对北极星。然后将一个坠有重物的绳子垂下去，把望筒两个圆孔的圆心位置在地上做出记号，以此为正南，则四个方位可以确定。若地势偏斜，就用标影杆、望筒取正方位，如果有可疑之处，就用水池景表这种校正南北方位的仪器进行校正。水池景表的立表柱高八尺，宽八寸，厚四寸，上端平齐（后来上端变为斜向下三寸）；安放在池板上面。池板长一丈三尺，中间宽一尺。在一尺宽之内，根据立标的宽度，画两道刻线；在一尺之外，开出水道环绕四周，水深水宽各八分。通过水平面来确定池板水平，让日影两边不超出刻线的位置；通过池板所指的方位和立标中心确定为正南，那么方位可以确定。（安放的时候，要让立标放在南方，把池板放在北方。日影在夏至时长三尺，冬至时长一丈二尺。其立标须与池板垂直，可用曲尺校正确保垂直。）

定平

【原文】《周官·考工记》："匠人建国，水地[1]以垂。郑司农注云：于四角立植而垂，以水望其高下；高下既定，乃为位而平地。"

《庄子》："水静则平中准，大匠取法焉。"

《管子》："夫准，坏险以为平。"[2]

《尚书·大传》："非水无以准万里之平。"

《释名》："水，准也；平，准物也。"

何晏《景福殿赋》："唯工匠之多端，固万变之不穷。髣天地以开基，并列宿而作制。制无细而不协于规景，作无微而不违于水臬。五臣[3]注云：水臬，水平也。"

看详：今来凡有兴建，须先以水平望基四角所立之柱，定地平面，然后可以安置柱石，正与经传相合。今谨按《周官·考工记》修立下条。

定平之制：既正四方，据其位置，于四角各立一表，当心安水平[4]。其水平长二尺四寸，广二寸五分，高二寸；下施立桩，长四尺（安镶在内）；上面横坐水平两头各开池，方一寸七分，深一寸三分（或中心更开池者方深同）。身内开槽子，广深各五分，令水通过。于两头池子内，各用水浮子[5]一枚（用三池者，水浮子或亦用三枚）。方一寸五分，高一寸二分；刻上头令侧薄，其厚一分，浮于池内。望两头水浮子之首，遥对立表处于表身内画记，即知地之高下。（若槽内如有不可用水处，即于桩子当心施墨线一道，上垂绳坠下，令绳对墨线心，则上槽自平，与用水同。其槽底与墨线两边，用曲尺较令方正。）

凡定柱础取平，须更用真尺[6]较之。其真尺长一丈八尺，广四寸，厚二寸五分；当心上立表，高四尺（广厚同上）。于立表当心，自上至下施墨线一道，垂绳坠下，令绳对墨线心，则其下地面自平。（其真尺身上平处，与立表上墨线两边，亦用曲尺较令方正。）

【注释】 〔1〕水地：指以水平之法量地高下。

〔2〕《管子》："夫绳扶拨以为正，准坏险以为平，钩入枉而出直，此言圣君贤佐之制举也。"

〔3〕五臣：唐代开元时吕延济、刘良、张铣、吕向、李周翰五大臣对萧统《文选》作注。

〔4〕水平：即水平仪，宋代测量水准的仪器。用木头做个槽，放入水，就是个简单的水准仪。

〔5〕水浮子：水平仪器上的附件，重而不沉，置水中随水上下，故名。

〔6〕真尺：即鲁班真尺，是测定短距离内水平的工具。

【译文】 《周官·考工记》上说："匠人们营造都城时，在水平的地面上竖立柱子，并用绳子取直。郑司农注说：在四个角上竖立柱子并使其垂直地面，站在水平的位置查看它们的高矮偏颇，确定高矮之后，就在平地上确定修建的方位。"

《庄子》上说："取水面静止时为合乎水平测定的标准，这是大匠获取水平的标准。"

《管子》上说："准可以破险为平。"

《尚书·大传》："没有水就不能确定万里土地是否平直。"

《释名》："水，是平面的标准。平，与别的东西高度相同，不相上下之物。"

何晏《景福殿赋》："工匠技艺各有奇巧，建筑形式变化无穷。配合天地开土奠基，按星宿的位置确定建筑。建筑没有一处不与晷影相合，没有一点微小的地方不与水平相合。五臣注说：水臬，即测量水平的器物。"

看详：如今一旦有施工建造，必须先用水平查看地基四角的立柱，确定平面，而后才可以设立柱石，这正好与经传相合。如今只按照《周官·考工记》制定下条。

定平的制度：在四个方位确定之后，根据选定的方位，在四个角各立一个标杆，中心位置安放水平仪。水平仪的水平横杆长二尺四寸，宽二寸五分，高二寸；在水平横杆下安装一个立桩，长度四尺（桩内安一个镔）；在水平横杆的两头各凿开一个正方形小池子，边长一寸七分，深一寸三分（有的在中间开池的，边长和深与前同）。在水平横杆上开挖一条宽度和深度皆五分的水槽，以让水流过为宜。在两头的小池子内，各放置一枚水浮子（如果有三个小池子的，就用三枚水浮子）。水浮子长宽为一寸五分，高一寸二分；水浮子上面镂刻成中空，壁薄仅厚一分，以使其能浮于池内。观察两头的水浮子的上端，对准四个角的标杆处，在标杆上画下记号，就能知道地面高低。（如果水槽内没有水或有不能过水之处，就在竖桩当中画一道墨线，从上面垂直放置一根绳子坠下，让绳子对准墨线的中心，则水平横杆上的水槽自动水平，这种方法和用水的效果相同。水槽底面与墨线两端，用曲尺校正垂直。）

凡是确定柱础位置并取平时，需要用水平真尺来校正。真尺长为一丈八尺，宽四寸，厚为二寸五分；在真尺正中的位置竖立一个高四尺（宽厚同上）的标杆。在设立标杆的中心位置，从上到下画一条墨线，用一根绳子垂直坠下，使绳子和墨线正中对齐，则说明地面自平。（在真尺保持水平的地方，和标杆与墨线两边保持水平，也要用曲尺校正确定水平。）

墙[1]

【原文】《周官·考工记》："匠人为沟洫[2]，墙厚三尺，崇三之。郑司农注云：高厚以是为率，足以相胜。"

《尚书》："既勤垣墉[3]。"

《诗》："崇墉圪圪[4]。"

《春秋左氏传》："有墙以蔽恶。"

《尔雅》："墙谓之墉。"

《淮南子》："舜作室，筑墙茨屋，令人皆知去岩穴，各有室家，此其始也。"

《说文》："堵，垣也。五版为一堵。墉，周垣也。垺，卑垣也。壁，垣也。垣蔽曰墙。栽，筑墙长版也（今谓之膊版）。干，筑墙端木也（今谓之墙师）。"

《尚书·大传》："天子贲墉[5]，诸侯疏杼[6]。注云：贲，大也，言大墙正道直也。疏，犹衰也。杼亦墙也。言衰杀其上，不得正直。"

《释名》："墙，障也，所以自障蔽也。垣，援也，人所依止，以为援卫也。墉，容也，所以隐蔽形容也。壁，辟也，辟御风寒也。"

《博雅》："壛（力雕切）、隒（音蔉）、墉、院（音桓）也。廦（音壁，又即壁切），墙垣也。"

《义训》："庀（音屺），楼墙也。穿垣谓之腔（音空）。为垣谓之厽（音累），周谓之墚（音了），墚谓之窭（音垣）。"

看详：今来筑墙制度，皆以高九尺，厚三尺为祖。虽城壁与屋墙、露墙各有增损，其大概皆以厚三尺，崇三之为法，正与经传相合。今谨按《周官·考工记》等群书修立下条。

筑墙之制：每墙厚三尺，则高九尺；其上斜收，比厚减半。若高增三尺，则厚加一尺；减亦如之。

凡露墙，每墙高一丈，则厚减高之半。其上收面之广，比高五分之一。若高增一尺，其厚加三寸；减亦如之。（其用葽橛，并准筑城制度。）

凡抽纴墙[7]，高厚同上。其上收面之广，比高四分之一。若高增一尺，其厚加二寸五分。（如在屋下，只加二寸。划削[8]并准筑城制度。）

以上三项并入壕寨制度。

【注释】　〔1〕墙：本书所载墙，及下文的露墙、抽纴墙，都是墙面斜收的夯土墙。为了加强墙体的强度，在夯土承重墙的夯层之间可加竹条、苇子或木条，起到横向拉结的作用。墙体每面收坡12.5%～16%。墙下须先挖基槽，夯好基墙。

〔2〕沟洫：田间水道。

〔3〕垣墉：墙壁。

〔4〕崇墉：高墙，高城。屹屹（gē）：高耸的样子。

〔5〕贲墉：高墙，大墙。

〔6〕疏杼：即衰墙。属于诸侯一级的障壁。

〔7〕纴（rèn）：织布帛的丝缕。抽纴墙：在墙体中加入竹条、苇子或木条的墙。

〔8〕划削（chǎn xuē）：削除，铲除。

【译文】　《周官·考工记》上说："工匠设计田间的水渠等农田设施，夯土墙厚三尺，高是厚度的三倍。郑司农注说：高度和厚度按这样的比例，可以互相支撑。"

《尚书》上说："（如果建造房屋）就要勤于修筑墙壁。"

《诗》上说："城墙高耸。"

《春秋左氏传》上说："墙可以遮掩过错和隐私。"

《尔雅》上说："墙叫做墉。"

《淮南子》上说："舜帝建造房屋，用土筑墙，用茅草、芦苇盖屋顶，让臣民都知道离开岩洞，各自有了属于自己的房屋和家庭，这是建造房屋的开始。"

《说文》上说："堵，就是墙的意思。五块筑墙的夹板为一堵。墚，就是围墙的意思。垺，矮墙。壁，墙。垣蔽也叫墙。栽，筑墙所用的长板（如今叫做膊板）。干，筑墙用在两端的木头（如今叫做墙师）。”

《尚书·大传》上说：“天子筑方正气派的高墙，诸侯只能用衰墙。注说：贲，大的意思，是说墙修筑得方正气派。疏即衰之意。杼也是墙的意思。是说诸侯的墙不方正、不气派。”

《释名》上说：“墙，即障碍之意，所以墙有阻挡、遮蔽之功效。垣，支援之意，人们依靠垣来保卫支援家室。墉，容纳的意思，可以用来隐蔽身形。壁，庇护的意思，可以用来抵御风霜寒雪。”

《博雅》上说：“墝（读力、雕的切音，今读liáo）、隊（读篆音，今读zhuàn）、墉、院（读桓音，今读yuàn）、廦（读壁音，或读即、壁的切音，今读bì），都是墙垣的意思。”

《义训》上说：“庌（读毛音，今读zhái），就是楼墙。穿垣称为腔（读空音，今读kòng）。为垣称为厽（读累音，今读lěi），周称之为墝（读了音），墝称之为寏（读垣音，今读huán）。”

看详：如今的筑墙制度，都以高九尺，厚三尺为主制。即便城墙、屋墙、露墙都有增加或减损，不过大致都会以厚三尺，高是厚度的三倍为标准，这正好与经传相合。现在只按照《周官·考工记》等书制定下条。

筑墙的制度：墙如果厚三尺，那么高就要九尺；墙壁的上端往上斜收的宽度，是其厚度的一半。如果高度增加三尺，则厚度增加一尺；降低时情况也一样。

对于露墙，墙每增高一丈，则厚度减为高度的一半。墙上端斜收的宽度是墙高度的五分之一。如果高度增加一尺，则墙的厚度增加三寸；降低亦是如此。（其中用草葽、木橛的情况，参考并遵循筑城的制度。）

对于抽纴墙，墙体的高度和厚度同上。墙上端斜收面的宽度，是墙高的四分之一。如果高度增加一尺，则其厚度须增加二寸五分。（如果在屋子下面，只增加二寸即可，削减和降低也应遵循筑城制度。）

以上三条并入壕寨制度之中。

举折[1]

【原文】《周官·考工记》："匠人为沟洫，葺屋[2]三分，瓦屋四分。郑司农注云：各分其修，以其一为峻。"

《通俗文》："屋上平曰陠[3]（必孤切）。"

《刊谬正俗·音字》："陠，今犹言陠峻[4]也。"

皇朝景文公宋祁《笔录》："今造屋有曲折者，谓之庯峻。齐魏间，以人有仪矩[5]可喜者，谓之庯峭。盖庯峻也（今谓之举折）。"

看详：今来举屋制度，以前后橑檐方心相去远近，分为四分；自橑檐方背上至脊槫背上，四分中举起一分。虽殿阁与厅堂及廊屋之类，略有增加，大抵皆以四分举一为祖，正与经传相合。今谨按《周官·考工记》修立下条。

举折之制：先以尺为丈，以寸为尺，以分为寸，以厘为分，以毫为厘，侧画所建之屋于平正壁上，定其举之峻慢，折之圜和，然后可见屋内梁柱之高下，卯眼之远近（今俗谓之定侧样，亦曰点草架）。

举屋之法：如殿阁楼台，先量前后橑檐方心相去远近，分为三分，（若余屋柱头作或不出跳者，则用前后檐柱心。）从橑檐方背至脊槫背举起一分。（如屋深三丈即举起一丈之类。）如甋瓦[6]厅堂，即四分中举起一分；又通以四分所得丈尺，每一尺加八分。若甋瓦廊屋及瓪瓦[7]厅堂，每一尺加五分。或瓪瓦廊屋之类，每一尺加三分。（若两椽屋，不加；其副阶或缠腰，并二分中举一分。）

折屋之法：以举高尺丈，每尺折一寸，每架自上递减半为法。如举高二丈，即先从脊槫背上取平，下屋橑檐方背，其上第一缝折二尺；又从上第一缝槫背取平，下至橑檐方背，于第二缝折一尺。若椽数多，即逐缝取平，皆下至橑檐方背，每缝并减上缝之半。（如第一缝二尺，第二缝一尺，第三缝五寸，第四缝二寸五分之类。）如取平，皆从槫心抨绳令紧为则。如架道不匀，即约度远近，随宜加减。（以脊槫及橑檐方为准。）

若八角或四角斗尖[8]亭榭，自橑檐方背举至角梁底，五分中举一分。至上簇角梁，即二分中举一分。（若亭榭只用瓪瓦者，即十分中举四分。）

簇角梁[9]之法：用三折。先从大角梁背自橑檐方心，量向上至枨杆[10]卯心，取大角梁背一半，并上折簇梁，斜向枨杆举分尽处；（其簇角梁上下并出卯，中下折簇梁同。）次从上折簇梁尽处，量至橑檐方心，取大角梁背一半，立中折簇梁，斜向上折簇梁当心之下。又次从橑檐方心立下折簇梁，斜向中折簇梁当心近下（令中折簇角梁上一半与上折簇梁一半之长同）。其折分并同折屋之制。（唯量折以曲尺于弦上取方量之。用瓪瓦者同。）

以上入大木作制度。

【注释】　〔1〕举折：举，屋架的高度，按建筑进深和屋面材料而定。折，因屋架各槫升高的幅度不一致，所以屋面横断面坡度由若干折线所组成。举折即定屋顶坡度及屋盖曲面线之方法也。求此曲面线，谓之定侧样。

〔2〕茸屋：草屋顶。

〔3〕陠（pū）：同"庸"，平顶屋。

〔4〕陠峻：同下文庸峻、庸峭（即峬峭），指风姿俊俏、文笔优美。

〔5〕仪矩：仪法规矩。

〔6〕瓬瓦：即筒瓦，为断面半圆形的瓦。是用来封护两垄板瓦瓦垄交汇线的屋面防水构件。有六种规格。

〔7〕瓪（bǎn）瓦：同"板瓦"，较宽的四分之一圆形的瓦。有七种规格。

〔8〕斗尖：也称撮尖，类似伞架的结构。清称"攒尖"，是中国古代建筑的一种屋顶样式，其特点是屋顶为锥形，没有正脊，顶部集中于一点，即宝顶，常用于亭、榭、阁和塔等建筑。

〔9〕簇角梁，即"攒尖顶"，宋式用簇角梁，清式多用抹角梁，构成平面正圆或正多边形的屋顶构架，屋顶呈圆锥、方锥或多角锥体，顶上安宝顶或宝珠，多用于小型亭榭。屋角也可做成翼角。

〔10〕枨杆：即雷公柱。此处为用于攒尖建筑斗尖部位的悬空柱。

【译文】《周官·考工记》上说："工匠修建田间的水渠等农田设施，规定草屋顶举高为跨度的三分之一，瓦屋顶举高为跨度的四分之一。郑司农注说：各自确定屋子南北的深度，分别以其三分之一或四分之一为举折的高度。"

《通俗文》上说："屋势最上方平整而下端倾斜曲折就叫做陠（读必、孤的切音，今读pū）。"

《刊谬正俗·音字》上说："陠，就是如今所说的陠峻。"

我朝（北宋）景文公宋祁《笔录》上说："如今建造的房屋，屋势倾斜曲折的叫做庸峻。齐魏时期，把仪表堂堂长相俊俏讨喜的人称作庸峭、庸峻，大概即是此意。"（如今称作举折。）

看详：现在举屋的方法，以前后橑檐方中线之间的距离，将其四等分；从橑檐方的背部到脊槫的背部，四分中举起一分。虽然殿阁、厅堂、廊屋之类，稍有增加，大概都以四分中举起一分为主制，正好与经传相合。现在只按《周官·考工记》制定下条。

举折的制度：先以一尺为一丈，以一寸为一尺，以一分为一寸，以一厘为一分，以一毫为一厘（即按1∶10的比例），在平整的墙壁上画出所要建屋子的侧样草图，确定上举和下折的倾斜和走势，然后可以得出屋内梁柱的高矮，卯眼之间的距离远近（即如今俗称的"定侧样"，也叫"点草架"）。

举屋的方法：如果是殿阁楼台，先测量前后橑檐方中线之间的距离，将其三等分，（如果是其余房屋的柱梁作，如果不出跳，就量取前后檐柱的中心线。）从橑檐方的背部到脊槫的背部，举起一分。（如果屋子深三丈，则举起一丈，如此这般。）如果是瓬瓦厅堂，则在四分中举起一分；又统一取前后橑檐方间距的四分之一，每一尺加八分。如果是瓬瓦廊屋和瓪瓦厅堂，每一尺加五分。如果是瓪瓦廊屋之类，则每一尺加三分。（如果是两架椽子的屋子则不加，其副阶或缠腰为二分中举一分。）

折屋的方法：按照举高的尺寸，每一尺折一寸，每一架从上递减一半，以此为准则。如举的高度为二丈，则先从脊槫背部取平，下面至橑檐方的背部，在这上面的第一条缝处折二尺；又从第一缝的槫背处取平，向下到橑檐方的背部，在第二条缝处折一尺。如果椽子数较多，则将每条缝逐一取平，最后都要下到橑檐方的背部，每一条缝都减去上一条缝的一半。（如果第一缝是二尺，则第二缝为一尺，第三缝为五寸，第四缝为二寸五分，照此。）如果取平，都要从槫的中心位置抨紧绳子取直为准。如果架道不均匀，则估计距离远近，酌情增减。（以脊槫和橑檐方为准。）

如果是八角或四角的斗尖形亭榭，从橑檐方的背部举到角梁底部，五分中举一分。至于上簇角梁，二分中举一分。（如果亭榭只采用瓪瓦，则十分中举四分。）

簇角梁的方法：采用三次下折。先从大角背，到橑檐方中心位置向上测量，到枨杆的卯心位置，量取大角梁背的一半，立起上折簇梁，斜向枨杆上举的末端处；（簇角梁的上下都要出卯，中下折簇梁也一样。）再从上折簇梁的末端，量到橑檐方的中心，量取大角梁背部的一半，竖立中折簇梁，斜向对着上折簇梁中心以下的位置。再从橑檐方中心处竖立下折簇梁，斜向对准中折簇梁中心偏下的位置（使中折簇角梁上一半与上折簇梁一半的长度相同）。簇角梁的折分都和折屋的标准一样。（只是在量取折的尺寸时，要用曲尺在弦上取方测量。测量使用瓪瓦房屋的举折也一样。）

以上并入大木作制度之中。

诸作异名

【原文】 今按群书修立总释，已具《法式》净条第一、第二卷内，凡四十九篇，总二百八十三条。（今更不重录。）

看详：屋室等名件，其数实繁。书传所载，各有异同；或一物多名，或方俗语滞。其间亦有讹谬相传，音同字近者，遂转而不改，习以成俗。今谨按群书及以其曹所语，参详去取，修立总释二卷。今于逐作制度篇目之下，以古今异名载于注内，修立下条。

墙（其名有五：一曰墙，二曰墉，三曰垣，四曰撩，五曰壁）。

以上入壕寨制度。

柱础（其名有六，一曰础，二曰礩，三曰磶，四曰磌，五曰礛，六曰磩，今谓之"石碇"）。

以上入石作制度。

材（其名有三：一曰章，二曰材，三曰方桁）。

栱（其名有六：一曰開，二曰槉，三曰欂，四曰曲枅、五曰栾、六曰栱）。

飞昂（其名有五：一曰櫼，二曰飞昂，三曰英昂，四曰斜角，五曰下昂）。

爵头（其名有四：一曰爵头，二曰耍头，三曰胡孙头，四曰蜉蝑头）。

枓（其名有五：一曰棼，二曰栭，三曰栌，四曰楂，五曰枓）。

平坐（其名有五：一曰阁道，二曰墱道，三曰飞陛，四曰平坐，五曰鼓坐）。

梁（其名有三：一曰梁，二曰㭿廇，三曰欐）。

柱（其名有二：一曰楹，二曰柱）。

阳马（其名有五：一曰觚棱，二曰阳马，三曰阙角，四曰角梁，五曰梁抹）。

侏儒柱（其名有六：一曰棁，二曰侏儒柱，三曰浮柱，四曰棳，五曰上楹，六曰蜀柱）。

斜柱（其名有五：一曰斜柱，二曰梧，三曰迕，四曰枝樘，五曰叉手）。

栋（其名有九：一曰栋，二曰桴，三曰檼，四曰棼，五曰甍，六曰极，七曰槫，八曰檩，九曰櫋）。

搏风板（其名有二：一曰荣，二曰搏风）。

柎（其名有三：一曰柎，二曰复栋，三曰替木）。

椽（其名有四：一曰桷，二曰椽，三曰榱，四曰橑。短椽，其名有二：一曰栋，二曰禁楄）。

檐（其名有十四：一曰宇，二曰檐，三曰楢，四曰楣，五曰屋垂，六曰梠，七曰棂，八曰联櫋，九曰橝，十曰房，十一曰庑，十二曰槾，十三曰檐槐，十四曰庮）。

举折（其名有四：一曰陠，二曰峻，三曰陠峭，四曰举折）。

以上入大木作制度。

乌头门（其名有三：一曰乌头大门，二曰表楬，三曰阀阅，今呼为棂星门）。

平棊（其名有三：一曰平机，二曰平橑，三曰平棊。俗谓之平起。其以方椽施素版者，谓之平暗）。

斗八藻井（其名有三：一曰藻井，二曰圜泉，三曰方井。今谓之斗八藻井）。

钩阑[1]（其名有八：一曰棂槛，二曰轩槛，三曰栊，四曰槾牢，五曰阑楯，六曰柃，七曰阶槛，八曰钩阑）。

拒马叉子（其名有四：一曰梐枑，二曰梐拒，三曰行马，四曰拒马叉子）。

屏风（其名有四：一曰皇邸，二曰后版，三曰扆，四曰屏风）。

露篱（其名有五：一曰欂，二曰栅，三曰据，四曰藩，五曰落。今谓之露篱）。

以上入小木作制度。

涂（其名有四：一曰垷，二曰墐，三曰涂，四曰泥）。

以上入泥作制度。

阶（其名有四：一曰阶，二曰陛，三曰陔，四曰墒）。

以上入砖作制度。

瓦（其名有二：一曰瓦，二曰甍）。

砖（其名有四：一曰甓，二曰瓴甋，三曰瓥，四曰颥砖）。

以上入窑作制度。

【注释】 〔1〕钩阑：也作钩栏。钩栏即勾栏，也就是现在所说的栏杆。详见卷二"钩阑"。

【译文】 现今按照群书制定总释，已经并入《营造法式》的第一、二卷之中，共四十九篇，二百八十三个条目。（在这里不赘述。）

看详：屋宇等的名件，数量很多。书传中记载的内容，各自有其异同；或者一物有多个名字，或是俗语阻碍阅读。这其中有讹传，音相同字相近的，变字并不修改，因而成为旧俗得以延习。如今只按照群书和曹语，参照选取，制定了总释两卷内容。如今放在各制度篇目下，以古今不同名记载在注中，制定下条。

墙（墙有五个称谓：一是墙，二是墉，三是垣，四是撩，五是壁）。

以上并入壕寨制度之中。

柱础（柱础有六个称谓，一是础，二是礩，三是碼，四是磌，五是碱，六是磉，如今称为"石碇"）。

以上并入石作制度之中。

材（材有三个称谓：一是章，二是材，三是方桁）。

栱（栱有六个称谓：一是開，二是槉，三是欂、四是曲枅、五是栾、六是栱）。

飞昂（飞昂有五个称谓：一是㮰，二是飞昂，三是英昂，四是斜角，五是下昂）。

爵头（爵头有四个称谓：一是爵头，二是耍头，三是胡孙头，四是蜉蝣头）。

枓（枓有五个称谓：一是㮨，二是栭，三是栌，四是楷，五是枓）。

平坐（平坐有五个称谓：一是阁道，二是墱道，三是飞陛，四是平坐，五是鼓坐）。

梁（梁有三个称谓：一是梁，二是亲廇，三是欐）。

柱（柱有两个称谓：一是楹，二是柱）。

阳马（阳马有五个称谓：一是觚棱，二是阳马，三是阙角，四是角梁，五是梁抹）。

侏儒柱（侏儒柱有六个称谓：一是棁，二是侏儒柱，三是浮柱，四是棳，五是上楹，六是蜀柱）。

斜柱（斜柱有五个称谓：一是斜柱，二是梧，三是迕，四是枝撑，五是叉手）。

栋（栋有九个称谓：一是栋，二是桴，三是檽，四是棼，五是甍，六是极，七是槫，八是檩，九是橑）。

搏风板（搏风板有两个称谓：一是荣，二是搏风）。

柎（柎有三个称谓：一是柎，二是复栋，三是替木）。

椽（椽有四个称谓：一是桷，二是椽，三是榱，四是橑。短椽有两个称谓：一是栋，二是禁楄）。

檐（檐有十四个称谓：一是宇，二是檐，三是橑，四是楣，五是屋垂，六是梠，七是楣，八是联櫋，九是棒，十是房，十一是庑，十二是樀，十三是檐棍，十四是庮）。

举折（举折有四个称谓：一是陠，二是峻，三是陠峭，四是举折）。

以上并入大木作制度之中。

乌头门（乌头门有三个称谓：一是乌头大门，二是表楬，三是阀阅，如今称为棂星门）。

平棋（平棋有三个称谓：一是平机，二是平橑，三是平棋。俗称平起。采用方形椽子并用不雕花纹木板的，叫做平暗）。

斗八藻井（斗八藻井有三个称谓：一是藻井，二是圜泉，三是方井。如今称为斗八藻井）。

钩阑（钩阑有八个称谓：一是棂槛，二是轩槛，三是栊，四是梐牢，五是阑楯，六是柃，七是阶槛，八是钩阑）。

拒马叉子（拒马叉子有四个称谓：一是梐枑，二是梐拒，三是行马，四是拒马叉子）。

屏风（屏风有四个称谓：一是皇邸，二是后板，三是宸，四是屏风）。

露篱（露篱有五个称谓：一是欐，二是栅，三是楣，四是藩，五是落。如今称为露篱）。

以上并入小木作制度之中。

涂（涂有四个称谓：一是垷，二是墐，三是涂，四是泥）。

以上并入泥作制度之中。

阶（阶有四个称谓：一是阶，二是陛，三是陔，四是墒）。

以上并入砖作制度之中。

瓦（瓦有两个称谓：一是瓦，二是甍）。

砖（砖有四个称谓：一是甓，二是瓴瓺，三是甏，四是甋砖）。

以上并入窑作制度之中。

总诸作看详

【原文】看详：先准朝旨，以《营造法式》旧文只是一定之法。及有营造，位置尽皆不同，临时不可考据，徒为空文，难以行用，先次更不能施行，委臣重别编修。今编修到海行《营造法式》总释并总例共二卷，制度一十五卷（现存十三卷），功限一十卷，料例并工作等第共三卷，图样六卷，总三十六卷；计三百五十七篇，共三千五百五十五条。内四十九篇，二百八十三条，系于经史等群书中检寻考究。至或制度与经传相合，或一物而数名各异，已于前项逐门看详立文外，其三百八篇，三千二百七十二条，系自来工作相传，并是经久可以行用之法，与诸作谙会经历造作工匠详悉讲究规矩，比较诸作利害，随物之大小，有增减之法。（谓如板门制度，以高一尺为法，积至二丈四尺；如枓栱等功限，以第六等材为法，若材增减一等，其功限各有加减法之类。）各于逐项制度、功限、料例内勒行修立，并不曾参用旧文，即别无开具看详，因依其逐作造作名件内，或有须于画图可见规矩者，皆别立图样，以明制度。

【译文】 看详：依照先前的旨意，《营造法式》旧文是确定的法规。等到开始建造，却发现实际的位置和书中的都不相同，因此不能参考该书，它只是一纸空文，不能使用，也不能实施，所以委派臣重新编修《营造法式》。如今编修到海行《营造法式》总释和总例一共两卷，制度十五卷（现存十三卷），功限十卷，料例和工作等一共三卷，图样六卷，总共三十六卷；总计三百五十七篇，三千五百五十五个条目。总释、总例两卷共四十九篇，二百八十三个条目，都是从经史等书中考究后摘取的。至于有的制度与经传相合，有的一物多名，已经在前文逐个列出看详，共三百零八篇，三千二百七十二个条目，来自经验相传，并且是长久的可以施用的方法，我与各种手工业中有经验的工匠商讨其中的讲究、规矩，比较其中的利害关系，跟随物体大小，制定增减的法度。（例如板门的制度，以高一尺为标准，直到二丈四尺为止；如枓栱等功限，以第六等材作为标准，如果材增减一等，其功限也要相应增减，等等。）各个制度、功限、料例共同制定，并没有参考旧文，如果没有别的看详，依照工序要求制作构件，凡是需要画图以表明规矩的，都应另外附上图样，以表明制作标准。

卷一·总释上

本卷对全书所涉各种建筑物及主要构件进行释名，并分别叙述其作用或用途。

宫

【原文】《易·系辞下》："上古穴居而野处，后世圣人易之以宫室，上栋下宇，以待风雨。"

《诗》："作于楚宫[1]，揆[2]之以日，作于楚室。"

《礼》："儒有一亩之宫，环堵之室。"

《尔雅》："宫谓之室，室谓之宫。（皆所以通古今之异语，明同实而两名。）室有东、西厢曰庙（夹室前堂）；无东、西厢有室曰寝（但有大室）。西南隅谓之奥[3]（室中有隐奥处），西北隅谓之屋漏[4]（《诗》曰，尚不愧于屋漏，其义未详）。东北隅谓之宧[5]（宧，见《礼》，亦未详），东南隅谓之窔（《礼》曰：'归室聚窔，窔亦隐暗'）。"

《墨子》："子墨子曰：古之民，未知为宫室时，就陵阜[6]而居，穴而处，下润湿伤民。故圣王作为宫室之法，曰：宫高足以辟[7]润湿，旁足以圉[8]风寒，上足以待霜雪雨露；宫墙之高，足以别男女之礼。"

《白虎通义》："黄帝作宫。"

《世本》："禹作宫。"

《说文》："宅，所托也。"

《释名》："宫，穹也。屋见于垣上，穹崇然也。室，实也；言人物实满其中也。寝，侵（寝）也，所寝息也。舍，于中舍息也。屋，奥也；其中温奥也。宅，择也；择吉处而营之也。"

《风俗通义》："自古宫室一也。汉来尊者以为号，下乃避之也。"

《义训》："小屋谓之廑（音近）。深屋谓之庝（音同）。偏舍谓之庯（音亶）。庯谓之庪（音次）。宫室相连谓之謻（直移切）。因岩成室谓之广（音俨）。坏室谓之厇（音压）。夹室谓之厢，塔下室谓之龛，龛谓之椌（音空）。空室谓之康㝗（上音康，下音郎）。深谓之䫻䫻（音㲼）。颓谓之㢏㢏（上音批，下音甫）。不平谓之庯庩（上音逋，下音途）。"

【注释】[1]楚宫：古宫殿名。此宫殿为春秋卫文公在楚丘（今河南滑县）营建。朱熹《诗集传》注："楚宫，楚丘之宫也……卫为狄所灭，文公徙居楚丘，营立宫室。"下文楚室，同义，楚丘的宫室。

[2]揆：测度。

[3]奥：室内的西南角，泛指房屋及其他深处隐蔽的地方，为祭祀神主或尊者居处。

[4]屋漏：屋内西北角的特定名称。《辞源》："房子的西北角。古人设床在屋的北窗旁，因西北角上开有天窗，日光由此照射入室，故称屋漏。"

[5]宧：室内东北角。李巡注曰："东北，阳气始起，育养万物，故曰宧。宧者，养也。"

[6]陵阜：丘陵。

[7]辟：同"避"。

[8]圉：会意字，从口从幸。"口"指四面围住，"幸"指被外力控制、不能动弹。圉即受

控禁区，也可引申为监狱、养马场等。

【译文】《易·系辞下》上说："上古时期，人们居住山洞里，并在野外生活，后来圣贤之士建造了房屋来改变这种居住方式，这种房屋上面有梁檩，下面有屋檐，能够遮风挡雨。"

《诗经》上说："（当定星，即营室星位于中天时，宜定方位，造宫室）这时正是修建楚宫的吉时。凭借着日影变换来测量方位，正好是修建楚室的风水宝地。"

《礼记》上说："儒者有一亩地的宅院，他居住在四周环绕土墙、一丈见方的房间（以表清廉奉公之心）。"

《尔雅》上说："（先秦及之前）宫也叫室，室也叫宫。（这只是因为古今不同的叫法而已，实际是同一种物体的两个名字。）建有东、西厢房的室叫庙（也就是夹室前堂）；没有东西厢房的室叫寝（有一间大室）。室的西南角叫作奥（宫室之中隐奥的地方），西北角叫做屋漏（《诗经》上说：尚不愧于屋漏，具体含义不详）。东北角叫做宧（宧字见于《礼记》，具体含义也不详），而东南角叫做窔（《礼记》上说：'回家后就聚集在窔，窔就是幽深的场所'）。"

《墨子》上说："先师墨子说：上古民众还不知道建造宫室之时，就靠近山陵居住，或者住在洞穴里，地下潮湿，伤人身体。所以圣人和君王就开始营造宫室，其营造法度是：宫室地基高度要确保防止潮湿，四周的围墙要足以抵御风寒，屋顶足以防备雪霜雨露；宫墙的高度要确保男女有别，礼节不乱。"

《白虎通义》上说："黄帝建造了宫室（以抵御寒暑）。"

《世本》上说："大禹建造了宫室。"

《说文》上说："宅，就是用来居住的地方。"

《释名》上说："宫就是穹，房顶耸立在围墙之上，形成中间隆起，四面下垂的穹庐，显得高大宽敞。室，充实之意，或者说里面住满了人和填满了粮食财物等。寝，也写作侵，就是人们睡觉休息的地方。舍，就是人休养生息之处。屋，即室内深幽之处，温暖而隐秘。宅，即选择之意，指选择吉利之处营造房屋。"

《风俗通义》上说："自古以来，宫和室就是一回事，皆是代指房屋。汉代以来，那些地位尊贵的人逐渐把自己的住所称为宫，而那些地位低贱的人为避尊者讳，就逐渐把自己居住的房屋称作室。"

《义训》上说："小屋叫做廑（读近音，今读jǐn）。住宅最里边的深屋叫做庝（读同音）。偏房叫做廜（读亶音，今读dǎn）。廜就是康（读次音）。房屋相连叫做謻（读直、移的切音，今读yí）。傍着山石而建的房屋叫广（读俨音，今读广）。坏掉的屋子叫庳（读压音）。宗庙内堂东西厢的夹室叫做厢，塔下供奉佛像或神位的石室或小阁叫做龛，龛也叫椌（读空音）。空房子叫做康庑（上音康，下音郎）。里屋叫做斻斻（读舭音，今读dǎn）。倒塌崩坏的房屋叫做庀庮（上音批，下音甫）。不平坦的房屋叫做庸庪（上音道，下音途，今读bū tú）。"

阙[1]

【原文】《周官》："太宰[2]以正月示治法于象魏[3]。"

《春秋公羊传》："天子诸侯台门[4]，天子外阙两观，诸侯内阙一观。"

《尔雅》："观谓之阙。（宫门双阙也。）"

《白虎通义》："门必有阙者何？阙者，所以释门，别尊卑也。"

《风俗通义》："鲁昭公设两观于门，是谓之阙。"

《说文》："阙，门观也。"

《释名》："阙，阙也，在门两旁，中央阙然为道也。观，观也，于上观望也。"

《博雅》："象魏，阙也。"

崔豹《古今注》："阙，观也。古者每门树两观于前，所以标表宫门也。其中可居，登之可远观。人臣将朝，至此则思其所阙，故谓之阙。其上皆垩[5]土，其下皆画云气、仙灵、奇禽、怪兽，以示四方，苍龙、白虎、玄武、朱雀，并画其形。"

《义训》："观谓之阙，阙谓之皇。"

【注释】〔1〕阙：古代王宫门前两边供瞭望的高楼。

〔2〕太宰：古代官名，相传殷时始设太宰。

其职责为掌管国家的治典、教典、礼典、政典、刑典、事典等六种典籍，用来辅佐国王治理国家；为百官之首，相当于后来的宰相或丞相。周朝之后太宰一职被停止使用。

〔3〕象魏：即"阙"，也叫"观"。古代天子、诸侯宫门外的一对高建筑，用以示教令。

〔4〕台门：古代天子、诸侯宫室的门楼。因用土台为基，故名。《礼记·礼器》："天子、诸侯台门，此以高为贵也。"

〔5〕垩：一种白色土，此处指粉刷的墙壁。

【译文】《周官》上说："正月之时，太宰向各国诸侯和天下臣民宣布治典，并以文字的形式悬挂在象魏上。"

《春秋公羊传》上说："天子和诸侯等可以修建有高台的门楼，天子的阙在外，上建两座楼观，诸侯阙在内，上建一座楼观。"

《尔雅》上说："观也叫阙。（皇宫门前两边用于观望的建筑。）"

《白虎通义》上说："宫门旁边为什么一定要建造阙呢？阙，是用来区别宫门的，以表示尊卑有别。"

《风俗通义》上说："鲁昭公在宫门外建了两座楼观，这就叫阙。"

《说文》上说："阙，就是在门上建造观的意思。"

《释名》上说："阙，即缺之意，建造在宫门的两旁，中间缺口的地方是通道。观，就是楼观，可以用来观望。"

《博雅》上说："象魏就是阙。"

崔豹《古今注》上说："阙就是观。建在宫室前面，用以标明宫门所在。阙门里可以住人，登上去可以远观。大臣上朝时，走到此处要思考自己为人处世的不足之处，所以叫阙。阙上都经过粉刷，下部则画有云气、仙灵、奇禽、怪兽，以指示苍龙、白虎、玄武、朱雀等四个方位，并画着各自的形状。”

《义训》上说：“观叫做阙，阙也叫做皇（登阙为皇帝特权，大臣只可行旁门）。”

殿（堂附）

【原文】《苍颉篇》：“殿，大堂也。”（徐坚注云：商周以前其名不载，《秦本纪》始曰“作前殿”。）

《周官·考工记》：“夏后氏世室[1]，堂修二七，广四修一；商（殷）人重屋[2]，堂修七寻，堂崇[3]三尺；周人明堂[4]，东西九筵，南北七筵，堂崇一筵。”（郑司农注云：修，南北之深也。夏度以“步”，今堂修十四步，其广益四分修之一，则堂广十七步半。商度以“寻”，周度以“筵”，六尺曰步，八尺曰寻，九尺曰筵。）

《礼记》：“天子之堂九尺，诸侯七尺，大夫五尺，士三尺。”

《墨子》：“尧舜堂高三尺。”

《说文》：“堂，殿也。”

《释名》：“堂，犹堂堂，高显貌也；殿，殿鄂[5]也。”

《尚书·大传》：“天子之堂高九雉[6]，公侯七雉，子男[7]五雉。”（雉长三丈。）

《博雅》：“堂堭[8]，殿也。”

《义训》：“汉曰殿，周曰寝。”

【注释】〔1〕世室：指宗庙。郑玄注：“世室者，宗庙也。”《公羊传·文公十三年》：“世室者何？鲁公之庙也……世室，犹世室也，世世不毁也。”

〔2〕重屋：重檐之屋，商朝的天子用以宣明政教的大厅堂。郑玄注：“重屋者，王宫正堂，若大寝也。”孙诒让正义：“殷人重屋者，亦殷之明堂也。”

〔3〕崇：《说文》：嵬高也。从山宗声。这里是高的意思。

〔4〕明堂：古代天子所建的最隆重的建筑物，用以朝会、发布政令、祭祀等。古人认为，明堂既可通天象，又可统万物，天子在此听察天下、宣明政教，是体现天人合一的神圣之地。

〔5〕殿鄂：即沂鄂，器物表面的凹凸纹理。沂，凹纹；鄂，凸纹。段玉裁注：“释宫室曰，殿有殿鄂也。殿鄂即《礼记》注之沂鄂。”又：“堂之所以称殿者，正谓前有陛，四缘皆高起，沂鄂显然，故名之殿。”

〔6〕雉：古时计算城墙面积的单位，长三丈高一丈为一雉。

〔7〕子男：子爵和男爵。古代诸侯五等爵位之第四等及第五等。

〔8〕堂堭：殿堂。堭，同“隍”，无水的护城壕。

【译文】《苍颉篇》上说：“殿，就是大堂。”（徐坚的注解说：商周之前的朝代并没有记载殿的名称，《秦本纪》上开始有“先作前殿阿房”的记载。）

《周官·考工记》上说：“夏代后

氏修建的宗庙，堂南北深十四步，东西长十七步半；殷商人修建的天子用以宣明政教的大厅堂，南北深七寻，堂高三尺；周朝人修建的明堂，东西长九筵，南北宽七筵，堂高为一筵。"（郑司农注释说：修，是房屋南北进深的长度。夏朝时用"步"来度量距离，如今说堂修十四步，则它的宽度在此基础上增加了十四步的四分之一，也就是说堂的宽度为十七步半。商代用"寻"来作为度量距离远近的单位，周朝用"筵"来度量，六尺为一步，八尺为一寻，九尺为一筵。）

《礼记》上说："天子所居朝堂高九尺，诸侯的为七尺，大夫的为五尺，士人的只有三尺。"

《墨子》上说："帝尧、帝舜的殿堂高只有三尺。"

《说文》上说："堂，就是殿。"

《释名》上说："堂，犹如堂堂，高大显赫的样子；殿，是堂的结构高低不平之意。"

《尚书·大传》上说："天子的殿堂高九雉，公侯的府堂高七雉，子爵和男爵的房屋高五雉。"（长三丈为一雉。）

《博雅》上说："堂埠，就是殿的意思。"

《义训》上说："汉朝称为殿，周朝称为寝。"

楼

【原文】《尔雅》："狭而修曲曰楼。"

《淮南子》："延楼栈道，鸡栖井干[1]。"

《史记》："方士[2]言于武帝曰：黄帝为五城十二楼以候神人。帝乃立神台井干楼，高五十丈。"

《说文》："楼，重屋也。"

《释名》："楼谓牖户之间有射孔，楼楼[3]然也。"

【注释】〔1〕延楼：高楼。高诱注："延楼，高楼也。"栈道：原指沿悬崖峭壁修建的一种道路，中国古代高楼间架空的通道也称栈道。鸡栖：鸡栖息之所，鸡窝。井干：一种不用立柱及大梁的房屋结构。该结构以圆木或矩形、六角形木料平行向上叠置，在转角处木料端部交叉咬合，形成房屋四壁，如古代井上的木围栏，再在两侧壁上立矮柱承脊檩构成房屋。

〔2〕方士：方术之士。古代自称能访仙炼丹使人长生不老的人。

〔3〕楼楼：《说文》：楼楼当作娄娄。娄，空也。这里是空明之意。

【译文】《尔雅》上说："狭窄而修长迂曲的就叫做楼。"

《淮南子》上说："高楼之间凌空架设通道，鸡窝采用井干结构。"

《史记》上说："方术之士对汉武帝说：黄帝修建了五座城和十二座楼以等候神仙降临。汉武帝于是下令建造神明台、井干楼，高达五十丈。"

《说文》上说："楼，就是重檐之屋。"

《释名》："之所以称作楼，是因为

门窗之间设有射击孔，光线照射进来而显得宽敞明亮。"

亭

【原文】《说文》："亭，民所安定也。亭有楼，从高省，从丁声也。"

《释名》："亭，停也，人所停集也。"

《风俗通义》："谨按《春秋》《国语》有寓望[1]，谓今亭也。汉家因秦，大率十里一亭。亭，留也。今有语'亭留''亭待'，盖行旅宿食之所馆也。亭，亦平也；民有讼诤[2]，吏留辨处，勿失其正也。"

【注释】〔1〕寓望：古代边境上所设的以备瞭望、迎送宾客的楼馆。亦指其主管官员。《国语·周语中》："国有效牧，疆有寓望，薮有圃草，囿有林池，所以御灾也。"董增龄正义："寓望，谓寄寓之楼，可以观望。"

〔2〕讼诤：即讼争。争辩，争吵。《后汉书·列女传·曹世叔妻》："直者不能不争，曲者不能不讼。讼争既施，则有忿怒之事矣。"

【译文】《说文》上说："亭，是用来保护人民安定的。亭上有楼，意义同'高'有联系，字形与高省去部分笔画相像，读音从丁声。"

《释名》上说："亭，停留之意，是供行人停留集合的地方。"

《风俗通义》上说："《春秋》《国语》中所说的寓望，就是现在所谓的亭。

汉代因袭秦制，大约十里设一亭。亭，即停留之意。现在的用语如'亭留''亭待'，皆是指为旅客提供食宿的馆舍。亭，也有公平之意；指人民有诉讼争论的时候，官吏留下当事人审判甄别的地方，以求不失其公正。"

台榭[1]

【原文】《老子》："九层之台，起于累土。"

《礼记·月令》："五月可以居高明，可以处台榭。"

《尔雅》："无室曰榭。"（榭即今堂埠。）

又："观四方而高曰台，有木曰榭。"（积土四方者。）

《汉书》："坐皇堂上。"（室而无四壁曰皇。）

《释名》："台，持也。筑土坚高，能自胜持也。"

【注释】〔1〕榭：建在高土台或水面（或临水）的用于休憩的木屋，属园林建筑。

【译文】《老子》上说："九层高的台，是从一筐土开始堆积起来的。"

《礼记·月令》上说："五月可以居住在高大轩敞的地方，也可以居住在亭台水榭之间。"

《尔雅》上说："没有室的楼台叫做榭。"（榭即如今的堂埠。）

又说："建在高处用以瞭望四方的叫

做台，用木头建造的叫做榭。"（在四周
用土垒起来。）

《汉书》上说："坐在宽敞的殿堂之
上。"（四面没有墙壁的宫室就叫皇。）

《释名》上说："台，即保持之意。
把土筑得既坚硬又高耸，使其能够长久地
自我保持。"

城

【原文】《周官·考工记》："匠人
营国，方九里，旁三门。国中九经九纬，
经涂九轨。王宫门阿[1]之制五雉，宫隅
之制七雉，城隅之制九雉。"（国中，城
内也。经纬，涂也。经纬之涂，皆容方九
轨。轨谓辙广，凡八尺。九轨积七十二
尺。雉长三丈，高一丈。度高以"高"，
度广以"广"。）

《春秋左氏传》："计丈尺，揣高卑，
度厚薄，仞沟洫，物土方，议远迩，量事
期，计徒庸[2]，虑材用，书糇粮[3]，以
令役，此筑城之义也。"

《公羊传》："城雉者何？五版[4]
而堵，五堵而雉，百雉而城。"（天子之
城千雉，高七雉；公侯百雉，高五雉；子
男五十雉，高三雉。）

《礼记·月令》："每岁孟秋之月，
补城郭；仲秋之月，筑城郭。[5]"

《管子》："内之为城，外之为郭。"

《吴越春秋》："鲧（越）筑城以卫
君，造郭以守民。"

《说文》："城，以盛民也。墉，城垣
也。堞，城上女垣[6]也。"

《五经异义》："天子之城高九仞，
公侯七仞，伯五仞，子男三仞。"

《释名》："城，盛也，盛受国都
也。郭，廓也，廓落在城外也。城上垣谓
之睥睨，言于孔中睥睨非常也；亦曰陴，
言陴助城之高也；亦曰女墙，言其卑小，
比之于城，若女子之于丈夫也。"

《博物志》："禹作城，强者攻，弱
者守，敌者战。城郭自禹始也。"

【注释】〔1〕阿：屋栋，屋脊。郑玄注：
"阿，栋也。"

〔2〕徒庸：人工。指用工数。

〔3〕糇粮：干粮，食粮。

〔4〕版：筑土墙的夹板，通板。

〔5〕孟秋：秋季的第一个月，即农历七月。
仲秋：农历八月。《礼记·月令》："孟秋之月
寒蝉鸣，仲秋之月鸿雁来，季秋之月霜始降。"

〔6〕女垣：即女墙，特指房屋外墙高出屋面
的矮墙，或城墙上面呈凹凸形的小墙；因古代女
子地位卑微，所以就用来形容城墙上面呈凹凸形
的小墙。

【译文】《周官·考工记》上说："工
匠修建城池，方圆九里，每一边有三座城
门。城中有九条南北大道、九条东西大
道，每条大道可容九辆车并行。王宫的宫
门每栋的规格是高五雉，宫墙的规格是高
七雉，城墙的规格是高九雉。"（国家，
就在城内。经纬，即南北方向和东西方向
的道路。南北和东西道路都可以同时容纳
九辆马车通行。轨叫做辙广，一般宽八尺。

九轨共有七十二尺。雉长为三丈，高一丈。可以用雉的高度来度量其他物体的高度，用它的宽度来度量其他物体的宽度。）

《春秋左氏传》上说："计算城墙的长度，设定城墙的高矮，测量城墙的厚度，设计护城河的深度，寻找修建城墙所需的土石物料，商议研究取土的方位和远近，计划工程竣工的日期，统计做劳工的人数，考虑材料的用度，预算工程需要的口粮，以便支持筑墙的各诸侯国之间共同承担赋役，这才是修筑城墙所需要做的整体考量。"

《公羊传》上说："城雉是什么呢？五块筑墙夹板的面积叫一堵，五堵的面积叫一雉，方圆一百雉为一城。"（为天子而修建的城邑方圆千雉，高七雉；王公诸侯的城邑方圆百雉，高五雉；子爵男爵的城邑方圆五十雉，高三雉。）

《礼记·月令》上说："每年农历七月，修补城墙；农历八月，修筑新的城墙。"

《管子》上说："修建在里面的叫做城，修建在外围的叫做郭。"

《吴越春秋》上说："鲧（人名，大禹的父亲）修筑内城以保卫君王，建造城郭以守护臣民。"

《说文》上说："城，是用来容纳臣民的。墉，即城墙。堞，就是城上的女墙。"

《五经异义》上说："天子的城邑高九仞，王公侯爵的城邑高七仞，伯爵的城邑高五仞，子爵、男爵的城邑高三仞。"

《释名》上说："城，即盛，用来盛装容纳国都之意。郭，轮廓的意思，廓落于城外。城上的矮墙叫做睥睨，是说可以通过墙上的空洞来窥视一些异于常时的情况；这种矮墙也叫陴，可以增加城墙的高度；也叫女墙，是说它与城墙相比显得卑微矮小，就像女人之于丈夫一样。"

《博物志》上说："大禹建造了城墙，强大的人利用城墙进攻，弱小的一方利用城墙防守，敌对的时候可以用来作战。所以，修建城郭就是从大禹时期开始出现的。"

墙

【原文】《周官·考工记》："匠人为沟洫，墙厚三尺，崇三之。"（高厚以是为率，足以相胜。）

《尚书》："既勤垣墉。"

《诗》："崇墉圪圪。"

《春秋左氏传》："有墙以蔽恶。"

《尔雅》："墙谓之墉。"

《淮南子》："舜作室，筑墙茨屋，令人皆知去岩穴，各有室家，此其始也。"

《说文》："堵，垣也。五版为一堵。墉，周垣也。埒，卑垣也。壁，垣也。垣蔽曰墙。栽，筑墙长版也。"（今谓之"膊版"。）"干，筑墙端木也。"（今谓之"墙师"。）

《尚书·大传》："天子贲墉，诸侯疏杼。"（贲，大也，言大墙正道直也。疏，犹衰也。杼亦墙也。言衰杀其上，不得正直。）

《释名》："墙，障也，所以自障蔽也。垣，援也，人所依止以为援卫也。墉，容也，所以隐蔽形容也。壁，辟也，所以辟御风寒也。"

《博雅》："㙩（力雕切）、隊（音篆）、墉、院（音桓）也。廦（音壁，又即壁反），墙垣也。"

《义训》："庀（音毛），楼墙也。穿垣谓之腔（音空）。为垣谓之厽（音累），周谓之㙩（音了），㙩谓之窭（音垣）。"

【译文】 《周官·考工记》上说："工匠设计田间的水渠等农田设施，夯土墙厚三尺，高是厚度的三倍。"（高度和厚度按这样的比例，可以互相支撑。）

《尚书》上说："（如果建造房屋）就要勤于修筑墙壁。"

《诗经》上说："城墙高耸。"

《春秋左氏传》上说："墙可以遮掩过错和隐私。"

《尔雅》上说："墙叫做墉。"

《淮南子》上说："舜帝建造房屋，用土筑墙，用茅草、芦苇盖屋顶，让臣民都知道要离开岩洞，各自有了属于自己的房屋和家庭，这是建造房屋的开始。"

《说文》上说："堵，就是墙的意思。五块筑墙的夹板为一堵。㙩，就是围墙的意思。垺，矮墙。壁，也被称为墙。垣蔽也叫墙。栽，筑墙所用的长板。"（如今叫做"膊板"。）"干，筑墙时用在两端的木头。"（如今叫做"墙师"。）

《尚书·大传》上说："天子筑方正气派的高墙，诸侯只能用衰墙。"（贲，大的意思，是说墙修筑得方正气派。疏即衰之意。杚也是墙的意思。是说诸侯的墙不方正、不气派。）

《释名》上说："墙，即障碍之意，所以墙有阻挡、遮蔽之功效。垣，支援之意，人们依靠垣来保卫、支援家室。墉，容纳的意思，可以用来隐蔽身形。壁，庇护的意思，可以用来抵御风霜寒雪。"

《博雅》上说："㙩（读力、雕切音）、隊（读篆音）、墉、院（读桓音）。廦（读壁音，或读即、壁反音），都是墙垣的意思。"

《义训》上说："庀（读毛音），就是楼墙。穿垣称为腔（读空音）。为垣称为厽（读累音），周称之为㙩（读了音），㙩称之为窭（读垣音）。"

柱础[1]

【原文】 《淮南子》："山云蒸，柱础润。"

《说文》："櫍[2]（之日切），椹[3]也。椹，阑足也。榰[4]（章移切），柱砥也。古用木，今以石。"

《博雅》："础、礩[5]（音昔）、碩[6]（音真，徒年切）、磶[7]也。镵[8]（音谗）谓之铍[9]（音拔）。镵（醉全切，又予兖切），谓之鏨[10]（惭敢切）。"

《义训》："础谓之碱[11]（仄六切），碱谓之硕，硕谓之碣，碣谓之礤[12]（音颡，今谓之石锭，音顶）。"

【注释】 〔1〕柱础：一种中国建筑构件，清称柱础石，是承受屋柱压力的奠基石。古人为使落地屋柱不潮湿腐烂，在柱脚上加上一块石墩，起到防潮及加强柱基承压的作用。

〔2〕栀（zhì）：钟鼓支架及其他器物的足，也指柱下木头。

〔3〕柎（fū）：钟鼓架的足，也泛指器物的足。

〔4〕楮（zhī）：柱下的墩子。

〔5〕碣（xì）：柱下的础石。

〔6〕磌（tián）：柱下的石礅子。

〔7〕硕（zhì）：柱下的石礅子。

〔8〕镵（chán）：锐器。

〔9〕铍（pī）：大针。

〔10〕錾（zàn）：小凿，雕凿金石的工具；雕，刻。

〔11〕碱（zhú）：柱下的石墩子。

〔12〕礤（sǎng）：柱下的石礅子。

【译文】 《淮南子》上说："山中云雾蒸腾，柱础石就会潮润。"

《说文》上说："栀（读之、日切音），就是柎。柎，就是栏杆的底部。楮（读章、移切音），就是柱砥。古时用木质，现在用石质的。"

《博雅》上说："础、碣（读昔音）、磌（读真音），就是硕。镵（读馋音）叫做铍（读披音）。镵（读醉、全切音，也可读予、究切音）又叫做錾（读惭、敢切音）。"

《义训》上说："础叫做碱（读仄、六切音），碱叫做硕，硕叫做碣，碣叫做礤（读颡音，现在叫做石锭，读顶音）。"

定平

【原文】 《周官·考工记》："匠人建国，水地以垂。"（于四角立植而垂，以水望其高下，高下既定，乃为位而平地。）

《庄子》："水静则平中准，大匠取法焉。"

《管子》："夫准坏险以为平。"

【译文】 《周官·考工记》上说："工匠建造国都，在水平的地面上竖立柱子，并用绳子取直。"（在四个角上竖立柱子并使其垂直地面，站在水平的位置查看它们的高矮偏颇，确定高矮之后，就在平地上确定修建的方位。）

《庄子》上说："取水面静止的时候为水平、正中、标准，这是大匠获取水平的方式。"

《管子》上说："准可以破险为平。"

取正

【原文】 《诗》："定之方中。"又："揆之以日。"（定，营室也。方中，昏正四方也。揆，度也。度日出日入，以知东西。"南"视定"北"准极，以正南北。）

《周礼·天官》："惟王建国，辨方正位。"

《考工记》："置槷以垂，视以景。为规识日出之景与日入之景；夜考之极星，以正朝夕。"（自日出而画其景端，以至日入既，则为规，测景两端之内规之，规之交乃审也。度两交之间，中屈之以指槷，则南北正。日中之景，最短者也。极星谓"北辰"。）

《管子》："夫绳扶拨以为正。"

《字林》："槷（时钏切），垂枭望也。"

《刊谬正俗·音字》："今山东匠人犹言垂绳视正为槷也"。

【译文】《诗经》上说："定星在黄昏时位于天中央。"又说："测量日影来确定方位。"（定，即建造房屋之意。方中，黄昏时在四个方位的正中。揆，测量之意。测量日出日落，以知道东西方位。南通常被视为确定北方的标准，以确定南北方位。）

《周礼·天官》上说："只有在君王建造国都的时候，才会明辨方向和端正位置。"

《考工记》上说："垂直放置测量日影的标杆，观察它的影子所在。目的是为了识别日出和日落时太阳的影子位置；夜晚考察北极星的方位，以确证早晚。"（从太阳刚升起一直到日落时，记录下其过程中槷影远端的变化，这样可以形成一定的规律；测量槷影两端距离的变化，就是审。测量两端之间的影线，如果与槷影重合，则南北的方位就正。太阳在中天的

时候，影子最短。极星就是北极星。）

《管子》上说："绳子，用来扶持、消除倾斜，以使其保持垂直端正。"

《字林》上说："槷（读时、钏切音），就是垂直竖立一根标杆用来观测日影。"

《刊谬正俗·音字》上说："现在，山东等地的工匠还常常说垂悬一根绳子来观察是不是端正，他们把这叫做槷。"

材

【原文】《周礼》："任工以饬[1]材事。"

《吕氏春秋》："夫大匠之为宫室也，景小大而知材木矣。"

《史记》："山居千章之楸[2]。"（章，材也。）

班固《汉书》："将作大匠属官有主章长丞。"（旧将作大匠主材，吏名章曹掾。）

又《西都赋》："因瑰材而究奇。"

弁兰《许昌宫赋》："材靡隐而不华。"

《说文》："契[3]，刻也。"（契音至。）

《傅子》："构大厦者，先择匠而后简材。"（今或谓之"方桁"，桁音衡。按构屋之法，其规矩制度，皆以章契为祖。今语，以人举止失措者谓之"失章失契"，盖此也。）

【注释】〔1〕饬（chì）：整顿。
〔2〕楸：为落叶乔木，干高叶大，夏季开

黄绿色的细花，木材质地致密，可做器具。《说文》："楸，梓也。"

〔3〕契（zhì）：古代木结构的一种术语，与斗拱结构有关。指上下栱间填充的断面尺寸，与"材"同，皆为建筑尺度的计量标准。

【译文】《周礼》上说："任命工匠来整顿用料等事宜。"

《吕氏春秋》上说："大匠建造宫殿，量一量土地大小就知道用木料多少。"

《史记》上说："深山里出产上千株的楸树。"（章，就是木材。）

班固《汉书》上说："将作大匠下面还设置有名为主章长丞的下属官员。"（古代主管材料的将作大匠，官名叫做章曹掾。）

又《西都赋》上说："就着各种瑰异的木材而建造各种鬼斧神工的样式。"

弁兰《许昌宫赋》上说："所选木材要材质细密而不浮华。"

《说文》上说："契，就是刻的意思。"（契读至音。）

《傅子》上说："建造大厦的人，要先选择匠人，而后才挑拣材料。"（现在也有人把它叫做"方桁"，桁读衡音。按照建造房屋的方法，其中的规矩制度，都是以章契等旧例为原始依据。今天我们把人举止失措称为"失章失契"，大致是从此而来。）

栱〔1〕

【原文】《尔雅》："栟〔2〕谓之

栭。"（柱上欂〔3〕也，亦名枅〔4〕，又曰楷。栟音弁，栭音疾。）

《苍颉篇》："枅，柱上方木。"

《释名》："栾〔5〕，挛〔6〕也，其体上曲，挛拳然也。"

王延寿《鲁灵光殿赋》："曲枅要绍而环句〔7〕。"（曲枅，栱也。）

《博雅》："欂谓之枅，曲枅谓之栾。"（枅，音古妍切，又音鸡。）

薛综《〈西京赋〉注》："栾，柱上曲木，两头受栌者。"

左思《吴都赋》："雕栾镂楶。"（栾，栱也。）

【注释】〔1〕栱：斗拱结构中的一种木质构件，立柱和横梁之间呈弓形的承重结构。

〔2〕栟（biàn）：门柱上的斗拱。

〔3〕欂（bó）：柱顶之上承托梁的方木。

〔4〕枅（jī）：柱上方木。

〔5〕栾：柱上成弓形的承重结构。

〔6〕挛：手脚蜷曲而不能伸展。

〔7〕要绍：屈曲貌。环句：亦作"环钩"，环与环相勾联。

【译文】《尔雅》上说："栟叫做栭。"（即是柱顶上承托栋梁的方木，也叫枅，又叫楷。栟读弁音，栭读疾音。）

《苍颉篇》上说："枅，柱子顶端的方形木料。"

《释名》上说："栾，就是挛，因为它的形体向上弯曲，像是五指紧握的拳头一样。"

王延寿《鲁灵光殿赋》上说："曲

枅屈曲而环环相勾联。"（曲枅，就是栱。）

《博雅》上说："栭叫做枅，曲枅叫做栾。"（读作古、妍的切音，也读鸡音。）

薛综《〈西京赋〉注》上说："栾就是柱子顶端的弯木，两头都承接着欂栌。"

左思《吴都赋》上说："在栾上雕刻，在斗栱上镂空。"（栾，也指栱。）

飞昂[1]

【原文】《说文》："欂[2]，楔也。"

何晏《景福殿赋》："飞昂鸟踊。"

又："欂栌[3]各落以相承。"（李善曰："飞昂之形，类鸟之飞。"今人名屋四阿栱曰"欂昂"，欂即昂也。）

刘梁《七举》："双覆井菱，荷垂英昂。"

《义训》："斜角谓之飞棉。"（今谓之下昂者，以昂尖下指故也。下昂尖面顊下平。又有上昂，如昂程挑斡者，施之于屋内或平坐之下。昂字又作柳，或作棉者，皆吾郎切。顊，于交切，俗作凹者，非是。）

【注释】〔1〕飞昂：即飞柳。昂是中国古代建筑斗栱结构中的一种木质构件，在斗栱中前后斜置，起杠杆作用，且是利用内部屋顶结构的重量平衡出挑部分屋顶的重量。飞昂可分为上昂、下昂，其中以下昂使用为多。

〔2〕欂（jiān）：木楔。

〔3〕欂栌：即斗栱。

【译文】《说文》上说："欂，就是木楔子。"

何晏《景福殿赋》上说："飞昂状如鸟儿飞跃。"

又说："欂栌相互错落，以彼此支撑。"（李善注释说："飞昂的形状，就像鸟飞翔之姿。"现在人们把房屋的四个斗栱叫做"欂昂"，欂就是昂。）

刘梁《七举》上说："一双水菱藻井，荷花栩栩如生，就像从飞昂上垂下来的一般。"

《义训》上说："斜角就叫做飞棉。"（如今我们称之为下昂，是因为昂尖向下指的缘故。下昂尖的表面很平滑。再比如上昂，如昂程挑斡一类，可以用在屋内或者平坐下面。昂字又写作柳，或作棉，读作吾、郎的切音。顊，读于、交切音，一般认为可写作凹，其实不可以。）

爵头[1]

【原文】《释名》："上入曰爵头，形似爵头也。"（今俗谓之"要头"，又谓之"胡孙头"。朔方人[2]谓之"蚱蜓头"。蚱音勃，蜓音纵。）

【注释】〔1〕爵头：斗栱的基本构件之一，属铺作的构件。通常位于最上一层栱或昂之上，与挑檐桁相交而向外伸出，出头多作蚂蚱头状。

〔2〕朔方人：朔气指北方的寒气，北方寒冷，又可称朔方。朔方人即北方人。

【译文】 《释名》上说："上部从里面伸出的叫做爵头，形状像鸟雀的头部。"（即如今我们俗称的"耍头"，也叫"胡孙头"。北方人则称之为"蚂蜙头"。蚂读勃音，蜙读纵音。）

枓[1]

【原文】《论语》："山节藻棁[2]。"（节，栭[3]也。）

《尔雅》："栭谓之楶[4]。"（即栌[5]也。）

《说文》："栌，柱上柎[6]也。栭，枅上标也。"

《释名》："栌在柱端。都卢[7]负屋之重也。枓在栾两头，如斗，负上檼[8]也。"

《博雅》："楶谓之栌。"（节、楶，古文通用。）

《鲁灵光殿赋》："层栌磥佹以岌峩。"（栌，枓也。）

《义训》："柱斗谓之楷[9]（音沓）。"

【注释】 〔1〕枓（dǒu）：柱上支撑大梁的木构件。枓与弓形承重结构交错层叠，层层向外探出，形成上大下小的托座，以支承荷载，且兼具装饰作用。

〔2〕山节藻棁（zhuō）：语出《礼记·明堂位》："山节藻棁……天子之庙饰也。"指古代帝王的庙饰。山节，刻成山形的斗拱；藻棁，画有藻文的梁上短柱。后用来形容居处豪华奢侈，越等僭礼。

〔3〕栭（ér）：柱顶承托梁的方木。

〔4〕楶（jié）：斗拱，承托大梁的方木。

〔5〕栌：柱上方木。

〔6〕柎（fū）：此为"柎"另一义。即斗拱上面的横木，主要支撑设置于其上的短小木构件。

〔7〕都卢：古代杂技名。

〔8〕檼（yǐn）：屋栋；脊檩。

〔9〕楷（tà）：柱子上的木叫楷。柱斗也就是楷。

【译文】 《论语》上说："刻着山形的斗拱，画着藻文的梁上短柱。"（节，就是栭。）

《尔雅》上说："栭叫做楶。"（就是栌。）

《说文》上说："栌，就是柱子上端的柎。栭，就是枅上的方檩。"

《释名》上说："栌在柱子的顶端，就像是玩杂技的人爬杆顶碗一样，不可思议地承担着房屋的重量。斗在栾的两头，形状如斗，承担着上面脊檩的重量。"

《博雅》上说："楶就叫做栌。"（节、楶在古文里通用。）

《鲁灵光殿赋》："层层栌斗重叠高耸入危，一派巍峨雄伟的样子。"（栌，就是枓。）

《义训》上说："柱斗叫做楷（读沓音，今读tà）。"

铺作[1]

【原文】 汉《柏梁诗》："大匠曰：柱欀欂栌[2]相支持。"

《景福殿赋》:"桁梧复叠,势合形离。"(桁梧,枓栱也,皆重叠而施,其势或合或离。)

又:"欀栌各落以相承,栾栱[3]夭矫而交结。"

徐陵《太极殿铭》:"千栌赫奕,万栱崚层[4]。"

李白《明堂赋》:"走栱夤缘[5]。"

李华《含元殿赋》:"云薄万栱。"

又:"悬栌骈凑。"(今以枓栱层数相叠出跳多寡次序,谓之"铺作"。)

【注释】〔1〕铺作:即斗栱,主要由水平放置的斗、矩形的栱以及斜置的昂等构件组成,在柱上伸出悬臂梁支撑屋檐悬出部分的重量。因结构部件层层相叠铺设而成,在宋代称"铺作",清代称"斗科"或"斗栱",江南亦称"牌科"。

〔2〕欀(cuī):椽子,放在檩上支承屋面和瓦片的木条。欀栌:指斗栱。

〔3〕栾栱:柱顶支承梁木的曲木。

〔4〕赫奕:形容光辉炫耀的样子,或者显赫、大美之貌。崚层:高耸层叠。

〔5〕走栱夤缘:攀附上升。后引申为攀附权贵,拉拢关系,向上巴结。

【译文】汉《柏梁诗》上说:"大匠说:柱子、椽子、斗栱等相互支撑。"

《景福殿赋》上说:"门梁、窗框上的横木和屋梁两头起支架作用的斜柱相互交叉重叠,虽然各有其形,但其结构用力均匀合一。"(桁梧,就是斗栱,都是重叠错落而建,其外形有时相互结合,有时候又各自独立。)

又说:"欀栌错落有致以相互支撑,栾栱外形伸展屈曲而相互结合。"

徐陵《太极殿铭》上说:"成百上千的栌结合在一起,光彩夺目,壮观显赫,成千上万的栱层层重叠高耸。"

李白《明堂赋》上说:"走栱攀缘着交互上升。"

李华《含元殿赋》上说:"薄云之中成千上万的栱时隐时现。"

又说:"斗栱相互依靠在一起,紧密相联。"(如今人们把斗栱的层数相叠和出跳的多少,叫做"铺作"。)

平坐[1]

【原文】张衡《西京赋》:"阁道[2]穹隆。"(阁道,飞陛[3]也。)

又:"隥道[4]逦倚以正东。"(隥道,阁道也。)

《鲁灵光殿赋》:"飞陛揭孽[5],缘云上征,中坐垂景,俯视流星。"

《义训》:"阁道谓之飞陛,飞陛谓之墱[6]。"(今俗谓之"平坐",亦曰"鼓坐"。)

【注释】〔1〕平坐:也称复道、阁道。建筑物周围用柱、梁、额、斗栱等铺设的平台。平坐斗栱上架设楼板,并置钩阑,做成一周跳台。高台或楼层用斗栱、枋、铺板等挑出,以利登临眺望,此结构称作平坐。

〔2〕阁道:复道。《史记·秦始皇本纪》:"先作前殿阿房,东西五百步,南北五十丈,上

可以坐万人，下可以建五丈旗，周驰为阁道，自殿下直抵南山。"

〔3〕飞陛：通往高处的阶道。

〔4〕隥（dèng）道：隥，古同"磴"，阶梯；石级。即登山之道。

〔5〕揭孽：亦作"揭业"。极高的样子。

〔6〕墱：古同"磴"。

【译文】 张衡《西京赋》上说："阁道幽长曲折。"（阁道，就是通向高处的台阶和道路。）

又说："登高的道路逶迤辗转向东。"（隥道，就是阁道。）

《鲁灵光殿赋》上说："通向高处的阶道高耸矗立，沿着云彩步步攀升，坐在台阶正中可以观赏阶下的风景，甚至可以低头俯瞰飞逝的流星。"

《义训》上说："阁道叫做飞陛，飞陛叫做墱。"（如今俗称"平坐"，也叫"鼓坐"。）

梁

【原文】 《尔雅》："宗瘤〔1〕谓之梁。"（屋大梁也。宗，武方切。瘤，力又切。）

司马相如《长门赋》："委参差之糠梁〔2〕。"（糠，虚也。）

《西都赋》："抗应龙〔3〕之虹梁〔4〕。"（梁，曲如虹也。）

《释名》："梁，强梁也。"

何晏《景福殿赋》："双枚既修。"（两重，作梁也。）

又："重桴乃饰〔5〕。"（重桴，在外作两重，牵也。）

《博雅》："曲梁谓之罶〔6〕（音柳）。"

《义训》：梁谓之欐〔7〕（音礼）。"

【注释】 〔1〕宗（máng）瘤：宗，房屋的大梁。瘤，树木干、根外皮隆起的块状物。

〔2〕糠梁：虚梁，结构中不存在，其特点是无刚度、无自重。

〔3〕应龙：应龙是古代汉族神话传说中一种有翼的龙，相传禹治洪水时有应龙以尾画地成江河使水入海。

〔4〕虹梁：即弧形梁。李善注："应龙虹梁，梁形如龙，而曲如虹也。"

〔5〕双枚既修，重桴乃饰：两重檩条（桁条）。古代建筑常有檐檩及挑檐檩，有时可用两根。李善注："双枚，屋内重檐也。重桴，重栋也。在内谓之双枚，在外谓之重桴。言重檐既长，因达于外，而重栋以施彩饰也。" 吕延济注："双枚，屋内两重作梁也。重桴，在外作两重牵也。"

〔6〕罶（liǔ）：古同"罶"。捕鱼的竹篓子，鱼进去就出不来。《诗·小雅·鱼丽》："鱼丽于罶。"

〔7〕欐（lì）：正梁，栋。

【译文】 《尔雅》上说："宗瘤叫做梁。"（即房屋上的大梁。宗的读音是武方切，今读máng，瘤读力又切，今读liú）

司马相如《长门赋》上说："承托住屋顶上大小长短不一结构的架空的梁。"（糠，虚的意思。）

《西都赋》上说："能够承担如长着

17

双翼的应龙般弯曲如虹的梁。"（梁，弯曲如虹。）

《释名》上说："梁就是强梁。"

何晏《景福殿赋》上说："屋内两重作梁已然修建完毕。"（两重的意思是在屋内用两根木头作梁。）

又说："在外面的两重牵引的梁又施以彩饰。"（重桴，在外部作两重作梁，有牵拉的作用。）

《博雅》上说："弯曲梁叫做罶（读柳音）。"

《义训》上说："梁叫做欐（读礼音）。"

柱

【原文】《诗》："有觉其楹[1]。"

《春秋·庄公》："丹桓[2]宫楹。"

《礼》："楹，天子丹，诸侯黝，大夫苍，士黈。"（黈，黄色也。）

又："三家视桓楹[3]。"（柱曰植，曰桓。）

《西都赋》："雕玉瑱[4]以居楹。"（瑱音镇。）

《说文》："楹，柱也。"

《释名》："柱，住也。楹，亭也，亭亭然孤立，旁无所依也。齐鲁读曰轻。轻，胜也，孤立独处，能胜任上重也。"

何晏《景福殿赋》："金楹齐列，玉舄[5]承跋。"（玉为矴以承柱下。跋，柱根也。）

【注释】〔1〕楹：厅堂前部的柱子。

〔2〕桓：古代立在驿站、官署等建筑物前作标志的木柱，又称华表。

〔3〕桓楹：古代天子、诸侯下葬时下棺所植之柱。柱上有孔，穿绳悬棺以入墓穴。

〔4〕玉瑱：瑱为耳饰。玉瑱本意为古人冠冕上垂于两侧用以塞耳的玉器。此处指美石制的柱础。瑱，今读tiàn。

〔5〕玉舄（xì）：同"玉磶"，玉制柱脚石。李善注："《广雅》曰：'磶，碛也。磶与舄古字通。'"

【译文】《诗经》上说："房屋巍峨方正全要依靠高大挺拔的柱子。"

《春秋·庄公》上说："用朱砂涂染宫殿里的华表和堂前柱子。"

《礼记》上说："给堂屋前的柱子刷漆，天子的要用红色，诸侯官邸要用青黑色，大夫府邸要用青色，一般士人就用黄色。"（黈，即黄色。）

又说："（公室成员下葬比照的是丰碑的规格）而仲孙、叔孙、季孙等三家下葬比照的就是桓楹了。"（四根大木柱称为植，也为桓。）

《西都赋》上说："雕刻美玉作为基础，来承托宫殿的柱子。"（瑱读镇音，今读tiàn。）

《说文》上说："楹就是柱子。"

《释名》上说："柱，就是住。楹，就是亭，亭亭孤立，旁边没有什么依靠。山东一带的人读轻。轻，就是胜任的意思，孤立独处，能够承担上面的重量。"

何晏《景福殿赋》上说："金色的柱子整齐排列，玉制的柱底石承托着柱子根部。"（用玉来作为承托柱子的墩子。跋，就是柱子的根部。）

阳马[1]

【原文】《周官·考工记》："商人四阿重屋[2]。"（四阿，若今四注屋也。）

《尔雅》："直不受檐谓之交。"（谓五架屋际，椽不直上檐，交于栋上。）

《说文》："栌栾[3]，殿堂上最高处也。"

何晏《景福殿赋》："承以阳马。"（阳马，屋四角引出以承短椽者。）

左思《魏都赋》："齐龙首以涌霤。"（屋上四角雨水入龙口中，泻之于地也。）

张景阳《七命》："阴虬[4]负檐，阳马翼阿。"

《义训》："阙角[5]谓之栌栾。"（今俗谓之"角梁"。又谓之"梁抹"者，盖语讹也。）

【注释】〔1〕阳马：亦称角梁。中国古代建筑的一种构件。最下用大角梁（老角梁）、子角梁承受翼角椽尾。子角梁上，逐架用隐角梁（由戗）接续。用于四阿（庑殿）屋顶、厦两头（歇山）屋顶转角45°线上，安在各架椽正侧两面交点上。

〔2〕四阿重屋：即在四坡屋盖檐下，再设一周保护夯土台基等的防雨坡檐。"四阿"指四面坡，"重屋"指两重檐。该造型重叠巍峨，有崇高庄重感。

〔3〕栌栾：宫阙上转角处的瓦脊。

〔4〕阴虬：有角的龙。古人以龙为阴物，故称。

〔5〕阙角：觚棱，即栌栾。

【译文】《周官·考工记》上说："殷商朝的人们喜欢修建四阿重屋。"（四阿，就像如今的四面有坡的四注屋。）

《尔雅》上说："椽直立，而不承受屋檐的重量，叫做交。"（称之为五架屋际，椽子不直接连接上檐，而相交于屋脊之处。）

《说文》上说："栌栾，位于殿堂上最高的地方。"

何晏《景福殿赋》上说："承托着阳马。"（阳马，从房屋的四角引出并承托短椽的结构。）

左思《魏都赋》上说："从状似龙头的地方喷涌出水流。"（雨水从屋檐的四个角上灌入龙口中，再倾泻到地上。）

张景阳《七命》上说："角龙托住屋檐，阳马承托着四角的栋梁。"

《义训》上说："阙角叫做栌栾。"（如今俗称"角梁"。也有叫"梁抹"的，大概是以讹传讹了。）

侏儒柱

【原文】《论语》："山节藻棁。"

《尔雅》："梁上楹谓之棁。"（侏儒柱也。）

扬雄《甘泉赋》："抗浮柱之飞榱[1]。"（浮柱，即梁上柱也。）

《释名》："棁[2]，棁儒也：梁上

短柱也。梲儒犹侏儒，短，故因以名之也。”

《鲁灵光殿赋》：“胡人[3]遥集于上楹。”（今俗谓之“蜀柱”。）

【注释】〔1〕抗浮柱之飞榱：抗，举。之，犹“与”。吕向注：“浮柱，梁上柱也。”“飞榱，椽也。”语出《文选·扬雄》：“抗浮柱之飞榱兮，神莫莫而扶倾。”言檐宇高峻，若神暗中相扶。

〔2〕梲：梁上的短柱。

〔3〕胡人：狭义的胡人就是指匈奴人，后泛指北方游牧民族以及后来西域地区的人。《汉书·匈奴传》：“单于遣使遗汉书云：‘南有大汉，北有强胡。胡者，天之骄子也，不为小礼以自烦。’”

【译文】《论语》上说："刻成山形的斗拱，画有藻文的梁上短柱。"

《尔雅》上说："房梁之上的楹柱称为棁。"（即侏儒柱。）

扬雄《甘泉赋》上说："承担梁上短柱的椽子。"（浮柱，即梁上的柱子。）

《释名》上说："梲，就是梲儒：梁上的短柱子。梲儒也指侏儒，因为短的缘故，所以以此命名。"

《鲁灵光殿赋》上说："北方游牧民族的形象出现在高高的柱子上的浮雕中。"（也就是如今俗称的"蜀柱"。）

斜柱

【原文】《长门赋》：“离楼梧而相撑[1]（丑庚切）。”

《说文》：“樘，衺柱也。”

《释名》：“梧[2]在梁上，两头相触牾也。”

《鲁灵光殿赋》：“枝樘杈枒[3]而斜据。”（枝樘，梁上交木也。杈枒相柱，而斜据其间也。）

《义训》：“斜柱谓之梧。”（今俗谓之“叉手”。）

【注释】〔1〕离楼梧而相撑：离楼，亦作“离㼐”，众木交加之貌。李善注：“离楼，攒聚众木貌。”撑，古同“撑”，支撑。下文“樘”同。

〔2〕梧：斜柱的一种。其名有五：一曰斜柱，二曰梧，三曰迕，四曰枝樘，五曰义手。下文枝樘亦是其一。

〔3〕杈枒：亦作“杈桠”，参差交错的样子。

【译文】《长门赋》上说："众多木料交互叠加在一起，制成支撑房屋的斜柱（撑，读丑、庚切音，今读chēng）。"

《说文》上说："樘，就是纵长的柱子。"

《释名》上说："梧这种斜柱位于房梁上，两头于房梁处相交抵。"

《鲁灵光殿赋》上说："枝樘这种斜柱参差交错，斜着挺出支撑着房屋。"（枝樘，就是梁上的交木。斜柱相互交错，支撑着整座房屋的各个角落。）

《义训》上说："斜柱叫做梧。"（如今俗称"叉手"。）

卷二·总释下

本卷接续卷一，进一步对建筑构件和建筑附属物进行释名，并分别叙述其作用或用途。

栋[1]

【原文】《易》："栋隆，吉。"

《尔雅》："栋谓之桴[2]。"（屋檼也。）

《仪礼》："序则物当栋，堂则物当楣[3]。"（是制五架之屋也。正中曰栋，次曰楣，前曰庋，九伪切，又九委切。）

《西都赋》："列棼橑[4]以布翼，荷栋桴[5]而高骧[6]。"（棼、桴，皆栋也。）

扬雄《方言》："甍[7]谓之雷。"（即屋檼也。）

《说文》："极，栋也。栋，屋极也。檼，棼也。甍，屋栋也。"（徐锴曰：所以承瓦，故从瓦。）

《释名》："檼，隐也，所以隐桷也。或谓之望，言高可望也。或谓之栋。栋，中也，居屋之中也。屋脊曰甍。甍，蒙也，在上蒙覆屋也。"

《博雅》："檼，栋也。"

《义训》："屋栋谓之甍。"（今谓之"槫"，亦谓之"檩"，又谓之"榜"。）

【注释】〔1〕栋：本意是指房屋正中最高处的东西向横木，后成为单体建筑物或构筑物的通称，引申为比喻担负重任的人或事物之意。

〔2〕桴（fú）：房屋的次栋，即二栋。

〔3〕序则物当栋，堂则物当楣：序，州学。堂，堂与室相对，室，指乡学。楣，框上的横木。门楣也指房屋的横梁，即二梁。

〔4〕棼橑（fén lǎo）：楼阁的栋和椽。

〔5〕栋桴：栋，正梁；桴，二梁。

〔6〕高骧：腾越，腾飞。

〔7〕甍：屋脊。

【译文】《易经》上说："栋梁高高隆起，大吉。"

《尔雅》上说："栋叫做桴。"（就是屋檼。）

《仪礼》上说："州学之物（射礼时站立处）的位置在屋之中脊（栋）下，乡学之物的位置则在前楣（第二檩）下。"（栋是建造五架房屋的重要构件。位于正中的叫做栋，稍微往后的叫楣，在前的叫庋。庋，读九、伪切音，或读九、委切音，今读guǐ。）

《西都赋》上说："楼阁的栋和椽子整齐排列，就像鸟的翅膀上排布的羽毛，而荷重的栋和桴飞腾的姿态就像骏马一般。"（棼、桴，都是栋。）

扬雄《方言》上说："甍叫做雷。"（就是屋檼。）

《说文》上说："极，就是栋。栋，就是屋栋，房屋的中梁。檼，就是棼。甍，就是屋栋。"（徐锴说：因为是用来承担瓦的重量，所以部首从瓦。）

《释名》上说："檼，隐之意，所以称为隐桷。或者叫做望，指可以登高望远。或称为栋。栋，正中之意，指位于屋子正中。屋脊称作甍。甍，即蒙，在屋顶上蒙覆屋瓦。"

《博雅》上说："樀，就是栋。"

《义训》上说："屋栋叫做薨。"（如今所说的"樀"，也叫"檁"，又叫"榜"。）

两际

【原文】《尔雅》："桷[1]直而遂谓之阅。"（谓五架屋际椽相正当。）

《甘泉赋》："日月才经于柍桭[2]。"（柍，于两切。桭音真。）

《义训》："屋端谓之柍桭。"（今谓之"废"。）

【注释】〔1〕桷：方形椽子。

〔2〕柍桭（yǎng zhēn）：半檐，两楹间。柍，通"央"。桭，屋檐。

【译文】《尔雅》上说："椽子又长又直，称为阅。"（是说五架屋的两际、椽子要相匹配。）

《甘泉赋》上说："日月刚刚经过屋子半檐之际。"（柍，读于、两的切音。桭读真音。）

《义训》上说："屋端叫做柍桭。"（如今叫做"废"。）

搏风[1]

【原文】《仪礼》："直于东荣[2]。"（荣，屋翼也。）

《甘泉赋》："列宿乃施于上荣[3]。"

《说文》："屋梠[4]之两头起者为

荣。"

《义训》："搏风谓之荣。"（今谓之"搏风板"。）

【注释】〔1〕搏风：屋翼。

〔2〕直于东荣：东荣，正房东面的廊檐。原文为："夙兴，设洗，直于东荣，南北以堂深，水在洗东。"

〔3〕上荣：飞檐及屋檐两头的挑角。

〔4〕屋梠：屋檐。

【译文】《仪礼》上说："（早晨醒来）面对着正房东边的廊檐（设置盥洗器皿）。"（荣，就是屋翼。）

《甘泉赋》上说："众星宿爬上屋檐。"

《说文》上说："屋檐两头抬起的地方就叫做荣。"

《义训》上说："搏风叫做荣。"（如今叫做"搏风板"。）

柎

【原文】《说文》："棼，复屋[1]栋也。"

《鲁灵光殿赋》："狡兔跧伏[2]于柎侧。"（柎，枓上横木，刻兔形，致木于背也。）

《义训》："复栋[3]谓之棼。"（今俗谓之"替木"。）

【注释】〔1〕复屋：指具有双重椽、栋、垂檐等建筑结构的屋宇。

〔2〕跧（quán）伏：蜷伏。

〔3〕复栋：栋下复为一栋以列椽。又代称复屋。

【译文】《说文》上说："梦，就是复屋的正梁。"

《鲁灵光殿赋》上说："狡兔蜷伏在枅的旁边。"（枅，即斗拱上的横木，雕刻着兔子的形状，支撑其上的短小木构件。）

《义训》上说："复栋叫做梦。"（即如今俗称的"替木"。）

椽〔1〕

【原文】《易》："鸿渐于木，或得其桷。"

《春秋左氏传》："桓公伐郑，以大宫〔2〕之椽为卢门之椽。"

《国语》："天子之室，斫其椽而砻〔3〕之，加密石焉。诸侯砻之，大夫斫之，士首之。"（密，细密文理。石，谓砥也。先粗砻之，加以密砥。首之，斫其首也。）

《尔雅》："桷谓之榱。"（屋椽也。）

《甘泉赋》："琁题玉英〔4〕。"（题，头也。榱椽之头皆以玉饰。）

《说文》："秦名为屋椽，周谓之榱，齐鲁谓之桷。"

又："椽方曰桷，短椽谓之楝〔5〕（耻绿切）。"

《释名》："桷，确也，其形细而疏确也。或谓之椽。椽，传也，传次而布列

之也。或谓之橑，在檼旁下列，衰衰〔6〕然垂也。"

《博雅》："橑、檩（鲁好切）、桷、楝，椽也。"

《景福殿赋》："爰有禁楄，勒分翼张〔7〕。"（禁楄，短椽也。楄，蒲沔切。）

陆德明《春秋左氏传音义》："圜曰椽。"

【注释】〔1〕椽：放在檩上架屋瓦的木条。

〔2〕大宫：古代帝王诸侯的祖庙。

〔3〕砻（lóng）：磨。

〔4〕琁：次于玉的石头。玉英：指玉之精英。

〔5〕楝（sù）：短的椽子。

〔6〕衰衰：下垂的样子。韩愈《南山有高树行赠李宗闵》："南山有高树，花叶何衰衰！"

〔7〕爰有禁楄，勒分翼张：爰，于是。禁楄：宫殿建筑的短椽子。翼张：如鸟展翅。形容分布的样子。李善注："勒分翼张，言如兽勒之分，鸟翼之张。"

【译文】《易经》上说："鸿雁渐渐落到树上，有可能找到平整的枝丫来栖身。"

《春秋左氏传》上说："齐桓公伐郑，（宋国也攻打郑国）把郑国太庙的椽子拿回去做宋国卢门的椽子。"

《国语》上说："天子的宫室，要将椽子进行砍削并打磨，然后再用纹理细密的石头加以打磨。诸侯宫室的椽子需砍

削打磨，大夫房屋的椽子只需砍削，士人的房舍，只要将椽子头去掉就可以了。"

（密，指细密的纹理。石，也称作砥。先用粗纹理的石头打磨，再用密石打磨。最初的环节就是砍断椽子头。）

《尔雅》上说："桷就叫榱。"（即是屋椽。）

《甘泉赋》上说："椽头用玉石加以雕饰。"（题，即头。椽子头都用玉雕饰。）

《说文》上说："秦朝把椽子叫做屋椽，周朝叫做榱，齐鲁一带称为桷。"

又说："方形的椽子叫做桷，短椽子叫做棁（读耻、绿的切音）。"

《释名》上说："桷，即确，它的形状细长精确。也有的叫做椽。椽，传之意，依次传递而均匀排列的意思。有的叫做榱，在檼的旁边，在檼下低垂着。"

《博雅》上说："榱、橑（读鲁、好的切音）、桷、棁，都是椽子的意思。"

《景福殿赋》上说："于是有禁楄，如兽勒之分，如鸟翼之张。"（禁楄，就是短椽子。楄，读蒲、沔的切音。）

陆德明在《春秋左氏传音义》上说："圆叫做椽。"

檐（余廉切，或作欜，俗作檐者，非是。）

【原文】《易·系辞》："上栋下宇，以待风雨。"

《诗》："如跂斯翼，如矢斯棘，如鸟斯革，如翚斯飞。[1]"（疏云：言檐

阿之势，似鸟飞也。翼言其体，飞言其势也。）

《尔雅》："檐谓之樀[2]。"（屋梠也。）

《礼》："复庙重檐，天子之庙饰也。"

《仪礼》："宾升，主人阼阶[3]上，当楣。"（楣，前梁也。）

《淮南子》："橑檐榱题[4]。"（檐，屋垂也。）

《方言》："屋梠谓之棂[5]。"（即屋檐也。）

《说文》："秦谓屋联楱曰楣，齐谓之檐，楚谓之梠。樀（徒含切），屋梠前也。庌（音雅），庑也。宇，屋边也。"

《释名》："楣，眉也，近前若面之有眉也。又曰梠，梠，旅也，连旅旅也。或谓之棂。棂[6]，绵也，绵连榱头，使齐平也。宇，羽也，如鸟羽自蔽覆者也。"

《西京赋》："飞檐辙辙[7]。"

又："镂槛文槐。"（槐，连檐也。）

《景福殿赋》："槐梠椽榱。"（连檐木，以承瓦也。）

《博雅》："楣、檐、棂，梠也。"

《义训》："屋垂谓之宇，宇下谓之庑，步檐谓之廊，嶞廊谓之岩，檐槐谓之庮[8]（音由）。"

【注释】〔1〕跂（qǐ）：踮起脚跟站立。

翼：端庄肃敬的样子。棘：借作"翮（hè）"，此指箭羽翎。革：翅膀。翚（huī）：野鸡。跻，登。朱熹集传："其栋宇峻起，如鸟之警而革也，其檐阿华采而轩翔，如翚之飞而矫其翼也，盖其堂之美如此。"

〔2〕楠（dí）："商"："对准的"。"木"与"商"相合指的是屋檐上对准地沟设置的雨漏孔。本义指屋檐上特设的漏雨水的孔洞。

〔3〕阼（zuò）阶：东阶。郑玄注："阼，犹酢也，东阶所以答酢宾客也。"

〔4〕橑檐：房檐。榱题：亦作"榱提"，屋椽的端头。通常伸出屋檐，故通称为出檐。

〔5〕棂：旧式房屋的窗格。

〔6〕槾（màn）：即抹子，泥工的一种抹墙工具。

〔7〕飞檐辀辀：语出张衡《西京赋》："反宇业业，飞檐辀辀。"飞檐：屋檐上翘，使其角更加突出，犹如飞翼。反宇：屋檐上仰起的瓦头。辀辀：高耸的样子。屋檐上翘，瓦头仰起。形容楼阁、宫殿等建筑外形精巧美观。

〔8〕庮（yóu）：朽木的臭味。

【译文】《易·系辞》上说："上面有房梁，下面有屋檐，以应对风雨。"

《诗经》上说："宫室端正，如人踮脚恭立，檐角飞起，有如箭羽方正有棱，宽广好像大鸟展翅，色彩艳丽又像锦鸡飞腾。"（注疏上说：极言屋檐的形状，宛如鸟飞。翼是说房屋的体式，飞翔是说房屋的气势。）

《尔雅》上说："檐叫做楣。"（即屋柏。）

《礼》上说："双重屋檐的建筑，是

天子宗庙所特有的。"

《仪礼》上说："宾客升席，主人从东面的台阶上入席，正对着门楣。"（楣，就是前梁。）

《淮南子》上说："房檐和椽子头。"（檐，屋顶下垂。）

《方言》上说："屋梠叫做梀。"（即屋檐。）

《说文》上说："秦朝把屋檐相连处叫做楣，齐国人称其为檐，楚国人称其为梠。檐（读徒、含的切音，今读tán），在屋梠的前面。庌（读雅音），就是庑。宇，就是屋檐边。"

《释名》上说："楣，即眉，走近上前观看，就好像人脸上有眉毛一样，又叫梠。梠，即旅，屋檐成片相连之意。有的叫做槾。槾，绵之意，绵长蔓延与榱头相连，并使其整齐、水平。宇，即羽，如鸟的羽毛覆盖在上面。"

《西京赋》上说："檐角上翘犹如飞翼。"

又说："雕镂栏杆，纹饰屋檐。"（槐，即连檐。）

《景福殿赋》："连檐和椽子相依傍。"（连檐木，用来承受瓦片之重。）

《博雅》上说："楣、檐、梀，都是梠的意思。"

《义训》上说："屋垂称为宇，宇下称为庑，步檐称为廊，峻廊称为岩，檐槾称为庮（读由音）。"

举折

【原文】《周官·考工记》："匠人为沟洫，茸屋三分，瓦屋四分。"（各分其修，以其一为峻。）

《通俗文》："屋上平曰陠（必孤切）。"

《刊谬正俗·音字》："陠，今犹言陠峻也。"

唐柳宗元《梓人传》："画宫于堵，盈尺而曲尽其制，计其毫厘而构大厦，无进退焉。"

皇朝景文公宋祁《笔录》："今造屋有曲折者谓之庯峻。齐魏间，以人有仪矩可喜者谓之庯峭，盖庯峻也。"（今谓之"举折"。）

【译文】《周官·考工记》上说："匠人修建田间的水渠等农田设施、规定草屋顶举高为跨度的三分之一，瓦屋顶举高为跨度的四分之一。"（各自确定屋子南北的深度，分别以其三分之一或四分之一为举折的高度。）

《通俗文》上说："屋势最上方平整而下端倾斜曲折就叫做陠（读必、孤的切音）。"

《刊谬正俗·音字》上说："陠，就是如今所说的陠峻。"

唐柳宗元《梓人传》上说："把宫室的图样画在城墙上，全部按照尺寸将宫室的形制表示出来，依照图样计算每一个细节而建造大厦，以做到精确无误。"

我朝（北宋）景文公宋祁《笔录》上说："如今建造的房屋，屋势倾斜曲折的叫做庯峻。齐魏时期，把仪表堂堂、长相俊俏讨喜的人称作庯峭，庯峻，大概即是此意。"（如今称作"举折"。）

门

【原文】《易》："重门击柝，以待暴客[1]。"

《诗》："衡门[2]之下，可以栖迟。"

又："乃立皋门，皋门有闳；乃立应门，应门锵锵。[3]"

《诗义》："横一木作门，而上无屋，谓之衡门。"

《春秋左氏传》："高其闬闳[4]。"

《公羊传》："齿著于门阖。"（何休云：阖，扇也。）

《尔雅》："闬[5]谓之门，正门谓之应门。枨谓之阈[6]。（阈，门限也。疏云：俗谓之地栿，千结切。）枨[7]谓之楔。（门两旁木。李巡曰：捆上两旁木。）楣谓之梁。（门户上横木。）枢[8]谓之椳[9]。（门户扉枢。）枢达北方，谓之落时。（门持枢者，或达北橶，以为固也。）落时谓之戻[10]。（道二名也。）橛谓之阒[11]。（门阃[12]。）阖[13]谓之扉，所以止扉谓之闳。（门辟旁长橛也。长杙即门橜也。）植谓之传，传谓之突。（户持锁植也。见《坤苍》。)"

《说文》:"阁[14],门旁户也。闺,特立之门,上圜下方,有似圭[15]。"

《风俗通义》:"门户铺首[16]。昔公输班[17]之水,见蠡曰,见汝形。蠡适出头,般以足画图之,蠡引闭其户,终不可得开,遂施之于门户,云人闭藏如是,固周密矣。"

《博雅》:"闼谓之门。閈(呼计切)、扇,扉也。限谓之丞,柣橛(巨月切)机,阃朱(苦木切)也。"

《释名》:"门,扪也,为扪幕障卫也。户,护也,所以谨护闭塞也。"

《声类》曰:"庑,堂下周屋也。"

《义训》:"门饰金谓之铺,铺谓之鏂(音欧。今俗谓之'浮沤钉'也)。门持关谓之椻(音连)。户版谓之簰籓(上音牵,下音先)。门上木谓之枅。扉谓之户,户谓之閈。臬谓之柣。限谓之閾,閾谓之阅。閍谓之㦰廖(上音琰,下音移),㦰廖谓之间(音坦。广韵曰:所以止扉)。门上梁谓之楣(音冒)。楣谓之阎(音沓)。键谓之庋(音及)。开谓之闑(音伟)。阖谓之闱(音蛭)。外关谓之屚。外启谓之閮(音挺)。门次谓之闑。高门谓之閌(音唐)。閌谓之闳。荆门谓之荜,石门谓之庯(音孚)。"

【注释】 〔1〕柝(tuò):古代打更用的梆子。暴客,指强盗。

〔2〕衡门:横木为门。指简陋的房屋。朱

熹《诗集传》注:"衡门,横木为门也。门之深者,有阿塾堂宇,此惟横木为之。"

〔3〕皋门:王都的郭门。闳:通"宏"。高大的样子。应门:王宫的正门。锵锵:庄严雄伟的样子。

〔4〕闬闳(hàn hóng):里巷的大门。语出《左传·襄公三十一年》:"是以令吏人完客所馆,高其闬闳,厚其墙垣,以无忧客使。"

〔5〕闬:里巷之门,又泛指门。

〔6〕柣(zhì):门槛。下文"閾"同。

〔7〕枨(chéng):古代门两旁所立的长木柱,用以防止车过触门。

〔8〕枢:木门的转轴。

〔9〕椳(wēi):门臼,承托门转轴的臼状物。

〔10〕㐌(è):古同"厄"。《徐曰》:"户小门也。"

〔11〕闑(niè):门橛,古代竖在大门的短木。朱骏声《说文通训定声·泰部》:"古者门有二闑,二闑之中曰门,二闑之旁皆曰枨。必设此者,所以为尊卑出入之节也。"

〔12〕门闑:亦作"门楣"。门槛。

〔13〕阖:门扇。

〔14〕阁:旁门,小门,古代宫殿的侧门。

〔15〕圭:古代帝王、诸侯在举行典礼时所拿的一种玉器,该玉器上圆(或剑头形)下方。

〔16〕铺首:带有驱邪意义的汉族传统门饰。门扉上的环形饰物,大多为兽首衔环。以金为之称金铺;以银为之称银铺;以铜为之称铜铺。其形制,有冶蠡状,有冶兽吻状,盖取其善守济。又有冶龟蛇状及虎形,以用其镇凶辟邪。

〔17〕公输班:即鲁班。

【译文】 《易经》上说:"设置重重

门户，夜间敲击木梆巡逻，以防强盗。"

《诗经》上说："架起一根横木做门，人们就可以在简陋的房屋里休息。"

又说："于是修建起都城的外城门，城门高耸入云；于是又修建起王宫正门，王宫正门雄伟磅礴。"

《诗义》上说："设置一根横木做门，上面没有屋顶，叫做衡门。"

《春秋左氏传》上说："（于是令人修复使者所住之地）使其高过里巷的大门（厚过城墙的厚度，确保使者无忧）。"

《公羊传》上说："（春秋时宋大夫仇牧赴宋闵公之难，被宋万所杀，他的）牙齿镶嵌在门板之内。"（何休说：阖，就是门扇。）

《尔雅》上说："阓叫做门，正门叫做应门。枨叫做阈。（阈，门槛。注疏上说：一般称之为地枨，读千、结的切音，今读yù。）枨叫做楔。（指立在门旁的两根木头。李巡注释说：就像旁边捆上了两根木头。）楣称作梁。（门户上的横木。）枢称作椳。（门户上承托门插栓的门臼。）枢在北方地区，称作落时。（门上有转轴，有的甚至长至北栋，认为这样可以更牢固。）落时称作戺。橛称作阃。（即门阃。）阖称作扉，所以止扉称作闳。（门辟旁边的长橛。长杙就是门槏。）植称作传，传称作突。（即门户须用锁加持。见《埤苍》。）"

《说文》上说："闺，就是旁边的小门的意思。闱，特立的门，上圆下方，形状与圭相似。"

《风俗通义》上说："关于门户上叩门所用的门环形状的来历。以前鲁班到水边，看见水蠡说，现出你的原形。水蠡刚一露头，鲁班就用脚画出了它的形状，水蠡于是又缩回它的壳中，再也不出来，于是鲁班把这个造型做成铺首用在门上，并声称，如果人也能够这样隐藏自己，就能算作周密了。"

《博雅》上说："闳称作门。阒（读呼、计切音，今读xiè），扇、就是门扉。限称作丞。枳橜（读巨、月的切音，今读jué）机，就是阃朱（读苦、木的切音，今读kǔn）。"

《释名》上说："门，即扪，在外为扪，屏蔽保障之意。户，即护之意，用来防护、隔离。"

《声类》上说："庑，就是堂下四周的廊屋。"

《义训》上说："门上用金属装饰的称作铺，铺又称作鏂（读欧音。也就是如今俗称的'浮沤钉'）。门持关称作楗（读连音）。户板称作簾箷（上读牵音，下读先音，今读xiǎn）。门上的木头称为枅。扉称为户，户又称为闬。臬称为枨。限称为阃，阃称为阅。闶称为炭廖（上读琰音，下读移音），炭廖称为闾（读坦音。《广韵》上说：这是用来关住门扇的）。门上的横梁称作楣（读冒音）。楣称为阘（读沓音）。键为废（读及音）。开称为闱（读伟音）。阃称为闶（读蛭音，今读dié）。外关称作扃。外启称为闚（读挺音，即庭字）。门次称为闒。高门称为阓（读唐音）。阓称为阎。荆门称为荜。石门称为庸（读孚音）。"

乌头门[1]

【原文】《唐六典》："六品以上仍通用乌头大门。"

唐上官仪《投壶[2]经》："第一箭入谓之初箭，再入谓之乌头，取门双表[3]之义。"

《义训》："表揭[4]，阀阅[5]也。"（揭音竭。今呼为"棂星门"[6]。）

【注释】〔1〕乌头门：也称乌头大门、表楬、阀阅、楬橥、绰楔，俗称棂星门。其形式为：在两立柱之间横一枋木，柱头安瓦，柱出头处染成黑色，枋上书名。柱间装双开门，门扇上安设直棂窗，可视门内外。其上有成偶数的棂条，下有涨水版。柱头多有装饰纹刻。此门用于官邸及祠庙、陵墓之前。

〔2〕投壶：从先秦至清末的汉民族传统礼仪和宴饮游戏，投壶礼源于射礼。由于庭院不够宽敞，不足以张侯置鹄，或由于宾客多，不足以备弓比耦；或有的宾客不会射箭，因此用投壶代替弯弓射箭，以乐嘉宾，以习礼仪。司马光《投壶新格》上定有"有初"（第一箭入壶者）、"连中"（第二箭连中）、"贯耳"（投入壶耳者）、"散箭"（第一箭不入壶，第二箭起投入者）、"全壶"（箭箭都中者）、"有终"（末箭入壶者）、"骁箭"（投入壶中之箭反跃出来，接着又投中者）等。

〔3〕双表：通常成对，故称。

〔4〕表揭：标志。

〔5〕阀阅：指有功勋的世家、巨室。太史公

日："古者人臣功有五品，以德立宗庙定社稷曰勋，以言曰劳，用力曰功，明其等曰伐，积日曰阅。"即五品功名的官员家可设立。位于门左边的柱子称阀，意为建有功劳；右边的称阅，意为经历久远，即世代官居高位。

〔6〕棂星门：棂星即古代天文学上之"文星"，以此命名，表示天下文人学士集学于此。棂星门即天门，所以宫室、祭祀建筑（如天坛）、坛庙和陵寝建筑都设有棂星门。

【译文】《唐六典》上说："六品以上官员的宅邸仍然通用乌头大门。"

唐上官仪《投壶经》上说："（玩投壶游戏时）第一箭射入称为初箭，第二箭也射入称为乌头，取门要成对出现之意。"

《义训》上说："乌头门就是有功勋的人家的标志。"（揭读竭音，今读jiē，如今称作"棂星门"。）

华表[1]

【原文】《说文》："桓，亭邮[2]表也。"

《前汉书注》："旧亭传于四角，面百步，筑土四方，上有屋，屋上有柱，出高丈余，有大版，贯柱四出，名曰桓表。县所治，夹两边各一桓。陈宋之俗，言桓声如和，今人犹谓之和表。颜师古云，即华表也。"

崔豹《古今注》："程雅问曰，'尧设诽谤之木，何也？'答曰：'今之华表。以横木交柱头，状如华，形似桔

榤[3]；大路交衢[4]悉施焉。’或谓之‘表木’，以表王者纳谏，亦以表识衢路。秦乃除之，汉始复焉。今西京谓之‘交午柱’。”

【注释】〔1〕华表：古代宫殿、陵墓等大型建筑物前用于装饰的石柱。相传尧时立木牌于交通要道，供人书写谏言，针砭时弊。远古的华表都为木制，东汉始用石柱作华表。现在华表的实用功能已消失，仅作为竖立在宫殿、桥梁、陵墓等前的装饰性的大柱。

〔2〕亭邮：古代沿途设置的供送文书的人和旅客歇宿的馆舍。徐锴系传：“亭邮立木为表……古者十里一长亭，五里一短亭。邮，过也，所以止过客也。”

〔3〕桔槔：俗称“吊杆”“称杆”，古汉族的一种农用汲水工具。

〔4〕交衢：指道路交错要冲之处。

【译文】《说文》上说：“桓，就是立在沿途用于送信人和旅客歇息住宿的馆舍前的用木头做成的标志。”

《前汉书注》上说：“旧时的亭子相传有四个角，每两个角相距百步，四面筑土，上面有屋子，屋子上有柱子，柱子高出屋顶一丈有余，柱子上有大块的木板，从四个角贯柱子出，名叫桓表。县府所在地的道路两边各有一桓。依陈宋之地方言，读桓声如和字，如今还有人称其为和表。颜师古注释说，就是华表。”

崔豹《古今注》上说：“程雅有一次问：‘尧帝设置诽谤木，这是什么东西呢？’回答说：‘就是现在的华表。用横

木搭住柱头，形状如花，又像桔槔；在道路交错要冲之处都布置安设上。’有人称其为‘表木’，以表示帝王纳谏，也用来标识道路的方向。秦朝的时候将其取缔，汉朝又开始恢复。现在西京地区称为‘交午柱’。”

窗

【原文】《周官·考工记》：“四旁两夹窗。”（窗，助户为明。每室四户八窗也。）

《尔雅》：“牖户[1]之间，谓之扆[2]。”（窗东户西也。）

《说文》：“窗，穿壁以木为交窗[3]。向北出，牖。在墙曰牖，在屋曰窗。楶，楯[4]间子也。栊，房室之处也。”

《释名》：“窗，聪也，于内窥见外为聪明也。”

《博雅》：“意窗牖，闵（虚谅切）也。”

《义训》：“交窗谓之牖，楶窗谓之疏，牖牍谓之篰（音部）。绮窗[5]谓之广麗（音黎）。廔[6]（音娄），房疏谓之栊[7]。”

【注释】〔1〕牖户：窗和门。

〔2〕扆（yǐ）：古代庙堂户牖间绣有斧形的屏风。

〔3〕交窗：即窗户。古代窗户用木条横竖交叉而成，故称。段玉裁注：“交窗者，以木横直

为之，即今之窗也。"

〔4〕楯（shǔn）：栏杆上横木，指阑干。

〔5〕绮窗：雕刻或绘饰得很精美的窗户。

〔6〕甍：屋栋，屋脊。

〔7〕棂（lóng）：有窗框格、窗棂、窗棂木之意，亦借指房舍。

【译文】《周官·考工记》上说："四门旁边分别设置了两扇窗户。"（设置窗子的目的是为了帮助室内光线明亮。每一间居室都设有四扇门和八扇窗。）

《尔雅》上说："门和窗之间的阻隔之物叫做扆。"（在建屋时，一般将窗建在东面，将门建在西面。）

《说文》上说："窗户穿过墙壁，用木条横竖交叉制成。窗子向北开，叫做牖。开在墙上的窗户称为牖，开在屋顶的叫做窗。楹是指窗户上的横木。棂就是窗棂木，借指房屋、人家。"

《释名》上说："窗户，聪之意，从里面可以看见外面，称作聪明。"

《博雅》上说："窗、牖，就是闳（读虚、谅的切音）。"

《义训》上说："交窗称作牖，棂窗称作疏，牖牍称作篰（读部音）。外观精美的窗户就叫广廲（读黎音）。廔（读娄音），房疏称作棂。"

平棋[1]

【原文】《史记》："汉武帝建章后阁，平机中有騶牙[2]出焉。"（今本作"平栋"者误。）

《山海经图》："作平橑，云今之平棋也。"（古谓之"承尘"。今宫殿中其上悉用草架梁栿承屋盖之重，如攀、额、樘、柱、敦、桥、方、槫之类，及纵横固济之物，皆不施斤斧。于明栿[3]背上，架算程方[4]，以方椽施版，谓之"平暗"[5]，以平版贴华谓之"平棋"。俗亦呼为"平起"者，语讹也。）

【注释】〔1〕平棋：即今之天花板，也叫"承尘"。在木框间放较大的木板，板下施彩绘或贴以有彩色图案的纸，这种形式在宋代称为平棋，后代沿用较多。在木条拼成的方格天花中，平棋因为是由大方格组成，仰看就像一个棋盘，所以得名。平棋，其名有三：一曰平机，二曰平橑，三曰平棋，俗谓之平起。下文平机、平橑同。

〔2〕騶牙（zōu）：兽名，即騶虞，古代汉族神话传说中的仁兽。在传说中它是一种虎身狮头、白毛黑纹、尾巴很长的动物。据说生性仁慈，连青草也不忍心践踏，不是自然死亡的生物不吃。

〔3〕明栿：与草栿相对，指的是在平暗、平棋以下的梁，由于明栿在室内能看得见，所以做工精致。宋代常将明栿做成月梁、混肚等，以增加美感。在有平棋与平暗的梁架中，明栿只负荷平棋与平暗的重量。

〔4〕程（tīng）方：方形横木。

〔5〕平暗：即室内吊顶的一种。为了不露出梁架，常在梁下用纵横方木组成木框，框内放置密且小的木方格。

【译文】《史记》上说："汉武帝

建章宫后阁的重栏里有驹牙这样的动物出现。"（如今的版本写作"平栋"是错误的。）

《山海经图》上说："制作的平橑，就是今天的平棋。"（古人称作"承尘"。如今宫殿上面都用茅草、房架、房梁、斗拱等承受屋顶的重量，如攀、额、橙、柱、敦、桥、方、槫之类，以及纵横交错起固定支撑作用的构件，都无需使用斤斧等物。在明栿背上架空横木，以方形椽木制成大长木板，称作"平暗"，以平板贴出花型则称作"平棋"。一般说的"平起"是错误的。）

斗八藻井[1]

【原文】 《西京赋》："蒂倒茄于藻井，披红葩之狎猎[2]。"（藻井当栋中，交木如井，画以藻文，饰以莲茎，缀其根于井中，其华下垂，故云"倒"也。）

《鲁灵光殿赋》："圜渊方井，反植荷蕖[3]。"（为方井，图以圜渊及芙蓉。华叶向下，故云"反植"。）

《风俗通义》："殿堂象东井[4]形，刻作荷菱。菱，水物也，所以厌火。"

沈约《宋书》："殿屋之为圜泉、方井兼荷华者，以厌火祥。"（今以四方造者谓之斗四。）

【注释】 [1]斗八藻井：藻井一般做成

向上隆起的井状或伞盖形，有方形、多边形或圆形凹面，位于室内的上方，由细密的斗拱承托，象征天宇的崇高，周围饰以各种花藻井纹、雕刻和彩绘。多用在宫殿、寺庙中的宝座、佛坛上方最重要部位。斗八藻井多用于室内天花的中央部位或重点部位，做法是分为上中下三段：下段方形、中段八角形、上段圆顶八瓣，又称为八斗。

[2]倒茄：倒植荷梗。薛综注："茄，藕茎也。以其茎倒殖于藻井，其华下向反披。"狎猎：重叠接续。张铣注："狎猎，花叶参差貌。"

[3]圜渊方井，反植荷蕖：圜渊：漩涡状环绕图案。荷蕖：即芙蕖，莲花。本句意为在木构建筑屋顶方井中制作倒置的莲花。

[4]东井：即井宿，二十八宿之一。因在玉井的东面，故称。《礼记·月令》："仲夏之月，日在东井。"

【译文】 《西京赋》上说："屋顶藻井上荷叶梗倒植，红花反披着，参差相接。"（藻井位于一栋房子的正中，木材相互交错形成井字形，并在中间画出华丽的纹样加以点缀，在周边画上莲茎，其根部置于井中，花朵向下倒垂，所以称作"倒"。）

《鲁灵光殿赋》上说："在屋顶方井中制作倒置的莲花。"（方井上画着旋涡状环绕图案和莲花。花叶向下，所以叫做"反植"。）

《风俗通义》上说："殿堂像东井星的形状，雕刻着荷菱等图案。菱，水中之物，所以可以避火。"

沈约《宋书》上说："在殿堂里雕刻

圆形的泉眼、方形水井以及荷花灯图案，希望能够镇压、避免火灾，以求吉祥。"

（现在修建的四方藻井称作斗四藻井。）

钩阑[1]

【原文】《西都赋》："舍梫槛而却倚，若颠坠而复稽[2]。"

《鲁灵光殿赋》："长涂[3]升降，轩槛曼延。"（轩槛，钩阑也。）

《博雅》："阑、槛、柂、桩[4]，牢也。"

《景福殿赋》："梫槛邳张[5]，钩错[6]矩成，楯类腾蛇，榴[7]似琼英，如螭之蟠[8]，如虹之停。"（梫槛，钩阑也。言钩阑中错为方斜之文。楯，钩阑上横木也。）

《汉书》："朱云忠谏攀槛，槛折[9]。及治槛，上曰：勿易，因而辑之，以旌直臣。"（今殿钩阑，当中两栱不施寻杖[10]，谓之"折槛"，亦谓之"龙池"。）

《义训》："阑楯[11]谓之柃[12]，阶槛谓之阑。"

【注释】〔1〕钩阑：即钩栏、勾栏。王琦汇解："钩栏，即栏杆。以其随屋之势，高下湾曲相钩带，故谓之钩栏。"

〔2〕梫槛：栏杆。却倚：向后靠。颠坠：坠落，跌落。稽：停留。

〔3〕长涂：犹长途。此处指高而长的台阶。

〔4〕桩（bì）：古代官署门前阻挡通行的木架子。

〔5〕邳（pī）张：盛大张设。

〔6〕钩错：勾连交错。

〔7〕榴（xí）：用以接合的木构件。

〔8〕螭蟠（chī pán）：亦作"螭盘"，如螭龙盘踞。

〔9〕槛折：即折槛，典故名，典出《汉书》卷六十七《杨胡朱梅云列传·朱云》。汉槐里令朱云朝拜成帝时，请求斩佞臣安昌侯张禹。成帝大怒，将朱云拉下斩首。朱云抓住大殿的栏杆，不断抗议，结果栏杆都折断了。经大臣劝解，得以幸免。后修槛时，成帝命保留折槛，以表彰直谏之臣。后用为直言谏诤的典故。

〔10〕寻杖：也叫巡杖，是栏杆上部的扶手。目前所知最早使用寻杖的朝代为汉代，最初为圆形。后逐渐发展出方形、六角形和其他一些特别的样式。

〔11〕阑楯：栏杆。

〔12〕柃：栏杆的横木。

【译文】《西都赋》上说："离开栏杆身体向后倾斜而又与之相依靠，就像身体下坠到半空又得救一般。"

《鲁灵光殿赋》上说："台阶又高又长，高低起伏，栏杆随之逶迤蔓延。"（轩槛，就是栏杆。）

《博雅》上说："阑、槛、柂、桩，皆有阻挡、围困、牢笼之意。"

《景福殿赋》上说："台上的栏杆盛大张设，勾连交错，正斜有度，屋楣宛如腾蛇，门槛下的横木好似美玉，如螭龙盘踞，如虹龙停留。"（梫槛，即栏杆。是栏杆中交错成斜方的小栏杆。楯，栏杆上的横木。）

《汉书》上说："（汉朝槐里令）朱云忠言进谏，双手紧紧抓住大殿两旁的栏杆，把栏杆都拉折了。等到后来更换折断的栏杆时，汉成帝说：不要更换，把旧栏杆修一修，保留原样，用以表彰正直的臣子。"（如今大殿内的栏杆，其中的两栱不设置寻杖，称作"折槛"，也叫"龙池"。）

《义训》上说："阑楯称作柃，阶槛称作阑。"

拒马叉子[1]

【原文】《周礼·天官》："掌舍[2]设梐枑[3]再重。"（故书枑为拒。郑司农云：梐，榱梐也。拒，受居溜水涑㯟者也。行马再重者，以周卫有内外列。杜子春读为梐枑，谓行马者也。）

《义训》："梐枑，行马也。"（今谓之"拒马叉子"。）

【注释】〔1〕拒马叉子：宫殿、官署门前放置的可移动的用木交叉架成的栏栅，用以防止人、马闯入。

〔2〕掌舍：官名。《周礼》谓天官所属有掌舍，掌设置王与诸侯会同时的宫舍，根据地形等条件，用兵车、土墙、帷面等为围墙。有下士四人及府、史、徒等人员。

〔3〕梐枑（bì hù）：行马，古代官府门前阻拦人、马通行的木架子。

【译文】《周礼·天官》上说："掌舍官设置内外两重用以防止人、马闯入的栅栏。"（古书中把枑写为拒。郑司农注释说：梐，就是榱梐。拒，接受房屋上溜水避免泻于地面的构件。行马还可以重叠，比如周朝衙署内外两重排列。杜子春将其读为梐枑，即行马。）

《义训》上说："梐枑，就是行马。"（如今称作"拒马叉子"。）

屏风

【原文】《周礼》："掌次设皇邸[1]。"（邸，后版也。谓后版屏风与染羽，象凤凰羽色以为之。）

《礼记》："天子当扆而立。"

又："天子负扆南乡[2]而立。"（扆，屏风也。斧扆[3]为斧文屏风，于户牖之间。）

《尔雅》："牖户之间谓之扆，其内谓之家。"（今人称家，义出于此。）

《释名》："屏风，可以障风也。扆，倚也，在后所依倚也。"

【注释】〔1〕掌次：掌管君王次舍法度，用以安排王外出时事务。皇邸：古代皇帝祭天时置于座后的屏风。邸：屏风。

〔2〕南乡：南向，面朝南。常指居帝王之尊位。

〔3〕斧扆：古代天子坐处，置于东西户牖之间的屏风，高八尺，以绛为质，其上绣为斧文。起于周代。

【译文】《周礼》上说："掌次官布置皇帝祭天时的座后屏风。"（邸，就是后板。它的屏风上雕饰漆染着诸如凤凰羽毛一类的图案。）

《礼记》上说："天子在屏风前临朝听政。"

又说："天子站在绣有斧形的屏风前面，君临天下。"（扆，即屏风。斧扆，为绣着斧形纹路的屏风，常设置在门和窗户之间。）

《尔雅》上说："门和窗之间的屏风就叫扆，里面就叫家。"（我们今天所说的家，其含义即出于此处。）

《释名》上说："屏风，可以挡风蔽物。扆，即倚，位于身后可以凭依之物。"

槏柱[1]

【原文】《义训》："牖边柱谓之槏。"（若减切。今梁或额及槫之下，施柱以安门窗者，谓之恁柱，盖语讹也。恁，俗音蘸，字书不载。）

【注释】〔1〕槏（qiǎn）柱：窗旁的柱，或用于分隔板壁、墙面的柱，属宋式小木作构件，不承重。

【译文】《义训》上说："窗户旁边的柱子就叫做槏。"（槏，读若、减的切音，今读qiǎn。如今在梁、房檐以及槫下面，设置柱用来安设门窗的构件，叫做恁柱，大概是以讹传讹之语。恁，一般读蘸，字典上很少有记载。）

露篱[1]

【原文】《释名》："樆，离也，以柴竹[2]作之。疎离离也。青徐曰裾。裾，居也，居其中也。栅，迹也，以木作之，上平，迹然也。又谓之撤。撤，紧也，诜诜[3]然紧也。"

《博雅》："裾（巨于切）、栫（在见切）、藩、筚（音必）、椤、落（音落）、杝，篱也。栅谓之棚（音朔）。"

《义训》："篱谓之藩。"（今谓之"露篱"。）

【注释】〔1〕露篱：篱笆，藩篱。

〔2〕柴竹：竹的一种。元代李衎《竹谱详录·竹品二·木竹》："木竹，闽浙山中处处有之。丛生，坚实，中间亦通，小脉节内如通草，其笋坚可食。福建生者，心实，笋硬不可食，土人呼为柴竹。"

〔3〕诜诜（shēn）：众多的样子。

【译文】《释名》上说："樆，即离，用柴竹做成，也叫疎离离。青州、徐州一带称为裾。裾，居之意，居于其中。栅，即迹，用木头制成，上面是平的，沿道路或房屋的走势而建。又叫做撤。撤，紧之意，密密麻麻众多的样子。"

《博雅》上说："裾（读巨、于切音）、栫（读在、见切音，今读jiàn）、藩、筚（读必音）、椤、落（读落音）、杝（yí），都称作篱。栅称作棚（读朔音）。"

《义训》上说："篱称作藩。"（如

今叫做"露篱"。）

鸱尾[1]

【原文】《汉纪》："柏梁殿[2]灾后，越巫[3]言，海中有鱼虬，尾似鸱，激浪即降雨。遂作其象于屋，以厌火祥。时人或谓之鸱吻，非也。"

《谭宾录》："东海有鱼虬，尾似鸱，鼓浪即降雨，遂设象于屋脊。"

【注释】〔1〕鸱尾：相传为龙的九子之一。吻兽是中国古建筑中屋脊兽饰的总称，鸱尾指的是宫殿正脊两端的一种吻兽，又叫鸱吻。在房脊上安两个相对的鸱吻，希望以此镇压火灾。

〔2〕柏梁殿：即柏梁台，汉代台名。

〔3〕越巫：越地旧俗好巫术，越巫为巫者的代称。

【译文】《汉纪》上说："柏梁殿发生火灾之后，巫师说，大海中有一种龙形鱼，它的尾巴像是鸱，可拍浪成雨。于是人们就制作出这种鱼的形状放在屋顶，来防范火灾，讨个吉利。现在有人把它称作鸱吻，这是不对的。"

《谭宾录》上说："东海有一种龙形的鱼，尾巴像鸱，能够鼓浪成雨，于是制作它的样子，放置在屋顶上。"

瓦

【原文】《诗》："乃生女子，载弄之瓦[1]。"

《说文》："瓦，土器已烧之总名

也。瓬[2]，周家垏埴[3]之工也。"（瓬，分两切。）

《古史考》："昆吾氏[4]作瓦。"

《释名》："瓦，踝也。踝，确坚貌也。亦言踝也，在外踝见之也。"

《博物志》："桀作瓦。"

《义训》："瓦谓之甓（音毂）。半瓦谓之瓴（音浃），瓴谓之甋（音爽）。牝瓦谓之瓯（音版）。瓯谓之戊（音还）。牡瓦谓之瓺（音皆），瓺谓之瓵（音雷）。小瓦谓之甋（音横）。"

【注释】〔1〕乃生女子，载弄之瓦：语出《诗经·小雅·斯干》："乃生男子，载寝之床，载衣之裳，载弄之璋。其泣喤喤，朱芾斯皇，室家君王。乃生女子，载寝之地，载衣之裼，载弄之瓦。无非无仪，唯酒食是议，无父母诒罹。"汉族民间将生男孩子叫"弄璋之喜"，璋是好的玉石，表示他将来是要做官的。生女孩子叫"弄瓦之喜"，瓦是纺车上的零件，有重男轻女之意。

〔2〕瓬（fǎng）：古代制瓦器的工人。

〔3〕垏埴（zhí）：捏黏土。指陶工制坯。

〔4〕昆吾氏：颛顼的后裔吴回在帝喾时成为南方部落首领，吴回生陆终，陆终生六子：昆吾、参胡、彭祖、会人、曹姓、季连。昆吾氏是陆终的长子，本名樊，他的氏族分离出去后，住在昆吾，约今山西安邑一带。昆吾氏部族在商汤灭夏前被打散，后长期被向西南驱赶，形成后来的楚国。传说昆吾氏是陶器制造业的发明者，"昆吾"一名即是壶的别称。

【译文】《诗经》上说："生下女

孩，让她玩纺锤，以便日后胜任女工。"

《说文》上说："瓦，用土烧制成的陶器的总称。瓬，《周礼》中说是古代制作瓦器的工人。"（瓬，读分、两的切音，今读fǎng。）

《古史考》："昆吾氏发明了瓦。"

《释名》上说："瓦，即踝。踝，指向外凸起。也说成是腂，将红肿显露在外之意。"

《博物志》上说："夏桀发明了瓦。"

《义训》："瓦称为甂（读榖音，今读hú）。半瓦称为瓵（读浃音），瓵称为瓭（读爽音）。牝瓦称为瓯（读版音）。瓯称为庲（读还音）。牡瓦称为甋（读皆音），甋称为甀（读雷音）。小瓦称为甄（读横音）。"

涂

【原文】《尚书·梓材篇》："若作室家，既勤垣墉，唯其涂塈茨[1]。"

《周官·守祧[2]》："职其祧，则守祧黝垩之。"

《诗》："塞向墐户。"（墐，涂也。）

《论语》："粪土之墙，不可杇[3]也。"

《尔雅》："镘[4]谓之杇，地谓之黝，墙谓之垩。"（泥镘也，一名杇，涂工之作具也。以黑饰地谓之"黝"，以白饰墙谓之"垩"。）

《说文》："现（胡典切）、墐（渠各切），涂也。杇，所以涂也。秦谓之杇，关东谓之槾。"

《释名》："泥，迩近也，以水沃土，使相黏近也。塈，犹煟；煟，细泽貌也。"

《博雅》："黝、垩（乌故切）、垷（岘又乎典切）、墐、墀、墍、壀（奴回切）、墲（力奉切）、减（古湛切）、塓（莫典切）、培（音裴）、封，涂也。"

《义训》："涂谓之塓（音觅），塓谓之墲（音垅）。仰涂谓之塈（音泊）。"

【注释】〔1〕室家：房舍；宅院。垣墉：墙壁。塈茨：用泥涂饰茅草屋顶，泛指涂饰墙壁。

〔2〕守祧（tiāo）：掌守先王先公的祖庙。黝垩：涂以黑色和白色。

〔3〕杇（wū）：同"圬"，泥瓦工人用的抹子。也可用作动词，指抹墙。

〔4〕镘：铁杇，抹墙的工具，即抹子。

【译文】《尚书·梓材篇》上说："就像建造房屋一样，如果已经辛苦筑建好了高墙矮壁，就一定要用茅草或芦苇来覆盖屋顶，并涂抹好墙壁之间的空隙。"

《周官·守祧》上说："掌守先王先公的祖庙，则需要用黑色和白色涂抹装饰。"

《诗经》上说："冬天到了，天气要冷了，赶快塞上北向的窗户，用泥巴糊上篱笆编的门，以度过寒冷的冬天。"
（墐，即涂。）

《论语》上说："粪土垒的墙壁，没有办法用抹子粉刷。"

《尔雅》上说："镘称作杇，地称为黝，墙称为垩。"（泥镘，另一个名字叫杇，抹灰工的用具。用黑色来涂抹地面称为"黝"，用白色装饰墙壁叫做"垩"。）

《说文》上说："垷（读胡、典切音今读xiàn）、墐（读渠、吝切音今读jìn），即涂抹之意。杇，用来涂抹的工具。秦人称之为杇，关东一带称为槾。"

《释名》上说："泥，即迩近，用水来润湿泥土，使其相黏连。墍，和慁相似；慁，指细腻湿润的样子。"

《博雅》上说："黝、垩（读乌、故切音今读è）、垷（读岘音，或读乎、典切音）、墐、墀、墍、慢（读奴、回切音今读yōu）、墥（读力、奉切音今读lǒng）、槭（读古、湛切音）、塓（读莫、典切音今读mì）、培（读裴音）、封，都是涂的意思。"

《义训》上说："涂称作塓（读觅音），塓称作墱（读垅音）。仰涂称为墍（读洎音今读jì）。"

彩画

【原文】《周官》："以猷鬼神祇[1]。"（猷，谓图画也。）

《世本》："史皇[2]作图。"（宋

衷曰：史皇，黄帝臣。图，谓图画形象也。）

《尔雅》："猷，图也，画形也。"

《西都赋》："绣栭云楣[3]，镂槛文㮰。（五臣[4]曰：画为绣云之饰。㮰，连檐也。皆饰为文彩。）故其馆室次舍，彩饰纤缛，裹[5]以藻绣，文以朱绿。"（馆室之上，缠饰藻绣朱绿之文。）

《吴都赋》："青琐[6]丹楹，图以云气、画以仙灵。"（青琐，画为琐文，染以青色，及画云气神仙、灵奇之物。）

谢赫《画品》："夫图者，画之权舆[7]；缋[8]者，画之末迹，总而名之为画。仓颉造文字，其体有六：一曰鸟书，书端象鸟头，此即图画之类，尚标书称，未受画名。逮史皇作图，犹略体物，有虞[9]作缋，始备象形。今画之法，盖兴于重华[10]之世也。穷神测幽，于用甚博。"（今以施之于缣素[11]之类者，谓之"画"；布彩于梁栋斗拱或素象什物之类者，俗谓之"装銮"；以粉朱丹三色为屋宇门窗之饰者，谓之"刷染"。）

【注释】〔1〕猷（yóu）：本义为某种兽的名称。此处为动词"画"之意。神祇："神"指天神，"祇"指地神，"神祇"泛指神。

〔2〕史皇：《云笈七签》谓黄帝有臣史皇，始造画。仓颉造书，史皇制画。《山水纯全集》云："史皇状鱼、龙、龟、鸟之迹。"

〔3〕云楣：有云状纹饰的横向梁木。

〔4〕五臣：《文选》除李善注本外，还有唐代开元时吕延济、刘良、张铣、吕向、李周翰合注本，世称"五臣注"。

〔5〕褱（yì）：缠绕。

〔6〕琐：锁链形的纹饰。

〔7〕权舆：起始。

〔8〕缋（huì）：本义为（织布时的）机头。转义为画有珍贵事物形象的布帛，引申为动词"绘画"。

〔9〕有虞：即有虞氏，中国上古时代舜帝的部落名。有虞氏部落的始祖是虞幕。舜为虞幕后裔，后成为有虞氏部落首领，受尧帝禅让，为联盟首领。

〔10〕重华：舜的名字。

〔11〕缣（jiān）素：细绢，可在其上书画。

【译文】《周官》上说："用以描画鬼神图像。"（猷，就是图画的意思。）

《世本》上说："黄帝的大臣史皇开创绘画的先河。"（宋衷说：史皇，黄帝的大臣。图，即描摹涂画事物的形象。）

《尔雅》上说："猷，即图，描画形象。"

《西都赋》上说："斗拱如同织绣，横梁有云状纹饰，雕镂栏杆，纹饰连檐。（五位臣子说：画就是云蒸霞蔚的装饰。槐，即连檐。皆用彩色纹理装饰。）所以那些馆舍宫室，彩饰精致繁缛，藻绣环绕，描红涂绿。"（馆室墙表之上，都装饰着精美的图案，和红绿相间的花纹。）

《吴都赋》上说："在涂着青色锁链形花纹的门窗和朱红色的柱子上，描画云蒸霞蔚的仙境图案。"（青琐，画成锁链形纹饰，用黛青染色，然后画上云气、神仙、灵奇之物。）

谢赫《画品》上说："图，是画的开端和基础；缋，是画的细枝末节，总称为画。仓颉造文字，有六种字体：其中一种叫鸟书，字体上面像鸟头，这可以归为图画之类，只不过仍然以书相称，并未以画命名。到史皇作图之时，还仅仅是略微和物体的形态相仿，到有虞氏作缋的时候，才开始向象形的方向发展。如今作画之法，大概便是兴起于舜帝之时。穷其神变，测其幽微，用途广泛。"（如今把画在细绢上的叫做"画"；雕饰在梁栋斗拱或者素象等实物上的，俗称作"装銮"；而把用粉色、朱色、丹色三色装饰屋宇门窗，称作"刷染"。）

阶

【原文】《说文》："除，殿陛也。阶，陛[1]也。阼[2]，主阶也。陛，升高阶也。陔[3]，阶次也。"

《释名》："阶，陛也。陛，卑也，有高卑也。天子殿谓之纳陛，以纳人之言也。阶，梯也，如梯有等差也。"

《博雅》："瓱[4]（仕已切）、橉（力忍切），砌也。"

《义训》："殿基谓之陛[5]（音堂），殿阶次序谓之陔，除谓之阶，阶谓之墒[6]（音的），阶下齿谓之城[7]（七仄切），东阶谓之阼，雷外砌谓之瓱。"

【注释】〔1〕陛：帝王宫殿的台阶。

〔2〕阼（zuò）：大堂前之东西台阶；帝王登阼阶以主持祭祀或登位。践阼，指皇帝登基。

〔3〕陔（gāi）：台阶，层次。

〔4〕阤（shì）：台阶两旁所砌之斜石。櫎：门槛。

〔5〕隍（táng）：古同"堂"。

〔6〕墒：台阶。

〔7〕墄（cè）：台阶的梯级。

【译文】《说文》上说："除，就是御殿前的台阶。阶，即帝王宫殿的台阶。阼，大堂前东西走向的主台阶。陛，用来登高的台阶。陔，台阶的层次。"

《释名》上说："阶，即陛。陛，即卑，彰显高下尊卑。天子的宫殿称作纳陛，是居高位而广纳群言、广征贤论之意。阶，即阶梯，就像梯子有高下等级之别。"

《博雅》上说："阤（读仕、已的切音）、櫎（读力、忍的切音，今读lìn），都是砌的意思。"

《义训》上说："殿基称为隍（读堂音），殿阶的次序称为陔，除称为阶，阶称为墒（读的音，今读dì），台阶下的齿称为墄（读七、仄的切音），东阶称作阼，房屋外的台阶砌称为阤。"

砖

【原文】《诗》："中唐有甓。"〔1〕
《尔雅》："瓴甋〔2〕谓之甓。"
（甋砖也。今江东呼为瓴甓。）

《博雅》："瓬（音潘）、瓳（音胡）、瓨（音亭）、治、甄（音真）、瓬（力佳切）、瓯（夷耳切）、瓴（音零）、甋（音的）、甓、瓴，砖也。"

《义训》："井甓谓之甀（音洞）。涂甓谓之毂（音哭）。大砖谓之瓬瓳。"

【注释】〔1〕中唐有甓（pì）：指朝堂前和宗庙门内之大路，中唐泛指院中大门到厅堂的主要道路，另说通"塘"。甓：砖，瓦片。

〔2〕瓴甋（líng dì）：砖。

【译文】《诗经》上说："从大门到厅堂的路上都铺着砖。"

《尔雅》上说："瓴甋称作甓。"（即甋砖。如今长江以东地区称为瓴甓。）

《博雅》上说："瓬（读潘音）、瓳（读胡音）、瓨（读亭音）、治、甄（读真音）、瓬（读力、佳的切音）、瓯（读夷、耳的切音）、瓴（读零音）、甋（读的音）、甓、瓴，都是砖。"

《义训》上说："井甓称为甀（读洞音）。涂甓称为毂（读哭音）。大砖称为瓬瓳。"

井

【原文】《周书》："黄帝穿井。"

《世本》："化益作井。"（宋衷曰：化益，伯益也，尧臣。）

《易·传》："井，通也，物所通用也。"

《说文》："甃〔1〕，井壁也。"

《释名》:"井,清也,泉之清洁者也。"

《风俗通义》:"井者,法也,节也,言法制居人,令节其饮食,无穷竭也。久不渫[2]涤为井泥。(《易》云:井泥不食。渫,息列切。)不停污曰井渫,涤井曰浚。井水清曰冽。"(《易》曰:井渫不食。又曰:井冽寒泉。)

【注释】 〔1〕甃(zhòu):砖砌的井壁。

〔2〕渫(xiè):除去、淘去污泥,也有疏通之意。

【译文】 《周书》上说:"黄帝凿出了井。"

《世本》上说:"化益掘井取水。"(三国时宋衷说:化益,就是伯益,帝尧的大臣。)

《易·传》上说:"井,通之意,即可以通用之物。"

《说文》上说:"甃,就是井壁。"

《释名》上说:"井,即清澈,井水是指被清洁过滤之后的泉水。"

《风俗通义》上说:"井,有法度、有节制之意,是说要用法制来保证人们安居乐业,使人们节制饮食,这样才不会穷竭。如果长期不洗涤井中的污泥,井就会淤塞。(《易经》上说:井下的污泥不能食用。渫,读息、列的切音)井中没有泥污停留叫做井渫,洗井叫浚。井水清澈叫冽。"(《易经》上说:井虽浚治,洁净清澈,但仍然不被饮用。又说:只有在井很洁净、泉水清冷明澈的情况下才喝水。)

总例

【原文】 诸取圜者以规,方者以矩,直者抨绳取则,立者垂绳取正,横者定水取平。诸径圜斜长依下项:

圜径七,其圜二十有一[1]。

方一百,其斜一百四十有一。

八棱径六十,每面二十有五,其斜六十有五。

六棱径八十有七,每面五十,其斜一百。

圜径内取方,一百中得七十一。

方内取圜,径一得一。(八棱、六棱取圜准此。)

诸称广厚者,谓"熟材"。称长者,皆别计出卯。

诸称长功者,谓四月、五月、六月、七月;中功谓二月、三月、八月、九月;短功谓十月、十一月、十二月、正月。

诸称功者谓中功,以十分为率。长功加一分,短功减一分。

诸式内功限并以军工计定。若和雇人造作者,即减军工三分之一。(谓如军工应计三功,即和雇人计二功之类。)

诸称本功者,以本等所得功十分为准。

诸称增高广之类而加功者，减亦如之。

诸功称尺者，皆以方计。若土功或材木，则厚亦如之。

诸造作功[2]并以生材[3]。即名件之类，或有收旧及已造堪就用而不须更改者，并计数，于元料帐内除豁。

诸造作并依功限。即长广各有增减法者，各随所用细计；如不载增减者，各以本等合得功限内计分数增减。

诸营缮[4]计料，并于式内指定一等，随法算计。若非泛抛降或制度有异，应与式不同，及该载不尽名色等第者，并比类增减。（其完葺增修之类准此。）

【注释】〔1〕看详中为"二十有二"，此处为二十有一，或传抄中出现错误。

〔2〕造作功：造作，即制作。指制作所花费的军工。

〔3〕生材：新采伐的材木。

〔4〕营缮：修缮；修建。

【译文】 本书规定，用圆规画各种圆形，用曲尺画直角和矩形，用墨绳弹紧取直线作为准则，用垂绳的办法确定垂直以取正，用水平尺寻取横向水平面。

诸径围斜长依下项：

圆的直径为七，则其周长为二十一。

方形的边长为一百，其对角线斜长为一百四十一。

八边形，其直径为六十，每一面的边长为二十五，斜径长为六十五。

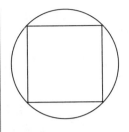
圆方图

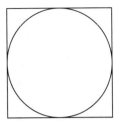
方圆图

六边形，其直径为八十七，每一面的边长为五十，斜径长为一百。

圆形的内接正方形，面积为一百的圆形中得面积为七十一的正方形。

在方形内取圆形，直径与正方形边长相等。（八边形、六边形内取圆都以此为准。）

本书中说到宽厚度的，是指"熟材"。说长度的，都另外计算出卯的长度。

本书中的"长功"，是指以农历四月、五月、六月、七月所能完成的工作量；"中功"是指以农历二月、三月、八月、九月所能完成的工作量；"短功"是指十月、十一月、十二月、正月所能完成的工作量。

本书中所说的"功"，如果没有特殊说明，就是"中功"，"中功"以十分为标准。长功则增加一分，短功则减去一分。

各种造作中的功限都以军工来计算确定。如果雇人制作，则在军工的基础上减去三分之一。（例如，军工应该计三个功，即雇用人工计两个功，等等。）

本书中所说的"本功"，以本等级所得功为十分作为标准。

本书中所说的增加高度和宽度类而加功的，减少也是按相同比例。

本书中所说的功称"尺"的，都是以平方尺计。如果是土功或材木，则厚度也是如此。

本书中所说的"造作功"都包括生材。即构件之类，或者有收来的旧料，以及已经建造好可以直接使用而不须更改的，都在原料用功计数时去除。

本书中所说的各种造作都以功限为准。即长度和广度各有增减制度的，各自以所用的精细尺寸为准；如果没有说明增减情况的，各以本等统计应得功限内的分数计量增减。

本书中所说的各种营缮计量用料，一般情况下均按《法式》规定的某一等级，根据规则计算用料。如果有特殊增减或者制度有异，也可采用不同的式样、等第，并参照《法式》中类似规格来增减估算用料。（相应的完善修葺扩建之类，也以此为准。）

卷三·壕寨制度　石作制度

　　本卷阐述壕寨及石作必须遵从的
规程和原则。

壕寨制度

取正

【原文】 取正之制：先于基址中央，日内置圜版，径一尺三寸六分。当心立表，高四寸，径一分。画表景之端，记日中最短之景。次施望筒于其上，望日星以正四方。

望筒长一尺八寸，方三寸（用版合造）；两罨头开圜眼，径五分。筒身当中，两壁用轴，安于两立颊之内。其立颊自轴至地高三尺，广三寸，厚二寸。昼望以筒指南，令日景透北，夜望以筒指北，于筒南望，令前后两窍内正见北辰极星。然后各垂绳坠下，记望筒两窍心于地，以为南，则四方正。

若地势偏衺，既以景表、望筒取正四方，或有可疑处，则更以水池景表较之。其立表高八尺，广八寸，厚四寸，上齐（后斜向下三寸），安于池版之上。其池版长一丈三尺，中广一尺。于一尺之内，随表之广，刻线两道；一尺之外，开水道环四周，广深各八分。用水定平，令日景两边不出刻线，以池版所指及立表心为南，则四方正。（安置令立表在南，池版在北。其景夏至顺线长三尺，冬至长一丈二尺。其立表内向池版处，用曲尺较令方正。）

【译文】 取正的制度：白天在基址正

中放置一个标影板，直径一尺三寸六分。在它的正中心位置上竖立一根高四寸、直径一分的标杆。画出阳光下标杆影子的末端，记录一天之中影子最短的地方。然后在这个位置上安放一个望筒，通过观察太阳的影子来辨正方位。

望筒长一尺八寸，三寸见方（用木板制作）；在望筒的两端凿出两个直径五分的圆眼。望筒身上通过两壁用轴安装在两根立颊之内。立颊从轴到地面高为三尺，宽三寸，厚二寸。白天用望筒指向南方，让

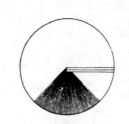

景表版

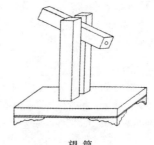

望筒

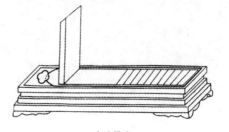

水池景表

日影穿过圆孔透向北方，夜间用望筒的筒身指向北方，在筒眼里向南望，使前后两端的孔窍正对北极星。然后将一个坠有重物的绳子垂下去，把望筒两个圆孔的圆心位置在地上做出记号，以此为正南，则四个方位可以确定。

若地势偏斜，就用标影杆、望筒取正方位，如果有可疑之处，就用水池景表这种校正南北方位的仪器进行校正。水池景表的立标柱高八尺，宽八寸，厚四寸，上端平齐（后来上端变为斜向下三寸），安放在池板上面。池版长一丈三尺，中间宽一尺。在一尺宽之内，根据立标的宽度，画两道刻线；在一尺之外，开出水道环绕四周，水深水宽各八分。通过水平面来确定池板水平，让日影两边不超出刻线的位置，通过池板所指的方位和立标中心确定正南方向，如此方位就可以确定下来了。

（安放的时候，要让立标放在南方，把池板放在北方。日影在夏至时长三尺，冬至时长一丈二尺。其立标须与池板垂直，可用曲尺校正来确保垂直。）

定平

【原文】 定平之制：既正四方，据其位置，于四角各立一表，当心安水平。其水平长二尺四寸，广二寸五分，高二寸；下施立桩，长四尺（安镶在内）；上面横坐水平，两头各开池，方一寸七分，深一寸三分。（或中心更开池者，方深同。）身内开槽子，广深各五分，令水通过。于两头池子内，各用水浮子一枚（用三池者，水浮子或亦用三枚），方一寸五分，高一寸二分；刻上头令侧薄，其厚一分，浮于池内。望两头水浮子之首，遥对立表处，于表身内画记，即知地之高下。

（若槽内如有不可用水处，即于桩子当心施墨线一道，上垂绳坠下，令绳对墨线心，则上槽自平，与用水同。其槽底与墨线两端，用曲尺校令方正。）

凡定柱础取平，须更用真尺较之。其真尺长一丈八尺，广四寸，厚二寸五分；当心上立表，高四尺（广厚同上）。于立表当心，自上至下施墨线一道，垂绳坠下，令绳对墨线心，则其下地面自平。

（其真尺身上平处，与立表上墨线两边，亦用曲尺校令方正。）

【译文】 定平的制度：在四个方位确定之后，根据选定的方位，在四个角各立一个标杆，中心位置安放水平仪。水平仪的水平横杆长二尺四寸，宽二寸五分，高二寸；在水平横杆下安装一个立桩，长度四尺（桩内安一个镶）；在水平横杆的两头各凿开一个正方形小池子，边长一寸七分，深一寸三分。（有的在中间开池的，边长和深与前同。）在水平横杆上开挖一条宽度和深度皆五分的水槽，以让水流过为宜。在两头的小池子内，各放置一枚水浮子（如果有三个小池子的，就用三枚水浮子），水浮子长宽为一寸五分，高一寸二分；水浮子上面镂刻成中空，壁薄仅厚一分，以使其能浮于池内。观察两头的水浮子的上端，对准四个角的标杆处，在标杆上画下记号，就能知道地面高低。（如果水槽内没有水或有不能过水之处，就在竖桩当中画一道墨线，从上面垂直放置一根绳子坠下，让绳子对准墨线的中心，则水平横杆上的水槽自动水平，这种方法和用水的效果相同。水槽底面与墨线两端，还应用曲尺校正垂直。）

在确定柱础位置并取平时，需要用水平真尺来校正。真尺长为一丈八尺，宽四寸，厚为二寸五分；在真尺正中的位置竖立一个高四尺宽厚同上的标杆。在设立标杆的中心位置，从上到下画一条墨线，用

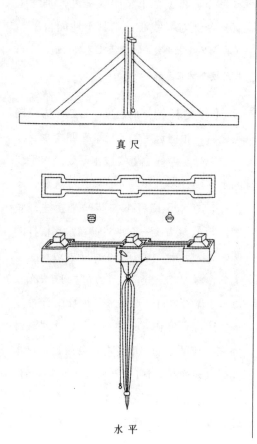

真 尺

水 平

一根绳子垂直坠下，使绳子和墨线正中对齐，则说明地面自平。（在真尺保持水平的地方，和标杆与墨线两边保持水平，也要用曲尺校正，确定水平。）

立基

【原文】 立基之制：其高与材五倍。（材分，在"大木作制度"内。）如东西广者，又加五分至十分。若殿堂中庭[1]修广者，量其位置，随宜加高。所加虽高，不过与材六倍。

【注释】 〔1〕中庭：中庭通常是指建筑内部的庭院空间，特点是形成位于建筑内部的"室外空间"，是建筑中一种与外部空间既隔离又融合的特殊形式，或是建筑内部环境分享外部自然环境的一种方式。

【译文】 立基的制度：基的高是材的五倍。（关于材的划分，在"大木作制度"内有详细介绍。）如果东西方向比较宽，那高度可加五分至十分。如果殿堂的中庭又长又宽，要根据其位置所在相应增加高度。但最高不宜超过材的六倍。

筑基

【原文】 筑基之制：每方一尺，用土两担；隔层用碎砖瓦及石札等，亦二担。每次布土厚五寸，先打六杵（二人相对，每窝子内各打三杵），次打四杵（二人相对，每窝子内各打二杵），次打两杵（二人相对，每窝子内各打一杵）。以上并各打

平土头，然后碎用杵辗蹴[1]令平；再攒杵扇扑，重细辗蹴。每布土厚五寸，筑实厚三寸。每布碎砖瓦及石札等厚三寸，筑实厚一寸五分。

凡开基址，须相视地脉虚实。其深不过一丈，浅止于五尺或四尺，并用碎砖瓦石札等，每土三分内添碎砖瓦等一分。

【注释】〔1〕辗蹴：碾压、踩踏。

【译文】筑基的制度：每一尺见方的地基用两担土；间隔层使用碎砖、碎瓦、碎石等，也用两担。每次铺布土厚五寸，先打六杵（二人相对，每个土窝子内各打三杵），接着打四杵（二人相对，每个土窝子内各打二杵），再打两杵（二人相对，每个土窝子内各打一杵）。把土头打平之后，再用木杵碾压、踩踏使其平整；再用木杵把夯过的土层完全地打一遍，并细细地反复碾压踩踏至碎。每次铺的土层厚要达五寸，夯实之后厚达三寸。每次铺碎砖、碎瓦、碎石等厚三寸，夯实之后厚一寸五分。

凡是开挖地基地址的，要检查土质的松紧虚实等情况。开挖深度不可超过一丈，最浅不低于四五尺，并须铺设碎砖瓦石等，三份土内添加碎砖瓦石一份，即碎砖瓦石与土的混合比例为1：3。

城

【原文】筑城之制：每高四十尺，则厚加高二十尺；其上斜收减高之半。若高增加一尺，则其下厚亦加一尺；其上斜收亦减高之半；或高减者亦如之。

城基开地深五尺，其广随城之厚。每城身长七尺五寸，栽永定柱[1]（长视城高，径一尺至一尺二寸）、夜叉木（径同上，其长比上减四尺），各二条。每筑高五尺，横用纴木[2]一条（长一丈至一丈二尺，径五寸至七寸，护门瓮城[3]及马面[4]之类准此），每膊椽[5]长三尺，用草葽[6]一条（长五尺，径一寸，重四两），木橛子一枚（头径一寸，长一尺）。

【注释】〔1〕永定柱：按做法命名，具体做法为栽柱入地，柱下入地以樟木作跗，因入地固定，故称永定柱。

〔2〕纴木：夯土城墙时使用的水平向的木骨墙筋，作用类似现在的钢筋。

〔3〕瓮城：古代城市的主要防御设施之一，可加强城堡或关隘的防御力度，而在城门外（亦有在城门内）修建的半圆形或方形的护门小城，属于中国古代城市城墙的一部分。

〔4〕马面：又称敌台、墩台、墙台，平面有长方形和半圆形，因狭长的外观犹如马面一般而得其名。在冷兵器的古代，为加强城门的防御能力，诸多城市设有二道以上的城门，即"瓮城"，城墙每隔一定的距离就有向外突出的矩形墩台，以利士兵防守，这种城防设施，俗称"马面"。

〔5〕膊椽：打夯土用的栏木。

〔6〕草葽：即草葽子，即用麦秆、稻草或者青草等临时拧成的绳状物，可用来捆麦子、稻子、草等。

【译文】 筑城的制度：城每增高四十尺，则城墙的厚度增高二十尺；城墙上方两面斜收高度减为城高的一半。如果高度增加一尺，则下面的厚度也要加厚一尺；城墙上方两面斜收高度减为城高的一半；当高度降低的时候也按这个比例降低。

开挖城墙的地基深五尺，宽度随城墙厚度而定。城墙身长每间隔七尺五寸，要栽永定柱（永定柱的长度须根据城高而定，直径在一尺至一尺二寸之间）、夜叉木（直径同上，其长度要在永定柱长度的基础上减四尺），各两根。筑城每升高五尺，就要横铺一条纴木（长一丈至一丈二尺，直径五寸至七寸，护门的瓮城及马面的建筑也照这个标准类推），每个筑打夯土所用的栏木长度为三尺，还要用草葽子一条（长为五尺，直径一寸，四两重），木橛子一根（头部直径一寸，长为一尺）。

墙（其名有五：一曰墙，二曰墉，三曰垣，四曰𪩘，五曰壁）

【原文】 筑墙之制：每墙厚三尺，则高九尺；其上斜收，比厚减半。若高增三尺，则厚加一尺；减亦如之。

凡露墙，每墙高一丈，则厚减高之半。其上收面之广，比高五分之一。若高增一尺，其厚加三寸；减亦如之。（其用葽、橛，并准筑城制度。）

凡抽纴墙，高厚同上。其上收面之广，比高四分之一。若高增一尺，其厚加二寸五分。（如在屋下，只加二寸，划削并

准筑城制度。）

【译文】 筑墙的制度：墙如果厚三尺，那么高就要九尺；墙壁的上端往上斜收的宽度，是其厚度的一半。如果高度增加三尺，则厚度增加一尺；高度减少时情况也一样。

对于露墙，墙每增高一丈，则厚度减为高度的一半。墙上端斜收的宽度是墙高度的五分之一。如果高度增加一尺，则墙的厚度增加三寸；高度减少亦是如此。（其中用草葽、木橛的情况，参考并遵循筑城的制度。）

对于抽纴墙，墙体的高度和厚度同上。墙上端斜收面的宽度，是墙高的四分之一。如果高度增加一尺，则其厚度须增加二寸五分。（如果墙体位于屋下，只增加二寸即可，削减和降低也应遵循筑城制度。）

筑临水基

【原文】 凡开临流岸口修筑屋基之制：开深一丈八尺，广随屋间数之广。其外分作两摆手，斜随马头，布柴梢，令厚一丈五尺。每岸长五尺，钉桩一条。（长一丈七尺，径五寸至六寸皆可用。）梢上用胶土打筑令实。（若造桥两岸马头准此。）

【译文】 临水及口岸修筑屋基的制度：开挖的深度为一丈八尺，宽度随屋子的间数和宽度确定。在屋基斜至两侧岸边的地方筑墙，斜收处根据码头排布柴梢，使其厚度为一丈五尺。依照岸的长度，每

五尺钉一条木桩。（木桩长一丈七尺，直径五寸至六寸的都可以使用。）在柴梢上用黏土并夯实。（如果造桥，桥两岸的码头也按照这种制度。）

石作制度

造作次序

【原文】 造石作[1]次序之制有六：一曰打剥[2]（用錾[3]揭剥高处）；二曰粗搏[4]（稀布錾凿，令深浅齐匀）；三曰细漉[5]（密布錾凿，渐令就平）；四曰褊棱[6]（用褊錾镞棱角，令四边周正）；五曰斫砟[7]（用斧刃斫砟，令面平正）；六曰磨礲[8]（用沙石水磨去其斫文）。

其雕镌[9]制度有四等：一曰剔地起突[10]；二曰压地隐起华[11]；三曰减地平钑[12]；四曰素平[13]。（如素平及减地平钑，并斫砟三遍，然后磨礲，压地隐起两遍，剔地起突一遍，并随所用描华文[14]。）如减地平钑，磨礲毕，先用墨蜡，后描华文钑造。若压地隐起及剔地起突，造毕并用翎羽刷细砂刷之，令华文之内石色青润。

其所造华文制度有十一品：一曰海石榴华[15]；二曰宝相华[16]；三曰牡丹华；四曰蕙草[17]；五曰云文；六曰水浪；七曰宝山；八曰宝阶（以上并通用）；九曰铺地莲华；十曰仰覆莲华[18]；十一曰宝装莲华（以上并施之于柱础）。或于华文之内，间以龙凤狮兽及化生[19]之类者，随其所宜，分布用之。

【注释】 〔1〕石作：古代建筑中建造石建筑物、制作和安装石构件及石部件的工种。

〔2〕打剥：石料加工第一步。即先用小凿（古代称之为"錾"）把待加工的石面凸起的部分凿除掉，使之趋于平整。

〔3〕錾（zàn）：小凿，雕凿金石之工具。

〔4〕粗搏：石料加工第二步。在打剥后，再将石头表面用小凿子打一遍，使凿痕深浅均匀。

〔5〕细漉：石料加工第三步。在经过前两步粗加工之后，对石面进行细加工，使其表面凹凸逐渐变浅。"漉"表示慢慢地下渗。

〔6〕褊棱：石料加工第四步。细漉加工后，以褊凿子琢凿石料的棱角，使其平整方正。

〔7〕斫砟：石料加工第五步。褊棱加工后，可将要进行雕饰的石料，依照其对平整度的不同要求，用刀斧斫一遍至三遍不等，以使石面更加平整。

〔8〕磨礲：石料加工第六步。用砂石加水磨去表面的斫纹，这道工序只有在雕刻表面起伏很小的料件时才需要进行（如进行阴线刻时等）。

〔9〕雕镌：雕刻。

〔10〕剔地起突：石作雕镌形式之一。在石料上雕作禽兽等。近于现代的高浮雕或半圆雕，是建筑装饰石雕中最复杂的一种。其形制特点是装饰主题从石料的表面突起较高，"地"层层凹下，层次较多，雕刻的最高点不在同一个平面上，雕刻的各部位可互相交叠。

〔11〕压地隐起华：石作雕镌形式之二。类似浅浮雕。它各部位的高点都在构件装饰面的轮廓线上，其高点一般不超出石面以上，如雕饰面有边框，雕饰面高点不超过边框的高度。"地"大体在一个平面上，或有细微弧面。雕刻各部位的主题的布局可以互相重叠穿插，使整个画面有一定的层次和深度。

〔12〕减地平钑：石作雕镌形式之三。又名平雕或平花，属于"剪影式"凸雕，是一种印刻的线雕。即图案部分凹下去，而原应作为底部的部分凸起来。凹下去的图案部分在一个平面上，凸出来的部分在一个平面上，适合于表现若有若无的意境和隐约深邃的情趣。

〔13〕素平：石作雕镌形式之四。指线刻装饰纹样的平滑石面或不作任何雕饰处理。

〔14〕华文：即花纹，古代花、华相通。《说文》：花本作华。

〔15〕海石榴华：石作常用花纹之一，即"石榴华"。其花瓣的形状类似石榴花。

〔16〕宝相华：彩画雕刻等花纹之一，即宝相花。又称宝仙花、宝莲花，传统吉祥纹样之一。一般以某种花卉（如牡丹、莲花）为主体，中间缀以形状、大小、粗细皆不同的其他花叶。在花芯和花瓣基部，用圆珠规则排列，并加以多层次退晕色，使造型显得富丽、珍贵。宝相是佛教徒对佛像的尊称，宝相花则是指圣洁、端庄、美观的理想花型。

〔17〕蕙草：又名熏草、零陵香，古代著名的香草，因其在零陵（今属湖南永州）多产，故又称为零陵香。在此为石作花纹之一。

〔18〕仰覆莲华：砖、石作最常用的装饰造型。其上的莲花向上托脚，其下的莲花向下盖住石面。

〔19〕化生：彩画、雕饰等题材之一，装饰图案，主要以花卉、如意、流云及手持乐器或其他器物的男婴组成，又称"化生童子"。唐《岁时纪事》："七夕，俗以蜡做婴儿，浮水中以为戏，为妇人宜子之祥，谓之化生。"

【译文】 石料加工制度有六道工序：一是打剥（即用錾子凿掉大的突出部分）；二是粗搏（即用錾子凿掉小的突出部分使石头深浅整齐匀称）；三是细漉（用錾子细凿，使表面基本凿平）；四是褊棱（用扁錾将边棱和四角凿得四边方正）；五是斫砟（即用斧子刃錾平整）；六是磨砻（即用水砂磨去錾子和斧子斫过的痕迹）。

石头的雕刻制度有四种：一是剔地起突，即浮雕；二是压地隐起花，也就是浅浮雕；三是减地平钑，就是平雕；四是素平，就是不在石面做任何雕饰处理。（如果采用素平及减地平钑的雕刻方式，先用斧子錾三遍，压地隐起錾两遍，剔地起突錾一遍，然后用水砂磨石打磨光滑，并根据原来的走势描绘出花纹。）如果采用减地平钑的方式，用水砂磨石打磨以后，要先用黑蜡涂抹，然后再镌刻所描花纹。如果采用压地隐起及剔地起突的雕刻方式，在雕刻完毕后要用翎羽刷子和细砂子刷洗打磨，使花纹的线条和颜色清晰温润。

制作石作上面的花纹的制度一共有十一个品类：一是海石榴花；二是宝相花；三是牡丹花；四是蕙草；五是云纹；六是水浪；七是宝山；八是宝阶（以上这些可以通用）；九是铺地莲花；十是仰覆莲

花；十一是宝装莲花（这三个可以同时施用在柱础上）。有的会在花纹之内间或雕刻龙凤狮兽及天地人等物，根据情况选择使用。

柱础（其名有六，一曰础，二曰礩，三曰舄，四曰磶，五曰碱，六曰磩，今谓之石碇）

【原文】 造柱础之制：其方倍柱之径。（谓柱径二尺，即础方四尺之类。）方一尺四寸以下者，每方一尺，厚八寸；方三尺以上者，厚减方之半；方四尺以上者，以厚三尺为率。若造覆盆[1]（铺地莲华同），每方一尺，覆盆高一寸；每覆盆高一寸，盆唇厚一分。如仰覆莲华，其高加覆盆一倍。如素平及覆盆用减地平钑、压地隐起华、剔地起突，亦有施减地平钑及压地隐起于莲华瓣上者，谓之"宝装莲华"。

【注释】 [1]覆盆：古代建筑柱础的一种发展形式，唐宋时最为常见。所谓覆盆，即柱础的露明部分加工为枭线线脚，柱础如盘状隆起，就像是倒置的盆。

柱础

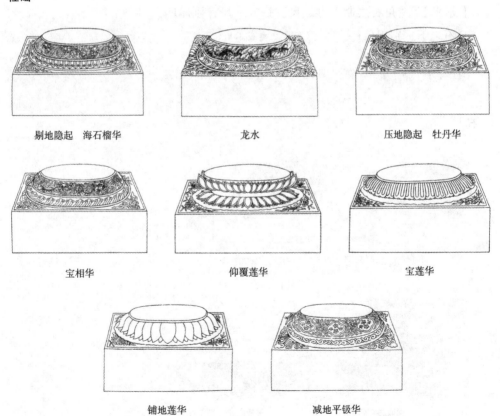

剔地隐起　海石榴华　　　　龙水　　　　　　压地隐起　牡丹华

宝相华　　　　　　　　仰覆莲华　　　　　　　　宝莲华

铺地莲华　　　　　　　减地平钑华

【译文】 修建柱础的制度：柱础的方形边长是柱子直径的两倍。（也就是说如果柱子的直径是二尺，那么柱础的边长则为四尺。）正方形边长在一尺四寸以下的，每边长一尺，柱础厚度为八寸；正方形边长在三尺以上的，厚度为边长长度的一半；正方形边长在四尺以上的，其厚度以三尺为限。如果要修建覆盆莲花的样式（铺地莲花也一样），正方形边长一尺，覆盆则高一寸；覆盆每高一寸，盆唇的厚度则加一分。如果是仰覆莲花的样式，其高度在覆盆莲花样式的基础上增加一倍。如果采用素平雕刻以及在覆盆上采用减地平钑、压地隐起花、剔地起突，或用减地平钑压地隐起的手法于莲花花瓣上，就称作"宝装莲花"。

角石[1]

【原文】 造角石之制：方二尺。每方一尺，则厚四寸。角石之下，别用角柱[2]。（厅堂之类或不用。）

【注释】〔1〕角石：殿阶基四角所用石块，上面多作剔地起突

角 石

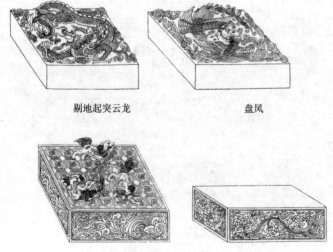

剔地起突云龙　　　　　　　　盘凤

剔地起突师子　　　　　压地隐起　海石榴华

雕角兽。

〔2〕角柱：阶基角石下，栏杆转角等处所用石柱。

【译文】 制造角石的制度：角石通常为边长二尺的方形石头。边长每增加一尺，则厚度增加四寸。在角石下面，需要用角柱卡住角石以固定位置。（厅堂这些地方通常不使用角石。）

角柱

【原文】 造角柱之制：其长视阶高；每长一尺，则方四寸。柱虽加长，至方一尺六寸止。其柱首接角石处，合缝令与角石通平。若殿宇阶基用砖作叠涩〔1〕坐者，其角柱以五尺为率；每长一尺，则方三寸五分。其上下叠涩，并随砖坐逐层出入制度造。内版柱上造剔地起突云。皆随两面转角。

【注释】 〔1〕叠涩：一种古代砖石结构，用砖、石、木材等通过层层堆叠向外挑出，或向内收进，向外挑出时要支承上层的重量。叠涩法主要用于早期叠涩拱、砖塔出檐、须弥座的束腰等。常见于砖塔、石塔、砖墓室等建筑物。

【译文】 制造角柱的制度：角柱的长度应根据台阶的高度来确定；长度每增加一尺，则柱子边长增加四寸。但无论柱子多长，柱子的方形边长不能超过一尺六寸。角柱的柱头与角石相接，缝隙处用角石把内外两面抹平。如果宫殿庙宇的阶基用砖垒作叠涩技法的话，则其角柱以五尺

为标准；长度每增加一尺，则边长增加三寸五分。角柱上下叠涩，每一层砖坐都要按照逐层叠加的制度建造。内版柱上装饰剔地起突云纹，都要顺着两个面一起转角。

阶基叠涩坐角柱

角 柱

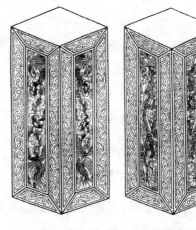

压地隐起华　　　　　剔地起突云龙

殿阶基

【原文】 造殿阶基之制：长随间广，其广随间深，阶头随柱心外阶之广。以石段长三尺，广二尺，厚六寸，四周并叠涩坐数，令高五尺；下施土衬石。其叠涩每层露棱五寸；束腰露身一尺，用隔身版柱；柱内平面作起突壶门[1]造。

【注释】〔1〕壶（kǔn）门：一种镂空的装饰性拱门。壶门有圆弧形、长方形、扁长形等，通常是在上端中部有突起，状似葫芦壶嘴。壶门常刻在须弥座束腰、门窗部位，也会使用在香炉等器具上，或床榻、桌椅等传统家具上。

【译文】 修建宫殿基座的制度：宫殿基座的长度根据每间屋子的宽度确定，而宽度要根据屋间的深度确定，基座的外缘宽度要根据石柱中心线以外部分基座的宽度来确定。使用长度为三尺、宽二尺、厚六寸的石头段，基座阶四周建造数层叠涩坐的式样，使其高度为五尺；下面铺设土层来衬托、巩固石阶。其叠涩每层需要露出棱长五分；束腰露出基体一尺，并采用隔身板柱；在柱身的平面上作浮雕壶门的造型。

压阑石[1]（地面石）

【原文】 造压阑石之制：长三尺，广二尺，厚六寸。（地面石同。）

【注释】〔1〕压阑石：即阶条石，宋式建筑中台基四周外缘铺墁的长方形条石。"压阑

压阑石

剔地起突华

压地隐起华

石"是宋式叫法，清式称"压檐石"。

【译文】 制造压阑石的制度：长度为三尺，宽度二尺，厚度六寸。（地面上的石头和它一样。）

殿阶螭首[1]

【原文】 造殿阶螭首之制：施之于殿阶，对柱；及四角，随阶斜出。其长七尺；每长一尺，则广二寸六分，厚一寸七分。其长以十分为率，头长四分，身长六分，其螭首令举向上二分。

【注释】〔1〕螭首：螭首又叫螭头，是古代彝器、碑额、庭柱、殿阶及印章等上的螭龙头像。螭属于传说中的蛟龙类，将其装饰在碑头上即为螭首。唐时，螭首碑逐渐成为等级的象征，且只有五品以上的官员才能刻制。宋代用石螭首成为定式。

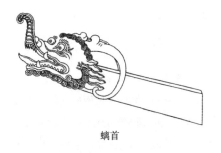

螭首

【译文】 建造殿阶螭首的制度：殿阶螭首用在殿阶上，下方正对角对柱；位于殿阶的四个角上，随台阶的走向往外斜出。殿阶螭首全长七尺；长度每增加一尺，则宽度相应增加二寸六分，厚度增加一寸七分。如果把殿阶螭首的长度按十分计算，头部长度占四分，身长占六分，螭首头部要比身部高出二分。

殿内斗八[1]

【原文】 造殿堂内地面心石斗八之制：方一丈二尺，匀分作二十九窠[2]。当心施云卷，卷内用单盘或双盘龙凤，或作水地飞鱼、牙鱼，作莲荷等华。诸窠内并以诸华间杂。其制作或用压地隐起华或剔地起突华。

【注释】 〔1〕斗八：我国传统建筑天花板上的一种装饰。为平面正八边形，用八条阳马向中

殿堂内地面心斗八

心交汇，形成凸起穹窿形。

〔2〕窠：巢穴、框格。

【译文】 建造殿堂内地面的心石斗八的制度：将边长为一丈二尺的正方形，均匀分成二十九个框格。正中间做成云卷造型，云卷内用单盘或双盘的龙凤图案，或者作成水地飞鱼、牙鱼，或莲荷等花的造型。每个框格内用各种花的造型间杂其中。其制作有的采用浮雕手法，有的采用高浮雕手法。

踏道[1]

【原文】 造踏道之制：长随间广。每阶高一尺作二踏；每踏厚五寸，广一尺。两边副子，各广一尺八寸（厚与第一层象眼同）。两头象眼[2]，如阶高四尺五寸至五尺者，三层（第一层与副子平，厚五寸；第二层厚四寸半；第三层厚四寸），高六尺至八尺者，五层（第一层厚六寸，每一层各递减一寸），或六层（第一层、第二层厚同上，第三层以下，每一层各递减半寸），皆以外周为第一层，其内深二寸又为一层

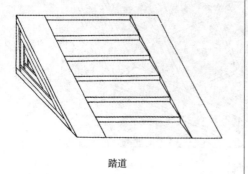

踏道

（逐层准此）。至平地施土衬石，其广同踏。（两头安望柱石坐。）

【注释】〔1〕踏道：即台阶。

〔2〕象眼：即台阶侧面的三角形部分。宋代时的象眼为层层凹入的形式，《营造法式》中就规定，"象眼凹入三层，每层凹入半寸到一寸"。清代时的象眼大多是陡直的，有些表面平整，有些表面装饰有雕刻或镶嵌图案。除台阶之外，凡是位于建筑上其他类似地方的直角三角形，也称作"象眼"。

【译文】 建造踏道的制度：踏道的长度根据屋间的宽度来确定。每级高一尺的台阶建造两个踏道；每个踏道厚度为五寸，宽一尺。踏道两边的副子，各宽一尺八寸（厚度与第一层象眼一样）。踏道两头的象眼，如果台阶高度在四尺五寸至五尺之间，象眼的线脚就要做三层（第一层要与副子齐平，厚度为五寸；第二层厚四寸半；第三层厚四寸），高度在六尺至八尺之间的，象眼的线脚就做五层（第一层厚六寸，之后的每一层依次递减一寸），或者做六层（第一层、第二层的厚度也为六寸，第三层以下，每一层依次递减半寸），都以最外面一层为第一层，向内深二寸为第二层（其余各层以此类推）。直到平地上，埋土固定石头，其宽度与踏道宽度相同。（并在两头安装望柱石坐。）

重台钩阑[1]（单钩阑、望柱）

【原文】 造钩阑之制：重台钩阑每

段高四尺，长七尺。寻杖[2]下用云栱瘿项[3]，次用盆唇[4]，中用束腰[5]，下施地栿[6]。其盆唇之下，束腰之上，内作剔地起突华版[7]。束腰之下，地栿之上，亦如之。单钩阑每段高三尺五寸，长六尺。上用寻杖，中用盆唇，下用地栿。其盆唇、地栿之内作万字（或透空，或不透空），或作压地隐起诸华。（如寻杖远，皆于每间当中，施单托神或相背双托神。）若施之于慢道，皆随其拽脚，令斜高与正钩阑身齐。其名件广厚，皆以钩阑每尺之高积而为法。

望柱：长视高，每高一尺，则加三寸。[径一尺，作八瓣。柱头上师子[8]高一尺五寸。柱下石（坐）作覆盆莲华。其方倍柱之径。]

蜀柱：长同上，广二寸，厚一寸。其盆唇之上，方一寸六分，刻为瘿项以承云栱。（其项，下细比上减半，下留尖高十分之二；两肩各留十分中四分。如单钩阑，即撮项造。）

云栱：长二寸七分，广一寸三分五厘，厚八分。（单钩阑，长三寸二分，广一寸六分，厚一寸。）

寻杖：长随片广，方八分。（单钩阑，方一寸。）

盆唇：长同上，广一寸八分，厚六分。（单钩阑，广二寸。）

束腰：长同上，广一寸，厚九分。（及华盆大小华版皆同，单钩阑不用。）

华盆地霞：长六寸五分，广一寸五

分，厚三分。

大华版：长随蜀柱内，其广一寸九分，厚同上。

小华版：长随华盆内，长一寸三分五厘，广一寸五分，厚同上。

万字版：长随蜀柱内，其广三寸四分，厚同上。（重台钩阑不用。）

地栿：长同寻杖，其广一寸八分，厚一寸六分。（单钩阑，厚一寸。）

凡石钩阑，每段两边云栱、蜀柱，各作一半，令逐段相接。

【注释】 〔1〕重台钩阑：栏杆，宋称勾阑或钩阑，指曲折如钩的栏杆，多用在台阶、楼梯等处，有单钩阑和重台钩阑两种，后者规格较高。清代多用单钩阑。单钩阑上下用三根横木。最上方一根为扶手，称寻杖；中间隔一定距离加一立柱。立柱上下出卯：下卯立于最下一根横木之上；上卯穿透中、上二根横木，将其连接为一体。在下、中二横木间加花板或棂格。钩阑转角处加粗柱，也可不加柱而令正侧面各水平构件交搭出头。钩阑下部再加一水平构件，有两层花板的称重台钩阑。

〔2〕寻杖：也称巡杖，为栏杆上横向放置的构件，即栏杆上的扶手。

〔3〕云栱：栏杆中置于寻杖下的云形托座。瘿项：一个上下小、中间扁圆的鼓状构件，如鼓胀的脖子。因"脖子"上鼓出如瘤而称"瘿"。瘿项直接支承其上的云栱。

〔4〕盆唇：钩阑寻杖下的条石，瘿项云栱之下，蜀柱之上。因下部的棱角作弧形处理，使之圆曲如盆的口沿，故名盆唇。

〔5〕束腰：建筑物中的收束部位。

〔6〕地栿：大木作柱脚间的构件，与阑额相对。

〔7〕华版：即花板，宋式栏杆盆唇下所用的栏板。

〔8〕师子：即狮子。

【译文】制作栏杆的制度：有两层花板的栏杆每段高度为四尺，长七尺。寻杖下用云栱和瘿项承接，其次用盆唇，中间用束腰，下面用地栿。然后在盆唇之下，束腰之上，二者之间做高浮雕大花板。在束腰之下，地栿之上，也是如此。单钩阑每段高度为三尺五寸，长六尺。上面做寻杖，中间用盆唇，下面用地栿。在盆唇和地栿之内做万字板（有的镂空，有的不镂空），或者做高浮雕的各式花纹。（如果寻杖的位置设置得较高较远，可在寻杖与盆唇之间，设置单个托神或者两个相背的托神。）如果栏杆修建在较缓的斜坡道上，那么修建要沿着拽脚方向，使斜线高度与栏杆的垂直高度保持一致。栏杆上的各种构件的宽度和厚度，都要根据栏杆每一尺的高度进行换算，并作为构件建造的标准。

望柱：长度要根据栏杆的高度而定，栏杆每增高一尺，望柱的长度增加三寸。（望柱内切圆直径一尺，为八角柱。柱头上的石头狮子高度为一尺五寸。柱子底下的石座做成覆盆莲花的造型。望柱的方形边长是柱子直径的两倍。）

蜀柱：蜀柱的长度也要根据栏杆的高度而定，宽二寸，厚一寸。它的盆唇之上，一寸六分见方处，刻上瘿项以承接云栱。

（瘿项的下部比上部细一半，下面留有瘿项脚，高度为瘿项高的十分之二；两肩宽度是其高度的十分之四。在单钩阑中，这部分称为撮项造。）

云栱：长二寸七分，宽一寸三分五厘，厚八分。（单钩阑的云栱，长三寸二分，宽一寸六分，厚一寸。）

寻杖：长度和两柱之间的宽度相同，八分见方。（单钩阑的寻杖一寸见方。）

盆唇：长度同上，宽一寸八分，厚六分。（单钩阑的盆唇宽二寸。）

束腰：长度同上，宽一寸，厚九分。（盆唇、大小栏板都相同，单钩阑不采用。）

花盆地霞：长度为六寸五分，宽一寸五分，厚三分。

大花板：长度根据蜀柱而定，其宽度为一寸九分，厚度同上。

小花板：长度根据花盆而定，长一寸三分五厘，宽一寸五分，厚度同上。

万字板：长度根据蜀柱而定，其宽度三寸四分，厚同上。（重台钩阑不用。）

地栿：长度根据寻杖而定，其宽度为一寸八分，厚一寸六分。（单钩阑的地栿厚度为一寸。）

对于石头栏杆，每段两边的云栱、蜀柱，各制作一半，然后将它们逐段相连接。

螭子石

【原文】造螭子石之制：施之于阶棱钩阑蜀柱[1]卯之下，其长一尺，广四

重台钩阑

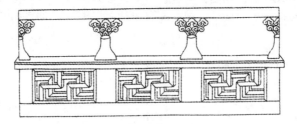

单钩阑

望柱

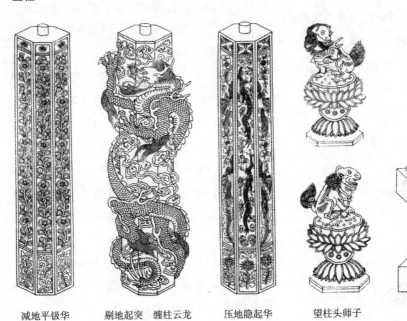

| 减地平钑华 | 剔地起突 缠柱云龙 | 压地隐起华 | 望柱头师子 | 望柱下坐 |

寸，厚七寸。上开方口，其广随钩阑卯。

【注释】〔1〕蜀柱：即侏儒柱，古建筑中使用的木构件。指立于平梁上的矮柱。蜀柱亦泛指短柱，如栏杆中的短小柱子。梁架上的蜀柱，在清式抬梁式构架中称为瓜柱。位于脊部位置，称为脊瓜柱；位于金步位置，称为金瓜柱。

【译文】制作蠢子石的制度：建造在曲钩栏杆和蜀柱的卯下面，蠢子石的长度为一尺，宽四寸，厚七寸。上面开一方形口子，宽度随栏杆的卯口大小而定。

门砧[1]限

【原文】造门砧之制：长三尺五寸；每长一尺，则广四寸四分，厚三寸八分。

门限[2]：长随间广（用三段相接），其方二寸。（如砧长三尺五寸，即方七寸之类。）若阶断砌，即卧株[3]长二尺，广一尺，厚六寸（凿卯口与立株合角造）。其立株长三尺，广厚同上（侧面分心凿金口

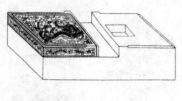

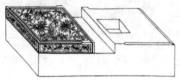

门砧

一道）。如相连一段造者，谓之曲株。

城门心将军石：方直混棱造，其长三尺，方一尺。（上露一尺，下栽二尺入地。）

止扉石[4]：其长二尺，方八寸。（上露一尺，下栽一尺入地。）

【注释】〔1〕门砧：即古时门下的长方形垫基。其上带有凹槽，用于支承门扇转轴。一般为石刻，露出地表的部分可以雕刻成狮子等形状。

〔2〕门限：门槛。

〔3〕卧株：门下侧旁装嵌门下槛用的水平构件。

〔4〕止扉石：门下部正中处凸出、且用于卡门的石头。

【译文】修建门砧的制度：长度为三尺五寸；每增长一尺，则宽度增加四寸四分，厚度增加三寸八分。

门槛：长度根据开间的宽度而定（采用三段衔接式），二寸见方。（如果门下垫基长三尺五寸，则七寸见方。）如果台阶分上下段砌造，那么卧株则长二尺，宽一尺，厚六寸（雕凿卯口与立株拼合）。立株长度为三尺，宽度和厚度与卧株相同（在侧面的中心位置雕凿一道金口）。如果立株与其他造作相连，则称为曲株。

城门心将军石：为抹圆棱角的长方体造型，长度为三尺，一尺见方。（上面外露一尺，下部栽入地下二尺。）

止扉石：长度为二尺，八寸见方。（上面外露一尺，下端栽一尺入地。）

地栿

【原文】 造城门石地栿之制：先于地面上安土衬石（以长三尺，广二尺，厚六寸为率），上面露棱广五寸，下高四寸。其上施地栿，每段长五尺，广一尺五寸，厚一尺一寸；上外棱混二寸；混内一寸凿眼立排叉柱。

【译文】 建造城门石栿的制度：先在地面上安放土衬石（以长度三尺，宽度二尺，厚度六寸为标准），地面之上露出的棱宽五寸，埋在地下的部分高四寸。在土衬石上面安放地栿，每段长度为五尺，宽一尺五寸，厚度为一尺一寸；面上露棱的外沿倒边，宽度为二寸；在倒边朝内一寸的地方挖凿卯眼，立着安放叉柱。

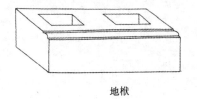

地栿

流杯渠[1]（剜凿流杯、垒造流杯）

【原文】 造流杯石渠之制：方一丈五尺（用方三尺石二十五段造），其石厚一尺二寸，剜凿渠道广一尺、深九寸。（其渠道盘屈，或作"凤"字，或作"国"字。若用底版垒造，则心内施看盘一段，长四尺、广三尺五寸，外盘渠道石并长三尺、广二尺、厚一尺。底版长广同上，厚六寸，余并同剜凿之

制。）出入水项子石二段，各长三尺，广二尺，厚一尺二寸（剜凿与身内同，若垒造，则厚一尺，其下又用底版石，厚六寸）。出入水斗子二枚，各方二尺五寸，厚一尺二寸；其内凿池，方一尺八寸，深一尺。（垒造同。）

【注释】 〔1〕流杯渠：也称"九曲流觞渠"，取"曲水流觞"之趣，多见于园林建筑中。其渠道屈曲，犹如"凤"字或"国"字，水槽或用整石凿出，或以石板为底、用条石垒砌而成。水由一端流入，经曲渠而从另一端流出。

【译文】 建造流杯石渠的制度：流杯石渠方长一丈五尺（用二十五段三尺见方的石头制造），石材的厚度为一尺二寸，剜凿的流杯渠道宽一尺、深九寸。（渠道盘旋屈曲，有的形似"凤"字，有的形似"国"字。如果它的底板采用垒造的形式，那么在中心位置设置一段看盘。看盘长四尺、宽三尺五寸，盘外的渠道并行，石头长三尺、宽二尺、厚一尺。底板的长宽同上，厚六寸，其他地方的制作同剜凿渠道一样。）出水和入水项子石二段，各长三尺，宽度二尺，厚一尺二寸（剜凿流杯渠的主体部分和它相同，如果是垒造的流杯渠，则厚度为一尺，其下还要用底板石，厚六寸）。出水和入水斗子二枚，各二尺五寸见方，厚一尺二寸；在斗子里面凿一个池子，一尺八寸见方，深度为一尺。（垒造的流杯渠也一样。）

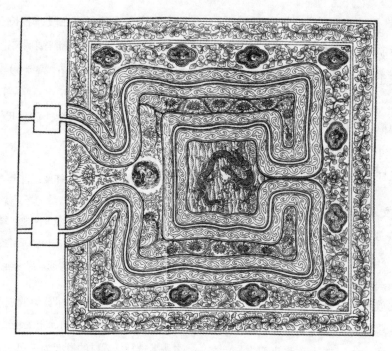

国字流杯渠

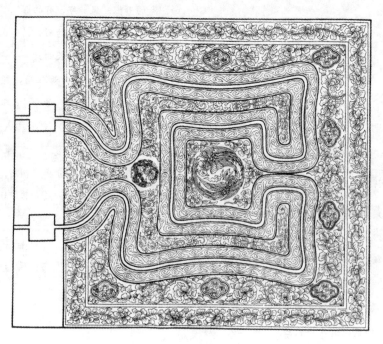

风字流杯渠

坛[1]

【原文】　造坛之制：共三层，高广以石段层数，自土衬上至平面为高。每头子各露明五寸。束腰露一尺，格身版柱造，做平面或起突作壸门造。（石段里用砖填后，心内用土填筑。）

【注释】　〔1〕坛：梁思成认为此处的坛，与明清时期社稷坛是一类构筑物。

【译文】　建造坛的制度：一共三层，高度和宽度根据石段的层数确定，以土衬到平面的距离为高度。叠涩部分露出来五寸。束腰露出来一尺，采用格身板柱筑造，做成平面或高浮雕壸门造型。（石段里用砖填充，砖下用土填筑夯实。）

卷輂水窗[1]

【原文】　造卷輂水窗之制：用长三尺，广二尺，厚六寸石造，随渠河之广。如单眼卷輂，自下两壁开掘至硬地，各用地钉（木橛也），打筑入地（留出镶卯），上铺衬石方三路，用碎砖瓦打筑空处，令与衬石方平，方上并二横砌石涩一重，涩上随岸顺砌，并二厢壁版，铺垒令与岸平。（如骑河者，每段用熟铁鼓卯二枚，仍以锡灌。如并三以上厢壁版者，每二层铺铁叶一重。）于水窗当心平铺石地面一重，于上下出入水处，侧砌线道三重，其前密钉掰石桩[2]二路，于两边厢壁上相对卷輂。（随渠河之广，取半圜为卷輂卷内圈

势。）用斧刃石斗卷合，又于斧刃石上缴背一重，其背上又平铺石段二重，两边用石随卷势补填令平。（若双卷眼造，则于渠河心，依两岸用地钉打筑二渠之间，补填同上。）若当河道卷輂，其当心平铺地面石一重，用连二厚六寸石（其缝上用熟铁鼓卯，与厢壁同），及于卷輂之外，上下水随河岸斜分四摆手，亦砌地面，令与厢壁平（摆手内亦砌地面一重，亦用熟铁鼓卯）。地面之外侧砌线道石三重，其前密钉掰石桩三路。

【注释】　〔1〕卷輂（jú）水窗：又称"卷輂河渠口"，即桥涵洞。古代排水系统，有单眼或双眼卷輂。

〔2〕掰石桩：一种木桩，卷輂水窗出入水处钉的木桩，维护石壁和地面的稳定。

【译文】　建造卷輂水窗的制度：用长度为三尺，宽二尺，厚六寸的石头建造，其宽度根据渠河的宽度确定。如果建造单孔卷輂（即单孔水门），需要从下水处的两壁开掘，一直挖掘到硬质地面，两边分别用地钉（即木橛），打入地下（并留出镶卯的位置），在上面铺设三路衬石方，用碎砖瓦石打入并填满石缝空隙处，使其与衬石方相平，石方上横向修砌两排并列的石段，石段做一层涩，涩上顺着河岸的方向砌两排并列的厢壁板，铺设垒砌层使它与岸保持水平。（如果是跨河的卷輂水窗，每一段使用两枚熟铁鼓卯，仍然用锡水灌注。如果并排使用三个以上的厢壁板，每二层之间铺

设铁叶一重。）在水窗正中位置平铺一层石地面，在出水和入水的两侧砌三重线道，前面密集钉两路掷石桩加固，在两边的厢壁上对齐卷輂。（根据渠道或河道的宽度，将卷輂做成半圆形。）用斧刃石将卷拼合在一起，又在斧刃石上安置一层缴背石，其背面再平铺两层石段，两边用石头根据卷的走势填补平整（如果是双孔卷輂，则在渠道和河道的中心位置，根据两岸的施工方法，用地钉打入二渠之间，填补同上）。如果是河道之上的卷輂，则在其正中平铺一层地面石，用厚度为六寸的连二石（其缝隙处用熟铁鼓卯，和厢壁处做法一样），在卷輂外围的上、下水方向，根据河岸倾斜的走势修筑四道摆手，同时修砌地面，使其与厢壁持平（摆手内也修砌地面一层，并用熟铁鼓卯）。地面之外，砌筑三重线道石，线道石前细密地钉三路掷石桩。

水槽子

【原文】 造水槽之制：长七尺，方二尺。每广一尺，唇厚二寸；每高一尺，底厚二寸五分。唇内底上并为槽内广深。

【译文】 建造石制水槽的制度：长度为七尺，二尺见方。长度每增加一尺，唇的厚度增加二寸；高度每增加一尺，底部的厚度增加二寸五分。水槽的宽度从唇内壁开始计算，深度按从底板到上面的距离计算。

马台[1]

【原文】 造马台之制：高二尺二寸，长三尺八寸，广二尺二寸。其面方，外余一尺八寸，下面分作两踏。身内或通素，或叠涩造；随宜雕镌华文。

【注释】 〔1〕马台：古时大户人家门前供上马用的石凳或石台。

【译文】 建造马台的制度：高二尺二寸，长三尺八寸，宽二尺二寸。正面为方形，剩余一尺八寸，分作两踏。马台要么通体素净，要么做成叠涩造型；根据情况雕刻不同花纹。

井口石[1]（井盖子）

【原文】 造井口石之制：每方二尺五寸，则厚一尺。心内开凿井口，径一尺；或素平面，或作素覆盆，或作起突莲华瓣造。盖子径一尺二寸（下作子口，径同井口），上凿二窍，每窍径五分。（两窍之间开渠子，深五分，安讹角铁手把。）

【注释】 〔1〕井口石：盖井所用的石块或石板，石侧凿两小洞，用以穿入铁棍上锁。

【译文】 建造井口石的制度：二尺五寸见方，厚度为一尺。正中开凿井口，直径一尺；井口或者是素平面，或做成不带纹饰的覆盆形状，或做成高浮雕莲花瓣造型。井盖的直径为一尺二寸（下面开一个子口，直径和井口直径一样），上面凿两个小孔，每个小孔直径五分。（两个小孔之间凿开一条小沟，深度为五分，用以安装讹角铁把手。）

山棚铔脚石[1]

【原文】 造山棚铔脚石之制：方二尺，厚七寸；中心凿窍，方一尺二寸。

【注释】 〔1〕山棚铔脚石：梁思成先生推测其为"搭山棚时系绳以稳定山棚之用的石构件"。

【译文】 建造山棚铔脚石的制度：二尺见方，七寸厚的方形石框；石头正中间凿一方形孔洞，一尺二寸见方。

幡竿颊[1]

【原文】 造幡竿颊之制：两颊各长一丈五尺，广二尺，厚一尺二寸（笋[2]在内），下埋四尺五寸。其石颊下出笋，以穿铔脚。其铔脚长四尺，广二尺，厚六寸。

【注释】 〔1〕幡竿颊：稳固旗竿等的石块。清代称"夹杆石"。

〔2〕笋：通"榫"。竹、木、石制器物或构件上，用凹凸方式相接处凸出的部分。

【译文】 建造幡竿颊的制度：两片石头长度各为一丈五尺，宽二尺，厚一尺二寸（包括榫头在内），地面以下埋入四尺五寸。在石片的下面出榫，以穿铔脚石。铔脚石长度为四尺，宽二尺，厚六寸。

赑屃[1]鳌坐碑

【原文】 造赑屃鳌坐碑之制：其首为赑屃盘龙，下施鳌坐。于土衬之外，自坐至首，共高一丈八尺。其名件[2]广厚，皆以碑身每尺之长积而为法。

碑身：每长一尺，则广四寸，厚一寸五分。（上下有卯，随身棱并破瓣。）

鳌坐：长倍碑身之广，其高四寸五分；驼峰[3]广三寸。余作龟文造。

碑首：方四寸四分，厚一寸八分；下为云盘（每碑广一尺，则高一寸半），上作盘龙六条相交；其心内刻出篆额[4]天宫。（其长广计字数随宜造。）

土衬[5]：二段，各长六寸，广三寸，厚一寸；心内刻出鳌坐版（长五寸，广四寸），外周四侧作起突宝山，面上作出没水地。

【注释】 〔1〕赑屃（bì xì）：古代神话传说中龙之九子之一，又名霸下，似龟，喜好负重，长年累月地驮着石碑。

〔2〕名件：名目、构件。

〔3〕驼峰：用在梁架间配合斗拱支承梁栿的构件，因造型形似骆驼背峰，故称。驼峰有全驼峰和半驼峰，全驼峰包括鹰嘴、掐瓣、戾帽、卷云等多种形式，而半驼峰则较少见。

〔4〕篆额：汉以后的各种碑刻上部，称为碑头或碑额。又因碑额上的题字多用篆书，故称"篆额"。

〔5〕土衬：即土衬石。阶基、墙、踏道等外侧的一层条石，一般与地面齐平。

【译文】 建造赑屃鳌坐碑的制度：碑头为赑屃盘龙，下面修建鳌形底座。除土衬之外，从底座到碑首，一共高一丈八尺。碑上其他构件的宽度和厚度，都是用碑身每尺的长度为标准进行换算，从而规定这些构件的尺寸。

碑身：长度每增加一尺，则宽度增加四寸，厚增加一寸五分。（如果碑身上有卯口，要顺着碑身的棱边分辨。）

鳌坐：长度是碑身宽度的二倍，高度为四寸五分；驼峰宽三分。其余部分做成龟背的纹理。

碑首：四寸四分见方，厚度为一寸八分；下部为云盘造型（碑身宽度每增加一尺，则高度增加一寸半），上部做成六条盘龙相互交缠的形状；碑首中心位置用篆书雕刻出仙境缭绕的天宫造型。（其长度和宽度根据字数需要而定。）

土衬：土衬石两段，各长六寸，宽三寸，厚一寸；石中心刻出鳌坐板（长五尺，宽四尺），外面四周作起突宝山的造型，其平面要高出水平地面。

笏头碣[1]

【原文】 造笏头碣之制：上为笏首，下为方坐，共高九尺六寸。碑身广厚并准石碑制度（笏首在内）。其坐，每碑身高一尺，则长五寸，高二寸。坐身之内，或作方直，或作叠涩，随宜雕镌华文。

【注释】〔1〕笏头碣：碑碣的一种样式。石碑为长方形，上为半圆形，似笏板。其上不用赑屃，下不用鳌坐，是较小、无雕饰的碑。

【译文】 建造笏头碣的制度：上端为半圆形笏首，下方是一简易方形底座，总高度为九尺六寸。碑身的宽度和厚度全部参考石碑的制度来制作（包括笏首在内）。碑身每增高一尺，笏头碣的底座长度则增加五寸，高度增加二寸。座身之内，或者方正平直，或做出叠涩造型，并根据不同情况雕刻相应的花纹。

卷四·大木作制度一

本卷阐述大木作必须遵从的规程和原则。

材[1]（其名有三：一曰章，二曰材，三曰方桁）

【原文】 凡构屋之制，皆以材为祖。材有八等，度屋之大小，因而用之。

第一等，广九寸，厚六寸。（以六分为一分。）右殿身九间至十一间则用之。（若副阶[2]并殿挟屋[3]，材分减殿身一等，廊屋[4]减挟屋一等。余准此。）

第二等，广八寸二分五厘，厚五寸五分。（以五分五厘为一分。）右殿身五间至七间则用之。

第三等，广七寸五分，厚五寸。（以五分为一分。）右殿身三间至殿五间或堂七间则用之。

第四等，广七寸二分，厚四寸八分。（以四分八厘为一分。）右殿三间、厅堂五间则用之。

第五等，广六寸六分，厚四寸四分。（以四分四厘为一分。）右殿小三间、厅堂大三间则用之。

第六等，广六寸，厚四寸。（以四分为一分。）右亭榭或小厅堂皆用之。

第七等，广五寸二分五厘，厚三寸五分。（以三分五厘为一分。）右小殿及亭榭等用之。

第八等，广四寸五分，厚三寸。（以三分为一分。）右殿内藻井或小亭榭施铺作多则用之。

契[5]，广六分，厚四分。材上加契者谓之"足材"。（施之栱眼内两枓之间者谓之"暗契"。）

各以其材之广，分为十五分，以十分为其厚。凡屋宇之高深，名物之短长，曲直举折之势，规矩绳墨之宜，皆以所用材之分以为制度焉。（凡"分寸"之"分"皆如字，"材分"之"分"音符问切。余准此。）

【注释】 〔1〕材：此处为李诚当时所建立的模数制的一种度量单位，实际是斗栱或木方的断面，即横截面积。划定材为八等规格尺寸，依照建筑规模择等分用之，这种制度称为"材分制"，为木构架建筑统一用材标准。在制度中，又有材、契、分的定位，即材的断面以15分广，10分厚；契的断面为6分广，4分厚，比例皆为3：2；材上加契者谓之"足材"，通广21分，厚仍为10分，每分大小，依照法式中八个等级规定尺寸而算。

〔2〕副阶：指在建筑主体外加建回廊的做法。宋称副阶周匝，清称廊子。一般用在较隆重的建筑上，如殿、阁、塔等。

〔3〕殿挟屋：又称挟屋，是附于主要殿堂左右两侧的小建筑，多用于殿堂。

〔4〕廊屋：指建筑群中主屋以外的房屋。宋、明时廊屋构成封闭院落，而唐时则用廊屋构成廊院。廊屋左为上，右为下。

〔5〕契：指两层栱子间填充的断面尺寸，与"材"相同，都为建筑尺度的计量单位。

【译文】 凡是建造房屋的制度，都以材为主制。材分为八个等级，根据所建造房屋的大小，而选择用材。

第一等材，高度为九寸，宽六寸。（以六分为一分。）九间至十一间大殿适合使用此等材。（如果副阶包含殿挟屋，那么副阶和殿挟屋的材分要比大殿低一个等级，廊屋比挟屋又减一个等级。其余以此类推。）

第二等，高度为八寸二分五厘，宽五寸五分。（以五分五厘为一分。）五间至七间的殿适合使用此等材。

第三等，高度为七寸五分，宽五寸。（以五分为一分。）三间至五间的大殿或七间的堂适合用此等材。

第四等，高度为七寸二分，宽四寸八分。（以四分八厘为一分。）三间的殿或者五间的厅堂适合使用此等材。

第五等，高度为六寸六分，宽四寸四分。（以四分四厘为一分。）小三间殿、或者大三间厅堂适合使用此等材。

第六等，高度为六寸，宽四寸。（以四分为一分。）亭榭或者小厅堂适合使用此等材。

第七等，高度为五寸二分五厘，宽三寸五分。（以三分五厘为一分。）可用于小殿或者亭榭。

第八等，高度为四寸五分，宽三寸。（以三分为一分。）大殿内的藻井或者小亭榭多使用此等材。

栔的高度为六分，宽四分。一材加一栔称为"足材"。（建造在栱眼之内两斗之间的称为"暗栔"。）

各个等级的材按它们的高度，分为十五分，则其宽度为十分。根据房屋的高低深浅、各个构件的长短、屋顶斜面坡度曲直的走势、方圆平直的情况，可以决定

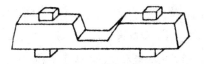

暗梁

相对应的材分等级制度。［凡是"分寸"的"分"都读一声，"材分"的"分"读四声（份）。其余依此而定。］

栱（其名有六：一曰开、二曰槉、三曰樽、四曰曲枅、五曰栾、六曰栱）

【原文】造栱之制有五：

一曰华栱[1]。（或谓之"抄栱[2]"，又谓之"卷头"，或谓之"跳头"。）足材栱也。（若补间铺作[3]，则用单材。）两卷头者，其长七十二分。（若铺作多者，里跳[4]减长二分。七铺作以上，即第二里外跳各减四分。六铺作以下不减。若八铺作下两跳偷[5]，则减第三跳，令上下跳上交互斗畔相对。若平坐出跳[6]，抄栱并不减。其第一跳于栌斗[7]口外，添令与上跳相应。）每头以四瓣卷杀[8]，每瓣长四分。（如里跳减多，不及四瓣者，只用三瓣，每瓣长四分。）与泥道栱[9]相交，安于栌斗口内，若累铺作数多，或内外俱匀，或里跳减一铺至两铺。其骑槽檐栱[10]，皆随所出之跳加之。每跳之长，心不过三十分；传跳虽多，不过一百五十分。（若造厅堂，里跳承梁出楷头者，长更加一跳。其楷头或谓之"压跳"。）交角内外，皆随铺作之数，斜出跳一缝。（栱谓之"角

棋",昂谓之"角昂"。)其华棋则以斜加长之。(假如跳头长五寸,则加二寸五厘之类。后称斜长者准此。)若丁头棋[11],其长三十三分,出卯长五分。(若只里跳转角者,谓之"虾须棋"[12],用股卯到心,以斜长加之,若入柱者,用双卯,长六分至七分。)

二曰泥道棋,其长六十二分。(若科口跳及铺作全用单棋造者,只用令棋[13]。)每头以四瓣卷杀,每瓣长三分半。与华棋相交,安于栌科口内。

三曰瓜子棋[14],施之于跳头。若五铺作以上重棋造,即于令棋内,泥道棋外用之(四铺作以下不用)。其长六十二分;每头以四瓣卷杀,每瓣长四分。

四曰令棋(或谓之"单棋"),施之于里外跳头之上(外在橑檐方[15]之下,内在算桯方[16]之下),与要头[17]相交(亦有不用要头者),及屋内槫缝之下。其长七十二分。每头以五瓣卷杀,每瓣长四分。若里跳骑栿[18],则用足材。

五曰慢棋。(或谓之"肾棋"。)施之于泥道、瓜子棋之上。其长九十二分;每头以四瓣卷杀,每瓣长三分。骑栿及至角,则用足材。

凡棋之广厚并如材。棋头上留六分,下杀九分;其九分匀分为四大分;又从棋头顺身量为四瓣(瓣又谓之"胥",亦谓之"枨",或谓之"生")。各以逐分之首(自下而至上),与逐瓣之末(自内而至外),以真尺对斜画定,然后斫造。(用

五瓣及分数不同者准此。)棋两头及中心,各留坐科处,余并为棋眼,深三分。如用足材棋,则更加一契,隐出心科及棋眼。

凡棋至角相交出跳,则谓之"列棋"[19]。(其过角棋或角昂处,棋眼外长内小,自心向外量出一材分,又棋头量一科底,余并为小眼。)

泥道棋与华棋出跳相列。

瓜子棋与小棋头出跳相列。(小棋头从心出,其长二十三分;以三瓣卷杀,每瓣长三分;上施散科。若平坐铺作,即不用小棋头,却与华棋头相列。其华棋之上,皆累跳至令棋,于每跳当心上施要头。)

慢棋与切几头[20]相列。(切几头微刻材下作两卷瓣。)如角内足材下昂造,即与华头子出跳相列。(华头子[21]承昂者,在昂制度内。)

令棋与瓜子棋出跳相列。(承替木头或橑檐方头。)

凡开棋口之法:华棋于底面开口,深五分(角华棋深十分),广二十分(包栌科耳在内)。口上当心两面,各开子荫[22]通棋身,各广十分(若角华棋连隐棋通开),深一分。余棋(谓泥道棋、瓜子棋、令棋、慢棋也)上开口,深十分,广八分。(其骑栿,绞昂栿者,各随所用。)若角内足材列棋,则上下各开口,上开口深十分(连契),下开口深五分。

凡棋至角相连长两跳者,则当心施科,科底两面相交,隐出棋头(如令棋只用四瓣),谓之"鸳鸯交手棋"。(里跳

上栱，同。）

【注释】〔1〕华栱：又名卷头、跳头、抄栱。斗拱出跳构件，清时称"翘"。是位于栌斗口内和泥道栱相交，内外传跳的垂直栱材。

〔2〕抄栱：也有版本作杪栱。

〔3〕补间铺作：是宋时对"柱间斗拱"的称呼，清时称"平身科"。补间铺作位于两柱之间，下接是平板枋和额枋。因屋顶的大面积荷载只依靠柱头斗拱来支承是不够的，需用柱间斗拱将一部分重量先传递至枋上，然后传递至柱上。

〔4〕里跳：清时称"里拽"。指柱中心以内的斗拱层层挑出部分，方向与外跳相反。

〔5〕偷心：指铺作出跳上交互斗口内，跳头上无横栱。唐宋常用偷心，金元以后多用重栱计心。

〔6〕出跳：即出跳数。宋式大木作营造术语。指铺作中自栌斗口或互斗口内向外挑出一层栱或昂。挑出一层为一跳，挑出两层为两跳，挑至五跳止。向内挑出称里跳，向外挑称外跳。

〔7〕栌科：铺作最下的大斗，置于柱头或阑额、普拍枋上。一般为方形，亦可为圆形，而补间铺作须用讹角料。

〔8〕瓣：构件连续起伏转机的轮廓线，每一伏或一转机称作一瓣。入瓣：瓣尖向内。出瓣：瓣尖向外。卷杀：将栱和翘的端头做成缓和的曲线或折线形式，使其外观呈现出丰满柔和之态，此为卷杀。"卷"乃圆弧之意，"杀"乃砍削之意。

〔9〕泥道栱：铺作栌科上与华栱相交的横栱，起支承和传递槽荷载的作用。由于旧时的栱眼壁常用土坯封闭，其表面用灰泥涂抹，故称"泥道栱"。宋以前的泥道栱多隐刻在柱头枋上，即隐刻栱。宋式的泥道栱多为单材，上承慢栱，为双层栱，其改变了枋子间隔散料的早期做法，至明清成为定制，清称"正心栱"。

〔10〕骑槽檐栱：槽，即与斗拱出跳成正交的一列斗拱的纵向中线。骑槽檐栱即横跨铺作柱头中线、内外都出跳的华栱。

〔11〕丁头栱：置于梁下的半截栱，一头做成华栱，另一头出榫入柱（或方）。原由串枋出头部分做成，后成为梁下装饰。

〔12〕虾须栱：指里跳转角处的铺作，是丁头栱的一种。

〔13〕令栱：铺作最外一跳上的横栱，亦称"单栱"，即最后一次跳出的栱，不再向上层发展且中间伸出一"耍头"作构图收束。

〔14〕瓜子栱：宋式称谓，清式称"瓜栱"。铺作出跳的第一跳至最外一跳之里各跳，华栱头（或下昂）上的横栱。瓜子栱上与华栱或昂相交，承挑里外延伸的檩枋，在泥道栱与令栱之间。

〔15〕橑檐方：亦称撩檐枋，斗拱外端的枋料，起承托屋檐的作用。此枋荷载大，故断面高度为其他枋的2倍。如用圆料，则称为撩风槫，其下以小枋料或替木支承，此法多见于北方之唐、辽建筑。

〔16〕算程方：亦称"平棋方"。位于外檐铺作里跳、令栱上截面的长方形枋材。

〔17〕耍头：亦称"爵头""胡孙头"。位于最上一层栱或昂上，与令栱相交而向外伸出形似蚂蚱头状；在昂上切与昂平行且大小接近的直木；（或挑尖梁头）衬方头下所用出跳构件。清称蚂蚱头。耍头前后两头皆露在外，外端多作蚂蚱头状，里端则是麻叶头状。

〔18〕骑栿：与梁栿正交的横栱，犹如骑在梁栿上，其上支承栱或枋。

〔19〕列栱：转角铺作上的正面出跳的栱，过角转为出跳上的横栱。

〔20〕切几头：栱头长度不足承受一斗，亦不按照栱头卷杀，仅刻出一入瓣或两卷瓣的形式。一般用于梁、栿、枋子等的出头上。

〔21〕华头子：为檐内（里转）斗栱的华栱外伸出的部分，其首尾斜向，上承昂的构件。即昂下的梁头出露叫华头子。

〔22〕子荫：指栱、昂、耍头等与其他构件榫卯相交时，为使开口上的构件（如泥道栱）与开口下的构件（如华栱）咬合紧密且不出现偏侧，在开下口的构件榫身两侧挖的浅且宽的凹槽。

【译文】 建造栱的制度一共有五条：

一是制作华栱的制度。（有的称之为"抄栱"，有的叫"卷头"，有的叫"跳头"。）它是一材一契的足材栱。（如果是柱间斗栱，就用单材栱。）两端卷头的华栱，其长度为七十二分。（如果斗栱出跳较多，那么里跳的长度减少二分。七层铺作以上的，第二里跳和第二外跳的长度各减四分。六铺作以下的，长度不减少。如果是八铺作以下，第一跳和第二跳跳头上没横栱的，则减少第三跳，使上下跳在斗沿处相持平。如果平坐斗栱出跳，抄栱的里跳长度并不减少。其第一跳在铺作最下面大斗的口外面，增加其长度令其与上跳相应。）每一端用四瓣卷杀轮廓线，每个瓣长四分。（如果里跳长度减少得多，不够四瓣的长度，则只用三瓣，每瓣仍然长四分。）华栱与泥道栱相交，安装在栌斗口内，如果累计铺作数较多，或者里跳和外跳层数都比较均匀，有的就把

里跳减一铺到两铺。其骑槽檐栱，都要根据出跳增加长度。每一跳的长度，中心不过三十分；层层出跳虽然较多，但中心不能超过一百五十分。（如果是建造厅堂，里跳承接方梁出檐头者，长度要增加一跳。也有人把檐头称作"压跳"的。）在转角朝内和朝外的地方，都要根据铺作的数量做斜出跳一缝。（此处的栱就叫做"角栱"，昂就叫"角昂"。）华栱则根据斜长而增加材分。（假如跳头长度增加五寸，则华栱增加二寸五厘，以此类推。此后斜长一律根据这个

华栱（足材）

华栱（单材）

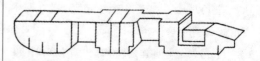

华栱第二跳（外作华头子，如第三跳以上随跳加长）

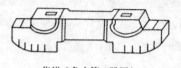

华栱（角内第一跳用）

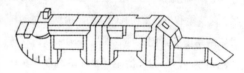

华栱（角内第二跳用，七铺作以上随跳加长）

规则制定。）如果是丁头栱，则它的长度为三十三分，出卯部分长为五分。（如果只有里跳设置转角，则称为"虾须栱"，用股出卯到中心位置，根据斜长增加长度，如果要接入柱头，要用双卯，长度为六分至七分。）

二是制作泥道栱的制度。泥道栱的长度为六十二分。（如果斗口的出跳及铺作全部使用单栱制造，则只使用令栱。）每头使用四瓣卷杀，每瓣长度为三分半。泥道栱要与华栱相交，并安装在栌斗口里面。

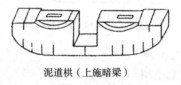

泥道栱（上施暗梁）

三是制作瓜子栱的制度。瓜子栱用在跳头上。如果铺作在五层以上，要用重栱建造，即在令栱以内，泥道栱以外使用（四铺作以下不用瓜子栱）。瓜子栱的长度为六十二分；每头用四瓣卷杀，每瓣的长度为四分。

四是制作令栱的制度：或者称之为"单栱"，令栱用在里跳和外跳的跳头

瓜子栱（外跳用）

瓜子栱（里跳用）

瓜子栱（绞栿用）

之上（外侧在橑檐方下面，内侧在算桯方下面），令栱与耍头相接（也有不用耍头的），并延伸到屋内槫缝以下。令栱的长度为七十二分。每头用五瓣卷杀，每瓣长度为四分。如果里跳横骑在横梁上，则使用一材一栔的足材。

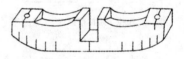

令栱（外跳用）

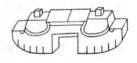

令栱（里跳用）

令栱（足材骑栿用）

五是制作慢栱的制度。（也有的称之为"肾栱"。）慢栱用在泥道栱和瓜子栱之上。它的长度为九十二分；每头用四瓣卷杀，每瓣长度为三分。如果是横骑梁上并到达转角，就用足材。

所有栱的高宽厚等皆如材的尺寸。栱头部分留有六分，栱身以下余九分；这九

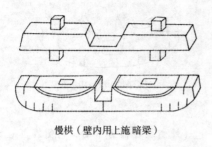

慢栱（壁内用上施暗梁）

慢栱（外跳骑昂用）

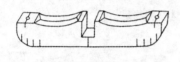

慢栱（里跳用）

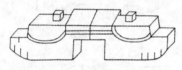

慢栱（足材驸栿用）

分又平均分为四分（这个瓣又叫"胥"，也叫"桭"，或者叫"生"）。从每一分的顶部（自下至上），从每一分的顶部到每一瓣的末端（自内至外），用直尺沿对角斜线画出墨线，然后据此砍削雕凿建造。（做五瓣以及不分分数的也照这个标准执行。）栱的两端和中心位置，都要留出托住斗的地方，其余部分凿为栱眼，深度为三分。如果选足材栱，则要加出一契的材，雕出心斗和栱眼。

转角铺作上之正出华栱，过角即转为出跳上横栱，这种栱称为"列栱"。（在角栱或角昂处，靠外的栱眼大，靠内的栱眼小，从中心位置向外留出一材分的宽度，并在栱头留出料底宽度的位置，其余部分雕凿小眼。）

泥道栱与华栱出跳正好相交。

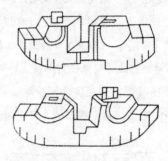

华栱与泥道栱相列（外跳用）

瓜子栱与小栱头的出跳正好相交。（小栱头在华栱的中心位置，它的长度为二十三分；用三瓣卷杀，每瓣长为三分；上面设置散料。如果是平坐铺作，不用小栱头，只用瓜子栱与华栱头相交。在华栱之上，经过多次出跳，使高度与令栱齐平，在每跳的中心位置设置耍头。）

慢栱与切几头相交。（切几头的微刻在材下，做成两卷瓣。）如果是在转角内足材昂下处建造，即和华头子的出跳相交。（华头子是承托昂的构件，相关介绍在昂的制度内。）

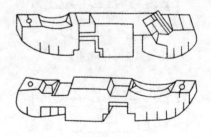

瓜子栱与小栱头相列（外跳用）

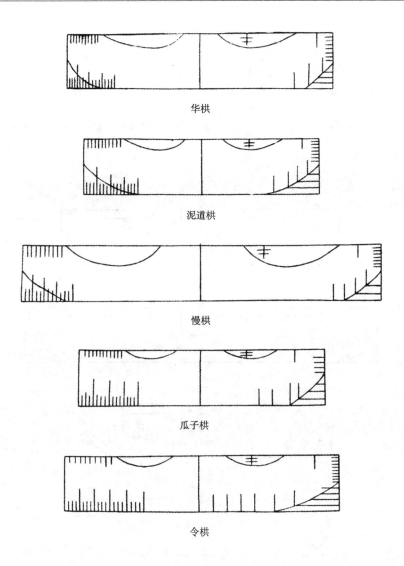

华栱

泥道栱

慢栱

瓜子栱

令栱

料科相传规矩以斗口尺寸为定论。如斗口（即栱昂中之口）一寸，应定瓜栱长六寸二分，万栱应长九寸二分，厢栱应长七寸二分。此三种栱子用于柱外，为外拽单彩瓜栱、外拽单彩万栱、外拽厢栱（此不称单彩者，仅此一种，无他分别，只分里外）俱以斗口二份定高。单彩者应除去一升底六分，应定高一寸四分，以斗口一份定厚一寸。

柱内里拽单彩各栱子相同外拽尺寸。

正心瓜栱、正心万栱（在柱中者）长同单彩，惟按二斗口定高二寸，以斗口一寸应加三分定厚一寸三分。

此五种栱子勿论三彩五彩起至十一彩止，仅用此五种栱子而已，惟分别里外拽头层二层名称庶免相混。以上栱子等件系用于宫殿正面。

柱中心正身上之侧面料科，统谓之出彩料件。

坐科，以斗口二份定高二寸，以三份定长三寸，以斗口一寸加三分定进深一寸三分。

出彩头二层上下翘头。出彩头二层上下昂及耍头、撑头俱以斗口二份定高二寸，以斗口一份定厚一寸。槽桁椀定长厚同出彩料，高以举架定之（说见后）。出彩各料以几彩几拽架定长。

拽架以斗口一寸三份定之，每拽架应宽三寸。

蚂蚱头、六分头、麻叶头等，以一拽架定长。

正心枋同正心栱子，里外拽枋同单彩栱子定高厚，以面阔定长。

瓜三、万四、厢五言之，以分定栱湾之瓣也，起二回三搭拉十而定昂嘴之斜垂也，以升腰二份三份定之。余仿此。

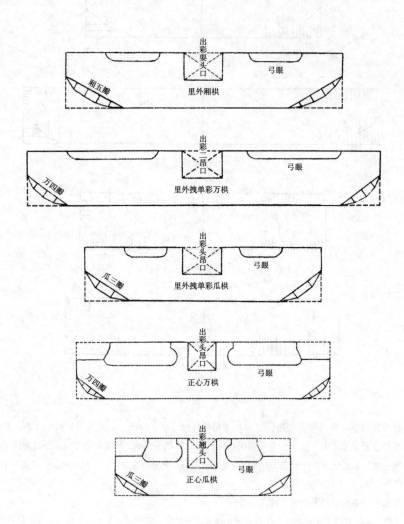

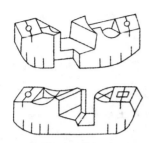

瓜子栱与小栱头相列（里跳用）

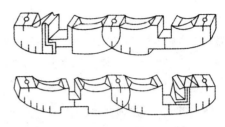

瓜子栱与令栱相列

（外跳鸳鸯交首栱也，六铺作以上并用瓜子栱）

替木头，以柱内卯榫定之。如卯宽三寸（卯即柱中之眼，勿论已透未透皆谓之卯），应厚二寸九分（稍减小以便穿入也），以口二份定高六寸，两头用钉向上钉之。

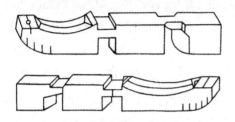

慢栱与切几头相列（外跳用）

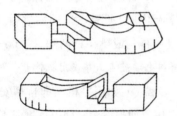

慢栱与切几头相列（里跳用）

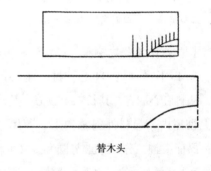

替木头

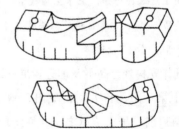

令栱与小栱头相列（里跳用）

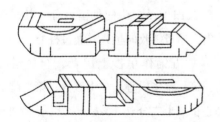

慢栱与华头子相列（外跳用七铺作以上随跳加长）

令栱和瓜子栱的出跳相交。（承接外檐的橑檐方和算程方。）

开栱口的原则：华栱在底面开口，深度为五分（转角华栱的深度为十分），宽度为二十分（包括栌斗耳在内）。在栱口上面正对中心的两个面，各开一个贯穿栱全身的凹槽，各自宽度为十分（如果是转角华栱就将隐斗一起通开），深度为一分。在其余的栱（即泥道栱、瓜子栱、令栱、慢栱等）

上开口，深度为十分，宽八分。（跨梁或者与昂正交的那些栱，根据实际情况而定。）如果转角内是足材列栱，则上下各开一个栱口，上面的栱口（连同栔在内），深度为十分，下面的开口深度为五分。

凡是连续两次出跳到转角的栱，则在正中心位置设置斗，斗底两面相交，雕刻出栱头（如果是令栱就只用四瓣），称为"鸳鸯交手栱"。（里跳上的栱，亦同此制。）

飞昂[1]（其名有五：一曰欂，二曰飞昂，三曰英昂，四曰斜角，五曰下昂）

【原文】造昂之制有二：

一曰下昂[2]：自上一材，垂尖向下，从枓底心取直，其长二十三分。其昂身上彻屋内，自枓外斜杀向下，留厚二分；昂面中䫜二分，令䫜势圜和。（亦有于昂面上随䫜加一分，讹杀至两棱者，谓之"琴面昂"[3]；亦有自枓外斜杀至尖者，其昂面平直，谓之"批竹昂"[4]。）

凡昂安枓处，高下及远近皆准一跳。若从下第一昂，自上一材下出，斜垂向下，枓口内以华头子承之。（华头子自枓口外长九分；将昂势尽处匀分。刻作两卷瓣，每瓣长四分。）如至第二昂以上，只于枓口内出昂，其承昂枓口及昂身下，皆斜开镫口，令上大下小，与昂身相衔。

凡昂上坐枓，四铺作、五铺作并归平；六铺作以上，自五铺作外，昂上枓并再向下二分至五分。如逐跳计心造[5]，

即于昂身开方斜口，深二分；两面各开子荫，深一分。

若角昂，以斜长加之。角昂之上，别施由昂。（长同角昂，广或加一分至二分。所坐枓上安角神[6]，若宝藏神或宝瓶。）

若昂身于屋内上出，皆至下平槫[7]。若四铺作用插昂[8]，即其长斜随跳头。（插昂又谓之"挣昂"，亦谓之"矮昂"。）

凡昂栓[9]，广四分至五分，厚二分。若四铺作，即于第一跳上用之；五铺作至八铺作，并于第二跳上用之。并上彻昂背（自一昂至三昂，只用一栓，彻上面昂之背）。下入栱身之半或三分之一。

若屋内彻上明造[10]，即用挑斡[11]，或只挑一枓，或挑一材两栔。（谓一栱上下皆有枓也。若不出昂而用挑斡者，即骑束阑方下昂桯。）如用平棋，即自槫安蜀柱以叉昂尾；如当柱头，即以草栿或丁栿压之。

二曰上昂：头向外留六分。其昂头外出，昂身斜收向里，并通过柱心。

如五铺作单抄上用者，自栌枓心出，第一跳华栱心长二十五分；第二跳上昂心长二十二分。（其第一跳上，枓口内用靴楔[12]。）其平棋方至栌枓口内，共高五材四栔。（其第一跳重栱计心造。）

如六铺作重抄上用者，自栌枓心出，第一跳华栱心长二十七分；第二跳华栱心及上昂心共长二十八分。（华栱上用连珠枓，其枓口内用靴楔。七铺作、八铺作

同。）其平棋方至栌枓口内，共高六材五契。于两跳之内，当中施骑枓栱[13]。

如七铺作于重抄上用上昂两重者，自栌枓心出，第一跳华栱心长二十三分；第二跳华栱心长一十五分（华栱上用连珠枓）；第三跳上昂心（两重上昂共此一跳），长三十五分。其平棋方至栌枓口内，共高七材六契。（其骑枓栱与六铺作同。）

如八铺作于三抄上用上昂两重者，自栌枓心出，第一跳华栱心长二十六分；第二跳、第三跳华栱心各长一十六分（于第三跳华栱上用连珠枓）；第四跳上昂心（两重上昂共此一跳），长二十六分。其平棋方至栌枓口内，共高八材七契（其骑枓栱与七铺作同）。

凡昂之广厚并如材。其下昂施之于外跳，或单栱或重栱，或偷心或计心造。上昂施之里跳之上及平坐铺作之内；昂背斜尖，皆至下枓底外；昂底于跳头枓口内出，其枓口外用靴楔。（刻作三卷瓣。）

凡骑枓栱，宜单用；其下跳并偷心造。（凡铺作计心、偷心，并在总铺作次序制度之内。）

【注释】〔1〕飞昂：铺作中（相对于该建筑主框架的开间或进深）被纵向斜置的传力及装饰的木枋材。在木结构铺作中，只有两种被斜置的构件：横向斜置的是斜栱，纵向斜置的是昂（或昂型构件），铺作中的其他构件都为平置。

〔2〕下昂：昂分为上昂和下昂，两者都是真昂，与从元代开始使用的假昂有本质区别（下文所述"昂"均为真下昂）。华栱和下昂是主要作为支承出挑重量的构件，从受力性能上看皆为悬臂构件。上昂用来承托平棋或平坐，起到类似斜撑与斜梁的结构作用。下昂虽然与华栱一样出挑承重，但与华栱在水平方向上出挑方式不同，下昂为斜向出挑。元以后柱头铺作不用真昂，至清代，带下昂的平身科又转为溜金斗拱的做法，原来斜昂的结构作用丧失殆尽。

〔3〕琴面昂：昂的上线到昂嘴有下垂弧度的昂，唐宋元时期的建筑上多用此昂。

〔4〕批竹昂：昂上没有弧线面，为倾斜的平面。

〔5〕计心造：指在每一跳的华栱或昂头上，放置横栱的做法，且按斗拱出踩数量设置横栱。

〔6〕角神：亦称走兽、蹲兽，是宫殿庑殿顶的垂脊上、歇山顶的戗脊上前部的瓦质或琉璃的脊兽。梁思成注释：宝瓶是放在角由枊之上以支承大角梁的构件，有时刻作力士形象，称角神。陈明达注释：角神是坐于转角铺作由昂平盘斗上，上承大角梁的构件。角神包括仙人和走兽，其数量与宫殿等级相关，最高为11个，每一个兽都有自己的名字和相应的作用。清时开始出现官制，最前端的是仙人，即骑凤仙人，又名仙人骑凤，后面是走兽，通常数量为奇数，9为最高，依次是：龙、凤、狮子、天马、海马、狻猊、押鱼、獬豸、斗牛。

〔7〕平槫：宋式的槫即清式的桁或檩。在草栿之上用以承椽，长随间广。除脊槫、牛脊槫以外各槫，通称平槫，因其位置不同，可分为上、中、下三种。

〔8〕插昂：亦称"挣昂""矮昂"。指只有

下昂外形，内无昂身的假昂头。

〔9〕昂栓：一种用于昂与昂之间的隐蔽榫卯的结构，可以固定上下昂的位置，起到防震、抗风以及木材经受干湿变化保持结构稳固的重要作用。

〔10〕彻上明造：建筑物室内的顶部做法，即无天花，不用藻井，而让屋顶梁架结构完全暴露。若仰视，则可清楚地看见屋顶的梁架结构，也称"彻上露明造"。多用于厅堂式建筑。

〔11〕挑斡：梁思成认为，挑斡即下昂后尾。朱光亚认为，与铺作相关的斜向构件有下昂、上昂及挑斡三种，以受力形式大小而分之，杠杆式受弯者为下昂和挑斡，斜撑式受压者为上昂。杠杆式受弯构件中，挑斡可视作下昂的特例，即下出昂尖为下昂，不出昂尖者为挑斡。

〔12〕靴楔：斗拱组合构件名称。貌似真昂昂底与下层华栱之间的楔形垫木，实则与下部栱身连成一体。与昂身榫卯相结，一般用于上昂的下端及下昂尾昂底之下，是真昂结构中不可缺少的构件之一。形式与溜金斗拱后尾的菊花头相似，但两者的结构意义不同。

〔13〕骑枓栱：上昂铺作中，跨于两跳之间的华栱和斗，或上昂和斗。梁思成注释：骑在上昂之上的重栱。

【译文】 建造昂的制度有两条：

一是建造下昂的制度：下昂从上到下为一单材，昂尖斜垂向下，从枓底面中心

位置向下的垂直距离，长度为二十三分。（下昂的昂身砌于屋内。）从枓的外面斜向下杀出，留出二分厚度；昂面中间凹入二分，使凹面的弧度缓和圆滑。（也有在昂的上面根据凹曲面增加一分高度的，杀成凸起的曲面，直至两棱，这种昂叫做"琴面昂"；也有从枓的外面斜杀至昂尖的，其昂面平直，这种昂称为"批竹昂"。）

凡是安装在斗下面的昂，其位置高低和距离远近都是一跳。如果下昂从比它高一层且里一跳的枋子斜垂向下而出，则在斗口以内用华头子承接。（华头子从斗口外算

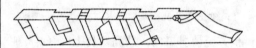

柱头或补间铺作内第二跳下昂（第三跳以上随跳加长）

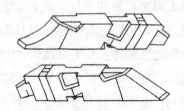

合角下昂（角内用，六铺作以上随跳加长）

下昂（角内用，六铺作以上同由昂）

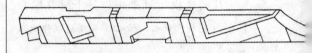

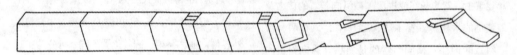

由昂（角内用，六铺作以上随跳加长）

起长度为九分；将昂的走势尽量处理均匀。雕刻两个卷瓣，每瓣长度为四分。）如果到第二跳以上，只需要在斗口内出昂，承接昂的斗口以及昂身的下方，都要斜开一个马蹄镫似的镫口，并使镫口上大下小，能够与昂身相衔接。

凡是在昂上有斗的，四铺作和五铺作都可以归为平整；六铺作以上，从五铺作处，昂上斗的位置都要再向下调低二分至五分。如果每一跳都是计心造，则在昂身上开一个深二分的方形斜口；两面各开一个深一分的浅槽。

如果是角昂，要根据斜边的长度增加下昂之材。角昂之上的要头要做成昂的样子。（长度和角昂的相同，宽度在角昂的基础上增加一分至二分。昂上所坐的斗要安装角神，比如宝藏神或宝瓶。）

如果昂身在屋内向上出，都伸到平槫。如果是四铺作则要用插昂，即昂的长度根据斜向出跳的跳头而定。（插昂又称为"挣昂"，也叫"矮昂"。）

昂栓的尺寸，高度为四分至五分，厚度为二分。如果是四铺作，就在第一跳上使用；如果是五铺作至八铺作，就在第二跳上使用。昂栓向上贯穿昂背（自一昂至三昂，只用一栓，贯穿上面的昂背）。向下嵌入栱身一半或三分之一。

如果屋内屋顶梁架结构完全暴露，就用挑斡，或者只挑一斗，或者挑一材两契。（这就是一栱上下都有斗。如果不出昂而采用挑斡的，就跨过束阑方下的昂程。）如果用平棋，那么则在平槫处安装蜀柱以顶住昂尾；如果恰好挡住了柱头，就用草栿或丁栿压住。

二是建造上昂的制度：上昂的头部要向外留出六分的长度。其上昂的头向外斜出，昂身斜向里收，并通过柱心位置。

如果在五铺作单抄上设置上昂，从栌枓的中心位置挑出，第一跳华栱的中心线长为二十五分；第二跳上昂的中心线长度为二十二分。（在第一跳上，斗口内用楔型垫木。）其平棋方子接入栌斗口，总高度为五材四契。（其第一跳采用重栱计心造。）

如果在六铺作重抄上设置上昂，从栌斗的中心位置挑出，第一跳华栱的中心线长为二十七分；第二跳华栱的中心线和上昂的中心线长度为二十八分。（华栱上用连珠斗，在第一跳上，斗口内用楔型垫木。七铺作、八铺作与此相同。）其平棋方子接入栌斗口，总高度为六材五契。在两跳之间设置骑斗栱。

如果在七铺作重抄上设置两重上昂，从栌斗的中心位置挑出，第一跳华栱的中心线长为二十三分；第二跳华栱的中心线长度为十五分（华栱之上用连珠斗）；第三跳上昂中心线的长度为三十五分（两重上昂共有这一跳）。其平棋方子接入栌斗口，总高度为七材六契。（其骑斗栱与六铺作相同。）

如果在八铺作三抄上设置两重上昂，从栌斗的中心位置挑出，第一跳华栱的中心线长为二十六分；第二跳、第三跳华栱中心线各长十六分（在第三跳华栱上用连珠斗）；第四跳上昂中心线的长度为二十六分（两重上昂共此一跳）。其平棋方子接入栌斗口，总高度为八材七契（其骑斗拱与七铺作相同）。

所有昂的高度和厚度都遵循材的尺寸。下昂用在外跳上，或者在单棋或重棋上，或者是偷心造或计心造。上昂用在里

跳以及平坐铺作之内；昂背斜长尖细，伸展至下昂和斗底以外；昂底从跳头的斗口之内伸出，斗口外采用楔形垫木。（雕刻成三卷瓣。）

所有的骑斗拱，都宜单独使用；采用下跳和偷心造。（至于铺作的计心造、偷心造，其做法和制度见总铺作次序制度。）

斗科侧面长料昔云出跳，今云出彩。左列各升斗以每攒侧面绘之，逐件标注名称。所有瓜棋、万棋、厢棋及出彩昂翘拽架各件之规矩详见前二篇。

下昂侧样（昔云几铺，今云几彩）

正名品字单翘斗科出彩一拽架，俗名品字三彩斗科。正名单昂斗科出彩一拽架，俗名三彩斗科。

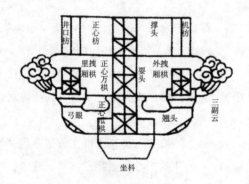

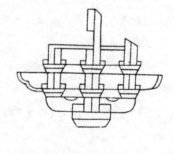

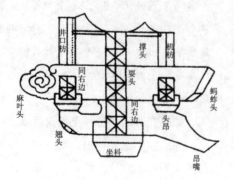

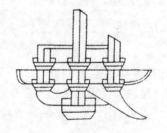

四铺作，里外并一抄卷头，壁内用重棋

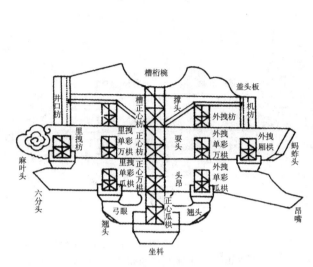

五铺作重栱出单抄单下昂，
里转五铺作重栱出两抄，并计心

正名单翘单昂料科出彩二拽架，俗名五彩料科。

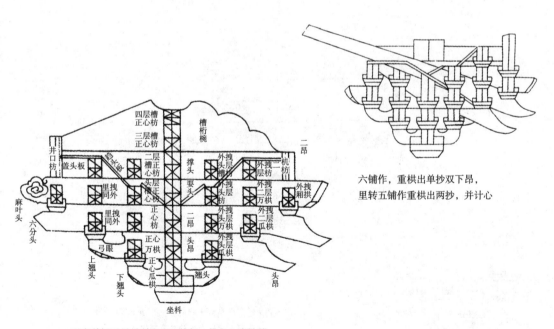

六铺作，重栱出单抄双下昂，
里转五铺作重栱出两抄，并计心

正名单翘重昂料科出彩三拽架，俗名七彩料科。

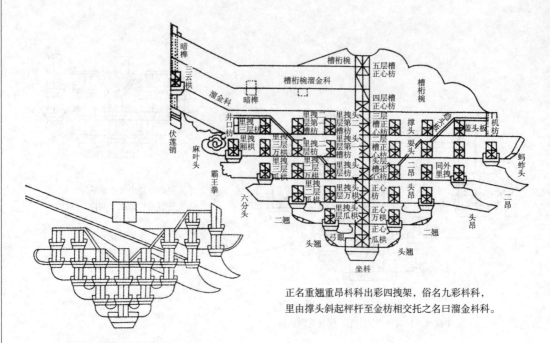

正名重翘重昂料科出彩四拽架，俗名九彩料科，
里由撑头斜起枰杆至金枋相交托之名曰溜金料科。

七铺作，重栱出双抄双下昂，
里转六铺作重栱出三抄，并计心

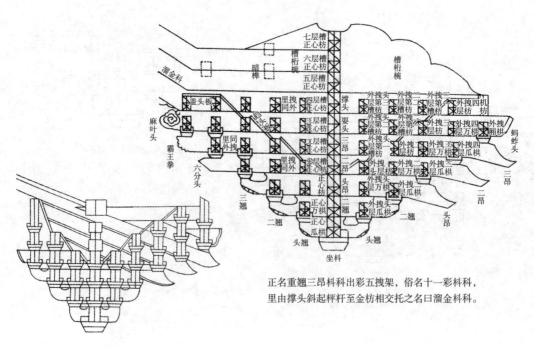

正名重翘三昂料科出彩五拽架，俗名十一彩料科，
里由撑头斜起枰杆至金枋相交托之名曰溜金料科。

八铺作，重栱出双抄三下昂，
里转六铺作重栱出三抄，并计心

上昂侧样

品字科科侧面式

品字科科之规矩尺寸（详见第一篇各说明）。品字之取义以所有出彩料件皆不出昂尖，皆以翘头出彩两头皆无昂者。其形有类倒置品字，是以谓之品字科。此科用挂落（即平台）。如北京正阳门楼大木为三层檐一挂落是也（即平檐），殿阁内部或亦用之。余仿此。

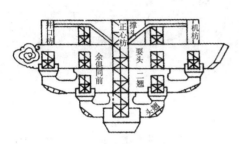

五彩二翘品字科科

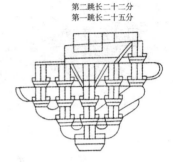

第二跳长二十二分
第一跳长二十五分

五铺作，重栱出上昂，并计心

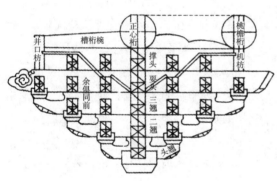

七彩三翘品字科科

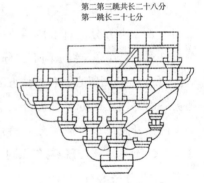

第二第三跳共长二十八分
第一跳长二十七分

六铺作，重栱出上昂，偷心跳内当中施骑科栱

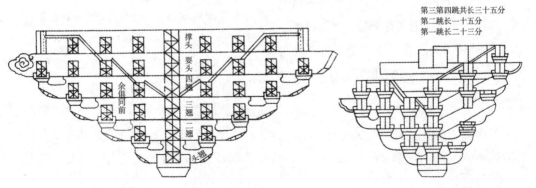

九彩四翘品字科科

第三第四跳共长三十五分
第二跳长一十五分
第一跳长二十三分

七铺作，重栱出上昂，偷心跳内当中施骑科栱

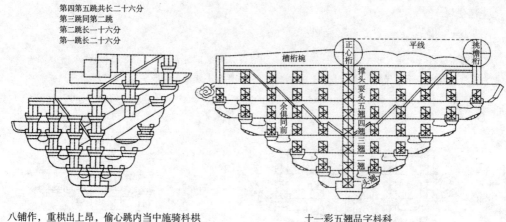

第四第五跳共长二十六分
第三跳同第二跳
第二跳长一十六分
第一跳长二十六分

八铺作，重栱出上昂，偷心跳内当中施骑料栱

十一彩五翘品字料科

爵头（其名有四：一曰爵头，二曰耍头，三曰胡孙头，四曰蜉蝑头）

【原文】 造耍头之制：用足材自料心出，长二十五分，自上棱斜杀向下六分，自头上量五分，斜杀向下二分（谓之"鹊台"）。两面留心，各斜抹五分，下随尖各斜杀向上二分，长五分。下大棱上，两面开龙牙口，广半分，斜梢向尖（又谓之"锥眼"）。开口与华栱同，与令栱相交，安于齐心料[1]下。

若累铺作数多，皆随所出之跳加长（若角内用，则以斜长加之），于里外令栱两出安之。如上下有碍昂势处，即随昂势斜杀，放过昂身。或有不出耍头者，皆于里外令栱之内，安到心股卯。（只用单材。）

【注释】 〔1〕齐心料：用于栱中心的斗，顺身开口，两耳；若施于平坐出头木下，则十字开口，四耳。

【译文】 建造耍头的制度：耍头要使用足材，从斗的中心位置出头，长度为二十五分，从上棱斜杀向下六分，头上量取五分留出，斜杀向下二分（称为"鹊台"）。两面留出中心，各斜抹五分，下部随尖端位置各斜杀向上二分，长度为五分。在下端的大棱上，两面各开一个龙牙口造型，宽度为半分，斜端末梢朝向尖端的方向（又称作"锥眼"）。耍头的开口方式与华栱的相同，与令栱相交，安放在齐心斗下面。

如果铺作层数较多，则耍头的长度宜随着铺作出跳层数的增加而加长（如果是在转角铺作中使用，则根据斜长的增加而增加耍头的长度），在里外令栱相交之处安装耍头。如果耍头上下方有妨碍昂的走势的地方，要根据昂的走势斜杀，从而跳过昂身。也有的不出耍头，则都在里外令栱之间，安装到跳心处作股卯。（只用单材。）

耍头上下昂及六分头以出彩料拽架定（说见前）。

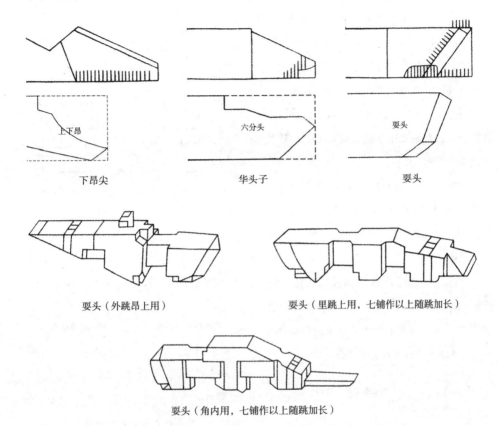

下昂尖　　　　　　　华头子　　　　　　　耍头

耍头（外跳昂上用）　　　耍头（里跳上用，七铺作以上随跳加长）

耍头（角内用，七铺作以上随跳加长）

　　科（其名有五：一曰㭼，二曰栭，三曰栌，四曰楷，五曰科）

【原文】造科之制有四：

一曰栌科：施之于柱头，其长与广皆三十二分。若施于角柱之上者，方三十六分（如造圜科，则面径三十六分，底径二十八分）。高二十分。上八分为耳，中四分为平，下八分为欹。（今俗谓之"溪"者非。）开口广十分，深八分。（出跳则十字开口，四耳。如不出跳，则顺身开口，两耳。）底四面各杀四分，欹頫[1]一分。

（如柱头用圜料，即补间铺作用讹角料。）

二曰交互科（亦谓之"长开料"）：施之于华栱出跳之上。（十字开口，四耳。如施之于替木[2]下者，顺身开口，两耳。）其长十八分，广十六分。（若屋内梁栿下用者，其长二十四分，广十八分，厚十二分半，谓之"交栿料"，于梁栿头横用之。如梁栿项归一材之厚者，只用交互料。如柱大小不等，其料量柱材随宜加减。）

三曰齐心科（亦谓之"华心科"）：施之于栱心之上。（顺身开口，两耳。若施之于平坐出头木之下，则十字开口，四耳。）其长与广皆十六分。（如施由昂及内外转角出跳之上，则不用耳，谓之"平盘枓"，其高六分。）

四曰散枓（亦谓之"小枓"，或谓之"顺桁枓"，又谓之"骑互枓"）：施之于栱两头。（横开口，两耳，以广为面。如铺作偷心，则施之于华栱出跳之上。）其长十六分，广十四分。

凡交互枓、齐心枓、散枓皆高十分，上四分为耳，中二分为平，下四分为欹，开口皆广十分，深四分，底四面各杀二分，欹颞半分。

凡四耳枓，于顺跳口内前后里壁，各留隔口包耳，高二分，厚一分半，栌枓则倍之。（角内栌枓于出角栱口内留隔口包耳，其高随耳，抹角内荫入半分。）

【注释】〔1〕欹颞：指枓欹加工成为向内凹进的圆滑曲面。

〔2〕替木：起拉接作用的辅助构件，常用于槫头和两槫相连接处，上面不用枓。

【译文】造斗的制度有四条：

一是栌斗：栌斗安装在柱头上，它的长和宽都是三十二分。如果安装在角柱上，则为三十六分见方。（如果建造的是圆枓，则顶部圆面的直径为三十六分，底面圆的直径为二十八分。）高度为二十分。上面八分长为斗耳，中间四分长为斗平，下面八分长为斗欹。（如今有把"欹"看作"溪"的，不对。）斗的开口宽十分，深八分。（如果出跳则采用十字开口，四个斗耳。如果不出跳，

坐枓

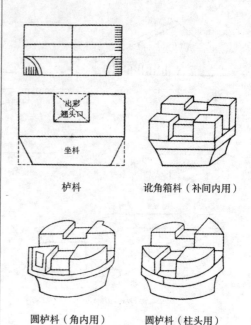

坐枓

栌枓

讹角箱枓（补间内用）

圆栌枓（角内用）　　圆栌枓（柱头用）

则顺着斗身开口，两个斗耳。）底部四个面各向里杀四分，斜向内凹一分。（如果柱头用圆斗，补间铺作则采用讹角斗。）

二是交互斗（也叫"长开斗"）：交互斗用在华栱出跳之上。（十字形开口，四个斗耳。如用在替木以下，则顺着斗身开口，两个斗耳。）交互斗的长度为十八分，宽十六分。（如果是用在屋内梁栿下面，则它的长度为二十四分，宽十八分，厚度为十二分半，称为"交栿斗"，在梁栿的两头横用。如梁栿的两头厚度达到一材，则只用交互斗。如果柱子大小不等，那么交互枓的尺寸要根据柱材的情况酌情增减。）

三是齐心斗（也叫"华心斗"）：齐心斗用在栱的中心位置之上。（顺着斗身开

口，两个斗耳。如果用在平坐出头木之下时，则开十字口，四个斗耳。）齐心斗的长和宽都是十六分。（如果安装在飞昂以及内外转角的出跳之上，则不用斗耳，这种称为"平盘斗"，高度为六分。）

四是散斗（也称为"小斗"，或称为"顺桁斗"，又叫"骑互斗"）：散斗用在栱的两头。（横开口，两个斗耳，以宽为面。如果铺作采用偷心造，则安装在华栱的出跳之上。）散斗的长度为十六分，宽十四分。

交互斗、齐心斗、散斗的高度全部为十分，上面四分长为斗耳，中间二分为斗

角科十八枓以平身科尺寸相同，惟见方加斜，以斗口一寸应加斜四分一厘，升腰四份，共八分，应加斜三分二厘八毫定之，应方二寸五分三厘。余仿此。

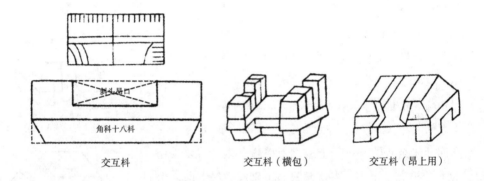

交互枓　　　　　交互枓（横包）　　　　交互枓（昂上用）

槽升子，以斗口一寸加二升腰定长，每升腰二分，应长宽俱一寸四分，高一寸。

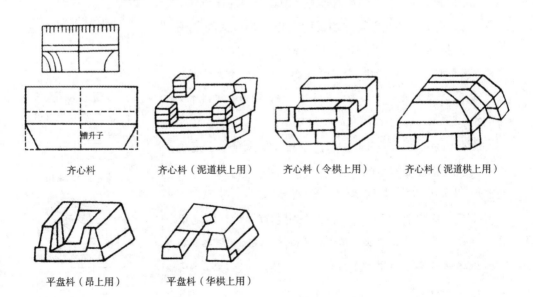

齐心枓　　　齐心枓（泥道栱上用）　　齐心枓（令栱上用）　　齐心枓（泥道栱上用）

平盘枓（昂上用）　　　平盘枓（华栱上用）

平，下面四分为斗敬，开口全部都是宽度为十分，深四分，底面各向里杀入二分，斜凹槽半分。

四耳斗顺着跳口内的前后里壁，各留一个隔口包住斗耳，高度为二分，厚度为一分半，栌斗尺寸则增加一倍。

（转角铺作中的栌斗，在出角栱口内留一个隔口包耳，其高度根据斗耳的尺寸而定，在转角处凿入半分深。）

总铺作次序

【原文】 总铺作次序之制：凡铺作[1]自柱头上栌枓口内出一栱或一昂，皆谓之一跳，传至五跳上。

出一跳谓之四铺作。（或用华头子，上出一昂。）

出两跳谓之五铺作。（下出一卷头，上施一昂。）

出三跳谓之六铺作。（下出一卷头，上施两昂。）

出四跳谓之七铺作。（下出两卷头，上施两昂。）

出五跳谓之八铺作。（下出两卷头，上施三昂。）

自四铺作至八铺作皆于上跳之上横施令栱，与要头相交，以承橑檐方。至角，各于角昂之上别施一昂，谓之由昂，以坐角神。

凡于阑额[2]上坐栌枓安铺作者，谓之补间铺作。（今俗谓之步间者非。）当心间须用补间铺作两朵，次间及梢间[3]各用一朵。其铺作分布令远近皆匀。（若逐间皆用双补间，则每间之广丈尺皆同。如只心间用双补间者，假如心间用一丈五尺，则次间用一丈之类。或间广不匀，即每补间铺作一朵，不得过一尺。）

凡铺作逐跳上（下昂之上亦同），安栱，谓之计心。若逐跳上不安栱而再出跳或出昂者，谓之偷心。（凡出一跳，南中[4]谓之出一枝，计心谓之转叶，偷心谓之不转叶，其实一也。）

凡铺作逐跳计心，每跳令栱上只用素方一重，谓之单栱。（素方[5]在泥道栱上者谓之柱头方，在跳上者谓之罗汉方。方上斜安遮椽版。）即每跳上安两材一栔。（令栱素方为两材，令栱上枓为一栔。）

平身十八枓，以斗口一寸加四升腰（说见前）定长一寸八分，高宽同槽升子。

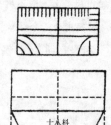

散枓

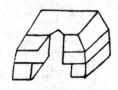

散枓（泥道栱上用）

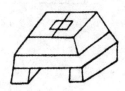

散枓（外跳上用）

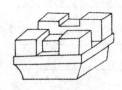

方栌枓（柱头或铺间用）

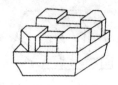

方栌枓（角内用）

若每跳瓜子栱上（至橑檐方下用令栱），施慢栱，慢栱上用素方，谓之重栱。（方上斜施遮椽版。）即每跳上安三材两栔。（瓜子栱、慢栱、素方为三材，瓜子栱上枓、慢栱上枓为两栔。）

凡铺作并外跳出昂，里跳及平坐只用卷头。若铺作数多，里跳恐太远，即里跳减一铺或两铺。或平棋低，即于平棋方下更加慢栱。

凡转角铺作，须与补间铺作勿令相犯。或梢间近者，须连栱交隐（补间铺作不可移远，恐间内不匀）。或于次角补间近角处从上减一跳。

凡铺作当柱头壁栱谓之影栱。（又谓之扶壁栱。）

如铺作重栱全计心造，则于泥道重栱上施素方。（方上斜安遮椽版。）

五铺作一抄一昂，若下一抄偷心，则泥道重栱上施素方，方上又施令栱，栱上施承椽方。

单栱七铺作两抄两昂及六铺作一抄两昂或两抄一昂，若下一抄偷心，则于栌枓之上施两令栱、两素方。（方上平铺遮椽版。）或只于泥道重栱上施素方。

单栱八铺作两抄三昂，若下两抄偷心，则泥道栱上施素方，方上又施重栱素方。（方上平铺遮椽版。）

凡楼阁，上屋铺作或减下屋一铺。其副阶缠腰铺作不得过殿身，或减殿身一铺。

【注释】〔1〕铺作：由斗栱等构件组合成的构造单位，一单元为一朵。每挑出一层即为一跳，每增加一层为一铺。宋制最简单的出跳斗栱为四层做法，这四层即为：栌斗、华栱（或华头子上出一昂）、耍头、衬方头等，称为四铺作。五铺作是在四铺作基础上增加一层；六铺作是在五铺作基础上再加一层，以此类推。

〔2〕阑额：即额枋，柱子之间联络与承重的重要构件。有时两根并用，其上者清时称大额枋；其下者宋时称由额，清时称小额枋，两者间用垫板（宋称由额垫板）。在内柱中所用额枋又称内额，在柱脚处的相似木结构称作地栿。

〔3〕当心间、次间及梢间：建筑当中一间称当心间，又称明间；其左、右侧间称次间；再外的称梢间；最外的称尽间。九间以上的房屋增加次间数。五开间房屋：梢间—次间—明间—次间—梢间，其中梢间又称末间；七开间房屋：尽间—梢间—次间—明间—次间—梢间—尽间。

〔4〕南中：指今天的云南、贵州和四川西南部。三国时，诸葛亮平定南中，南中归并蜀汉。三国蜀汉以巴、蜀为根据地，而其地在巴、蜀之南，故称。宋时，南中地区有大理国。

〔5〕素方：指在水平方向放置的横向联系构件，是未经雕花、刷漆的方木。

【译文】 总铺作次序的制度：凡是铺作从柱子头部的栌斗口内出一栱或者一昂，都称作一跳，可以连续出五跳及以上。

出一跳称为四铺作。（或者采用华头子，上面设置一个飞昂。）

出两跳称为五铺作。（向下设置一个卷头，上面设置一个飞昂。）

出三跳称为六铺作。（向下设置一个卷

头，上面设置两个飞昂。）

出四跳称为七铺作。（向下设置两个卷头，上面设置两个飞昂。）

出五跳称为八铺作。（向下设置两个卷头，上面设置三个飞昂。）

从四铺作到八铺作，都在上跳的上面横向安放一个令栱，使令栱与耍头相交，用来承托橑檐方。在转角处，在角昂之上分别再设置一个飞昂，称为由昂，用以安装角神。

在阑额上承接栌斗安设的铺作，称作补间铺作。（如今称作步间的，是错的。）正中的一间需要使用两朵补间铺作，次间及梢间各用一朵补间铺作。这些铺作的分布要使远近左右的距离均匀。（如果每一间都使用两朵补间铺作，则每一间的宽度的丈和尺寸都要相同。如果只有正中一间房屋采用双补间铺作，假如当心间的宽度为一丈五尺，则次间要用一丈，如此这般。如果每间的宽度不一样，那么每一间房屋用一朵补间铺作，且宽度不能超过一尺。）

铺作连续跳出（下昂之上也是如此），在每一跳上安置一条横栱，称为计心造。如果连续出跳，跳上不安装栱而再次出跳或者出昂的，称为偷心造。（云南、贵州和四川西南部一带将每出一跳称为出一枝，计心叫做转叶，偷心称为不转叶，其实一样。）

铺作采用逐跳计心的方法，每一跳的令栱之上只采用一层不雕饰花纹的木方，称为单栱。（不雕花纹的木方在泥道栱上的称为柱头方，在跳上的称为罗汉方。木方上要斜向安置遮椽板。）即每跳之上安放两材一栔。

（令栱和素方为两材，令栱上的斗为一栔。）

如果在每一跳的瓜子栱上（到橑檐方下面用令栱），安置慢栱，慢栱上用素方，称为重栱。（木方之上斜向安装遮椽板。）即每一跳之上安放三材两栔。（瓜子栱、慢栱、素方为三材，瓜子栱上的斗和慢栱上的斗为两栔。）

凡是铺作外跳出昂，里跳和平坐只能采用卷头。如果铺作数较多，里跳的距离可能太远，则里跳减少一铺作或两铺作。如果平棋的位置较低，则在平棋方下面增加一条慢栱。

转角铺作和补间铺作一定要避免相互冲突。如果梢间的距离较近，必须使连栱交相错开（补间铺作的位置不可移动太远，否则可能使每间的距离不均匀）。或者在次角补间的近角地方从上面减去一跳。

凡是铺作当作柱头壁使用的栱称为影栱。（又叫做扶壁栱。）

如果铺作全部为重栱计心造，则在泥道栱及慢栱上置素方。（方上与第一跳的素方之上斜安遮椽板。）

五铺作一抄一昂，如果下一抄为偷心造，则泥道及慢栱上安置素方，素方之上再设令栱，令栱之上置承椽的木方。

单栱七铺作出两抄两昂及六铺作一抄两昂或六铺作两抄一昂，如果下一抄为偷心，则在栌斗之上安置两道令栱、两道素方。（素方之上平铺遮椽板。）或者只在泥道栱及慢栱上设置素方。

单栱八铺作出两抄三昂，如果下两抄为偷心，则在泥道栱上面设置一条素方，

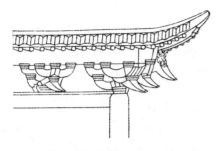

殿阁亭榭等转角正样四铺作壁内重栱插下昂

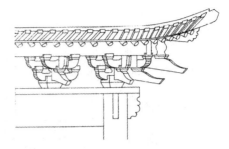

殿阁亭等转角正样枓科三彩重栱单昂

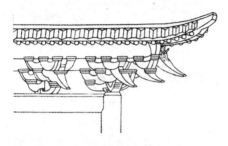

殿阁亭榭等转角正样五铺作
重栱出单抄单下昂逐跳计心

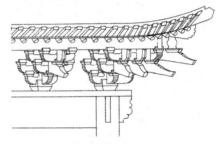

殿阁亭等转角正样枓科五彩重栱一昂

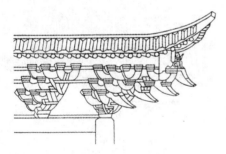

殿阁亭榭等转角正样六铺作
重栱出单抄两下昂逐跳计心

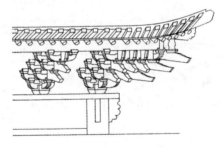

殿阁亭等正面枓科七彩重栱单翘两下昂

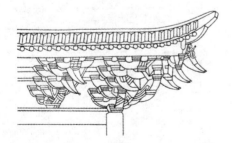

殿阁亭榭等转角正样七铺作
重栱出双抄两下昂逐跳计心

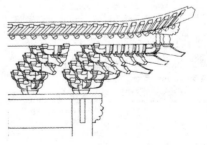

殿阁亭等转角正面枓科重栱重翘两昂
檐头出彩三探二十三分口

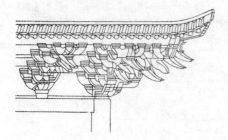

殿阁亭榭等转角正样八铺作
重栱出双抄三下昂逐渐计心

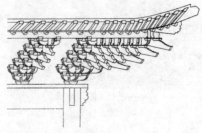

殿阁亭样转角枓科正面古名升枓十一彩
重翘三下昂檐出规定二十三口分

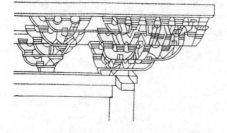

楼阁平坐转角正样六铺作重栱出卷头并计心

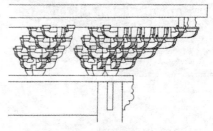

殿阁平坐转角正面样枓科古名重栱三翘七彩
各座角科规定多加一昂

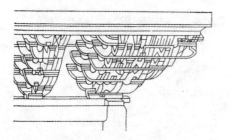

楼阁平坐转角正样七铺作重栱出卷头并计心

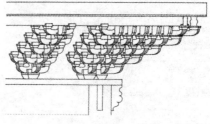

楼阁平坐转角正面科科九彩重栱四翘角科坐枓
古名规定连半做法

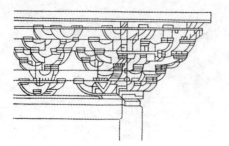

楼阁平坐转角正样七铺作重栱出上昂
偷心跳内当中施骑枓栱

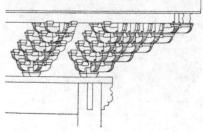

楼阁平面转角正样科科九彩重栱四翘斗口出彩

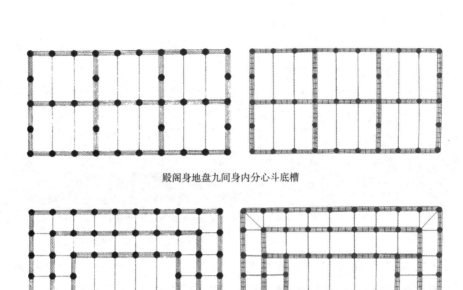

殿阁身地盘九间身内分心斗底槽

殿阁地盘殿身七间副阶周匝各两架椽身内金箱斗底槽

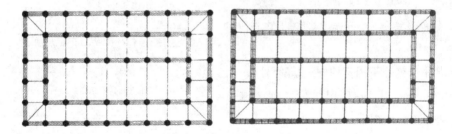

殿阁地盘殿身七间副阶周匝各两架椽身内单槽

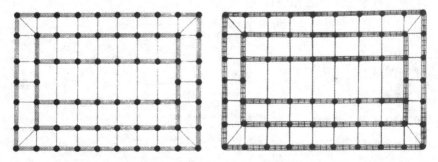

殿阁地盘殿身七间副阶周匝各两架椽身内双槽

素方之上再设重栱、素方。(素方之上平铺遮椽板。)

凡是楼阁类房屋的铺作,上屋的铺作应该比下屋的铺作少一层。如果有副阶、缠腰的房屋,副阶和缠腰上的铺作层数不能超过殿身的铺作,或者比殿身少一层铺作。

平坐 (其名有五:一曰阁道,二曰墱道,三曰飞陛,四曰平坐,五曰鼓坐)

【原文】 造平坐之制:其铺作减上屋一跳或两跳。其铺作宜用重栱及逐跳计心造作。

凡平坐铺作,若叉柱造[1],即每角用栌枓一枚,其柱根叉于栌枓之上。若缠柱造[2],即每角于柱外普拍方[3]上安栌枓三枚。(每面互见两枓,于附角枓上各别加铺作一缝。)

凡平坐铺作下用普拍方,厚随材广,或更加一栔,其广尽所用方木。(若缠柱造,即于普拍方里用柱脚方,广三材,厚二材,上生柱脚卯。)

凡平坐先自地立柱谓之永定柱,柱上安搭头木[4],木上安普拍方,方上坐枓栱。

凡平坐四角生起比角柱减半。(生角柱法在柱制度内。)

平坐之内逐间下草栿[5]前后安地面方,以拘前后铺作,铺作之上安铺版方,用一材。四周安雁翅版,广加材一倍,厚四分至五分。

【注释】 〔1〕叉柱造:上层檐柱柱脚十字或一字开口,叉落在下层平坐铺作正中,柱底放置于铺作栌枓斗面上。此种方法又称插柱造。叉柱造可以增强上下层间的联系,加强稳定性。四库全书作义柱造,疑误。

〔2〕缠柱造:于下层柱端加一斜梁,将上层柱立于该梁上。此结构外观稳妥,角部两侧普拍方上各加一个大枓和一组斗栱。

〔3〕普拍方:即普拍枋。位于阑额与柱头上的一种木构件,用来承托枓栱。是铺作层柱子间的联系构件,宛如一道腰箍梁在柱子之间,并支承补间和柱头铺作,再将铺作层传来的荷载传递至柱子和阑额。明清称为平板枋,日本称台轮。

〔4〕搭头木:清称大额枋。即平坐柱头间的横向联系构件,起到传递荷载和加强连接的作用。

〔5〕草栿:被平暗、平棋遮挡的栿,不经任何艺术加工,且制作潦草。起到支承屋盖重量的作用。

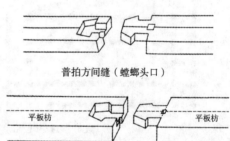

普拍方间缝 (螳螂头口)

平板枋 ———— 平板枋

平板枋间缝 (螳螂头口)

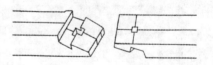

普拍方间缝 (勾头搭掌)

平板枋 ———— 平板枋

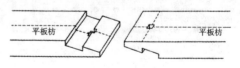

平板枋间缝 (勾头搭掌)

【译文】 建造平坐的制度：平坐的铺作比上屋要少一跳或者两跳。平坐铺作适合采用重栱以及逐跳计心造的制作。

对于平坐铺作，如果采用叉柱造的方式，即在每根角柱上用一枚栌斗，柱子底部插入下层栌斗之内。如果采用缠柱造，即在每根角柱外边的普拍方上安装三枚栌斗。（正面和侧面都能互相看见两枚栌斗，在附角斗上分别再加一层铺作。）

平坐铺作下面使用普拍方，厚度根据材的宽度而定，或在材的基础上再加一契，宽度则依照所用的方木。（如果采用缠柱造，即在普拍方里面采用柱脚方，宽度为三材，厚度为二材，上面设置柱脚的卯口。）

凡是平坐从地面开始立柱的称为永定柱，永定柱上安装搭头木，木头上安装普拍方，普拍方上承托着斗拱。

平坐的四个角生起比角柱的生起幅度要减少一半。（角柱生起法则在"柱制度"一章内。）

在平坐以内，逐间降低到草栿的位置，前后安装在地面上，以固定前后的铺作，铺作之上安装铺版方，用一材。四周安装雁翅形木板，宽是材的一倍，厚度在四分至五分之间。

正身科规矩尺寸。所有正身科由三彩五彩七彩应需各分件均绘图。如后至九彩十一彩，每加二彩须加一拽架定出彩之长规矩。余仿此。

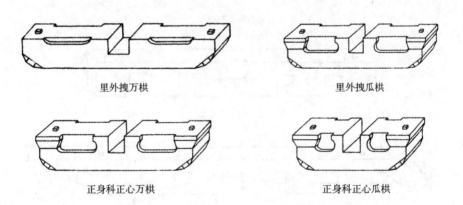

里外拽万栱　　里外拽瓜栱

正身科正心万栱　　正身科正心瓜栱

正身科出彩料所用斗口各分件

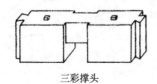

三彩撑头

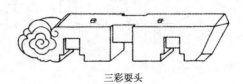

三彩要头

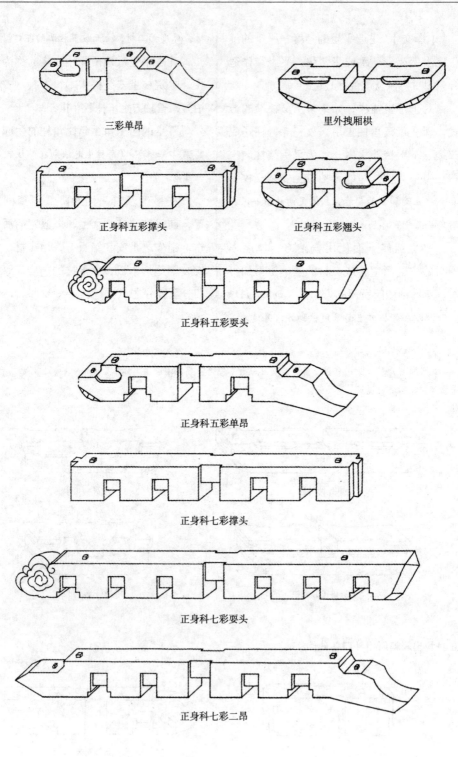

三彩单昂

里外拽厢栱

正身科五彩撑头

正身科五彩翘头

正身科五彩耍头

正身科五彩单昂

正身科七彩撑头

正身科七彩耍头

正身科七彩二昂

溜金科规矩以柱内里后尾起枰杆，以托定金桁为止，以举架定之（举架法详见前）。其余以柱外面。如三彩者同三彩料科，五彩者同五彩料科。余仿此。

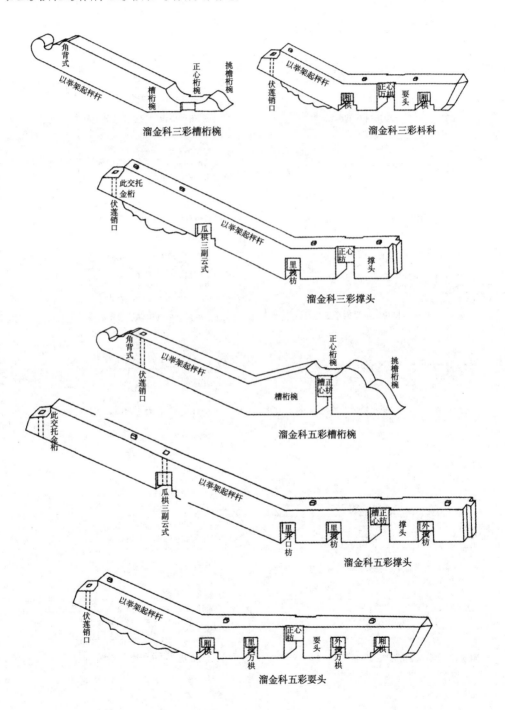

溜金科三彩槽桁椀

溜金科三彩料科

溜金科三彩撑头

溜金科五彩槽桁椀

溜金科五彩撑头

溜金科五彩要头

角科分件正面侧面互交之式

正面侧面名目相同，栱翘由三彩五彩至七彩，应需各件斗口均绘图。如后惟九彩十一彩，每加二彩须加一搜架（详见第一篇）加长定之。余仿此。

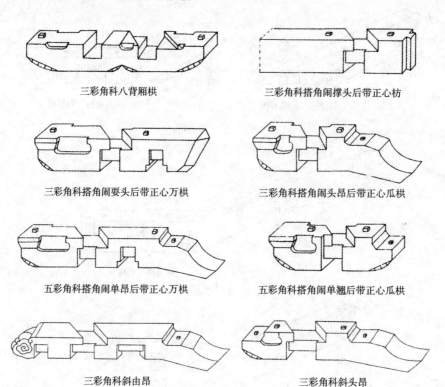

三彩角科八背厢栱

三彩角科搭角闹撑头后带正心枋

三彩角科搭角闹耍头后带正心万栱

三彩角科搭角闹头昂后带正心瓜栱

五彩角科搭角闹单昂后带正心万栱

五彩角科搭角闹单翘后带正心瓜栱

三彩角科斜由昂

三彩角科斜头昂

角科分件一

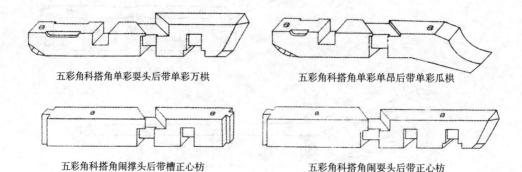

五彩角科搭角单彩耍头后带单彩万栱

五彩角科搭角单彩单昂后带单彩瓜栱

五彩角科搭角闹撑头后带槽正心枋

五彩角科搭角闹耍头后带正心枋

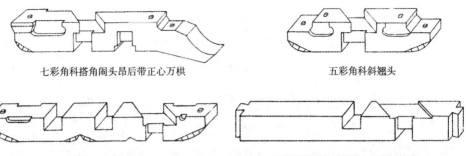

七彩角科搭角闹头昂后带正心万栱　　　　　　　五彩角科斜翘头

五彩角科八背厢栱　　　　　　五彩角科搭角单彩撑头后带外拽枋

角科分件二

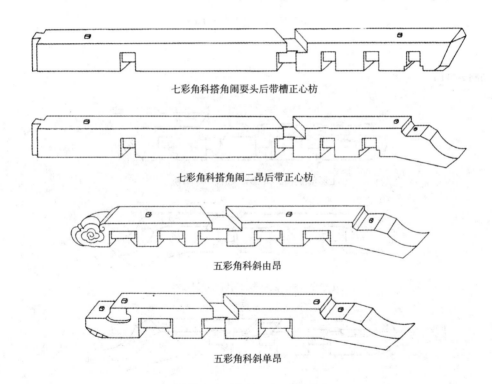

七彩角科搭角闹耍头后带槽正心枋

七彩角科搭角闹二昂后带正心枋

五彩角科斜由昂

五彩角科斜单昂

角科分件三

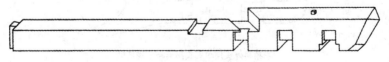

七彩角科外头层单彩耍头后带外拽枋

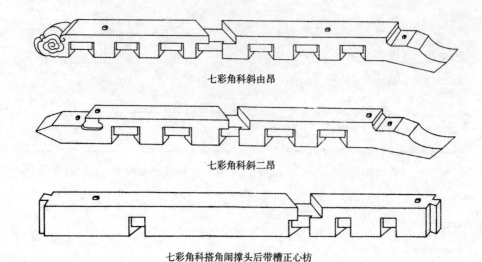

七彩角科斜由昂

七彩角科斜二昂

七彩角科搭角闹撑头后带槽正心枋

角科分件四

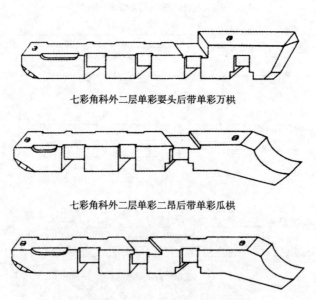

七彩角科外二层单彩耍头后带单彩万栱

七彩角科外二层单彩二昂后带单彩瓜栱

七彩角科外头层单彩二昂后带单彩万栱

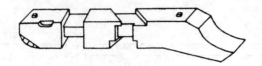

七彩角科外头层单彩头昂后带单彩瓜栱

　　斗科规矩，三彩者一拽架、五彩者二拽架、七彩者三拽架、九彩者四拽架、十一彩者五拽架（此以柱外核算柱内相同拽架规矩，见前详明）。每加二彩者（即一瓜栱、一万栱二件上下相合为二彩），须加一拽架。此斗科各彩分件列表由三彩起至七彩，所有平身科角科应有各件互相通用全行齐备。惟九彩者仅绘此三件形式列表，以证明相同各彩。如加彩惟须依次第加拽架，此九彩头翘（同五彩单翘、同七彩单翘、同十一彩头翘），此九彩二翘（同十一彩之二翘），此九彩头昂（同七彩二昂、同十一彩头昂）。以此三件表明，每加二彩须加一拽架互相通用之法。余仿此。

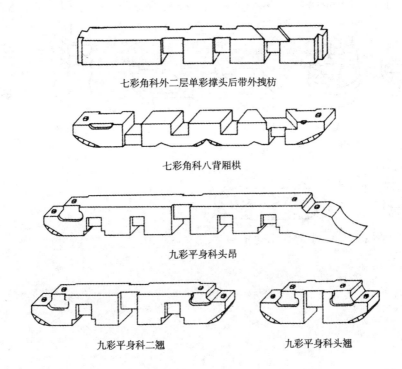

七彩角科外二层单彩撑头后带外拽枋

七彩角科八背厢栱

九彩平身科头昂

九彩平身科二翘　　　　　　九彩平身科头翘

　　斗科分件尺寸规矩（详见第一篇）。所有平身科、角科、柱栌科、各坐料十八科、槽升子、升耳等件规矩俱同前。余仿此。

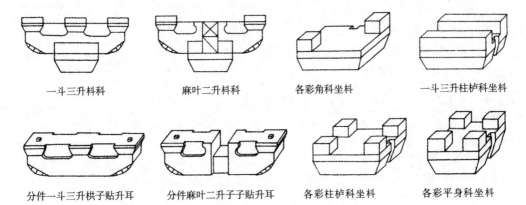

一斗三升料科　　　麻叶二升料科　　　各彩角科坐料　　　一斗三升柱栌科坐料

分件一斗三升栱子贴升耳　　分件麻叶二升子子贴升耳　　各彩柱栌科坐料　　各彩平身科坐料

坐科十八斗、槽升子、升耳及溜金科、伏莲销、宝瓶等各分件式。宝瓶者，用于角科由昂上，以顶托角梁之立木也。

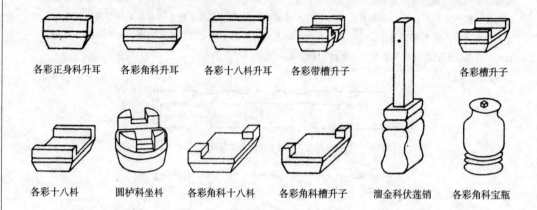

各彩正身科升耳　　各彩角科升耳　　各彩十八斗升耳　　各彩带槽升子　　　　　　各彩槽升子

各彩十八斗　　圆栌科坐科　　各彩角科十八斗　　各彩角科槽升子　　溜金科伏莲销　　各彩角科宝瓶

一斗三升平身科坐科　　分件麻叶二升麻叶云头

卷五·大木作制度二

　　本卷续卷四，进一步阐述大木作遵从的规程和原则。

梁（其名有三：一曰梁，二曰宷廇，三曰栭）

【原文】 造梁之制有五：

一曰檐栿[1]。如四椽[2]及五椽栿，若四铺作以上至八铺作，并广两材两栔，草栿广三材；如六椽至八椽以上栿，若四铺作至八铺作，广四材，草栿同。

二曰乳栿[3]。（若封大梁用者，与大梁广同。）三椽栿，若四铺作、五铺作，广两材一栔，草栿广两材；六铺作以上广两材两栔，草栿同。

三曰札牵[4]。若四铺作至八铺作，出跳广两材；如不出跳，并不过一材一栔。（草牵梁准此。）

四曰平梁[5]。若四铺作、五铺作，广加材一倍；六铺作以上广两材一栔。

五曰厅堂梁栿。五椽、四椽，广不过两材一栔，三椽广两材。余屋量椽数准此法加减。

凡梁之大小，各随其广分为三分，以二分为厚。（凡方木小，须缴贴令大。如方木大，不得裁减，即于广厚加之。如碍槫及替木，即于梁上角开抱传口。若直梁[6]狭，即两面安楅栿版；如月梁狭，即上加缴背[7]，下贴两颊，不得刻剜梁面。）

造月梁之制。明栿其广四十二分。（如彻上明造，其乳栿、三椽栿各广四十二分，四椽栿广五十分，五椽栿广五十五分，六椽栿以上其广并至六十分止。）梁首（谓

出跳者）不以大小，从下高二十一分，其上余材，自枓里平之上，随其高匀分作六分，其上以六瓣卷杀，每瓣长十分。其梁下当中颐六分：自枓心下量三十八分为斜项。（如下两跳者长六十八分。）斜项外其下起颐，以六瓣卷杀，每瓣长十分，第六瓣尽处下颐五分。（去三分，留二分作琴面。自第六瓣尽处渐起，至心又加高一分，令颐势圆和。）梁尾（谓入柱者）上背下颐，皆以五瓣卷杀。余并同梁首之制。

梁底面厚二十五分。其项（入枓口处）厚十分，枓口外两肩各以四瓣卷杀，每瓣长十分。

若平梁，四椽、六椽上用者，其广三十五分；如八椽至十椽上用者，其广四十二分，不以大小，从下高二十五分，背上下颐皆以四瓣卷杀。（两头并同。）其下第四瓣尽处颐四分。（去二分，留一分，作琴面，自第四瓣尽处渐起至心又加高一分。）余并同月梁之制。

若札牵，其广三十五分。不以大小，从下高一十五分（上至枓底）。牵首上以六瓣卷杀，每瓣长八分。（下同。）牵尾上以五瓣，其下颐前、后各以三瓣。（斜项同月梁法。颐内去留同平梁法。）

凡屋内彻上明造者，梁头相叠处须随举[8]势高下用驼峰。其驼峰长加高一倍，厚一材，枓下两肩或作入瓣，或作出瓣，或圈讹两肩、两头卷尖。梁头安替木处并作隐枓，两头造耍头或切几头（切几头刻梁上角作一入瓣），与令栱或襻间[9]

相交。

凡屋内若施平棊（平暗亦同），在大梁之上。平棊之上又施草栿，乳栿之上亦施草栿，并在压槽方[10]之上。（压槽方在柱头方之上。）其草栿长同下梁，直至橑檐方止。若在两面，则安丁栿[11]。丁栿之上别安抹角栿[12]，与草栿相交。

凡角梁[13]下又施檩衬角栿，在明梁之上，外至橑檐方，内至角后栿项，长以两椽材斜长加之。

凡衬方头，施之于梁背要头之上，其广厚同材，前至橑檐方，后至昂背或平棊方。（如无铺作，即至托脚木[14]止。）若骑槽，即前后各随跳，与方、栱相交，开子荫以压枓上。

凡平棊之上须随槫栿用方木及矮柱、敦桥，随宜枝撑固济[15]，并在草栿之上。（凡明梁只阁平棊，草栿在上，承屋盖之重。）

凡平棊方在梁背上，其广厚并如材，长随间广。每架下平棊方一道。（平暗同。又随架安椽，以遮版缝。其椽，若殿宇广二寸五分，厚一寸五分。余屋广二寸二分，厚一寸二分。如材小，即随宜加减。）绞井口并随补间。（令纵横分布方正。若用峻脚，即于四阑内安版贴华。如平暗，即安峻脚椽[16]，广厚并与平暗椽同。）

【注释】〔1〕檐栿：凡长度在三椽架以上（至十二椽架止）的承托屋顶的梁栿，统称檐栿。

〔2〕四椽栿：栿就是梁，承传五个檩的力，长（四步）四架椽。两槫之间的水平距离称为一椽。四椽栿就是长四椽，支承四架椽子的梁，即五檩之间距离的梁。清称五架梁。负载六架椽子的就是六椽栿，其他类推。

〔3〕乳栿：位于前后檐柱与内柱之间，长度为两椽的梁。梁首置于铺作之上，梁尾的一端插入内柱柱身；也有两端皆置于铺作上的。

〔4〕札（zhā）牵：指长一椽、起联系作用的梁。

〔5〕平梁：位于梁架最上一层的梁，长二椽。

〔6〕直梁：按梁的外观，可分为直梁和月梁两大类。直梁是指梁正投影的上下两边线为平行直线的梁。月梁的梁肩为弧线，梁底略向上凹，梁侧一般为琴面，并饰雕刻，外观秀巧，汉代将其称为"虹梁"。

〔7〕缴背：在梁架结构中，梁枋断面的高度不够时，另加于其上的补强构件。

〔8〕举：屋架高度。

〔9〕襻间：用于椽下，是联系各梁架的重要构件，以加强建筑结构的整体性，有单材襻间、两材襻间、实拍襻间等形式。

〔10〕压槽方：位于铺作柱头方之上，与柱头方平行的通长构件。因其压在纵向柱网线或斗拱的分槽线上，故称。

〔11〕丁栿：四阿（庑殿）屋顶和厦两头（歇山）屋顶两侧面与主梁呈丁字的梁，也称顺梁或扒梁。

〔12〕抹角栿：指四阿或厦两头屋架转角处、在角梁下与之正交，上承角梁后尾的横梁，清称抹角梁。

〔13〕角梁：指在建筑屋顶上的转角处、最

下一架斜置并伸出柱外的梁。角梁通常有上下两层，下层梁在宋时称作"大角梁"，清时称作"老角梁"；上层梁称作"仔角梁"，也称"子角梁"。

〔14〕托脚木：宋式建筑上各槫皆用斜杆支撑固定。其中支撑脊槫的斜杆称叉手，其余称托脚。

〔15〕枝撑固济：枝撑即斜柱，固济即使其稳固。

〔16〕峻脚椽：斜置于平棊与构架的梁枋间的短椽，也常用于副阶与殿身相连接之处。

【译文】 造梁的制度有五条：

一是制作檐栿的制度。长度为四椽栿及五椽栿的檐栿，如果采用四铺作以上直至八铺作，那么其宽度为两材两栔，草栿宽度为三材；如六椽栿至八椽栿以及以上的栿，如果采用四铺作至八铺作，那么其宽度为四材，草栿宽度也一样。

二是制作乳栿的制度。（如果是作为大梁使用，则其宽度与大梁相同。）乳栿是三椽栿，如果采用四铺作或五铺作，则其宽度为两材一栔，草栿宽度为两材；六铺作以上宽为两材两栔，草栿宽度也一样。

三是制作札牵的制度。如果是四铺作至八铺作，出跳宽度为两材；如果不出跳，其宽度不超过一材一栔。（草牵梁也遵循此规制。）

四是制作平梁的制度：如果平梁采用四铺作、五铺作，则宽度是梁材的一倍；六铺作以上平梁的宽度为两材一栔。

五是制作厅堂梁栿的制度。厅堂内的五椽栿、四椽栿，宽度不超过两材一栔，

三椽的宽度为两材。其余屋子的梁栿按照椽子的数目依照此规制增减。

梁的大小要根据原木的尺寸而定，截取高与宽之比为三比二的矩形最佳。（如果方木尺寸较小，必须按标准尺寸将所缺部分补足。如果方木尺寸大于规定尺寸，则不能裁减，而是在宽度和厚度上按比例增加。如果大到妨碍槫或者替木，就在梁的上角开一个抱传口。如果直梁过窄，则在直梁两面安装槫栿版；如果月梁过窄，则在上面加缴背，下面贴住两颊，不能在梁面上雕刻剜凿。）

制作月梁的制度。明栿的宽度为四十二分。（如果采用屋顶梁架完全暴露的彻上明造，乳栿、三椽栿各宽四十二分，四椽栿宽五十分，五椽栿宽五十五分，六椽栿及以上的宽度不超过六十分。）梁首（对出跳部分的称谓）不论大小，下端高度二十一分，其上面的余材，从斗内平直而上，根据其高度平均分作六分，最上面做六瓣卷杀，每瓣长十分。月梁底面中心位置向内凹六分：从枓的中心位置向下量取三十八分为斜项（如向下出两跳则长度为六十八分）。在斜项外侧下方起凹，做六瓣卷杀，每瓣长十分，在第六瓣的末端下面向里凹五分。（去掉三分，留出二分作琴面。从第六瓣的末端逐渐升起，到中心位置再增加一分高度，使凹入部分的走势圆滑缓和。）梁尾（对入柱部分的称谓）上面缴背下面内凹，都做成五瓣卷杀。其余部分和梁首的规制相同。

梁底面的厚度为二十五分。梁项（即入斗口处）厚度为十分，斗口外的两肩各做四瓣卷杀，每瓣长度为十分。

月梁

料科抱柁不代尖者仍称抱柁。如不代料科者，以柱径定厚。如柱径九寸应加一寸定厚一尺，以厚每尺加三寸定高一尺三寸。如代料科者，同挑尖梁尺寸。

月梁大者，以大柁古式两头特湾者呼之，以进深步架定长（说明见后）。

小者，以此梁上代有罗锅椽乎者望之。如半月式谓之月梁，以下柁收二寸定厚。如下柁一尺三寸，即厚一尺一寸，以每尺加三寸定高一尺四寸三分。余仿此。

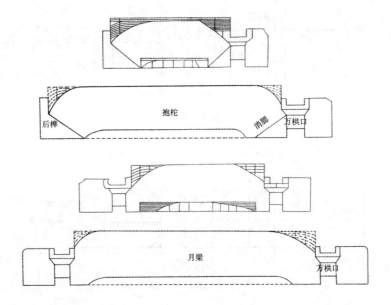

挑尖梁，以代料科之抱柁头尖者谓之挑尖梁，以斗口六分定厚。如斗口二寸应厚一尺二寸，以每厚一尺应加三寸定高一尺五寸六分。

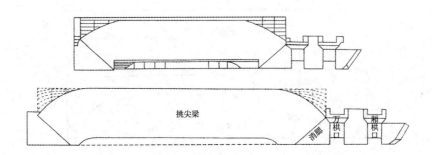

　　柁墩角背（昔称驼峰）以举架定高。如举高二尺，刨去上平水五寸、下柁背三寸五分，应定高一尺一寸五分，以一步架定长。如步架二尺五寸五分，即定长二尺五寸五分，以柁厚一尺，每尺收三寸定厚，即厚七寸。

　　瓜柱角背除长同柁墩角背，以瓜柱二份定高。如瓜柱高一尺六寸五分，应高一尺一寸，以瓜柱径九寸、以径三分之一定厚，即厚三寸。余仿此。

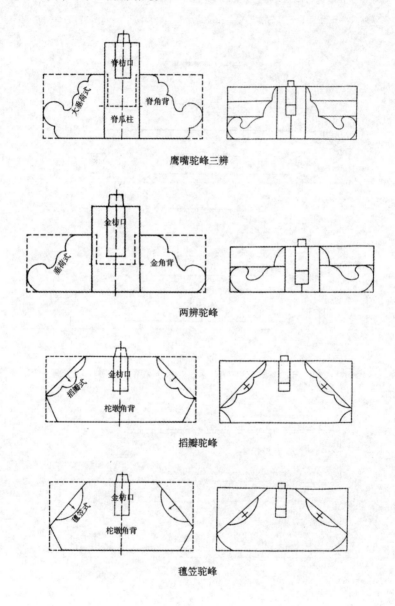

鹰嘴驼峰三辨

两辨驼峰

摺瓣驼峰

毡笠驼峰

如果是四椽栿或者六椽栿上用的平梁，则宽度为三十五分；如果是八椽栿至十椽栿上用的，则其宽度为四十二分，不论大小，下端高度都为二十五分，上面的缴背和下面的凹面，都做成四瓣卷杀。（两头也一样。）在下端第四瓣的末端处向内凹四分。（去除二分，留下的一分做琴面，从第四瓣的末端处逐渐升起到中心位置，高度增加一分。）其余构件按照月梁的规制来制定。

如果制作札牵，则宽三十五分。不论大小，下部的高度都为十五分（上部则到斗底）。牵首上面做成六瓣卷杀，每瓣长八分。（下面也一样。）牵尾上面做五瓣卷杀，下部凹面的前后各做三瓣卷杀。（斜项的做法和月梁处的相同。凹内去留的部位也和平梁制法里的凹面一样。）

房屋内梁架如果采用暴露在外的彻上明造结构，要在梁头相互重叠的地方根据屋架的走势高低设置驼峰。驼峰的长度是高度的一倍，厚度为一材，斗下两肩做成入瓣的样式，或者做成出瓣，或者是两肩成圆形，两头的卷杀成尖状。在梁头安放替木的地方设置一个隐斗，两头建造要头或者切几头（切几头雕刻在梁的上角，做成入瓣样式），与令栱或襻间相交。

屋内如果采用平棋（平暗也一样），位置则在大梁之上。在平棋之上还要设置草栿，乳栿之上也要设置草栿，并列排在压槽方之上。（压槽方在柱头方之上。）草栿的长度和下梁的长度相同，一直到橑檐方。如果是在两面，就安装丁栿。丁栿之

上另外安放抹角栿，与草栿相交。

在角梁之下，明梁之上，设置槫衬角栿，向外到橑檐方，向内到角后栿项，长度为两根椽子的斜长之和。

如果衬方头设置在梁背的耍头上面，则其宽度和厚度与材相同，向前至橑檐方，向后到达昂背或者平棋方。（如果没有铺作，就到托脚木为止。）如果衬方头正好骑在槽上，则前后各随着出跳与枋、栱相交，并开一道浅凹槽压在科上。

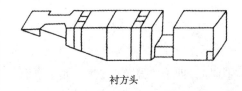

衬方头

在平棋之上要顺着槫栿用方木及矮柱填实，用斜柱支撑使其稳固，并排在草栿之上。（明梁之上只放置平棋，草栿在平棋上方，承托屋顶的重量。）

平棋方如果在梁背上，它的宽度和厚度都根据梁材的大小而定，长度根据开间大小而定。每一架梁下设置一道平棋方，（平暗相同。还要根据梁架安放椽子，以遮住木板间的缝隙。比如殿宇的椽子，宽度为二寸五分，厚一寸五分。其余屋子的椽子宽二寸二分，厚一寸二分。如果木料尺寸较小，则酌情增减。）使其在补间铺作内相交成井口状。（使其纵向和横向分布方正。如果采用峻脚，则在四栏内安装木板并雕刻花纹。如果是平暗，则安装峻脚椽，宽度和厚度都与平暗椽相同。）

阑额

【原文】 造阑额之制：广加材一倍，厚减广三分之一，长随间广，两头至柱心，入柱卯减厚之半，两肩各以四瓣卷杀，每瓣长八分。如不用补间铺作，即厚取广之半。

凡檐额，两头并出柱口，其广两材一契至三材。如殿阁，即广三材一契，或加至三材三契。檐额下绰幕方[1]广减檐额三分之一，出柱长至补间，相对作楂头或三瓣头。（如角梁。）

凡由额，施之于阑额之下，广减阑额二分至三分。（出卯卷杀并同阑额法。）如有副阶，即于峻脚椽下安之；如无副阶，即随宜加减，令高下得中。（若副阶额下，即不须用。）

凡屋内额，广一材三分至一材一契，厚取广三分之一，长随间广，两头至柱心或驼峰心。

凡地栿，广加材二分至三分，厚取广三分之二，至角出柱一材。（上角或卷杀作梁切几头。）

【注释】 〔1〕绰幕方：即绰幕枋，置于柱上端与檐额之间的短木，起到分减檐额载荷的作用。

【译文】 建造阑额的制度：宽度是材的一倍，厚度比宽度少三分之一，长度根据房屋开间而定，两头出榫到柱子中心，榫头卯入柱子的深度是宽度的一半，两肩各用四瓣卷杀，每瓣长度为八分。如果不

采用补间铺作，则厚度是宽度的一半。

檐额的两头都要超出柱口，其宽度为两材一契到三材。如果是殿阁的阑额，则宽度为三材一契，或者增加到三材三契。檐额下面的绰幕方宽度比檐额的宽度减少三分之一，长度超出柱子的长度直至补间，做楂头或三瓣头相对。（和角梁上的做法相似。）

由额设置在阑额的下面，宽度比阑额少二分至三分。（由额的出卯与卷杀都和阑额的规定一样。）如果有副阶，则在峻脚椽下安置由额；如果没有副阶，就根据情况酌情增减，使位置上下高矮合适。（如果副阶在阑额以下，则不必如此。）

屋内的额宽度为一材三分至一材一契，厚度是宽度的三分之一，长度根据房屋开间而定，两头到达柱子的中心或者驼峰的中心。

地栿的宽度加材二分至三分，厚度是宽度的三分之二，在转角处出柱一材。（上角或卷杀做成梁的切几头。）

柱（其名有二：一曰楹，二曰柱）

【原文】 凡用柱之制：若殿阁，即径两材两契至三材；若厅堂柱，即径两材一契，余屋即径一材一契至两材。若厅堂等屋内柱，皆随举势定其短长，以下檐柱为则。（若副阶廊舍，下檐柱虽长，不越间之广。）至角，则随间数生起[1]角柱。若十三间殿堂，则角柱比平柱[2]生高一尺二寸，（平柱谓当心间两柱也。自平柱叠

额肚并柱样

额枋，以斗口六份定高。如斗三寸，应高一尺八寸，以每尺减三寸定厚，应厚一尺二寸六分。

卯榫，以每枋一尺十分之三定厚，应厚五寸四分，高同枋身尺寸。余仿此。

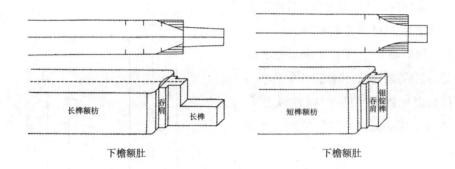

下檐额肚　　　　　　　　　　下檐额肚

檐头博缝，以步架出檐加举（说见后）定长。如步架五尺，出檐三尺六寸，外加头当一檐径二寸五分，共通长八尺八寸五分，再加举长，以每尺加长二寸，统长一丈零六寸二分。以七椽径定宽，应宽一尺七寸五分。以一椽径定厚，即厚二寸五分。蝉肚头斜一半，分七份凸凹圆式为之。博缝内定檩中立正之线法，以博缝宽定檩中斜线。如五举每尺斜五寸，六举每尺斜六寸。将博缝立起时，檩中上下即正楂头绰幕（音昌奇切，楂音搭），即令齐头博缝同檐头博缝。余仿此。

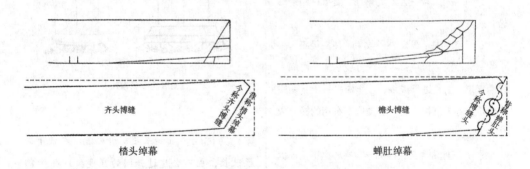

楂头绰幕　　　　　　　　　　蝉肚绰幕

进向角，渐次生起，令势圜和。如逐间大小不同，即随宜加减。他皆仿此。）十一间生高一尺，九间生高八寸，七间生高六寸，五间生高四寸，三间生高二寸。

凡杀梭柱[3]之法：随柱之长，分为三分，上一分又分为三分，如栱卷杀，渐收至上，径比栌枓底四周各出四分；又量柱头四分，紧杀如覆盆样，令柱头与栌枓底相副。其柱身下一分，杀令径围与中一分同。

凡造柱下柎，径周各出柱三分，厚十分，下三分为平，其上并为欹，上径四周各杀三分，令与柱身通上匀平。

凡立柱，并令柱首微收向内，柱脚微

出向外，谓之"侧脚"。每屋正面（谓柱首东西相向者），随柱之长，每一尺即侧脚一分。若侧面（谓柱首南北相向者），每长一尺，即侧脚八厘。至角柱，其柱首相向各依本法。（如长短不定随此加减。）

凡下侧脚墨[4]，于柱十字墨心里再下直墨，然后截柱脚、柱首，各令平正。

若楼阁柱侧脚，祗[5]以柱以上为则，侧脚上更加侧脚，逐层仿此。（塔同。）

【注释】 〔1〕生起：由于殿堂平面多为长方形，通面阔大于通进深，柱沿纵向轴线由中部向两边逐渐加高，使檐口呈现出圆滑的曲线，起到减震、柱架侧移后自动复位、防止梁架滑落的作用。

〔2〕平柱：明间左右的檐柱，是檐柱中最短的立柱。

〔3〕杀梭柱：即对柱子收束，使柱径脚大头小的一种做法。梭柱：将柱子分成三段，中间一段为直形；上段进行梭杀，称上梭柱；上下两段都梭杀，称上下梭。其外形类似织布用的梭，故名。宋后少见。

〔4〕下侧脚墨：在柱脚十字墨心之里，根据侧脚程度在柱身上再弹一根直线与原来柱心线成一夹角，即侧脚后柱的中垂线。

〔5〕祗（zhǐ）：仅仅。

【译文】 用柱的制度：如果是用在殿阁上，则直径两材两契至三材；如果是厅堂柱，则直径两材一契，其余房屋则直径一材一契到两材。如果是厅堂柱等屋内的柱子，则根据屋架走势确定长度，以下

檐柱，以斗口六份定圆径。如斗口三寸，即应径一尺八寸，以斗口六十份定高，即高一丈八尺（柱子上小下大，每高一丈上应小一寸谓之绺）。卯榫（说见前）。余仿此。

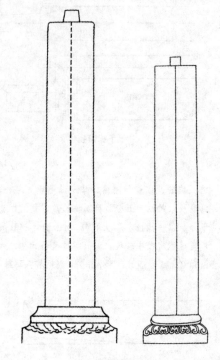

直柱（今名檐柱）

檐柱为标准。（如果是副阶廊舍，即使下檐柱很长，也不会超过开间的宽度。）在转角位置，则根据房屋间数逐渐增加角柱的高度。如果是十三间的殿堂，则山墙处的角柱比明间左右的平柱高一尺二寸。（平柱就是正中间屋子的两根立柱。从平柱叠进式到达转角处，逐渐升高，使走势圆滑。如果相邻开间大小不同，则酌情增减。其他柱子都参考这个规格。）十一间的房屋则逐高一尺，九间的则逐高八寸，七间的逐高六寸，五间的

逐高四寸，三间的逐高二寸。

杀梭柱的制度：根据柱子的长短，将其分成三段，对其上三分之一，再分成为三段，如果栱做卷杀，则逐渐向上收势，使柱顶直径比栌斗底四周各宽出四分；然后在柱头量取四分长度紧杀，做成覆盆圆弧状，使柱头与栌斗底相称。柱身下削减一分，使其直径及四周与上三分之一部分中间段相同。

对于建造柱子下面的概，直径要比

梭柱（古式），以上下消腮之谓也。直柱即今檐柱式。

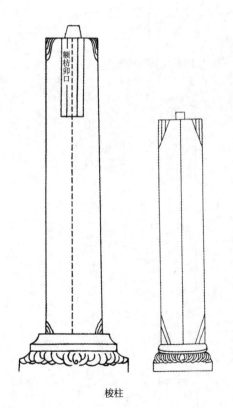

梭柱

柱身多出三分，厚度为十分，下三分为平面，上端做成倾斜面，上面直径四周各杀入三分，使其与柱身连接均匀水平。

柱碔（音质，柱下石，古时之称也），今称柱顶石，以柱径二份定厚、三份定方。如柱径一尺二寸，应厚二尺四寸、方三尺六寸。

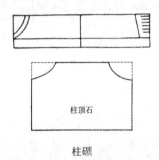

柱顶石

柱碔

竖立柱子之时，柱身上部要稍微向内倾斜，柱子下端的柱脚稍微向外突出，称为"侧脚"。在每间屋子的正面（即柱首东西向所对的一面），根据柱子的长短，每长一尺则侧脚一分。如果是侧面（即柱首南北方向所对的一面者），每长一尺，则侧脚八厘。至于角柱柱首的朝向也各自依照本条规定。（如果长短不确定则据此加减。）

对于下侧脚的墨线，以柱子两头截面上的十字中心位置为准在柱身上连线，然后截柱角柱首，使其与水平面保持垂直。

如果楼阁柱侧脚，只以柱子上部为准则，侧脚上再做侧脚，每一层皆照此建造。（塔也如此。）

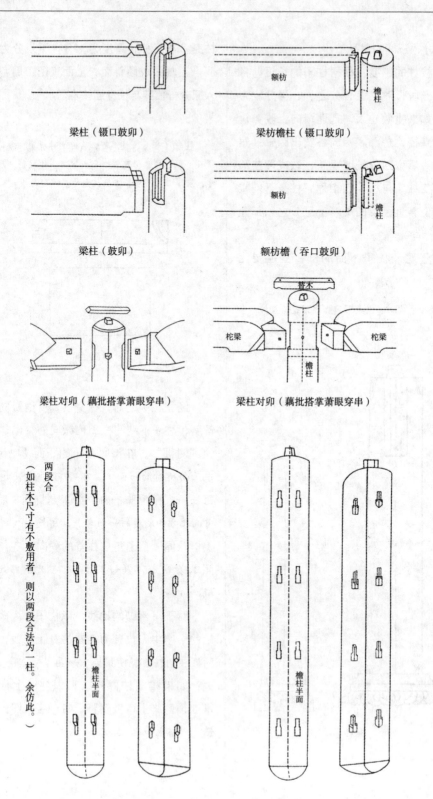

梁柱（镊口鼓卯）

梁枋檐柱（镊口鼓卯）

额枋

檐柱

梁柱（鼓卯）

额枋檐（吞口鼓卯）

额枋

檐柱

梁柱对卯（藕批搭掌萧眼穿串）

梁柱对卯（藕批搭掌萧眼穿串）

替木

柁梁

柁梁

檐柱

两段合

（如柱木尺寸有不敷用者，则以两段合法为一柱。余仿此。）

檐柱半面

檐柱半面

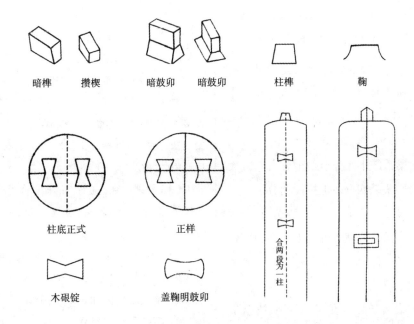

| 暗榫 | 攒楔 | 暗鼓卯 | 暗鼓卯 | 柱榫 | 鞠 |

| 柱底正式 | 正样 | 合两段为一柱 |

| 木砎锭 | 盖鞠明鼓卯 |

三段合（四段合同）

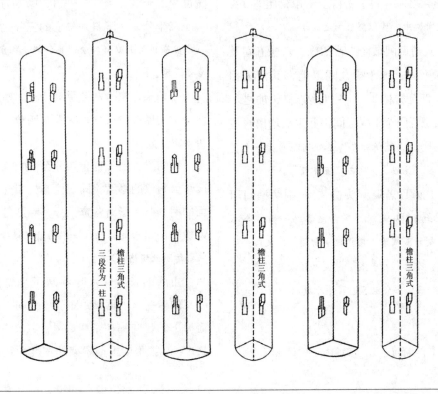

阳马（其名有五：一曰觚棱，二曰阳马，三曰阙角，四曰角梁，五曰梁抹）

【原文】 造角梁之制：大角梁，其广二十八分至加材一倍，厚十八分至二十分，头下斜杀长三分之二。（或于斜面上留二分，外余直，卷为三瓣。）

子角梁，广十八分至二十分，厚减大角梁三分，头杀四分，上折深七分。

隐角梁[1]，上下广十四分至十六分，厚同大角梁或减二分，上两面隐广各三分，深各一椽分。（余随逐架接续，隐法皆仿此。）

凡角梁之长，大角梁自下平槫至下架檐头；子角梁随飞檐头外至小连檐[2]下，斜至柱心。（安于大角梁内。）隐角梁随架之广，自下平槫至子角梁尾。（安于大角梁中，皆以斜长加之。）

凡造四阿殿阁，若四椽、六椽五间及八椽七间，或十椽九间以上，其角梁相续，直至脊槫[3]，各以逐架斜长加之。如八椽五间至十椽七间，并两头增出脊槫各三尺。（随所加脊槫尽处别施角梁一重，俗谓之"吴殿"，亦曰"五脊殿"。）

凡堂厅若厦两头造[4]，则两梢间用角梁转过两椽。（亭榭之类转一椽。今亦用此制为殿阁者，俗谓之"曹殿"，又曰"汉殿"，亦曰"九脊殿"。按《唐六典》及《营缮令》云：王公以下居第并厅厦两头者，此制也。）

【注释】 〔1〕隐角梁：宋代四阿顶殿、

阁建筑中，因仔角梁尾部斜置于大角梁上，为前接续角梁，而在大角梁上后半部分所用构件，因其位置特殊，整体隐蔽，故名。

〔2〕小连檐：连檐是固定檐椽头和飞椽头的连接构件。因位置不同，分为小连檐和大连檐。连接檐椽的称"小连檐"，多为扁方形断面。连接飞椽的称"大连檐"，多为不规则三角形断面。又称"檐板"。

〔3〕脊槫：屋盖正脊下的槫，位置在屋架的最高处。明清之前用叉手支撑，后用侏儒柱支撑。

〔4〕厦两头造：即歇山顶在宋时之称，亦名九脊殿、曹殿，清朝改为今名，又叫九脊顶。是屋盖上有长短九条脊的殿，其规格仅次于庑殿顶。厦：房屋后突出的部分。

【译文】 建造角梁的制度：大角梁的宽度为二十八分到加材一倍，厚度为十八分至二十分，头下斜杀长度的三分之二。（或者在斜面上留出二分，其余部分取直，做卷杀三瓣。）

子角梁，宽十八分至二十分，厚度比大角梁的厚度少三分，头部杀四分，向上折入深七分。

隐角梁，上下宽十四分至十六分，厚度和大角梁的厚度相同或比其少二分，上面的两个凸字形断各宽三分，深度足够接入椽子。（其余的根据每一架的情况接续，隐法都仿照此规格。）

角梁的长度，大角梁从下平槫到下一架的檐头；子角梁跟随飞檐头向外到小连檐下，斜向到柱子中心处。（安在大角梁内。）隐角梁根据屋架的宽度而定，从大角梁高厚同梓角梁。定长应退减一翘飞椽头斜长三尺二寸四分三厘，再退减二斜椽径八寸四分六厘，共斜长一丈六尺七寸七分九厘，外加后榫。

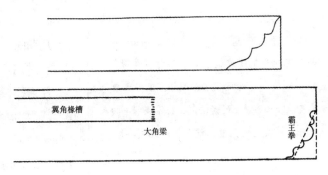

大角梁（三辨头或只作楷头）

梓角梁以椽径二份定厚。如椽径三寸，即厚六寸，以三份定高，即九寸外加斜加长之法。如步架七尺（说见后），加出檐六尺九寸，加冲三椽径九寸，共长一丈四尺八寸，即以此每丈加斜长四尺一寸，即定长二丈零八寸六分八厘，外加榫头。

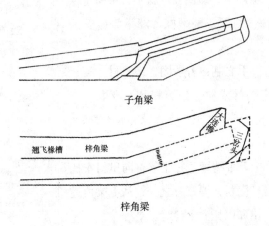

子角梁

梓角梁

三岔头大者用于簇头枋。以枋至角柱上顶卯榫十字通出头，仍同枋身大小相同者谓大三岔头，枋身以柱径定之。如柱径八寸即宽八寸，每尺收三寸，定厚五寸五分。

小者由柱卯内穿出向外露之榫（说见前），用此谓之小三岔头。余仿此。

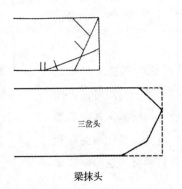

三岔头

梁抹头

下平槫到子角梁尾部。（安在大角梁中，都根据斜长看情况增加。）

对于建造四阿殿阁，如果是四椽、六椽五间以及八椽七间，或者十椽九间以上的房屋，角梁前后要相衔接，直到脊槫，各自根据屋架的斜长增加。如果是八椽五间到十椽七间的房屋，角梁两头各增加三尺出头到脊槫。（在所增加的脊槫末端另外建造一重角梁，俗称"吴殿"，也叫"五脊殿"。）

如果堂厅采用厦两头造的结构，则两梢之间用角梁转过两椽。（亭榭之类转一椽。如今也用此条制度建造殿阁，俗称"曹殿"，又叫"汉殿"，也叫"九脊殿"。根据《唐六典》及《营缮令》上的说法：王公等级以下的人住在厅厦两头的府第里，就是按照此制。）

侏儒柱（其名有六：一曰棁，二曰侏儒柱，三曰浮柱，四曰棳，五曰上楹，六曰蜀柱。斜柱附其名有五：一曰斜柱，二曰梧，三曰迕，四曰枝樘，五曰叉手）

【原文】 造蜀柱之制：于平梁上，长随举势高下，殿阁径一材半，余屋量枓厚加减。两面各顺平栱，随举势斜安叉手。

造叉手之制：若殿阁，广一材一契，余屋广随材或加二分至三分，厚取广三分之一。（蜀柱下安合楷[1]者，长不过梁之半。）

凡中下平槫缝，并于梁首向里斜安托脚，其广随材，厚三分之一，从上梁角过抱槫，出卯以托向上槫缝。

凡屋如彻上明造，即于蜀柱之上安枓（若叉手上角内安栱两面出耍头者，谓之"丁华抹额栱"）。枓上安随间襻间，或一材，或两材。襻间广厚并如材，长随间广，出半栱在外，半栱连身对隐。若两材造，即每间各用一材，隔间上下相闪，令

慢栱在上，瓜子栱在下。若一材造，只用令栱，隔间一材。如屋内遍用襻间，一材或两材，并与梁头相交。（或于两际随槫作楷头，以乘替木。）

凡襻间，如在平棋上者，谓之"草襻间"，并用全条方[2]。

凡蜀柱，量所用长短，于中心安顺脊串[3]。广厚如材，或加三分至四分，长随间，隔间用之。（若梁上用矮柱者，径随相对之柱。其长随举势高下。）

凡顺栿串，并出柱作丁头栱，其广一足材。或不及，即作楷头，厚如材，在牵梁或乳栿下。

【注释】 [1]合楷：置于平梁与蜀柱交接处，起到加固梁与柱连接的作用。清时称角背、缴背或脚背。

[2]全条方：指只经锯、解、锛、斫等初步取形，不经刨、削、刮、制等细加工的木方。

[3]顺脊串："串"主要用于厅堂等的大木作中，联系柱子和梁架。贯穿前后两内柱的称"顺栿串"（与房屋进深、梁的方向同）；贯穿左右两内柱的称"顺身串"（与房屋面阔、檩条方向同）；联系脊下蜀柱的称"顺脊串"；相当于由额位置以承副阶椽子的称"承椽串"；窗子上下贯穿两柱的称"上串""腰串""下串"。

【译文】 建造蜀柱的制度：蜀柱设在平梁之上，长度根据举折的走势高下而定，殿阁蜀柱的直径为一材半，其余房屋的蜀柱根据栱的厚度增减。蜀柱两面各顺着平梁的方向，跟随着举折的走势斜向装叉手。

建造叉手的制度：如果叉手安设在殿阁内，则宽度为一材一契，其余屋子的叉手宽度根据材的尺寸而定或者增加二分至三分，厚度为宽度的三分之一。（蜀柱下面安装合楷的，长度不超过梁的一半。）

对于中下部的平槫缝，并列排在梁头位置，向里斜向安置托脚，其宽度根据材的大小而定，厚度为材的三分之一，从上梁角出头超过抱槫，出卯以承托住上面的槫缝。

如果屋子采用彻上明造，则在蜀柱之上设置斗（如果在叉手上的角里安设栱，两面耍头出头，则称为"丁华抹颏栱"）。根据房屋的开间在科上安设襻间，有的一材，有的两材。襻间的宽度和厚度都和材一样，长度根据开间的宽度而定，向外挑出半个栱身的长度，半个栱身相对凿出凸字形断面。如果是采用两材造，则每间各用一材，隔间的上下相互错过，使慢栱在上面，瓜子栱在下面。如果是一材造，则只用令栱，隔间为一材。如果屋子内普遍采用一材或两材的襻间，则都与梁头相交。

（或者在两际之上顺着槫的方向作楷头，用来支撑替木。）

襻间如果在平棋之上，则称作"草襻间"，并全部用全条方。

要根据所用蜀柱的长短，在其中心位置安设顺脊串。宽度和厚度如材的尺寸，有的增加三分至四分，长度根据开间大小而定，隔间也用蜀柱。（如果梁上用矮柱，直径要根据相对的柱子而定。其长度根据举折的走势高低而定。）

顺栿串，全部超出柱子并作丁头栱，其宽度为一足材。如果不足，则做楷头，其厚度与材相同，在牵梁或乳栿之下。

栋（其名有九：一曰栋，二曰桴，三曰櫋，四曰芬，五曰甍，六曰极，七曰槫，八曰檩，九曰櫋。两际附）

【原文】 用槫之制：若殿阁槫径一材一契，或加材一倍；厅堂槫径加材三分至一契；余屋槫径加材一分至二分；长随间广。

凡正屋用槫，若心间及西间者，皆头东而尾西；如东间者，头西而尾东。其廊屋面东西者，皆头南而尾北。

凡出际之制：槫至两梢间两际各出柱头。（又谓之"屋废"。）如两椽屋出二尺至二尺五寸，四椽屋出三尺至三尺五寸，六椽屋出三尺五寸至四尺，八椽至十椽屋出四尺五寸至五尺。若殿阁转角造，即出际长随架[1]。（于丁栿上随架立夹际柱子[2]，以柱槫梢。或更于丁栿背上添关头栿。）

凡橑檐方（更不用檐风槫及替木），当心间之广加材一倍，厚十分，至角随宜取圜，贴生头木[3]，令里外齐平。

凡两头梢间槫背上并安生头木，广厚并如材，长随梢间，斜杀向里，令生势圜和，与前后橑檐方相应。其转角者，高与角梁背平；或随宜加高，令椽头背低角梁头背一椽分。凡下昂作，第一跳心之上用槫承椽（以代承椽方），谓之"牛脊槫"；安于草栿之上，至角即抱角梁，下

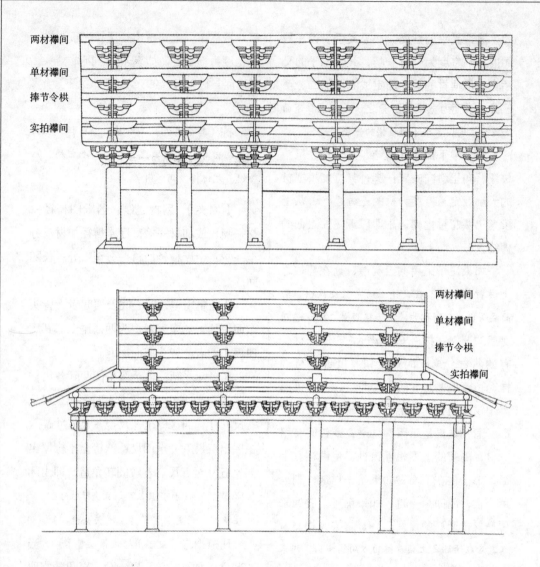

两材襷间
单材襷间
捧节令栱
实拍襷间

两材襷间
单材襷间
捧节令栱
实拍襷间

用矮柱敦桥。如七铺作以上，其牛脊槫于前跳内更加一缝。

【注释】〔1〕架：指椽架。本书中的梁架都以椽架做模量。

〔2〕夹际柱子：立在丁栿上的小柱子，穿过望板伸出外檐上接槫梢。

〔3〕生头木：为使角椽上皮逐次升高至与角梁上皮相平，以此铺望板，在屋角处正侧檐上垫的两根三角形的木构件。清时称"枕头木"。

【译文】用槫的制度：如果是殿阁用槫，则直径为一材一契，或者增加到材的一倍；厅堂用槫，直径为加材三分至一契；其余房屋用槫，直径为加材一分至二分；长度根据开间的宽度而定。

凡是正屋用槫，如果是在中间屋子和西屋内，都是槫头朝东而槫尾朝西；如果是东间的话，则槫头朝西而槫尾朝东。如果是东边或者西边的廊屋的屋面，都是槫头朝南而槫尾朝北。

出际的制度：槫至两梢之间，两际要伸出柱头以外。（又叫"屋废"。）如果是两椽长的屋子，则出二尺至二尺五寸，四椽长度的屋子，则出三尺至三尺五寸，六椽长的屋子出三尺五寸至四尺，八椽至十椽的屋子出四尺五寸至五尺。如果殿阁采取转角造，则出际的长度根据屋架而定。（在丁栿之上根据架子立一个夹际柱子，用柱承托住槫的末端。或者再在丁栿背上添加关头栿。）

正中间屋子的橑檐方（不使用橑风槫及替木），宽度加材的一倍，厚度为十分，在转角则根据情况使其缓和，方上粘贴生头木，使里外齐平。

在两头梢间的槫背上安装生头木，宽度和厚度与材相同，长度随梢间宽度而定，向里斜杀，使生头木走势圆和，和位于前后的橑檐方相对应。转角处的橑檐方，高度与角梁背持平；或者根据情况加高，使椽头的背部低于角梁头的背部一椽分的高度。对于第一跳中心位置之上的

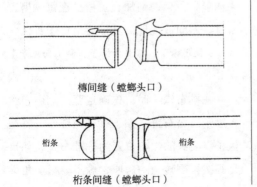

槫间缝（螳螂头口）

桁条间缝（螳螂头口）

下昂作，要用槫承接椽子（用来代替承椽方），这称为"牛脊槫"；安设在草栿上面，到达转角的位置就抱住角梁，下面用矮柱填塞敦实。如果是七铺作以上，牛脊槫要在前一跳内再加一缝宽。

搏风版[1]（其名有二：一曰荣，二曰搏风）

【原文】 造搏风版之制：于屋两际出槫头之外安搏风版，广两材至三材，厚三分至四分，长随架道。中上架两面各斜出搭掌，长二尺五寸至三尺；下架随椽，与瓦头齐。（转角者至曲脊内。）

【注释】〔1〕搏风版：即搏风板。用于歇山屋顶和悬山顶的出际部分，于建筑的屋顶两端伸出山墙之外，为防风雪，沿屋顶斜坡钉于槫头上的人字形木板。起遮挡槫头和装饰作用。

【译文】 建造搏风板的制度：在屋子两际槫头露出的地方安设搏风板，宽度为两材至三材，厚度为三分至四分，长度根据架道的长度而定。中架和上架两面各自斜向伸出搭掌，长度为二尺五寸至三尺；下架根据椽子的长度，与瓦头齐平。（转角内的搏风板要延伸到曲脊之内。）

柎（其名有三：一曰柎，二曰复栋，三曰替木。）

【原文】 造替木之制：其厚十分，高一十二分。

单枓上用者，其长九十六分；

令栱上用者，其长一百四分；

重栱上用者，其长一百二十六分。

凡替木，两头各下杀四分，上留八分，以三瓣卷杀，每瓣长四分。若至出际〔1〕，长与槫齐。（随槫齐处更不卷杀。其栱上替木，如补间铺作相近者，即相连用之。）

【注释】〔1〕出际：指悬山顶两侧或歇山顶上部"槫至两梢间两际各出柱头"的出槫头部分屋面。宋时亦称"屋废"或"废"，清时称"挑山"或"悬山"。

【译文】建造替木的制度：替木厚度为十分，高十二分。

单斗上用的替木，长度为九十六分；

令栱上用的替木，长度为一百零四分；

重栱上用的替木，长度为一百二十六分。

替木的两头各向下杀四分，上面留八分，用三瓣卷杀，每瓣长度为四分。如果到出际，长度要和槫相平齐。（与槫齐平的位置不作卷杀。其栱上的替木，做法与补间铺作的做法类似，即相互连接使用。）

椽（其名有四：一曰桷，二曰椽，三曰榱，四曰橑。短椽，其名有二：一曰栋，二曰禁楄。）

【原文】用椽之制：椽每架平不过六尺。若殿阁，或加五寸至一尺五寸，径九分至十分。若厅堂，椽径七分至八分，

余屋，径六分至七分。长随架斜，斜至下架，即加长出檐。每槫上为缝，斜批相搭钉之。（凡用椽，皆令椽头向下而尾在上。）

凡布椽，令一间当间心。若有补间铺作者，令一间当耍头心。若四裴回〔1〕转角者，并随角梁分布，令椽头疏密得所，过角归间（至次角补间铺作心），并随上中架取直。其稀密以两椽心相去之广为法，殿阁广九寸五分至九寸，副阶广九寸至八寸五分，厅堂广八寸五分至八寸，廊库屋广八寸至七寸五分。

若屋内有平棋者，即随椽长短，令一头取齐，一头放过上架当槫钉之，不用裁截。（谓之"雁脚钉"。）

【注释】〔1〕裴回：徘徊。

【译文】用椽子的制度：椽每架水平长度不超过六尺。如果是殿阁用椽子，则长度可增加五寸至一尺五寸，直径为九分至十分。如果用在厅堂上，椽子直径七分至八分，其余房屋，椽子直径为六分至七分。椽子的长度根据梁架斜向设置，如果伸展到下架，则加长出檐。在每一槫上留缝，斜向成批地相互搭连用钉子钉住。（对于使用椽子，都要让椽子头向下而椽子尾在上面。）

在排布椽子时，先确定明间的中心线将椽子左右布置。如果有补间铺作，就让椽子以耍头的中心位置为标准布置。如果是四次徘徊转角的房屋，椽子要根据角梁

排布，使椽子头疏密得当，确保使其绕过转角能够收入房间之中（到次角的补间铺作中心位置），再根据上架和中架取直。椽子的疏密程度以两根椽子中心之间的距离为准。如果是用在殿阁上，则椽子间相距九寸五分至九寸；用于副阶上，则相距九寸至八寸五分；用于厅堂上，则相距八寸五分至八寸；用于廊屋库房，则相距八寸至七寸五分。

如果屋内设有平棋，则根据椽子的长短，使一头取齐，一头超过上架在槫上用钉子钉住，不用裁截。（称为"雁脚钉"。）

檐（其名有十四：一曰宇，二曰檐，三曰樀，四曰楣，五曰屋垂，六曰梠，七曰棂，八曰联榱，九曰樀，十曰庑，十一曰庑，十二曰槾，十三曰槐，十四曰庮）

【原文】 造檐之制：皆从橑檐方心出。如椽径三寸，即檐出三尺五寸；椽径五寸，即檐出四尺至四尺五寸。檐外别加飞檐，每檐一尺，出飞子[1]六寸。其檐自次角柱补间铺作心，椽头皆生出向外，渐至角梁。若一间生四寸，三间生五寸，五间生七寸。（五间以上，约度随宜加减。）其角柱之内，檐身亦令微杀向里。（不尔恐檐圜而不直。）

凡飞子，如椽径十分，则广八分，厚七分。（大小不同约此法量宜加减。）各以其广厚分为五分，两边各斜杀一分，底面上留三分，下杀二分，皆以三瓣卷杀。上

一瓣长五分，次二瓣各长四分。（此瓣分谓广厚所得之分。）尾长斜随檐。（凡飞子须两条通造，先除出两头于飞魁内出者，后量身内，令随檐长结角解开。若近角飞子，随势上曲，令背与小连檐平。）

凡飞魁（又谓之"大连檐"），广厚并不越材。小连檐广加契二分至三分，厚不得越契之厚。（并交斜解造[2]。）

【注释】 〔1〕飞子：即飞椽、飞头。在檐椽上，断面一般为方形。椽头长是檐出的三分之一，后尾长是椽头长的二至三倍，并做出大斜面，沿着屋顶望板的坡度铺设。

〔2〕交斜解造：一种节约工料的措施。将长条方木纵向劈开成两条完全相同的断面做三角形或不等边四边形的长条，谓之"交斜解造"。

【译文】 建造檐的制度：出檐的宽度都要从橑檐方的中线量出。如果椽子的直径为三寸，则出檐三尺五寸；椽子的直径为五寸，则出檐四尺至四尺五寸。檐外另外再出飞檐，每出檐一尺，则出飞子六寸。屋檐跨过次角柱的补间铺作中心线，椽子头都向外升起，渐渐到达角梁。如果一间则升高四寸，三间升高五寸，五间升高七寸。（五间以上的，根据情况揣度加减。）在角柱以内，檐身也要微微向里杀。（否则屋檐可能圆而不直。）

对于飞子，如果椽子直径为十分，则飞椽宽八分，厚度为七分。（大小不同的情况照此法酌情加减。）按各自的宽度与厚度分为五分，两边各向里斜杀一分，底面上留三分，下面杀二分，都做成三瓣卷

杀。上面的一瓣长度为五分，剩下的二瓣各长四分。（这种分瓣的方式为按宽度和厚度分。）飞子尾部的长度顺檐斜出。（凡是飞子都需要两条通造，先除去两头在飞魁内需要出的长度，再量取身内的长度，使飞子根据屋檐的长度从结角处解开。如果是近角处的飞子，则根据屋檐走势向上弯曲，使它的背部与小连檐相平。）

飞魁（又叫"大连檐"），宽度和厚度都不超过一材。小连檐的宽度可以从一契加二分至三分，但厚度不得超过契的厚度。（和交斜解造一样。）

举折（其名有四：一曰陠，二曰峻，三曰陠峭，四曰举折）

【原文】 举折之制：先以尺为丈，以寸为尺，以分为寸，以厘为分，以毫为厘，侧画所建之屋于平正壁上，定其举之峻慢，折之圜和，然后可见屋内梁柱之高下，卯眼之远近。（今俗谓之"定侧样"，亦曰"点草架"。）

举屋之法：如殿阁楼台，先量前后橑檐方心相去远近，分为三分（若余屋柱梁作，或不出跳者，则用前后檐柱心）。从橑檐方背至脊榑背举起一分。（如屋深三丈，即举起一丈之类。）如甋瓦厅堂，即四分中举起一分；又通以四分所得丈尺，每一尺加八分；若甋瓦廊屋及瓪瓦厅堂，每一尺加五分；或瓪瓦廊屋之类，每一尺加三分。（若两椽屋不加，其副阶或缠腰并二分中举一分。）

折屋之法：以举高尺丈每尺折一寸，每架自上递减半为法。如举高二丈，即先从脊榑背上取平，下至橑檐方背，其上第一缝折二尺；又从上第一缝榑背取平，下至橑檐方背，于第二缝折一尺。若椽数多，即逐缝取平，皆下至橑檐方背，每缝并减上缝之半。（如第一缝二尺，第二缝一尺，第三缝五寸，第四缝二寸五分之类。）

如取平，皆从榑心抨绳令紧为则。如架道不匀，即约度远近，随宜加减。（以脊榑及橑檐方为准。）

若八角或四角斗尖亭榭，自橑檐方背举至角梁底，五分中举一分。至上簇角梁，即两分中举一分。（若亭榭只用瓪瓦者，即十分中举四分。）

簇角梁之法：用三折。先从大角背，自橑檐方心量，向上至枨杆卯心，取大角梁背一半，立上折簇梁，斜向枨杆举分尽处。（其簇角梁上下并出卯。中下折簇梁同。）次从上折簇梁尽处，量至橑檐方心，取大角梁背一半，立中折簇梁，斜向上折簇梁当心之下。又次从橑檐方心立下折簇梁，斜向中折簇梁当心近下。（令中折簇角梁上一半与上折簇梁一半之长同。）其折分并同折屋之制。（唯量折以曲尺于弦上取方量之。用瓪瓦者同。）

【译文】 举折的制度：先以一尺为一丈，以一寸为一尺，以一分为一寸，以一厘为一分，以一毫为一厘（即按一比十的比例），在平整的墙壁上画出所要建屋子的侧样草图，确定上举和下折的倾斜和走势，然后可以得出屋内梁柱的高矮和卯眼之间的距离远近。（即如今俗称的"定侧样"，也叫"点草架"。）

举屋的方法：如果是殿阁楼台，先测量前后橑檐方中线之间的距离，将其三等分（如果是其余房屋的柱梁作，如果不出跳，就量取前后檐柱的中心线。）从橑檐方的背部到脊槫的背部，举起一分。（如果屋子深三丈，则举起一丈，如此这般。）如果是甋瓦厅堂，则在四分中举起一分；又统一取前后甋檐方间距的四分之一，每一尺加八分；如果是甋瓦廊屋和瓪瓦厅堂，每一尺加五分；如果是瓪瓦廊屋之类，则每一尺加三分。（如果是两架椽子的屋子则不加，其副阶或缠腰为二分中举一分。）

折屋的方法：按照举高的尺寸，每一尺折一寸，每一架从上递减一半，以此为准则。如举的高度为二丈，则先从脊槫背部取平，下面至橑檐方的背部，在这上面的第一条缝出折二尺；又从第一缝的槫背处取平，向下到橑檐方的背部，在第二条缝处折一尺。如果椽子数较多，则将每条缝逐一取平，最后都要下到橑檐方的背部，每一条缝都减去上一条缝的一半。

（如果第一缝是二尺，则第二缝为一尺，第三缝为五寸，第四缝为二寸五分，其余均照此。）

如果取平，都要从槫的中心位置抨紧绳子取直为准。如果架道不均匀，则估计距离远近，酌情增减。（以脊槫和橑檐方为准。）

如果是八角或四角的斗尖形亭榭，从橑檐方的背部举到角梁底部，五分中举一分。到上簇角梁的位置，则两分中举一分。（如果亭榭只采用瓪瓦，则十分中举四分。）

簇角梁的方法：采用三次下折。先从大角背，到橑檐方中心位置向上测量，再到枨杆的卯心位置，量取大角梁背的一半，立起上折簇梁，斜向枨杆上举的末端处。（簇角梁的上下都要出卯。中下折簇梁也一样。）然后从上折簇梁的末端，量到橑檐方的中心，量取大角梁背部的一半，竖立中折簇梁，斜向对着上折簇梁中心以下的位置。再从橑檐方中心处竖立下折簇梁，斜向对准中折簇梁中心偏下的位置。（使中折簇角梁上一半与上折簇梁一半的长度相同。）簇角梁的折分都和折屋的标准一样。（只是在量取折的尺寸时，要用曲尺在弦上取方测量。测量使用瓪瓦房屋的举折也一样。）

朱弦为第一折

青弦为第二折

黄弦为第三折

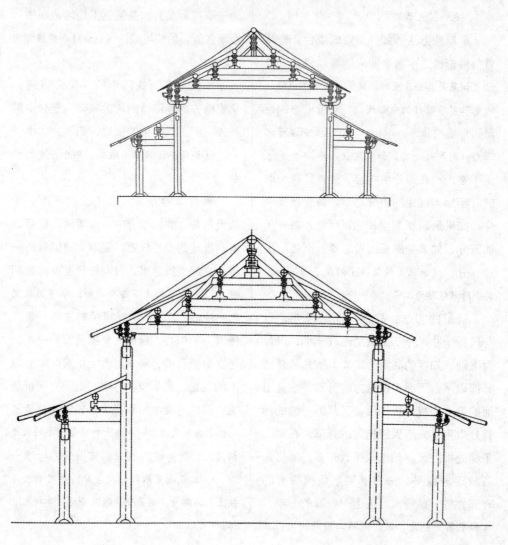

殿阁屋舍步架举架分数

大木架有枓科者尺寸以口定之。如斗口三寸（即枓科之口），以斗口六份定柱径，即应径一尺八寸。以斗口六十份定柱高，即应高一丈八尺。额枋同柱径，大柁以柱径加二定厚，即二尺，以厚加三定高，即高二尺六寸。其二柁挨次以二成递减。挑檐桁以斗口三份定径，即径九寸。正心桁以斗口四份半定之，即径一尺五寸。椽子以斗口一份半定之，即方圆四寸五分。出檐三探者，以斗口二十三份定之，即出檐长六尺九寸（即柱上椽子出头者）。步架者由前柱至后柱共分若干份为若干步架，由檐正心桁至脊桁为举架，以若干桁为若干举架步架，即如每步六尺。初举按五举（即五六三尺），举架即高三尺；二举按六举（即六六三尺六寸），即举架高三尺六寸；三举应加半举（按七举五），以六七四尺二寸再加半举（五七三寸五分），即举高四尺五寸五分；四举按八举加半举（六八四尺八寸），再加半举（五八四寸），即举高五尺二寸。此以六尺步架仿之，庶免步架有小数混乱使学者易于了然。余仿此。

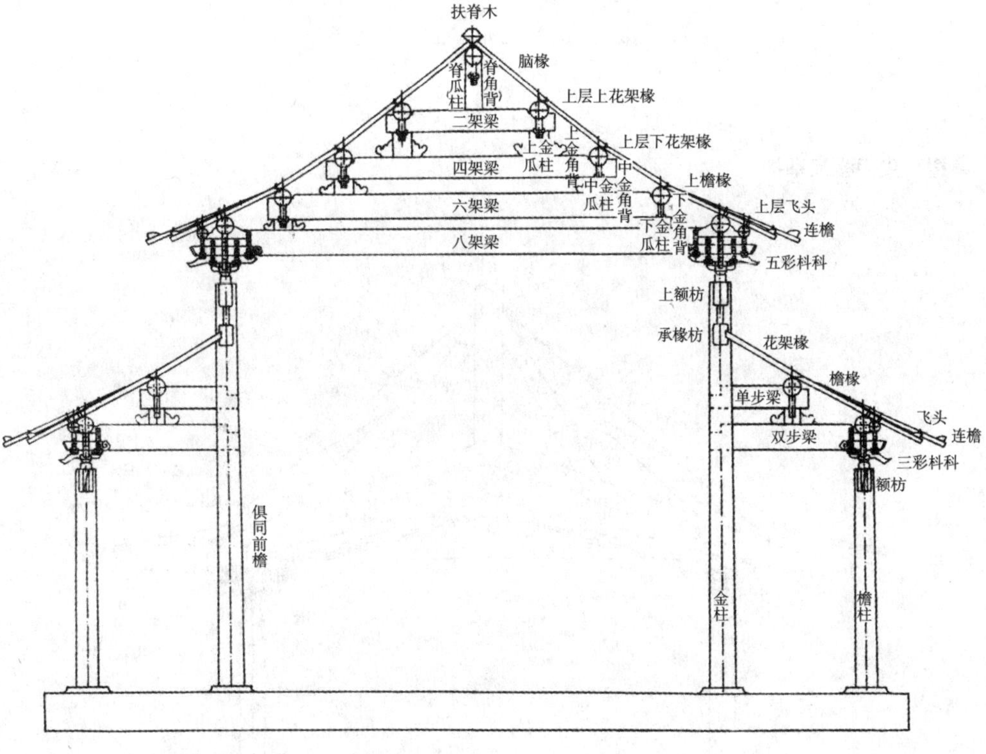

亭榭斗尖用甋瓦举折

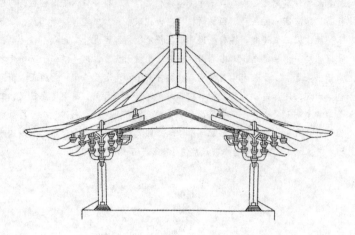

亭榭斗尖用甋瓦举折

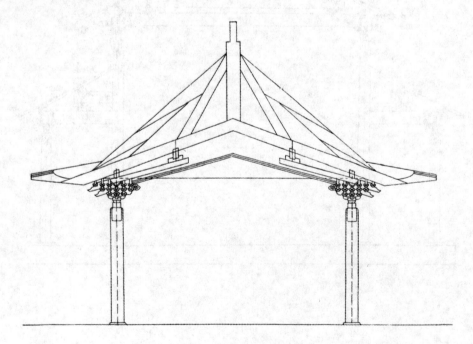

亭榭斗尖用甋瓦举折断面斜式，方亭样科科七彩单翘两昂，本身角科斗口照平身科规定加一昂。

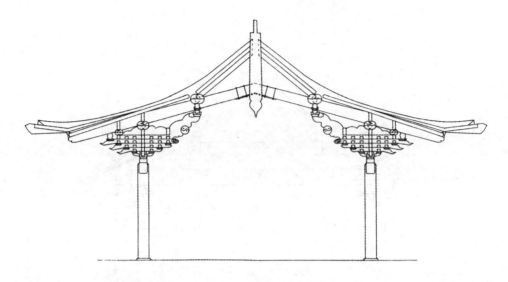

亭榭攒尖甋瓦步架举架单翘重料科科昂式

其大木尺寸步架、举架规矩前已详明，惟大角梁梓角梁之规矩（详见第四篇）。其由戗同大角梁；勒拱柱径同檐柱高，以步架一份定高；抹角以桁径加二定厚，以厚加三定高。余仿此。

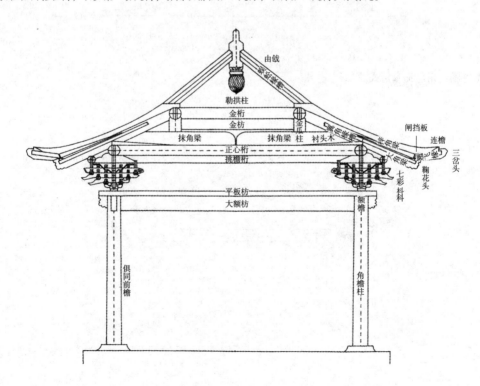

亭榭攒尖甋瓦步架举架单翘单料科昂式

大木步架举架之规矩。余仿此。

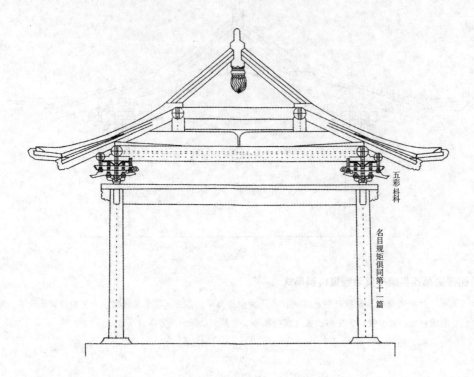

五彩科料

名目规矩俱同第十一篇

亭榭阁尖用甋瓦举折式

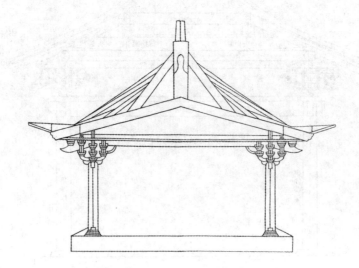

殿侧样十架椽身内双槽，殿身外转八铺作重栱出双抄三下昂，里转六铺作重栱出三抄副阶，外转六铺作重栱出单抄两下昂，里转五铺作出双抄。以上并各计心（其檐下及槽内枓栱并补间铺作在右柱头，铺作在左一。准此）。

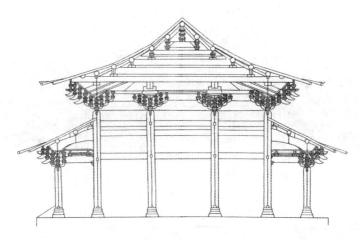

殿堂下檐枓科七彩单翘重昂，上檐枓科十一彩重翘三下昂，金柱枓科五翘十一彩。大木架有枓科者，尺寸以口分定之。如斗口三寸，即枓科之口分六份，定柱径一尺八寸。以斗口六十分，定柱高一丈八尺。额枋同柱径，大柁以柱径每尺加二定厚，以厚每尺加三定高。其九架梁挨次以二成递减，挑檐桁三口分定径，正心桁四口份半定径，檐椽以斗口一分半定径。出檐三探者，以斗口二十三分定之。此殿进深面宽以枓科攒数定之，尺寸依进深分步架若干，头步以五举定规，举架依步得瓜柱之尺寸，七举至九举照隔举步分加高得尺寸若干，由大木及枓科规矩得之。余仿此。

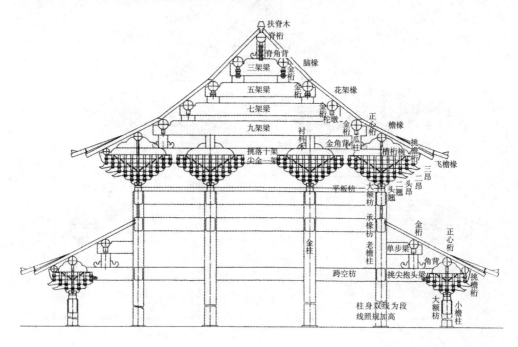

殿侧样十架椽身内双槽，殿身外转七铺作重栱出双抄两下昂，里转六铺作重栱出三抄副阶，外转五铺作重栱出单抄单昂，里转五铺作出双抄。以上并各计心。

殿堂大木十一架梁样式斗口三寸定规。上檐科科九彩双翘两下昂，下檐科科五彩单翘一下昂。大木九架梁上有一部分规定七架梁，此做法式样名为伏梁。全部大木高宽径及科科攒数出彩，以斗口为主。大木定料规矩及科科各名目均详见大木作制度图样上。

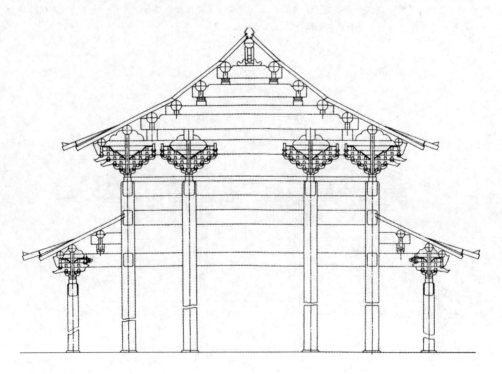

殿侧样十架椽身内单槽，殿身外转五铺作重栱出单抄单下昂，里转五铺作重栱出双抄副阶，外转四出插昂里转出一跳。以上并各计心。

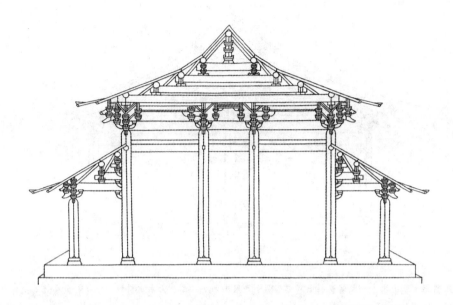

殿堂九架梁侧面法式，此图二十分之一。下檐斗科科三彩一下昂里出麻叶头，上檐科科五彩单翘单昂，大木定料依斗口为宗旨。科科规矩详见第二篇。

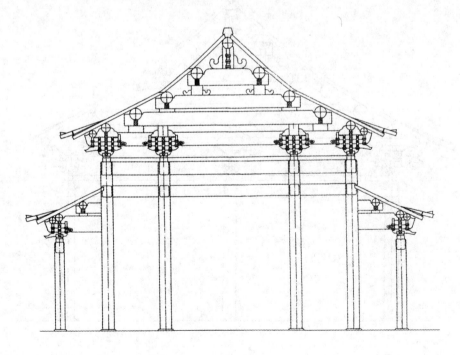

殿侧样十架椽身内单槽，外转八铺作重栱出单抄两下昂，里转五铺作重栱出两抄。以上并各计心。

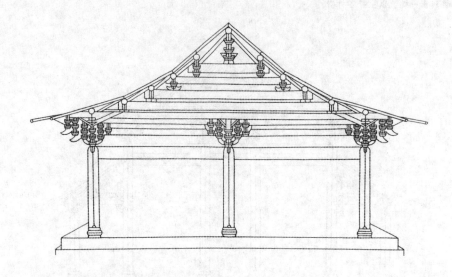

殿堂第十四大木十一架梁枓科七彩单翘两下昂里出两头一拳，大木定枓科规定材料大小若干及枓科规矩出彩均详见大木作制度图样上。

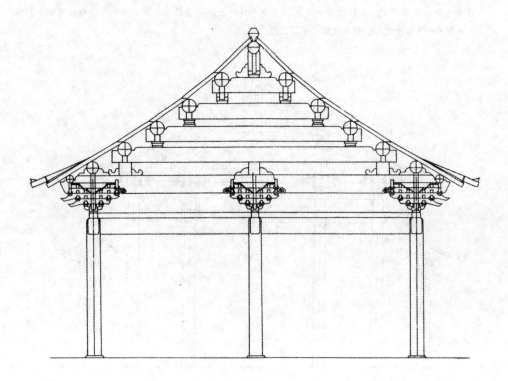

十架椽屋分心用三柱

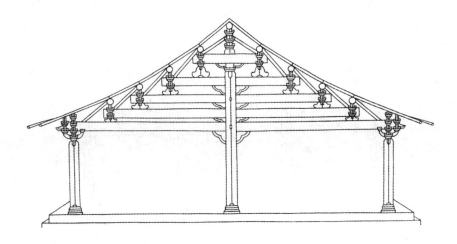

　　厅堂第十五十一架做法。十一架梁上至三架梁对金式样分心柱上装修十字科，前后老檐科科三彩出彩蚂蚱头各金脊双栱式样。

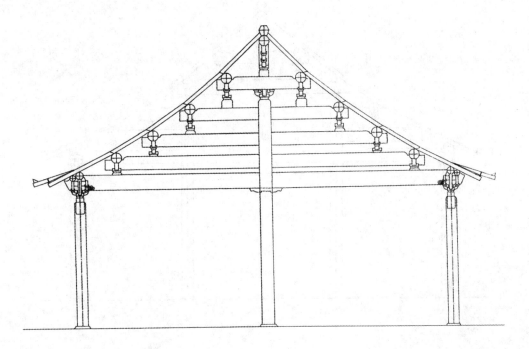

十架椽屋前后三椽栿用四柱

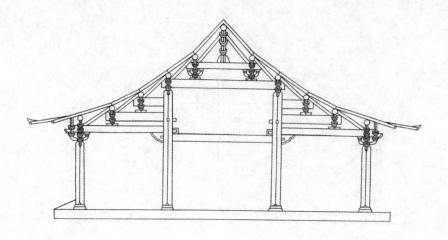

五架梁屋前后檐外栿各三步插金梁大木枓科。

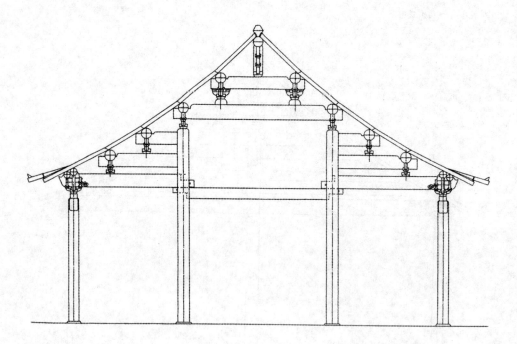

十架椽屋分心前后乳栿用五柱

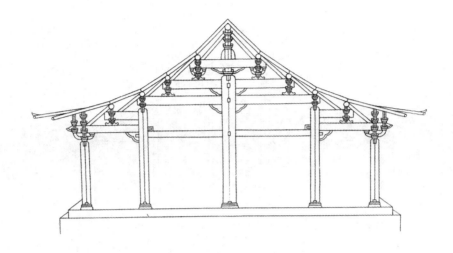

挑檐桁上十一桁分心前后乳栿用五柱，枓栱出彩、大木定材料尺寸参照后文。

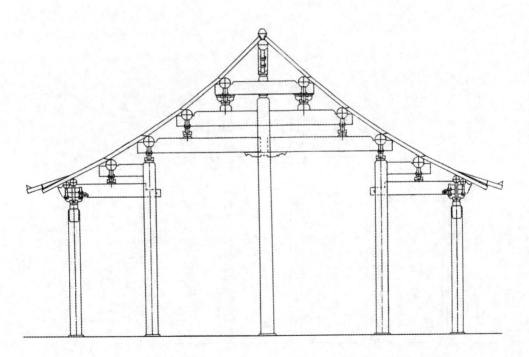

十架椽屋前后并乳栿用六柱

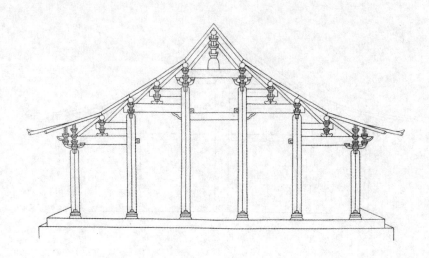

双步六柱十一桁屋，料科出彩、大木定材料尺寸参照后文。

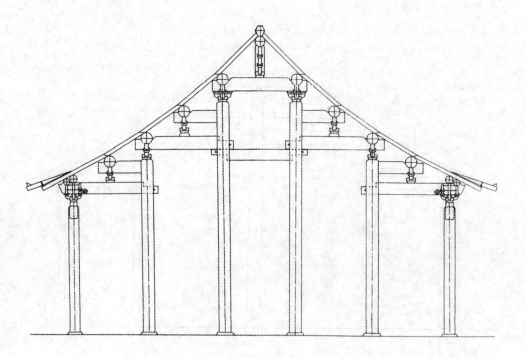

十架椽屋前后各札牵乳栿用六柱

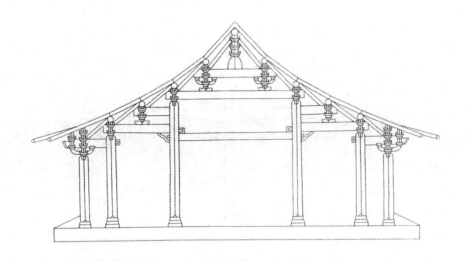

十一桁屋老檐后双步金柱前后老檐外接廊一步，枓科出彩、大木定材料尺寸参照后文。

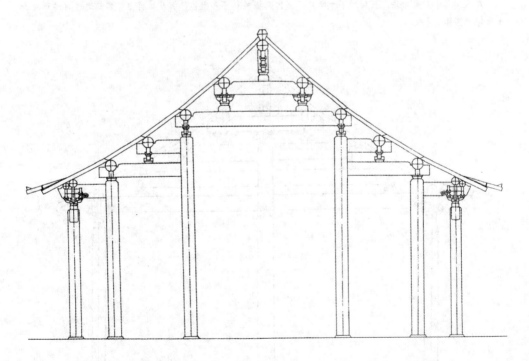

八架椽屋分心用三柱

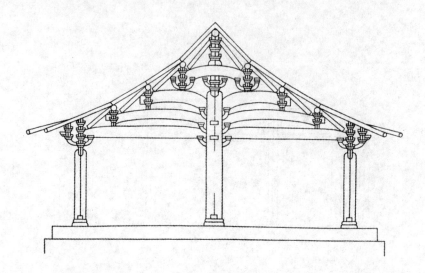

　　九架梁三步对金做法，三架梁下十字翘三部前后檐斗科三彩梁柱等料及斗科出彩各部之名目均详见大木作制度图样上。

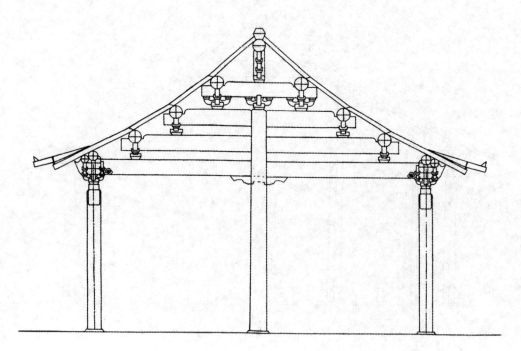

八架椽屋乳栿对六椽栿用二柱

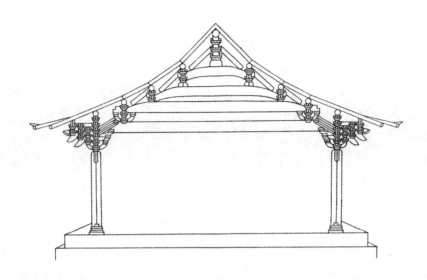

　　九架梁屋大木头步五举定规。以每步加举若干，详见大木作制度图样上。前后檐七彩升科科单翘重昂里出一拳，两头各栱各昂出彩各枋之俗名亦详见大木作制度图样上。

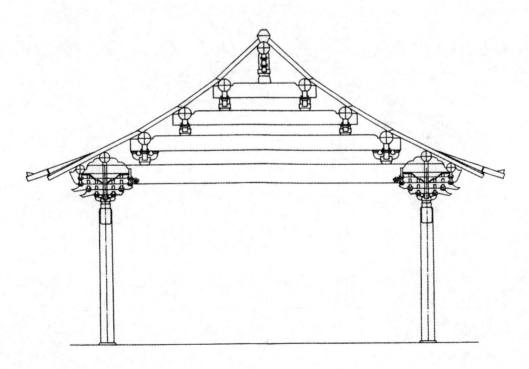

八架椽屋前后乳栿用四柱

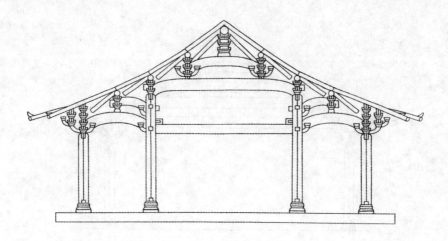

　　九架梁前后双步插金做法，进深五架梁下两步，俗名跨空枋。前后小檐科科三彩内部各金双栱做法，三架梁下出彩为十字翘。

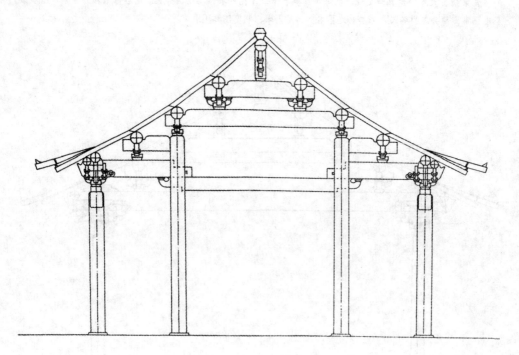

八架橡屋前后三橡栿用四柱

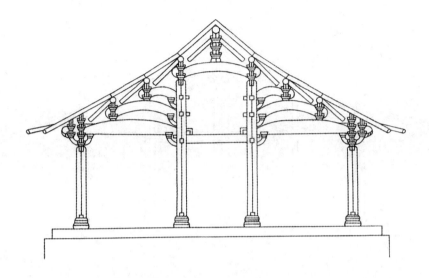

九架梁屋四柱插金做法，前后檐三彩升斗金字柱十字翘。

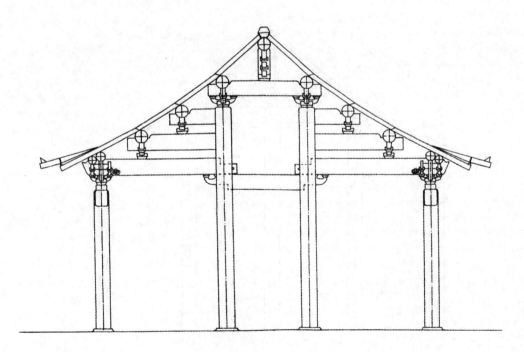

八架椽屋分心乳栿用五柱

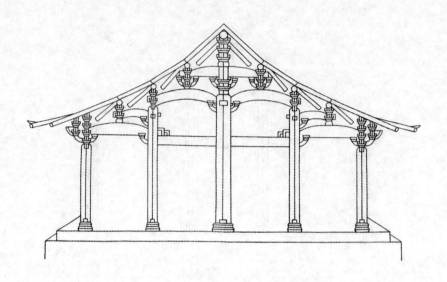

九架梁屋分心乳栿用五柱，前后檐三彩料科三架梁下三部出彩十字翘。

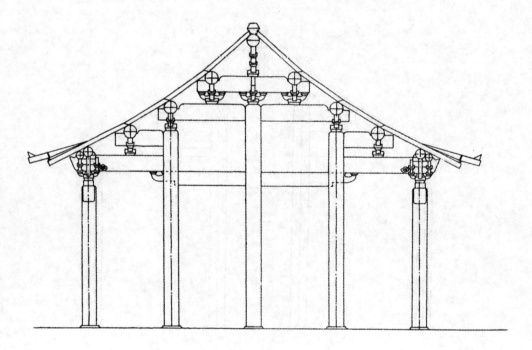

八架橼屋前后札牵用六柱

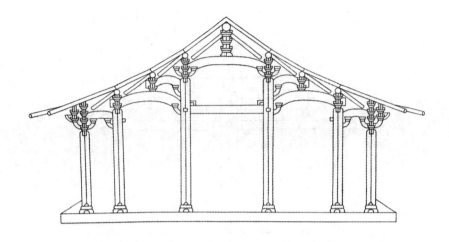

九架梁屋进深六柱，前后檐用三彩斗科。

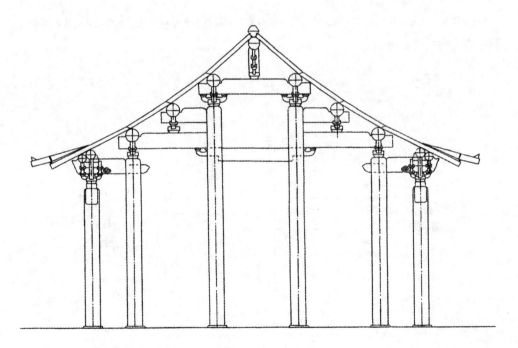

六架椽屋分心用三柱

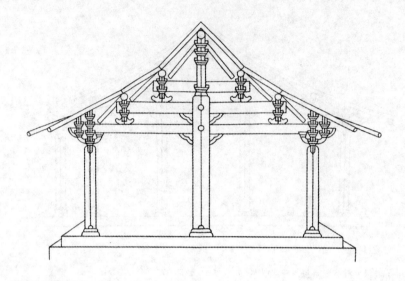

七架梁屋大木三架梁下对金做法，分心三柱前后檐三彩科科金脊坐科双翘，七架梁内身为七架正心枋，以外俗名挑尖梁。

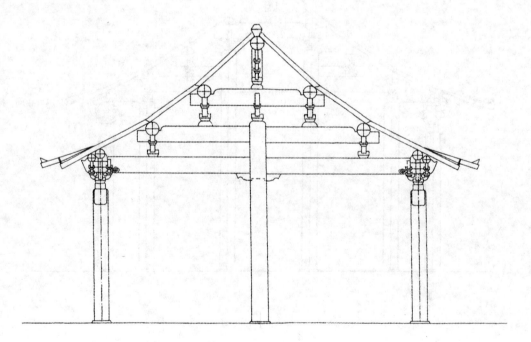

六架椽屋乳栿对四椽栿用四柱

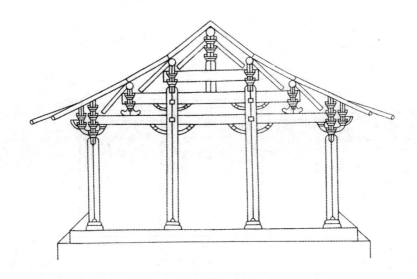

七架椽四柱做法，前后檐枓科三彩。

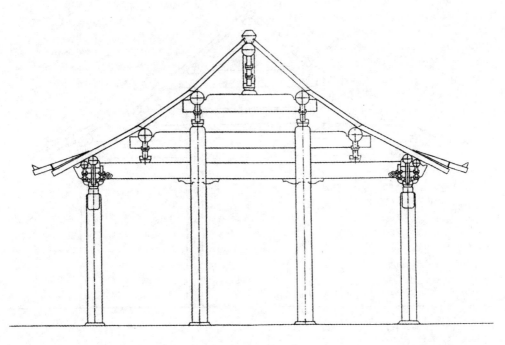

六架椽屋前后乳栿札牵用四柱

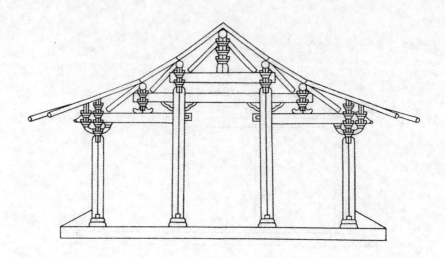

九架梁屋进深四柱前后檐料科三彩。

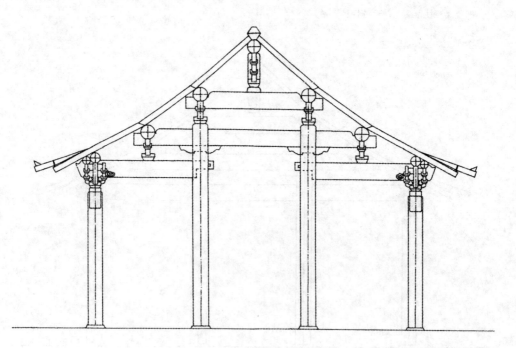

四架椽屋分心用三柱

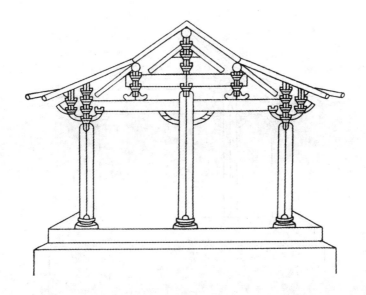

　　大木架五桁挂枓五架梁对金做法，前后檐枓科三彩翘上内出麻叶头，外出蚂蚱头，金脊挂枓科瓜栱、万栱之分位法式。

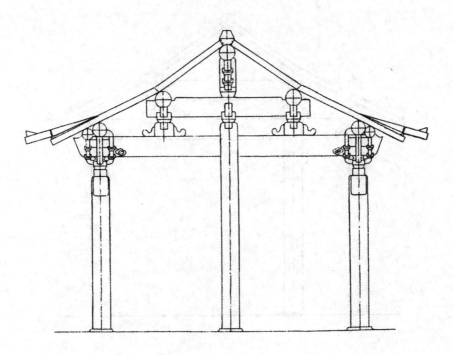

四架椽屋札牵二椽栿用三柱

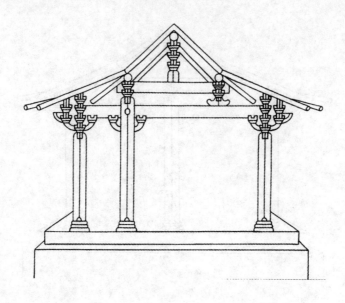

四架椽屋札牵二椽栿用三柱

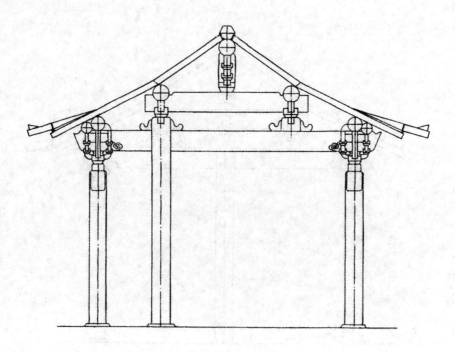

四架椽屋分心札牵用四柱

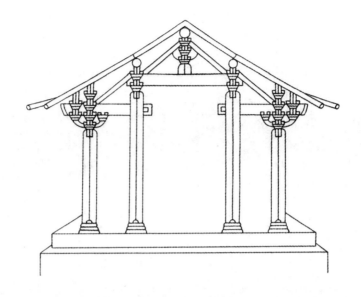

大木架三架梁做法，前后檐廊架一步科科同第二十篇。

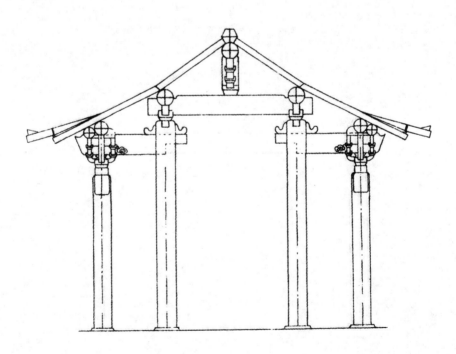

四架椽屋通檐用二柱

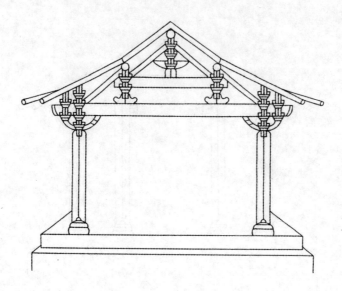

四架椽屋通檐用二柱

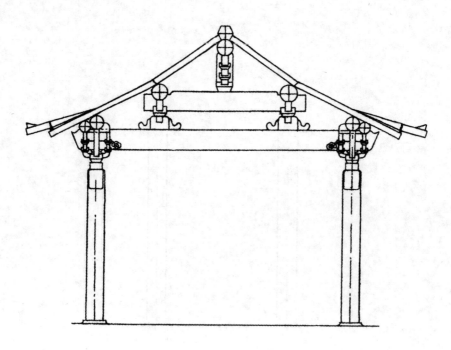

卷六·小木作制度一

　　本卷阐述小木作必须遵从的规程和原则。

版门[1]（双扇版门、独扇版门）

【原文】造版门之制：高七尺至二丈四尺，广与高方。（谓门高一丈，则每扇之广不得过五尺之类。）如减广者，不得过五分之一。（谓门扇合广五尺，如减不得过四尺之类。）其名件广厚，皆取门每尺之高，积而为法。（独扇用者高不过七尺，余准此法。）

肘版[2]：长视门高。（别留出上下两镶。如用铁桶子或靴臼，即下不用镶。）每门高一尺，则广一寸，厚三分。（谓门高一丈，则肘版广一尺，厚三寸。丈尺不等，依此加减。下同。）

副肘版：长广同上，厚二分五厘。（高一丈二尺以上用，其肘版与副肘版皆加至一尺五寸止。）

身口版[3]：长同上，广随材。通肘版与副肘版合缝计数，令足一扇之广，（如牙缝造者，每一版广加五分为定法。）厚二分。

楅[4]：每门广一尺，则长九寸二分。广八分，厚五分。（衬关楅同。用楅之数：若门高七尺以下用五楅，高八尺至一丈三尺用七楅，高一丈四尺至一丈九尺用九楅，高二丈至二丈二尺用十一楅，高二丈三尺至二丈四尺用十三楅。）

额[5]：长随间之广。其广八分，厚三分。（双卯入柱。）

鸡栖木[6]：长厚同额，广六分。

门簪[7]：长一寸八分，方四分，头长四分半。（余分为三分，上下各去一分，留中心为卯。）颊内额上两壁各留半分，外均作三分，安簪四枚。

立颊[8]：长同肘版，广七分，厚同额。（三分中取一分为心卯，下同。如颊外有余空，即里外用难子[9]安泥道版[10]。）

地栿：长厚同额，广同颊。（若断砌门[11]，则不用地栿，于两颊下安卧株、立株。）

门砧：长二寸一分，广九分，厚六分。（地栿内外各留二分，余并挑肩破瓣。）

凡版门，如高一丈，所用门关[12]径四寸。（关上用柱门拴。）搕锁柱长五尺，广六寸四分，厚二寸六分。（如高一丈以下者，只用伏兔[13]、手栓。伏兔广厚同楅，长令上下至楅。手栓长二尺至一尺五寸，广二寸五分至二寸，厚二寸至一寸五分。）缝内透栓[14]及札并间楅用。透栓广二寸，厚七分。每门增高一尺，则关径加一分五厘；搕锁柱长加一寸，广加四分，厚加一分；透栓广加一分，厚加三厘。（透栓若减，亦同加法。一丈以上用四栓，一丈以下用二栓。其札：若门高二丈以上，长四尺，广三寸二分，厚九分；一丈五尺以上，长同上，广二寸七分，厚八分；一丈以上，长三寸五分，广二寸二分，厚七分；高七尺以上，长三寸，广一寸八分，厚六分。）若门高七尺以上，则上用鸡栖木，下用门砧。（若七尺以下，则上下并用伏兔。）高一丈二尺以上者，或用铁桶子、鹅台石砧；高二丈以上者，门上镶安铁锏[15]，鸡栖木安铁钏[16]，下镶安铁靴臼，用石地栿、门砧及铁鹅台。（如断砌，即卧柣、立柣并用石造。）地栿版长随立柣之广，其广同阶之高，厚量长广取宜。每长一尺五寸用楅一枚。

【注释】〔1〕版门："版"通"板"，若无特殊说明，下同。即木板门，用作城门、住宅等的大门。唐代之前许多建筑的门皆为板门，一块整体，不透光。

〔2〕肘版：在板门外沿转轴处的木板，门板上下皆留出上镶下镶。

〔3〕身口版：在板门中间位置，即肘板与副肘板间，其厚度比肘板和副肘板薄。

〔4〕楅（bī）：木门后用来连结门板的横木。

〔5〕额：门窗上两柱间的横木。

〔6〕鸡栖木：是控制门扇上侧以使板门绕竖轴转动的构件。

〔7〕门簪：将安装门扇上轴所用连楹固定在上槛的构件。这种大门上部的出头，类似妇女头上的发簪。门簪有方形、菱形、六角形、八角形等，并装饰有图案或文字。门簪数量为两颗或四颗，其多少体现等级的高低。如，等级较高的金柱大门有四颗门簪，而等级较低的如意门只有两颗门簪。

〔8〕立颊：即门框，板门两侧与柱并列的两根竖向构件。

〔9〕难子：指紧贴障水板周围的细木条，是隔扇上的重要构件。清时称仔边。

〔10〕泥道版：指开间过大时，在门框和立

颊之间所装设的板。

〔11〕断砌门：即门框下不设地栿便于车马出入的门。门框下两边安设卧柣和立柣，立柣上开口，可临时插设地栿。宋时常用于临街的外门或城门。

〔12〕门关：门闩。《说文·门部》云："关，以木横持门户也。"

〔13〕伏兔：在地栿或槛面板内侧承托门窗转轴的短木，外缘常作连续线形，有单伏兔和双伏兔的形状。在两扇格门闭合处的衣部也常设。清代称插关梁或拴斗。

〔14〕透栓：连接板门身口板、肘板、副肘板间缝的小木栓。

〔15〕铁锏：四棱的铁条。

〔16〕铁钏：铁圈。

【译文】建造板门的制度：板门的高度为七尺至二丈四尺，宽度与高度相同。（例如门高一丈，则每扇门的宽度不得超过五尺。）如果要缩减门扇的宽度，则缩减部分不能超过整体宽度的五分之一。（例如门扇总宽度为五尺，如果缩减则不得超过四尺。）版门各部分构件的宽度和厚度也都以版门每一尺的高度为一百，以这个百分比来确定各部分的比例尺寸。（独扇门的高度不超过七尺，其余的门遵照此法。）

肘板：长度根据门的高度而定。（另外留出上下两个镶。如果使用铁桶子或靴臼，那么下面就不用镶。）门的高度每增加一尺，则肘板宽度增加一寸，厚度增加三分。（例如门高一丈，则肘板宽度为一尺，厚三寸。尺寸不一的，都依此加减尺寸。以下同。）

副肘板：长宽同上，厚度为二分五厘。（高度在一丈二尺以上的门，肘板与副肘板皆相应增加尺寸，但最多加到一尺五寸。）

身口板：长度同上，宽度根据木料大小而定。包括肘板与副肘板的合缝来计算尺寸，使其达到一扇门的宽度，（如果采用牙缝造，则每一板的宽度增加五分为定则。）厚度为二分。

楅：门宽一尺，则楅长九寸二分。门宽八分，则楅厚五分。（衬关楅相同。用楅的数量：如果门的高度在七尺以下，用五楅；高度在八尺至一丈三尺之间，用七楅；高度在一丈四尺至一丈九尺之间，用九楅；高度在二丈至二丈二尺之间，用十一楅；高度在二丈三尺至二丈四尺之间，用十三楅。）

额：门额的长度根据开间宽度而定。宽度为八分，厚三分。（双卯入柱。）

鸡栖木：长度和厚度与门额相同，宽六分。

门簪：长一寸八分，方四分，头部长四分半。（其余部分均分为三份，上部下部各去一份，留出中心部分为门簪的卯。）两颊之内额上两壁部分各留半份，其余部分均分为三份，安装四枚门簪。

立颊：长度和肘板相同，宽七分，厚度和门额厚度相同。（分作三份，中间取一份做卯，以下相同。如果立颊与柱间有空隙，则在门里门外用难子安装泥道板。）

地栿：长度和厚度与门额相同，宽度与颊相同。（如果是断砌门，则不设置地栿，在两颊之下安设卧柣和立柣。）

门砧：长二寸一分，宽九分，厚六

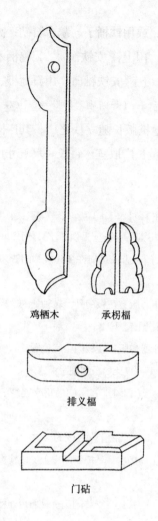

鸡栖木   承柺楅

排义楅

门砧

分。（在地栿内外各留出二分，其余部分挑肩破瓣。）

如果板门高度为一丈，则所用门闩直径四寸。（门闩上使用柱门栿。）搕锁柱长度为五尺，宽六寸四分，厚二寸六分。（如果高度在一丈以下，则只用伏兔、手栓。伏兔的宽度和厚度与楅相同，长度要使上下两端能够到达楅。手栓的长度为二尺至一尺五寸，宽二寸五分至二寸，厚二寸至一寸五分。）先在合好的板缝之内安装透栓

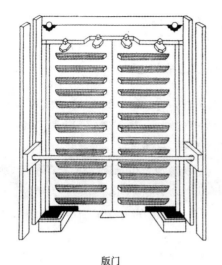

版门

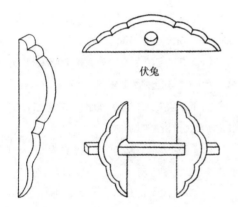

伏兔

搕锁柱　　　伏兔手栓

和札，和楅一起使用。透栓宽二寸，厚七分。门每增高一尺，则门闩直径增加一分五厘；搕锁柱增长一寸，宽度增加四分，厚度增加一分；透栓宽度增加一分，厚度增加三厘。（透栓如果缩减，也照此比例。）一丈以上的用四栓，一丈以下用二栓。札的尺寸：如果门高二丈以上，则长为四尺，宽三寸二分，厚九分；如果门高一丈五尺以上，长同上，宽二寸七分，厚八分；门高一丈以上，长

三寸五分，宽二寸二分，厚七分；门高七尺以上，长三寸，宽一寸八分，厚六分。）如果门高七尺以上，则上面使用鸡栖木，下面使用门砧。（如果在七尺以下，则上下同时使用伏兔。）门高一丈二尺以上的，或者用铁桶子、鹅台形的石墩子；门高二丈以上的，上镶安装铁锏，鸡栖木上安装铁钏，下镶安铁靴臼，使用石地栿、门砧及铁鹅台。（如果是断砌式门，则卧株、立株都用石头打造。）地栿板的长度根据立株的宽度而定，其宽度和台阶的高度相同，厚度根据长宽而定。每长一尺五寸使用一枚楅。

乌头门（其名有三：一曰乌头大门，二曰表楬，三曰阀阅，今呼为棂星门）

【原文】 造乌头门之制。（俗谓之"棂星门"。）高八尺至二丈二尺，广与高方。若高一丈五尺以上，如减广，不过五分之一，用双腰串[1]。（七尺以下或用单腰串。如高一丈五尺以上，用夹腰华版[2]，版心内用桩子。）每扇各随其长，于上腰中心分作两分，腰上安子桯[3]、棂子[4]。（棂子之数须双用。）腰华以下并安障水版[5]。或下安鋜脚，则于下桯上施串一条。其版内外并施牙头护缝。（下牙头[6]或用如意头[7]造。）门后用罗文楅。（左右结角斜安，当心绞口。）其名件广厚，皆取门每尺之高，积而为法。

肘：长视高。每门高一尺，广五分，厚三分三厘。

桯[8]：长同上，方三分三厘。

腰串：长随扇之广，其广四分，厚同肘。

腰华版：长随两桯之内，广六分，厚六厘。

錔脚版：长厚同上，其广四分。

子桯：广二分二厘，厚三分。

承棂串〔9〕：窗棂当中，广厚同子桯。（于子桯之内横用一条或二条。）

棂子：厚一分。（长入子桯之内三分之一。若门高一丈，则广一寸八分。如高增一尺，则加一分；减亦如之。）

障水版：广随两桯之内，厚七厘。

障水版及錔脚、腰华内难子：长随桯内四周，方七厘。

牙头版：长同腰华版，广六分，厚同障水版。

腰华版及錔脚内牙头版：长视广。其广亦如之，厚同上。

护缝：厚同上。（广同棂子。）

罗文楅：长对角，广二分五厘，厚二分。

额：广八分，厚三分。（其长每门高一尺，则加六寸。）

立颊：长视门高（上下各别出卯）。广七分，厚同额。（颊下安卧株、立株。）

挟门柱：方八分。（其长每门高一尺，则加八寸。柱下栽入地内，上施乌头〔10〕。）

日月版：长四寸，广一寸二分，厚一分五厘。

抢柱：方四分。（其长每门高一尺，则加二寸。）

凡乌头门所用鸡栖木、门簪、门砧、门关、搕锁柱、石砧、铁靴臼、鹅台之类，并准版门之制。

【注释】〔1〕腰串：两柱或两桯中部起拉结作用的横木。槅扇或格子门中用两条腰串，称双腰串；用一条腰串，称单腰串。

〔2〕腰华版：指槅扇门等的两腰串间的素面或雕花木板，明清时称作"绦环板"即腰花板。

〔3〕子桯：在门、窗框内或者格眼周围，起固定作用的木条。

〔4〕棂子：门上部、腰串正上方的木条，依竖直方向安装，一般棂子条数为偶数。

〔5〕障水版：位于大槅扇下部，即腰串与地栿间所安的木板。起间隔内外的作用。

〔6〕牙头：在板合缝处，用尖形薄木条压缝，因木条排列起来类似牙齿，故名牙头护缝。

〔7〕如意头：乌头门、软门和窗扇上常用的装饰图案，呈如意形。

〔8〕桯：槅扇、格子门等框形结构中纵向和横向的木枋，清时称边挺。

〔9〕承棂串：即当门身过高，使得棂子过长时，为增强棂子的稳定性和缩短其长度，在棂子中加一条或两条横向木条。

〔10〕乌头：柱头安装的黑色防水罐，清时称"云罐"。

【译文】 建造乌头门的制度。（俗称"棂星门"。）乌头门的高度为八尺至二丈二尺，宽度为高度的一半。如果高度为一丈五尺以上，要减少宽度，不得超过五分之一，用双腰串。（七尺以下有的用单腰串。如果高一丈五尺以上，用夹腰花板，在木板中心处用桩子）。每一扇门的长度要和腰串长度一致，在上腰串的中心位置分成两分，腰上安装子桯、楅子。（楅子须用双数。）腰花板以下安装障水板。或者在下面安装鋜脚，那么则在下桯上安装一条腰串。在花板内外全都安装牙头护缝。（下牙头有的用如意头样式。）门后用罗文楅。（左右结角斜向安设，在中心绞口。）其余各部分构件的宽度和厚度也以乌头门每一尺的高度为一百，用这个百分比来确定各部分的比例尺寸。

肘：长度根据高度而定。门高每增加一尺，宽度增加五分，厚增三分三厘。

桯：长度同上，三分三厘见方。

腰串：长度根据门扇宽度而定，宽四分，厚度与肘相同。

腰花板：长在两桯之内，宽六分，厚六厘。

鋜脚板：长度与厚度同上，宽四分。

子桯：宽二分二厘，厚三分。

承楅串：位于窗楅正当中，宽厚与子桯相同。（在子桯之中横向使用一条或两条。）

楅子：厚一分。（长度穿入子桯之内三分之一。如果门高一丈，则宽为一寸八分。如果高度增加一尺，则宽度增加一分；减少也是如此。）

障水板：宽度在两桯之间，厚七厘。

障水板及鋜脚、腰花内难子：长度根据桯内四周长度而定，七厘见方。

牙头板：长度与腰花板长度相同，宽六分，厚度与障水板相同。

腰花板及鋜脚内牙头版：长度根据门

扇的肘和桯之间的宽度而定。宽度也根据两道腰串之间的宽度或障水板下所加的那道串和下桯之间的空当距离而定，厚度同上。

护缝：厚度同上。（宽度与楅子宽度相同。）

罗文楅：长度为能够封住障水板斜对角线的长度，宽二分五厘，厚二分。

额：宽八分，厚三分。（门的高度每增一尺，则额增加六寸。）

立颊：长度根据门的高度而定，上下分别出卯。宽七分，厚度与额相同。（立颊下安装卧柣、立柣。）

挟门柱：八分见方。（门高每增长一尺，则挟门柱长增加八寸。柱子下端栽入地面以下，上面施乌头。）

日月板：长为四寸，宽一寸二分，厚一分五厘。

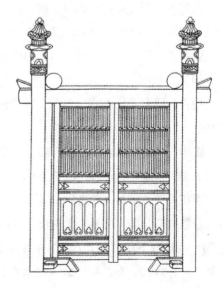

乌头门

抢柱：四分见方。（门高每增加一尺，则抢柱长增加二寸。）

乌头门所用的鸡栖木、门簪、门砧、门关、搯锁柱、石砧、铁靴臼、鹅台之类，都遵照板门的制度。

软门[1]（牙头护缝软门、合扇软门）

【原文】 造软门之制：广与高方。若高一丈五尺以上，如减广者，不过五分之一。用双腰串造（或用单腰串）。每扇各随其长，除桯及腰串外，分作三分，腰上留二分，腰下留一分，上下并安版，内外皆施牙头护缝。（其身内版及牙头护缝所用版，如门高七尺至一丈二尺并厚六分，高一丈三尺至一丈六尺并厚八分，高七尺以下并厚五分，皆为定法。腰华版厚同。下牙头或用如意头。）其名件广厚，皆取门每尺之高，积而为法。

拢桯内外用牙头护缝软门：高六尺至一丈六尺。（额栿内上下施伏兔用立榥。）

肘：长视门高。每门高一尺，则广五分，厚二分八厘。

桯：长同上（上下各出二分）。方二分八厘。

腰串：长随每扇之广，其广四分，厚二分八厘。（随其厚三分，以一分为卯。）

腰花板：长同上，广五分。

合版软门：高八尺至一丈三尺，并用七楅。八尺以下用五楅。（上下牙头，通身护缝，皆厚六分。如门高一丈，即牙头广五寸，护缝广二寸。每增高一尺，则牙头加五

分，护缝加一分；减亦如之。）

肘版：长视高，广一寸，厚二分五厘。

身口版：长同上，广随材（通肘版合缝计数，令足一扇之广），厚一分五厘。

楅：每门广一尺，则长九寸二分。广七分，厚四分。

凡软门内，或用手栓、伏兔，或用承柺楅。其额、立颊、地栿、鸡栖木、门簪、门砧、石砧、铁桶子、鹅台之类，并准版门之制。

【注释】 〔1〕软门：软门分为两种形制。一是用垂直木板拼成，拼缝处添加通长压条，其后用楅固定，称合扇软门。二是门扇有边框，中部安设单腰串或双腰串，上下用薄木板，前后设"牙头"护缝，称牙头护缝软门。宋代软门多用作大门，清代少用。

【译文】 建造软门的制度：宽度是高度的一半。如果门高在一丈五尺以上，宽度减少，不能超过五分之一。用双腰串制造（或者采用单腰串）。腰串长度与每扇门的长度相同，除了桯和腰串以外，将其余部分均分为相等的三份，腰上留二分，腰下留一份，上下都要安装木板，里外都用牙头护缝。（如果门高在七尺至一丈二尺，那么门身内所用木板和牙头护缝所用木板厚度为六分，如果门高一丈三尺至一丈六尺，则木板厚八分，如果门高七尺以下，则木板厚度为五分，这些都是定制。腰花板的厚度也与上面相同。下牙头有的用如意头样式。）其余各部分构件的宽度和厚度也都以软门每一尺

的高度为一百，用这个百分比来确定各部分的比例尺寸。

拢桯内外采用牙头护缝软门：高度为六尺至一丈六尺。（额、地栿内上下设置伏兔造型、立桥。）

肘：长度根据门高而定。门高每增加一尺，则宽增加五分，厚度增加二分八厘。

桯：长度同上（上下各出头二分）。二分八厘见方。

腰串：长度根据每扇门的宽度而定，其宽度为四分，厚度为二分八厘。（根据其厚度分为三分，用一分做卯。）

腰花板：长度同上，宽五分。

合板软门：高度在八尺至一丈三尺之间的，都用七条楅。八尺以下的门用五条楅。（上下用牙头，木板全身护缝，厚度都是六分。如果门高一丈，则牙头宽五寸，护缝宽二寸。门每增高一尺，则牙头增加五分，护缝增加一分；减少也是按这个标准。）

肘板：长度根据高度而定，宽一寸，厚二分五厘。

身口板：长度同上，宽度根据材的宽而定（计算整个肘板上的合缝之数，使其足够一扇门的宽度），厚度为一分五厘。

楅：门的宽度每增加一尺，则长度增加九寸二分。宽度为七分，厚度为四分。

软门之内，有的用手栓、伏兔，有的用承栱楅。对于其额、立颊、地栿、鸡栖木、门簪、门砧、石砧、铁桶子、鹅台之类，全部按照板门的规格制度。

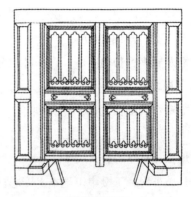

牙头护缝软门

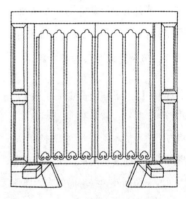

合版软门

破子棂窗 [1]

【原文】 造破子棂窗之制：高四尺至八尺。如间广一丈，用一十七棂。若广增一尺，即更加二棂。相去空一寸。（不以棂之广狭，只以空一寸为定法。）其名件广厚，皆以窗每尺之高，积而为法。

破子棂：每窗高一尺，则长九寸八分。（令上下入子桯内，深三分之二。）广五分六厘，厚二分八厘。（每用一条方四分，结角解作两条，则自得上项广厚也。）每间以五棂出卯透子桯。

子桯：长随棂空，上下并合角斜叉立颊，广五分，厚四分。

额及腰串：长随间广，广一寸二分，厚随子桯之广。

立颊：长随窗之高，广厚同额。（两壁内隐出子桯。）

地栿：长厚同额，广一寸。

凡破子窗，于腰串下地栿上安心柱、槫颊，柱内或用障水版、牙脚、牙头填心难子造，或用心柱编竹造[2]；或于腰串下用隔减窗坐造。（凡安窗，于腰串下高四尺至三尺，仍令窗额与门额齐平。）

【注释】〔1〕破子棂窗：破子棂窗是直棂窗的一种，其特点就是在"破"字上。它的窗棂是将方形断面的木条沿对角线斜锯而成，即一条方形棂子分成两条三角形棂子。安置时，将三角形断面的尖部向外，将平面朝内，以便于在窗内糊纸，起到遮挡风沙、冷气等作用。

〔2〕编竹造：对窗子上下的隔墙、山墙尖、栱眼壁，可用竹笆抹泥的薄墙，称作"心柱编竹造"。

【译文】建造破子棂窗的制度：高度为四尺至八尺。如果房屋开间宽一丈，则用十七根棂。如果宽度增加一尺，则再加两根窗棂。破子棂窗之间相隔一寸。（不以棂的宽窄而论，只以空一寸为定制。）其余各部分构件的宽度和厚度也都以破子棂窗每一尺的高度为一百，用这个百分比来确定各部分的比例尺寸。

破子棂：窗户每高一尺，则破子棂长九寸八分。（破子棂上下要穿入子桯内，

深度为子桯的三分之二。）宽度为五分六厘，厚度为二分八厘。（用一条四分见方的木条，从对角处破成两条，则自然得到上下宽度。）每一间用五根窗棂出卯并透过子桯。

子桯：长度根据全部棂子和它们之间的空当的尺寸总和而定，水平子桯和垂直子桯在转角处成四十五度角相交，并斜插入立颊内，宽五分，厚四分。

额及腰串：长度根据间宽而定，宽一寸二分，厚度根据子桯宽度而定。

立颊：长度根据窗户的高度而定，宽厚与额相同。（两面内壁隐出子桯。）

地栿：长厚与额相同，宽一寸。

制作破子棂窗时，在腰串之下地栿之上安装心柱和槫颊，有的在柱子内用障水板、牙脚、牙头做成填心难子，或者心柱用编竹制作；或者在腰串下面用隔减窗坐造。（安装窗户时，腰串高度在地面以上四尺至三尺，但窗额要与门额齐平。）

睒电窗[1]

【原文】造睒电窗之制：高二尺至三尺。每间广一丈，用二十一棂。若广增一尺，则更加二棂，相去空一寸。其棂实广二寸，曲广二寸七分，厚七分。（谓以广二寸七分直棂左右剜刻取曲势，造成实广二寸也。其广厚皆为定法。）其名件广厚，皆取窗每尺之高，积而为法。

棂子：每窗高一尺，则长八寸七分。（广厚已见上项。）

上下串：长随间广，其广一寸。（如窗高二尺，厚一寸七分。每增高一尺，加一分五厘；减亦如之。）

两立颊：长视高，其广厚同串。

凡睒电窗刻作四曲或三曲。若水波文造亦如之。施之于殿堂后壁之上，或山壁高处。如作看窗，则下用横钤、立旌[2]，其广厚并准版棂窗[3]所用制度。

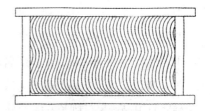

睒电窗

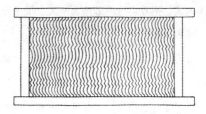

水文窗

【注释】〔1〕睒（shǎn）电窗：一般安装在殿堂的门头上、后壁上、山壁高处，与看窗相似。窗棂称作水波纹，清时称横披窗。有四曲或三曲等的做法。起到通风、采光的作用。

〔2〕立旌：位于隔扇装板处，在板上立一、二道与横钤等垂直的构件，起间隔、支撑及稳定的作用。

〔3〕版棂窗：亦称木栅窗、板条窗。其特点是窗框内不用棂花，只安设垂直的板棂（断面为横长矩形，多用单数）。板棂间有间隙，以便于通风透光。窗体高大时棂身之间横向穿腰串，增强其稳固性。棂条看面多有起线，用于加强艺术效果；背面多素平，以便糊纸贴纱遮挡风雨。

【译文】建造睒电窗的制度：高度为二尺至三尺。每间宽一丈，用二十一根棂。如果宽度增加一尺，则另外加两根棂，相隔一寸的宽度。子棂实宽为二寸，曲宽二寸七分，厚度为七分。（即将宽度为二寸七分的直棂左右剔刻成曲面，实际宽度为二寸。其宽度与厚度都是固定的。）其余各部分构件的宽度和厚度也都以睒电窗每一尺的高度为一百，用这个百分比来确定各部分的比例尺寸。

棂子：窗户每高一尺，则棂长八寸七分。（宽厚同上。）

上下串：长度根据开间宽度而定，宽为一寸。（如果窗户高二尺，则厚度为一寸七分。窗户每增高一尺，则厚度增加一分五厘，减少也按照这个比例。）

两立颊：长度根据高度而定，宽度和厚度与腰串相同。

睒电窗要雕刻成四道曲或三道曲的弯曲形状。如果是水波纹造型，也是如此。睒电窗安装在殿堂的后壁之上，或者山壁的高处。如果将睒电窗当作看窗，则下面使用横钤、立旌，其宽度和厚度以板棂窗所用制度为准。

版棂窗

【原文】造版棂窗之制：高二尺至

六尺。如间广一丈，用二十一棂。若广增一尺，即更加二棂。其棂相去空一寸，广二寸，厚七分。（并为定法。）其余名件长及广厚，皆以窗每尺之高，积而为法。

版棂：每窗高一尺，则长八寸七分。

上下串：长随间广，其广一寸。（如窗高五尺，则厚二寸。若增高一尺，加一分五厘；减亦如之。）

立颊：长视窗之高，广同串。（厚亦如之。）

地栿：长同串。（每间广一尺，则广四分五厘，厚二分。）

立旌：长视高。（每间广一尺，则广三分五厘，厚同上。）

横钤：长随立旌内。（广厚同上。）

凡版窗，于串下地栿上安心柱编竹造，或用隔减窗坐造。若高三尺以下，只安于墙上。（令上串与门额齐平。）

【译文】 建造板棂窗的制度：高二尺至六尺。如果房屋开间宽为一丈，则用二十一根窗棂。如果宽度每增加一尺，则增加二根窗棂。窗棂之间相隔一寸的空隙，宽度为二寸，厚七分。（都为固定尺寸。）其余各部分构件的宽度和厚度也都以板棂窗每一尺的高度为一百，用这个百分比来确定各部分的比例尺寸。

板棂：窗户每增高一尺，则长度增加八寸七分。

上下串：长度根据屋子开间宽度而定，其宽度为一寸。（如果窗户高为五尺，那么上下腰串的厚度为二寸。如果每增高一

尺，则厚度增加一分五厘，减少也照此比例。）

立颊：长度根据窗子高度而定，宽度与腰串相同。（厚度也是如此。）

地栿：长度与腰串相同。（每间宽度增加一尺，则宽度增加四分五厘，厚度增加二分。）

立旌：长度根据高度而定。（每间宽度增加一尺，则宽度增加三分五厘，厚度同上。）

横钤：长度根据立旌内的长度而定。（宽厚同上。）

制作板窗时，在腰串之下、地栿之上安设竹笆的心柱，或者采用隔减窗坐造。如果高度在三尺以下，则只安在墙上。（使上串与门额齐平。）

截间版帐[1]

【原文】 造截间版帐之制：高六尺至一丈，广随间之广，内外并施牙头护缝。如高七尺以上者，用额、栿、槫柱，当中用腰串造。若间远，则立榥柱。其名件广厚，皆取版帐每尺之广，积而为法。

榥柱：长视高。每间广一尺，则方四分。

额：长随间广。其广五分，厚二分五厘。

腰串、地栿：长及广厚皆同额。

槫柱：长视额栿内广，其广、厚同额。

版：长同槫柱，其广量宜分布。（版

及牙头、护缝、难子皆以厚六分为定法。）

牙头：长随槫柱内广，其广五分。

护缝：长视牙头内高，其广二分。

难子：长随四周之广，其广一分。

凡截间版帐，如安于梁外乳栿、札牵之下，与全间相对者，其名件广厚，亦用全间之法。

【注释】〔1〕截间版帐：立于前后柱之间的板壁，以此分隔左右两室的空间，是用木材代替布帛帷帐的习俗。

【译文】 建造截间板帐的制度：高度在六尺至一丈，宽度根据开间宽度而定，里外都用牙头护缝。如果高度在七尺以上，则使用额、栿、槫柱，在当中采用腰串。如果两柱之间的距离较远，则立槏柱。其余各部分构件的宽度和厚度也都以板帐每一尺的高度为一百，用这个百分比来确定各部分的比例尺寸。

槏柱：长度根据板帐高而定。间宽每增加一尺，则槏柱的方长增加四分。

额：长度根据开间宽度而定。其宽度为五分，厚度为二分五厘。

腰串、地栿：长、宽、厚都与额相同。

槫柱：长度根据额和地栿内的宽度而定，其宽、厚与额相同。

板：长度与槫柱相同，其宽度视情况而定。（板及牙头、护缝、难子都以厚六分为定则。）

牙头：长度根据槫柱内的宽度而定，其宽度为五分。

护缝：长度根据牙头内的高度而定，其宽度为二分。

难子：长度根据四周的宽度而定，其宽度为一分。

截间板帐如果安装在梁外的乳栿、札牵之下，且正对室内柱之间，其各部分构件尺寸也采用全间的规制。

照壁屏风骨[1]（截间屏风骨、四扇屏风骨。其名有四：一曰皇邸，二曰后版，三曰扆，四曰屏风。）

【原文】 造照壁屏风骨之制：用四直大方格眼。若每间分作四扇者，高七尺至一丈二尺。如只作一段截间造者，高八尺至一丈二尺。其名件广厚，皆取屏风每尺之高，积而为法。

截间屏风骨：

桯：长视高。其广四分，厚一分六厘。

条桱：长随桯内四周之广，方一分六厘。

额：长随间广。其广一寸，厚三分五厘。

槫柱：长同桯。其广六分，厚同额。

地栿：长厚同额。其广八分。

难子：广一分二厘，厚八厘。

四扇屏风骨：

桯：长视高。其广二分五厘，厚一分二厘。

条桱：长同上法，方一分二厘。

额：长随间之广。其广七分，厚二分五厘。

榑柱：长同桯。其广五分，厚同额。

地栿：长厚同额。其广六分。

难子：广一分，厚八厘。

凡照壁屏风骨，如作四扇开闭者，其所用立桥、搏肘[2]，若屏风高一丈，则搏肘方一寸四分，立桥广二寸，厚一寸六分。如高增一尺，即方及广、厚各加一分。减亦如之。

【注释】〔1〕照壁屏风骨：装饰物。一般在宫殿内且置于当心间后内柱之间，与正门相对，有整块和分四扇样式。宋时常做成方格框，内外糊纸或装裱名家书画；清时多用木板壁或四扇木板屏门。起间隔、挡风、装饰的作用。

〔2〕搏肘：门窗的旋转轴，俗称转轴。

【译文】 建造照壁屏风骨的制度：用条桯做成四根直的大方格眼。如果每一间房安设四扇屏风，则高为七尺至一丈二尺。如果只作一段截间造的屏风，则高为八尺至一丈二尺。其余各部分构件的宽度和厚度也都以屏风每一尺的高度为一百，用这个百分比来确定各部分的比例尺寸。

截间屏风骨：

桯：长度根据其高度而定。宽四分，厚为一分六厘。

条桯：长度根据桯内四周的长宽而定，一分六厘见方。

额：长度根据开间宽度而定。宽为一寸，厚三分五厘。

榑柱：长度与桯相同。宽六分，厚度与额相同。

地栿：长厚与额相同。宽八分。

难子：宽一分二厘，厚八厘。

四扇屏风骨：

桯：长度根据其高度而定。宽二分五厘，厚一分二厘。

条桯：长度与制作照壁屏风骨时条桯尺寸相同，一分二厘见方。

额：长度根据开间宽度而定。宽七分，厚二分五厘。

榑柱：长度与桯相同。宽五分，厚度与额相同。

地栿：长厚与额相同。宽六分。

难子：宽一分，厚八厘。

对于采用四扇开闭造型的照壁屏风骨所使用的立桥、搏肘，如果屏风高为一丈，则搏肘为一寸四分见方，立桥宽为二寸，厚度为一寸六分。如果高度增加一尺，则方形边长及宽、厚各增加一分。减少也按这个比例。

隔截横钤立旌[1]

【原文】 造隔截横钤立旌之制：高四尺至八尺，广一丈至一丈二尺。每间随其广分作三小间，用立旌，上下视其高；量所宜分布施横钤。其名件广厚，皆取每间一尺之广，积而为法。

额及地栿：长随间广。其广五分，厚三分。

榑柱及立旌：长视高。其广三分五厘，厚二分五厘。

横钤：长同额，广厚并同立旌。

凡隔截所用横钤、立旌，施之于照壁、门、窗或墙之上，及中缝截间者亦用之。或不用额、栿、槫柱。

【注释】〔1〕隔截横钤立旌：用于照壁、门窗、墙的上部以及中缝截间处，其上托额，其下设地栿，两侧安槫柱，中间用立旌把一间分成三间，在立旌上安设一道横钤。起到间隔、加固、装饰的作用。

【译文】 建造隔截所用的横钤和立旌的制度：高度为四尺至八尺，宽一丈至一丈二尺。每间房屋根据其宽度分为三小间，根据隔截上下的高度确定立旌的尺寸；测量所需尺寸，安设横钤。其余各部分构件的宽度和厚度也都以每间屋子每一尺的高度为一百，用这个百分比来确定各部分的比例尺寸。

额及地栿：长度根据开间宽度而定。其宽为五分，厚三分。

槫柱及立旌：长度根据高度而定。其宽为三分五厘，厚二分五厘。

横钤：长度与额相同，宽厚与立旌相同。

隔截所使用的横钤、立旌，都安装在照壁、门、窗或墙上，中缝处的截间也采用隔截横钤、立旌。有的不用额、栿和槫柱。

露篱（其名有五：一曰櫎，二曰栅，三曰棝，四曰藩，五曰落。今谓之露篱）

【原文】 造露篱之制：高六尺至一丈，广八尺至一丈二尺，下用地栿、横钤、立旌，上用榻头木，施版屋造。每一间分作三小间。立旌长视高，栽入地，每高一尺，则广四分，厚二分五厘。曲枨长一寸五分，曲广三分，厚一分。其余名件广厚，皆取每间一尺之广，积而为法。

地栿、横钤：每间广一尺，则长二寸八分。其广、厚并同立旌。

榻头木：长随间广。其广五分，厚三分。

山子版[1]：长一寸六分，厚二分。

屋子版[2]：长同榻头木，广一寸二分，厚一分。

沥水版[3]：长同上，广二分五厘，厚六厘。

压脊垂脊木[4]：长广同上，厚二分。

凡露篱若相连造，则每间减立旌一条。（谓加五间只用立旌十六条之类。）其横钤、地栿之长各减一分三厘，版屋两头施搏风版及垂鱼惹草[5]，并量宜造。

【注释】〔1〕山子版：即在悬山顶或歇山顶两际山花外的木板，起封闭房屋里外的保护作用。

〔2〕屋子版：在小型建筑中，铺设屋盖的木板。

〔3〕沥水版：位于屋顶上、板与板间的接缝处，向内凹进去的窄木板。起导流雨水，避免屋

顶积水的作用。

〔4〕压脊垂脊木：用于小型木构屋顶上，用木料制作的压脊、垂脊。

〔5〕惹草：钉在搏风板边沿（一般在檩头位置）的三角形木板，用以保护伸出山墙的槫头。绘制或雕刻与水有关的形象，有防火之意。

【译文】 建造露篱的制度：高度为六尺至一丈，宽八尺至一丈二尺，下面使用地栿、横钤、立旌，上面使用榻头木，适用于板屋。每一间分作三小间。立旌的长度根据露篱高度而定，栽入地面以下，高度每增一尺，则宽度增加四分，厚度增加二分五厘。曲枨长为一寸五分，曲面宽三分，厚度为一分。其余各部分构件的宽度和厚度也都以每间屋子每一尺的高度为一百，用这个百分比来确定各部分的比例尺寸。

地栿、横钤：开间每增加一尺，则长增加二寸八分。其宽、厚与立旌相同。

榻头木：长度根据开间宽度而定。宽五分，厚三分。

山子板：长一寸六分，厚二分。

屋子板：长度与榻头木相同，宽一寸二分，厚一分。

沥水板：长度同上，宽二分五厘，厚六厘。

压脊垂脊木：长宽同上，厚度为二分。

篱笆如果相互连接，则每间屋子减去一条立旌。（比如五间屋子，则只使用十六条立旌，其余类推。）篱笆的横钤、地栿长度各减去一分三厘，板屋两头要安装搏

风板、垂鱼、惹草，根据情况确定尺寸大小。

版引檐〔1〕

【原文】 造屋垂前版引檐之制：广一丈至一丈四尺（如间太广者，每间作两段），长三尺至五尺，内外并施护缝，垂前用沥水版。其名件广厚，皆以每尺之广，积而为法。

桯：长随间广，每间广一尺，则广三分，厚二分。

檐版〔2〕：长随引檐之长。其广量宜分擘〔3〕。（以厚六分为定法。）

护缝：长同上，其广二分。（厚同上。定法。）

沥水版：长广随桯。（厚同上。定法。）

跳椽〔4〕：广厚随桯。其长量宜用之。

凡版引檐施之于屋垂之外，跳椽上安阑头木、挑斡，引檐与小连檐相续。

【注释】 〔1〕版引檐：在屋檐之外加设的木板檐。

〔2〕檐版：亦称挂檐板，是贴挂于屋檐或楼层平坐之下的板状构件，用于遮挡梁、椽或望板的前部，使其外观平整美观。檐板的砖雕工艺与木雕相似，多雕饰卷草之类的连续图案。

〔3〕分擘：分离，分开。

〔4〕跳椽：在水槽或板引檐下，起承托作用。

【译文】 建造屋垂前面的板引檐的制

度：宽一丈至一丈四尺（如果开间太宽，则每间做两段），长度为三尺至五尺，内外都使用护缝，垂前安设沥水板。其余各部分构件的宽度和厚度也都以每一尺的高度为一百，用这个百分比来确定各部分的比例尺寸。

桯：长度根据屋间宽度而定，屋子开间每加宽一尺，则其宽度增加三分，厚度增加二分。

檐板：长度根据引檐的长度而定。其宽度根据情况分开量取。（厚度六分为统一规定。）

护缝：长度同上，其宽度为二分。（厚度同上，统一规定。）

沥水板：长宽根据桯而定。（厚度同上，统一规定。）

跳椽：宽厚根据桯而定。长度根据情况裁量使用。

板引檐安装在屋垂之外，跳椽上安装阑头木、挑幹，引檐与小连檐相连接。

水槽

【原文】 造水槽之制：直高一尺，口广一尺四寸。其名件广厚，皆以每尺之高，积而为法。

厢壁版[1]：长随间广。其广视高，每一尺加六分，厚一寸二分。

底版：长厚同上。（每口广一尺，则广六寸。）

罨头版[2]：长随厢壁版内，厚同上。

口襻：长随口广。其方一寸五分。

跳椽：长随所用，广二寸，厚一寸八分。

凡水槽施之于屋檐之下，以跳椽襻拽。若厅堂前后檐用者，每间相接，令中间者最高，两次间以外逐间各低一版，两头出水。如廊屋或挟屋偏用者，并一头安罨头版。其槽缝并包底荫牙缝造。

【注释】 〔1〕厢壁版：水槽两侧的直立壁板。

〔2〕罨头版：置于水槽上的渔网状盖板，起到防止杂物掉进水槽，又不影响水流动的作用。

【译文】 建造水槽的制度：垂直高一尺，口径宽一尺四寸。其余各部分构件的宽度和厚度也都以每一尺的高度为一百，用这个百分比来确定各部分的比例尺寸。

厢壁板：长度根据屋子开间的宽度而定。其宽度根据高度而定，水槽高度每增加一尺，宽度增加六分，厚为一寸二分。

底板：长厚同上。（水槽口径每加宽一尺，则宽增加六寸。）

罨头板：长度根据厢壁板内情况而定，厚度同上。

口襻：长度根据水槽口径而定。方形边长一寸五分。

跳椽：长度根据使用情况而定，宽两寸，厚一寸八分。

水槽如果造在屋檐之下，要以跳椽来支撑固定。如果位于厅堂前后的檐下，要使每间的水槽相互连接，使正中间屋子的水槽最高，两个次间以外的水槽逐间降低一版，在两头出水。如果是廊屋或者挟屋等偏僻处使用，则在水槽一头安设罨头板。水槽的槽缝要采用包底荫牙缝的做法。

井屋子[1]

【原文】 造井屋子之制：自地至脊共高八尺，四柱。其柱外方五尺（垂檐及两际皆在外）。柱头高五尺八寸，下施井匦，高一尺二寸；上用厦瓦版，内外护缝，上安压脊、垂脊，两际施垂鱼、惹草。其名件广厚，皆以每尺之高，积而为法。

柱：每高一尺，则长七寸五分（镶、耳在内）。方五分。

额：长随柱内。其广五分，厚二分五厘。

栿：长随方。（每壁每长一尺加二寸，跳头在内。）其广五分，厚四分。

蜀柱：长一寸三分，广、厚同上。

叉手：长三寸，广四分，厚二分。

槫：长随方（每壁每长一尺加四寸，出际在内）。广、厚同蜀柱。

串：长同上（加亦同上，出头在内）。广三分，厚二分。

厦瓦版：长随方。（每方一尺，则长八寸，斜长垂檐在内。其广随材合缝，以厚六分为定法。）

上下护缝：长、厚同上，广二分五厘。

压脊：长及广、厚并同槫。（其广取槽在内。）

垂脊：长三寸八分，广四分，厚三分。

搏风版：长五寸五分，广五分。（厚同厦瓦版。）

沥水牙子：长同槫，广四分。（厚同上。）

垂鱼：长二寸，广一寸二分。（厚同上。）

惹草：长一寸五分，广一寸。（厚同上。）

井口木：长同额，广五分，厚三分。

地栿：长随柱外，广、厚同上。

井匦版：长同井口木。其广九分，厚一分二厘。

井匦内外难子：长同上。（以方七分为定法。）

凡井屋子，其井匦与柱下齐，安于井阶之上。其举分准大木作之制。

【注释】 [1]井屋子：井外无围墙而由四根立柱围成的四方小屋，高八尺，五尺见方。

【译文】 建造井屋子的制度：自井口上的石板至屋脊一共高八尺，四根柱子。其柱子外面五尺见方（垂檐和两际都在外面）。柱头高度为五尺八寸，下面安装井栏杆，高度为一尺二寸；以上安装厦瓦板，内外设置护缝，上面安装压脊、垂脊，在两个出际部分雕饰垂鱼、惹草。其余各部分构件的宽度和厚度也都以每一尺的高度为一百，用这个百分比来确定各部分的比例尺寸。

柱：井屋子高度每增加一尺，则长度增加七寸五分（包括镶、耳在内）。五分见方。

额：长度根据柱内宽度而定。其宽度为五分，厚度为二分五厘。

栿：长度根据井屋方长而定。（每一面长度增加一尺，则栿增加二寸，包括跳头在内。）其宽度为五分，厚四分。

蜀柱：长度一寸三分，广、厚同上。

叉手：长三寸，宽四分，厚二分。

槫：长度根据方长而定（每一面长度增加一尺，则槫增加四寸，包括两边出际在内）。宽、厚与蜀柱相同。

串：长度同上（增加的尺寸也同上，包括出头在内）。宽三分，厚二分。

厦瓦板：长度根据方长而定。（方长每增加一尺，则长度增加八寸，包括斜长垂檐在内。其宽度根据材合缝，以厚六分为统一规定。）

上下护缝：长度与厚度同上，宽二分五厘。

压脊：长及宽、厚与槫相同。（其宽度包括取槽的尺寸在内。）

垂脊：长三寸八分，宽四分，厚三分。

搏风板：长五寸五分，宽五分。（厚度与厦瓦板相同。）

沥水牙子：长度与槫相同，宽四分。（厚度同上。）

垂鱼：长二寸，宽一寸二分。（厚度同上。）

惹草：长一寸五分，宽一寸。（厚度同

上。）

井口木：长度与额相同，宽五分，厚三分。

地栿：长度根据柱外情况而定，宽、厚同上。

井匮板：长度与井口木相同。其宽度为九分，厚一分二厘。

井匮板内外的难子：长度同上。（以七分见方为统一规定。）

井屋子下面的栏杆与柱子的下端齐平，安装在井阶之上。其屋脊举起的比例高度按照大木作制度的规定。

地棚[1]

【原文】 造地棚之制：长随间之广。其广随间之深，高一尺二寸至一尺五寸。下安敦桥，中施方子，上铺地面版。其名件广厚，皆以每尺之高，积而为法。

敦桥[2]：每高一尺，长加三寸。广八寸，厚四寸七分。（每方子长五尺用一枚。）

方子：长随间深（接搭用）。广四寸，厚三寸四分。（每间有三路。）

地面版：长随间广（其广随材合贴用）。厚一寸三分。

遮羞版[3]：长随门道间广。其广五寸三分，厚一寸。

凡地棚施之于仓库屋内，其遮羞版安于门道之外，或露地棚处皆用之。

【注释】 〔1〕地棚：即地板，常用于仓

库屋内。具体做法：地面上加木垫块，其上设木枋，枋上铺地板，以使物品与地面隔开，起到防止受潮，干爽通风的作用。

〔2〕敦桥：地面板下用以支撑方子的木墩。

〔3〕遮羞版：常用于仓库门道外或露地棚外，借以遮挡门道接缝与地棚而安设的木板。

【译文】 建造地棚之制：长度根据屋子开间的宽度而定。其宽度与开间的进深一致，高度为一尺二寸至一尺五寸。下面安设敦桥，中间使用方子，上面铺设地面板。其余各部分构件的宽度和厚度也都以每一尺相对应的宽和厚的比例尺寸而定。

敦桥：高度每增一尺，则长度增加三寸。宽八寸，厚四寸七分。（每长五尺的一根方子用一枚敦桥。）

方子：长度与屋间的进深一致（可接搭使用）。宽为四寸，厚三寸四分。（每间使用三路方子。）

地面板：长度根据屋子开间的宽度而定（其宽度与材相同，合贴则用）。厚为一寸三分。

遮羞板：长度根据门道的间广而定。宽为五寸三分，厚一寸。

如果地棚安设在仓库屋内，则其遮羞板安于门道之外，或者露出地棚的地方都可以使用。

卷七·小木作制度二

　　本卷续卷六，阐述小木作必须遵从的规程和原则。

格子门[1]（四斜球文格子、四斜球文上出条桱重格眼、四直方眼格、版壁、两明格子。）

【原文】 造格子门之制：有六等；一曰四混中心出双线，入混内出单线（或混内不出线）。二曰破瓣双混平地出双线（或单混出单线）。三曰通混出双线（或单线）。四曰通混压边线。五曰素通混（以上并挦尖入卯[2]）。六曰方直破瓣（或挦尖或叉瓣造）。高六尺至一丈二尺，每间分作四扇。（如梢间狭促者，只分作二扇。）如檐额及梁栿下用者，或分作六扇造，用双腰串（或单腰串造）。每扇各随其长除桱及腰串外分作三分，腰上留二分安格眼（或用四斜球文格眼，或用四直方格眼。如就球文者，长短随宜加减）。腰下留一分安障水版。（腰华版及障水版皆厚六分，桱四角外上下各出卯，长一寸五分，并为定法。）其名件广厚，皆取门桱每尺之高，积而为法。

四斜球文格眼：其条桱厚一分二厘。（球文径三寸至六寸，每球文圆径一寸，则每瓣长七分，广三分，绞口广一分，四周压线。其条桱瓣数须双用，四角各令一瓣入角。）

桱：长视高，广三分五厘，厚二分七厘。（腰串广厚同桱，横卯随桱三分中存向里二分为广，腰串卯随其广。如门高一丈，桱卯及腰串卯皆厚六分，每高增一尺，即加二厘；减亦如之。后同。）

子桱：广一分五厘，厚一分四厘。（斜合四角破瓣单混造。后同。）

腰华版：长随扇内之广，厚四分。（施之于双腰串之内，版外别安雕华。）

障水版：长广各随桱。（令四面各入池槽。）

额：长随间之广，广八分，厚三分。（用双卯。）

槫柱颊：长同桱，广五分（量摊擘扇数宜随宜加减），厚同额。（二分中取一分为心卯。）

地栿：长厚同额，广七分。

四斜球文上出条桱重格眼：其条桱之厚，每球文圆径二寸，则加球文格眼之厚二分。（每球文圆径加一寸，则厚又加一分，桱及子桱亦如之。其球文上采出条桱四挦尖、四混出双线或单线造。如球文圆径二寸，则采出条桱方三分。若球文圆径加一寸，则条桱方又加一分。其对格眼子桱则安挦尖，其尖外入子桱，内对格眼，合尖令线混转过。其对球文子桱，每球文圆径一寸，则子桱广五厘。若球文圆径加一寸，则子桱之广又加五厘。或以球文随四直格眼者，则子桱之下采出球文，其广与身内球文相应。）

四直方格眼：其制度有七等：一曰四混绞双线（或单线）。二曰通混压边线，心内绞双线（或单线）。三曰丽口绞瓣双混（或单混出线）。四曰丽口素绞瓣。五曰一混四挦尖。六曰平出线。七曰方绞眼。其条桱皆广一分，厚八厘。（眼内方三寸至二寸。）

程：长视高，广三分，厚二分五厘。（腰串同。）

子程：广一分二厘，厚一分。

腰华版及障水版：并准四斜球文法。

额：长随间之广，广七分，厚二分八厘。

槫柱颊：长随门高，广四分。（量摊擘扇数随宜加减。）厚同额。

地栿：长厚同额，广六分。

版壁（上二分不安格眼，亦用障水版者）：名件并准前法，唯程厚减一分。

两明格子门：其腰华、障水版、格眼皆用两重，程厚更加二分一厘。子程及条桱之厚各减二厘。额、颊、地栿之厚各加二分四厘。（其格眼两重，外面者安定，其内者上开池槽深五分，下深二分。）

凡格子门所用搏肘、立桥，如门高一丈，即搏肘方一寸四分，立桥广二寸，厚一寸六分。如高增一尺，即方及广厚各加一分。减亦如之。

【注释】〔1〕格子门：清称格扇，指在殿阁、民居安装的带有格眼且供采光的木门，有横拉式和推拉式两种样式。一般房屋安装四扇高六尺至一丈二尺的格子门，稍间安装两扇格子门；如在檐额或梁栿之下，需安装六扇双腰串格子门。

〔2〕撺尖入卯：即方材的丁字形接合，一般用交圈的"格肩榫"。有"大格肩"和"小格肩"两种形式。撺尖入卯即"大格肩"。大格肩分为实肩和虚肩，小格肩皆为实肩。实肩是在横材两头做出榫头，在榫头的外部做出45度等边直角三角形斜肩，三角形斜肩紧贴榫头，然后在竖材上凿出榫窝，并在外侧开出与榫头上三角形斜肩相等的豁口，正好与榫头上的斜肩拍合。格肩的作用，一是辅助榫头承担一部分重量，二是打破接口处平直呆板的外观，这种做法称作大格肩。小格肩是把紧贴榫头的斜肩抹去一节，只留下一小部分，其目的是为了少剔去一些竖材，以加强竖材的承重能力，是一种较为科学的方法。它不仅保持了竖材的支撑能力，还照顾了辅助横材承重的作用。这种做法常用于柜子的前后横梁或横带上。

【译文】建造格子门的制度有六等：一是四混中心出双线，进入混内则出单线（或者混内不出线）。二是破瓣双混平地出双线（或者单混出单线）。三是通混出双线（或单线）。四是通混压边线。五是素通混（以上都做成斜角45度入卯）。六是方直破瓣（或者斜角相交或者正角相交）。高度为六尺至一丈二尺，每一间分成四扇。（如果梢间比较狭窄，则只分成二扇。）如果用在檐额和梁栿以下，有的也分成六扇，使用双腰串（或者用单腰串）。除去程及腰串部分，将每扇格子门按照长度分成三分，腰上留出二分安装格眼（有的用四斜球文格眼，有的用四直方格眼。如果采用球文格眼的，长短尺寸酌情加减）。腰下留出一分安装障水板。（腰花板和障水板的厚度都是六分，程四个角的外面，上下都出卯，长为一寸五分，都是统一规定。）其余各部分构件的宽度和厚度也都以门程每一尺的高度为一百，用这个百分比来确定各部分的比例尺寸。

四斜球纹格子眼：条桱的厚度为一分二厘。（球文桱的厚度为三寸至六寸，每个球文的圆径为一寸，则每瓣的长度为七分，宽三分，绞口宽一分，四周为压边线。条桱的瓣数要用双数，四个角各使一瓣正对角线。）

桱：长度视高度而定，宽三分五厘，厚二分七厘。（腰串的宽度和厚度与桱相同。横卯的宽度为桱宽度的三分之二。腰串上卯的宽度也是如此，例如门高一丈，则桱卯和腰串的卯厚度皆为六分，高度每增加一尺，则厚度增加二厘；减少也按此比例。后面同。）

子桱：宽一分五厘，厚一分四厘。（斜向合贴四角破瓣单混造。后同。）

腰花板：长度根据门扇内的宽度而定，厚四分。（安装在双腰串之内，板子外部另做雕花造型。）

障水板：长与宽各根据桱的长宽而定。（使它的四面都伸入池槽内。）

额：长度根据开间的宽度而定，宽八分，厚三分。（使用双卯。）

槫柱颊：长度与桱相同，宽为五分（通过计算张开的扇面数量酌情增减），厚度与额相同。（二分中取一分为心卯。）

地栿：长厚与额相同，宽七分。

四斜球文上出条桱重格眼：条桱的厚度，球文的圆径每增加二寸，球文格眼的条桱则加厚二分。（球文圆径每增加一寸，则厚度增加一分，桱和子桱也是如此。在球文上雕凿出条桱四面斜角相交、四混出双线或单线造型。如果球文圆径为二寸，则刻出条桱的方长为三分。如果球文圆径增加一寸，则条桱

的方形边长又增加一分。正对格眼的子桱则斜角相交，尖部要从外面卯入子桱内，其内正对格眼，合尖令线混转过。正对球文的子桱，球文圆径如果为一寸，则子桱宽度为五厘。如果球文圆径每增加一寸，则子桱的宽度增加五厘。如果是四直格眼球文，那么则在子桱下面雕刻出球文，其宽度和身内的球文相贴合。）

四直方格眼：四直方格眼的制度有七个等级：一是四混绞双线（或单线）。二是通混压边线，心内绞双线（或单线）。三是丽口绞瓣双混（或单混出线）。四是丽口素绞瓣。五是一混四擫尖。六是平出线。七是方绞眼。它们的条桱宽度都是一分，厚度为八厘。（格眼里为三寸至二寸见方。）

桱：长度根据高度而定，宽三分，厚二分五厘。（腰串与此相同。）

子桱：宽一分二厘，厚一分。

腰花板及障水板：都按照制作四斜球文法的标准执行。

额：长度根据开间宽度而定，宽七分，厚二分八厘。

槫柱颊：长度根据门的高度而定，宽四分。（通过计算张开的扇面数量酌情增减。）厚度与额相同。

地栿：长度及厚度与额相同，宽六分。

板壁（上面二分如果不安格眼，则也要使用障水板）：各个构件的尺寸都遵循前面的规定，只有桱的厚度减一分。

两明格子门：两明格子门的腰花板、障水板、格眼都用两重，桱厚度要多加二分一厘。子桱和条桱的厚度各减二厘。

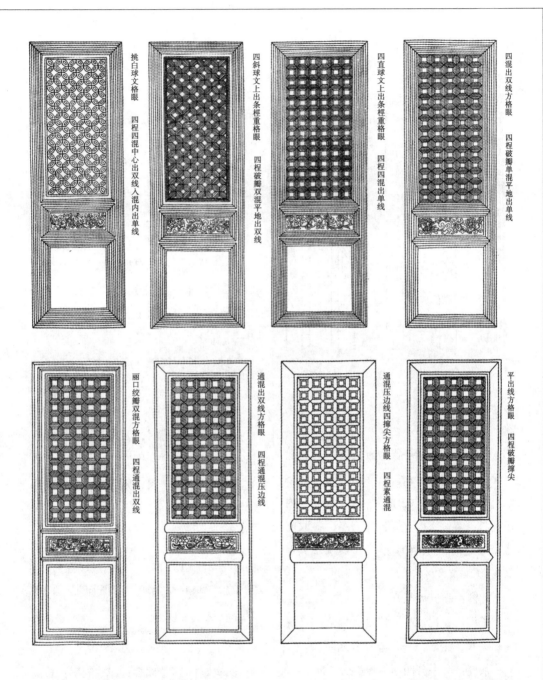

挑白球文格眼　四程四混中心出双线入混内出单线

四斜球文上出条柽重格眼　四程破瓣双混平地出双线

四直球文上出条柽重格眼　四程四混出单线

四混出双线方格眼　四程破瓣单混平地出单线

丽口绞瓣双混方格眼　四程通混出双线

通混出双线方格眼　四程通混压边线

通混压边线四撺尖方格眼　四程素通混

平出线方格眼　四程破瓣撺尖

额、颊、地栿厚度各增加二分四厘。（其格眼有两重，外面一重固定，里面一重上面开出一道深五分的池槽，下面深二分。）

格子门所使用的搏肘、立桥，如果门高一丈，则搏肘为一寸四分见方，立桥宽二寸，厚一寸六分。如果高度增加一尺，则方长和宽厚各增加一分。减少也按照这个比例。

格子门额限

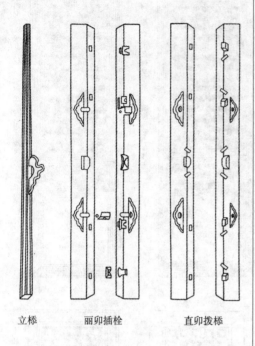

立样　　丽卯插栓　　直卯拨样

阑槛钩窗〔1〕

【原文】 造阑槛钩窗之制：其高七尺至一丈，每间分作三扇，用四直方格眼。槛面外施云栱、鹅项〔2〕、钩阑，内用托柱（各四枚）。其名件广厚，各取窗槛每尺之高，积而为法。（其格眼出线并准格子门四直方格眼制度。）

钩窗：高五尺至八尺。

子桯：长视窗高，广随逐扇之广。每窗高一尺，则广三分，厚一分四厘。

条桱：广一分四厘，厚一分二厘。

心柱、槫柱：长视子桯，广四分五厘，厚三分。

额：长随间广。其广一寸一分，厚三分五厘。

槛面：高一尺八寸至二尺。（每槛面高一尺，鹅项至寻杖共加九寸。）

槛面版：长随间心。每槛面高一尺，则广七寸，厚一寸五分。（如柱樫或有大小，则量宜加减。）

鹅项：长视高。其广四寸二分，厚一寸五分。（或加减同上。）

云栱：长六寸，广三寸，厚一寸七分。

寻杖：长随槛面。其方一寸七分。

心柱及槫柱：长自槛面版下至栿上。其广二寸，厚一寸三分。

托柱：长自槛面下至地。其广五寸，厚一寸五分。

地栿：长同窗额，广二寸五分，厚一寸三分。

障水版：广六寸。（以厚六分为定法。）

凡钩窗所用搏肘，如高五尺，则方一寸；卧关如长一丈，即广二寸，厚一寸六分。每高与长增一尺，则各加一分。减亦如之。

【注释】 〔1〕阑槛钩窗：有防护栏杆的窗，主要用于阁楼。阑槛即栏杆，指窗子的防护栏杆。钩窗即窗外安钩阑，可倚窗而立，遍览窗外美景。

〔2〕鹅项：阑槛钩窗上支撑寻杖的曲木。

【译文】 建造阑槛钩窗的制度：总高为七尺至一丈，每间屋子分作三扇，采用四直方格眼。在槛面外安设云栱、鹅项、钩阑，里面采用托柱（外面四枚，里面也四枚）。其余各部分构件的宽度和厚度也都以窗槛每一尺的高度为一百，用这个百分比来确定各部分的比例尺寸。（阑槛钩窗的格眼和出线都遵照格子门四直方格眼的制度。）

钩窗：高度为五尺至八尺。

子桯：长度根据窗子高度而定，宽度根据每一扇的宽度而定。窗子每增高一尺，则子桯宽度增加三分，厚度增加一分四厘。

条桱：宽一分四厘，厚一分二厘。

心柱、槫柱：长度根据子桯而定，宽四分五厘，厚三分。

额：长度根据开间宽度而定。宽一寸一分，厚三分五厘。

槛面：高度在一尺八寸至二尺之间。（槛面每增高一尺，从鹅项到寻杖则共增加九寸。）

槛面板：长度根据屋子开间中心位置而定。槛面每增高一尺，则宽度增加七寸，厚度增加一寸五分。（如果柱桱尺寸大小略有出入，则酌情增减。）

鹅项：长根据高度而定。其宽度为四寸二分，厚一寸五分。（增减同上。）

云栱：长六寸，宽三寸，厚一寸七分。

寻杖：长度根据槛面情况而定。一寸七分见方。

心柱及槫柱：长度为从槛面板以下到栿以上的距离。其宽度为二寸，厚一寸三分。

托柱：长度为从槛面板以下到地面的距离。其宽度为五寸，厚一寸五分。

地栿：长度与窗额相同，宽二寸五

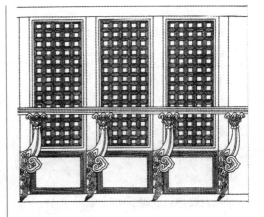

阑槛钩窗

分，厚一寸三分。

障水板：宽六寸。（厚以六分为统一规定。）

钩窗所使用的搏肘如果高为五尺，则方长一寸；卧关如果长一丈，则宽二寸，厚一寸六分。搏肘的高度与卧关长度每增加一尺，则搏肘的宽度与卧关的厚度各加一分。减少也按此比例。

殿内截间格子[1]

【原文】 造殿堂内截间格子之制：高一丈四尺至一丈七尺，用单腰串。每间各视其长，除桯及腰串外，分作三分。腰上二分安格眼，用心柱、槫柱分作二间。腰下一分为障水版。其版亦用心柱、槫柱分作三间（内一间或作开闭门子）。用牙脚、牙头填心内，或合版拢桯。（上下四周并缠难子。）其名件广厚，皆取格子上下每尺之通高，积而为法。

上下桯：长视格眼之高，广三分五

厘，厚一分六厘。

条桱：广厚并准格子门法。

障水子桯：长随心柱槫柱内，其广一分八厘，厚二分。

上下难子：长随子桯。其广一分二厘，厚一分。

搏肘：长视子桯及障水版，方八厘。（出镶在外。）

额及腰串：长随间广。其广九分，厚三分二厘。

地栿：长厚同额。其广七分。

上槫柱及心柱：长视搏肘，广六分，厚同额。

下槫柱及心柱：长视障水版。其广五分，厚同上。

凡截间格子上二分子桯内所用四斜球文格眼，圆径七寸至九寸，其广厚皆准格子门之制。

【注释】〔1〕殿内截间格子：即殿堂内依照格子门样式所作的室内两柱间的隔扇。

【译文】 建造殿堂内的截间格子的制度：高度为一丈四尺至一丈七尺，使用单腰串。根据每间屋子的长度，除去桯和腰串外，将其余部分均分为三等份。腰上二份安装格眼，使用心柱、槫柱分成二间。腰下一份为障水板。障水板也用心柱、槫柱分成三间（在最里面一间做可以开关门的门闩）。用牙脚、牙头填充中心位置内部，或者拼合木板，并使用桯拢住。（上下四周都用难子缠绕。）其余各部分构件的宽度和厚度也都以格子上下每一尺的高度为一百，用这个百分比来确定各部分的比例尺寸。

上下桯：长度根据格眼的高度而定，宽三分五厘，厚一分六厘。

条桱：宽厚以格子门条桱的宽厚为准。

障水子桯：长度为心柱和槫柱之间的距离，其宽度为一分八厘，厚二分。

上下难子：长度根据子桯而定。其宽度为一分二厘，厚一分。

搏肘：长度根据子桯及障水板而定，八厘见方。（向外出镶。）

额及腰串：长度根据开间宽度而定。其宽度为九分，厚三分二厘。

地栿：长度、厚度与额相同。宽为七分。

上槫柱及心柱：长度根据搏肘而定，宽六分，厚度与额相同。

下槫柱及心柱：长度根据障水板而定。宽度为五分，厚度同上。

截间格子上面二分子桯内所使用的四斜球文格眼，圆径在七寸至九寸，其宽度和厚度都以格子门的制度为准。

堂阁内截间格子[1]

【原文】 造堂阁内截间格子之制：皆高一丈，广一丈一尺。其桯制度有三等：一曰面上出心线，两边压线；二曰瓣内双混（或单混）。三曰方直破瓣撺尖。其名件广厚，皆取每尺之高，积而为法。

截间格子：当心及四周皆用桯。其外上用额，下用地栿，两边安槫柱（格眼球文径五寸）。双腰串造。

桯：长视高（卯在内）。广五分，厚三分七厘。（上下者，每间广一尺，即长九寸二分。）

腰串（每间广一尺，即长四寸六分）：广三分五厘，厚同上。

腰华版：长随两桯内，广同上。（以厚六分为定法。）

障水版：长视腰串及下桯，广随腰华版之长。（厚同腰华版。）

子桯：长随格眼四周之广。其广一分六厘，厚一分四厘。

额：长随间广。其广八分，厚三分五厘。

地栿：长厚同额。其广七分。

槫柱：长同桯。其广五分，厚同地栿。

难子：长随桯四周。其广一分，厚七厘。

截间开门格子：四周用额、栿、槫柱，其内四周用桯，桯内上用门额（额上作两间，施球文，其子桯高一尺六寸）。两边留泥道，施立颊（泥道施球文，其子桯广一尺二寸）。中安球文格子门两扇（格眼球文径四寸）。单腰串造。

桯：长及广厚同前法。（上下桯广同。）

门额：长随桯内，其广四分，厚二分七厘。

立颊：长视门额下桯内，广厚同上。

门额上心柱：长一寸六分，广厚同上。

泥道内腰串：长随槫柱立颊内，广厚同上。

障水版：同前法。

门额上子桯：长随额内四周之广。其广二分，厚一分二厘。（泥道内所用广厚同。）

门肘：长视扇高（镶在外）。方二分五厘。

门桯：长同上（出头在外）。广二分，厚二分五厘。（上下桯亦同。）

门障水版：长视腰串及下桯内，其广随扇之广。（以厚六分为定法。）

门桯内子桯：长随四周之广。其广、厚同额上子桯。

小难子：长随子桯及障水版四周之广。（以方五分为定法。）

额：长随间广。其广八分，厚三分五厘。

地栿：长厚同上。其广七分。

槫柱：长视高。其广四分五厘，厚同上。

大难子：长随桯四周。其广一分，厚七厘。

上下伏兔：长一寸，广四分，厚二分。

手栓伏兔：长同上，广三分五厘，厚一分五厘。

手栓：长一寸五分，广一分五厘，厚一分二厘。

凡堂阁内截间格子所用四斜球文格眼及障水版等分数，其长径并准格子门之制。

【注释】 〔1〕堂阁内截间格子：堂阁是用厅堂的结构形式建造的楼阁，堂阁内截间格子即用于厅堂的固定隔断。

【译文】 建造堂阁内截间格子的制度：高都是一丈，宽一丈一尺。堂阁内截间格子的桯的制度有三个等级：一是从面上中心出线，两边压线；二是瓣内双混（或单混）。三是方直破瓣撺尖。其余各部分构件的宽度和厚度也都以每一尺的高度为一百，用这个百分比来确定各部分的比例尺寸。

截间格子：正中间位置及四周都要使用桯。外面上部使用额，下部使用地栿，两边安槫柱（格眼球文的圆径为五寸）。采用双腰串造型。

桯：长度根据高度而定（包括卯在内）。宽度为五分，厚三分七厘。（上下方的桯，房屋开间每加宽一尺，则长度增加九寸二分。）

腰串（开间每加宽一尺，则长度增加四寸六分）：宽三分五厘，厚度同上。

腰花板：长度根据两桯之间的距离而定，宽度同上。（以厚六分为定则。）

障水板：长度根据腰串和下桯之间的距离而定，宽度根据腰花板的长度而定。（厚度与腰花板相同。）

子桯：长度根据格眼四周的宽度而定。宽度为一分六厘，厚一分四厘。

额：长度根据屋子开间的宽度而定。宽度为八分，厚三分五厘。

地栿：长厚与额相同。宽度为七分。

槫柱：长度与桯相同。宽度为五分，厚度与地栿相同。

难子：长度根据桯四周的尺寸而定。其宽度为一分，厚七厘。

截间开门格子：四周用额、栿、槫柱，其里面四周用桯，桯里面上边用门额。（额上分为两间，使用球文，子桯高度为一尺六寸。）两边留出泥道，使用立颊（泥道上也使用球文，子桯宽度为一尺二寸）。中间安装两扇球文格子门（格眼球文直径为四寸）。使用单腰串。

桯：长、宽、厚与前面的做法相同。（上下桯的宽度相同。）

门额：长度根据桯内宽度而定，宽四分，厚二分七厘。

立颊：长度根据门额下桯内的宽度而定，宽度和厚度同上。

门额上心柱：长度为一寸六分，宽厚同上。

泥道内腰串：长根据槫柱和立颊之内的尺寸而定，宽厚同上。

障水板：同前面的做法。

门额上子桯：长度根据额内四周的宽度而定。宽度为二分，厚一分二厘。（泥道内所用的子桯宽厚相同。）

门肘：长度根据门扇高度而定（镶在外面）。二分五厘见方。

门桯：长度同上（出头在外面）。宽为二分，厚二分五厘。（上下桯的尺寸也相同。）

门障水板：长度根据腰串和下桯内的宽度而定，其宽度根据门扇的宽度而定。

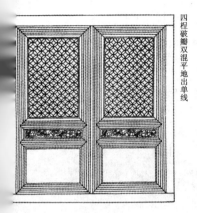

四桯破瓣双混平地出单线

截间格子

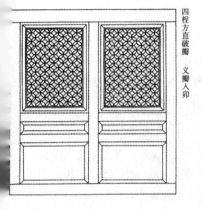

四桯方直破瓣 义瓣入卯

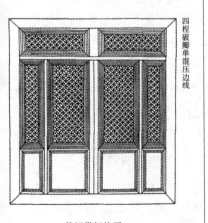

四桯破瓣单混压边线

截间带门格子

（以厚六分为统一规定。）

门桯内子桯：长度根据四周的宽度而定。其宽、厚与额上子桯的尺寸相同。

小难子：长度根据子桯及障水板四周的宽度而定。（以五分见方为定则。）

额：长度根据间宽而定。其宽度为八分，厚三分五厘。

地栿：长度与厚度同上。其宽为七分。

槫柱：长度根据高度而定。其宽度为四分五厘，厚度同上。

大难子：长度根据桯四周的尺寸而定。其宽度为一分，厚七厘。

上下伏兔：长一寸，宽四分，厚二分。

手栓伏兔：长度同上，宽三分五厘，厚一分五厘。

手栓：长度为一寸五分，宽一分五厘，厚一分二厘。

堂阁内截间格子所使用的四斜球文格眼以及障水板的尺寸，其长度和直径都以建造格子门的制度为准。

殿阁照壁版[1]

【原文】 造殿阁照壁版之制：广一丈至一丈四尺，高五尺至一丈一尺，外面缠贴，内外皆施难子合版造。其名件广厚，皆取每尺之高，积而为法。

额：长随间广。每高一尺，则广七分，厚四分。

槫柱：长视高，广五分，厚同额。

版：长同槫柱。其广随槫柱之内，厚二分。

贴：长随桯内四周之广。其广三分，厚一分。

难子：长厚同贴。其广二分。

凡殿阁照壁版，施之于殿阁槽内，及照壁门窗之上者皆用之。

【注释】 〔1〕殿阁照壁版：照壁，即树屏、照墙、影墙、影壁。通常在院落门内，为建筑物的屏障，以别内外。照壁不仅能防止行人窥视内部，又成为人们进入院落前停歇和整理衣冠的地方，兼有装饰的作用。殿阁照壁版即制作殿阁前照壁的木板。

【译文】 建造殿阁之内照壁板的制度：宽为一丈至一丈四尺，高为五尺至一丈一尺，外面缠贴，内外都用难子拼合壁板。其余各部分构件的宽度和厚度也都以每一尺的高度为一百，用这个百分比来确定各部分的比例尺寸。

额：长度根据间宽而定。高度每增加一尺，则宽增七分，厚度增四分。

槫柱：长根据高度而定，宽五分，厚与额相同。

板：长同槫柱。其宽根据槫柱之内的大小而定，厚二分。

贴：长度根据桯内四周的宽度而定。其宽度为三分，厚一分。

难子：长厚与贴相同。其宽度为二分。

殿阁照壁板安装在殿阁的槽内，在照壁门窗上也可使用。

障日版[1]

【原文】 造障日版之制：广一丈一尺，高三尺至五尺，用心柱、槫柱，内外皆施难子，合版或用牙头护缝造。其名件广厚，皆以每尺之广，积而为法。

额：长随间之广。其广六分，厚三分。

心柱、槫柱：长视高。其广四分，厚同额。

版：长视高。其广随心柱槫柱之内。（版及牙头、护缝皆以厚六分为定法。）

牙头版：长随广。其广五分。

护缝：长视牙头之内。其广二分。

难子：长随桯内四周之广。其广一分，厚八厘。

凡障日版施之于格子门及门窗之上，其上或更不用额。

【注释】 〔1〕障日版：指在门额上与由额之间用来隔开室内外空间的木板，清时称"走马板""门头板"。

【译文】 建造障日版的制度：宽为一丈一尺，高三尺至五尺，做心柱、槫柱，里外都用难子，将板材拼合在一起或者用牙头护缝。其余各部分构件的宽度和厚度也都以每一尺的高度为一百，用这个百分比来确定各部分的比例尺寸。

额：长度根据间的宽度而定。其宽度为六分，厚三分。

心柱、槫柱：长度根据高度而定。其宽度为四分，厚度与额相同。

板：长度根据高度而定。其宽度根据心柱和槫柱之间的距离而定。（统一规定板以及牙头、护缝都厚六分。）

牙头板：长度根据宽度而定。其宽度为五分。

护缝：长度根据牙头之内尺寸大小而定。其宽度为二分。

难子：长度根据桯内四周的宽度而定。其宽度为一分，厚八厘。

障日板用于格子门及门窗之上，板上也可以不使用额。

廊屋照壁版

【原文】 造廊屋照壁版之制：广一丈至一丈一尺，高一尺五寸至二尺五寸。每间分作三段，于心柱、槫柱之内。内外皆施难子合版造。其名件广厚，皆以每尺之广，积而为法。

心柱、槫柱：长视高。其广四分，厚三分。

版：长随心柱、槫柱内之广。其广视高，厚一分。

难子：长随程内四周之广，方一分。

凡廊屋照壁版，施之于殿廊由额之内。如安于半间之内与全间相对者，其名件宽厚亦用全间之法。

【译文】 建造廊屋照壁板的制度：宽度为一丈至一丈一尺，高一尺五寸至二尺五寸。每间分作三段，安装在心柱与槫柱之间。里外都用难子将板材拼合。其余各部分构件的宽度和厚度都以每一尺的高度为一百，用这个百分比来确定各部分的比例尺寸。

心柱、槫柱：长度根据高度而定。其宽度为四分，厚三分。

板：长度根据心柱与槫柱内的宽度而定。其宽度根据高度而定，厚度为一分。

难子：长度根据程内四周的宽度而定，一分见方。

廊屋照壁板用在殿廊由额之内。如果是安设在半间之内与全间相对的地方，其构件宽和厚等尺寸也要遵照全间的规定。

胡梯[1]

【原文】 造胡梯之制：高一丈，拽脚长随高，广三尺，分作十二级，拢颊榥[2]施促、踏版（侧立者谓之"促版"，平者谓之"踏版"）。上下并安望柱，两颊随身各用钩阑，斜高三尺五寸，分作四间（每间内安卧棂三条）。其名件广厚，皆以每尺之高，积而为法。（钩阑名件广厚，皆以钩阑每尺之高，积而为法。）

两颊：长视梯。每高一尺，则长加六寸（拽脚、蹬口[3]在内），广一寸二分，厚二分一厘。

榥：长随两颊内。（卯透外，用抱寨。）其方三分。（每颊长五尺用榥一条。）

促踏版：长同上，广七分四厘，厚一分。

钩阑望柱（每钩阑高一尺，则长加四寸五分，卯在内）：方一寸五分。（破瓣仰覆莲华，单胡桃子造。）

蜀柱：长随钩阑之高（卯在内），广一寸二分，厚六分。

寻杖：长随上下望柱内，径七分。

盆唇：长同上，广一寸五分，厚五分。

卧棂：长随两蜀柱内。其方三分。

凡胡梯，施之于楼阁上下道内。其钩阑安于两颊之上（更不用地栿）。如楼阁高远者，作两盘至三盘造。

【注释】 〔1〕胡梯：扶梯，楼梯。宋洪迈《夷坚志补·雍氏女》："若会宴亲戚，则椅

189

桌杯盘，悉如有人持携，从胡梯而下。"

〔2〕桄：木制器物内部框架的小木料。

〔3〕蹬口：梯脚第一步之前，两颊与地面接触之处，形成三角形的部分。

【译文】 建造胡梯的制度：高为一丈，拽脚的长度根据高度而定，宽三尺，分成十二级，用木桄将两个立颊拢住，安装促板、踏板（侧立的叫做"促板"，水平的叫做"踏板"）。上下都安装望柱，两个立颊随着胡梯的走势采用栏杆，斜高三尺五寸，分成四间（每一间内安装三条卧桄）。其余构件的宽度和厚度尺寸都以每一尺的高度为一百，用这个百分比来确定各部分的比例尺寸。（栏杆其余构件的宽度和厚度尺寸都以栏杆每一尺的高度为一百，用这个百分比来确定各部分的比例尺寸。）

两颊：长度根据胡梯的高度而定。高度每增加一尺，则长度增加六寸（包括拽脚和蹬口在内），宽一寸二分，厚二分一厘。

桄：长度根据两颊内的尺寸而定。（卯穿透而露出在外，使用抱寨。）三分见方。（立颊每长五尺用一条桄。）

促踏板：长度同上，宽七分四厘，厚一分。

栏杆望柱（栏杆每高一尺，则长度增加四寸五分，包括卯在内）：一寸五分见方。（破瓣做成仰覆莲花盆，单胡桃子造型。）

蜀柱：长度根据栏杆的高度而定（包括卯在内），宽一寸二分，厚六分。

寻杖：长度根据上下望柱之间的距离而定，直径为七分。

盆唇：长度同上，宽一寸五分，厚五分。

卧桄：长度根据两蜀柱之间的距离而定。三分见方。

胡梯建造在楼阁上下走道的位置。胡梯的栏杆安装在两立颊的上面（可以不使用地栿）。如果楼阁较高，可以做成两盘到三盘的造型。

垂鱼、惹草

【原文】 造垂鱼、惹草之制：或用华瓣，或用云头造。垂鱼长三尺至一丈，惹草长三尺至七尺。其广厚，皆取每尺之长，积而为法。

垂鱼版：每长一尺，则广六寸，厚二分五厘。

惹草版：每长一尺，则广七寸，厚同垂鱼。

凡垂鱼施之于屋山搏风版合尖之下，惹草施之于搏风版之下，槫之外，每长二尺则于后面施楅一枚。

【译文】 建造垂鱼、惹草的制度：有的用花瓣，有的用云头造型。垂鱼长度为三尺至一丈，惹草的长度在三尺至七尺之间。其宽度和厚度也都以每一尺的长度为一百，用这个百分比来确定各部分的比例尺寸。

垂鱼板：长度每增加一尺，则宽度增加六寸，厚度增加二分五厘。

惹草板：长度每增加一尺，则宽度增

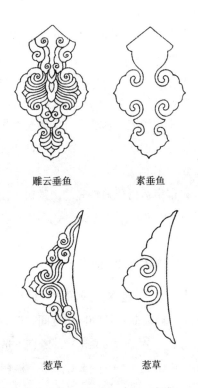

雕云垂鱼　　　　素垂鱼

惹草　　　　　　惹草

加七寸，厚度与垂鱼厚度相同。

垂鱼用在屋山搏风板合尖的下面，惹草用在搏风板下面，槫的外面，每二尺长则在后面安装一枚楅。

栱眼[1]壁版

【原文】　造栱眼壁版之制：于材下、额上、两栱头相对处凿池槽，随其曲直，安版于池槽之内。其长广皆以枓栱材分为法。（枓栱材分在大木作制度内。）

重栱眼壁版：长随补间铺作。其广五寸四分（厚一寸二分）。

单栱眼壁版：长同上。其广三寸四分。（厚同上。）

凡栱眼壁版，施之于铺作檐额之上。

其版如随材合缝，则缝内用札造。

【注释】　〔1〕栱眼：栱或翘的两侧内外上部雕刻成它眉眼状的地方。

【译文】　建造栱眼壁板的制度：在材下、额上、两栱头相对的位置雕凿池槽，根据它的曲直走势，把壁板安装在池槽之内。壁板的长和宽都以斗拱材分的制度为准。（斗拱材分在大木作制度内。）

重栱眼壁板：长度根据补间铺作而定。其宽度为五寸四分。（厚一寸二分。）

单栱眼壁板：长度同上。其宽度为三寸四分。（厚度同上。）

栱眼壁板用在铺作的檐额上面。壁板如果与材合缝，则缝内要缠绕结实。

裹栿版

【原文】　造裹栿版之制：于栿两侧各用厢壁版，栿下安底版。其广厚，皆以梁栿每尺之广，积而为法。

两侧厢壁版：长广皆随梁栿，每长一尺，则厚二分五厘。

底版：长厚同上。其广随梁栿之厚，每厚一尺，则广加三寸。

凡裹栿版，施之于殿槽内梁栿。其下底版合缝，令承两厢壁版。其两厢壁版及底版者皆雕华造。（雕华等次序在雕作制度内。）

【译文】　建造裹栿板的制度：在栿的两侧各采用厢壁板，栿下面安装底板。其宽度和厚度都以梁栿每尺的高度为一百，用这个百分比来确定各部分的比例尺寸。

两侧厢壁板：长和宽都根据梁栿的尺寸而定，长度每增加一尺，则厚度增二分五厘。

底板：长度和厚度同上。其宽度根据梁栿的厚度而定，厚度每增加一尺，则宽度增加三寸。

裹栿板适用于殿槽内的梁栿。下面的底板要合缝，以用于承托两厢壁板。两厢壁板和底板都雕刻花纹。（雕花的等第次序在雕作制度内。）

擗帘竿[1]

【原文】 造擗帘竿之制：有三等；一曰八混，二曰破瓣，三曰方直。长一丈至一丈五尺。其广厚，皆以每尺之高，积而为法。

擗帘竿：长视高。每高一尺，则方三分。

腰串：长随间广。其广三分，厚二分。（只方直造。）

凡擗帘竿，施之于殿堂等出跳栱之下。如无出跳者，则于橼头下安之。

【注释】 〔1〕擗帘竿：殿堂檐下用于悬挂竹帘的构件。其断面有八混、破瓣、方直等形。

【译文】 建造擗帘竿的制度：有三等；一是八混，二是破瓣，三是方直。长一丈至一丈五尺。其宽度和厚度都以每尺

的高度为一百，用这个百分比来确定各部分的比例尺寸。

擗帘竿：长度视高度而定。高度每增加一尺，则方形边长增加三分。

腰串：长度根据屋子开间宽度而定。其宽度为三分，厚度为二分。（只适用于方直造型。）

擗帘竿适用于殿堂等的出跳栱下面。如果没有出跳的，则在橼子头下面安装。

护殿阁檐竹网木贴[1]

【原文】 造安护殿阁檐料栱竹雀眼网上下木贴之制：长随所用逐间之广。其广二寸，厚六分（为定法），皆直方造。（地衣簟贴同。）上于橼头，下于檐额之上，压雀眼网安钉。（地衣簟贴若望柱或碇之类，并随四周，或圜或曲，压簟安钉。）

【注释】 〔1〕护殿阁檐竹网木贴：用竹丝编成，再用框木支撑在屋檐下，以此防止鸟雀在斗拱之间的缝隙筑巢，避免其粪便污染和叫声扰民。

【译文】 建造安装护殿阁檐斗拱上的竹雀眼网上下木贴的制度：长度根据所用开间的宽度而定。其宽度为二寸，厚六分（统一规定），都做成直方造型。（地衣簟贴也一样。）上面贴于橼头，下部贴在檐额之上，压住雀眼网并用钉子钉牢。（地衣簟贴如果安装在望柱或者碇上等位置，要根据四周的情况，或圆或曲，压住簟并用钉子钉牢。）

卷八·小木作制度三

　　本卷续卷七，阐述小木作必须遵从的规程和原则。

平棋（其名有三：一曰平机，二曰平橑，三曰平棋。俗谓之平起。其以方椽施素版者，谓之平暗。）

【原文】 造殿内平棋之制：于背版之上四边用桯，桯内用贴，贴内留转道，缠难子，分布隔截，或长或方。其中贴络华文有十三品：一曰盘球，二曰斗八，三曰叠胜，四曰琐子，五曰簇六球文，六曰罗文，七曰柿蒂，八曰龟背，九曰斗二十四，十曰簇三簇四球文，十一曰六入圜华，十二曰簇六雪华，十三曰车钏球文。其华文皆间杂互用（华品或更随宜用之）。或于云盘华盘内施明镜，或施隐起龙凤及雕华。每段以长一丈四尺，广五尺五寸为率。其名件广厚若间架，虽长广更不加减，唯盝顶[1]歁斜处，其桯量所宜减之。

背版：长随间广。其广随材合缝计数，令足一架之广，厚六分。

桯：随背版四周之广。其广四寸，厚二寸。

贴：长随桯四周之内。其广二寸，厚同背版。

难子并贴华：厚同贴。每方一尺用华子十六枚。（华子先用胶贴，候干，划削令平，乃用钉。）

凡平棋施之于殿内铺作算桯方之上。其背版后皆施护缝及福。护缝广二寸，厚六分；福广三寸五分，厚二寸五分；长皆

随其所用。

【注释】 〔1〕盝（lù）顶：屋顶样式，屋顶处有四个正脊围成平顶，下接庑殿顶。盝顶结构一般用四柱，另加枋子抹角或扒梁，形成四角或八角形屋顶。

【译文】 建造殿内平棋的制度：平棋位于背板之上，四条边上使用桯，桯内使用木贴，贴内留出转道，用难子缠绕，分隔成或长或方的格子排布。其中贴络的花纹有十三种：一是盘球，二是斗八，三是叠胜，四是琐子，五是簇六球纹，六是罗纹，七是柿蒂，八是龟背，九是斗二十四，十是簇三簇四球纹，十一是六入圜花，十二是簇六雪花，十三是车钏球纹。这些花纹都可以相互交叉使用（花纹的品种可以根据情况使用）。或者在云盘花盘内安装明镜，或者做龙凤浮雕和雕花。每段以长一丈四尺，宽五尺五寸为标准。其构件长和宽的尺寸随间架结构的尺寸而定，长度和宽度不能随意加减更改，只有盝顶的歪斜处，桯的尺寸可相应减少。

背板：长度根据开间宽度而定。其宽度根据材合缝数量而定，使其满足一架的宽度，厚度为六分。

桯：长度根据背板四周的宽度而定。其宽度为四寸，厚二寸。

贴：长度根据桯四周的尺寸而定。其宽度为二寸，厚度与背板相同。

难子以及贴花：厚度与贴相同。每一平方尺用十六枚花子。（花子先用胶贴住，等它干后，砍削平整，再用钉子钉住。）

盘球　　　　　　　　　　斗二十四

穿心斗八　　叠胜　　罗文　　罗文叠胜

柿蒂　　龟背　　交圈华　　平钑球文

簇六雪华

柿蒂方眼

里槽外转角平棋

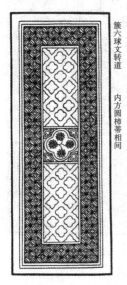   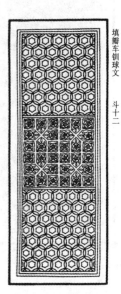

簇六球文转道　内方圆柿蒂相间

柿蒂转道

斗十八

填瓣车钏球文　斗十二

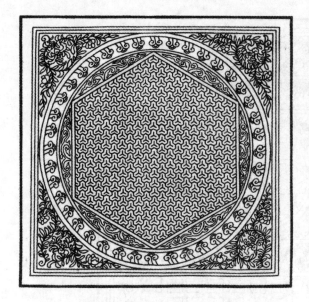

琐子

簇六填华球文

簇六球文

簇六重球文

平棋设置在殿内铺作的算桯方上面。其背板后面都得用护缝和福。护缝宽两寸，厚六分；福宽三寸五分，厚二寸五分；长度都是根据情况而定。

斗八藻井（其名有三：一曰藻井，二曰圜泉，三曰方井。今谓之斗八藻井。）

【原文】 造斗八藻井之制：共高五尺三寸。其下曰方井，方八尺，高一尺六寸；其中曰八角井，径六尺四寸，高二尺二寸；其上曰斗八，径四尺二寸，高一尺五寸，于顶心之下施垂莲或雕华云卷，皆内安明镜。其名件广厚，皆以每尺之径，积而为法。

方井：于算桯方之上施六铺作下昂重栱。（材广一寸八分，厚一寸二分。其枓栱等分数制度并准大木作法。）四入角。每面用补间铺作五朵。（凡所用枓栱并立桩、枓槽版，枓栱之上用压厦版。八角井同此。）

枓槽版：长随方面之广，每面广一尺，则广一寸七分，厚二分五厘。压厦版长厚同上，其广一寸五分。

八角井：于方井铺作之上施随瓣方[1]，抹角勒作八角。（八角之外四角谓之"角蝉"。）于随瓣方之上施七铺作上昂重栱。（材分等并同方井法。）八入角。每瓣用补间铺作一朵。

随瓣方：每直径一尺，则长四寸，广四分，厚三分。

枓槽版：长随瓣，广二寸，厚二分五厘。

压厦版：长随瓣，斜广二寸五分，厚二分七厘。

斗八：于八角井铺作之上用随瓣方，方上施斗八阳马（阳马今俗谓之"梁抹"）。阳马之内施背版，贴络华文。

阳马：每斗八径一尺，则长七寸，曲广一寸五分，厚五分。

随瓣方：长随每瓣之广。其广五分，厚二分五厘。

背版：长视瓣高，广随阳马之内。其用贴并难子并准平棋之法。（华子每方一尺用十六枚或二十五枚。）

凡藻井，施之于殿内照壁屏风之前，或殿身内，前门之前，平棋之内。

【注释】 〔1〕随瓣方：斗八藻井所特有的构件。用在方井铺作上支承八角井铺作，或在八角井铺作上支承阳马的枋木。因沿八角井和斗八呈八角形设置，故名。

【译文】 建造斗八藻井的制度：总共高五尺三寸。下面是方井，八尺见方，高度为一尺六寸；中间是八角井，直径六尺四寸，高度为二尺二寸；上部叫斗八，直径四尺二寸，高一尺五寸，在顶部中心位置做垂莲造型或雕刻花纹及云卷，里面都安设明镜。斗八藻井构件的宽度和厚度也都以每一尺直径长度为一百，用这个百分比来确定各部分的比例尺寸。

方井：在算桯方上面做六铺作的下昂重栱。（材宽一寸八分，厚一寸二分。

相应斗拱等木料的分数制度都以大木作制度为准。）四个入角。每一面用五朵补间铺作。（所使用的斗拱都要有立桩、斗槽板，斗拱之上使用压厦板。八角井与此相同。）

斗槽板：长度根据方井面的宽度而定，方井面宽度每增加一尺，则斗槽板宽度增加一寸七分，厚度增加二分五厘。压厦板的长度和厚度同上，宽度为一寸五分。

八角井：在方井的铺作上面使用随瓣方，将四方形拐角抹掉，勒出八角造型。（八角之中外面的四个角称作"角蝉"。）在随瓣方上面设置七铺作的上昂重棋。（材分等都与方井的规定相同。）八个内角。每一瓣用一朵补间铺作。

随瓣方：直径每增加一尺，则长度增加四寸，宽增四分，厚增三分。

斗槽板：长度根据瓣方而定，宽二寸，厚二分五厘。

压厦板：长度根据瓣方而定，斜面宽二寸五分，厚二分七厘。

斗八：在八角井铺作的上面使用随瓣方，方子上采用斗八阳马造型（阳马即如今俗称的"梁抹"）。阳马里面安装背板，做贴络花纹。

阳马：斗八直径每增加一尺，则长度增加七寸，曲面宽度增加一寸五分，厚度增加五分。

随瓣方：长度根据每一瓣的宽度而定。宽为五分，厚二分五厘。

背板：长度根据每一瓣的高度而定，宽度根据阳马内的尺寸而定。背板所用木贴和难子，一并参考平棋的规定。（方形

边长每增加一尺，则用十六枚或二十五枚花子。）

藻井用在殿内照壁屏风前面，或者殿身之内，前门之前，平棋之内。

小斗八藻井

【原文】 造小藻井之制：共高二尺二寸。其下曰八角井，径四尺八寸；其上曰斗八，高八寸。于顶心之下施垂莲或雕华云卷，皆内安明镜。其名件广厚，各以每尺之径及高，积而为法。

八角井：抹角勒算桯方作八瓣，于算桯方之上用普拍方，方上施五铺作卷头重棋。（材广六分，厚四分。其枓棋等分数制度皆准大木作法。）枓棋之内用枓槽版，上用压厦版，上施版壁贴络门窗，钩阑。其上又用普拍方，方上施五铺作一抄一昂重棋，上下并八入角，每瓣用补间铺作两朵。

枓槽版：每径一尺，则长九寸；高一尺，则广六寸。（以厚八分为定法。）

普拍方：长同上，每高一尺，则方三分。

随瓣方：每径一尺，则长四寸五分。每高一尺，则广八分，厚五分。

阳马：每径一尺，则长五寸。每高一尺，则曲广一寸五分，厚七分。

背版：长视瓣高，广随阳马之内。（以厚五分为定法。）其用贴并难子，并准殿内斗八藻井之法。（贴络华数亦如之。）

凡小藻井，施之于殿宇副阶之内。

其腰内所用贴络门窗钩阑（钩阑上施雁翅版）。其大小广厚并随高下量宜用之。

【译文】 建造小藻井的制度：总共高为二尺二寸。下面的叫做八角井，直径为四尺八寸；上面的叫斗八，高八寸。在顶部中心位置的下面做垂莲造型或雕刻花纹及云卷，里面都安设明镜。小斗八藻井构件的宽度和厚度也都以每一尺的直径长度为一百，用这个百分比来确定各部分的比例尺寸。

八角井：抹掉算桯方的四角做成八瓣，在算桯方之上使用普拍方，方子上面使用五铺作卷头重栱。（材的宽度为六分，厚四分。斗拱的分数制度都以大木作的制度为准。）枓栱里面用枓槽板，上面用压厦板，在压厦板上使用板壁贴络门窗，并在压厦板边缘安装钩阑。上面再设置普拍方，普拍方上做五铺作一抄一昂重栱，上面和下面都做成八个阴角，每一瓣用两朵补间铺作。

枓槽板：直径每增加一尺，则长度增加九寸；高度增加一尺，则宽度增加六寸。（厚度为八分，这是统一规定。）

普拍方：长度同上，高度每增加一尺，则方形边长增加三分。

随瓣方：八角井直径每增加一尺，则长度增加四寸五分。高度每增加一尺，则宽度增加八分，厚度增加五分。

阳马：直径每增加一尺，则长度增加五寸。高度每增加一尺，则曲面宽度增加一寸五分，厚度为七分。

背板：长度根据瓣高而定，宽度根据阳马内的尺寸而定。（厚度为五分，是统一规定。）所用的木贴和难子，两者都以殿内斗八藻井之法为准。（贴络花数也是如此。）

小藻井应放在殿宇的副阶之内。腰内使用贴络门窗和钩阑（钩阑上安装雁翅板）。其大小宽厚都是根据高低位置而酌情使用。

拒马叉子（其名有四：一曰棢拒，二曰棢拒，三曰行马，四曰拒马叉子）

【原文】 造拒马叉子之制：高四尺至六尺。如间广一丈者，用二十一棂。每广增一尺，则加二棂，减亦如之。两边用马衔木，上用穿心串，下用拢桯连梯，广三尺五寸。其卯广减桯之半，厚三分，中留一分。其名件广厚，皆以高五尺为祖，随其大小而加减之。

棂子：其首制度有二：一曰五瓣云头挑瓣，二曰素讹角。（叉子首于上串上出者，每高一尺，出二寸四分，挑瓣处下留三分。）斜长五尺五寸，广二寸，厚一寸二分。每高增一尺，则长加一尺一寸，广加二分，厚加一分。

马衔木（其首破瓣同根，减四分）：长视高。每叉子高五尺，则广四寸半，厚二寸半。每高增一尺，则广加四分，厚加二分。减亦如之。

上串：长随间广。其广五寸五分，厚四寸。每高增一尺，则广加三分，厚加二分。

连梯：长同上串，广五寸，厚二寸五分。每高增一尺，则广加一寸。厚加五分。（两头者广厚同，长随下广。）

凡拒马叉子，其桯子自连梯上，皆左右隔间分布，于上串内出首，交斜相向。

【译文】 建造拒马叉子的制度：高度为四尺至六尺。如果屋子开间宽一丈，则用二十一根桯子。宽度每增加一尺，则加两根桯子，减少也是如此。两边采用马衔木，上面使用穿心串，下面采用拢桯连梯，宽度为三尺五寸。卯榫的宽度为桯的一半，厚度为三分，中间留出一分。拒马叉子的构件宽厚尺寸，都以五尺高为准则，根据大小酌情加减。

桯子：桯子头的制度有两个：一是五瓣云头挑瓣，二是素讹角。（叉子头从上串的上面伸出，高度每增加一尺，则伸出二寸四分，挑瓣的下面留出三分。）斜面长为五尺五寸，宽二寸，厚一寸二分。高度每增加一尺，则长度增加一尺一寸，宽度增加二分，厚度增加一分。

马衔木（马衔木的头上破瓣与桯子破瓣相同，但尺寸少四分）：长度根据高度而定。叉子高度为五尺，则宽度为四寸半，厚度为二寸半。高度每增加一尺，则宽度增加四分，厚度增加二分。减少也按照这个比例。

上串：长度根据开间宽度而定。宽为五寸五分，厚四寸。高度每增加一尺，则宽度增加三分，厚度增加二分。

连梯：长度与上串相同，宽五寸，厚二寸五分。高度每增加一尺，则宽度增加一寸。厚度增加五分。（两头的宽度和厚度相同，长度根据下端的宽度而定。）

拒马叉子，从它的桯子到连梯上面，都是左右隔间分布，在上串内出头，斜对相向。

叉子

【原文】 造叉子之制：高二尺至七尺。如广一丈，用二十七桯。若广增一尺，即更加二桯。减亦如之。两壁用马衔木，上下用串。或于下串之下用地栿地霞[1]造。其名件广厚，皆以高五尺为祖，随其大小而加减之。

望柱：如叉子高五尺，即长五尺六寸，方四寸。每高增一尺，则加一尺一寸，方加四分。减亦如之。

桯子：其首制度有三：一曰海石榴头，二曰挑瓣云头，三曰方直笏头。（叉子首于上串上出者，每高一尺，出一寸五分，内挑瓣处下留三分。）其身制度有四：一曰一混心出单线压边线，二曰瓣内单混面上出心线，三曰方直出线压边线或压白，四曰方直不出线。其长四尺四寸（透下串者长四尺五寸，每间三条）。广二寸，厚一寸二分。每高增一尺，则长加九寸，广加二分，厚加一分。减亦如之。

上下串：其制度有三：一曰侧面上出心线压边线或压白，二曰瓣内单混出线，三曰破瓣不出线。长随间广。其广三寸，厚二寸。如高增一尺，则广加三分，厚加二分。减亦如之。

马衔木（破瓣同楔）：长随高（上随楔齐，下至地栿上）。制度随楔。其广三寸五分，厚二寸。每高增一尺，则广加四分，厚加二分。减亦如之。

地霞：长一尺五寸，广五寸，厚一寸二分。每高增一尺，则长加三寸，广加一寸，厚加二分。减亦如之。

地栿：皆连梯混，或侧面出线（或不出线）。长随间广（或出绞头在外）。其广六寸，厚四寸五分。每高增一尺，则广加六分，厚加五分。减亦如之。

凡叉子若相连，或转角，皆施望柱，或栽入地，或安于地栿上，或下用衮砧托柱。如施于屋柱间之内及壁帐之间者，皆不用望柱。

【注释】〔1〕地霞：专指蜀柱正下方的雕板，纹饰与小花板不同。

【译文】建造叉子的制度：高度为二尺至七尺。如果宽度为一丈，则用二十七根楗子。如果宽度增加一尺，即再加二根楗子。减少也是如此。两壁使用马衔木，上下采用腰串。或者在下串的下面采用地栿和地霞。叉子构件的宽度和厚度尺寸，都以五尺高为准则，根据大小酌情加减。

望柱：如果叉子高为五尺，则望柱长五尺六寸，四寸见方。高度每增加一尺，则长度增加一尺一寸，方形边长增加四分。减少也按此比例。

楗子：楗子头的制度有三个：一是海石榴头，二是挑瓣云头，三是方直笏头。（叉子头在上串上面出头，高度每增加一尺，则出头一寸五分，内挑瓣下面留出三分。）楗子身的制度有四个：一是一混心出单线压边线，二是瓣内单混面上出心线，三是方直出线压边线或压白，四是方直不出线。楗子长度为四尺四寸（穿透下串的楗子长四尺五寸，每一间用三条）。宽度为二寸，厚一寸二分。高度每增加一尺，则长度增加九寸，宽度增加二分，厚加一分。减少也按照这个比例。

上下串：上下串的制度有三个：一是侧面上出心线压边线或压白，二是瓣内单混出线，三是破瓣不出线。长度根据屋间宽度而定。其宽度为三寸，厚二寸。如果高度增加一尺，则宽度增加三分，厚度增加二分。减少也按照这个比例。

马衔木（破瓣的做法与楗子处的破瓣相同）：长度根据高度而定（上面与楗子相平齐，下至地栿上面）。马衔木的制度与楗相同。其宽度为三寸五分，厚度为二寸。高度每增加一尺，则宽度增加四分，厚度增加二分。减少也按照这个比例。

地霞：长度为一尺五寸，宽五寸，厚一寸二分。高度每增加一尺，则长度增加三寸，宽度增加一寸，厚度增加二分。减少也按照这个比例。

地栿：都是连梯混，或者侧面出线。（或者不出线。）长度根据间宽而定（或者绞头出在外面）。其宽度为六寸，厚度为四寸五分。高度每增加一尺，则宽度增加六分，厚度增加五分。减少也是按照这个比例。

叉子如果相互连接，或者用在转角处，都要安设望柱，或者栽入地面以下，或者安在地栿上面，或者下面用衮砧托住柱子。如果用在屋内的柱子之间以及壁帐之间的叉子，则不采用望柱。

钩阑（重台钩阑、单钩阑。其名有八：一曰棂槛，二曰轩槛，三曰栊，四曰梐牢，五曰阑楯，六曰柃，七曰阶槛，八曰钩阑）

【原文】 造楼阁殿亭钩阑之制有二：一曰重台钩阑，高四尺至四尺五寸；二曰单钩阑，高三尺至三尺六寸。若转角则用望柱。（或不用望柱，即以寻杖绞角。如单钩阑枓子蜀柱者，寻杖或合角。）其望柱头破瓣仰覆莲。（当中用单胡桃子，或作海石榴头。）如有慢道，即计阶之高下，随其峻势，令斜高与钩阑身齐。（不得令高。其地栿之类广厚准此。）其名件广厚，皆取钩阑每尺之高（谓自寻杖上至地栿下），积而为法。

重台钩阑：

望柱：长视高。每高一尺，则加二寸，方一寸八分。

蜀柱：长同上（上下出卯在内）。广二寸，厚一寸。其上方一寸六分刻为瘿项。（其项下细处比上减半。其中挑心尖，留十分之二，两肩各留十分中四分，其上出卯，以穿云栱寻杖。其下卯穿地栿。）

云栱：长二寸七分，广减长之半，荫一分二厘（在寻杖下），厚八分。

地霞（或用华盆亦同）：长六寸五分，广一寸五分，荫一分五厘（在束腰下），厚一寸三分。

寻杖：长随间，方八分。（或圆混，或四混、六混、八混造。下同。）

盆唇木：长同上，广一寸八分，厚六分。

束腰：长同上，方一寸。

上华版：长随蜀柱内。其广一寸九分，厚三分。（四面各别出卯入池槽各一寸，下同。）

下华版：长厚同上（卯入至蜀柱卯），广一寸三分五厘。

地栿：长同寻杖，广一寸八分，厚一寸六分。

单钩阑：

望柱：方二寸。（长及加同上法。）

蜀柱：制度同重台钩阑蜀柱法。自盆唇木之上，云栱之下，或造胡桃子撮项[1]，或作青蜓头，或用枓子蜀柱。

云栱：长三寸二分，广一寸六分，厚一寸。

寻杖：长随间之广。其方一寸。

盆唇木：长同上，广二寸，厚六分。

华版：长随蜀柱内。其广三寸四分，厚三分。（若万字或钩片造者，每华版广一尺，万字条桱广一寸五分，厚一寸，子桱广一寸二分五厘；钩片条桱广二寸，厚一寸一分，子桱广一寸五分。其间空相去，皆比条桱减半。子桱之厚同条桱。）

地栿：长同寻杖。其广一寸七分，厚

一寸。

华托柱：长随盆唇木下至地栿上。其广一寸四分，厚七分。

凡钩阑分间布柱，令与补间铺作相应。（角柱外一间与阶齐。其钩阑之外阶头，随屋大小，留三寸至五寸为法。）如补间铺作太密或无补间者，量其远近随宜加减。如殿前中心作折槛者（今俗谓之"龙池"）。每钩阑高一尺，于盆唇内广别加一寸。其蜀柱更不出项，内加华托柱。

【注释】〔1〕撮项：在单钩阑中，寻杖和盆唇间带有支承功能的瓶形短柱。

【译文】 建造楼阁殿亭栏杆的制度有二：一是重台钩阑（栏杆），高度在四尺至四尺五寸；二是单钩阑（栏杆），高度在三尺至三尺六寸。如果栏杆转角则用望柱。（或者不用望柱，则用寻杖绞角代替。如单钩阑用枓子和蜀柱的，则使用寻杖或合角。）望柱的头用破瓣，做仰覆莲花造型。（当中用单胡桃子，或者做海石榴头的造型。）如果有慢道，则计算阶梯的高矮，根据其倾斜的陡势，使斜高与栏杆的身子齐平。（不能超过阑身。其他地栿之类构件的宽厚也以此为准。）其他构件的宽厚尺寸都以栏杆每尺的高度为一百（即从寻杖上端至地栿下部），用这个百分比来确定各部分的比例尺寸。

重台钩阑：

望柱：长度根据栏杆的高度而定。高度每增加一尺，则长度增加二寸，方形边

单撮项钩阑

重台瘿项钩阑

长增加一寸八分。

蜀柱：长度同上（包括上下出卯在内）。宽二寸，厚一寸。蜀柱上面的一寸六分刻成脖子状的瘿项。（瘿项下面的细处要比上部的尺寸少一半。瘿项下面挑出心尖，留出十分之二的尺寸，两肩各自留出十分中的四分，上端出卯，用来穿进云栱和寻杖。下端出卯以穿地栿。）

云栱：长二寸七分，宽为长度的一半，向里雕刻一分二厘的线槽（在寻杖下面），厚度为八分。

地霞（或用花盆亦同）：长六寸五分，宽一寸五分，向里雕刻一分五厘（在束腰下），厚一寸三分。

寻杖：长度根据开间而定，八分见方。（或者圆混，或四混、六混、八混。以下相同。）

盆唇木：长度同上，宽一寸八分，厚六分。

束腰：长度同上，一寸见方。

上花板：长度根据蜀柱内尺寸而定。其宽度为一寸九分，厚三分。（四面各自分别出卯，卯入池槽各一寸深，以下相同。）

下花板：长度和厚度同上（卯深入蜀柱的出卯位置），宽一寸三分五厘。

地栿：长度与寻杖相同，宽一寸八分，厚一寸六分。

单钩阑：

望柱：二寸见方。（长度以及加减与上面的办法相同。）

蜀柱：蜀柱的制度与重台钩阑处的蜀柱制法相同。在盆唇木之上，到云栱之下，要么建造胡桃子撮项，要么做成蜻蜓头造型，要么采用斗子蜀柱。

云栱：长三寸二分，宽一寸六分，厚一寸。

寻杖：长度根据开间宽度而定。一寸见方。

盆唇木：长度同上，宽二寸，厚六分。

花板：长度根据蜀柱内的尺寸而定。其宽度为三寸四分，厚度为三分。（如果是万字造型或者钩片造型，每块花板宽度为一尺，万字造型的条桱宽一寸五分，厚一寸，子桱宽一寸二分五厘；钩片的条桱宽二寸，厚一寸一分，子桱宽一寸五分。万字或者钩片造型之间的距离，都要比条桱的宽度减少一半。子

桱的厚度与条桱相同。）

地栿：长度与寻杖相同。其宽度为一寸七分，厚一寸。

华托柱：长度从盆唇木下端到地栿上面。其宽度为一寸四分，厚七分。

栏杆按照每一个开间分布柱子的位置，使柱子与补间铺作相呼应。（在角柱外的一间与台阶平齐。栏杆之外的阶头，根据屋子的大小，留三寸至五寸为准。）如果补间铺作太密或者没有补间，要测量其位置远近酌情加减。如果宫殿前的中心做折槛（如今俗称"龙池"），栏杆每高一尺，在盆唇内的宽度另外增加一寸。蜀柱不能出

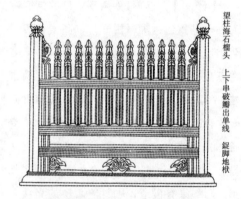

望柱海石榴头　上下串破瓣出单线　锭脚地栿

桱子云头身内一混心出单线压边线

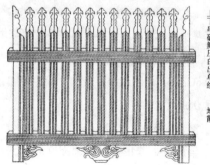

上下串破瓣压白出单线　地霞

桱子海石榴头身内同上

项，里面加华托柱。

棵笼子[1]

【原文】 造棵笼子之制：高五尺，上广二尺，下广三尺，或用四柱，或用六柱，或用八柱。柱子上下各用榥子、脚串、版棍。（下用牙子，或不用牙子。）或双腰串，或下用双榥子鋜脚版造。柱子每高一尺即首长一寸，垂脚空五分，柱身四瓣方直，或安子桯，或采子桯，或破瓣造。柱首或作仰覆莲，或单胡桃子，或枓柱挑瓣方直，或刻作海石榴。其名件广厚，皆以每尺之高，积而为法。

柱子：长视高。每高一尺，则方四分四厘。如六瓣或八瓣，即广七分，厚五分。

上下榥并腰串：长随两柱内。其广四分，厚三分。

鋜脚版：长同上。（下随榥子之长。）其广五分。（以厚六分为定法。）

棍子：长六寸六分（卯在内），广二分四厘。（厚同上。）

牙子：长同鋜脚版（分作二条）。广四分。（厚同上。）

凡棵笼子其棍子之首在上榥子内。其棍相去准叉子制度。

【注释】 〔1〕棵笼子：保护树用的四方或六角、八角栏杆，类似于叉子做法。

【译文】 建造棵笼子的制度：高度为五尺，上宽二尺，下宽三尺，有的用四根柱子，有的用六根柱子，有的用八根柱子。柱子上下各用榥子、脚串、板棍。（下面有的用牙子，有的不用牙子。）或者使用双腰串，或者下面采用双榥子鋜脚版造型。柱子每高一尺则柱头长为一寸，下榥离地距离空出五分，柱子身采用四瓣方直造型，有的安装子桯，有的安装采子桯，或者采用破瓣。柱子头有的做成仰覆莲花的造型，有的做成胡桃子，有的做斗柱挑瓣方直，有的雕刻成海石榴。其构件的宽度和厚度等尺寸，都以每一尺的高度为一百，用这个百分比来确定各部分的比例尺寸。

柱子：长度根据高度而定。每高一尺，则四分四厘见方。如果采用六瓣或八瓣，则宽七分，厚五分。

上下榥及腰串：长度根据两柱子之间的尺寸而定。其宽度为四分，厚三分。

鋜脚板：长度同上。（下面根据榥子的长度而定。）其宽度为五分。（厚度以六分为统一规定。）

棍子：长六寸六分（包括卯在内），宽二分四厘。（厚度同上。）

牙子：长度与鋜脚板长度相同（分成两条）。宽度为四分。（厚度同上。）

棵笼子上的棍子头在上榥子里面。棍子之间的距离以制造叉子的制度为准。

井亭子

【原文】 造井亭子之制：自下鋜脚至脊共高一丈一尺（鸱尾在外）。方七尺，四柱，四橑五铺作一抄一昂。材广一寸二分，厚八分，重栱造。上用压厦版，出飞檐，作九脊[1]结瓦。其名件广厚，皆取每尺之高，积而为法。

柱：长视高。每高一尺，则方四分。

锭脚：长随深广。其广七分，厚四分。（绞头在外。）

额：长随柱内。其广四分五厘，厚二分。

串：长与广厚并同上。

普拍方：长广同上，厚一分五厘。

枓槽版：长同上（减二寸），广六分六厘，厚一分四厘。

平棋版：长随枓槽版内。其广合版令足。（以厚六分为定法。）

平棋贴：长随四周之广。其广二分。（厚同上。）

楅：长随版之广。其广同上，厚同普拍方。

平棋下难子：长同平棋版，方一分。

压厦版：长同锭脚（每壁加八寸五分）。广六分二厘，厚四厘。

栿：长随深（加五寸）。广三分五厘，厚二分五厘。

大角梁：长二寸四分，广二分四厘，厚一分六厘。

子角梁：长九分，曲广三分五厘，厚同楅。

贴生：长同压厦版（加六寸），广同大角梁，厚同枓槽版。

脊槫蜀柱：长二寸二分（卯在内），广三分六厘，厚同栿。

平屋槫蜀柱：长八寸五分，广厚同上。

脊槫及平屋槫：长随广。其广三分，厚二分二厘。

脊串：长随槫。其广二分五厘，厚一分六厘。

叉手：长一寸六分，广四分，厚二分。

山版：每深一尺即长八寸，广一寸五分。（以厚六分为定法。）

上架椽（每深一尺即长三寸七分）：曲广一寸六分，厚九厘。

下架椽（每深一尺，即长四寸五分）：曲广一寸七分，厚同上。

厦头下架椽（每广一尺，即长三寸）：曲广一分二厘，厚同上。

从角椽：长取宜，匀摊使用。

大连檐：长同压厦版（每面加二尺四寸），广二分，厚一分。

前后厦瓦版：长随槫。其广自脊至大连檐。（合贴令数足，以厚五分为定法。每至角长加一尺五寸。）

两头厦瓦版：其长自山版至大连檐。（合版令数足厚同上。至角加一尺一寸五分。）

飞子：长九分（尾[2]在内）。广八厘，厚六厘。（其飞子至角令随势上曲。）

白版：长同大连檐（每壁长加三尺），广一寸（以厚五分为定法）。

压脊：长随槫，广四分六厘，厚三分。

垂脊：长自脊至压厦外，曲广五分，厚二分五厘。

角脊：长二寸，曲广四分，厚二分五厘。

曲阑槫脊（每面长六尺四寸）：广四分，厚二分。

前后瓦陇条[3]（每深一尺，即长八寸五分）：方九厘。（相去空九厘。）

厦头瓦陇条（每广一尺，即长三寸三分）：方同上。

搏风版：每深一尺，即长四寸三分，以厚七分为定法。

瓦口子[4]：长随子角梁内，曲广四分，厚亦如之。

垂鱼：长一尺三寸。每长一尺，即广六寸。厚同搏风版。

惹草：长一尺。每长一尺，即广七寸，厚同上。

鸱尾：长一寸一分，身广四分，厚同压脊。

凡井亭子，鋜脚下齐，坐于井阶之上。其枓栱分数及举折等，并准大木作之制。

【注释】〔1〕九脊：即歇山顶。是两坡顶加周围廊的屋顶样式，它由正脊、四条垂脊、四条戗脊组成，故名九脊。

〔2〕尾：连曲体的结尾部分。

〔3〕瓦陇条：各类帐顶仿瓦作的较小圆木条。在帐顶上，均衡排列，类似瓦垄，故名。

〔4〕瓦口子：又名当勾，位于瓦垄与脊的交接处的屋顶部位。

【译文】 建造井亭子的制度：从下面的鋜脚到亭脊总共高一丈一尺（鸱尾在外）。七尺见方，四根柱子，四椽五铺作

一抄一昂。材的宽度为一寸二分，厚度为八分，用重栱。上面使用压厦板，挑出飞檐，做九脊结瓦。其余构件的宽厚尺寸都以每一尺的高度为一百，用这个百分比来确定各部分的比例尺寸。

柱：长度根据高度而定。高度每增加一尺，则方形边长增四分。

鋜脚：长度根据亭深宽而定。宽度为七分，厚四分。（绞头在外。）

额：长度根据柱子内尺寸而定。宽为四分五厘，厚二分。

串：长度、宽度、厚度全同上。

普拍方：长度、宽度同上，厚一分五厘。

枓槽板：长度同上（或者减少二寸），宽六分六厘，厚一分四厘。

平棋板：长度根据斗槽板内尺寸而定。可以拼合板子使宽度足够。（厚以六分为统一规定。）

平棋贴：长度根据四周宽度而定。其宽度为二分。（厚度同上。）

福：长度根据板子的宽度而定。其宽度同上，厚度与普拍方相同。

平棋下的难子：长度与平棋板相同，一分见方。

压厦板：长度与鋜脚相同（每一面壁增加八寸五分）。宽六分二厘，厚四厘。

栿：长度根据亭子深而定（多加五寸）。宽三分五厘，厚二分五厘。

大角梁：长度为二寸四分，宽二分四厘，厚一分六厘。

子角梁：长度为九分，曲面宽度为三

分五厘，厚度与榑相同。

贴生：长度与压厦板相同（或者加六寸），宽度与大角梁相同，厚度与斗槽板相同。

脊榑蜀柱：长为二寸二分（包括卯在内），宽三分六厘，厚度与栿相同。

平屋榑蜀柱：长度为八寸五分，宽度和厚度同上。

脊榑及平屋榑：长度根据宽度而定。宽度为三分，厚二分二厘。

脊串：长度根据榑的长度而定。其宽度为二分五厘，厚一分六厘。

叉手：长度为一寸六分，宽四分，厚二分。

山板：每深一尺则长增加八寸，宽增加一寸五分。（厚度以六分为定则。）

上架椽（亭子进深每增加一尺，则长增加三寸七分）：曲面宽为一寸六分，厚度为九厘。

下架椽（亭子进深每增加一尺，则长增加四寸五分）：曲面宽为一寸七分，厚度同上。

厦头下架椽（开间宽度每增加一尺，则长度增加三寸）：曲面宽度为一分二厘，厚度同上。

从角椽：长度根据情况而定，均匀使用。

大连檐：长度与压厦板相同（每一面增加二尺四寸），宽二分，厚一分。

前后厦瓦板：长度根据榑的长度而定。宽度为从亭子脊到大连檐之间的距离。（合贴木板使宽度足够，厚度以五分为定则。每到转角则增加一尺五寸。）

两头厦瓦板：长度为从山板到大连檐的距离。（木板拼合的数量要保证厚度足以与上相同。每到转角则增加一尺一寸五分。）

飞子：长度九分（包括尾在内）。宽为八厘，厚六厘。（飞子到达转角则根据亭子走势向上弯曲。）

白板：长度与大连檐相同，每一面的壁长增加三尺，宽一寸（厚度以五分为定则）。

压脊：长度根据榑而定，宽为四分六厘，厚三分。

垂脊：长度为从亭子脊到压厦之间的距离，曲面宽度为五分，厚二分五厘。

角脊：长为二寸，曲面宽度为四分，厚二分五厘。

曲阑榑脊（每一面的长度为六尺四寸）：宽四分，厚二分。

前后瓦陇条（每进深一尺，则长八寸五分）：九厘见方。（瓦陇条之间相隔九厘。）

厦头瓦陇条（开间每宽一尺，则长三寸三分）：方形边长同上。

搏风板：每进深一尺，则长四寸三分，厚度以七分为定则。

瓦口子：长度根据子角梁内的尺寸而定，曲面宽度为四分，厚度也是如此。

垂鱼：长为一尺三寸。长度每增加一尺，则宽增加六寸。厚度与搏风板相同。

惹草：长度为一尺。长每增加一尺，则宽增七寸，厚度同上。

鸱尾：长度为一寸一分，鸱尾身部宽为四分，厚度与压脊相同。

井亭子的锯脚下端要齐平，坐落在井的台阶之上。井亭子的斗拱分数及举折尺寸等，都以大木作制度中的规定为准。

牌

【原文】 造殿堂楼阁门亭等牌之制：长二尺至八尺。其牌首（牌上横出者）、牌带（牌两旁下垂者）、牌舌（牌面下两带之内横施者），每广一尺，即上边绰四寸向外。牌面每长一尺，则首、带随其长外各加长四寸二分，舌加长四分。（谓牌长五尺，即首长六尺一寸，带长七尺一寸，舌长四尺二寸之类。尺寸不等，依此加减。下同。）其广厚，皆取牌每尺之长，积而为法。

牌面：每长一尺，则广八寸，其下又加一分。（令牌面下广，谓牌长五尺，即上广四尺，下广四尺五分之类。尺寸不等，依此加减。下同。）

首：广三寸，厚四分。

带：广二寸八分，厚同上。

舌：广二寸，厚同上。

凡牌面之后四周皆用楅。其身内七尺以上者用三楅，四尺以上者用二楅，三尺以上者用一楅。其楅之广厚，皆量其所宜而为之。

【译文】 建造殿堂楼阁门亭等牌的制度：长度为二尺至八尺。牌首（牌匾上横出的部分）、牌带（牌匾两旁下垂的部分）、牌舌（牌匾面下两带之间横出的部分），宽度每增加一尺，则上边向外倒出四寸。牌面长度每增加一尺，则牌首、牌带根据其长度向外各加长四寸二分，牌舌加长四分。（即如果牌匾长五尺，则牌首长六尺一寸，牌带长七尺一寸，牌舌长四尺二寸。尺寸不等的，照此比例加减。以下相同。）其宽度和厚度都以牌匾每一尺的长度为一百，用这个百分比来确定各部分的比例尺寸。

牌面：长度每增加一尺，则宽度增八寸，下面再增加一分。（使牌匾面的下部略宽，如果牌匾长度为五尺，即上面宽四尺，下面宽四尺五分，如此之类。若尺寸不等，按此比例加减。以下相同。）

牌首：宽三寸，厚四分。

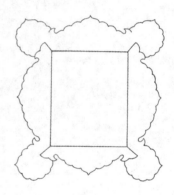

华带牌

风字牌

牌带：宽二寸八分，厚度同上。

牌舌：宽二寸，厚度同上。

牌匾面的后面四周都要使用榥。牌匾身的长度在七尺以上的使用三榥，四尺以上的用二榥，三尺以上的用一榥。榥的宽厚尺寸都根据情况酌情量取裁用。

卷九·小木作制度四

　　本卷续卷八，阐述小木作必须遵从的规程和原则。

佛道帐

【原文】 造佛道帐之制：自坐下龟脚[1]至鸱尾共高二丈九尺，内外拢深一丈二尺五寸，上层施天宫楼阁，次平坐，次腰檐[2]。帐身下安芙蓉瓣、叠涩、门窗、龟脚坐。两面与两侧制度并同。（作五间造。）其名件广厚，皆取逐层每尺之高，积而为法。（后钩阑两等，皆以每寸之高，积而为法。）

帐坐：高四尺五寸，长随殿身之广。其广随殿身之深。下用龟脚，脚上施车槽，槽之上下各用涩一重，于上涩之上，又叠子涩三重。于上一重之下施坐腰。上涩之上用坐面涩，面上安重台钩阑，高一尺。（阑内遍用明金版。）钩阑之内施宝柱两重（留外一重为转道）。内壁贴络[3]门窗。其上设五铺作卷头平坐。（材广一寸八分，腰檐平坐准此。）平坐上又安重台钩阑。（并瘿项云栱坐。）自龟脚上，每涩至上钩阑，逐层并作芙蓉瓣造。

龟脚：每坐高一尺，则长二寸，广七分，厚五分。

车槽上下涩：长随坐长及深（外每面加二寸），广二寸，厚六分五厘。

车槽：长同上（每面减三寸，安华版在外）。广一寸，厚八分。

上子涩：两重（在坐腰上下者）。各长同上（减二寸）。广一寸六分，厚二分五厘。

下子涩：长同坐，广厚并同上。

坐腰：长同上（每面减八寸）。方一寸。（安华版在外。）

坐面涩：长同上，广二寸，厚六分五厘。

猴面版：长同上，广四寸，厚六分七厘。

明金版：长同上（每面减八寸）。广二寸五分，厚一分二厘。

枓槽版：长同上（每面减三尺）。广二寸五分，厚二分二厘。

压厦版：长同上（每面减一尺）。广二寸四分，厚二分二厘。

门窗背版：长随枓槽版（减长三寸）。广自普拍方下至明金版上。（以厚六分为定法。）

车槽华版：长随车槽，广八分，厚三分。

坐腰华版：长随坐腰，广一寸，厚同上。

坐面版：长广并随猴面版内。其厚二分六厘。

猴面楅（每坐深一尺，则长九寸）：方八分。（每一瓣用一条。）

猴面马头楅（每坐深一尺，则长一寸四分）：方同上。（每一瓣用一条。）

连梯卧楅（每坐深一尺，则长九寸五分）：方同上。（每一瓣用一条。）

连梯马头楅（每坐深一尺，则长一寸）：方同上。

长短柱脚方：长同车槽涩（每一面减

三尺二寸），方一寸。

长短榻头木：长随柱脚方内，方八分。

长立棍：长九寸二分，方同上。（随柱脚方榻头木逐瓣用之。）

短立棍：长四寸，方六分。

拽后棍：长五寸，方同上。

穿串透栓：长随榻头木，广五分，厚二分。

罗文棍（每坐高一尺，则加长四寸）：方八分。

帐身：高一丈二尺五寸，长与广皆随帐坐，量瓣数随宜取间。其内外皆拢帐柱，柱下用锭脚隔枓，柱上用内外侧当隔枓，四面外柱并安欢门[4]、帐带。（前一面里槽柱内亦用。）每间用算桯方，施平棋，斗八藻井。前一面每间两颊，各用球纹格子门。（格子桯四混出双线，用双腰串、腰华版造。）门之制度并准本法。两侧及后壁，并用难子安版。

帐内外槽柱：长视帐身之高。每高一尺，则方四分。

虚柱：长三寸二分，方三分四厘。

内外槽上隔枓版：长随间架，广一寸二分，厚一分二厘。

上隔枓仰托棍：长同上，广二分八厘，厚二分。

上隔枓内外上下贴：长同锭脚，贴广二分，厚八厘。

隔枓内外上柱子：长四分四厘；下柱子长三分六厘。其广厚并同上。

里槽下锭脚版：长随每间之深广。其广五分二厘，厚一分二厘。

锭脚仰托棍：长同上，广二分八厘，厚二分。

锭脚内外贴：长同上。其广二分，厚八厘。

锭脚内外柱子：长三分二厘，广厚同上。

内外欢门：长随帐柱之内。其广一寸二分，厚一分二厘。

内外帐带：长二寸八分，广二分六厘，厚亦如之。

两侧及后壁版：长视上下仰托棍内，广随帐柱、心柱内。其厚八厘。

心柱：长同上。其广三分二厘，厚二分八厘。

颊子：长同上，广三分，厚二分八厘。

腰串：长随帐柱内，广厚同上。

难子：长同后壁版，方八厘。

随间栿：长随帐身之深。其方三分六厘。

算桯方：长随间之广。其广三分二厘，厚二分四厘。

四面搏难子：长随间架，方一分二厘。

平棋：华文制度并准殿内平棋。

背版：长随方子内，广随栿心。（以厚五分为定法。）

桯：长随方子四周之内。其广二分，厚一分六厘。

贴：长随桯四周之内。其广一分二厘。（厚同背版。）

难子并贴华（厚同贴）：每方一尺，用贴华二十五枚或十六枚。

斗八藻井：径三尺二寸，共高一尺五寸，五铺作重栱卷头造，材广六分。其名件并准本法，量宜减之。

腰檐：自栌斗至脊共高三尺，六铺作一抄两昂重栱造，柱上施科槽版与山版。（版内又施夹槽版，逐缝夹安钥匙头版，其上顺槽安钥匙头棍，及于钥匙头版上通用卧棍，棍上栽柱子，柱上又施卧棍，棍上安上层平坐。）铺作之上平铺压厦版，四角用角梁、子角梁，铺椽安飞子，依副阶举分结瓦。

普拍方：长随四周之广。其广一寸八分，厚六分。（绞头在外。）

角梁：每高一尺，加长四寸，广一寸四分，厚八分。

子角梁：长五寸。其曲广二寸，厚七分。

抹角栿：长七寸，方一寸四分。

槫：长随间广。其广一寸四分，厚一寸。

曲椽：长七寸六分。其曲广一寸，厚四分。（每补间铺作一朵，用四条。）

飞子：长四寸（尾在内），方三分。（角内随宜刻曲。）

大连檐：长同槫（梢间长至角梁，每壁加三尺六寸），广五分，厚三分。

白版：长随间之广。（每梢间加出角一尺五寸。）其广三寸五分。（以厚五分为定法。）

夹科槽版：长随间之深广。其广四寸四分，厚七分。

山版：长同科槽版，广四寸二分，厚七分。

科槽钥匙头版（每深一尺，则长四寸）：广厚同科槽版，逐间段数亦同科槽版。

科槽压厦版：长同科槽（每梢间长加一尺）。其广四寸，厚七分。

贴生：长随间之深广。其方七分。

科槽卧棍（每深一尺，则长九寸六分五厘）：方一寸。（每铺作一朵用二条。）

绞钥匙头上下顺身棍：长随间之广，方一寸。

立棍：长七寸，方一寸。（每铺作一朵，用二条。）

厦瓦版：长随间之广深（每梢间加出角一尺二寸五分）。其广九寸。（以厚五分为定法。）

槫脊：长同上，广一寸五分，厚七分。

角脊：长六寸。其曲广一寸五分，厚七分。

瓦陇条：长九寸（瓦头在内）。方三分五厘。

瓦口子：长随间广（每梢间加出角二尺五寸）。其广三分。（以厚五分为定法。）

平坐：高一尺八寸，长与广皆随帐身，六铺作卷头重栱造，四出角，于压厦版上施雁翅版。（槽内名件并准腰檐法。）

上施单钩阑,高七寸。(撮项云栱造。)

普拍方:长随间之广(合角在外)。其广一寸二分,厚一寸。

夹枓槽版:长随间之深广。其广九寸,厚一寸一分。

枓槽钥匙头版(每深一尺,则长四寸):其广厚同枓槽版。(逐间段数亦同。)

压厦版:长同枓槽版(每梢间加长一尺五寸)。广九寸五分,厚一寸一分。

枓槽卧棍(每深一尺,则长九寸六分五厘):方一寸六分。(每铺作一朵,用二条。)

立棍:长九寸,方一寸六分。(每铺作一朵,用四条。)

雁翅版:长随压厦版。其广二寸五分,厚五分。

坐面版:长随枓槽内。其广九寸,厚五分。

天宫楼阁:共高七尺二寸,深一尺一寸至一尺三寸,出跳及檐并在柱外。下层为副阶,中层为平坐,上层为腰檐,檐上为九脊殿结瓦。其殿身、茶楼(有挟屋者)、角楼,并六铺作单抄重昂(或单栱或重栱)。角楼长一瓣半,殿身及茶楼各长三瓣。殿挟及龟头并五铺作单抄单昂(或单栱或重栱)。殿挟长一瓣,龟头长二瓣。行廊四铺作单抄(或单栱或重栱)。长二瓣,分心(材广六分)。每瓣用补间铺作两朵。(两侧龟头等制度并准此。)

中层平坐:用六铺作卷头造。平坐上用单钩阑,高四寸。(枓子蜀柱造。)

上层殿楼:龟头之内唯殿身施重檐(重檐谓殿身并副阶,其高五尺者不用)。外其余制度并准下层之法。(其枓槽版及最上结瓦压脊、瓦陇条之类,并量宜用之。)

帐上所用钩阑:应用小钩阑者,并通用此制度。

重台钩阑:共高八寸至一尺二寸。(其钩阑并准楼阁殿亭钩阑制度,下同。)其名件等,以钩阑每尺之高,积而为法。

望柱:长视高(加四寸)。每高一尺,则方二寸。(通身八瓣。)

蜀柱:长同上,广二寸,厚一寸。其上方一寸六分刻瘿项。

云栱:长三寸,广一寸五分,厚九分。

地霞:长五寸,广同上,厚一寸三分。

寻杖:长随间广,方九分。

盆唇木:长同上,广一寸六分,厚六分。

束腰:长同上,广一寸,厚八分。

上华版:长随蜀柱内。其广二寸,厚四分。(四面各别出卯,合入池槽,下同。)

下华版:长厚同上(卯入至蜀柱卯)。广一寸五分。

地栿:长随望柱内,广一寸八分,厚一寸一分。上两棱连梯混,各四分。

单钩阑(高五寸至一尺者并用此法):其名件等,以钩阑每寸之高,积而为法。

望柱:长视高(加二寸)。方一分八厘。

蜀柱:长同上(制度同重台钩阑法)。自盆唇木上云栱下作撮项胡桃子。

云栱：长四分，广二分，厚一分。

寻杖：长随间之广，方一分。

盆唇木：长同上，广一分八厘，厚八厘。

华版：长随蜀柱内，广三分。（以厚四分为定法。）

地栿：长随望柱内。其广一分五厘，厚一分二厘。

枓子蜀柱钩阑（高三寸至五寸者并用此法）：其名件等，以钩阑每寸之高，积而为法。

蜀柱：长视高（卯在内）。广二分四厘，厚一分二厘。

寻杖：长随间广，方一分三厘。

盆唇木：长同上，广二分，厚一分二厘。

华版：长随蜀柱内。其广三分。（以厚三分为定法。）

地栿：长随间广。其广一分五厘，厚一分二厘。

踏道圜桥子：高四尺五寸，斜拽长三尺七寸至五尺五寸，面广五尺，下用龟脚，上施连梯立旌，四周缠难子合版，内用棍，两颊之内逐层安促踏版，上随圜势施钩阑望柱。

龟脚：每桥子高一尺，则长二寸，广六分，厚四分。

连梯桯：其广一寸，厚五分。

连梯棍：长随广。其方五分。

立柱：长视高，方七分。

拢立柱上棍：长与方并同连梯棍。

两颊：每高一尺则加六寸，曲广四寸，厚五分。

促版、踏版（每广一尺，则长九寸六分）：广一寸三分（踏版又加三分）。厚二分三厘。

踏版棍（每广一尺，则长加八分）：方六分。

背版：长随柱子内，广视连梯与上棍内。（以厚六分为定法。）

月版：长视两颊及柱子内，广随两颊与连梯内。（以厚六分为定法。）

上层如用山华蕉叶造者，帐身之上更不用结瓦，其压厦版于橑檐方外出四十分，上施混肚方，方上用仰阳版，版上安山华蕉叶，共高二尺七寸七分。其名件广厚，皆取自普拍方至山华每尺之高，积而为法。

顶版：长随间广。其广随深。（以厚七分为定法。）

混肚方：广二寸，厚八分。

仰阳版：广二寸八分，厚三分。

山华版：广厚同上。

仰阳上下贴：长同仰阳版。其广六分，厚二分四厘。

合角贴：长五寸六分，广厚同上。

柱子：长一寸六分，广厚同上。

楅：长三寸二分，广同上，厚四分。

凡佛道帐芙蓉瓣，每瓣长一尺二寸，随瓣用龟脚。（上对铺作。）结瓦瓦陇条，每条相去如陇条之广。（至角随宜分布。）其屋盖举折及枓栱等分数并准大木作制度，随材减之。卷杀瓣柱及飞子亦如之。

【注释】 〔1〕龟脚：位于照壁或花坛的须弥坐衬砖上，是类似雕饰花纹样的长条砖，背后掏空且做成两根肋条样式。起到加强须弥坐稳定性，体现建筑线条美的作用。

〔2〕腰檐：塔与楼阁平坐下的屋檐。

〔3〕贴络：亦称顶花。即贴于纸顶棚中心位置的装饰图案。其制作多用红、绿、黑光纸刻成镂空纹样。

〔4〕欢门：两宋酒食店流行的店面装饰，即店门口用彩帛、彩纸等扎成的门楼；也指廊间半月形的门，用木杆绑缚而成，结构多用在木作营造中少见的斜撑、X型支撑、三角支撑和绳索拉结等方式。

【译文】 建造佛道帐之制：从底座下的龟脚到上部的鸱尾总共高二丈九尺，内外拢深为一丈二尺五寸，上层建造天官楼阁，其次是平坐，再是腰檐。佛道帐身下安装芙蓉瓣、叠涩、门窗、龟脚坐。两面与两侧制度都相同。（作五间造。）其余构件的宽度和厚度都根据每一层每一尺的高度为一百，用这个百分比来确定各部分的比例尺寸，按比例建造。（此后的两等栏杆，都以每一寸的高度为一百，用这个百分比来确定各部分的比例尺寸。）

帐坐：高度为四尺五寸，长度根据殿身的宽度而定。其宽度根据殿身的进深而定。下面采用龟脚，脚上采用车槽，槽的上下各用一层涩，在上涩的上面，又折叠三层子涩。在上一重子涩下面安装坐腰。

在上涩的上面采用坐面涩，面上安设重台钩阑（栏杆），高度为一尺。（栏杆内全部使用明金板。）栏杆内部设立两重宝柱（外面留出一重作为转道）。内壁上贴络门窗。在其上面建造五铺作卷头平坐。（材的宽度为一寸八分，腰檐平坐也按照这个比例。）再在平坐上安装重台栏杆。（以及瘿项云栱坐。）从龟脚以上，每层涩到上栏杆，逐层做芙蓉瓣造型。

龟脚：每座高一尺，则长为二寸，宽七分，厚五分。

车槽上下涩：长度根据底座的长度和深度而定（外面每一面加二寸），宽二寸，厚六分五厘。

车槽：长度同上（每面减三寸，在外面安装花板）。宽一寸，厚八分。

上子涩：两重（上子涩位于坐腰上下）。长度同上（每面减二寸）。宽为一寸六分，厚二分五厘。

下子涩：长度与底座相同，宽度和厚度同上。

坐腰：长度同上（每面减八寸）。一寸见方。（在外面安装花板。）

坐面涩：长度同上，宽二寸，厚六分五厘。

猴面板：长度同上，宽四寸，厚六分七厘。

明金板：长度同上（每面减八寸）。宽二寸五分，厚一分二厘。

斗槽板：长度同上（每面减三尺）。宽二寸五分，厚二分二厘。

压厦板：长度同上（每面减一尺）。宽

二寸四分，厚二分二厘。

门窗背板：长度根据斗槽板而定（比斗槽板长度短三寸）。宽度为从普拍方下端到明金板上部。（厚度以六分为定则。）

车槽花板：长度根据车槽而定，宽八分，厚三分。

坐腰花板：长度根据坐腰而定，宽一寸，厚度同上。

坐面板：长度和宽度根据猴面板内的尺寸而定。厚度为二分六厘。

猴面榥（底座每深一尺，则长度增加九寸）：八分见方。（每一瓣用一条。）

猴面马头榥（底座每深一尺，则长度增加一寸四分）：方形边长同上。（每一瓣用一条。）

连梯卧榥（底座每深一尺，则长度增加九寸五分）：方形边长同上。（每一瓣用一条。）

连梯马头榥（底座每深一尺，则长度增加一寸）：方形边长同上。

长短柱脚方：长度与车槽涩相同（每一面减少三尺二寸），一寸见方。

长短榻头木：长度根据柱脚方内尺寸而定，八分见方。

长立榥：长度为九寸二分，方形边长同上。（随柱脚方榻头木逐瓣使用。）

短立榥：长四寸，六分见方。

拽后榥：长五寸，方形边长同上。

穿串透栓：长度根据榻头木而定，宽五分，厚二分。

罗文榥（底座每增高一尺，则长度增加四寸）：八分见方。

帐身：高为一丈二尺五寸，长度和宽度都根据帐坐而定，根据屋子的间数确定瓣的数目。帐身内外都围拢帐柱，柱子下用锃脚隔斗，柱子上面用内外侧当隔斗，四面的外柱都安装欢门、帐带。（前一面的槽柱内也用此设计。）每一间使用算程方，建造平棋、斗八藻井。前一面的每间两颊之内，各用球纹格子门。（格子程四混出双线，用双腰串、腰花板样式。）门的制度一律依照本规则。两侧及后壁，都用难子安装木板。

帐内外槽柱：长度根据帐身高度而定。每高一尺，则四分见方。

虚柱：长三寸二分，三分四厘见方。

内外槽上隔斗板：长度根据间架而定，宽一寸二分，厚一分二厘。

上隔斗仰托榥：长度同上，宽二分八厘，厚二分。

上隔斗内外上下贴：长度与锃脚相同，贴宽为二分，厚八厘。

隔科内外上柱子：长四分四厘；下柱子的长为三分六厘。其宽度和厚度同上。

里槽下锃脚板：长度根据每间的进深和宽度而定。其宽为五分二厘，厚一分二厘。

锃脚仰托榥：长度同上，宽二分八厘，厚二分。

锃脚内外贴：长度同上。其宽二分，厚八厘。

锃脚内外柱子：长三分二厘，宽度和厚度同上。

内外欢门：长度根据帐柱之内的尺寸

而定。其宽为一寸二分，厚一分二厘。

内外帐带：长二寸八分，宽二分六厘，厚也是如此。

两侧及后壁板：长度根据上下仰托榥内的尺寸而定，宽度根据帐柱、心柱内的尺寸而定。其厚度为八厘。

心柱：长度同上。宽度为三分二厘，厚二分八厘。

颊子：长度同上，宽三分，厚二分八厘。

腰串：长度根据帐柱内尺寸而定，宽度和厚度同上。

难子：长度与后壁板相同，八厘见方。

随间栿：长度根据帐身的深度而定。三分六厘见方。

算桯方：长度根据间宽而定。宽度为三分二厘，厚二分四厘。

四面搏难子：长度根据间架尺寸而定，一分二厘见方。

平棋：花纹制度以殿内平棋制度为准。

背板：长度根据方子内尺寸而定，宽度根据栿的中心而定。（厚度以五分为定则。）

桯：长度根据方子四周之内的尺寸而定。其宽度为二分，厚一分六厘。

贴：长度根据桯四周之内的尺寸而定。其宽为一分二厘。（厚度与背板相同。）

难子并贴花（厚度与贴相同）：每一尺见方，用二十五枚或十六枚贴花。

斗八藻井：直径三尺二寸，总共高一尺五寸，五铺作重栱卷头造型，材的宽度为六分。其构件尺寸一律依照本法则，并酌情增减。

腰檐：从栌斗到脊总共高三尺，六铺作一抄两昂重栱造型，柱上安装斗槽板和山板。（板内又设置夹槽板，逐夹缝安装钥匙头板，上面顺着槽安装钥匙头榥，在钥匙头板上通用卧榥，榥上栽柱子，柱上又设置卧榥，榥上安装上层平坐。）铺作的上面平铺一层压厦板，四角用角梁、子角梁，铺椽安装飞子，按照副阶的举折程度结瓦。

普拍方：长度根据四周宽度而定。宽度为一寸八分，厚六分。（绞头在外面。）

角梁：高度每增加一尺，则长度增加四寸，宽为一寸四分，厚八分。

子角梁：长度为五寸。其曲面宽度为二寸，厚七分。

抹角栿：长度为七寸，一寸四分见方。

槫：长度根据间宽而定。宽度为一寸四分，厚一寸。

曲椽：长度为七寸六分。其曲面宽度一寸，厚四分。（每补间铺作一朵，用四条。）

飞子：长四寸（包括尾部在内），三分见方。（转角内根据情况雕刻、弯曲。）

大连檐：长度与槫相同（梢间的长度到角梁，每一壁增加三尺六寸）。宽五分，厚三分。

白板：长度根据间宽而定。（每梢间加出角为一尺五寸。）其宽度为三寸五分。（厚度以五分为定法。）

夹斗槽板：长度根据开间的进深和宽

度而定。其宽度为四寸四分，厚七分。

山板：长度与斗槽板相同，宽为四寸二分，厚七分。

斗槽钥匙头板（每深一尺，则长为四寸）：宽度和厚度与斗槽板相同，每一间的段数也与斗槽板相同。

斗槽压厦板：长度与斗槽相同（每梢间的长度增加一尺）。其宽为四寸，厚七分。

贴生：长度根据开间的进深和宽度而定。七分见方。

斗槽卧榥（每深一尺，则长度为九寸六分五厘）：一寸见方。（每个铺作一朵用两条斗槽卧榥。）

绞钥匙头上下顺身榥：长度根据开间宽度而定，一寸见方。

立榥：长度为七寸，一寸见方。（每一朵铺作用两条立榥。）

厦瓦板：长度根据开间的进深和宽度而定（每梢间加出角一尺二寸五分）。其宽度为九寸。（厚度以五分为定法。）

槫脊：长度同上，宽一寸五分，厚七分。

角脊：长六寸。其曲面宽一寸五分，厚七分。

瓦陇条：长九寸（包括瓦头在内）。三分五厘见方。

瓦口子：长度根据开间宽度而定。（每梢间加出角二尺五寸。）其宽度为三分。（厚度以五分为定法。）

平坐：高度为一尺八寸，长与宽皆根据帐身而定，六铺作卷头重栱造，四出

角，在压厦板上面设置雁翅板。（槽内的构件都以腰檐处的制法为准。）上面设置单钩阑，高度为七寸。（采用撮项云栱造型。）

普拍方：长度根据间宽而定（合角在外侧）。其宽度为一寸二分，厚一寸。

夹斗槽板：长度根据开间的进深、宽度而定。其宽度为九寸，厚一寸一分。

斗槽钥匙头板（每深一尺，则长四寸）：其宽度和厚度与斗槽板相同。（每一间的段数也一样。）

压厦板：长度与斗槽板相同（每梢间加长一尺五寸）。宽度为九寸五分，厚一寸一分。

斗槽卧榥（每深一尺，则长度为九寸六分五厘）：一寸六分见方。（每一朵铺作用两条斗槽卧榥。）

立榥：长度为九寸，一寸六分见方。（每一朵铺作用四条立榥。）

雁翅板：长度根据压厦板而定。其宽度为二寸五分，厚五分。

坐面板：长度根据斗槽内尺寸而定。其宽度为九寸，厚五分。

天宫楼阁：总共高七尺二寸，深一尺一寸至一尺三寸，出跳和房檐都在柱子外面。下层为副阶，中层为平坐，上层为腰檐，檐上采用九脊殿结瓦。其殿身、茶楼（有挟屋的建筑）、角楼，全部采用六铺作单抄重昂（或者单栱，或者重栱）。角楼长为一瓣半，殿身及茶楼长度各为三瓣。殿挟和龟头都采用五铺作单抄单昂（或者单栱，或者重栱）。殿挟长为一瓣，龟头长为两瓣。行廊用四铺作单抄（或者单栱，或者

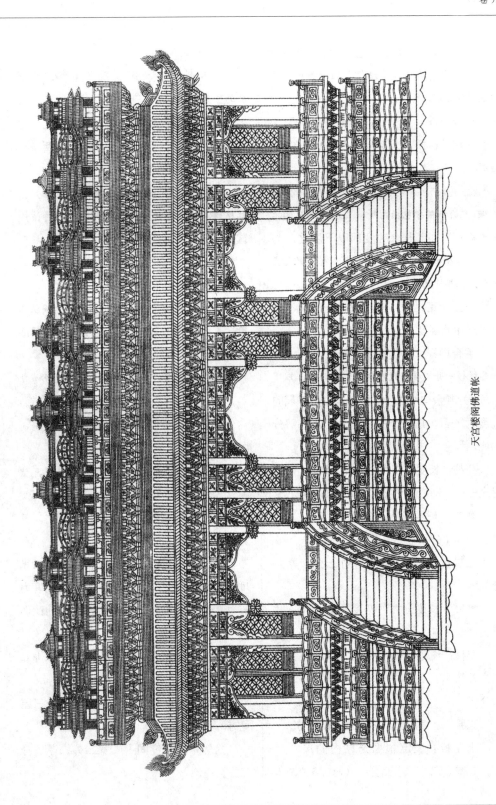

天宫楼阁佛道帐

重栱）。长度为两瓣，分心（材的宽度为六分）。每瓣用两朵补间铺作。（两侧的龟头建造制度也以此为准。）

中层平坐：用六铺作卷头造型。平坐上面使用单栏杆，高度为四寸。（斗子蜀柱造型。）

上层殿楼：龟头之内只有殿身使用重檐（重檐指殿身包括副阶，高度有五尺的不用重檐）。外部其余制度都以下层之法为准。（斗槽板以及最上层的结瓦压脊、瓦陇条之类，根据情况选用。）

帐上所用栏杆：应用小栏杆的情况，一并通用此制度。

重台栏杆：总共高八寸至一尺二寸。（其栏杆一并以楼阁殿亭栏杆制度为准，以下相同。）其余构件的尺寸，都以栏杆每尺的高度为一百，用这个百分比来确定各部分的比例尺寸。

望柱：长度根据高度而定（加四寸）。每高一尺，则二寸见方。（通身为八瓣。）

蜀柱：长度同上，宽二寸，厚一寸。其上一寸六分见方刻瘿项。

云栱：长度三寸，宽一寸五分，厚九分。

地霞：长度五寸，宽度同上，厚一寸三分。

寻杖：长度根据间宽而定，九分见方。

盆唇木：长度同上，宽一寸六分，厚六分。

束腰：长度同上，宽一寸，厚八分。

上花板：长度根据蜀柱内的尺寸而定。其宽为二寸，厚四分。（四面各分别出卯，合入池槽内，以下相同。）

下花板：长度与厚度同上（卯入到蜀柱卯的位置）。宽一寸五分。

地栿：长度根据望柱内尺寸而定，宽度为一寸八分，厚一寸一分。上面两条棱连梯混，各为四分。

单钩阑（高五寸至一尺的都用此法）：其构件尺寸以栏杆每寸的高度为一百，用这个百分比来确定各部分的比例尺寸。

望柱：长度根据高度而定（加两寸）。一分八厘见方。

蜀柱：长度同上（制度与重台钩阑法相同）。从盆唇木以上、云栱以下做撮项胡桃子。

云栱：长度四分，宽二分，厚一分。

寻杖：长度根据间宽而定，一分见方。

盆唇木：长度同上，宽为一分八厘，厚八厘。

花板：长度根据蜀柱内尺寸而定，宽为三分。（厚度以四分为定则。）

地栿：长度根据望柱内尺寸而定。其宽为一分五厘，厚一分二厘。

斗子蜀柱栏杆（高度在三寸至五寸的采用此法）：其构件尺寸以栏杆每寸的高度为一百，用这个百分比来确定各部分的比例尺寸。

蜀柱：长度根据高度而定（包括卯在内）。宽二分四厘，厚一分二厘。

寻杖：长度根据间宽而定，一分三厘见方。

盆唇木：长度同上，宽二分，厚一分二厘。

花板：长度根据蜀柱内的尺寸而定。其宽度为三分。（厚度以三分为定则。）

地栿：长度根据间宽而定。其宽度为一分五厘，厚一分二厘。

踏道圜桥子：高度为四尺五寸，斜拽长度为三尺七寸至五尺五寸，面宽五尺，下面使用龟脚，上面安装连梯立旌，四周用难子缠绕拼合木板，里面用楅，两颊之内每一层都安装促踏板，上面根据圜的走势安装栏杆望柱。

龟脚：桥子每高一尺，则长二寸，宽为六分，厚为四分。

连梯桯：其宽度为一寸，厚度为五分。

连梯榥：长度根据宽度而定。五分见方。

立柱：长度根据高度而定，七分见方。

拢立柱上榥：长度与方形边长都与连梯榥相同。

两颊：每高一尺则长度增加六寸，曲面宽度为四寸，厚五分。

促板、踏板（每宽一尺，则长度为九寸六分）：宽为一寸三分（踏板再加三分）。厚度为二分三厘。

踏板榥（每宽一尺，则长度增加八分）：六分见方。

背板：长度根据柱子内尺寸而定，宽度根据连梯与上榥内尺寸而定。（厚度以六分为定则。）

月板：长度根据两颊及柱子内尺寸而定，宽度根据两颊与连梯内尺寸而定。（厚度以六分为定则。）

上层如用山花蕉叶造型的，则帐身之上不使用结瓦，压厦板在橑檐方外出四十分，上面采用混肚方，方上使用仰阳板，板上安装山花蕉叶，总共高二尺七寸七分。其构件宽度和厚度都以普拍方与山花之间的每一尺的高度为一百，用这个百分比来确定各部分的比例尺寸。

顶板：长度根据间宽而定。其宽度根据进深而定。（厚度以七分为定则。）

混肚方：宽度为二寸，厚八分。

仰阳板：宽度为二寸八分，厚三分。

山花板：宽度和厚度同上。

仰阳上下贴：长度同仰阳板。其宽度为六分，厚二分四厘。

合角贴：长度为五寸六分，宽度和厚度同上。

柱子：长度为一寸六分，宽度和厚度同上。

楅：长度为三寸二分，宽度同上，厚四分。

凡是佛道帐采用芙蓉瓣，每瓣长度为一尺二寸，根据瓣采用龟脚造型。（上对铺作。）结瓦用的瓦陇条，每条之间的宽度正好与陇条的宽度相同。（到转角位置则酌情分布。）其屋盖举折以及斗栱等的材分数都以大木作制度为准，根据木料大小随宜增减。卷杀瓣柱和飞子也是如此。

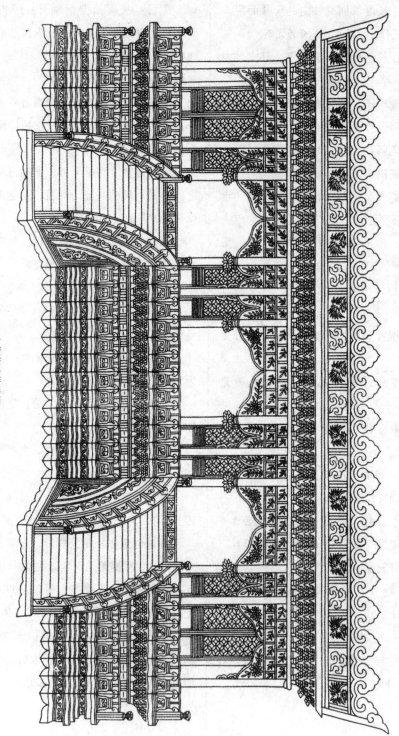

山华蕉叶小佛道帐

卷十·小木作制度五

　　本卷续卷九，阐述小木作必须遵从的规程和原则。

牙脚帐[1]

【原文】 造牙脚帐之制：共高一丈五尺，广三丈，内外拢共深八尺。（以此为率。）下段用牙脚坐，坐下施龟脚。中段帐身上用隔料，下用鋜脚。上段山华仰阳版，六铺作。每段各分作三段造。其名件广厚，皆随逐层每尺之高，积而为法。

牙脚坐：高二尺五寸，长三丈二尺，深一丈。（坐头在内。）下用连梯龟脚；中用束腰，压青牙子，牙头、牙脚、背版、填心；上用梯盘面版，安重台钩阑，高一尺。（其钩阑并准佛道帐制度。）

龟脚：每坐高一尺，则长三寸，广一寸二分，厚一寸四分。

连梯：随坐深长。其广八分，厚一寸二分。

角柱：长六寸二分，方一寸六分。

束腰：长随角柱内。其广一寸，厚七分。

牙头：长三寸二分，广一寸四分，厚四分。

牙脚：长六寸二分，广二寸四分，厚同上。

填心：长三寸六分，广二寸八分，厚同上。

压青牙子：长同束腰，广一寸六分，厚二分六厘。

上梯盘：长同连梯。其广二寸，厚一寸四分。

面版：长广皆随梯盘长深之内，厚同牙头。

背版：长随角柱内。其广六寸二分，厚三分二厘。

束腰上贴络柱子：长一寸（两头叉瓣在外）。方七分。

束腰上衬版：长三分六厘，广一寸，厚同牙头。

连梯榥（每深一尺，则长八寸六分）：方一寸。（每面广一尺用一条。）

立榥：长九寸，方同上。（随连梯榥用五条。）

梯盘榥：长同连梯，方同上。（用同连梯榥。）

帐身：高九尺，长三丈，深八尺。内外槽柱上用隔料，下用鋜脚，四面柱内安欢门帐带，两侧及后壁皆施心柱、腰串、难子安版。前面每间两边，并用立颊、泥道版。

内外帐柱：长视帐身之高。每高一尺，则方四分五厘。

虚柱：长三寸，方四分五厘。

内外槽上隔料版：长随每间之深广。其广一寸二分四厘，厚一分七厘。

上隔料仰托榥：长同上，广四分，厚二分。

上隔料内外上下贴：长同上，广二分，厚一分。

上隔料内外上柱子：长五分；下柱子：长三分四厘。其广厚并同上。

内外欢门：长同上。其广二分，厚一

分五厘。

内外帐带：长三寸四分，方三分六厘。

里槽下锃脚版：长随每间之深广。其广七分，厚一分七厘。

锃脚仰托榥：长同上，广四分，厚二分。

锃脚内外贴：长同上，广二分，厚一分。

锃脚内外柱子：长五分，广二分，厚同上。

两侧及后壁合版：长同立颊，广随帐柱心柱内。其厚一分。

心柱：长同上，方三分五厘。

腰串：长随帐柱内，方同上。

立颊：长视上下仰托榥内。其广三分六厘，厚三分。

泥道版：长同上。其广一寸八分，厚一分。

难子：长同立颊，方一分。（安平棊亦用此。）

平棊：华文等并准殿内平棊制度。

桯：长随枓槽四周之内。其广二分三厘，厚一分六厘。

背版：长广随桯。（以厚五分为定法。）

贴：长随桯内，其广一分六厘。（厚同背版。）

难子并贴华（厚同贴）：每方一尺，用华子二十五枚或十六枚。

福：长同桯。其广二分三厘，厚一分六厘。

护缝：长同背版。其广二分。（厚同贴。）

帐头：共高三尺五寸，枓槽长二丈九尺七寸六分，深七尺七寸六分，六铺作单抄重昂重棋转角造。其材广一寸五分。柱上安枓槽版，铺作之上用压厦版，版上施混肚方、仰阳山华版。每间用补间铺作二十八朵。

普拍方：长随间广。其广一寸二分，厚四分七厘。（绞头在外。）

内外槽并两侧夹枓槽版：长随帐之深广。其广三寸，厚五分七厘。

压厦版：长同上。（至角加一尺三寸。）其广三寸二分六厘，厚五分七厘。

混肚方：长同上。（至角加一尺五寸。）其广二分，厚七分。

顶版：长随混肚方内。（以厚六分为定法。）

仰阳版：长同混肚方。（至角加一尺六寸。）其广二寸五分，厚三分。

仰阳上下贴：下贴长同上，上贴随合角贴内，广五分，厚二分五厘。

仰阳合角贴：长随仰阳版之广。其广厚同上。

山华版：长同仰阳版。（至角加一尺九寸。）其广二寸九分，厚三分。

山华合角贴：广五分，厚二分五厘。

卧榥：长随混肚方内。其方七分。（每长一尺用一条。）

马头榥：长四寸方七分。（用同卧榥。）

福：长随仰阳山华版之广。其方四

分。（每山华用一条。）

凡牙脚帐坐，每一尺作一壶门，下施龟脚，合对铺作。其所用枓栱名件分数，并准大木制度，随材减之。

【注释】〔1〕牙脚帐：神龛之一。因其帐坐装饰有牙脚花形，故称。

【译文】建造牙脚帐的制度：总共高为一丈五尺，宽为三丈，内外的拢总共深为八尺。（以此为标准。）下段采用牙脚坐，坐下面采用龟脚。中段的帐身上面用隔斗，下面用鋜脚。上段的山花仰阳板，采用六铺作。每一段各平分为三段。其宽度和厚度都根据每一层每一尺的高度为一百，用这个百分比来确定各部分的比例尺寸。

牙脚坐：高度为二尺五寸，长度为三丈二尺，深一丈。（包括坐头在内。）下面使用连梯龟脚；中间采用束腰，压青牙子、牙头、牙脚、背板、填心；上面采用梯盘面板，安设重台钩阑，高度为一尺。（其栏杆尺寸一并以佛道帐的制度为准。）

龟脚：每座的高为一尺，长度为三寸，宽一寸二分，厚一寸四分。

连梯：根据底座的深和长而定。其宽为八分，厚一寸二分。

角柱：长度为六寸二分，一寸六分见方。

束腰：长度根据角柱内尺寸而定。其宽为一寸，厚七分。

牙头：长度为三寸二分，宽一寸四分，厚四分。

牙脚：长度为六寸二分，宽二寸四分，厚度同上。

填心：长度为三寸六分，宽二寸八分，厚度同上。

压青牙子：长度与束腰相同，宽一寸六分，厚二分六厘。

上梯盘：长度与连梯相同。宽为二寸，厚一寸四分。

面板：长宽都根据梯盘的长和深而定，厚度与牙头相同。

背板：长度根据角柱内尺寸而定。其宽为六寸二分，厚三分二厘。

束腰上贴络柱子：长度为一寸（两头的叉瓣在外）。七分见方。

束腰上衬板：长度为三分六厘，宽一寸，厚同牙头。

连梯榥（每深一尺，则长度为八寸六分）：一寸见方。（每一面宽度达到一尺时用一条连梯榥。）

立榥：长度为九寸，方形边长同上。（根据连梯榥，用五条立榥。）

梯盘榥：长度与连梯相同，方形边长同上。（作用与连梯榥相同。）

帐身：高度为九尺，长度为三丈，深八尺。内外槽柱上面采用隔斗，下面用鋜脚，四面的柱子内安装欢门帐带，两侧和后壁都安装心柱、腰串、难子安板。前面每间的两边，同时采用立颊、泥道板。

内外帐柱：长度根据帐身的高度而定。每高一尺，则四分五厘见方。

虚柱：长度为三寸，四分五厘见方。

内外槽上隔斗板：长度根据每间的深宽而定。其宽为一寸二分四厘，厚一分七厘。

上隔斗仰托棍：长度同上，宽四分，厚二分。

上隔斗内外上下贴：长度同上，宽二分，厚一分。

上隔斗内外上柱子：长度为五分；下柱子：长度为三分四厘。宽度和厚度同上。

内外欢门：长度同上。其宽为二分，厚一分五厘。

内外帐带：长度为三寸四分，三分六厘见方。

里槽下锃脚版：长度根据每间的深、宽而定。其宽为七分，厚一分七厘。

锃脚仰托棍：长度同上，宽四分，厚二分。

锃脚内外贴：长度同上，宽二分，厚一分。

锃脚内外柱子：长度为五分，宽二分，厚度同上。

两侧及后壁合板：长度与立颊相同，宽度根据帐柱心柱内的尺寸而定。其厚度为一分。

心柱：长度同上，三分五厘见方。

腰串：长度根据帐柱内尺寸而定，方形边长同上。

立颊：长度根据上下仰托棍内尺寸而定。其宽为三分六厘，厚三分。

泥道板：长度同上。其宽为一寸八分，厚一分。

难子：长度与立颊相同，一分见方。（安装平棋亦采用此制度。）

平棋：花纹等一并以殿内的平棋制度为准。

桯：长度根据斗槽四周之内的尺寸而定。其宽为二分三厘，厚一分六厘。

背板：长度和宽度根据桯的尺寸而定。（厚度以五分为定则。）

贴：长度根据桯内尺寸而定，其宽度为一分六厘。（厚度与背板相同。）

难子并贴花（厚度与贴相同）：每一尺见方，用二十五枚或十六枚花子。

福：长度与桯相同。其宽为二分三厘，厚一分六厘。

护缝：长度与背板相同。其宽为二分。（厚度与贴相同。）

帐头：总共高为三尺五寸，斗槽的长度为二丈九尺七寸六分，深度为七尺七寸六分，采用六铺作单抄重昂重棋转角造型。其材的宽度为一寸五分。柱上安装斗槽板，铺作之上用压厦板，板上再安装混肚方、仰阳山花板。每一间用二十八朵补间铺作。

普拍方：长度根据间宽而定。其宽度为一寸二分，厚四分七厘。（绞头在外。）

内外槽并两侧夹斗槽板：长度根据帐的深度和宽度而定。其宽度为三寸，厚度为五分七厘。

压厦板：长度同上。（至转角则加一尺三寸。）其宽度为三寸二分六厘，厚五分七厘。

混肚方：长度同上。（至转角则加一尺

五寸。）其宽度为二分，厚七分。

顶板：长度根据混肚方内尺寸而定。（厚度以六分为定法。）

仰阳板：长度与混肚方相同。（至转角则加一尺六寸。）其宽为二寸五分，厚三分。

仰阳上下贴：下贴长度同上，上贴根据合角贴内的尺寸而定，宽五分，厚二分五厘。

仰阳合角贴：长度根据仰阳板的宽度而定。其宽度和厚度同上。

山花板：长度与仰阳板相同。（至转角则加一尺九寸。）其宽度为二寸九分，厚三分。

山花合角贴：宽度为五分，厚为二分五厘。

卧榥：长度根据混肚方内尺寸而定。七分见方。（每长一尺用一条卧榥。）

马头榥：长度为四寸，七分见方。（作用与卧榥相同。）

楅：长度根据仰阳山花板的宽度而定。四分见方。（每一条山花板用一条楅。）

牙脚帐坐，每一尺做一个壸门，下面采用龟脚，采用合对铺作。其所用斗拱等构件的材分数，都以大木作的制度为准，根据材的情况酌情增减。

九脊小帐[1]

【原文】造九脊小帐之制：自牙脚坐下龟脚至脊，共高一丈二尺（鸱尾在外）。广八尺，内外拢共深四尺。下段、中段与牙脚帐同，上段五铺作九脊殿结瓦造。其名件广厚，皆随逐层每尺之高积而为法。

牙脚坐：高二尺五寸，长九尺六寸（坐头在内），深五尺。自下连梯龟脚上至面版，安重台钩阑，并准牙脚帐坐制度。

龟脚：每坐高一尺，则长三寸，广一寸二分，厚六分。

连梯：随坐深长。其广二寸，厚一寸二分。

角柱：长六寸二分，方一寸二分。

束腰：长随角柱内。其广一寸，厚六分。

牙头：长二寸八分，广一寸四分，厚三分二厘。

牙脚：长六寸二分，广二寸，厚同上。

填心：长三寸六分，广二寸二分，厚同上。

压青牙子：长同束腰，随深广。（减一寸五分，其广一寸六分，厚二分四厘。）

上梯盘：长厚同连梯，广一寸六分。

面版：长广皆随梯盘内，厚四分。

背版：长随角柱内。其广六寸二分，厚同压青牙子。

束腰上贴络柱子：长一寸（别出两头叉瓣）。方六分。

束腰锭脚内衬版：长二寸八分，广一寸，厚同填心。

连梯榥：长随连梯内，方一寸（每广一尺用一条）。

立榥：长九寸（卯在内）。方同上。

（随连梯栿用三条。）

梯盘栿：长同连梯，方同上。（用同连梯栿。）

帐身：一间，高六尺五寸，广八尺，深四尺。其内外槽柱至泥道版，并准牙脚帐制度。（唯后壁两侧并不用腰串。）

内外帐柱：长视帐身之高，方五分。

虚柱：长三寸五分，方四分五厘。

内外槽上隔枓版：长随帐柱内。其广一寸四分二厘，厚一分五厘。

上隔枓仰托栿：长同上，广四分三厘，厚二分八厘。

上隔枓内外上下贴：长同上，广二分八厘，厚一分四厘。

上隔枓内外上柱子：长四分八厘；下柱子：长三分八厘，广厚同上。

内欢门：长随立颊内。外欢门：长随帐柱内。其广一寸五分，厚一分五厘。

内外帐带：长三寸二分，方三分四厘。

里槽下鋜脚版：长同上隔枓上下贴。其广七分二厘，厚一分五厘。

鋜脚仰托栿：长同上，广四分三厘，厚二分八厘。

鋜脚内外贴：长同上，广二分八厘，厚一分四厘。

鋜脚内外柱子：长四分八厘，广二分八厘，厚一分四厘。

两侧及后壁合版：长视上下仰托栿，广随帐柱、心柱内。其厚一分。

心柱：长同上，方三分六厘。

立颊：长同上，广三分六厘，厚三分。

泥道版：长同上，广随帐柱立颊内，厚同合版。

难子：长随立颊及帐身版、泥道版之长广。其方一分。

平棋（华文等并准殿内平棋制度）：作三段造。

桯：长随枓槽四周之内。其广六分三厘，厚五分。

背版：长广随桯。（以厚五分为定法。）

贴：长随桯内。其广五分。（厚同上。）

贴络华文（厚同上）：每方一尺，用华子二十五枚或十六枚。

福：长同背版。其广六分，厚五分。

护缝：长同上。其广五分。（厚同贴。）

难子：长同上，方二分。

帐头：自普拍方至脊共高三尺（鸱尾在外）。广八尺，深四尺。四柱，五铺作下出一抄，上施一昂，材广一寸二分，厚八分，重栱造。上用压厦版，出飞檐，作九脊结瓦。

普拍方：长随深广。（绞头在外。）其广一寸，厚三分。

枓槽版：长厚同上。（减二寸。）其广二寸五分。

压厦版：长厚同上。（每壁加五寸。）其广二寸五分。

栿：长随深。（加五寸。）其广一寸，厚八分。

大角梁：长七寸，广八分，厚六分。

子角梁：长四寸，曲广二寸，厚同上。

贴生：长同压厦版。（加七寸。）其广六分，厚四分。

脊榑：长随广。其广一寸，厚八分。

脊榑下蜀柱：长八寸，广厚同上。

脊串：长随榑。其广六分，厚五分。

叉手：长六寸，广厚皆同角梁。

山版（每深一尺，则长九寸）：广四寸五分。（以厚六分为定法。）

曲椽（每深一尺，则长八寸）：曲广同脊串，厚三分。（每补间铺作一朵，用三条。）

厦头椽（每深一尺，则长五寸）：广四分，厚同上。（角同上。）

从角椽：长随宜均摊使用。

大连檐：长随深广。（每壁加一尺二寸。）其广同曲椽，厚同贴生。

前后厦瓦版：长随榑。（每至角加一尺五寸。其广自背至大连檐随材合缝，以厚五分为定法。）

两厦头厦瓦版：长随深。（加同上。）其广自山版至大连檐。（合缝同上，厚同上。）

飞子：长二寸五分（尾在内）。广二分五厘，厚二分三厘。（角内随宜取曲。）

白版：长随飞檐。（每壁加二尺。）其广三寸。（厚同厦瓦版。）

压脊：长随厦瓦版。其广一寸五分，厚一寸。

垂脊：长随脊至压厦版外。其曲广及厚同上。

角脊：长六寸，广厚同上。

曲阑槫脊（共长四尺）：广一寸，厚五分。

前后瓦陇条：每深一尺，则长八寸五分。（厦头者长五寸五分。若至角，并随角斜长。）方三分，相去空分同。

搏风版：每深一尺，则长四寸五分。曲广一寸二分。（以厚七分为定法。）

瓦口子：长随子角梁内。其曲广六分。

垂鱼：共长一尺二寸。（每长一尺，即广六寸，厚同搏风版。）

惹草：共长一尺。（每长一尺，即广七寸，厚同上。）

鸱尾：共高一尺一寸。（每高一尺，即广六寸，厚同压脊。）

凡九脊小帐，施之于屋一间之内。其补间铺作前后各八朵，两侧各四朵。坐内壸门等，并准牙脚帐制度。

【注释】〔1〕九脊小帐：宗教祠祀寺庙中供奉神像的木龛，做成九脊屋顶形式。规格和档次比牙脚帐低一等，高度为十二尺，宽八尺，深四尺，一开间。

【译文】建造九脊小帐的制度：从牙脚坐下面的龟脚到脊，总共高一丈二尺（鸱尾在外面）。宽度为八尺，内外拢总共深四尺。下段、中段与牙脚帐相同，上段采用五铺作九脊殿结瓦制作。其宽度和厚度都根据每一层每一尺的高度为一百，用这个百分比来确定各部分的比例尺寸。

牙脚坐：高为二尺五寸，长度为九尺六寸（包括坐头在内），深五尺。从下面的连梯龟脚往上到面板，安装重台钩阑，一并以牙脚帐底座的制度为准。

龟脚：每座高为一尺，则长度为三寸，宽一寸二分，厚六分。

连梯：根据底座的深度和长度而定。其宽二寸，厚一寸二分。

角柱：长度六寸二分，一寸二分见方。

束腰：长度根据角柱内的尺寸而定。其宽一寸，厚六分。

牙头：长度为二寸八分，宽一寸四分，厚三分二厘。

牙脚：长度为六寸二分，宽二寸，厚为同上。

填心：长度为三寸六分，宽二寸二分，厚为同上。

压青牙子：长度与束腰相同，宽度根据深度和宽度而定。（长度减一寸五分，则宽为一寸六分，厚为二分四厘。）

上梯盘：长度、厚度与连梯相同，宽为一寸六分。

面板：长度、宽度都根据梯盘内的尺寸而定，厚四分。

背板：长度根据角柱内的尺寸而定。其宽为六寸二分，厚与压青牙子相同。

束腰上贴络柱子：长度为一寸（另外两头出叉瓣）。六分见方。

束腰锃脚内衬板：长度为二寸八分，宽一寸，厚度与填心相同。

连梯榥：长度根据连梯内的尺寸而定，一寸见方（每宽一尺使用一条连梯榥）。

立榥：长度为九寸（包括卯在内）。方形边长同上。（跟随连梯榥使用三条立榥。）

梯盘榥：长度与连梯相同，方形边长同上。（作用与连梯榥相同。）

帐身：帐身为一间，高度为六尺五寸，宽八尺，深四尺。帐身内外的槽柱到泥道板，都以牙脚帐的制度为准。（只有后壁两侧不使用腰串。）

内外帐柱：长度根据帐身的高度而定，五分见方。

虚柱：长度为三寸五分，四分五厘见方。

内外槽上隔斗板：长度根据帐柱内尺寸而定。其宽为一寸四分二厘，厚一分五厘。

上隔斗仰托榥：长度同上，宽为四分三厘，厚二分八厘。

上隔斗内外上下贴：长度同上，宽为二分八厘，厚一分四厘。

上隔斗内外上柱子：长度为四分八厘；下柱子：长度为三分八厘，宽厚同上。

内欢门：长度根据立颊内尺寸而定。外欢门：长度根据帐柱内尺寸而定。其宽为一寸五分，厚一分五厘。

内外帐带：长度为三寸二分，三分四厘见方。

里槽下鋜脚板：长度同上隔斗上下贴。其宽七分二厘，厚一分五厘。

鋜脚仰托榥：长度同上，宽四分三厘，厚二分八厘。

鋜脚内外贴：长度同上，宽二分八厘，厚一分四厘。

鋜脚内外柱子：长度四分八厘，宽二分八厘，厚一分四厘。

两侧及后壁合板：长度根据上下仰托榥而定，宽度根据帐柱、心柱内尺寸而定。其厚为一分。

心柱：长度同上，三分六厘见方。

立颊：长度同上，宽三分六厘，厚三分。

泥道板：长度同上，宽度根据帐柱立颊内尺寸而定，厚度与合板相同。

难子：长度根据立颊及帐身板、泥道板的长、宽而定。一分见方。

平棋（花纹等都以殿内平棋制度为准）：做成三段的样式。

桯：长度根据斗槽四周内的宽度而定。其宽为六分三厘，厚五分。

背板：长度和宽度根据桯而定。（厚度以五分为定则。）

贴：长度根据桯内尺寸而定。其宽五分。（厚度同上。）

贴络花纹（厚度同上）：每一尺见方，用二十五枚或十六枚花子。

福：长度与背板相同。其宽为六分，厚五分。

护缝：长度同上。其宽为五分。（厚度与贴相同。）

难子：长度同上，二分见方。

帐头：从普拍方到脊总共高为三尺，（鸱尾在外。）宽为八尺，深为四尺。四柱，五铺作下出一抄，上面用一昂，材宽为一寸二分，厚八分，采用重栱造。上面采用压厦板，外出飞檐，作九脊结瓦结构。

普拍方：长度根据深度和宽度而定。（绞头在外。）其宽为一寸，厚三分。

斗槽板：长度厚度同上。（或者减少二寸。）其宽为二寸五分。

压厦板：长度厚度同上。（每壁各加五寸。）其宽度为二寸五分。

栿：长度根据开间进深而定。（或者增加五寸。）其宽一寸，厚八分。

大角梁：长度七寸，宽八分，厚六分。

子角梁：长度四寸，曲面宽为二寸，厚度同上。

贴生：长度与压厦板相同。（或者增加七寸。）其宽六分，厚四分。

脊榑：长度根据宽度而定。其宽为一寸，厚八分。

脊榑下蜀柱：长度八寸，宽度和厚度同上。

脊串：长度根据榑而定。其宽为六分，厚五分。

叉手：长度六寸，宽厚都与角梁相同。

山板（每深一尺，则长度为九寸）：宽四寸五分。（厚度以六分为定法。）

曲椽（每深一尺，则长度为八寸）：曲

面宽度与脊串相同，厚度为三分。（每一朵补间铺作用三条曲椽。）

厦头椽（每深一尺，则长度为五寸）：宽四分，厚度同上。（转角同上。）

从角椽：长度应根据情况平均分配使用。

大连檐：长度根据深度和宽度而定。（每壁加一尺二寸。）其宽度与曲椽相同，厚度与贴生相同。

前后厦瓦板：长度根据槫而定。（每到转角则增加一尺五寸。其宽度从背部到大连檐随材合缝，厚度以五分为定则。）

两厦头厦瓦板：长度根据进深而定。（增加的尺寸同上。）其宽度为从山板到大连檐的距离。（合缝同上，厚度同上。）

飞子：长度为二寸五分（包括尾在内）。宽为二分五厘，厚二分三厘。（转角内根据木材弯曲。）

九脊牙脚小帐

白板：长度根据飞檐而定。（每壁增加二尺。）其宽度为三寸。（厚度与厦瓦板相同。）

压脊：长度根据厦瓦板而定。其宽度为一寸五分，厚一寸。

垂脊：长度为从脊到压厦板外的距离。其曲面宽度和厚度同上。

角脊：长度为六寸，宽厚同上。

曲阑槫脊（总共长为四尺）：宽一寸，厚五分。

前后瓦陇条：每深一尺，则长度为八寸五分。（厦头的长度为五寸五分。如果到达转角，则都要根据角的斜长而定。）三分见方，瓦陇条之间的空隙的尺寸也相同。

搏风板：每深一尺，则长度为四寸五分。曲面宽度为一寸二分。（厚度以七分为定则。）

瓦口子：长度根据子角梁内尺寸而定。其曲面宽为六分。

垂鱼：总共长一尺二寸。（每长一尺，则宽六寸，厚度与搏风板相同。）

惹草：总共长一尺。（每长一尺，则宽七寸，厚度同上。）

鸱尾：总共高一尺一寸。（每高一尺，则宽六寸，厚度与压脊相同。）

九脊小帐，做成一间屋之内的尺寸。补间铺作的用法为前后各八朵，两侧各四朵。坐内的壶门等构件，都以牙脚帐制度为准。

壁帐[1]

【原文】造壁帐之制：高一丈三尺至一丈六尺。（山华仰阳在外。）其帐柱之上安普拍方，方上施隔科及五铺作下昂重栱出角入角造。其材广一寸二分，厚八分。每一间用补间铺作一十三朵，铺作上施压厦版、混肚方（混肚方上与梁下齐）。方上安仰阳版及山华。（仰阳版、山华在两梁之间。）帐内上施平棊，两柱之内并用叉子栿。其名件广厚，皆取帐身间内每尺之高，积而为法。

帐柱：长视高。每间广一尺，则方三分八厘。

仰托榥：长随间广。其广三分，厚二分。

隔科版：长同上。其广一寸一分，厚一分。

隔科贴：长随两柱之内。其广二分，厚八厘。

隔科柱子：长随贴内，广厚同贴。

科槽版：长同仰托榥。其广七分六厘，厚一分。

压厦版：长同上。其广八分，厚一分。（科槽版及压厦版如减材分，即广随所用减之。）

混肚方：长同上。其广四分，厚二分。

仰阳版：长同上。其广七分，厚一分。

仰阳贴：长同上。其广二分，厚八厘。

合角贴：长视仰阳版之广。其厚同仰

阳贴。

山华版：长随仰阳版之广。其厚同压厦版。

平棋（华文并准殿内平棋制度）：长广并随间内。

背版：长随平棋。其广随帐之深。（以厚六分为定法。）

柽：随背版四周之广。其广二分，厚一分六厘。

贴：长随柽四周之内。其广一分六厘。厚同上。

难子并贴华：每方一尺，用贴络华二十五枚或十六枚。

护缝：长随平棋。其广同柽。（厚同背版。）

福：广三分，厚二分。

凡壁帐，上山华、仰阳版后，每华尖皆施福一枚。所用飞子、马衔，皆量宜造之。其枓栱等分数，并准大木作制度。

【注释】〔1〕壁帐：盛行于宋代寺观建筑的殿堂内，与其他殿内建筑不同，壁帐是沿墙设立的佛龛，式样简单，帐坐可用砖石搭建。

【译文】 建造壁帐的制度：高为一丈三尺到一丈六尺。（山花仰阳在外。）在帐柱的上面安设普拍方，普拍方上面设置隔斗以及五铺作下昂重栱出角入角造型。材的宽度为一寸二分，厚八分。每一间用十三朵补间铺作，铺作上设置压厦板、混肚方（混肚方的上面与梁的下面平齐）。在方上安设仰阳板及山花板。（仰阳板、山花板在两梁之间。）在帐内上方采用平棋，两柱子之间采用叉子栿。其宽度和厚度都根据帐身间内每一尺的宽度为一百，用这个百分比来确定各部分的比例尺寸。

帐柱：长度根据高度而定。每间宽一尺，则三分八厘见方。

仰托榥：长度根据间宽而定。其宽为三分，厚二分。

隔斗板：长度同上。其宽为一寸一分，厚一分。

隔斗贴：长度根据两柱内尺寸而定。其宽为二分，厚八厘。

隔斗柱子：长度根据贴内尺寸而定，宽，厚与贴相同。

斗槽板：长度与仰托榥相同。其宽为七分六厘，厚一分。

压厦板：长度同上。其宽为八分，厚一分。（斗槽板及压厦板如果减少材分，则宽度也应根据情况减少。）

混肚方：长度同上。其宽四分，厚二分。

仰阳板：长度同上。其宽七分，厚一分。

仰阳贴：长度同上。其宽二分，厚八厘。

合角贴：长度根据仰阳板的宽度而定。厚度与仰阳贴厚度相同。

山花板：长度根据仰阳板宽度而定。厚度与压厦板相同。

平棋（花纹都以殿内平棋制度为准）：长度、宽度都根据间内尺寸而定。

背板：长度根据平棋而定。其宽度根

据帐深而定。（厚度以六分为定法。）

　　桯：长度根据背板四周的宽度而定。其宽为二分，厚一分六厘。

　　贴：长度根据桯四周内的尺寸而定。其宽为一分六厘。厚度同上。

　　难子并贴花：每一尺见方，用二十五枚或十六枚贴络花。

　　护缝：长度根据平棋而定。其宽度与桯相同。（厚度与背板相同。）

　　福：宽为三分，厚二分。

　　建造壁帐时，上方山花板、仰阳板的后面，每朵花尖都要用一枚福。所用的飞子、马衔都根据情况使用。斗拱等构件的分数，都以大木作制度为准。

卷十一·小木作制度六

本卷续卷十，阐述小木作必须遵从的规程和原则。

转轮经藏[1]

【原文】 造经藏之制：共高二丈，径一丈六尺，八棱。每棱面广六尺六寸六分。内外槽柱：外槽帐身柱上腰檐、平坐，坐上施天宫楼阁，八面制度并同。其名件广厚，皆随逐层每尺之高，积而为法。

外槽帐身：柱上用隔枓、欢门、帐带造。高一丈二尺。

帐身外槽柱：长视高，广四分六厘，厚四分。（归瓣造。）

隔枓版：长随帐柱内。其广一寸六分，厚一分二厘。

仰托榥：长同上，广三分，厚二分。

隔枓内外贴：长同上，广二分，厚九厘。

内外上下柱子：上柱长四分，下柱长三分，广厚同上。

欢门：长同隔枓版。其广一寸二分，厚一分二厘。

帐带：长二寸五分，方二分六厘。

腰檐并结瓦：共高二尺，枓槽径一丈五尺八寸四分（枓槽及出檐在外）。内外并六铺作重栱，用一寸材。（厚六分六厘。）每瓣补间铺作五朵，外跳单抄重昂，里跳并卷头。其柱上先用普拍方施枓栱，上用压厦版，出椽并飞子、角梁、贴生，依副阶举折结瓦。

普拍方：长随每瓣之广。（绞角在外。）其广二寸，厚七分五厘。

枓槽版：长同上，广三寸五分，厚一寸。

压厦版：长同上（加长七寸），广七寸五分，厚七分五厘。

山版：长同上，广四寸五分，厚一寸。

贴生：长同山版（加长六寸）。方一分。

角梁：长八寸，广一寸五分，厚同上。

子角梁：长六寸，广同上，厚八分。

搏脊槫：长同上（加长一寸）。广一寸五分，厚一寸。

曲椽：长八寸，曲广一寸，厚四分。（每补间铺作一朵，用三条，与从椽取匀分擘。）

飞子：长五寸，方三分五厘。

白版：长同山版（加长一尺）。广三寸五分。（以厚五分为定法。）

井口榥：长随径，方二寸。

立榥：长视高，方一寸五分。（每瓣用三条。）

马头榥：方同上。（用数亦同上。）

厦瓦版：长同山版（加长一尺）。广五寸。（以厚五分为定法。）

瓦陇条：长九寸，方四分。（瓦头在内。）

瓦口子：长厚同厦瓦版，曲广三寸。

小山子版：长广各四寸，厚一寸。

搏脊：长同山版（加长二寸）。广二寸五分，厚八分。

角脊：长五寸，广二寸，厚一寸。

平坐：高一尺，科槽径一丈五尺八寸四分（压厦版出头在外）。六铺作卷头重栱，用一寸材。每瓣用补间铺作九朵，上施单钩阑，高六寸。（撮项云栱造，其钩阑准佛道帐制度。）

普拍方：长随每瓣之广（绞头在外）。方一寸。

科槽版：长同上。其广九寸，厚二寸。

压厦版：长同上（加长七寸五分）。广九寸五分，厚二寸。

雁翅版：长同上（加长八寸）。广二寸五分，厚八分。

井口榠：长同上，方三寸。

马头榠（每直径一尺，则长一寸五分）：方三分。（每瓣用三条。）

钿面版：长同井口榠（减长四寸）。广一尺二寸，厚七分。

天宫楼阁：三层，共高五尺，深一尺。下层副阶内角楼子长一瓣，六铺作单抄重昂。角楼挟屋长一瓣，茶楼子长二瓣，并五铺作单抄单昂。行廊长二瓣（分心），四铺作。（以上并或单栱或重栱造。）材广五分，厚三分三厘。每瓣用补间铺作两朵。其中层平坐上安单钩阑，高四寸。（科子蜀柱造，其钩阑准佛道帐制度。）铺作并用卷头，与上层楼阁所用铺作之数并准下层之制。（其结瓦名件，准腰檐制度，量所宜减之。）

里槽坐：高三尺五寸（并帐身及上层楼阁共高一丈三尺，帐身直径一丈）。面径一丈一尺四寸四分，科槽径九尺八寸四分。下用龟脚，脚上施车槽、叠涩等，其制度并准佛道帐坐之法。内门窗上设平坐，坐上施重台钩阑，高九寸（云栱瘿项造，其钩阑准佛道帐制度）。用六铺作卷头。其材广一寸，厚六分六厘。每瓣用补间铺作五朵（门窗或用壶门神龛）。并作芙蓉瓣造。

龟脚：长二寸广八分，厚四分。

车槽上下涩：长随每瓣之广（加长一寸）。其广二寸六分，厚六分。

车槽：长同上（减长一寸）。广二寸，厚七分。（安华版在外。）

上子涩：两重（在坐腰上下者）。长同上（减长二寸）。广二寸，厚三分。

下子涩：长厚同上，广二寸三分。

坐腰：长同上（减长三寸五分）。广一寸三分，厚一寸。（安华版在外。）

坐面涩：长同上，广二寸三分，厚六分。

猴面版：长同上，广三寸，厚六分。

明金版：长同上（减长二寸）。广一寸八分，厚一分五厘。

普拍方：长同上（绞头在外）。方三分。

科槽版：长同上（减长七寸）。广二寸，厚三分。

压厦版：长同上（减长一寸）。广一寸五分，厚同上。

车槽华版：长随车槽，广七分，厚同上。

坐腰华版：长随坐腰，广一寸，厚同

上。

坐面版：长广并随猴面版内，厚二分五厘。

坐内背版：每料槽径一尺，则长二寸五分。（广随坐高，以厚六分为定法。）

猴面梯盘枓：每料槽径一尺，则长八寸。方一寸。

猴面钿版枓：每料槽径一尺，则长二寸。方八分。（每瓣用三条。）

坐下榻头木并下卧枓：每料槽径一尺，则长八寸。方同上。（随瓣用。）

榻头木立枓：长九寸，方同上。（随瓣用。）

拽后枓：每料槽径一尺，则长二寸五分。方同上。（每瓣上下用六条。）

柱脚方并下卧枓：每料槽径一尺，则长五寸。方一寸。（随瓣用。）

柱脚立枓：长九寸，方同上。（每瓣上下用六条。）

帐身：高八尺五寸，径一丈。帐柱下用锃脚，上用隔料，四面并安欢门帐带，前后用门，柱内两边皆施立颊泥道版造。

帐柱：长视高。其广六分，厚五分。

下锃脚上隔料版：各长随帐柱内，广八分，厚一分四厘。内上隔料版广一寸七分。

下锃脚上隔料仰托枓：各长同上，广三分六厘，厚二分四厘。

下锃脚上隔料内外贴：各长同上，广二分四厘，厚一分一厘。

下锃脚及上隔料上内外柱子：各长六

分六厘。上隔料内外下柱子：长五分六厘，广厚同上。

立颊：长视上下仰托枓内，广厚同仰托枓。

泥道版：长同上，广八分，厚一分。

难子：长同上，方一分。

欢门：长随两立颊内，广一寸二分，厚一分。

帐带：长三寸二分，方二分四厘。

门子：长视立颊，广随两立颊内。（合版令足两扇之数，以厚八分为定法。）

帐身版：长同上，广随帐柱内，厚一分二厘。

帐身版上下及两侧内外难子：长同上，方一分二厘。

柱上帐头：共高一尺，径九尺八寸四分（檐及出跳在外）。六铺作卷头重栱造。其材广一寸，厚六分六厘，每瓣用补间铺作五朵，上施平棋。

普拍方：长随每瓣之广（绞头在外）。广三寸，厚一寸二分。

枓槽版：长同上，广七寸五分，厚二寸。

压厦版：长同上（加长七寸）。广九寸，厚一寸五分。

角栿：每径一尺，则长三寸。广四寸，厚三寸。

算桯方：广四寸，厚二寸五分。（长用两等：一每径一尺长六寸二分；一每径一尺长四寸八分。）

平棋：贴络华文等，并准殿内平棋制

度。

程：长随内外算程方及算程方心，广二寸，厚一分五厘。

背版：长广随程四周之内（以厚五分为定法）。

楅：每径一尺，则长五寸七分。方二寸。

护缝：长同背版，广二寸。（以厚五分为定法。）

贴：长随程内，广一寸二分。（厚同上。）

难子并贴络华（厚同贴）：每方一尺，用华子二十五枚或十六枚。

转轮：高八尺，径九尺，当心用立轴，长一丈八尺，径一尺五寸，上用铁铜钏，下用铁鹅台桶子。（如造地藏，其辐量所用增之。）其轮七格，上下各札辐挂辋，每格用八辋，安十六辐，盛经匣十六枚。

辐：每径一尺，则长四寸五分。方三分。

外辋：径九尺（每径一尺，则长四寸八分）。曲广七分，厚二分五厘。

内辋：径五尺（每径一尺，则长三寸八分）。曲广五分，厚四分。

外柱子：长视高，方二分五厘。

内柱子：长一寸五分，方同上。

立颊：长同外柱子，方一分五厘。

钿面版：长二寸五分，外广二寸二分，内广一寸二分。（以厚六分为定法。）

格版：长二寸五分，广一寸二分。

（厚同上。）

后壁格版：长广一寸二分。（厚同上。）

难子：长随格版、后壁版四周，方八厘。

托辐牙子：长二寸，广一寸，厚三分。（隔间用。）

托枨：每径一尺，则长四寸。方四分。

立绞枨：长视高，方二分五厘。（随辐用。）

十字套轴版：长随外平坐上外径，广一寸五分，厚五分。

泥道版：长一寸一分，广三分二厘（以厚六分为定法）。

泥道难子：长随泥道版四周，方三厘。

经匣：长一尺五寸，广六寸五分，高六寸。（盝顶在内。）上用趄尘盝顶，陷顶开带，四角打卯，下陷底。每高一寸，以二分为盝顶斜高，以一分三厘为开带。四壁版长，随匣之长广。每匣高一寸，则广八分，厚八厘。顶版、底版，每匣长一尺，则长九寸五分；每匣广一寸，则广八分八厘，每匣高一寸，则厚八厘。子口版长随匣四周之内。每高一寸，则广二分，厚五厘。

凡经藏坐芙蓉瓣，长六寸六分，下施龟脚（上对铺作）。套轴版安于外槽平坐之上。其结瓦、瓦陇条之类，并准佛道帐制度。举折等亦如之。

【注释】〔1〕转轮经藏：经藏为寺院存放佛经之处。"转轮经藏"是佛教法器，为萧梁时傅弘首创。其形为在大窟中部立柱为轴，作八面形，内置经典。其后又于八面柱上各施一龙，以达天龙八部中的龙众护法之意。

【译文】建造经藏的制度：总共高为二丈，直径一丈六尺，八棱形。每个棱面宽为六尺六寸六分。内外槽柱：外槽帐身柱上采用腰檐、平坐，坐上设置天宫楼阁，八个面的制度全都相同。经藏构件的宽度和厚度也都以每一层每一尺的高度为一百，用这个百分比来确定各部分的比例尺寸。

外槽帐身：柱子上采用隔斗、欢门、帐带等。高为一丈二尺。

帐身外槽柱：长度根据高度而定，宽四分六厘，厚四分。（归瓣造型。）

隔斗板：长度根据帐柱内尺寸而定。其宽为一寸六分，厚一分二厘。

仰托棍：长度同上，宽三分，厚二分。

隔斗内外贴：长度同上，宽二分，厚九厘。

内外上下柱子：上柱长度为四分，下柱长三分，宽度和厚度同上。

欢门：长度同隔斗板。其宽为一寸二分，厚一分二厘。

帐带：长度为二寸五分，二分六厘见方。

腰檐并结宽：共高二尺，斗槽径为一丈五尺八寸四分（斗槽和出檐在外）。里外采用六铺作重棋，用一寸材。（厚度为六分

六厘。）每瓣用五朵补间铺作，外跳采用单抄重昂，里跳采用卷头。柱子上先用普拍方放斗拱，上面使用压厦板，出椽并排飞子、角梁、贴生等，根据副阶的举折走势结瓦。

普拍方：长度根据每瓣的宽度而定。（绞角在外。）其宽度为二寸，厚为七分五厘。

斗槽板：长度同上，宽三寸五分，厚一寸。

压厦板：长度同上（加长七寸），宽七寸五分，厚七分五厘。

山板：长度同上，宽四寸五分，厚一寸。

贴生：长度与山板相同（加长六寸）。方一分。

角梁：长度为八寸，宽一寸五分，厚同上。

子角梁：长度为六寸，宽同上，厚八分。

搏脊槫：长度同上（加长一寸）。宽一寸五分，厚一寸。

曲椽：长度为八寸，曲面宽为一寸，厚四分。（每一朵补间铺作用三条曲椽，与从椽均匀分开。）

飞子：长度为五寸，三分五厘见方。

白板：长度与山板相同（加长一尺）。宽三寸五分。（厚度以五分为定则。）

井口棍：长度根据直径而定，二寸见方。

立棍：长度根据高度而定，一寸五分见方。（每瓣用三条立棍。）

马头榥：方形边长同上。（使用的数量同上。）

厦瓦板：长度与山板相同（加长一尺）。宽五寸。（厚度以五分为定则。）

瓦陇条：长度为九寸，四分见方。（包括瓦头在内。）

瓦口子：长度和厚度与厦瓦板相同，曲面宽为三寸。

小山子板：长度和宽度各为四寸，厚一寸。

搏脊：长度与山板相同（加长二寸）。宽二寸五分，厚八分。

角脊：长度为五寸，宽二寸，厚一寸。

平坐：高为一尺，斗槽的直径为一丈五尺八寸四分（压厦板的出头在外面）。采用六铺作卷头重棋造型，用一寸材。每一瓣用九朵补间铺作，上面采用单钩阑，高为六寸。（采用撮项云棋造型，栏杆的尺寸以佛道帐制度为准。）

普拍方：长度根据每一瓣的宽度而定（绞头在外）。一寸见方。

斗槽板：长度同上。其宽为九寸，厚二寸。

压厦板：长度同上（加长为七寸五分）。宽九寸五分，厚二寸。

雁翅板：长度同上（加长为八寸）。宽二寸五分，厚八分。

井口榥：长度同上，三寸见方。

马头榥（每直径如果为一尺，则长度为一寸五分）：三分见方。（每一瓣用三条马头榥。）

钿面板：长度与井口榥相同（或者减少

四寸）。宽一尺二寸，厚七分。

天宫楼阁：三层，总共高为五尺，深一尺。下层副阶内的角楼子长度为一瓣，采用六铺作单抄重昂。角楼挟屋长度为一瓣，茶楼子长度为二瓣，均采用五铺作单抄单昂。行廊的长度为二瓣（分心），四铺作。（以上全部采用单棋或重棋造型。）材的宽为五分，厚三分三厘。每瓣用两朵补间铺作。中层的平坐上面安装单钩阑，高度为四寸。（斗子蜀柱造型，其栏杆的尺寸以佛道帐的制度为准。）铺作都采用卷头，上层楼阁所用的铺作数量都以下层的制度为准。（其结瓦的构件，都以腰檐制度为准，根据情况酌情增减。）

里槽坐：高度为三尺五寸（包括帐身及上层楼阁总共高度为一丈三尺，帐身的直径为一丈）。面的直径为一丈一尺四寸四分，斗槽的直径为九尺八寸四分。下面采用龟脚，龟脚上采用车槽、叠涩等造型，其制度以佛道帐坐的制法为准。内门的窗上设置平坐，平坐上设置重台钩阑，高度为九寸（采用云棋瘿项造型，其栏杆的尺寸以佛道帐的制度为准）。采用六铺作卷头。材的宽为一寸，厚六分六厘。每一瓣采用五朵补间铺作（门窗或用壶门、神龛）。采用芙蓉瓣造型。

龟脚：长度为二寸宽八分，厚四分。

车槽上下涩：长度根据每瓣的宽度而定。（加长一寸。）其宽为二寸六分，厚六分。

车槽：长度同上（减长一寸）。宽二寸，厚七分。（把花板安装在外面。）

上子涩：两重（即在坐腰上下的地方）。长度同上（减长二寸）。宽为二寸，厚三分。

下子涩：长度、厚度同上，宽二寸三分。

坐腰：长度同上（减长度三寸五分）。宽一寸三分，厚一寸。（把花板安装在外面。）

坐面涩：长度同上，宽二寸三分，厚六分。

猴面板：长度同上，宽三寸，厚六分。

明金板：长度同上（减长二寸）。宽一寸八分，厚一分五厘。

普拍方：长度同上（绞头在外）。三分见方。

斗槽板：长度同上（减长七寸）。宽二寸，厚三分。

压厦板：长度同上（减长一寸）。宽一寸五分，厚度同上。

车槽华板：长度根据车槽而定，宽七分，厚同上。

坐腰花板：长度根据坐腰而定，宽一寸，厚同上。

坐面板：长度、宽度根据猴面板内的尺寸而定，厚二分五厘。

坐内背板：每斗槽的直径一尺，则长度为二寸五分。（宽度根据坐高而定，厚度以六分为定则。）

猴面梯盘棍：每斗槽直径一尺，则长度为八寸。一寸见方。

猴面钿板棍：每斗槽直径一尺，则长度为二寸。八分见方。（每瓣用三条猴面钿板棍。）

坐下榻头木并下卧棍：每斗槽直径一尺，则长度为八寸。方形边长同上。（根据瓣采用坐下榻头木和下卧棍。）

榻头木立棍：长度为九寸，方形边长同上。（根据瓣采用榻头木和立棍。）

拽后棍：每斗槽直径一尺，则长度为二寸五分。方形边长同上。（每瓣上下用六条拽后棍。）

柱脚方并下卧棍：每斗槽直径一尺，则长度为五寸。方形边长一寸。（根据瓣采用柱脚方和下卧棍。）

柱脚立棍：长度为九寸，方形边长同上。（每瓣上下用六条柱脚立棍。）

帐身：高为八尺五寸，直径一丈。帐柱下面用锃脚，上面用隔斗，四面都安装欢门帐带，前后用门，柱内两边都采用立颊和泥道板。

帐柱：长度根据高度而定。其宽度为六分，厚五分。

下锃脚上隔斗板：各个隔斗板的长度都根据帐柱内尺寸而定，宽八分，厚一分四厘。内上隔斗板宽一寸七分。

下锃脚上隔斗仰托棍：各个长度同上，宽三分六厘，厚二分四厘。

下锃脚上隔斗内外贴：各个长度同上，宽二分四厘，厚一分一厘。

下锃脚及上隔斗上内外柱子：各长六分六厘。上隔斗内外下柱子：长度为五分六厘，宽厚同上。

立颊：长度根据上下仰托棍内的尺寸而定，宽度和厚度与仰托棍相同。

泥道板：长度同上，宽八分，厚一分。

难子：长度同上，见方一分。

欢门：长度根据两立颊内尺寸而定，宽一寸二分，厚一分。

帐带：长度为三寸二分，二分四厘见方。

门子：长度根据立颊而定，宽度根据两立颊内的尺寸而定。（拼合木板使尺寸足够两扇的数量，厚度以八分为定则。）

帐身板：长度同上，宽度根据帐柱内的尺寸而定，厚为一分二厘。

帐身板上下及两侧内外难子：长度同上，一分二厘见方。

柱上帐头：总共高为一尺，直径为九尺八寸四分（檐和出跳在外）。采用六铺作卷头重棋造型。材的宽度为一寸，厚六分六厘，每瓣用五朵补间铺作，上面采用平棋。

普拍方：长度根据每瓣的宽度而定（绞头在外）。宽三寸，厚一寸二分。

斗槽板：长度同上，宽七寸五分，厚二寸。

压厦板：长度同上（加长七寸）。宽九寸，厚一寸五分。

角栿：每直径一尺，则长三寸。宽为四寸，厚三寸。

算桯方：宽为四寸，厚二寸五分。（长度使用两个等级：一个是每个直径为一尺长度六寸二分；另一个是每个直径为一尺长度四寸八分。）

平棋：贴络花纹等，一并以殿内平棋制度为准。

桯：长度根据内外算桯方和算桯方的中心而定，宽为二寸，厚一分五厘。

背板：长度和宽度根据桯四周之内的尺寸而定（厚度以五分为定则）。

辐：每直径一尺，则长五寸七分。二寸见方。

护缝：长度与背板相同，宽二寸。（厚度以五分为定则。）

贴：长度根据桯内尺寸而定，宽一寸二分。（厚度同上。）

难子并贴络花（厚度与贴相同）：每一尺见方，使用二十五枚或十六枚花子。

转轮：高度为八尺，直径九尺，中心位置用立轴，长度为一丈八尺，直径一尺五寸，上面使用铁铜钏，下面使用铁鹅台桶子。（如果建造地藏，辐的数量要根据使用情况相应增加。）轮子为七个格，上下各札辐挂辋，每格用八个辋，安十六个辐，盛放十六枚经匣。

辐：每直径一尺，则长四寸五分。三分见方。

外辋：直径九尺（每直径一尺，则长四寸八分）。曲面宽为七分，厚二分五厘。

内辋：直径五尺（每直径一尺，则长三寸八分）。曲面宽为五分，厚四分。

外柱子：长度根据高度而定，二分五厘见方。

内柱子：长度为一寸五分，方形边长同上。

立颊：长度与外柱子相同，一分五厘见方。

钿面板：长度为二寸五分，外面宽为

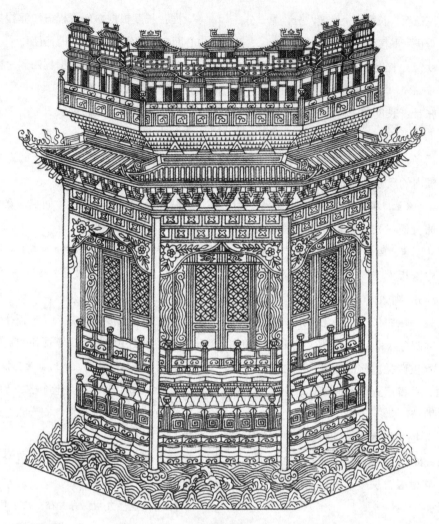

转轮经藏

二寸二分，内里宽为一寸二分。（厚度以六分为定则。）

格板：长度为二寸五分，宽一寸二分。（厚度同上。）

后壁格板：长度和宽度为一寸二分。（厚度同上。）

难子：长度根据格板、后壁板四周的尺寸而定，八厘见方。

托辐牙子：长度为二寸，宽一寸，厚三分。（用在隔间处。）

托枨：每直径一尺，则长度四寸。四分见方。

立绞榥：长度根据高度而定，二分五厘见方。（与辐搭配使用。）

十字套轴板：长度根据外平坐上的外径而定，宽为一寸五分，厚五分。

泥道板：长度为一寸一分，宽三分二厘（厚度以六分为定则）。

泥道难子：长度根据泥道板四周的尺寸而定，三厘见方。

经匣：长度为一尺五寸，宽为六寸五分，高六寸。（包括盝顶在内。）上面使用趄尘盝顶，陷顶开带，四角打钉，下面陷底。每高为一寸，以二分为盝顶的斜高，以一分三厘为开带的尺寸。四壁板长度根据匣子的长宽而定。每个经匣高一寸，则宽八分，厚八厘。顶板、底板，每匣长度为一尺，则长度为九寸五分；每匣宽为一寸，则宽八分八厘，每匣高一寸，则厚度为八厘。子口板长度根据匣子四周之内的尺寸而定。每高一寸，则宽二分，厚五厘。

制作经藏坐的芙蓉瓣，长度为六寸六分，下面采用龟脚（上对铺作）。套轴板安在外槽的平坐之上。结瓦、瓦陇条之类，一并以佛道帐制度为准。举折等的制作也是如此。

壁藏[1]

【原文】造壁藏之制：共高一丈九尺，身广三丈，两摆手各广六尺，内外槽共深四尺（坐头及出跳皆在柱外）。前后与两侧制度并同。其名件宽厚，皆取逐层每尺之高，积而为法。

坐：高三尺，深五尺二寸，长随藏身之广，下用龟脚，脚上施车槽、叠涩等。其制度并准佛道帐坐之法。唯坐腰之内，造神龛、壸门，门外安重台钩阑，高八寸，上设平坐，坐上安重台钩阑（高一尺，用云栱瘿项造。其钩阑准佛道帐制度）。用五铺作卷头。其材广一寸，厚六分六厘。每六寸六分施补间铺作一朵。其坐并芙蓉瓣造。

龟脚：每坐高一尺，则长二寸，广八分，厚五分。

车槽上下涩（后壁侧当者，长随坐之深加二寸，内上涩面前长减坐八尺）：广二寸五分，厚六分五厘。

车槽：长随坐之深广，广二寸，厚七分。

上子涩：两重，长同上，广一寸七分，厚三分。

下子涩：长同上，广二寸，厚同上。

坐腰：长同上（减五寸）。广一寸二分，厚一寸。

坐面涩：长同上，广二寸，厚六分五厘。

猴面版：长同上，广三寸，厚七分。

明金版：长同上（每面减四寸）。广一寸四分，厚二分。

枓槽版：长同车槽上下涩（侧当减一尺二寸，面前减八尺，摆手面前广减六寸）。广二寸三分，厚三分四厘。

压厦版：长同上（侧当减四寸，面前减八尺，摆手面前减二寸）。广一寸六分，厚同上。

神龛壸门背版：长随枓槽，广一寸七

分，厚一分四厘。

壶门牙头：长同上，广五分，厚三分。

柱子：长五分七厘，广三分四厘，厚同上。（随瓣用。）

面版：长与广皆随猴面版内。（以厚八分为定法。）

普拍方：长随枓槽之深广，方三分四厘。

下车槽卧榥（每深一尺，则长九寸，卯在内）：方一寸一分。（隔瓣用。）

柱脚方：长随枓槽内深广，方一寸二分。（绞荫在内。）

柱脚方立榥：长九寸（卯在内）。方一寸一分。（隔瓣用。）

榻头木：长随柱脚方内，方同上。（绞荫在内。）

榻头木立榥：长九寸一分（卯在内）。方同上。（隔瓣用。）

拽后榥：长五寸（卯在内）。方一寸。

罗文榥：长随高之斜长，方同上。（隔瓣用。）

猴面卧榥（每深一尺，则长九寸，卯在内）：方同榻头木。（隔瓣用。）

帐身：高八尺，深四尺。帐柱上施隔枓，下用锃脚，前面及两侧皆安欢门、帐带（帐身施版门子）。上下截作七格（每格安经匣四十枚）。屋内用平棋等造。

帐内外槽柱：长视帐身之高，方四分。

内外槽上隔枓版：长随帐柱内，广一寸三分，厚一分八厘。

内外槽上隔枓仰托榥：长同上，广五分，厚二分二厘。

内外槽上隔枓内外上下贴：长同上，广二分二厘，厚一分二厘。

内外槽上隔枓内外上柱子：长五分，广厚同上。

内外槽上隔枓内外下柱子：长三分六厘，广厚同上。

内外欢门：长同仰托榥，广一寸二分，厚一分八厘。

内外帐带：长三寸，方四分。

里槽下锃脚版：长同上隔枓版，广七分二厘，厚一分八厘。

里槽下锃脚仰托榥：长同上，广五分，厚二分二厘。

里槽下锃脚外柱子：长五分，广二分二厘，厚一分二厘。

正后壁及两侧后壁心柱：长视上下仰托榥内。其腰串长随心柱内。各方四分。

帐身版：长视仰托榥腰串内，广随帐柱、心柱内。（以厚八分为定法。）

帐身版内外难子：长随版四周之广，方一分。

逐格前后格榥：长随间广，方二分。

钿版榥（每深一尺，则长五寸五分）：广一分八厘，厚一分五厘。（每广六寸用一条。）

逐格钿面版：长同前后两侧格榥，广随前后格榥内。（以厚六分为定法。）

逐格前后柱子：长八寸，方二分。（每匣小间用二条。）

格版：长二寸五分，广八分五厘，厚同钿面版。

破间心柱：长视上下仰托楑内。其广五分，厚三分。

折叠门子：长同上，广随心柱、帐柱内。（以厚一寸为定法。）

格版难子：长随格版之广。其方六厘。

里槽普拍方：长随间之深广。其广五分，厚二分。

平棊：华文等准佛道帐制度。

经匣：盝顶及大小等，并准转轮藏经匣制度。

腰檐：高一尺，枓槽共长二丈九尺八寸四分，深三尺八寸四分，枓栱用六铺作单抄双昂，材广一寸，厚六分六厘，上用压厦版出檐结瓦。

普拍方：长随深广（绞头在外）。广二寸，厚八分。

枓槽版：长随后壁及两侧摆手深广（前面长减八寸）。广三寸五分，厚一寸。

压厦版：长同枓槽版（减六寸，前面长减同上）。广四寸，厚一寸。

枓槽钥匙头：长随深广，厚同枓槽版。

山版：长同普拍方，广四寸五分，厚一寸。

出入角角梁：长视斜高，广一寸五分，厚同上。

出入角子角梁：长六寸。（卯在内。）曲广一寸五分，厚八分。

抹角方：长七寸，广一寸五分，厚同角梁。

贴生：长随角梁内，方一寸。（折计用。）

曲椽：长八寸，曲广一寸，厚四分。（每补间铺作一朵，用三条，从角匀摊。）

飞子：长五寸（尾在内）。方三分五厘。

白版：长随后壁及两侧摆手（到角长加一尺，前面长减九尺）。广三寸五分。（以厚五分为定法。）

厦瓦版：长同白版（加一尺三寸，前面长减八尺）。广九寸。（厚同上。）

瓦陇条：长九寸，方四分。（瓦头在内，隔间匀摊。）

搏脊：长同山版。（加二寸，前面长减八尺。）其广二寸五分，厚一寸。

角脊：长六寸，广二寸，厚同上。

搏脊槫：长随间之深广。其广一寸五分，厚同上。

小山子版：长与广皆二寸五分，厚同上。

山版枓槽卧榥：长随枓槽内。其方一寸五分。（隔瓣上下用二枚。）

山版枓槽立榥：长八寸，方同上。（隔瓣用二枚。）

平坐：高一尺，枓槽长随间之广，共长二丈九尺八寸四分，深三尺八寸四分。安单钩阑，高七寸（其钩阑准佛道帐制度）。用六铺作卷头。材之广厚及用压厦版，并准腰檐之制。

普拍方：长随间之深广（合角在外）。方一寸。

科槽版：长随后壁及两侧摆手（前面减八尺）。广九寸（子口在内）。厚二寸。

压厦版：长同科槽版（至出角加七寸五分，前面减同上）。广九寸五分，厚同上。

雁翅版：长同科槽版（至出角加九寸，前面减同上）。广二寸五分，厚八分。

科槽内上下卧榥：长随科槽内。其方三寸。（随瓣隔间上下用。）

科槽内上下立榥：长随坐高。其方二寸五分。（随卧榥用二条。）

钿面版：长同普拍方。（以厚七分为定法。）

天宫楼阁：高五尺，深一尺，用殿身、茶楼、角楼、龟头、殿挟屋、行廊等造。

下层副阶：内殿身长三瓣，茶楼子长二瓣，角楼长一瓣，并六铺作单抄双昂造。龟头殿挟各长一瓣，并五铺作单抄单昂造。行廊长二瓣，分心四铺作造。其材并广五分，厚三分三厘。出入转角间内并用补间铺作。

中层副阶上平坐：安单钩阑，高四寸。（其钩阑准佛道帐制度。）其平坐并用卷头铺作等，及上层平坐上天宫楼阁，并准副阶法。

凡壁藏芙蓉瓣，每瓣长六寸六分。其用龟脚至举折等，并准佛道帐之制。

【注释】〔1〕壁藏：是沿墙设置的贮藏经书的壁橱。平坐上施栏杆，帐身中有若干小间，此为存放经书的经屉，每间安有可开启的小板门。

【译文】 建造壁藏的制度：总共高为一丈九尺，身宽三丈，两个摆手各宽六尺，内外槽总共深为四尺（坐头及出跳都在柱子外）。前后与两侧的制作也都相同。壁藏构件的宽度和厚度也都以每一层每一尺的高度为一百，用这个百分比来确定各部分的比例尺寸。

坐：高为三尺，深五尺二寸，长度根据壁藏身的宽度而定，下面采用龟脚，龟脚上安设车槽、叠涩等构件。其尺寸制度全都以佛道帐底座的尺寸为准。只有坐腰之内要建造神龛、壸门，门外安装重台钩阑，高为八寸，上面安设平坐，坐上安装重台钩阑（高为一尺，用云栱瘿项造型。其栏杆制度以佛道帐制度为准）。采用五铺作卷头。其材的宽度为一寸，厚六分六厘。每六寸六分采用一朵补间铺作。底座全用芙蓉瓣造型。

龟脚：每座高一尺，则长为二寸，宽八分，厚五分。

车槽上下涩（用于后壁侧挡的，长度根据底座的深度增加二寸，内上涩面前的长度比底座减少八尺）：宽为二寸五分，厚六分五厘。

车槽：长度根据坐的深度、宽度而定，宽为二寸，厚七分。

上子涩：两重，长度同上，宽一寸七分，厚三分。

下子涩：长度同上，宽二寸，厚同上。

坐腰：长度同上（减五寸）。宽一寸二分，厚一寸。

坐面涩：长度同上，宽二寸，厚六分五厘。

猴面板：长度同上，宽三寸，厚七分。

明金板：长度同上（每面减少四寸）。宽一寸四分，厚二分。

斗槽板：长度与车槽上下涩相同（侧挡面减少一尺二寸，面前减少八尺，摆手面前的宽度减少六寸）。宽二寸三分，厚三分四厘。

压厦板：长度同上（侧挡面减少四寸，面前减少八尺，摆手面前减少二寸）。宽一寸六分，厚同上。

神龛壶门背板：长度根据斗槽而定，宽一寸七分，厚一分四厘。

壶门牙头：长度同上，宽五分，厚三分。

柱子：长度为五分七厘，宽三分四厘，厚同上。（搭配瓣使用。）

面板：长度与宽度都根据猴面板内的情况而定。（厚度以八分为定则。）

普拍方：长度根据斗槽的深度和宽度而定，三分四厘见方。

下车槽卧榥（每深一尺，则长九寸，包括卯在内）：一寸一分见方。（隔瓣上使用。）

柱脚方：长度根据斗槽内深和宽而定，一寸二分见方。（包括绞荫在内。）

柱脚方立榥：长度为九寸（包括卯在内）。一寸一分见方。（隔瓣上使用。）

榻头木：长度根据柱脚方内的尺寸而定，方形边长同上。（包括绞荫在内。）

榻头木立榥：长度九寸一分（包括卯在内）。方形边长同上。（隔瓣上使用。）

拽后榥：长度五寸（包括卯在内）。一寸见方。

罗文榥：长度根据高的斜长而定，方形边长同上。（隔瓣上使用。）

猴面卧榥（每深一尺，则长度为九寸，包括卯在内）：方与榻头木相同。（隔瓣上使用。）

帐身：高为八尺，深四尺。帐柱上使用隔斗，下面使用锃脚，前面及两侧都安装欢门、帐带（帐身上使用板门子）。上下截成七个格（每个格安四十枚藏经匣子）。屋内使用平棋等造型。

帐内外槽柱：长度根据帐身的高度而定，四分见方。

内外槽上隔斗板：长度根据帐柱内尺寸而定，宽为一寸三分，厚一分八厘。

内外槽上隔斗仰托榥：长度同上，宽五分，厚二分二厘。

内外槽上隔斗内外上下贴：长度同上，宽为二分二厘，厚一分二厘。

内外槽上隔斗内外上柱子：长度为五分，宽厚同上。

内外槽上隔斗内外下柱子：长度为三分六厘，宽厚同上。

内外欢门：长度与仰托榥相同，宽为一寸二分，厚一分八厘。

内外帐带：长度为三寸，四分见方。

里槽下锃脚板：长度与上隔斗板相同，宽七分二厘，厚一分八厘。

里槽下锃脚仰托榥：长度同上，宽五分，厚二分二厘。

里槽下锃脚外柱子：长度五分，宽二分二厘，厚一分二厘。

正后壁及两侧后壁心柱：长度根据上下仰托榥内尺寸而定。其腰串长度根据心柱内尺寸而定。各四分见方。

帐身板：长度根据仰托榥腰串内尺寸而定，宽度根据帐柱、心柱内尺寸而定。（厚度以八分为定则。）

帐身板内外难子：长度根据板四周的宽度而定，一分见方。

逐格前后格榥：长度根据间宽而定，二分见方。

钿板榥（每深一尺，则长度为五寸五分）：宽一分八厘，厚一分五厘。（每宽六寸用一条钿板榥。）

逐格钿面板：长度与前后两侧格榥相同，宽度根据前后格榥内尺寸而定。（厚度以六分为定则。）

逐格前后柱子：长度为八寸，二分见方。（每个匣子的小间用两条。）

格板：长度为二寸五分，宽八分五厘，厚度与钿面板相同。

破间心柱：长度根据上下仰托榥内的尺寸而定。其宽为五分，厚三分。

折叠门子：长度同上，宽度根据心柱、帐柱内尺寸而定。（厚度以一寸为定则。）

格板难子：长度根据格板的宽度而定。六厘见方。

里槽普拍方：长度根据开间的深度和宽度而定。其宽为五分，厚二分。

平棋：花纹等都以佛道帐制度为准。

经匣：盝顶以及大小等，都以转轮藏经匣的制度为准。

腰檐：高度为一尺，斗槽总共长度为二丈九尺八寸四分，深三尺八寸四分，斗拱采用六铺作单抄双昂，材宽为一寸，厚为六分六厘，上面使用压厦板出檐结瓦。

普拍方：长度根据深度和宽度而定（绞头在外）。宽二寸，厚八分。

斗槽板：长度根据后壁和两侧摆手的深度和宽度而定（前面长度减八寸）。宽三寸五分，厚一寸。

压厦板：长度与斗槽板相同（长度减六寸，前面长度减少部分与上面相同）。宽四寸，厚一寸。

斗槽钥匙头：长度根据深度和宽度而定，厚度与斗槽板相同。

山板：长度与普拍方相同，宽四寸五分，厚一寸。

出入角角梁：长度根据斜高而定，宽一寸五分，厚同上。

出入角子角梁：长度为六寸。（包括卯在内。）曲面宽为一寸五分，厚八分。

抹角方：长度为七寸，宽为一寸五分，厚度与角梁相同。

贴生：长度根据角梁内尺寸而定，一寸见方。（折算时使用。）

曲椽：长度为八寸，曲面宽一寸，厚为四分。（每一朵补间铺作用三条曲椽，从角匀摊。）

飞子：长度为五寸（包括尾在内）。三分五厘见方。

白板：长度根据后壁和两侧的摆手而定（到角长度增加一尺，前面长度减少九尺）。宽三寸五分。（厚度以五分为定则。）

厦瓦板：长度与白板相同（增加一尺三寸，前面长度减八尺）。宽九寸。（厚度同上。）

瓦陇条：长度为九寸，四分见方。（包括瓦头在内，隔间均匀铺开平摊。）

搏脊：长度与山板相同。（增加二寸，前面长度减少八尺。）其宽度为二寸五分，厚一寸。

角脊：长度为六寸，宽二寸，厚度同上。

搏脊榑：长度根据开间的深度和宽度而定。其宽为一寸五分，厚度同上。

小山子板：长度与宽度都为二寸五分，厚度同上。

山板斗槽卧榥：长度根据斗槽内尺寸而定。一寸五分见方。（隔瓣上下使用二枚。）

山板斗槽立榥：长度为八寸，方形边长同上。（隔瓣用二枚。）

平坐：高为一尺，斗槽长度根据开间宽度而定，总共长为二丈九尺八寸四分，深为三尺八寸四分。安设单钩阑，高为七寸（栏杆的尺寸以佛道帐制度为准）。采用六铺作卷头。材的宽度和厚度，以及使用的压厦板，都以腰檐的制度为准。

普拍方：长度根据开间的深度和宽度而定（合角在外）。一寸见方。

斗槽板：长度根据后壁和两侧的摆手而定（前面减八尺）。宽为九寸（包括子口在内）。厚为二寸。

压厦板：长度与斗槽板相同（到出角则增加七寸五分，前面减少的与上面相同）。宽为九寸五分，厚度同上。

雁翅板：长度与斗槽板相同（到出角则加九寸，前面减少的与上面相同）。宽二寸五分，厚八分。

斗槽内上下卧榥：长度根据斗槽内的尺寸而定。三寸见方。（随瓣隔间上下使用。）

斗槽内上下立榥：长度根据坐高而定。二寸五分见方。（搭配卧榥使用两条立榥。）

钿面板：长度与普拍方相同。（厚度以七分为定则。）

天宫楼阁：高为五尺，深一尺，用殿身、茶楼、角楼、龟头、殿挟屋、行廊等造型。

下层副阶：内殿身长度为三瓣，茶楼子长度为二瓣，角楼长度为一瓣，全都采用六铺作单抄双昂造。龟头殿挟各长为一瓣，全用五铺作单抄单昂造。行廊长度为二瓣，采用分心四铺作造。其材宽为五分，厚为三分三厘。出入转角间之内全采用补间铺作。

中层副阶上平坐：安设单钩阑，高为四寸。（栏杆的尺寸以佛道帐制度为准。）平坐全部采用卷头铺作等，上层平坐上的天宫楼阁，都以副阶的尺寸之法为准。

壁藏做芙蓉瓣，每瓣的长度为六寸六分。至于所用的龟脚和举折等，一并以佛道帐制度为准。

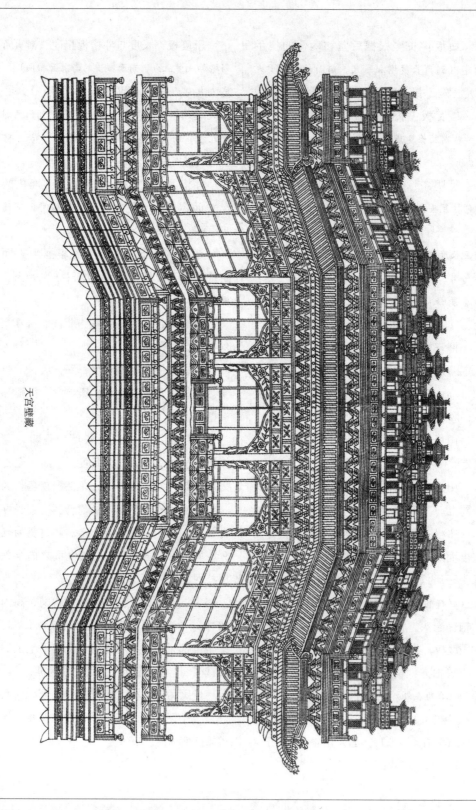

天宫壁藏

卷十二·雕作制度　旋作制度
锯作制度　竹作制度

　　本卷阐述雕作、旋作、锯作、竹作必须遵从的规程和原则。

雕作制度

混作

【原文】 雕混作[1]之制有八品：

一曰神仙。（真人、女真、金童、玉女之类同。）二曰飞仙。（嫔伽、共命鸟之类同。）三曰化生。（以上并手执乐器或芝草、华果、瓶盘、器物之属。）四曰拂菻[2]。（蕃王、夷人之类同。手内牵拽走兽或执旌旗矛戟之属。）五曰凤凰。（孔雀、仙鹤、鹦鹉、山鹧、练鹊、锦鸡、鸳鸯、鹅、鸭、凫、雁之类同。）六曰师子。（狻猊、麒麟、天马、海马、羚羊、仙鹿、熊、象之类同。）

以上并施之于钩阑柱头之上，或牌带四周（其牌带之内，上施飞仙，下用宝床真人等。如系御书，两颊作升龙，并在起突华地之外）。及照壁版之类亦用之。

七曰角神。（宝藏神之类同。）施之于屋出入转角大角梁之下，及帐坐腰内之类亦用之。

八曰缠柱龙。（盘龙、坐龙、牙鱼之类同。）施之于帐及经藏柱之上（或缠宝山），或盘于藻井之内。

凡混作雕刻成形之物，令四周皆备。其人物及凤凰之类或立或坐，并于仰覆莲华或覆瓣莲华坐上用之。

【注释】 〔1〕雕混作：古建筑工程中从事雕刻工艺的专业，又称"雕凿作"，即雕作。

混作即圆雕，是对木、石、砖进行雕刻的手法。有三大类别：雕插写生花，即镂雕；起突卷叶花，也称剔地起突卷叶花，即高浮雕；剔地洼叶花与起突卷叶花相似，但不要求花叶的翻卷状态。

〔2〕拂菻：即拂菻国，中国中古史籍中对东罗马帝国（拜占庭帝国）的称谓。

【译文】 雕混作的制度有八个品级：

一是神仙。（真人、女真、金童、玉女之类的也与此相同。）二是飞仙。（嫔伽、共命鸟之类的与此相同。）三是化生。（以上这些人物造型都手拿乐器或灵芝仙草、花果、瓶盘、器物等类的东西。）四是拂菻。（蕃王、夷人之类的与此相同。手里牵拽着走兽或者拿着旌旗矛戟之类。）五是凤凰。（孔雀、仙鹤、鹦鹉、山鹧、练鹊、锦鸡、鸳鸯、鹅、鸭、凫、雁之类的与此相同。）六是狮子。（狻猊、麒麟、天马、海马、羚羊、仙鹿、熊、象之类的与此相同。）

以上造型都用在栏杆柱头的上面，或者牌带的四周（牌带之内，上面要雕刻飞仙，下面用宝床真人等。如果是皇帝的亲笔御书，两颊要做出升龙的造型，都在起突花地之

玉女　　　拂菻　　　凤

混作缠柱龙

化生　　　柘支　　　鸳鸯

菩萨　　　坐龙　　　师子

外）。也可以用在照壁板之类的地方。

七是角神。（宝藏神之类的与此相同。）用在屋子里出入转角的大角梁之下，以及帐坐腰内之类的地方。

八是缠柱龙。（盘龙、坐龙、牙鱼之类的与此相同。）用在帐及经藏柱之上（或者缠绕宝山），或者盘桓在藻井之内。

凡是混作雕刻成形的物品，四周都要使用。其雕刻的人物以及凤凰之类，要么站立，要么坐着，用在仰覆莲花或者覆瓣莲花的底座上。

雕插写生华

【原文】　雕插写生华之制有五品：

一曰牡丹华。二曰芍药华。三曰黄葵华。四曰芙蓉华。五曰莲荷华。

以上并施之于栱眼壁之内。

凡雕插写生华，先约栱眼壁之高广，量宜分布画样，随其卷舒，雕成华叶，于宝山之上，以华盆安插之。

【译文】　雕插写生花的制度有五个品级：

一是牡丹花。二是芍药花。三是黄葵花。四是芙蓉花。五是莲荷花。

以上花型都雕刻在栱眼壁里面。

凡是制作雕插写生花，先估计栱眼壁的高度和宽度，选取合适的尺寸分布画样，根据花型卷舒走势，雕刻成花和叶，在宝山上面，用花盆安插。

重栱眼壁内华盆

牡丹

单栱眼壁内华盆

拒霜华等杂华

起突卷叶华

【原文】 雕剔地起突（或透突），卷叶华之制有三品：

一曰海石榴华。二曰宝牙华。三曰宝相华。（谓皆卷叶者，牡丹华之类同。）每一叶之上三卷者为上，两卷者次之，一卷者又次之。

以上并施之于梁、额（里贴同）、格子门腰版、牌带、钩阑版、云栱寻杖头、椽头盘子（如殿阁椽头盘子或盘起突龙凤之

类），及华版。凡贴络，如平棋心中角内，若牙子版之类皆用之。或于华内间以龙凤、化生、飞禽、走兽等物。

凡雕剔地起突华，皆于版上压下四周隐起。身内华叶等雕锼[1]，叶内翻卷，令表里分明，剔削枝条，须圆混相压。其华文皆随版内长、广匀留四边，量宜分布。

【注释】 〔1〕锼（sōu）：即锼，刻镂的意思。

【译文】 雕剔地起突（或透突），卷叶花的制度有三个品级：

一是海石榴花。二是宝牙花。三是宝相花。（所谓的卷叶花，即与牡丹花的花型相类似。）每一片叶子上雕成三卷的为上等，雕成两卷的次之，雕一卷的又次一等。

以上造型都用在梁、额（里贴也相同）、格子门腰板、牌带、栏杆板、云栱寻杖头、椽头盘子（比如殿阁椽头盘子或盘起突龙凤之类的），以及花板。对于贴络的，比如平棋中心位置角内，牙子板之类也都可以使用。或者在花内间杂着龙凤、化生、飞禽、走兽等形象。

雕刻剔地起突花时，需均在板上錾掉四周。镂空雕刻，叶内翻卷，使里外分明，剔削枝条，必须圆混相压。其花纹都要根据板内的长和宽均匀留出四边，选取合适位置排布花型。

剔地起突三卷叶

两卷叶

一卷叶

剔地洼叶

剔地平卷叶

透突平卷叶

钩阑华版

椽头盘子

剔地洼叶华

【原文】 雕剔地（或透突）洼叶（或平卷叶）华之制有七品：

一曰海石榴华。二曰牡丹华。（芍药华、宝相华之类卷叶或写生者并同。）三曰莲荷华。四曰万岁藤[1]。五曰卷头蕙草。（长生草及蛮云蕙草之类同。）六曰蛮云。（胡云及蕙草云之类同。）

以上所用及华内间龙凤之类并同上。

凡雕剔地洼叶华，先于平地隐起华头及枝条（其枝梗并交起相压）。减压下四周叶外空地。亦有平雕透突（或压地）。诸华者，其所用并同上。若就地随刀雕压出华文者，谓之"实雕"，施之于云栱、地霞、鹅项或叉子之首（及叉子锃脚版内），及牙子版、垂鱼、惹草等皆用之。

【注释】〔1〕万岁藤：天门冬科天门冬属的植物，又称丝冬、天棘、天文冬、万藏藤、大当门根。多生长在山野林缘阴湿地、丘陵地灌木丛或山坡草丛中。

【译文】 雕剔地（或透突）洼叶（或平卷叶）花的制度有七个品级：

一是海石榴花。二是牡丹花。（芍药花、宝相花之类的卷叶或者写生与此相同。）三是莲荷花。四是万岁藤。五是卷头蕙草。（长生草以及蛮云蕙草之类的与此相同。）六是蛮云。（胡云及蕙草云之类的与此相同。）

以上这几种花型以及花内间杂的龙凤之类的雕刻制度与起突卷叶花的制度相同。

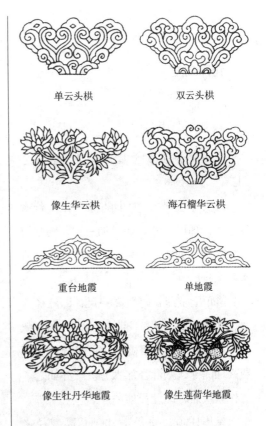

单云头栱　　　　双云头栱

像生华云栱　　　海石榴华云栱

重台地霞　　　　单地霞

像生牡丹华地霞　像生莲荷华地霞

雕刻剔地洼叶花时，先以平地浮雕做出花头和枝条（枝梗交错相压）。錾去叶子外部四周的空地。也有平雕透突（或压地）。这些花型，使用方法同上。如果是就地根据刀刃雕压出花纹的，称为"实雕"，用在云栱、地霞、鹅项或叉子的头部（包括叉子锃脚板里面），牙子板、垂鱼、惹草等也可以使用。

旋作制度

殿堂等杂用名件

【原文】造殿堂屋宇等杂用名件之制：

椽头盘子^[1]：大小随椽之径。若椽径五寸，即厚一寸。如径加一寸，则厚加二分。减亦如之。（加至厚一寸二分止。减至厚六分止。）

搘角梁宝瓶：每瓶高一尺，即肚径六寸，头长三寸三分，足高二寸。（余作瓶身。）瓶上施仰莲胡桃子，下坐合莲。若瓶高加一寸，则肚径加六分。减亦如之。或作素宝瓶，即肚径加一寸。

莲华柱顶：每径一寸，其高减径之半。

柱头仰覆莲华胡桃子（二段或三段造）：每径广一尺，其高同径之广。

门上木浮沤^[2]：每径一寸，即高七分五厘。

钩阑上葱台钉^[3]：每高一寸，即径二分。钉头随径，高七分。

盖葱台钉筒子：高视钉加一寸。每高一寸，即径广二分五厘。

【注释】〔1〕椽头盘子：位于椽头处，是用来防止雨水沿木纹侵蚀椽头的圆盘构件。

〔2〕木浮沤：每道"栿"及"穿带"皆用钉加固，正面装饰有呈半圆形的钉帽，即常见的旧

时大门门扉上的"点"。

〔3〕葱台钉：用于"当檐所出华头瓪瓦身内"，即钉在瓪瓦陇最下之"勾头"（华头）身上，以阻止整陇瓪瓦下滑，后来以此作为点缀物。

【译文】建造殿堂屋宇等杂用构件的制度：

椽头盘子：大小根据椽子的直径而定。如果椽子的直径为五寸，则盘子厚一寸。如椽子的直径增加一寸，则厚度增加二分。减少也按照这个比例。（加厚到一寸二分为止。减少也到厚六分为止。）

搘角梁宝瓶：瓶子每高一尺，则瓶肚的直径为六寸，头的长为三寸三分，足部的高为二寸。（其余为瓶身部分。）瓶上雕刻仰莲和胡桃子，下坐采用合莲造型。如果瓶子的高度增加一寸，则瓶肚的直径增加六分。减少也按这个比例。或者做成素宝瓶，则瓶肚的直径增加一寸。

莲花柱顶：每直径宽一寸，则高为直径的一半。

柱头仰覆莲花胡桃子（采用两段或三段造）：每直径宽一尺，其高度与直径的宽度相同。

门上木浮沤：每直径宽一寸，则高为七分五厘。

栏杆上葱台钉：每高为一寸，则直径二分。钉子头根据直径而定，高为七分。

盖葱台钉筒子：高度根据钉子的情况加一寸。每高为一寸，则直径宽为二分五厘。

照壁版宝床上名件

【原文】 造殿内照壁版上宝床等所用名件之制：

香炉：径七寸。其高减径之半。

注子〔1〕：共高七寸。每高一寸，即肚径七分。（两段造。）其项高径取高十分中以三分为之。

注碗〔2〕：径六寸。每径一寸，则高八分。

酒杯：径三寸。每径一寸，即高七分。（足在内。）

杯盘：径五寸。每径一寸，即厚二分。（足子径二寸五分。每径一寸，即高四分。心子并同。）

鼓：高三寸。每高一寸，即肚径七分。（两头隐出皮厚及钉子。）

鼓坐：径三寸五分。每径一寸，即高八分。（两段造。）

杖鼓〔3〕：长三寸。每长一寸，鼓大面径七分，小面径六分，腔口径五分，腔腰径二分。

莲子：径三寸。其高减径之半。

荷叶：径六寸。每径一寸，即厚一分。

卷荷叶：长五寸。其卷径减长之半。

披莲：径二寸八分。每径一寸，即高八分。

莲蓓蕾：高三寸。每高一寸，即径七分。

【注释】 〔1〕注子：古时的酒器。为金属或瓷材质。可坐入注碗中。起始于晚唐，盛行于宋元。

〔2〕注碗：碗的一种样式。是温酒具，与注子合用。一般碗壁直而深，有的通体为莲花形。使用时，在碗中放入适量热水，注子盛酒并放于碗中。宋时以南方瓷窑烧造居多。

〔3〕杖鼓：亦称狼帐、狼杖、狼串等，东传高丽后成为朝鲜族的重要击膜鸣乐器，细腰鼓类。北宋始有杖鼓之名，并用于宫廷燕乐的大曲部、鼓笛部中。北宋沈括在《梦溪笔谈》中写道："唐之杖鼓，本谓之'两杖鼓'，两头皆用杖。今之杖鼓，一头以手拊之，……明帝、宋开府皆善此鼓。其曲多独奏，如鼓笛曲是也。今时杖鼓，常时只是打拍，鲜有专门独奏之妙。"

【译文】 建造殿内照壁板上的宝床等所用构件的制度：

香炉：直径为七寸。高度为直径的一半。

注子：总共高为七寸。每高一寸，则肚子部位的直径为七分。（采用两段造型。）项高和径取高的十分之三。

注碗：直径为六寸。每直径为一寸，则高八分。

酒杯：直径为三寸。每直径为一寸，即高七分。（足在内。）

杯盘：直径为五寸。每直径为一寸，即厚二分。（足子直径二寸五分。每直径为一寸，即高四分。心子并同。）

鼓：高为三寸。每高为一寸，即肚子的直径为七分。（两头隐出皮厚和钉子。）

鼓坐：直径为三寸五分。每直径为一寸，即高八分。（采用两段造型。）

杖鼓：长为三寸。每长一寸，鼓大面

直径为七分,小面直径为六分,腔口直径为五分,腔腰直径为二分。

莲子:直径为三寸。其高为直径的一半。

荷叶:直径为六寸。每直径为一寸,即厚一分。

卷荷叶:长为五寸。荷叶卷的直径为长的一半。

披莲:直径为二寸八分。每直径为一寸,则高八分。

莲蓓蕾:高为三寸。每高为一寸,则直径七分。

佛道帐上名件

【原文】 造佛道等帐上所用名件之制:

火珠[1]:高七寸五分,肚径三寸。每肚径一寸,即尖长七分。每火珠高加一寸,即肚径加四分。减亦如之。

滴当火珠:高二寸五分。每高一寸,即肚径四分。每肚径一寸,即尖长八分。胡桃子下合莲长七分。

瓦头子:每径一寸,其长倍径之广。若作瓦钱子,每径一寸,即厚三分。减亦如之。(加至厚六分止,减至厚二分止。)

宝柱:作仰合莲华、胡桃子,宝瓶相间。通长造,长一尺五寸。每长一寸,即径广八厘。如坐内纱窗旁用者,每长一寸,即径广一分。若坐腰车槽内用者,每长一寸,即径广四分。

贴络门盘:每径一寸,其高减径之半。

贴络浮沤:每径五分,即高三分。

平棋钱子:径一寸。(以厚五分为定法。)

角铃:每一朵九件,大铃、盖子、簧子各一。角内子角铃共六。

大铃:高二寸。每高一寸,即肚径广八分。

盖子:径同大铃。其高减半。

簧子:径及高皆减大铃之半。

子角铃:径及高皆减簧子之半。

圜栌枓:大小随材分。(高二十分,径三十二分。)

虚柱莲华钱子(用五段):上段径四寸,下四段各递减二分。(以厚三分为定法。)

虚柱莲华胎子:径五寸。每径一寸,即高六分。

【注释】 〔1〕火珠:古代宫殿等房屋正脊上所用的宝珠,为火焰型图案。

【译文】 建造佛道等帐上所用构件的制度:

火珠:高为七寸五分,肚子直径为三寸。肚子每直径为一寸,则对应尖长七分。火珠的高度每增加一寸,则肚子的直径增加四分。减少也按照这个比例。

滴当火珠:高为二寸五分。每高一寸,则肚子直径增加四分。肚子每直径增加一寸,则尖长对应增加八分。胡桃子和下合莲的长度为七分。

瓦头子:每直径增加一寸,则长度为

直径宽度的二倍。如果做成瓦钱子，每直径增加一寸，则厚对应增加三分。减少也按照这个比例。（厚度增加到六分为止，减少也到二分为止。）

宝柱子：做仰合莲花、胡桃子，用宝瓶相间，通身长为一尺五寸。每长一寸，则直径增加八厘。如果坐内的纱窗旁用，每长一寸，则直径宽增加一分。如果坐腰车槽内使用，每长一寸，则直径宽增加四分。

贴络门盘：每直径一寸，则高度为直径的一半。

贴络浮沤：每直径五分，则对应高三分。

平棋钱子：直径一寸。（厚度以五分为定则。）

角铃：每一朵用九件，大铃、盖子、簧子各一个。角内的子角铃共六个。

大铃：高为二寸。每高一寸，即肚径宽增加八分。

盖子：直径与大铃相同。其高度减半。

簧子：直径和高度皆为大铃的一半。

子角铃：直径和高度皆为簧子的一半。

圈炉斗：大小根据材分而定。（高二十分，直径三十二分。）

虚柱莲花钱子（使用五段）：上段的直径为四寸，下面四段各依次递减二分。（厚度以三分为定则。）

虚柱莲花胎子：直径为五寸。每直径一寸，则对应高六分。

锯作制度

用材植[1]

【原文】 用材植之制：凡材植，须先将大方木可以入长大料者盘截解割。次将不可以充极长极广用者，量度合用名件，亦先从名件中就长或就广解割。

【注释】 〔1〕材植：房屋柱梁所用的大木料。

【译文】 使用材植的制度：先将可以做长大料的大方木料盘截解割。再将不可以用来做极长极宽构件的木料，根据其尺寸做成合适的木构件，也应该先从构件中选择足够长和足够宽的进行切割裁剪。

抨墨

【原文】 抨绳墨[1]之制：凡大材植，须合大面在下，然后垂绳取正抨墨。其材植广而薄者，先自侧面抨墨，务在就材充用，勿令将可以充长大用者截割为细小名件。

若所造之物或斜或讹，或尖者，并结角交解。（谓如飞子，或颠倒交斜解割，可以两就长用之类。）

【注释】 〔1〕绳墨：指木工打直线的墨线。也指木工画直线用的工具，即墨斗。

【译文】 用墨斗拉线的制度：对于尺

寸较大的木料，应该让木材尺寸较大的一面在下，然后再拉直绳子取正弹出墨线。对于宽而薄的木料，先从侧面拉线，务必要根据木材的大小以使其充分使用，千万不能将可以做大料的木头截割成细小的构件。

如果所造的构件是斜的或者是圆角的，或者是尖的，都要做结角交解。（比如飞子，就可以颠倒交斜解割，将就较长的一边使用。）

就余材

【原文】 就余材之制：凡用木植，内如有余材可以别用或作版者，其外面多有璺裂[1]，须审视名件之长广，量度就璺解割。或可以带璺用者，即留余材于心内，就其厚别用或作版，勿令失料。（如璺裂深或不可就者，解作胰版。）

【注释】 [1]璺（wèn）裂：即裂纹。尤指陶瓷、玻璃等器物上出现的裂痕。

【译文】 使用余材的制度：凡是使用木料，其中如果有剩余的木料可以另作他用或者做木板使用，其外面多有裂纹，须根据构件的长度和宽度测量选取，就裂纹进行截断切割。有些部分可以使用带着裂纹的材料，则将剩余的木料朝内，将就其较厚的一面另作他用或者做木板，千万不能损耗木料。（如裂纹太深太大而不能将就的，则分解做成胰版。）

竹作制度

造笆

【原文】 造殿堂等屋宇所用竹笆之制：每间广一尺，用经一道。（经，顺椽用。若竹径二寸一分至径一寸七分者，广一尺用经一道，径一寸五分至一寸者，广八寸用经一道，径八分以下者，广六寸用经一道。）每经一道，用竹四片，纬亦如之。（纬横铺椽上。）殿阁等至散舍，如六椽以上，所用竹并径三寸二分至径二寸三分。若四椽以下者，径一寸二分至径四分。其竹不以大小，并劈作四破用之。（如竹径八分至径四分者，并椎破[1]用之。下同。）

【注释】 [1]椎破：击破；砸坏。

【译文】 建造殿堂屋宇等所用竹笆的制度：间宽每一尺，用经一道。（经，即指将竹片顺着椽子使用。如果竹子的直径为二寸一分至直径为一寸七分，竹笆间宽一尺的用一道经，直径一寸五分至一寸，竹笆间宽八寸的用一道经，直径八分以下，竹笆间宽六寸的用一道经。）每一道经，用四片竹片。纬也是如此。（纬即将竹片横着铺在椽子上。）从殿阁到散舍，如果是六椽以上的，所用竹子的直径都在二寸三分到三寸二分之间。如果是四椽以下的，则直径在四分至一寸二分。竹子不论大小，都劈作四片，破开使用。（如果竹子的直径在四分至八分的，用锤子击破使用。下同。）

隔截编道

【原文】 造隔截壁桯内竹编道之制：每壁高五尺，分作四格，上下各横用经一道（凡上下贴桯者，俗谓之"壁齿"，不以经数多寡，皆上下贴桯各用一道，下同）。格内横用经三道（共五道）。至横经纵纬相交织之。（或高少而广多者，则纵经横纬织之。）每经一道，用竹三片（以竹签钉之）。纬用竹一片。若栱眼壁高二尺以上，分作三格（共四道）。高一尺五寸以下者，分作两格（共三道）。其壁高五尺以上者，所用竹径三寸二分至径二寸五分。如不及五尺，及栱眼壁、屋山内尖斜壁，所用竹径二寸三分至径一寸，并劈作四破之。（露篱所用同。）

【译文】 建造隔截壁桯内竹编道的制度：将栱眼壁的高度，按每五尺分作四个格子，上下各用一道横经（上下紧贴桯的横经，俗称"壁齿"，不论经的数量多寡，都上下各用一道横经贴桯，下同）。格子内用三道横经（一共为五道）。格子内横经和纵纬相互交织。（对于高度比宽度小的格子，则用纵经和横纬交织。）每一道经，用三片竹子（用竹签钉在一起）。纬用一片竹。如果栱眼壁高二尺以上，则分成三个格子（一共四道横经）。高一尺五寸以下的分成两个格子（一共三道横经）。栱眼壁高五尺以上的，所用竹子的直径为二寸五分至三寸二分。如果不足五尺，那么栱眼壁、屋山内尖斜壁上所使用的竹子直径为一寸至二寸三分，都劈作四片使用。（露篱所用的竹子相同。）

竹栅

【原文】 造竹栅之制：每高一丈，分作四格。（制度与编道同。）若高一丈以上者，所用竹径八分。如不及一丈者，径四分。（并去梢全用之。）

【译文】 建造竹栅的制度：每高一丈，分成四个格子。（建造制度与编道同。）如果高一丈以上，所用竹子直径为八分。如果不足一丈，则直径为四分。（都要去掉梢尖，全部使用。）

护殿檐雀眼网

【原文】 造护殿阁檐斗栱及托窗棂内竹雀眼网之制：用浑青篾。每竹一条（以径一寸二分为率），劈作篾一十二条，刮去青，广三分。从心斜起，以长篾为经，至四边却折篾入身内，以短篾直行作纬，往复织之。其雀眼[1]径一寸。（以篾心为则。）如于雀眼内间织人物及龙凤华云之类，并先于雀眼上描定，随描道织补。施之于殿檐斗栱之外。如六铺作以上，即上下分作两格，随间之广分作两间或三间，当缝施竹贴钉之。（竹贴，每竹径一寸二分分作四片，其窗棂内用者同。）其上下或用木贴钉之。（其木贴广二寸，厚六分。)

【注释】〔1〕雀眼：细孔。

【译文】 建造护殿阁檐斗拱及托窗棂内竹雀眼网的制度：使用浑青的竹篾。每一条竹子（以直径一寸二分为率），劈成十二条竹篾，刮去青色的部分，宽度为三分。从中心斜向而起，用长篾作为经横向编织，到四周的边时弯折竹篾插入身内，用短篾直行作纵纬，往复来回编织。雀眼的直径为一寸。（以从篾心开始计算为准则。）如果在雀眼内间编织人物和龙凤华云之类的图案，要先在雀眼上描定图样，再根据描出的线条编织。雀眼网安装在殿檐斗拱之外。如果采用六铺作以上，则上下分成两格，根据开间的宽度分成两间或三间，正对护缝用竹贴钉住。（竹贴，即将每根直径为一寸二分的竹子分作四片，在窗棂内用的竹子相同。）上下也可以用木贴来钉。（木贴宽为两寸，厚六分。）

地面棋文簟[1]

【原文】 造殿阁内地面棋文簟之制：用浑青篾。广一分至一分五厘，刮去青，横以刀刃拖令厚薄匀平。次立两刃，于刃中摘令广狭一等。从心斜起，以纵篾为则，先抬二篾，压三篾，起四篾，又压三篾，然后横下一篾织之。（复于起四处抬二篾，循环如此。）至四边寻斜取正，抬三篾至七篾织水路。（水路外折边，归篾头于身内。）当心织方胜等，或华文、龙

凤。（并染红黄篾用之）。其竹用径二寸五分至径一寸。（障日篱等簟同。）

【注释】〔1〕簟：竹席。

【译文】 建造殿阁内地面棋文竹席的制度：使用浑青的竹篾。宽度为一分至一分五厘，刮掉青色部分，用刀刃横向拖拉，使竹片薄厚均匀。然后竖着拉两刀，在刀刃中间劈开，使宽度在一个等级。从中心位置斜向而起，以纵篾为基础，先抬两篾，后压三篾，再起四篾，又压三篾，然后横下一篾编织。（然后再在起四篾的地方抬两篾，如此循环往复。）到四边的时候再根据斜度逐渐取正，抬三篾到七篾织水路。（水路的外面折边，把篾头归于身内。）在中心位置编织方胜等，或者花纹、龙凤。（都用染成红色和黄色的竹篾编织。）所用竹子的直径为一寸至二寸五分。（障日篱等簟，与此相同。）

障日篱等簟

【原文】 造障日篱等所用簟之制：以青白篾相杂用，广二分至四分，从下直起，以纵篾为则，抬三篾，压三篾，然后横下一篾织之。（复自抬三处，从长篾一条内，再起压三，循环如此。）若造假棋文，并抬四篾，压四篾，横下两篾织之。（复自抬四处，当心再抬，循环如此。）

【译文】 建造障日篱等所用竹席的制度：以青篾和白篾间杂使用，宽度为二分

至四分，从下面直起，以纵篾为基础，先上抬三篾，再下压三篾，然后横下一篾再编织。（再抬起三处，顺着一条长篾再上抬三篾，下压三篾，如此循环往复。）如果制作成假棋文样式，要都上抬四篾，下压四篾，横下两根篾再编织。（再抬起四处，从中心位置再抬，如此循环往复。）

竹笍索

【原文】 造绾系鹰架竹笍索之制：每竹一条（竹径二寸五分至一寸），劈作一十一片，每片揭作二片，作五股瓣之。每股用篾四条或三条（若纯青造，用青白篾各二条，合青篾在外；如青白篾相间，用青篾一条，白篾二条）。造成，广一寸五分，厚四分。每条长二百尺。临时量度所用长短截之。

【译文】 建造绾系鹰架竹笍索的制度：每一条竹子（直径为一寸至二寸五分），劈成十一片，每片揭开，分成两片，做成五股瓣。每一股用三条或四条篾（如果是要做纯青色的竹绳，则用青篾和白篾各两条，结瓣时青篾在外面；如果青篾和白篾相间，则用青篾一条，白篾二条）。做成之后，宽为一寸五分，厚四分。每一条长为二百尺。根据当时所需要的长短截取。

卷十三·瓦作制度　泥作制度

　　本卷阐述瓦作及泥作必须遵从的规程和原则。

瓦作制度

结瓦

【原文】 结瓦屋宇之制有二等:

一曰瓪瓦:施之于殿阁、厅堂、亭榭等。其结瓦之法,先将瓪瓦齐口斫去下棱,令上齐直;次斫去瓪瓦身内里棱,令四角平稳(角内或有不稳,须斫令平正)。谓之"解桥"。于平版上安一半圈(高广与瓪瓦同)。将瓪瓦斫造毕,于圈内试过,谓之"撺窠"。下铺仰瓪瓦。(上压四分,下留六分。散瓪、仰合瓦[1]并准此。)两瓪瓦相去随所用瓪瓦之广,匀分陇行,自下而上。(其瓪瓦须先就屋上拽勘陇行,修斫口缝令密,再揭起,方用灰结瓦。)瓦毕,先用大当沟[2],次用线道瓦,然后垒脊。

二曰瓪瓦:施之于厅堂及常行屋舍等。其结瓦之法,两合瓦相去随所用合瓦广之半。先用当沟等垒脊毕,乃自上而至下匀拽陇行。(其仰瓦并小头向下,合瓦小头在上。)

凡结瓦至出檐,仰瓦之下小连檐之上用燕领版,华废[3]之下用狼牙版。(若殿宇七间以上,燕领版广三寸,厚八分。余屋并广二寸,厚五分为率。每长二尺,用钉一枚。狼牙版同。其转角合版处用铁叶裹钉。)其当檐所出华头瓪瓦,身内用葱台钉。

(下入小连檐,勿令透。)若六椽以上,屋势紧峻者,于正脊下第四瓪瓦及第八瓪瓦背当中用着盖腰钉[4]。(先于栈笆或箔[5]上约度腰钉远近,横安版两道,以透钉脚。)

【注释】〔1〕仰合瓦:又称哭笑瓦,是中国传统建筑的屋顶样式,由瓪瓦仰俯交叠而成。瓪瓦两端的瓦翅朝上安放,称"仰瓦",因其如微笑时的嘴角,又称"笑瓦";瓪瓦瓦翅朝下安放,称"合瓦",因其如哭时的嘴角,又称"哭瓦"。

〔2〕大当沟:位于屋脊下前后两坡瓦陇交汇之处瓦沟顶的防水构件。有大、小当沟两种。大当沟用于各类建筑,而小当沟似多在常行散屋、营房中使用,且相对简易。两者制作有别:大当沟"以瓪瓦一口造",即一口瓪瓦打造一枚大当沟;而小当沟则于瓦的基础上打造而成,每一口打造小当沟二枚。推测宋代当沟瓦打造之法:按瓦陇间距及盖瓦(瓪瓦或合瓦)尺寸,于瓦件两头各打除盖瓦断面之半的形状,形成曲线"凸"形。大、小当沟之名可能来源于尺度的大小,以一尺二寸瓪瓦屋面为例,瓪瓦广五寸,仰瓦广八寸,由此打造的大、小当沟高分别为五寸和四寸。

〔3〕华废:垂脊外面横着铺设花头瓪瓦和重唇板瓦的,称为华废。

〔4〕盖腰钉:类似后来的星瓦钉。

〔5〕箔:用苇子、秫秸等做成的帘子。此处指铺在屋顶上的席子。

【译文】 结瓦屋宇的制度有两个等级:

一是瓪瓦:瓪瓦用于殿阁、厅堂、亭榭等建筑物上。其结瓦的方法是,先将瓪瓦齐口砍去下棱，使上面平直整齐；再砍去瓶瓦身内的里棱，使四个角平稳（角内如果有不稳的地方，需要砍削平整）。这称作"解桥"。在平板上安一个半圈（使高度和宽度与瓶瓦同）。将瓶瓦砍削完毕后，在圈内试过，这叫做"撺窠"。下面铺设仰面朝上的瓶瓦。（上面压四分，下面留六分。散瓯瓦和仰合瓦一律以此为准。）两片瓶瓦之间相间隔的距离根据所使用瓶瓦的宽度而定，从下往上均匀分布在陇行上。（铺设瓶瓦时需要先在屋顶上取直勘测陇行，砍削修葺口缝使其严密，再揭起来，才能用灰结瓦。）铺瓦完毕后，先用大当沟瓦，再用线道瓦，最后垒屋脊。

二是瓯瓦：瓯瓦用在厅堂和常行屋舍等。结瓦的方法为，两片合瓦之间的间隔约为所用合瓦宽度的一半。先用当沟瓦等垒好屋脊，再从上而下均匀拽直陇行。

（仰瓦全部小头向下，合瓦小头在上。）

凡是结瓦到出檐，在仰瓦之下和小连檐之上使用燕颔板，在华废的下面使用狼牙板。（如果殿宇在七间以上，燕颔板则宽三寸，厚八分。其余的屋子全都宽二寸，厚五分为准。每长二尺，用钉一枚。狼牙板也一样。在转角合板的位置用铁叶裹钉。）在当檐所出来的华头瓶瓦，瓦身内要用葱台钉。（使其下端进入小连檐，但不能穿透。）如果是六椽以上的屋子，屋顶的斜势比较紧峻，则在正屋脊下的第四瓶瓦和第八瓶瓦的瓦背当中打孔，用盖腰钉。（先在栈笆或箔上估量腰钉的远近，横安两道板，用以固定透过来的钉子脚。）

用瓦

【原文】用瓦之制：

殿阁厅堂等，五间以上用瓶瓦长一尺四寸，广六寸五分。（仰瓯瓦长一尺六寸，广一尺。）三间以下用瓶瓦长一尺二寸，广五寸。（仰瓯瓦长一尺四寸，广八寸。）

散屋，用瓶瓦长九寸，广三寸五分。（仰瓯瓦长一尺二寸，广六寸五分。）

小亭榭之类，柱心相去方一丈以上者，用瓶瓦长八寸，广三寸五分。（仰瓯瓦长一尺，广六寸。）若方一丈者，用瓶瓦长六寸，广二寸五分。（仰瓯瓦长八寸五分，广五寸五分。）如方九尺以下者，用瓶瓦长四寸，广二寸三分。（仰瓯瓦长六寸，广四寸五分。）

厅堂等用散瓯瓦者，五间以上用瓯瓦长一尺四寸，广八寸。

厅堂三间以下（门楼同）。及廊屋六椽以上，用瓯瓦长一尺三寸，广七寸。或廊屋四椽及散屋，用瓯瓦长一尺二寸，广六寸五分。（以上仰瓦、合瓦并同。至檐头并用重唇瓶瓦[1]。其散瓯瓦结瓦者，合瓦仍用垂尖华头瓯瓦。）

凡瓦下补衬，柴栈[2]为上，版栈[3]次之。如用竹笆、苇箔[4]，若殿阁七间以上用竹笆一重，苇箔五重；五间以下用竹笆一重，苇箔四重；厅堂等五间以上用竹笆一重，苇箔三重；如三间以下至廊屋，并用竹笆一重，苇箔二重。（以上如不用竹笆，更加苇箔两重。若用获箔[5]，则两重代苇箔三重。）散屋用苇箔三重或两重。其柴栈之上先以胶泥遍泥，次以纯石灰施瓦。（若版及笆、箔上用纯灰结瓦者，不用泥抹，并用石灰随抹施瓦。其只用泥结瓦者，亦用泥先抹版及笆、箔，然后结瓦。）所用之瓦须水浸过，然后用之。（其用泥以灰点节缝者同。若只用泥或破灰泥，及浇灰下瓦者，其瓦更不用水浸。至脊亦同。）

【注释】〔1〕重唇甋瓦：即花边滴水，又称花边瓦，宋代称重唇瓦。位置和作用皆与滴水相同，横断面为四分之一圆形。与滴水不同之处在于，瓦前端下垂的舌片不是如意形，而是梯形，其上雕花纹并挂釉色，瓦面露明部分也挂釉色。这种瓦实际上是滴水的原始形状，明清时期逐渐被滴水所代替。

〔2〕柴栈：由大量细小木材合束横铺椽上而成。

〔3〕版栈：即后来的望板，平铺在椽子上的木板，以支承屋面的苫背和瓦件。分为顺望板与横望板。

〔4〕苇箔：可以盖屋顶、铺床或当门帘、窗帘用。用芦苇编成的帘子。

〔5〕荻箔：用荻编成的席子。荻，多年生草本植物，生于水边，叶子长形，像芦苇，紫花，茎可编席箔。

【译文】用瓦的制度：

殿阁厅堂等，五间以上的殿阁厅堂所用的甋瓦长为一尺四寸，宽六寸五分。（仰瓯瓦长为一尺六寸，宽一尺。）三间以下所用甋瓦长为一尺二寸，宽五寸。（仰瓯瓦长为一尺四寸，宽八寸。）

散屋所用甋瓦长为九寸，宽三寸五分。（仰瓯瓦长为一尺二寸，宽六寸五分。）

小亭榭之类，四个柱子中心位置相距一丈以上的，所用甋瓦长为八寸，宽三寸五分。（仰瓯瓦长为一尺，宽六寸。）如果四个柱子中心位置相距一丈，则所用甋瓦长为六寸，宽二寸五分。（仰瓯瓦长为八寸五分，宽五寸五分。）如果四个柱子中心位置相距九尺以下，则所用甋瓦长为四寸，宽二寸三分。（仰瓯瓦长为六寸，宽四寸五分。）

厅堂等用散瓯瓦，五间以上的厅堂所用瓯瓦长为一尺四寸，宽八寸。

三间以下的厅堂（包括门楼也一样。）以及六椽以上的廊屋，所用瓯瓦长为一尺三寸，宽七寸。四架椽子的廊屋和散屋，所用瓯瓦长为一尺二寸，宽为六寸五分。（以上所用仰瓦、合瓦全都相同。到檐头全部用重唇甋瓦。那些用散瓯瓦结瓦的，合瓦仍然使用垂尖华头瓯瓦。）

对于瓦下面的补衬，以柴栈为上等，版栈次之。如果使用竹笆、苇箔，则七间以上的殿阁用一重竹笆，五重苇箔；五间以下的殿阁用一重竹笆，四重苇箔；五间以上的厅堂等用一重竹笆，三重苇箔；如果是三间以下的厅堂和廊屋，全都用一重竹笆，二重苇箔。（以上建筑如果不使用竹笆，则需要另外再加两重苇箔。如果是使用荻箔，则两重荻箔代替三重苇箔。）散屋使用三重或两重苇箔。在柴栈之上先用胶泥全面地涂抹，再用纯石灰抹瓦。（如果板子和竹笆、苇箔、荻箔上用纯灰铺瓦，不用泥抹，全都用石灰边抹边铺瓦。只用泥铺瓦的，也要用泥先抹板子及竹笆、苇箔、获箔，然后再铺瓦。）所用的瓦必须要用水浸过，然后才能使用。（用泥和灰涂抹节缝的也一样。如果只用泥或破灰泥，以及用水来浇灰下的瓦，则瓦不需要用水浸湿。垒屋脊也一样。）

垒屋脊

【原文】 垒屋脊之制：

殿阁：若三间八椽或五间六椽，正脊高三十一层，垂脊低正脊两层。（并线道瓦在内。下同。）

堂屋：若三间八椽或五间六椽，正脊高二十一层。

厅屋：若间椽与堂等者，正脊减堂脊两层。（余同堂法。）

门楼屋：一间四椽，正脊高一十一层或一十三层；若三间六椽，正脊高一十七层。（其高不得过厅。如殿门者，依殿制。）

廊屋：若四椽，正脊高九层。

常行散屋：若六椽用大当沟瓦者，正脊高七层；用小当沟瓦者，高五层。

营房屋：若两椽，脊高三层。

凡垒屋脊，每增两间或两椽，则正脊加两层。（殿阁加至三十七层止，厅堂二十五层止，门楼一十九层止，廊屋一十一层止，常行散屋大当沟者九层止，小当沟者七层止，营屋五层止。）正脊于线道瓦上，厚一尺至八寸，垂脊减正脊二寸。（正脊十分中上收二分，垂脊上收一分。）线道瓦在当沟瓦之上，脊之下。殿阁等露三寸五分，堂等三寸，廊屋以下并二寸五

分。其垒脊瓦并用本等（其本等用长一尺六寸至一尺四寸瓯瓦者，垒脊瓦只用长一尺三寸瓦）。合脊瓵瓦亦用本等（其本等用八寸六寸瓵瓦者，合脊用长九寸瓵瓦）。令合、垂脊瓵瓦在正脊瓵瓦之下。（其线道上及合脊瓵瓦下，并用白石灰各泥一道，谓之"白道"。）若瓵瓯瓦结瓦，其当沟瓦所压瓵瓦头并勘缝刻项子，深三分，令与当沟瓦相衔。其殿阁于合脊瓵瓦上施走兽者（其走兽有九品：一曰行龙，二曰飞凤，三曰行师，四曰天马，五曰海马，六曰飞鱼，七曰牙鱼，八曰狻猊，九曰獬豸。相间用之）。每隔三瓦或五瓦安兽一枚。（其兽之长随所用瓵瓦。谓如用一尺六寸瓵瓦，即兽长一尺六寸之类。）正脊当沟瓦之下垂铁索，两头各长五尺。（以备修整绾系棚架之用。五间者十条，七间者十二条，九间者十四条，并匀分布用之。若五间以下九间以上，并约此加减。）垂脊之外，横施华头瓵瓦及重唇瓯瓦者，谓之"华废"。常行屋垂脊之外，顺施瓯瓦相垒者，谓之"剪边"。

【译文】 垒屋脊的制度：

殿阁：如果是三间八椽或五间六椽的殿阁，则正脊高三十一层，垂脊比正脊低两层。（包括线道瓦在内。下同。）

堂屋：如果是三间八椽或五间六椽的堂屋，则正脊高二十一层。

厅屋：如果厅屋的椽子与堂屋里的相等，则正脊比堂屋的脊低两层。（其余的与堂屋规定相同。）

门楼屋：一间四椽的门楼，正脊高十一层或十三层；如果是三间六椽的门楼，则正脊高十七层。（高度不能超过厅。如果是殿门，则遵循殿的制度。）

廊屋：如果是四架椽子的廊屋，则正脊高九层。

常行散屋：如果是六架椽子的常行散屋，且使用大当沟瓦，则正脊高七层；用小当沟瓦的，高五层。

营房屋：如果是两架椽子的营房屋，则脊高三层。

垒屋脊时，每增加两间或两架椽子，则正脊加两层。（殿阁加到三十七层为止，厅堂加到二十五层为止，门楼加到十九层为止，廊屋加到十一层为止，常行散屋大当沟的加到九层为止，小当沟的加到七层为止，营屋加到五层为止。）正脊位于线道瓦的上面，厚度在八寸至一尺之间，垂脊比正脊少二寸。（正脊向上收十分之二，垂脊向上收十分之一。）线道瓦在当沟瓦之上，屋脊之下。殿阁等露出三寸五分的长度，堂屋等露出三寸，廊屋以下的全都露出二寸五分。垒脊瓦都用本等尺寸（即本来等级用长为一尺四寸至一尺六寸甋瓦的，垒脊瓦只用长度为一尺三寸的瓦）。合脊甋瓦也使用本等尺寸（即本来的等级用八寸六寸甋瓦的，合脊就用长度为九寸的甋瓦）。使合瓦和垂脊甋瓦在正脊甋瓦的下面。（在线道之上和合脊甋瓦下，都用白石灰各自涂抹一道，称为"白道"。）如果是使用甋瓪瓦结瓦，则当沟瓦所压的甋瓦头全都勘查缝隙，并刻项子，深度为三分，使其与当沟瓦相衔接。

如果殿阁在合脊甋瓦上安置走兽的（走兽有九个品级：一是行龙，二是飞凤，三是行狮，四是天马，五是海马，六是飞鱼，七是牙鱼，八是狻猊，九是獬豸，间隔使用）。每相隔三片瓦或者五片瓦安设一枚走兽。（走兽的长度根据所用的甋瓦而定。比如用一尺六寸的甋瓦，则走兽长度为一尺六寸，等等。）正脊的当沟瓦下面向下垂一条铁索，两头各长五尺。（以备修整绾系棚架时使用。五间的就用十条，七间的就用十二条，九间的就用十四条，全部均匀分布使用。如果五间以下九间以上，并根据此比例加减。）在垂脊的外面，横着铺设花头甋瓦和重唇板瓦的，称为"华废"。在常行屋的垂脊外面，顺着铺设层层相叠的瓪瓦的，称为"剪边"。

用鸱尾

【原文】用鸱尾之制：

殿屋：八椽九间以上，其下有副阶者，鸱尾高九尺至一丈。（若无副阶高八尺。）五间至七间（不计椽数），高七尺至七尺五寸，三间高五尺至五尺五寸。

楼阁：三层檐者与殿五间同，两层檐者与殿三间同。

殿挟屋：高四尺至四尺五寸。

廊屋之类：并高三尺至三尺五寸。（若廊屋转角，即用合角鸱尾。）

小亭殿等：高二尺五寸至三尺。

凡用鸱尾，若高三尺以上者，于鸱尾上用铁脚子及铁束子，安抢铁。其抢铁之上施五叉拒鹊子[1]（三尺以下不用）。身两面用铁鞠，身内用柏木桩或龙尾，唯不用抢铁，拒鹊加襻脊铁索。

【注释】〔1〕五叉拒鹊子：大脊鸱尾上竖立的五根形如月牙、刀、叉，用于驱赶鸟鹊的建筑饰物。

【译文】使用鸱尾的制度：

殿屋：殿屋为八椽九间以上，并且下面有副阶的，鸱尾高度在九尺到一丈之间。（如果没有副阶则高为八尺。）五间到七间（不考虑椽子的架数），高为七尺到七尺五寸，三间的高度为五尺到五尺五寸之间。

楼阁：三层檐的楼阁与五间殿的制度相同，两层檐的楼阁与三间殿的制度相同。

殿挟屋：高度在四尺至四尺五寸之间。

廊屋之类：全都高三尺至三尺五寸。

（如果廊屋转角，就用合角鸱尾。）

小亭殿等：高为二尺五寸至三尺之间。

凡是使用鸱尾，如果高度在三尺以上，在鸱尾上使用铁脚子和铁束子，安抢铁。在抢铁之上安装五叉拒鹊子（三尺以下的不用安装）。鸱尾身两面用铁鞠，身内用柏木桩或龙尾，只是不能用抢铁，拒鹊上加设襻脊铁索。

用兽头等

【原文】用兽头等之制：

殿阁垂脊兽并以正脊层数为祖。

正脊三十七层者，兽高四尺。三十五层者，兽高三尺五寸。三十三层者，兽高三尺。三十一层者，兽高二尺五寸。

堂屋等，正脊兽亦以正脊层数为祖。其垂脊并降正脊兽一等用之。（谓正脊兽高一尺四寸者，垂脊兽高一尺二寸之类。）

正脊二十五层者，兽高三尺五寸。二十三层者，兽高三尺。二十一层者，兽高二尺五寸。一十九层者，兽高二尺。

廊屋等正脊及垂脊兽祖并同上。（散屋亦同。）

正脊九层者，兽高二尺。七层者，兽高一尺八寸。

散屋等：

正脊七层者，兽高一尺六寸。五层者，兽高一尺四寸。

殿阁至厅堂亭榭转角上下用套兽[1]、嫔伽[2]、蹲兽[3]、滴当火珠等。

四阿殿九间以上，或九脊殿十一间以上者，套兽径一尺二寸，嫔伽高一尺六寸，蹲兽八枚，各高一尺，滴当火珠高八寸。（套兽施之于子角梁首，嫔伽施于角上，蹲兽在嫔伽之后。其滴当火珠在檐头华头瓶瓦之上。下同。）

四阿殿七间或九脊殿九间，套兽径一尺，嫔伽高一尺四寸，蹲兽六枚，各高九寸，滴当火珠高七寸。

四阿殿五间，九脊殿五间至七间，套兽径八寸，嫔伽高一尺二寸，蹲兽四枚，各高八寸，滴当火珠高六寸。（厅堂三间至五间以上，如五铺作造厦两头者，亦用此制，唯不用滴当火珠。下同。）

九脊殿三间或厅堂五间至三间枓口跳

及四铺作造厦两头者，套兽径六寸，嫔伽高一尺，蹲兽两枚，各高六寸，滴当火珠高五寸。

亭榭厦两头者（四角或八角撮尖亭子同），如用八寸甋瓦，套兽径六寸，嫔伽高八寸，蹲兽四枚，各高六寸，滴当火珠高四寸。若用六寸甋瓦，套兽径四寸，嫔伽高六寸，蹲兽四枚，各高四寸（如枓口跳或四铺作，蹲兽只用两枚）。滴当火珠高三寸。

厅堂之类不厦两头者，每角用嫔伽一枚，高一尺。或只用蹲兽一枚，高六寸。

佛道寺观等殿阁正脊当中用火珠等数：

殿阁三间，火珠径一尺五寸。五间，径二尺。七间以上，并径二尺五寸。（火珠并两焰。其夹脊两面造盘龙或兽面。每火珠一枚，内用柏木竿一条。亭榭所用同。）

亭榭斗尖用火珠等数：

四角亭子，方一丈至一丈二尺者，火珠径一尺五寸。方一丈五尺至二丈者，径二尺。（火珠四焰或八焰。其下用圆坐。）

八角亭子，方一丈五尺至二丈者，火珠径二尺五寸。方三丈以上者，径三尺五寸。

凡兽头皆顺脊用铁钩一条，套兽上以钉安之。嫔伽用葱台钉，滴当火珠坐于华头甋瓦滴当钉之上。

【注释】〔1〕套兽：置于子角梁端头上的装饰兽头，起到防止屋檐角受到雨水侵蚀的作用。

〔2〕嫔伽：是位于屋顶上戗脊端的人物形构件，清代称仙人。

〔3〕蹲兽：又称仙人走兽、走兽、垂脊兽、戗脊兽等，是放置在宫殿庑殿顶的垂脊上、歇山顶的戗脊上前部的瓦质或琉璃小兽。瓦兽的数量和建筑的等级相关，最高11个，每一个小兽都有各自的名字和作用。

【译文】用兽头等的制度：

殿阁垂脊兽都以正脊的层数为根本起始。

正脊高三十七层，兽高四尺。正脊高三十五层，兽高三尺五寸。正脊高三十三层，兽高三尺。正脊高三十一层，兽高二尺五寸。

堂屋等正脊上的兽也以正脊的层数为起始。其垂脊上的兽都比正脊兽降低一等使用。（比如正脊兽高度为一尺四寸，则垂脊兽的高度为一尺二寸，等等。）

正脊高为二十五层的，兽高为三尺五寸。正脊高为二十三层的，兽高三尺。正脊高为二十一层的，兽高二尺五寸。正脊高为十九层的，兽高二尺。

廊屋等正脊及垂脊兽遵循原则如上。（散屋也一样。）

正脊高为九层的，兽高二尺。高为七层的，兽高一尺八寸。

散屋等：

正脊为七层的，兽高一尺六寸。正脊为五层的，兽高一尺四寸。

殿阁至厅堂亭榭转角的上下使用套兽、嫔伽、蹲兽、滴当火珠等。

282

九间以上的四阿殿，或者十一间以上的九脊殿的兽头，套兽的直径为一尺二寸，嫔伽高度为一尺六寸，蹲兽八枚，各高一尺，滴当火珠的高为八寸。（套兽用在子角梁头上，嫔伽用在角上，蹲兽用在嫔伽之后。滴当火珠用在檐头的华头瓪瓦上面。以下相同。）

七间的四阿殿或者九间的九脊殿的兽头，套兽直径一尺，嫔伽高一尺四寸，蹲兽六枚，各高九寸，滴当火珠高七寸。

五间的四阿殿，五间至七间的九脊殿的兽头，套兽直径为八寸，嫔伽高为一尺二寸，蹲兽四枚，各高八寸，滴当火珠高六寸。（三间至五间以上的厅堂，如果采用五铺作造厦两头，也采用这个规格，只是不使用滴当火珠。以下相同。）

三间的九脊殿或者五间至三间的厅堂斗口跳以及四铺作造厦两头的兽头，套兽的直径为六寸，嫔伽高一尺，蹲兽两枚，各高六寸，滴当火珠高五寸。

亭榭厦两头的兽头（四角或八角撮尖亭子相同），如果使用八寸的瓪瓦，套兽直径六寸，嫔伽高八寸，蹲兽四枚，各高六寸，滴当火珠高四寸。如果使用六寸瓪瓦，套兽直径为四寸，嫔伽高六寸，蹲兽四枚，各高四寸（如科口跳或四铺作，蹲兽只用两枚）。滴当火珠高三寸。

厅堂之类不厦两头的兽头，每个转角用一枚嫔伽，高一尺。或只用一枚蹲兽，高六寸。

佛道寺观等殿阁正脊当中用火珠的等数：

三间的殿阁，火珠直径为一尺五寸。五间的，直径二尺。七间以上的，直径都为二尺五寸。（火珠都为两焰。在其夹脊的两面做盘龙或兽面造型。每一枚火珠，里面用一条柏木杆。亭榭所用的与此相同。）

亭榭斗尖用火珠的等数：

方一丈至一丈二尺的四角亭子，火珠直径为一尺五寸。方一丈五尺至二丈的，直径为二尺。（火珠为四焰或八焰。下面用圆坐。）

方一丈五尺至二丈的八角亭子，火珠直径为二尺五寸。方三丈以上的，直径为三尺五寸。

兽头都要顺着屋脊用一条铁钩固定，用钉子安装。嫔伽用葱台钉，滴当火珠位于华头瓪瓦滴当钉的上面。

泥作制度

垒墙

【原文】 垒墙之制：高广随间。每墙高四尺，则厚一尺。每高一尺，其上斜收六分。（每面斜收向上各三分。）每用坯墼[1]三重，铺襻竹一重。若高增一尺，则厚加二尺五寸。减亦如之。

【注释】 〔1〕坯墼（jī）：未经烧制的砖坯。

【译文】 垒墙的制度：墙的高度和宽

度根据开间大小而定。墙每高四尺，则厚一尺。每高一尺，墙的上部则斜收六分。（每面各向上斜收三分。）每使用三重土坯，则铺一重襻竹。如果高度增加一尺，则厚度增加二尺五寸。减少也按照这个比例。

用泥（其名有四：一曰垷，二曰墐，三曰涂，四曰泥）

【原文】 用石灰等泥涂之制：先用粗泥搭络不平处，候稍干；次用中泥趁平，又候稍干；次用细泥为衬，上施石灰。泥毕，候水脉[1]定，收压五遍，令泥面光泽。（干厚一分三厘，其破灰泥不用中泥。）

合红灰：每石灰一十五斤，用土朱[2]五斤，（非殿阁者，用石灰一十七斤，土朱三斤。）赤土[3]一十一斤八两。

合青灰：用石灰及软石炭各一半。如无软石炭，每石灰一十斤用粗墨一斤，或墨煤一十一两，胶七钱。

合黄灰：每石灰三斤，用黄土一斤。

合破灰：每石灰一斤，用白蔑土四斤八两。每用石灰十斤，用麦㲃九斤。收压两遍，令泥面光泽。

细泥：一重（作灰衬用）方一丈，用麦㲭一十五斤。（城壁增一倍。粗泥同。）

粗泥：一重方一丈，用麦㲭八斤。（搭络及中泥作衬减半。）

粗细泥：施之城壁及散屋内外，先用粗泥，次用细泥，收压两遍。

凡和石灰泥，每石灰三十斤，用麻捣[4]二斤。（其和红、黄、青、灰等，即通计所用土朱、赤土、黄土、石灰等斤数，在石灰之内。如青灰内若用墨煤或粗墨者，不计数。）若矿石灰，每八斤可以充十斤之用。（每矿石灰三十斤，加麻捣一斤。）

【注释】〔1〕水脉：水痕。
〔2〕土朱：即代赭石，为氧化物类矿物赤铁矿的矿石。
〔3〕赤土：焙烧过的黏土。
〔4〕麻捣：和泥灰涂壁用的碎麻。

【译文】 用石灰等抹墙的制度：先用粗泥填补坑洼不平的地方，待稍微干后；再用中等的泥抹平，等待稍干；再用细泥打底衬，上面打上石灰。抹完之后，等水痕涸，再刮压五遍，使泥的表面有光泽。（干燥以后厚度为一分三厘，破灰泥不使用中泥。）

合红灰：每十五斤石灰，用五斤土朱。（不是殿阁类的房屋，则使用十七斤石灰，三斤土朱。）赤土十一斤八两。

合青灰：用石灰和软石炭各一半。如果没有软石炭，则每十斤石灰用一斤粗墨，或十一两墨煤，七钱胶。

合黄灰：每三斤石灰，用一斤黄土。

合破灰：每一斤石灰，用四斤八两白蔑土。每使用十斤石灰，用九斤麦㲭。刮压两遍，使泥的表面平整光滑。

细泥：一重（用作灰衬）为一丈见方，用麦㲭一十五斤。（城墙增加一倍。粗泥也一样。）

粗泥：一重为一丈见方，用麦䴷八斤。（填补以及中泥作底衬减少一半。）

粗细泥：用在城墙壁和散屋内外的墙壁上，先用粗泥，再用细泥，刮压两遍。

凡是和石灰泥，每三十斤石灰，用二斤麻捣。（和红灰、黄灰、青灰等，则将所用的土朱、赤土、黄土、石灰等斤数，一起计算在石灰之内。如果青灰内使用墨煤或者粗墨，不计算在内。）如果是矿石灰，每八斤可以当作十斤石灰来用。（每三十斤矿石灰，加一斤麻捣。）

画壁

【原文】 造画壁之制：先以粗泥搭络毕。候稍干，再用泥横被竹篾一重，以泥盖平。又候稍干，钉麻华，以泥分披令匀，又用泥盖平（以上用粗泥五重，厚一分五厘。若栱眼壁，只用粗、细泥各一重，上施沙泥，收压三遍）。方用中泥细衬。泥上施沙泥。候水脉定，收压十遍，令泥面光泽。

凡和沙泥，每白沙二斤，用胶土一斤，麻捣洗择净者七两。

【译文】 建造画壁的制度：先用粗泥填补画壁壁面完毕。等稍干后，再用泥横披一重竹篾，用泥盖平。再等稍干，钉上麻华，用泥分披使其均匀，再用泥盖平（以上使用五重粗泥，厚度为一分五厘。如果是栱眼壁，则只用粗泥、细泥各一重，上面用沙泥，刮抹三遍）。再用中泥仔细做底衬。

泥上用沙泥。等水痕渐消，刮抹十遍，使泥表面平整光滑。

和沙泥时，每二斤白沙，用一斤胶土，洗择干净的麻捣七两。

立灶 [1] （转烟、直拔）

【原文】 造立灶之制：并台共高二尺五寸。其门、突之类，皆以锅口径一尺为祖加减之。（锅径一尺者一斗。每增一斗，口径加五分，加至一石止。）

转烟连二灶：门与突并隔烟后。

门：高七寸，广五寸。（每增一斗，高广各加二分五厘。）

身：方出锅口径四周各三寸。（为定法。）

台：长同上，广亦随身，高一尺五寸至一尺二寸。（一斗者高一尺五寸，每加一斗者，减二分五厘，减至一尺二寸五分止。）

腔内后项子：高同门。其广二寸，高广五分。（项子内斜高向上入突，谓之"抢烟"。增减亦同门。）

隔烟：长同台，厚二寸，高视身出一尺。（为定法。）

隔锅项子：广一尺，心内虚隔作两外，令分烟入突。

直拔立灶：门及台在前，突在烟匮之上。（自一锅至连数锅。）

门、身、台等并同前制。（唯不用隔烟。）

烟匮子：长随身，高出灶身一尺五寸，广六寸。（为定法。）

山华子：斜高一尺五寸至二尺，长随烟匮子。在烟突两旁匮子之上。

凡灶突高视屋身，出屋外三尺。（如时暂用，不在屋下者，高三尺，突上作靴头出烟。）其方六寸。或锅增大者，量宜加之，加至方一尺二寸止。并以石灰泥饰。

【注释】〔1〕立灶：转烟立灶是指气流由灶门至烟囱需要转弯。直拔式立灶是指由灶门至烟囱，气流直线前进而不回转。

【译文】 垒灶立灶的制度：灶身和灶台共高二尺五寸。灶门、烟囱等部分，都以一尺大小的锅口直径作为标准，并随锅口直径的大小变化而酌情增减尺寸。（锅口直径为一尺的锅，则锅的容积为一斗。锅的容积每增加一斗，则口径增加五分，直到锅的容积增加到一石为止。）

连接两个灶的转烟式立灶：灶门和烟囱共同安置在隔烟之后。

灶门：高为七寸，宽五寸。（如果锅每增加一斗，灶门的高和宽各增加二分五厘。）

灶身：边长为锅口径两边各加三寸。（这是不变的定法。）

灶台：长度同上，宽度根据灶身而定，高为一尺二寸至一尺五寸。（如果要烧筑大小为一斗的锅的立灶，则灶台高一尺五寸，每增加一斗，灶台减少二分五厘，一直减到一尺二寸五分为止。）

腔内后项子：高度与灶门高相同。其宽度为二寸，高宽为五分。（烟从项子内经由斜高部分向上进入烟囱，这个斜高部分即为

"抢烟"。抢烟的增减尺寸也与灶门相同。）

隔烟：长度与灶台相同，厚为二寸，高度高出灶身一尺。（这是定法。）

隔锅项子：宽为一尺，项子将灶膛虚隔成两部分，使烟分别进入烟囱。

直拔立灶：灶门与灶台在前部，烟囱安置于烟柜之上。（直拔立灶可以有一锅至连数锅的形式。）

灶门、灶身、灶台等都与上述转烟立灶的规定相同。（只是不使用隔烟。）

烟匮子：长度与灶身一致，高度比灶身高出一尺五寸，宽为六寸。（这是定法。）

山华子：斜高为一尺五寸至二尺，长度与烟匮子的长度一致。山华子位于烟囱的两旁，在烟匮子之上。

一般立灶的烟囱高度根据房屋的高度而定，烟囱伸出屋顶三尺高。（如果是暂时使用而不设在房屋内部的立灶，其烟囱高为三尺，烟囱顶部做成靴头的样式进行排烟。）烟囱一般为六寸见方。如果锅增大的话，可以适当增加边长尺寸，增加到一尺二寸见方为止。烟囱要用石灰泥刷饰。

釜镬灶[1]

【原文】 造釜镬灶之制：釜灶如蒸作用者，高六寸。（余并入地内。）其非蒸作用，安铁甑或瓦甑[2]者，量宜加高，加至三尺止。镬灶高一尺五寸，其门、项之类皆以釜口径以每增一寸，镬口径以每增一尺为祖加减之。（釜口径一尺六寸者一石。每增一石，口径加一寸，加至十

石止。镬口径三尺，增至八尺止。）

釜灶：釜口径一尺六寸。

门：高六寸（于灶身内高三寸，余入地）。广五寸。（每径增一寸，高广各加五分。如用铁甑者，灶门用铁铸造，及门前后各用生铁板。）

腔内后项子高、广，抢烟，及增加并后突并同立灶之制。（如连二或连三造者，并垒向后。其向后者，每一釜加高五寸。）

镬灶：镬口径三尺。（用砖垒造。）

门：高一尺二寸，广九寸。（每径增一尺，高、广各加三寸，用铁灶门。其门前后各用铁板。）

腔内后项子：高视身。（抢烟同上。）若镬口径五尺以上者，底下当心用铁柱子。

后驼项突：方一尺五寸（并二坯垒）。斜高二尺五寸，曲长一丈七尺。（令出墙外四尺。）

凡釜镬、灶面并取圜，泥造。其釜、镬口径四周各出六寸外，泥饰与立灶同。

【注释】〔1〕釜镬灶：釜，圆底无足，须放在炉灶上或用其他物体支撑煮物，釜口亦为圆形，可直接用来煮、炖、煎、炒等，类似锅。镬是古代煮牲肉的大型烹饪铜器之一，指无足的鼎。釜镬灶即锅台。

〔2〕铁甑或瓦甑：甑，陶制炊器。《古史考》载："黄帝始作釜甑，火食之道始成。"可见，"甑"在原始社会后期已经产生。到了新石器时代，又有了"陶甑"，商周时代发展为"铜甑"。铁器产生后，"甑"又由青铜变为铁制。

从此，"铁甑"世代沿袭，流传至今。它形似圆筒，底部有许多透蒸汽的小孔，置大口锅上，可蒸物。

【译文】 建造釜镬灶的制度：釜灶如果用来蒸煮食物，高为六寸。（其余部分都埋入地下。）不用来蒸煮食物，安装了铁甑或瓦甑的，根据情况增加高度，但增加到三尺为止。镬灶高为一尺五寸，灶门、后项子等构件都以釜的口径增加一寸，镬口的直径每增一尺为起始进行加减。（釜的口径为一尺六寸，即一石。每增一石粮食，口径增加一寸，增加到十石为止。镬的口径为三尺的，增至八尺为止。）

釜灶：釜的口径为一尺六寸。

门：高为六寸（在灶身内高为三寸，其余的埋入地下）。宽为五寸。（直径每增加一寸，高度和宽度各增加五分。如果是用铁甑，灶门用铁铸造，门前门后各用生铁板铸造。）

腔内后项子的高度、宽度，抢烟，以及其尺寸的增加和后烟囱的大小都与立灶的制度相同。（如果是连二或连三造的，都向后垒。向后垒的，每一釜增加高度五寸。）

镬灶：镬的口径为三尺。（用砖垒造。）

门：高度为一尺二寸，宽九寸。（直径每增加一尺，则高度和宽度各加三寸，使用铁灶门。门前门后各用铁板。）

腔内后项子：高度根据灶身而定。（抢烟的尺寸同上。）如果镬的口径在五尺以上，底下正中心位置要用铁柱子。

后驼项突：一尺五寸见方（都用二坯垒建）。斜高为二尺五寸，曲面长为一丈七尺。（使其向出墙四尺。）

　　釜镬、灶面都做成圆形，用泥垒。釜、镬的口径四周各向外出六寸，泥饰与立灶的相同。

茶炉

　　【原文】　造茶炉之制：高一尺五寸。其方广等皆以高一尺为祖加减之。

　　面：方七寸五分。

　　口：圆径三寸五分，深四寸。

　　吵眼：高六寸，广三寸。（内抢风斜高向上八寸。）

　　凡茶炉，底方六寸，内用铁燎杖[1]八条。其泥饰同立灶之制。

　　【注释】　〔1〕铁燎杖：即铁条。

　　【译文】　建造茶炉的制度：茶炉高为一尺五寸。其方边长和宽度都以高一尺为根据而加减。

　　面：七寸五分见方。

　　口：圆径为三寸五分，深四寸。

　　吵眼：高为六寸，宽三寸。（里面的抢风斜向上高八寸。）

　　茶炉的底部为六寸见方，里面使用八条铁燎杖。茶炉抹泥的制度与立灶的制度相同。

垒射垛[1]

　　【原文】　垒射垛之制：先筑墙，以长五丈、高二丈为率。（墙心内长二丈，

两边墙各长一丈五尺，两头斜收向里各三尺。）上垒作五峰，其峰之高下，皆以墙每一丈之长，积而为法。

　　中峰：每墙长一丈，高二尺。

　　次中两峰：各高一尺二寸。（其心至中峰心各一丈。）

　　两外峰：各高一尺六寸。（其心至次中两峰各一丈五尺。）

　　子垛：高同中峰。（广减高一尺，厚减高之半。）

　　两边踏道：斜高视子垛，长随垛身。（厚减高之半。分作一十二踏，每踏高八寸三分，广一尺二寸五分。）

　　子垛上当心踏台：长一尺二寸，高六寸，面广四寸。（厚减面之半，分作三踏，每一尺为一踏。）

　　凡射垛五峰，每中峰高一尺，则其下各厚三寸，上收令方，减下厚之半。（上收至方一尺五寸止。其两峰之间，并先约度上收之广，相对垂绳，令纵至墙上，为两峰颇内圆势。）其峰上各安莲华坐瓦、火珠各一枚，当面以青石灰，白石灰，上以青灰为缘泥饰之。

　　【注释】　〔1〕射垛：土筑的箭靶。

　　【译文】　垒射垛的制度：先筑墙，以长五丈、高二丈为标准。（墙心内长为二丈，两边墙各长为一丈五尺，两头各斜向里收三尺。）上垒成五峰，其峰的高低都以墙每一丈的长度为一百，用这个百分比来确定各部分的比例尺寸。

中峰：墙每长一丈，则高为二尺。

次中两峰：各高一尺二寸。（其中心位置到中峰的中心各一丈。）

两外峰：各高一尺六寸。（其中心到次中两峰的距离各为一丈五尺。）

子垛：高度与中峰相同。（宽度比高度减少一尺，厚度为高度的一半。）

两边踏道：斜高根据子垛而定，长度根据垛身而定。（厚度减为高度的一半。分成十二踏，每踏高度为八寸三分，宽为一尺二寸五分。）

子垛上当心踏台：长为一尺二寸，高为六寸，面宽四寸。（厚度减少为面的一半，分成三踏，每一尺为一踏。）

射垛有五个峰，每个中峰高一尺，中峰以下各厚为三寸，向上斜收成方形，厚度减少为下面的一半。（向上收到一尺五寸见方为止。两峰之间，都要预先估计向上收的宽度，相对垂绳，使绳子竖直垂到墙上，呈两峰颤内的圆形走势。）在峰上安设莲花坐瓦和火珠各一枚，正面用青石灰、白石灰涂抹，上面用青灰封边，用泥涂抹装饰。

卷十四·彩画作制度

　　本卷阐述彩画作必须遵从的规程和原则。

总制度

【原文】 彩画之制：先遍衬地。次以草色和粉分衬所画之物。其衬色上方布细色，或叠晕[1]，或分间剔、填。应用五彩装及叠晕碾玉装[2]者，并以赭笔[3]描画，浅色之外，并旁描道量留粉晕，其余并以墨笔描画，浅色之外，并用粉笔盖压墨道。

衬地之法：

凡枓、栱、梁、柱及画壁，皆先以胶水遍刷。（其贴金地以鳔胶水[4]。）

贴真金地：候鳔胶水干，刷白铅粉[5]，候干又刷，凡五遍。次又刷土朱、铅粉同上，亦五遍。（上用熟薄胶水贴金，以绵按，令着实。候干，以玉或玛瑙或生狗牙研令光。）

五彩地（其碾玉装若用青绿叠晕者同）：候胶水干，先以白土遍刷。候干，又以铅粉刷之。

碾玉装或青绿棱间者（刷雌黄合绿者同）：候胶水干，用青淀和茶土刷之。（每三分中一分青淀，二分茶土。）

沙泥画壁：亦候胶水干，以好白土纵横刷之。（先立刷，候干次横刷，各一遍。）

调色之法：

白土（茶土同）：先拣择令净，用薄胶汤（凡下云用汤者同，其称热汤者非，后同）浸少时，候化尽，淘出细华（凡色之极细而淡者皆谓之"华"，后同）。入别器中，

澄定，倾去清水，量度再入胶水用之。

铅粉：先研令极细，用稍浓水和成剂（如贴真金地，并以鳔胶水和之）。再以热汤浸少时，候稍温，倾去，再用汤研化，令稀稠得所用之。

代赭石（土朱、土黄同，如块小者不捣）：先捣令极细，次研，以汤淘取华，次取细者，及澄去砂石粗脚不用。

藤黄：量度所用研细，以热汤化，淘去砂脚，不得用胶。（笔罩粉地用之。）

紫矿：先擘开，挦去心内绵无色者，次将面上色深者，以热汤撋取汁，入少汤用之。若于华心内斡淡或朱地内压深用者，熬令色深浅得所用之。

朱红（黄丹同）：以胶水调，令稀稠得所用之。（其黄丹用之多涩燥者，调时入生油一点。）

螺青（紫粉同）：先研令细，以汤调取清用。（螺青澄去浅脚充合碧粉用，紫粉浅脚充合朱用。）

雌黄：先捣，次研，皆要极细，用热汤淘细华于别器中，澄去清水，方入胶水用之。（其淘澄下粗者，再研再淘细华方可用。）忌铅粉、黄丹地上用。恶石灰及油不得相近。（亦不可施之于缣素。）

衬色之法：

青：以螺青合铅粉为地。（铅粉二分，螺青一分。）

绿：以槐华汁合螺青、铅粉为地。（粉青同上。用槐华一钱熬汁。）

红：以紫粉合黄丹为地。（或只以黄丹。）

取石色之法：

生青（层青同）、石绿、朱砂并各先捣令略细（若浮淘青，但研令细）。用汤淘出，向上土石恶水不用，收取近下水内浅色（入别器中）。然后研令极细，以汤淘澄，分色轻重，各入别器中。先取水内色淡者，谓之"青华"（石绿者谓之"绿华"，朱砂者谓之"朱华"）。次色稍深者，谓之"三青"（石绿谓之"三绿"，朱砂谓之"三朱"）。又色渐深者，谓之"二青"（石绿谓之"二绿"，朱砂谓之"二朱"）。其下色最重者，谓之"大青"（石绿谓之"大绿"，朱砂谓之"深朱"）。澄定，倾去清水，候干收之。如用时，量度入胶水用之。

五色之中，唯青、绿、红三色为主，余色隔间品合而已。其为用亦各不同，且如用青，自大青至青华，外晕用白（朱、绿同）。大青之内，用墨或矿汁压深。此只可以施之于装饰等用，但取其轮奂鲜丽，如组绣华锦之文尔。至于穷要妙、夺生意，则谓之"画"。其用色之制，随其所写，或浅或深，或轻或重，千变万化，任其自然，虽不可以立言，其色之所相，亦不出于此。（唯不用大青、大绿、深朱、雌黄、白土之类。）

【注释】〔1〕叠晕：是利用同一颜色调出二至四种色阶，再依次排列绘制的手法。宋代在南北朝壁画"晕染"技法上发展出"叠晕"，其主要用于木构件的边棱部分，能产生浑圆之感。明清称此种技法为"退晕"。

〔2〕碾玉装：等级仅次于五彩遍装。色调以青、绿为主，多层叠晕，外留白晕，宛如磨光的碧玉，故称。有时局部也用五彩或红色作为点缀。

〔3〕赭笔：红笔。赭红色，咖啡色偏红，与铁锈红相近。在水粉、水彩等画种多用此色。颜色较红色深、暗，较深色偏红，常用于绘画栏杆、房屋等。

〔4〕鳔胶水：鱼鳔胶称黄鱼胶。黄色的鳔通过加工处理而制成的胶料。成分主要为生胶质。黏度高，胶凝强度超一般动物胶。对木器的黏合效果极佳。

〔5〕白铅粉：称铅粉、胡粉，白色团块状，有毒。化学成分为碱式碳酸铅，用作防锈颜料，陶瓷釉料的助溶剂。

【译文】彩画的制度：先全面地铺衬画底。再用草色和粉，分别托衬所画的物体。在衬色之上才能精细着色，或者采取叠晕，或者采取分间剔、填的方式。如果作五彩遍装或碾玉装，除了要用红笔描画浅色，在浅色之外，都要沿着描道留出做粉晕的宽度来，其余部分除用浅黑色描画外，都要用粉笔（沥粉的笔）遮盖并压住黑线使色浅。

衬地之法：

凡是斗、栱、梁、柱以及画壁，都先用胶水全部刷一遍。（贴金地的部分用鳔胶水。）

贴真金地：等鳔胶水干之后，刷白铅粉，等干后再刷，一共刷五遍。然后再刷土朱、铅粉步骤同上，也刷五遍。（面上用熟薄胶水贴金，用棉花按压，使其附着结实。等干后，再用玉或者玛瑙或者生狗牙砍削平整，使表面光滑。）

此为彩画作制度图样，枓栱今式之一，梁椽飞子同（按彩色可以因时制宜，而木架今昔略异，附图二篇以明之）。

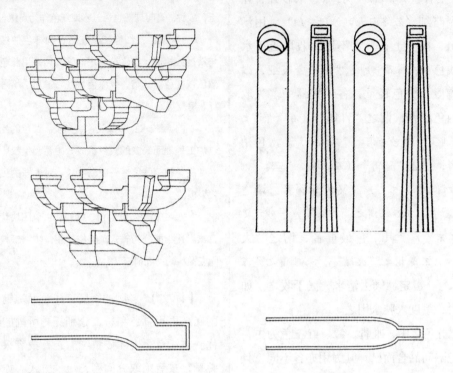

此为彩画作制度图样，枓栱今式之二，梁椽飞子同。

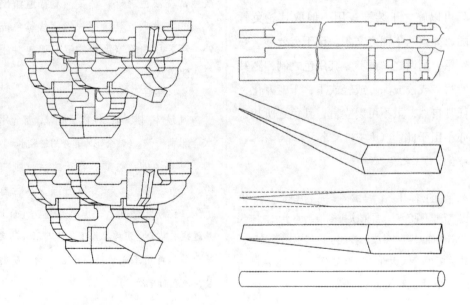

五彩地（如果是采用青绿叠晕的碾玉装也一样）：等胶水干以后，先用白土刷一遍。等干后，再用铅粉刷。

碾玉装或青绿棱间者（刷雌黄合绿者也一样）：待胶水干后，用青淀和茶土混合刷一遍。（青淀占三分之一，茶土占三分之二。）

沙泥画壁：待胶水干后，用好白土纵横来回刷（先立着刷，待干后再横着刷，各刷一遍）。

调色之法：

白土（茶土同）：先拣择干净，同时用稀胶水（凡是下面说用汤的都相同，称热汤的不是，后同）浸泡少时，待土完全融化后，淘出细而色淡的精华（凡是色泽极细而淡的都称为"华"，后同）。移入其他容器中，澄出清水，用时按需要加入适量胶水即可使用。

铅粉：先将铅粉研为细末，用水合成浓度较大的铅粉和水的混合物（如果贴真金地还需要用鳔胶水拌和）。然后再用热水浸一会，等水稍凉，倒出水，再用稀胶水研化，使稀稠得当能够使用。

代赭石（土朱、土黄相同。如果块较小则不用捣碎）：先将赭石捣为细末，然后用稀胶水研淘，取其精华，然后澄去砂石杂质，取其细粉使用。

藤黄：按用途不同研细，然后用热水淘去杂质即可，不可用胶。（笼罩粉地的时候使用。）

紫矿：先破开，去掉中心绵而无色的部分，然后将面上颜色深的部分，以热水拈取汁，加入少量稀胶使用。如果用于绘制

花心，需使其颜色浅淡，或用于在朱红地内压深，应熬煮到颜色深浅适宜时使用。

朱红（黄丹同）：用胶水调和，使稀稠得当时使用。（如黄丹特别生涩干燥，可加一点生桐油。）

螺青（紫粉同）：先研细，和稀胶水调和，取其清液使用。（螺青澄去浅色部分的下脚料可与绿粉混合使用，紫粉浅色部分的下脚料可与红色混合使用。）

雌黄：先捣碎，后研细，要研得很细，然后用热水淘出精华放入容器中，澄去清水，才能和胶水使用。（淘澄余下的，可再研、再淘细华使用。）不能在铅粉、黄丹地上使用。千万不能接近石灰和油。（也不可用于细绢布之上。）

衬色之法（即在衬地上施底色）：

青：以螺青和铅粉调和为底色。（铅粉二份，螺青一份。）

绿：以槐花汁调和螺青、铅粉为底色。（铅粉和螺青的比例同上。用一钱槐花熬成汁。）

红：以紫粉调和黄丹为底色。（或者只使用黄丹。）

取石色之法（对矿物性颜料更精细的加工，按细度不同分类收取的办法）：

生青（层青同）、石绿、朱砂应先捣碎，使其基本研细（浮淘青必须研细）。然后淘去砂石等杂物，并倒去脏水，将近水底的青、绿或朱砂收集起来（放入容器）。研为细粉，用水再淘澄，按颜色深浅不同收取，分别放入不同容器中，干后使用。颜色最浅的叫"青华"（石绿为"绿华"，

朱砂为"朱华")。颜色比较深的叫"三青"（石绿叫"三绿"，朱砂叫"三朱"）。颜色更深的叫"二青"（石绿叫"二绿"，朱砂叫"二朱"）。最下面颜色最深的叫"大青"（石绿叫"大绿"，朱砂叫"深朱"）。澄完，倒去清水，等晾干后使用。在使用的时候，根据情况加入胶水。

五种颜色之中，只以青、绿、红三色为主，其余的颜色只是相间品配而已。其用处也各不相同，比如用青色，从大青到青华，外晕都用白色（朱、绿相同）。在大青之内，用墨或者矿汁将颜色压深。这种颜色只能用于装饰等，只是为了突显它的颜色鲜丽，就像编织锦绣的花纹一样。至于那些达到精妙绝伦、栩栩如生的，则称为"画"。其用色的制度，根据所画之物，或浅或深，或轻或重，千变万化，顺其自然，不能用言语来表达，其颜色的品相，也不外乎这几种。（只是不使用大青、大绿、深朱、雌黄、白土之类的颜色。）

五彩遍装

【原文】 五彩遍装之制：梁、栱之类，外棱四周皆留缘道[1]，用青、绿或朱叠晕（梁、栿之类缘道，其广二分；枓栱之类，其广一分）。内施五彩诸华，间杂用朱或青、绿剔地，外留空缘，与外缘道对晕。（其空缘之广，减外缘道三分之一。）

华文有九品：一曰海石榴华。（宝牙华、太平华之类同。）二曰宝相华。（牡丹华之类同。）三曰莲荷华。（以上宜于梁、额、橑檐方、椽、柱、枓栱、材昂、栱眼壁及白版内。凡名件之上，皆可通用。其海石榴若华叶肥大不见枝条者，谓之"铺地卷成"。如华叶肥大而微露枝条者，谓之"枝条卷成"。并亦通用。其牡丹华及莲荷华或作写生画者，施之于梁、额或栱眼壁内。）四曰团窠宝照[2]。（团窠柿蒂、方胜合罗之类同。以上宜于方、桁、枓、栱内飞子面，相间用之。）五曰圈头合子。六曰豹脚合晕。（梭身合晕、连珠合晕、偏晕之类同。以上宜于方桁内飞子及大小连檐相间用之。）七曰玛瑙地。（玻璃地之类同。以上宜于方桁枓内，相间用之。）八曰鱼鳞旗脚。（宜于梁、栱下相间用之。）九曰圈头柿蒂。（胡玛瑙之类同。以上宜于枓内相间用之。）

琐文有六品：一曰琐子。（联环琐、玛瑙琐、叠环之类同。）二曰簟文。（金铤、文银铤、方环之类同。）三曰罗地龟文。（六出龟文、交脚龟文之类同。）四曰四出。（六出之类同。以上宜以橑檐方、槫、柱头及枓内。其四出、六出亦宜于栱头、椽头、方桁相间用之。）五曰剑环。（宜于枓内相间用之。）六曰曲水。（或作"王"字及"万"字，或作斗底及钥匙头，宜于普拍方内外用之。）

凡华文施之于梁、额、柱者，或间以行龙、飞禽、走兽之类于华内。其飞走之物，用赭笔描之于白粉地上，或更以浅色拂淡。（若五彩及碾玉装，华内宜用白画。其碾玉华内者，亦宜用浅色拂淡，或以五彩装饰。）如方桁之类全用龙、凤、走、飞者，则遍地以云文补空。

飞仙之类有二品：一曰飞仙。二曰嫔伽。（共命鸟之类同。）

飞禽之类有三品：一曰凤皇。（鸾、鹤、孔雀之类同。）二曰鹦鹉。（山鹧、练鹊、锦鸡之类同。）三曰鸳鸯。（䴔䴖、鹅鸭之类同。其骑跨飞禽人物有五品：一曰真人，二曰女真，三曰仙童，四曰玉女，五曰化生。）

走兽之类有四品：一曰师子。（麒麟、狻猊、獬豸之类同。）二曰天马。（海马、仙鹿之类同。）三曰羚羊。（山羊、华羊之类同。）四曰白象。（驯犀、黑熊之类同。其骑跨牵拽走兽人物有三品：一曰拂菻，二曰獠蛮，三曰化生。若天马、仙鹿、羚羊亦可用真人等骑跨。）

云文有二品：一曰吴云，二曰曹云。（蕙草云、蛮云之类同。）

间装之法：青地上华文以赤黄、红、绿相间，外棱用红叠晕。红地上华文青、绿，心内以红相间，外棱用青或绿叠晕。绿地上华文以赤黄、红、青相间，外棱用青、红、赤黄叠晕。（其牙头青绿地用赤黄牙，朱地以二绿。若枝条绿地用藤黄汁罩，以丹华或薄矿水节淡。青红地，如白地上单枝条用二绿，随墨以绿华合粉罩，以三绿、二绿节淡。）

叠晕之法：自浅色起，先以青华（绿以绿华，红以朱华粉）。次以三青（绿以三绿，红以三朱）。次以二青（绿以二绿，红以二朱）。次以大青（绿以大绿，红以深朱）。大青之内，用深墨压心（绿以深色草汁罩心，朱以深色紫矿罩心）。青华之外留粉地一晕。（红绿准此。其晕内二绿华

或用藤黄汁晕，加华文。缘道等狭小或在高远处，即不用三青等及深色压晕。）凡染赤黄，先布粉地，次以朱华合粉压晕，次用藤黄通罩，次以深朱压心。（若合草绿汁，以螺青华汁用藤黄相和，量宜入好墨数点，及胶少许用之。）

叠晕之法：凡枓、栱、昂及梁、额之类，应外棱缘道并令深色在外，其华内剔地色并浅色在外，与外棱对晕，令浅色相对。其华叶等晕，并浅色在外，以深色压心。（凡外缘道用明金者，梁、栿、枓、栱之类，金缘之广与叠晕同，金缘内用青或绿压之。其青绿广比外缘五分之一。）

凡五彩遍装，柱头（谓额入处）作细锦或琐文，柱身自柱栀上亦作细锦，与柱头相应，锦之上下作青、红或绿叠晕一道。其身内作海石榴等华（或于华内间以飞凤之类）。或于碾玉华内间以五彩飞凤之类，或间四入瓣窠，或四出尖窠（窠内间以化生或龙凤之类）。栀作青瓣或红瓣叠晕莲华。檐额或大额及由额两头近柱处作三瓣或两瓣如意头角叶。（长加广之半。）如身内红地，即以青地作碾玉，或亦用五彩装。（或随两边缘道作分脚如意头。）椽头面子，随径之圜，作叠晕莲华，青、红相间用之，或作出焰明珠。一作簇七车钏明珠（皆浅色在外）。或作叠晕宝珠，深色在外，令近上叠晕向下棱当中点粉为宝珠心。或作叠晕合螺玛瑙，近头处，作青、绿、红晕子三道，每道广不过一寸。身内作通用六等华外，或

用青、绿、红地作团窠，或方胜，或两尖，或四入瓣。白地外用浅色（青以青华，绿以绿华，朱以朱粉圈之）。白地内随瓣之方圆（或两尖，或四入瓣同），描华，用五彩浅色间装之。（其青、绿、红地作团窠、方胜等，亦施之科栱、梁栿之类者，谓之"海锦"，亦曰"净地锦"。）飞子作青、绿连珠及棱身晕，或作方胜，或两尖，或团窠。两侧壁如下面用遍地华，即作两晕青、绿棱间。若下面素地锦，作三晕或两晕青绿棱间。飞子头作四角柿蒂（或作玛瑙）。如飞子遍地华，即椽用素地锦。（若椽作遍地华，即飞子用素地锦。）白版或作红、青、绿地内两尖窠素地锦。大连檐立面作三角叠晕柿蒂华。（或作霞光。）

【注释】〔1〕缘道：在梁栿科栱周围所画的叠晕。

〔2〕团窠宝照：即现在的团花。一般以宝相花为主题，在四个团窠纹之间缀饰忍冬纹。因忍冬纹向四面展开，亦称"四出忍冬"。

【译文】五彩遍装的制度：梁、栱等构件的外棱四周都留出缘道，用青、绿色或红色叠晕（梁、栿之类的缘道，宽度为二分；斗栱之类的缘道，宽度为一分）。在里面做五彩诸花，间杂使用红色或青、绿色剔底，外面留出空白边缘，和外缘道对晕。（其空出边缘的宽度，比外缘道减少三分之一。）

花纹有九个品级：一是海石榴花。（宝牙花、太平花之类的与此相同。）二是宝相花。（牡丹花之类的制度与此相同。）

三是莲荷花。（以上三品适用于梁、额、橑檐方、椽、柱、斗栱、材昂、栱眼壁及白板之内。在以上构件中，都可以通用。其中海石榴花的花叶如果肥大而不见枝条，就称为"铺地卷成"。如果花叶肥大而微微露出枝条的，就称作"枝条卷成"。二者都能通用。如果牡丹花和莲花做成写生画，那么就在梁、额或栱眼壁内施做。）四是团窠宝照。（团窠柿蒂、方胜合罗之类的制度与此相同。以上品级适用于方、桁、斗、栱之内的飞子面，相间使用。）五是圈头合子。六是豹脚合晕。（棱身合晕、连珠合晕、偏晕之类的制度与此相同。以上适于方桁内的飞子以及大小连檐之间相间隔使用。）七是玛瑙地。（玻璃地之类的制度与此相同。以上适于方桁斗内相间隔使用。）八是鱼鳞旗脚。（适宜于梁、栱之下间隔使用。）九是圈头柿蒂。（胡玛瑙之类的制度与此相同。以上适宜于斗内相间隔使用。）

琐文有六品：一是琐子。（联环琐、玛瑙琐、叠环之类的制度与此相同。）二是簟文。（金铤、文银铤、方环之类的制度与此相同。）三是罗地龟文。（六出龟文、交脚龟文之类的制度与此相同。）四是四出。（六出之类的与此相同。以上适宜于橑檐方、槫、柱头及斗内。四出、六出也适宜于在栱头、椽头、方桁之上间隔使用。）五是剑环。（适宜于科内相间隔使用。）六是曲水。（或者做"王"字以及"万"字，或者做成斗底以及钥匙头，适宜于在普拍方里外使用。）

凡是花纹雕饰在梁、额、柱上的，可以把行龙、飞禽、走兽之类间杂在花纹之内。对于这些飞禽走兽之类的动物，要用红笔描在白粉的底上，或者用浅颜色把这些图案拂淡。（如果是五彩装和碾玉装，花纹适宜用白画。如果是做在碾玉装的花纹内的，也适宜用浅颜色拂淡，或者用五彩来装饰。）如果方桁之类全部使用龙、凤、走兽、飞禽等物，则整个底都要用云形花纹来填补空白。

飞仙之类有两个品级：一是飞仙。二是嫔伽。（共命鸟之类的制度与此相同。）

飞禽之类有三个品级：一是凤凰。（鸾、鹤、孔雀之类的制度与此相同。）二是鹦鹉。（山鹧、练鹊、锦鸡之类的制度与此相同。）三是鸳鸯。（鸂鶒、鹅鸭之类的制度与此相同。骑着或者跨坐这些飞禽的人物有五个品级：一是真人，二是女真，三是仙童，四是玉女，五是化生。）

走兽之类有四个品级：一是狮子。（麒麟、狻猊、獬豸之类的制度与此相同。）二是天马。（海马、仙鹿之类的制度与此相同。）三是羚羊。（山羊、华羊之类的制度与此相同。）四是白象。（驯犀、黑熊之类的制度与此相同。骑着或跨坐、牵着、拽着这些走兽的人物有三个品级：一是拂菻，二是獠蛮，三是化生。如果是天马、仙鹿、羚羊等也可以用真人等骑跨在上面。）

云纹有两个品级：一是吴云，二是曹云。（蕙草云、蛮云之类的制度与此相同。）

间装的方法：青地上的花纹以赤黄色、红色、绿色相间，外棱采用红叠晕。红地上的花纹为青、绿色，中心用红色相间，外棱用青色或绿色叠晕。绿地上的花纹以赤黄色、红色、青色相间，外棱采用

青、红、赤黄色叠晕。（牙头上的青绿底用赤黄牙，红用二绿。如果是枝条的绿地则使用藤黄汁压罩，用红花或薄矿水节淡。青红地，比如白地上的单枝条使用二绿，根据墨色用绿花合粉压罩，用三绿、二绿节淡。）

叠晕的方法：从浅色的地方起，先用青华（绿色用绿华，红色用红华粉）。然后用三青（绿色用三绿，红色用三朱）。再次用二青（绿色用二绿，红色用二朱）。再然后用大青（绿色用大绿，红色用深朱）。在大青之中，用深墨压住中心（绿色用深色的草汁罩住中心位置，红色用深色的紫矿罩住中心位置。青华之外留一晕粉地。（红绿都以此为准。晕内的二绿华有的用藤黄汁罩，外加花纹。缘道等狭小或者在又高又远的地方，则不用三青以及深颜色压罩。）如果是染赤黄色，先铺一层粉地，再用朱华合粉压晕，再用藤黄色全部罩住，最后用深红色压住中心位置。（如果是配草绿汁，则用螺青华汁和藤黄汁相混合，酌量加入几点好墨，和少许胶水。）

采用叠晕的方法：对于斗、栱、昂以及梁、额之类的构件，应施做在外棱缘道上并使深色在外，花内剔出地色并使浅色在外，与外棱对晕，使浅色相对。花叶等晕，全都是浅色在外，用深颜色压住中心位置。（如果外缘道使用明金色，梁、栿、斗、栱之类构件的金边宽度与叠晕相同，金边以内用青色或绿色压住。青色或绿色的宽度比外边缘宽出五分之一。）

凡是五彩遍装，在柱头（叫做额入的地方）做细锦或者琐纹，柱身从柱板上也

做细锦，与柱头相对应，在细锦的上下做一道青、红色或绿色的叠晕。在柱身上做海石榴等花的造型（或者在花中间夹杂飞凤之类的造型）。或者在碾玉花之间夹以五彩飞凤之类的造型，或者间杂四入瓣窠，或四出尖窠（窠内以化生或龙凤之类间杂）。栱做成青瓣或红瓣叠晕莲花的样式。檐额或大额以及从额的两头靠近柱子的位置做三瓣或两瓣如意头角叶。（长度在宽度的基础上加一半。）如果柱子身内是红地的，则用青地做碾玉装，或者也用五彩装。（或者根据两边缘道做分脚如意头。）在椽头面子上，根据直径的大小，做叠晕莲花，青色、红色相间使用，或者做出焰明珠。也可做簇七车钏明珠（都是浅色在外面）。或者做叠晕宝珠，使深颜色在外面，在靠近叠晕上端的地方向下棱当中点染颜料粉，作为宝珠的中心。或者做叠晕合螺玛瑙，在靠近头部的位置，做三道青色、绿色、红色的晕子，每一道的宽度不超过一寸。在柱身内除了做通用的六等花以外，或用青色、绿色、红色的地做团窠，或者方胜，或者两尖，或者四入瓣。白地外面用浅色（青色用青华圈起来，绿色用绿华圈起来，红色用红粉圈起来）。白地内根据瓣的方圆（或者两尖，或者四入瓣，都一样）描花，用五彩浅色填充其间。（用青地、绿地、红地作团窠、方胜等图案，也用在枓栱、梁栿之类的构件处的，称为"海锦"，也叫"净地锦"。）在飞子上做青色、绿色连珠和棱身晕，或者做方胜，或者两尖，或团窠。两面的侧壁如果下面用遍地花，则在青、绿棱间做两晕。如果下面做素地锦，则在青绿棱间做两晕或三晕。飞子的头部做四角柿子蒂（或者做玛瑙）。如果飞子采用遍地花，则椽子采用素地锦。（如果椽子做遍地花，则飞子使用素地锦。）白板内也可以做红地、青地、绿地的两尖窠素地锦。大连檐的立面做三角叠晕的柿蒂花。（或者做成霞光。）

碾玉装

【原文】碾玉装之制：梁、栱之类外棱四周皆留缘道（缘道之广并同五彩之制）。用青或绿叠晕。如绿缘内，于淡绿地上描华，用深青剔地，外留空缘，与外缘道对晕。（绿缘内者，用绿处以青，用青处以绿。）

华文及琐文等，并同五彩所用。（华文内唯无写生及豹脚合晕、偏晕、玻璃地、鱼鳞旗脚。外增龙牙蕙草一品。琐文内无琐子。）用青、绿二色叠晕亦如之。（内有青、绿不可隔间处，于绿浅晕中用藤黄汁罩，谓之"菉豆褐"。）

其卷成华叶及琐文，并旁赭笔量留粉道，从浅色起晕至深色。其地以大青、大绿剔之。（亦有华文稍肥者，绿地以二青，其青地以二绿，随华斡淡，后以粉笔傍墨道描者，谓之"映粉碾玉"。宜小处用。）

凡碾玉装，柱碾玉，或间白画，或素绿。柱头用五彩锦（或只碾玉）。栱作红晕或青晕莲华。椽头作出焰明珠，或簇七明珠，或莲华。身内碾玉或素绿。飞子正面作合晕，两旁并退晕，或素绿。仰版素红。（或亦碾玉装。）

【译文】 碾玉装的制度：在梁、栱等构件的外棱四周都留出缘道（缘道的宽度全都遵循五彩遍装的制度）。采用青色或绿色叠晕。如果是在绿缘内，则在淡绿地上描花，用深青色剔地，外面留出空白边缘，使其与外缘道对晕。（绿缘以内的碾玉装，用绿色处以青色，用青色处以绿色。）

花纹以及琐纹等，全都遵循五彩遍装中的制度。（只是花纹内没有写生和豹脚合晕、偏晕、玻璃地、鱼鳞旗脚。另外增加一品龙牙蕙草。琐纹内没有琐子。）用青、绿两种颜色的叠晕也是如此。（里面有青色、绿色不能间隔使用的地方，在绿浅晕中用藤黄汁罩住中心，称作"菉豆褐"。）

对于卷成的花叶和琐纹，沿着旁边的赭笔测量留出粉道，从浅色逐渐起晕至深色。以大青、大绿二色剔地。（也有花纹稍宽的，绿地就用二青，青地用二绿，将花转淡之后，再用粉笔沿着墨道描摹，称为"映粉碾玉"。适合用在较小的地方。）

对于碾玉装，柱子上可做碾玉，也可以间杂白画，或者素绿色。柱子头上用五彩锦（或者只做碾玉）。栌做成红晕或青晕莲花。橡子头做出焰明珠，或者是簇七明珠，或者是莲花。柱子身内做碾玉装或者素绿色。飞子的正面做合晕，两旁都做退晕，或者素绿。仰板做成素红色。（或者也用碾玉装。）

青绿叠晕棱间装（三晕带红棱间装附）

【原文】 青绿叠晕棱间装之制：凡枓、栱之类外棱缘广二分。

外棱用青叠晕者，身内用绿叠晕。（外棱用绿者，身内用青，下同。其外棱缘道浅色在内，身内浅色，在外道压粉线。）谓之"两晕棱间装"。（外棱用青华、二青、大青，以墨压深。身内用绿华、三绿、二绿、大绿，以草汁压深。若绿在外缘，不用三绿。如青在身内，更加三青。）

其外棱缘道用绿叠晕（浅色在内）。次以青叠晕（浅色在外）。当心又用绿叠晕者（深色在内），谓之"三晕棱间装"。（皆不用二绿、三青，其外缘广与五彩同。其内均作两晕。）

若外棱缘道用青叠晕，次以红叠晕（浅色在外，先用朱华粉，次用二朱，次用深朱，以紫矿压深），当心用绿叠晕者（若外缘用绿者，当心以青），谓之"三晕带红棱间装"。

凡青绿叠晕棱间装，柱身内笋文，或素绿，或碾玉装。柱头作四合青绿退晕如意头。栌作青晕莲华，或作五彩锦，或团窠方胜素地锦。橡素绿，身共头作明珠莲华。飞子正面，大小连檐并青绿退晕，两旁素绿。

【译文】 青绿叠晕棱间装的制度：斗、栱等构件的外棱缘道宽度为二分。

外棱采用青叠晕的，身内采用绿叠晕。（外棱用绿色叠晕的，身内用青色叠晕，

下同。外棱缘道的浅色在里面，身内为浅色，在外面的缘道下压粉线。）称为"两晕棱间装"。（外棱用青华、二青、大青，用墨压深。身内用绿华、三绿、二绿、大绿，用草汁压深。如果绿色在外缘，则不用三绿。如果青色在身内，多加一道三青。）

如果外棱缘道先用绿色叠晕（浅色在内）。次用青色叠（浅色在外）。中心位置又用绿色叠晕的（深色在内），称为"三晕棱间装"。（都不使用二绿、三青，其外缘的宽度与五彩遍装的相同。里面都做两晕。）

如果外棱缘道先用青色叠晕，次用红色叠晕（浅色在外，先用红华粉，次用二朱，最后用深朱，以紫矿压深），正中心位置用绿色叠晕（如果外缘用绿色，中心位置用青色），称为"三晕带红棱间装"。

对于青绿叠晕棱间装，柱身上的笋纹，或者是素绿色，或者是碾玉装。柱头做四合青绿退晕如意头。栿上做青晕莲花，或者做五彩锦，或者团窠方胜素地锦。椽子素绿色，椽子身和椽子头做明珠莲花。飞子的正面，大小连檐都做青绿晕，两旁为素绿色。

解绿装饰屋舍（解绿结华装附）

【原文】 解绿刷饰屋舍之制：应材、昂、枓、栱之类，身内通刷土朱，其缘道及燕尾、八白等并用青绿叠晕相间。（若枓用绿，即栱用青之类。）

缘道叠晕，并深色在外，粉线在内。（先用青华或绿华在中，次用大青或大绿在外，后用粉线在内。）其广狭长短并同丹粉刷饰之制。唯檐额或梁栿之类并四周各用缘道，两头相封作如意头。（由额及小额并同。）若画松文，即身内通用土黄，先以墨笔界画，次以紫檀间刷（其紫檀用深墨合土朱，令紫色），心内用墨点节。（栱、梁等下面用合朱通刷。又有于丹地内用墨或紫檀点簇六球文与松文名件相杂者，谓之"旧柏装"。）

枓、栱、方、桁缘内朱地上间诸华者，谓之"解绿结华装"。

柱头及脚并刷朱，用雌黄画方胜及团华，或以五彩画四斜或簇六球文锦。其柱身内通刷合绿，画作笋文。（或只用素绿。椽头或作青绿晕明珠。若椽身通刷合绿者，其槫亦作绿地笋文或素绿。）

凡额上壁内影作，长广制度与丹粉刷饰同。身内上棱及两头，亦以青绿叠晕为缘，或作翻卷华叶。（身内通刷土朱，其翻卷华叶并青绿叠晕。）枓下莲华并以青晕。

【译文】 解绿刷饰屋舍的制度：应材、昂、斗、栱等构件通体刷土朱色，缘道及燕尾、八白等用青绿叠晕间隔。（如斗用绿色，则栱用青色。）

在缘道里做叠晕，深色在外，粉线在内。（先在中间使用青华或绿华，再在外面使用大青或大绿，最后在里面使用粉线。）其宽窄长短都与丹粉刷饰的制度相同。只有檐额、梁栿四周各自用缘道，两头对称画如意头。（由额和小额也都相同。）如果画松叶花纹，梁栿先用土黄通刷，然后用毛笔画界线，再用紫檀色填空（紫檀色用深墨色混合土朱色，使其成紫色），中间用墨点节。（栱、梁下面通刷红色。也有在红地内用墨色或者紫檀色点画簇六球纹与松纹构件相交的，称"旧柏装"。）

斗、栱、方、桁的边上，在红底色上画各种花纹的，称作"解绿结华装"。

柱头和柱脚都刷红色，用雌黄色画方胜及团花，或者用五彩色画四斜或簇六球纹锦。柱子身上通刷混合绿色，画成笋纹。（或者只用素绿色。橼子头或做成青绿晕的明珠。如果橼子身全部刷混合绿色，槫也要做成绿地的笋纹或者素绿色。）

在由额的壁内影作，长与宽的尺寸都与丹粉刷饰相同。由额的上棱以及两头，也用青绿叠晕作为边缘，或者做成翻卷花叶的造型。（由额通身刷成土朱色，翻卷花叶都做成青绿叠晕。）斗下的莲花也做成青晕。

丹粉刷饰屋舍（黄土刷饰附）

【原文】 丹粉刷饰屋舍之制：应材木之类，面上用土朱通刷，下棱用白粉阑界缘道（两尽头斜讹向下）。下面用黄丹通刷。（昂、栱下面及耍头正面同。）其白缘道长广等依下项。

枓栱之类（栿、额、替木、义手、托脚、驼峰、大连檐、搏风版等同）。随材之广，分为八份，以一分为白缘道。其广虽多，不得过一寸，虽狭不得过五分。

栱头及替木之类（绰幕、仰楷、角梁等

同）。头下面刷丹，于近上棱处刷白，燕尾长五寸至七寸。其广随材之厚分为四分，两边各以一分为尾（中心空二分）。上刷横白，广一分半。（其耍头及梁头正面用丹处刷望山子上。其长随高三分之二，其下广随厚四分之二，斜收向上，当中合尖。）

檐额或大额，刷八白者（如里面）。随额之广，若广一尺以下者，分为五分；一尺五寸以下者，分为六分；二尺以上者，分为七分。各当中以一分为八白（其八白两头近柱更不用朱阑断，谓之"入柱白"）。于额身内均之作七隔。其隔之长随白之广。（俗谓之"七朱八白"。）

柱头刷丹（柱脚同）。长随额之广，上下并解粉线。柱身、橼、槫及门窗之类皆通刷土朱。（其破子窗子桯及屏风难子正侧并橼头并刷丹。）平暗或版壁并用土朱刷版并桯，丹刷子桯及牙头护缝。

额上壁内（或有补间铺作远者，亦于栱眼壁内）。画影作于当心。其上先画枓，以莲华承之。（身内刷朱或丹，隔间用之。若身内刷朱，则莲华用丹刷。若身内刷丹，则莲华用朱刷。皆以粉笔解出华瓣。）中作项子，其广随宜。（至五寸止。）下分两脚，长取壁内五分之三（两头各空一分）。身内广随项，两头收斜尖向内五寸。若影作华脚者，身内刷丹，则翻卷叶用土朱。或身内刷土朱，则翻卷叶用丹。（皆以粉笔压棱。）

若刷土黄者，制度并同。唯以土黄代土朱用之。（其影作内莲华用朱或丹，并以粉笔解出华瓣。）

若刷土黄解墨缘道者，唯以墨代粉刷缘道。其墨缘道之上用粉线压棱。（亦有栿、栱等下面合用丹处皆用黄土者，亦有只用墨缘更不用粉线压棱者，制度并同。其影作内莲华并用墨刷，以粉笔解出华瓣，或更不用莲华。）

凡丹粉刷饰，其土朱用两遍，用毕并以胶水拢罩，若刷土黄则不用。（若刷门窗，其破子窗子桯及影缝之类用丹刷，余并土朱。）

【译文】丹粉刷饰房屋的制度：对于应材木一类的构件，木材面上通刷土朱，下棱用白粉勾勒出缘道的线条（两端的头部斜向下出）。下面用黄丹通刷。（昂、栱的下面及耍头正面同样用黄丹通刷。）其空白缘道的长度和宽度等依照下面的规定。

斗拱之类（栿、额、替木、义手、托脚、驼峰、大连檐、搏风板等与此相同）。根据材的宽度，分为八份，以每一份为白色缘道。如果有宽度过大的，也不能超过一寸，再窄也不能低于五分。

栱头以及替木之类（包括绰幕、仰楂、角梁等与此相同）。头下面刷红丹，近上棱处刷白色，燕尾长度为五寸至七寸。其宽度根据材的厚度分为四分，两边各留出一分为尾（中心位置空出二分）。上面横向刷白，宽度为一分半。（在耍头以及梁头正面刷红色的地方，刷望山子。其长度为高度的三分之二，下面的宽度为厚度的四分之二，斜向上收，当中合尖。）

檐额或大额，刷八白（在内侧刷）。根据檐额的宽度，如果宽度在一尺以下的，

分为五份；宽度在一尺五寸以下的，分为六份；宽度在二尺以上的，分为七份。都以当中的一分作为八白（在八白的两头靠近柱子的地方不使用红色的阑干隔断，称为"入柱白"）。在檐额或大额的身内平均分为七个隔断八份。间隔的长度根据白的宽度而定。（叫"七朱八白"。）

柱头刷朱红（柱脚相同）。长度按额的宽度，上下都画出粉线。柱身、椽、檩及门窗等均刷土朱。（破子窗子桯及屏风难子的正侧，椽头均刷红色。）平暗或板壁用土朱刷板和桯，并用红丹刷子桯和牙串护缝。

额上边的墙壁（或补间铺作间隔较远的栱眼壁）。在中间画影作。上部先画斗，斗用莲花承托。（身内用土朱或者红丹，隔间使用。若身内用土朱，则莲花用红丹。若身内用红丹，则莲花用土朱。都要用粉笔勾出花瓣。）中间为项子，其宽以适当为原则。（至五寸为止。）项下分两脚，长取壁内净长的五分之三（两头各空一份）。身内的宽度与项子的宽相同，两头收斜尖，从上向内斜五寸。如果是影作花脚，脚身刷红丹，则翻卷叶刷土朱。如脚身刷土朱，翻卷叶刷红丹。（都需用粉笔压棱。）

刷土黄的方法与刷丹粉的制度相同。唯一不同的是以土黄代替土朱。（影作内的莲花用朱色或红丹描绘，还要用粉笔勾出花瓣。）

土黄解墨缘道的刷法，以墨代替粉线刷缘道。在墨缘道上用粉线压棱。（也有栿、栱等下面混合使用红色的地方都用黄土的，也有只用墨色缘道而不用粉线压棱的，制度同上。影作内的莲花都用黑墨粉刷，以粉笔

勾勒出花瓣，或者不用莲花。）

丹粉刷饰，必须刷土朱两遍，用完之后以胶水罩面，如刷土黄则不用罩面。(如果刷门窗，破子窗子桯和影缝之类的构件都用红色粉刷，其余部分全都用土朱。)

杂间装

【原文】 杂间装之制：皆随每色制度相间品配，令华色鲜丽，各以逐等分数为法。

五彩间碾玉装。（五彩遍装六分，碾玉装四分。）

碾玉间画松文装。（碾玉装三分，画松装七分。）

青绿三晕棱间及碾玉间画松文装。（青绿三晕棱间装三分，碾玉装二分，画松装四分。）

画松文间解绿赤白装。（画松文装五分，解绿赤白装五分。）

画松文卓柏间三晕棱间装。（画松文装六分，三晕棱间装一分，卓柏装二分。）

凡杂间装以此分数为率。或用间红、青、绿三晕棱间装与五彩遍装及画松文等相间装者，各约此分数，随宜加减之。

【译文】 杂间装的制度：根据每间的各式制度相间隔组合，使花色艳丽，各种做法按比例配置。

五彩间碾玉装。（五彩遍装六份，碾玉装四份。）

碾玉间画松纹装。（碾玉装三份，画松纹装七份。）

青绿三晕棱间及碾玉间松纹装。(青绿三晕棱间装三份，碾玉装二份，画松纹装四份。)

画松纹间解绿赤白装。（画松纹装五份，解绿赤白装五份。）

画松纹卓柏间三晕棱间装。（画松纹装六份，三晕棱间装一份，卓柏装二份。）

杂间装的配置按此比例为准则。红、青、绿三晕棱间装与五彩遍装及画松纹等相间装的，大约依此比例，按实际情况加减。

炼桐油

【原文】 炼桐油之制：用文武火煎桐油令清，先炸胶令焦，取出不用。次下松脂，搅候化。又次下研细定粉，粉色黄，滴油于水内成珠，以手试之，黏指处有丝缕，然后下黄丹。渐次去火，搅令冷，合金漆用。如施之于彩画之上者，以乱线揩搌用之。

【译文】 炼桐油的制度：用文武火将桐油煎煮至清澈，先把胶放入桐油炸至焦糊，取出来不用。然后放入松脂，搅拌等待其溶化。再放入研磨细的定粉，等到粉颜色变黄，把油滴在水中能成珠，用手触摸试验，待黏手指的地方有丝缕时，再放入黄丹。逐渐把火调小，搅拌冷却，混合金漆使用。如果是用在彩画上，用废旧的线团轻轻擦拭使用。

◎ 彩画作制度图样上

五彩杂华第一

海石榴华

青 赤黄 绿　　　　　红　　　　大青 朱 红粉 青华

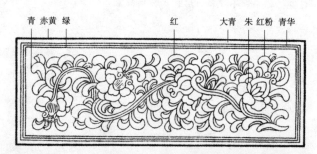

宝牙华

红　绿 青　　　　　　绿华 大青 青华 大绿

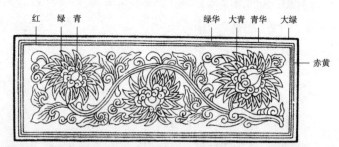

赤黄

太平华

红　　　绿　青　　　　　　　　朱 红粉　绿华 大绿

绿
赤黄

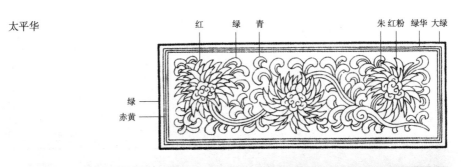

宝相华

红　　　绿　青　　　　　　　　赤黄　大青　绿华 青华

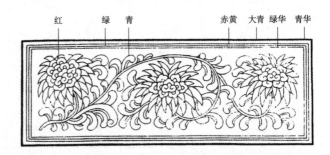

牡丹华

红　青　绿　　　　　大绿　朱　红粉　绿华

赤黄

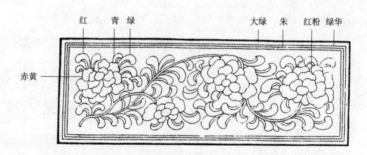

莲荷华

大绿　绿华　青华　二青　赤黄　大青　绿　白　红　青

绿豆褐

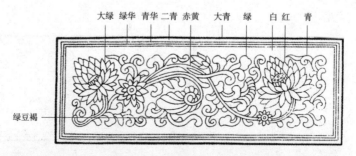

方胜合罗

红粉 朱　　青 赤黄 红　大青 青华　　绿华 二绿 大绿

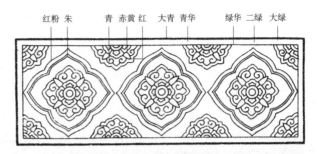

圈头合子

绿 红　　　黄　　　　大青 二青 青华 绿华 大绿

赤黄

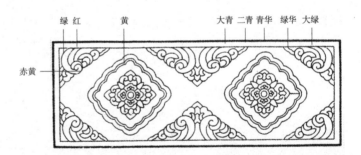

豹脚合晕

大绿 绿华 二绿　　　青华　　　绿 青 红 赤黄 朱 红粉

赤

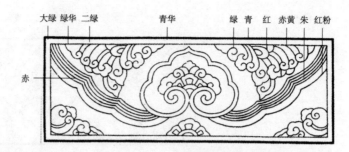

梭身合晕

绿 红 青 赤黄　　大绿 二绿 绿华 黄　　大青 青华

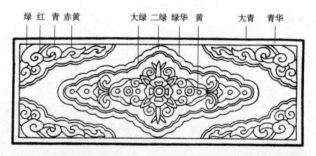

连珠合晕

红　朱 红粉 赤黄 青华 大青

绿
青

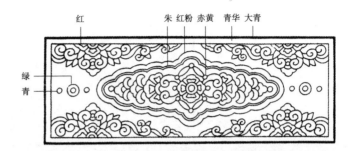

偏晕

大青 二青 青华　黄 绿 赤黄 红 青

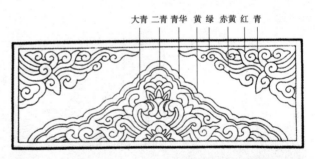

海石榴华（枝条卷成）　　大绿　绿华　　赤黄　绿　红　　　　大青　青　青华

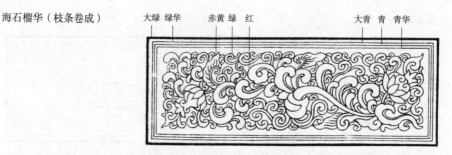

海石榴华（铺地卷成）　　红粉　朱　　　红　　　绿　青　　　青华　大青

赤黄

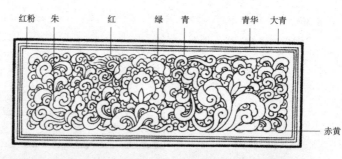

牡丹华

大绿 绿华 青华 二青 大青

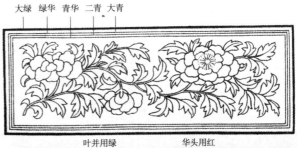

叶并用绿　　　　华头用红

莲荷华

大绿 绿华　　　　大青 二青 青华

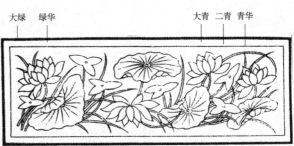

叶并用绿　　　　华头用红

团料宝照

朱粉　红粉　黄　青　绿　红　　　赤黄　青华　大青

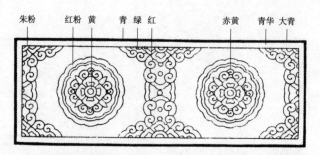

团料柿蒂

红　　　大绿　二绿　绿华　赤黄　　　黄　青　青华　大青

绿

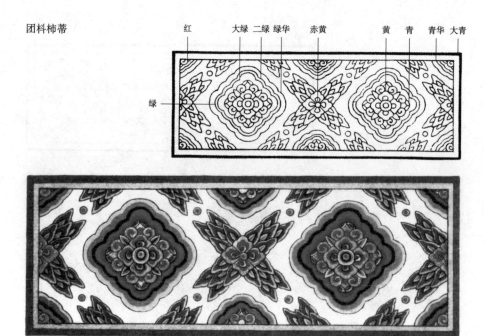

玛瑙地

红粉 赤黄　　朱 绿青　　大青 青华

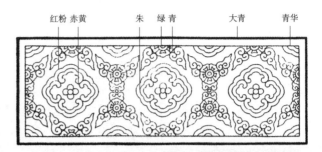

玻璃地

胭脂　　　　青　　　大绿 绿华

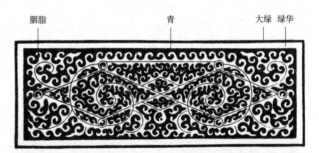

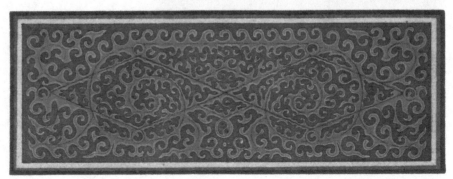

鱼鳞旗脚

红 赤黄 大绿 二绿 绿华　青 二青 朱 绿　　　　丹 大青 青华

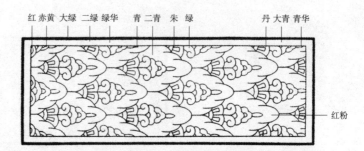

红粉

圈头柿蒂

黄 红粉 朱　　青 红　赤黄 绿　　大绿 绿华

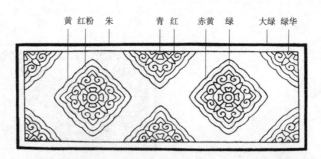

胡玛瑙

红　白　　丹　朱

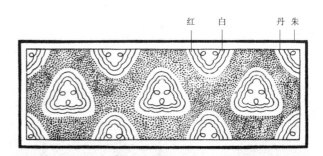

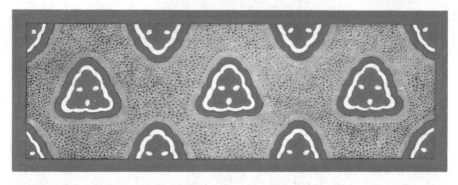

琐子

绿华　大绿　　赤黄　　红　　　　青　绿

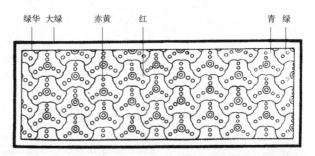

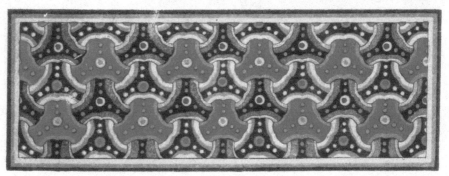

五彩琐文第二

联环

绿华　大绿　　　　红　　　　　绿　　　青　赤黄

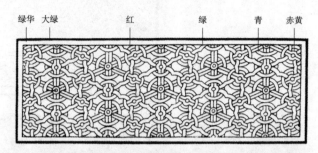

密环

大青　青华　　　　　　赤黄　　　青　绿

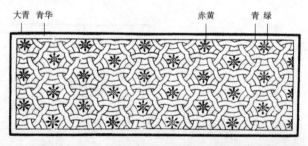

叠环

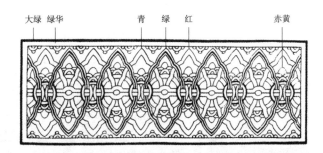

簟文

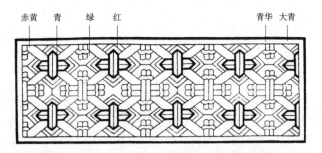

金铤

红 青 绿 赤黄 绿华 大绿

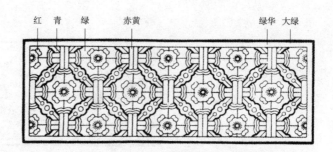

银铤

绿 红 青 赤黄 青华 大青

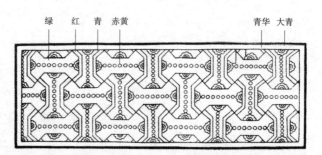

方环

大青　青华　　　　　　　　　　　红　赤黄　青　　绿

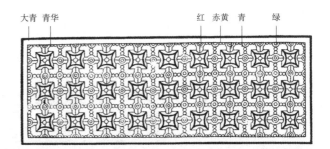

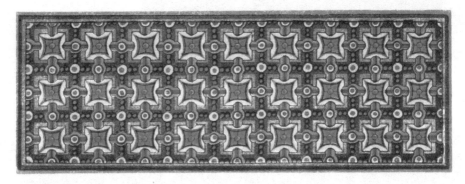

罗地龟文

绿华　大绿　　　　　　　　　　　青　绿　赤黄

六出龟文

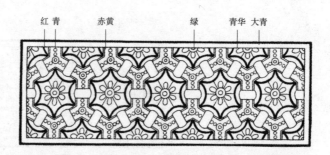

交脚龟文

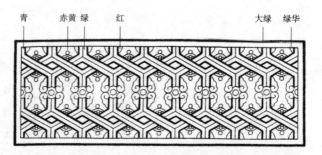

四出

绿 青　红 赤黄　　　　　　　　大青 青华

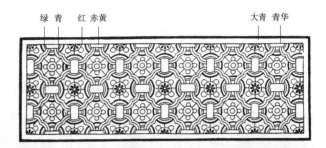

六出

绿 青　　红 赤黄　　　　　　绿华 大绿

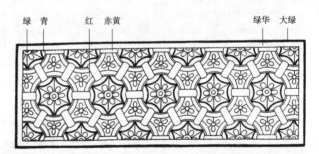

曲水万字

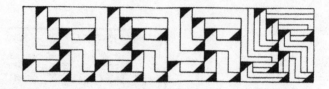

四斗底

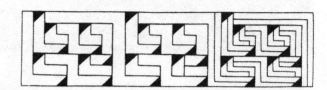

双钥匙头

丁字

单钥匙头

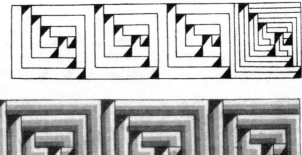

工字

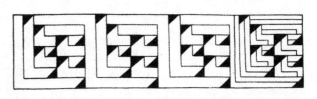

工字

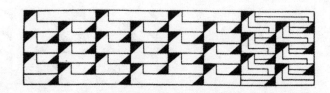

工字

天字

飞仙及飞走等第三

飞仙

嫔伽

共命鸟

凤凰

鸾

孔雀

仙鹤

鹦鹉

山鷚

练鹊

山鸡

鸑鸐

鸳鸯

鹅

华鸭

师子

麒麟

狻猊

獬豸

天马

海马

仙鹿

羚羊

山羊

象

犀牛

熊

骑跨仙真第四

真人

女真

金童

玉女

化生

真人

女真

玉女

拂菻

獠蛮

化生

五彩额柱第五

豹脚

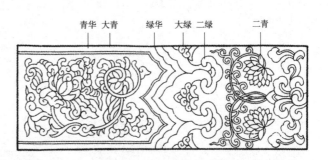

青华　大青　　　绿华　大绿　二绿　　　二青

合蝉燕尾

大绿 绿华　二绿 红粉　　朱

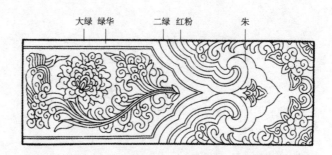

叠晕

青华 大青　绿华　二绿 大绿 二青

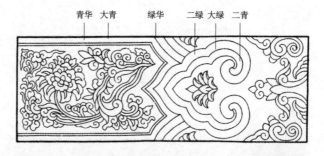

单卷如意头

青华 大青 赤黄 丹朱

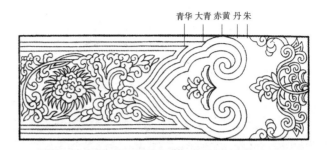

剑环

大绿 绿华 青华 大青 二青

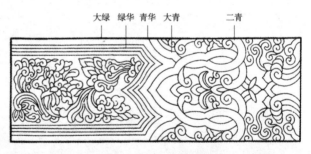

云头

大青 绿华 大绿 青华 红粉 朱

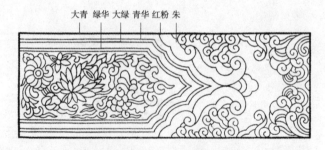

三卷如意头

大青 青华 绿华 大绿 二绿 二青

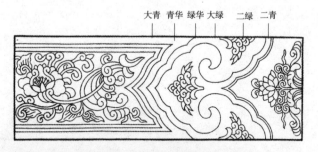

簇三

绿华　大绿　　青华　朱　大青　红粉

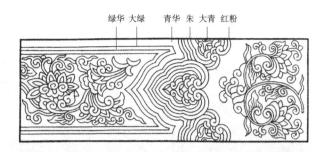

牙脚

青华　大青　红粉　朱　　绿华　大绿　二绿

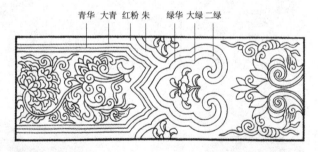

海石榴华内间六人圜华科　　　　　宝牙华内间柿蒂科

大绿
二绿
绿华

红粉朱

大青
二青
青华

绿华
二绿
大绿

红粉

青华
大青

枝条卷成海石榴华内间四入圜华枓

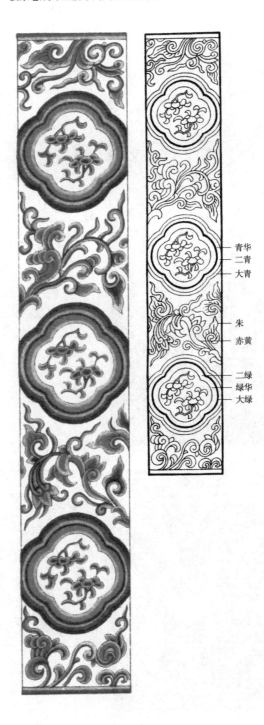

青华
二青
大青

朱
赤黄

二绿
绿华
大绿

五彩平棋第六（其华子晕心墨者，系青晕外绿者，系绿浑黑者，系红并系碾玉装不晕墨者，系五彩装造）

青
绿

大青
青华
二青

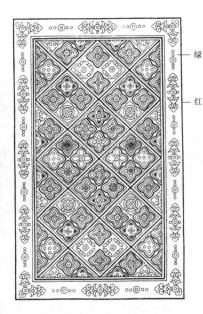

绿

红

碾玉杂华第七

海石榴华

绿华　大绿　白　青华　大青

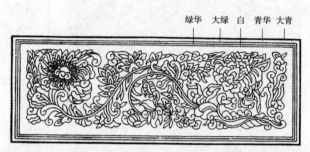

宝牙华

白　　大绿　青　绿华　青华　大青

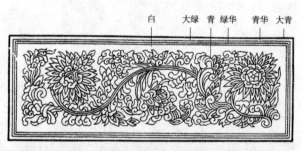

太平华

白　大绿　绿华　　青华　大青

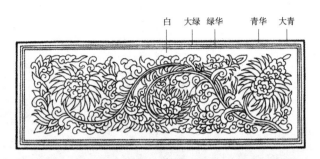

宝相华

大绿　绿华　白　青华　大青

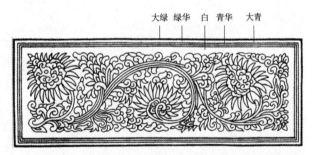

牡丹华

大绿 绿华 白 青华 大青

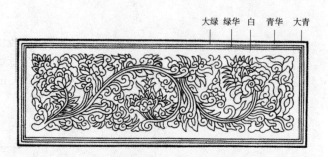

莲荷华

白 青华 大青 大绿 绿华

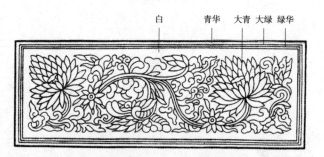

海石榴华（枝条卷成）

绿华　大绿　　　青　绿　　　　大青　二青　青华

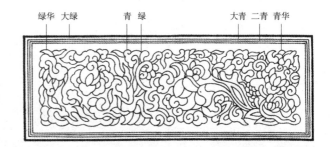

海石榴华（铺地卷成）

绿华　二绿　大绿　　　绿豆褐　　绿　青　青华　大青

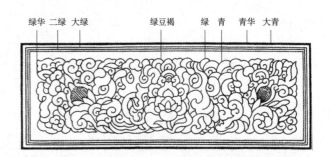

龙牙蕙草

青华　绿豆褐　大青

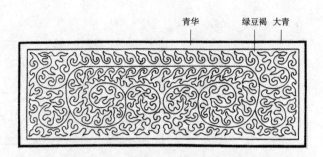

圈头合子

大绿　青黄　　　　绿　　　绿豆褐　绿华　　青华　大青

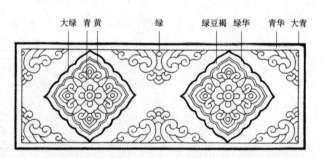

梭身合晕

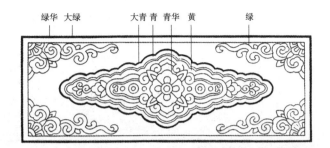

绿华　大绿　　　大青　青　青华　黄　　　　绿

连珠合晕

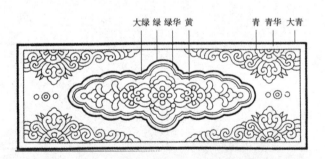

大绿　绿　绿华　黄　　　　青　青华　大青

团料宝照

大青 二青 青华 绿　　青　　　绿豆褐　黄　大绿 绿华

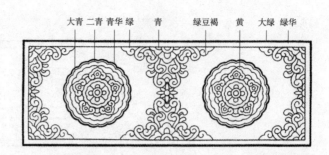

团料柿蒂

绿华 大绿 二绿　　　青　　　绿　黄　青华 大青

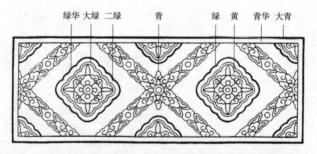

圈头柿蒂

绿 青　　黄 二青　　　　大青 青华　绿华 大绿

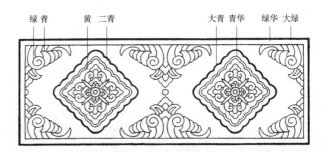

方胜合罗

大青　　　绿 青华 二青　　青　绿华 二绿 大绿

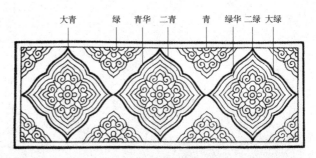

玛瑙地

绿青 青华 大青　　二青

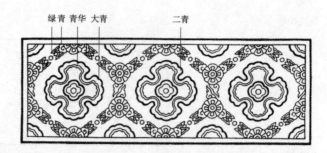

胡玛瑙

青　白　　青华 大青

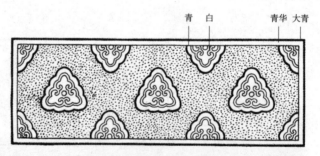

碾玉琐文第八

联环

玛瑙

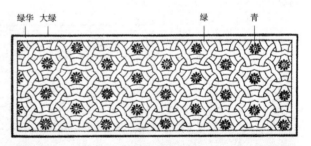

叠环

大青 青华　　青　绿

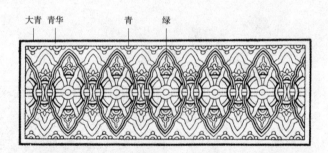

簟文

绿豆褐　　　　绿　　绿华 大绿　青

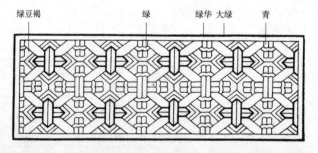

金锭

青　绿豆褐　　　　绿　　　　　青华　大青

银锭

绿　青　　　　　　　大绿　绿华

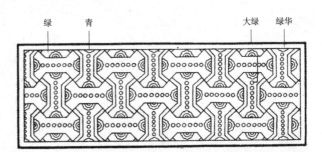

方环

大绿　绿华　　　　　　　　　　　绿　青

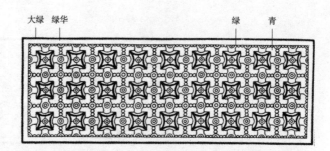

罗地龟文

大青　青华　　　　　　　　　青　绿　绿豆褐

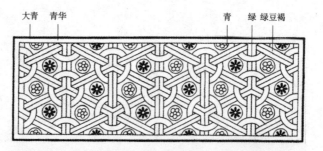

六出龟文

绿豆褐

青　　绿　　　　　　大绿

交脚龟文

绿　青　绿豆褐　　　　大青　青华

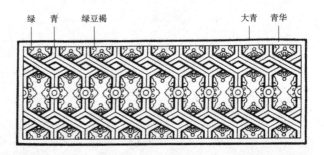

四出   青 绿豆褐 大青   绿   绿华 大绿

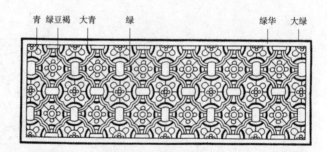

六出   大青 青   绿 绿豆褐   大青 青华

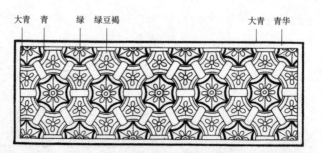

碾玉额柱第九

豹脚

青华　大青　　绿华　二绿　　　大绿　二青

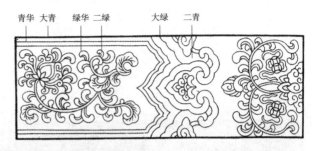

合蝉燕尾

绿华　大绿　　　二青　　　大青　二绿　　青华

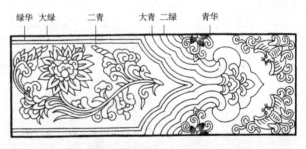

叠晕

大青 青华　　　绿 二青　二绿 绿华

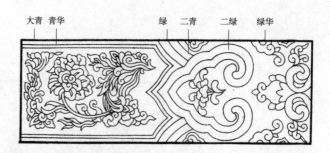

单卷如意头

大绿 绿华　 二绿

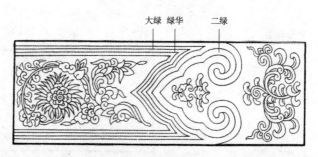

剑环

绿华　二青　大青　青华　大绿

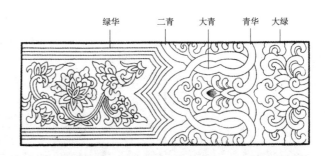

云头

绿华　大绿　青华　　二绿　　　　大青

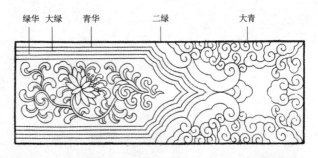

三卷如意头

青华　大青　　绿华　二绿　大绿　　　二青

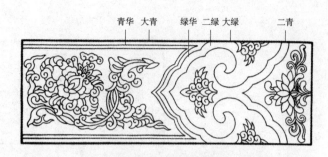

簇三

绿华　大绿　　青华　大青　二绿

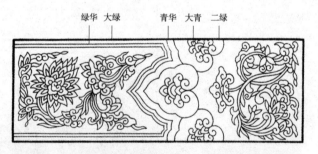

牙脚

大青　青华　　　大绿　　二绿　绿华

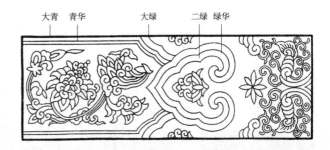

海石榴华内间六入圜华科　　　宝牙华内间柿蒂科

大绿
二绿
绿华
绿豆褐

青华
大青

绿华
大绿

大青
二青
青华
绿豆褐

枝条卷成海石榴华内间四入圝华枓

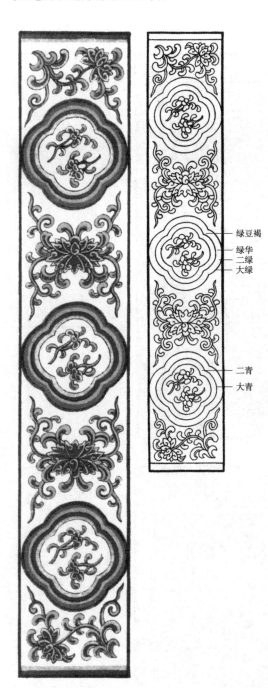

绿豆褐
绿华
二绿
大绿

二青
大青

碾玉平棋第十（其华子晕心墨者，系青晕外绿者，系绿并系碾玉装其不晕者，白上描檀叠青绿）

青

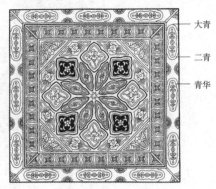

大青

二青

青华

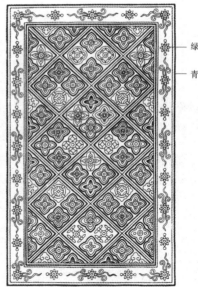

绿

青

◎ 彩画作制度图样下

五彩遍装名件第十一

五铺作枓栱

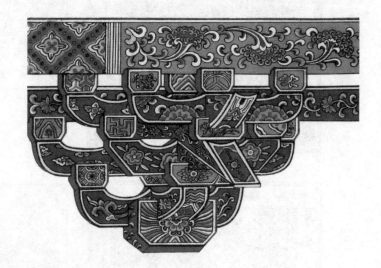

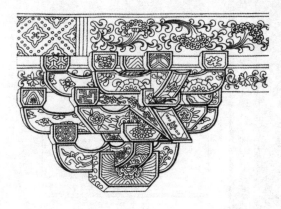

四铺作枓栱

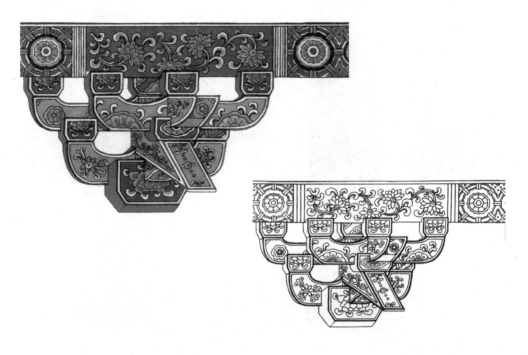

梁椽　飞子

五彩装净地锦

梁椽 飞子

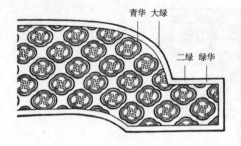

青华 大绿

二绿 绿华

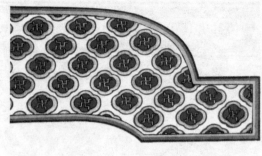

白 朱

红粉 绿

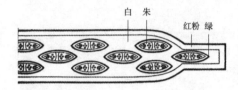

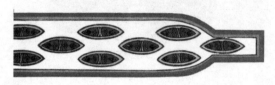

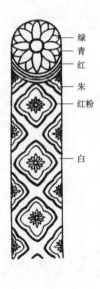

绿
青
红
朱
红粉

白

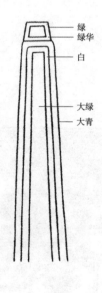

绿
绿华

白

大绿
大青

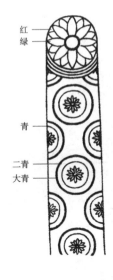
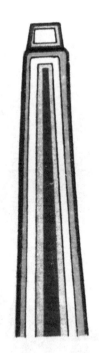
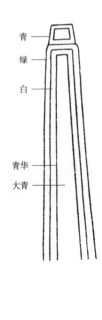

五彩装栱眼壁（重栱内）

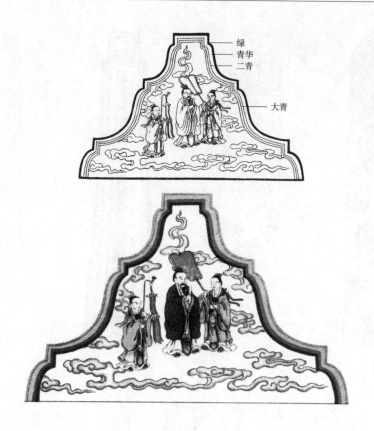

五彩装栱眼壁（单栱内）

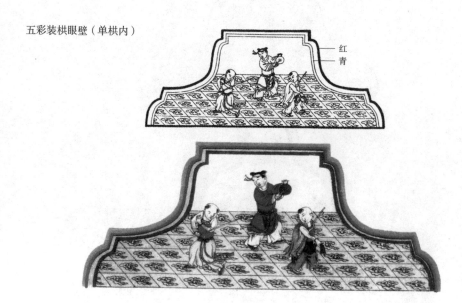

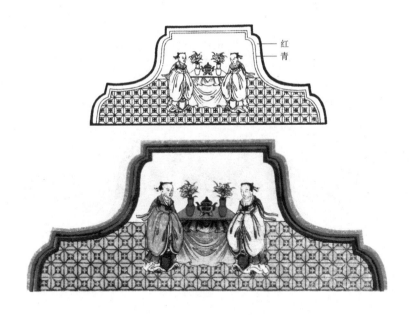

红
青

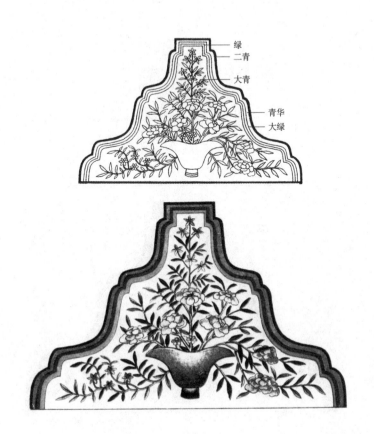

绿
二青
大青

青华
大绿

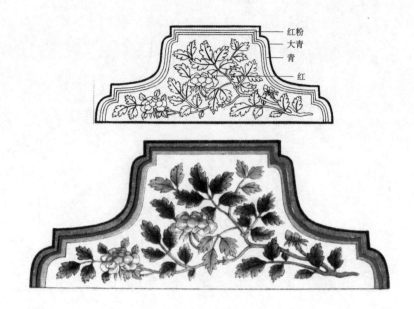

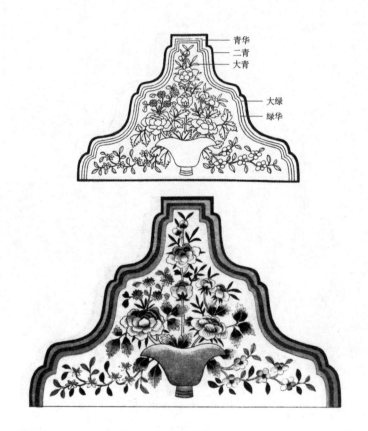

大青
青华
白

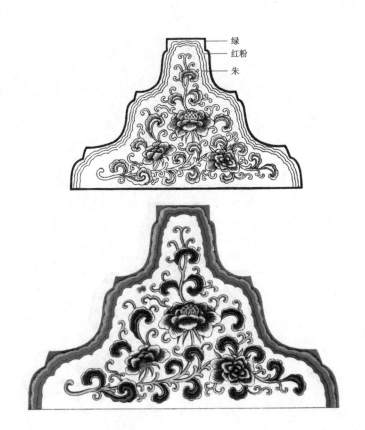

绿
红粉
朱

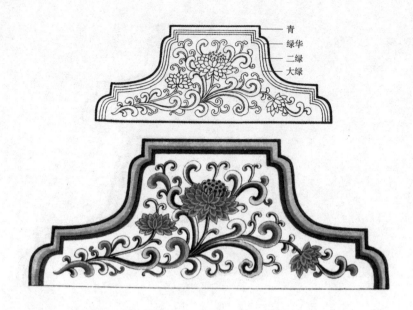

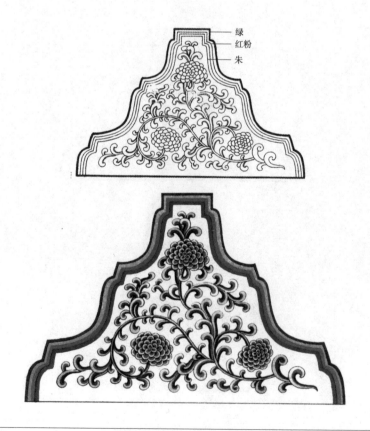

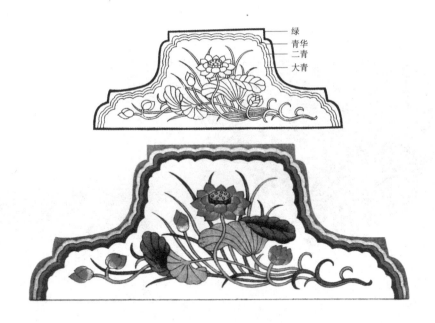

碾玉装名件第十二

五铺作枓栱

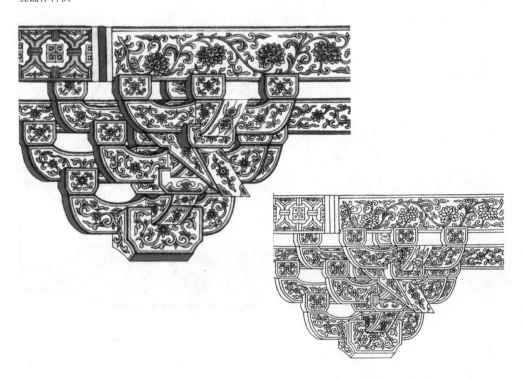

四铺作枓栱

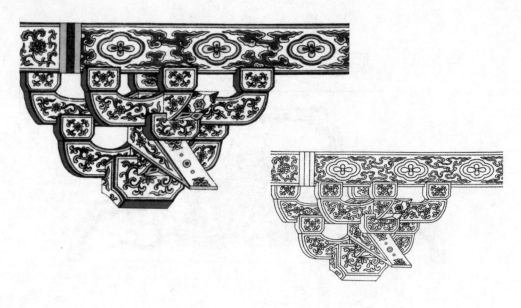

梁椽 飞子

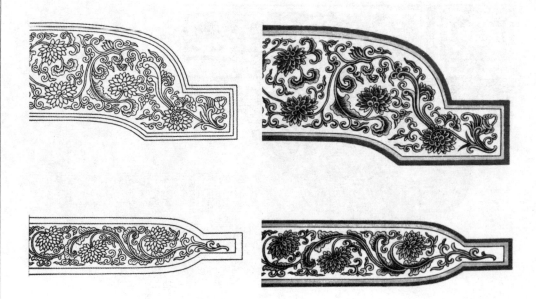

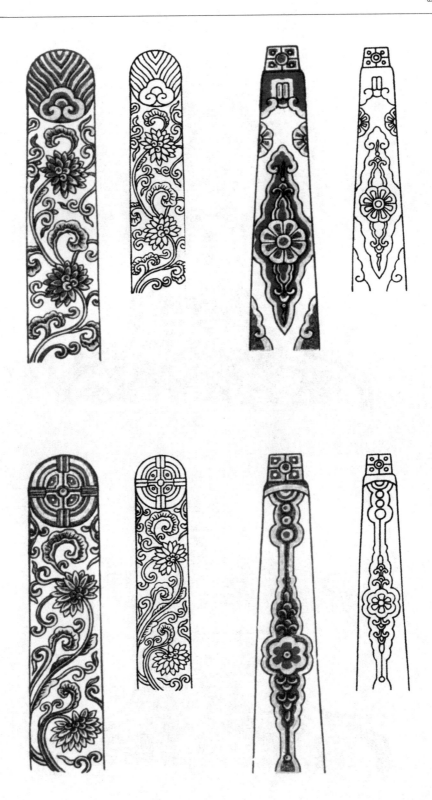

碾玉装栱眼壁

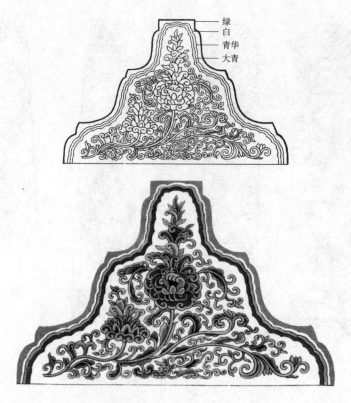

绿
白
青华
大青

青
白
绿华
大绿

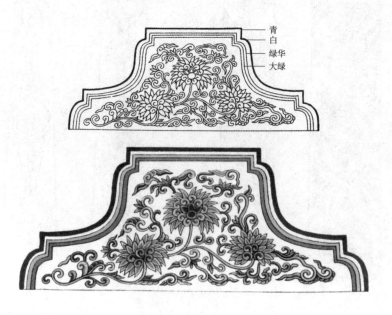

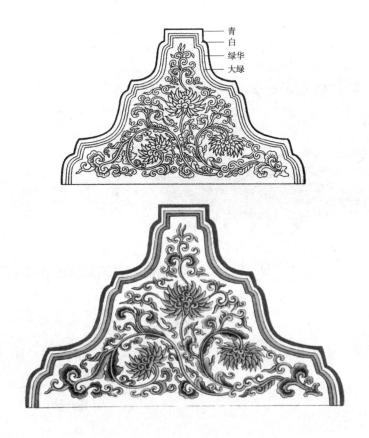

青
白
绿华
大绿

绿
白
青华
大青

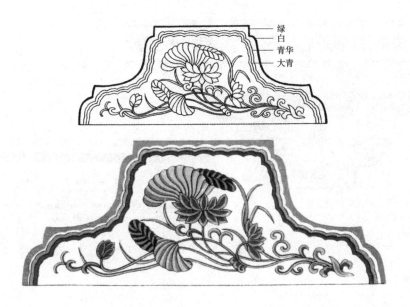

青绿叠晕棱间装名件第十三

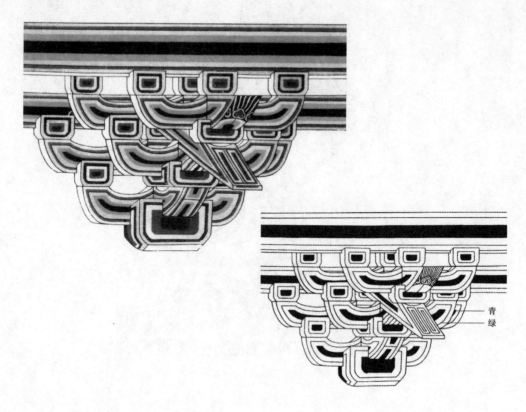

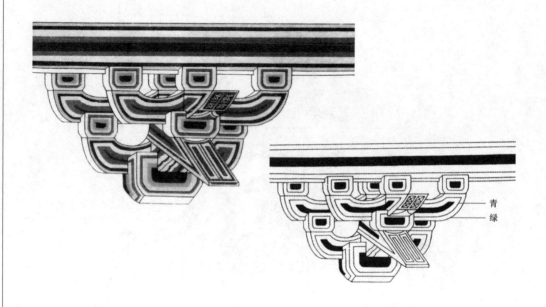

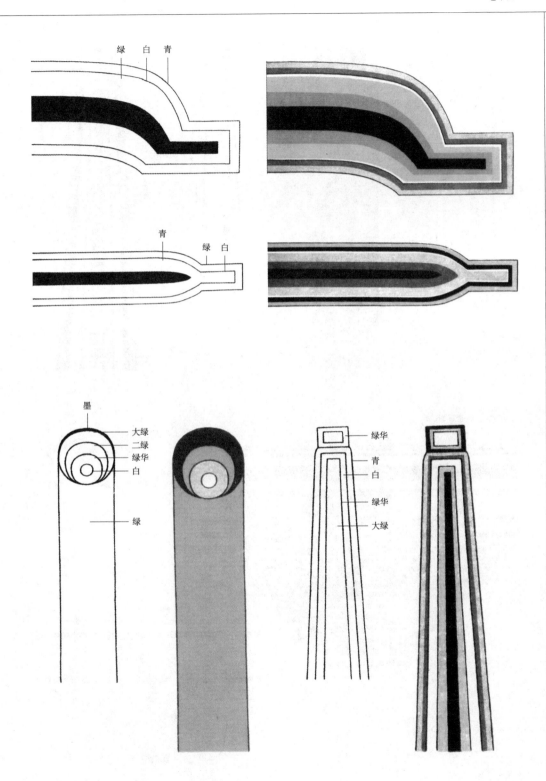

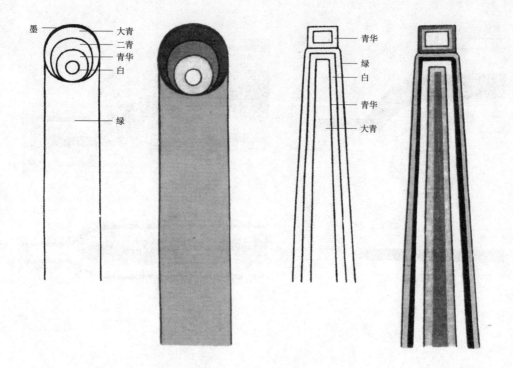

墨　大青　二青　青华　白　绿

青华　绿　白　青华　大青

青绿叠晕三晕棱间装

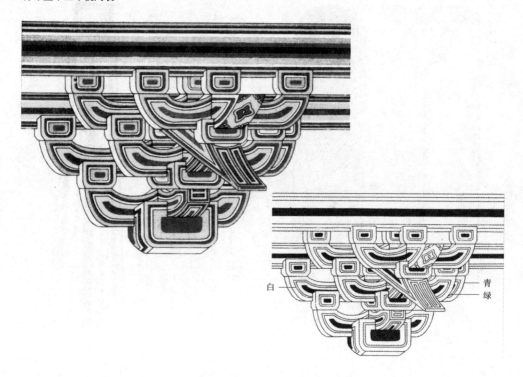

白　青绿

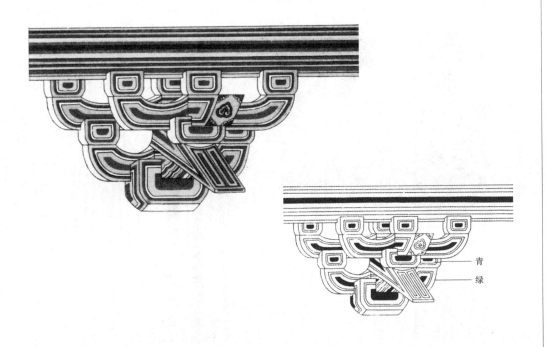

梁椽 飞子

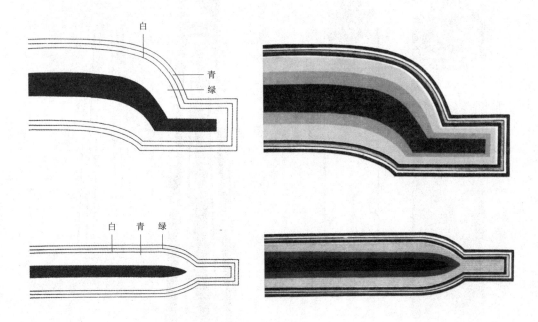

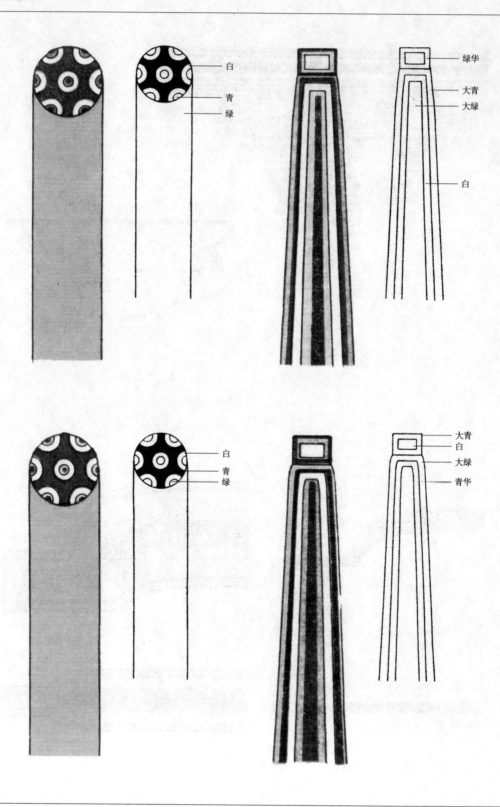

白
青
绿

白
青
绿

绿华
大青
大绿

白

大青
白
大绿
青华

三晕带红棱间装名件第十四

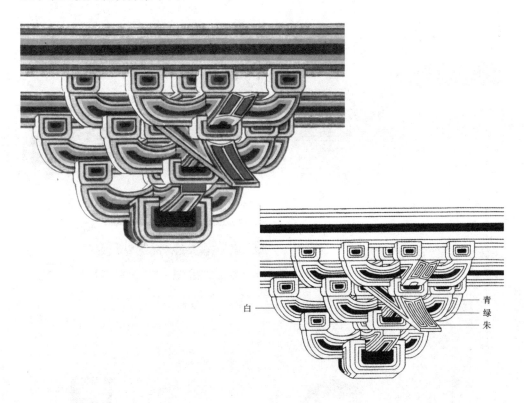

白 ——

青
绿
朱

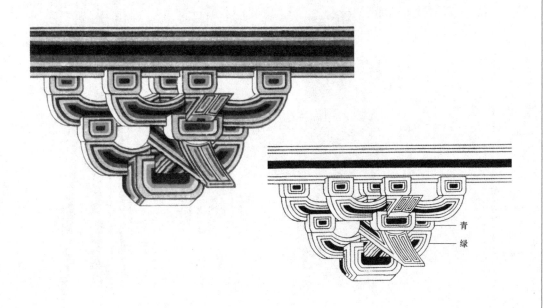

青

绿

梁栿 飞子

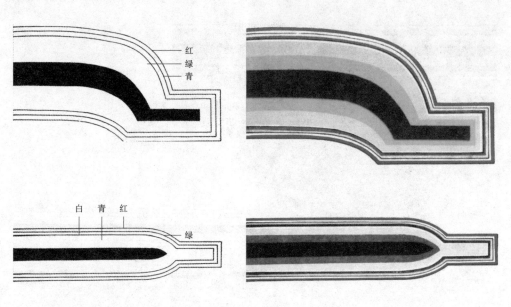

红
绿
青

白 青 红

绿

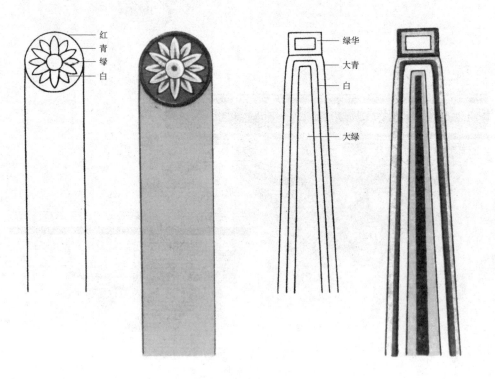

红
青
绿
白

绿华
大青
白

大绿

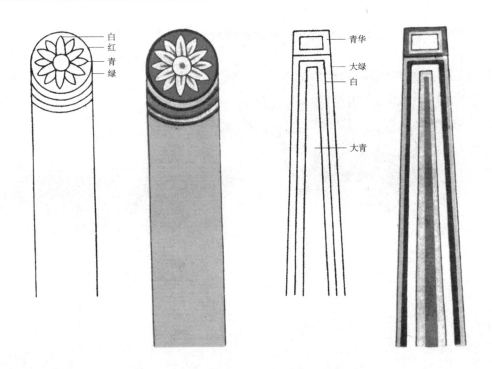

白
红
青
绿

青华
大绿
白
大青

两晕棱间内画松文装名件第十五

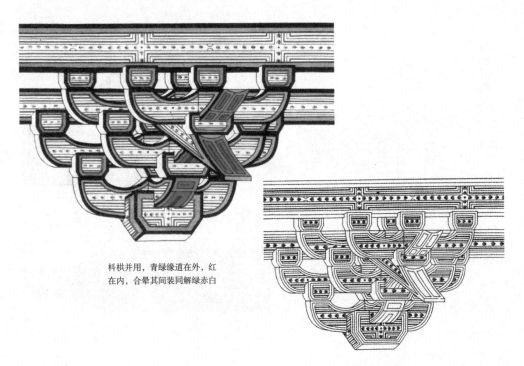

枓栱并用，青绿缘道在外，红
在内，合晕其间装同解绿赤白

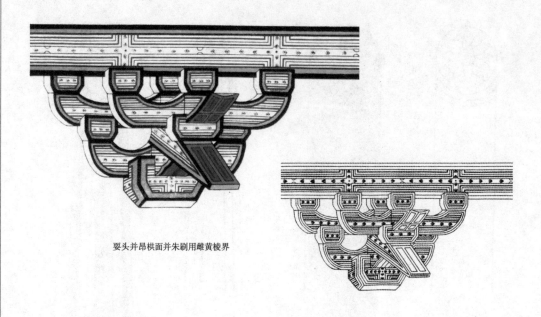

耍头并昂栱面并朱刷用雌黄棱界

梁椽　飞子

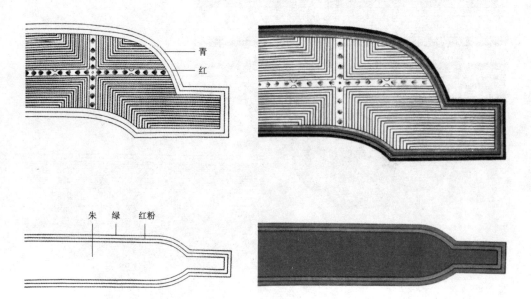

青
红

朱　绿　红粉

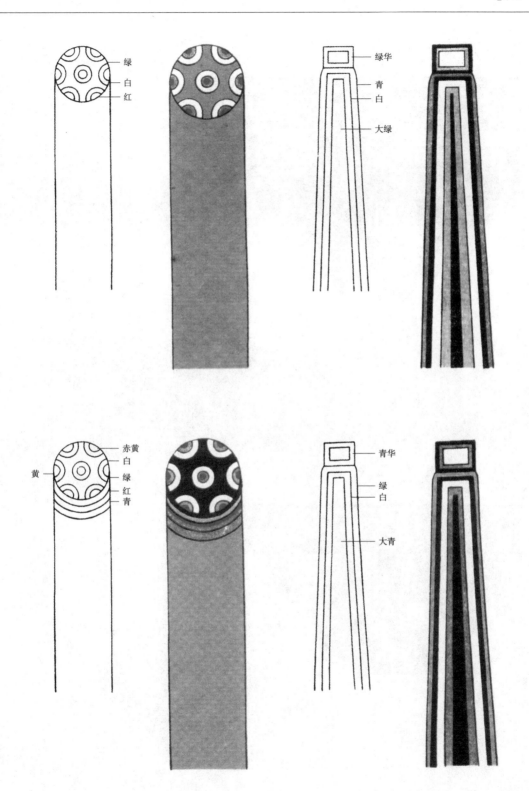

绿
白
红

绿华
青
白
大绿

赤黄
白
绿
红
青

黄

青华
绿
白
大青

解绿结华装名件第十六（解绿装附）

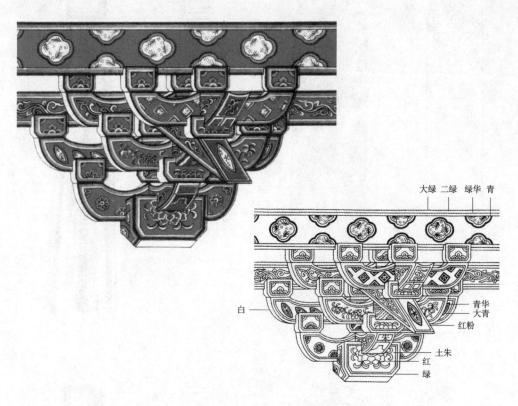

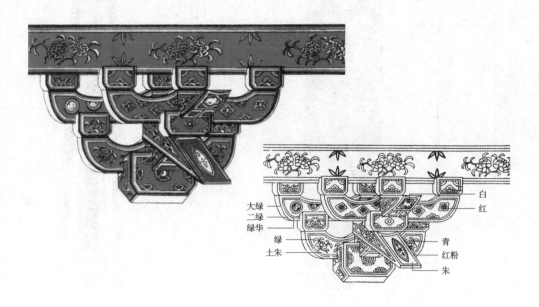

梁栿　飞子

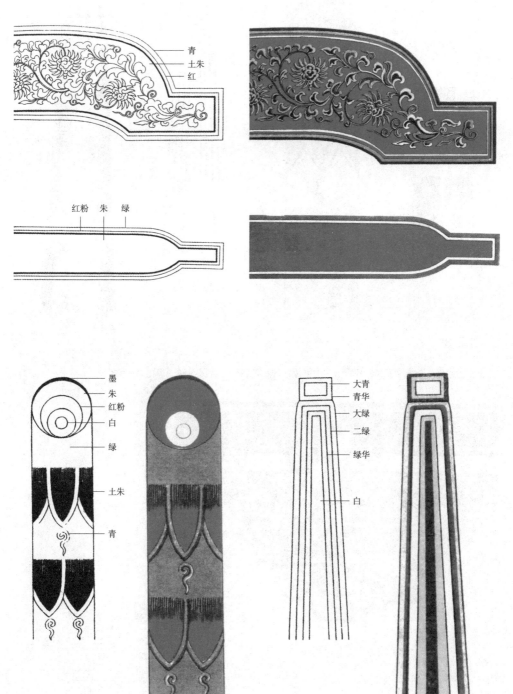

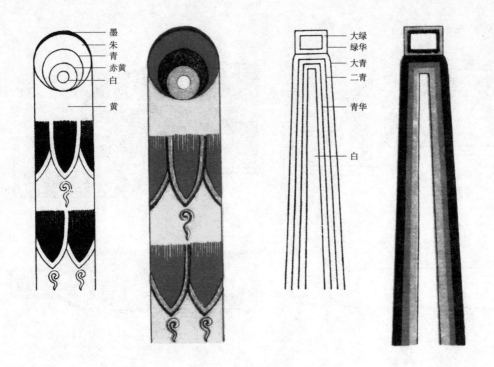

墨
朱
青
赤黄
白
黄

大绿
绿华
大青
二青
青华
白

解绿装名件（凡青缘并大青在外青华在中粉绿在内；凡绿缘并大绿在外绿华在中粉绿在内）

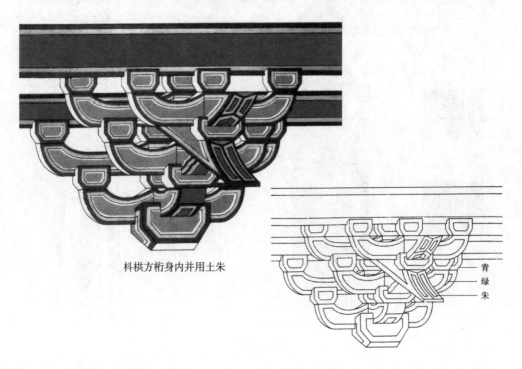

枓栱方桁身内并用土朱

青
绿
朱

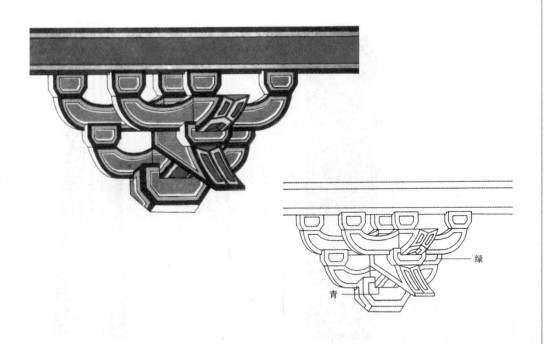

梁椽 飞子

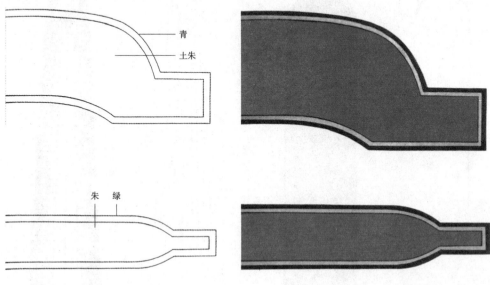

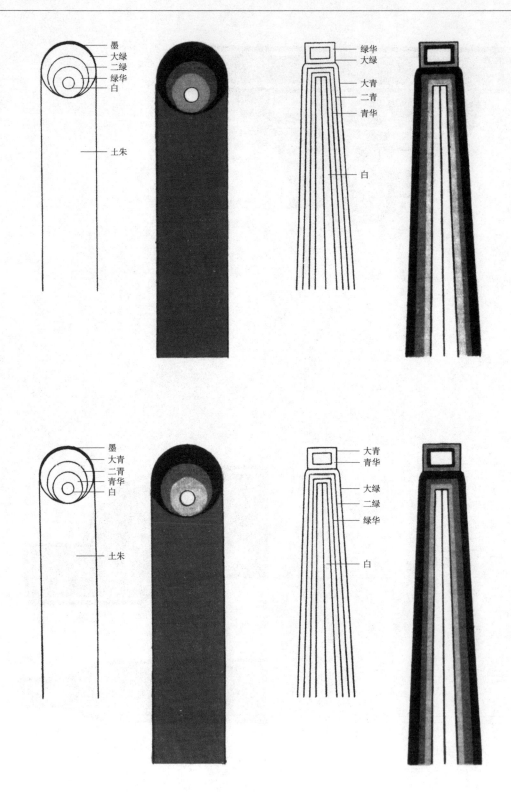

拱眼壁内画单枝条华

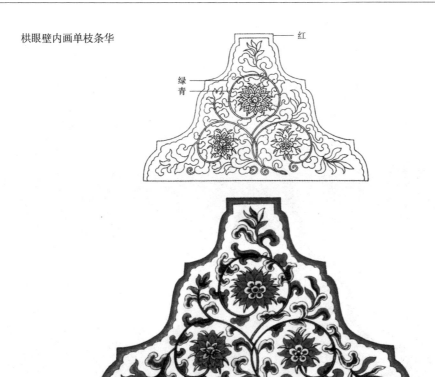

红

绿
青

重拱内

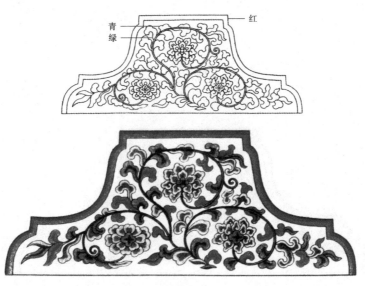

红

青
绿

单拱内

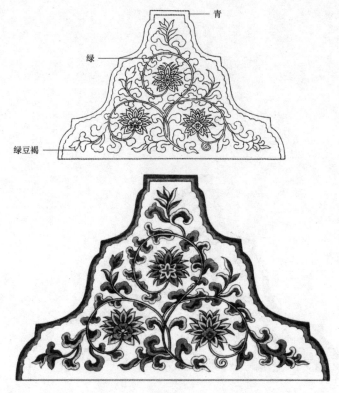

重挑内

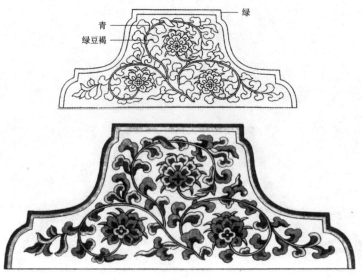

单栱内

青绿叠晕棱间装栱眼壁内影

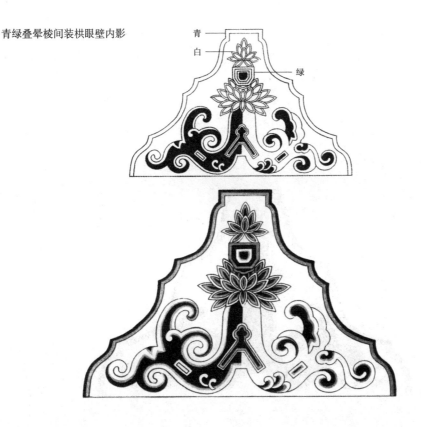

解绿结华装栱眼壁内影作

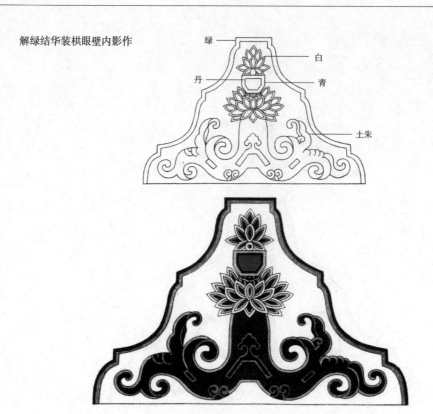

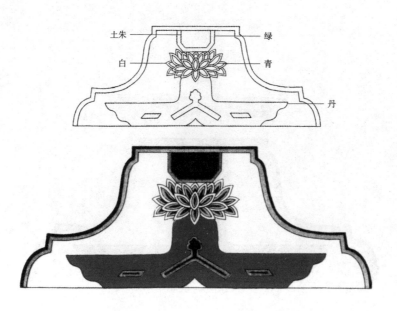

◎ 刷饰制度图样

丹粉刷饰名件第一

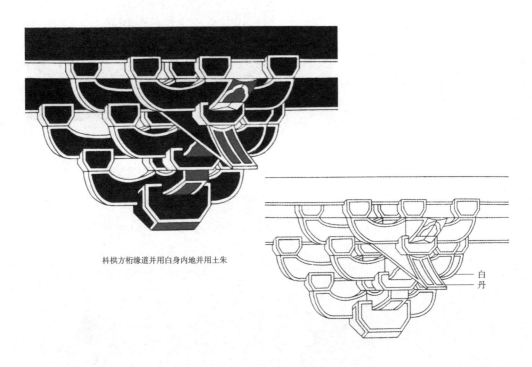

科栱方桁缘道并用白身内地并用土朱

白
丹

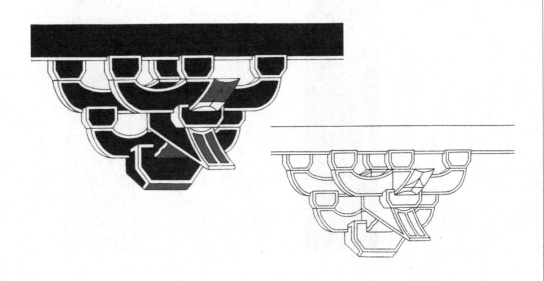

梁椽 飞子

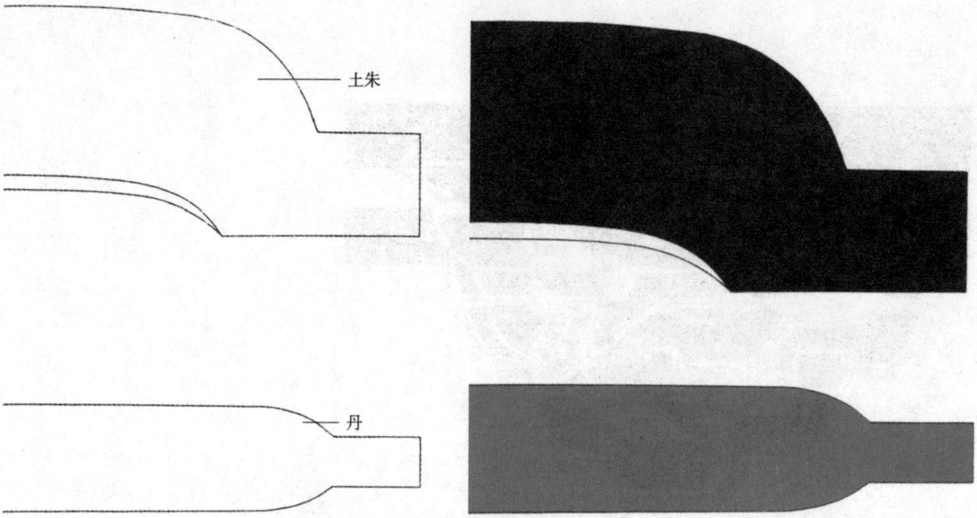

土朱

丹

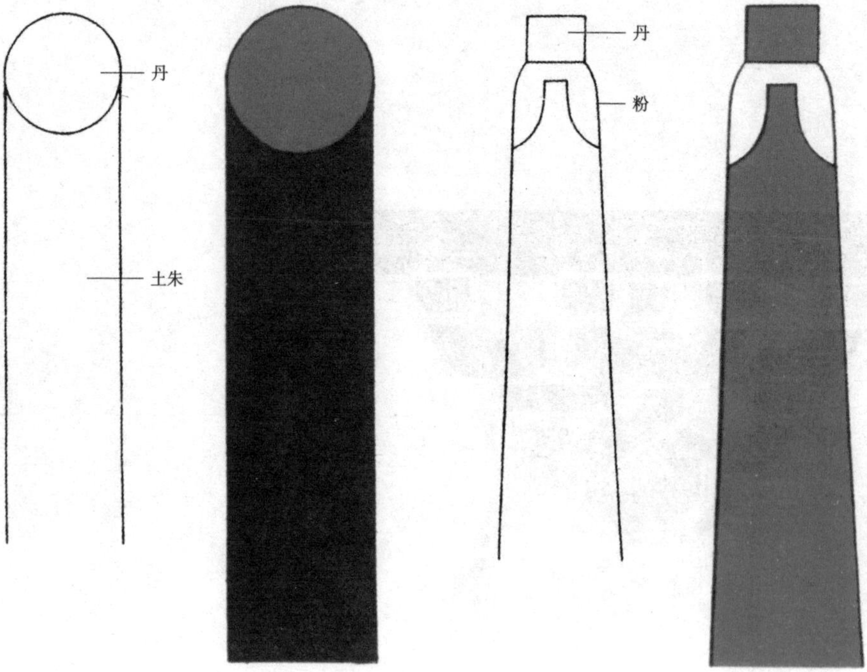

丹

土朱

丹

粉

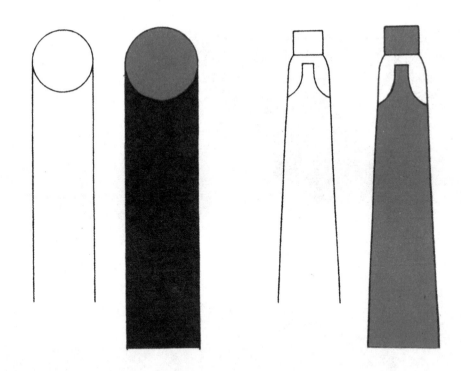

黄土刷饰名件第二

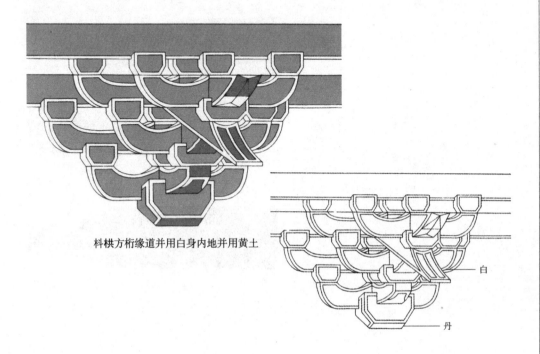

科栱方桁缘道并用白身内地并用黄土

白

丹

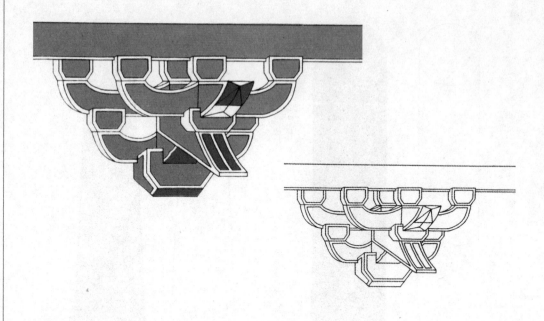

梁橡 飞子

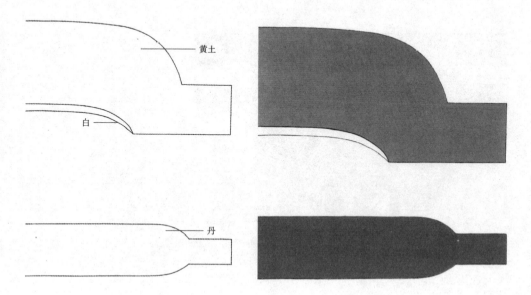

黄土

白

丹

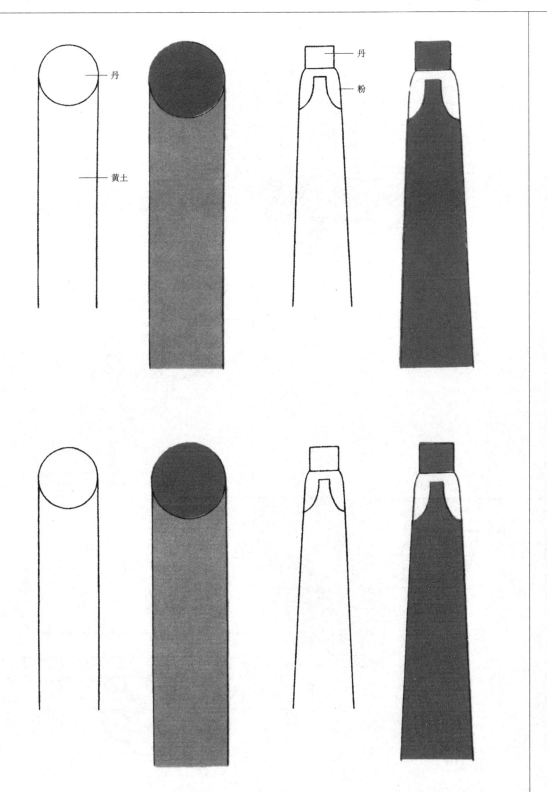

黄土刷饰黑缘道

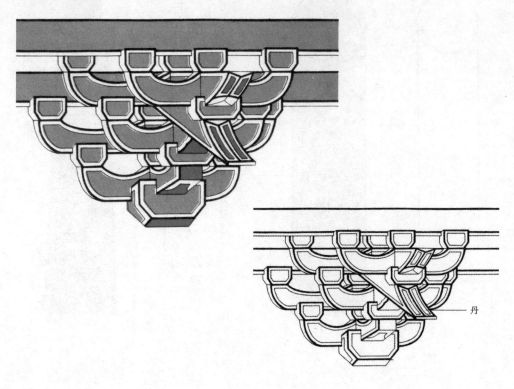

丹

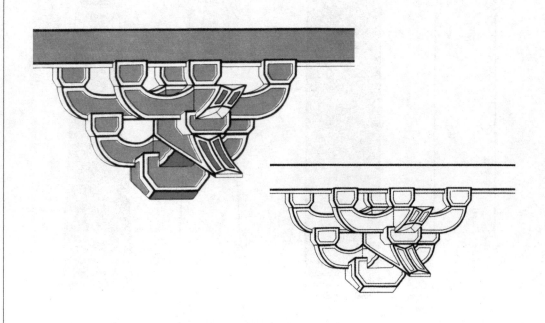

梁橡 飞子

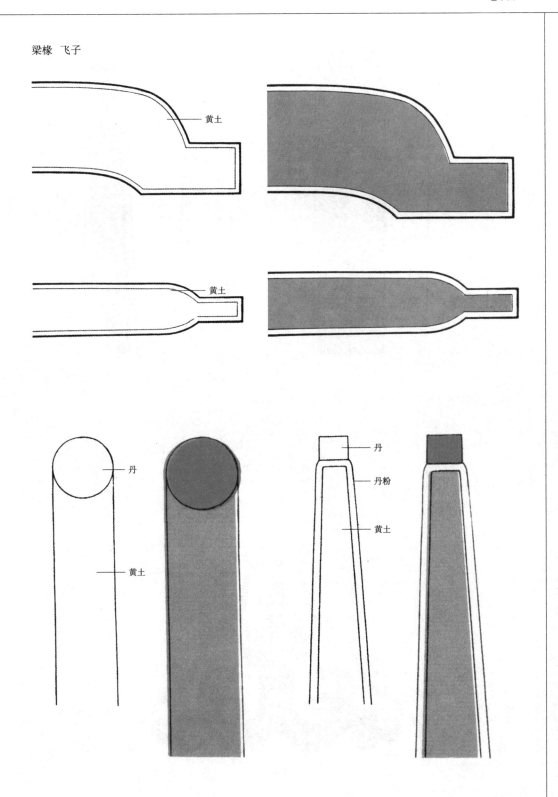

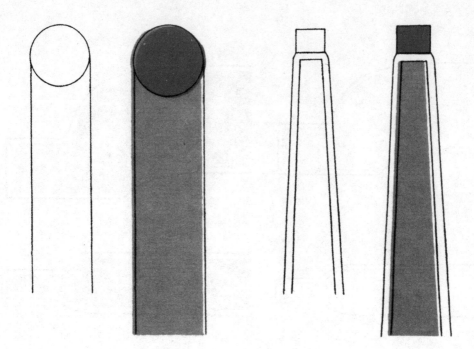

丹粉刷饰栱眼壁

重栱眼

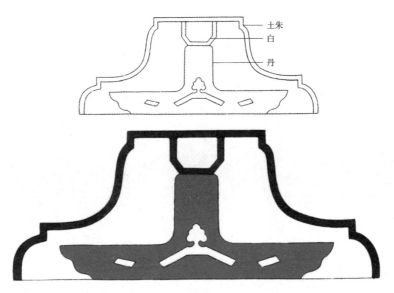

单栱眼

黄土刷饰栱眼壁

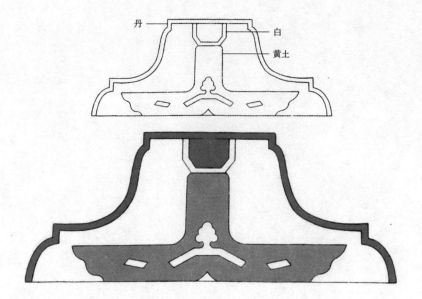

卷十五·砖作制度　窑作制度

本卷阐述砖作及窑作必须遵从的规程和原则。

砖作制度

用砖

【原文】 用砖之制：

殿阁等十一间以上，用砖方二尺，厚三寸。

殿阁等七间以上，用砖方一尺七寸，厚二寸八分。

殿阁等五间以上，用砖方一尺五寸，厚二寸七分。

殿阁厅堂亭榭等，用砖方一尺三寸，厚二寸五分。（以上用条砖并长一尺三寸，广六寸五分，厚二寸五分。如阶唇用压阑砖，长二尺一寸，广一尺一寸，厚二寸五分。）行廊、小亭榭、散屋等，用砖方一尺二寸，厚二寸。（用条砖，长一尺二寸，广六寸，厚二寸。）

城壁所用走趄砖，长一尺二寸，面广五寸五分，底广六寸，厚二寸。趄条砖面长一尺一寸五分，底长一尺二寸，广六寸，厚二寸。牛头砖长一尺三寸，广六寸五分，一壁厚二寸五分，一壁厚二寸二分。

【译文】 用砖的制度：

十一间以上的殿阁等，所用的砖二尺见方，厚度为三寸。

七间以上的殿阁等，所用的砖一尺七寸见方，厚度为二寸八分。

五间以上的殿阁等，所用的砖一尺五寸见方，厚度为二寸七分。

殿阁厅堂亭榭等，所用的砖一尺三寸见方，厚度为二寸五分。（以上所用的条形砖全都长为一尺三寸，宽度为六寸五分，厚度为二寸五分。如果阶唇处使用压阑砖，则长度为二尺一寸，宽为一尺一寸，厚度为二寸五分。）行廊、小亭榭、散屋等，所用的砖一尺二寸见方，厚度为二寸。（用条形砖，则长为一尺二寸，宽度为六寸，厚度为二寸。）

城壁所用的走趄砖，长度为一尺二寸，面宽五寸五分，底的宽度为六寸，厚为二寸。趄条砖面长为一尺一寸五分，底长为一尺二寸，宽为六寸，厚度为二寸。牛头砖长为一尺三寸，宽为六寸五分，一面壁的厚度为二寸五分，另一面壁的厚度为二寸二分。

垒阶基（其名有四：一曰阶，二曰陛，三曰陔，四曰墒）

【原文】 垒砌阶基之制：用条砖。殿堂、亭榭阶高四尺以下者，用二砖相并；高五尺以上至一丈者，用三砖相并。楼台基高一丈以上至二丈者，用四砖相并；高二丈至三丈以上者，用五砖相并；高四丈以上者，用六砖相并。普拍方外阶头，自柱心出三尺至三尺五寸。（每阶外细砖高十层，其内相并砖高八层。）其殿堂等阶，若平砌[1]，每阶高一尺，上收一分五厘；如露龈砌[2]，每砖一层，上收一分（粗垒二分）。楼台亭榭，每砖一层，上收二分（粗垒五分）。

【注释】〔1〕平砌：阶基外表有一层经过研磨的细砖作面层，收分极少，仅1.5%，所以外观比较精致。

〔2〕露龈砌：上一砖比下一砖收进一至五分，收分可达20%，适用于阶基高的楼台殿阁。

【译文】 垒砌阶基的制度：使用条砖。殿堂、亭榭的阶高度在四尺以下的，用两块砖并列；高度在五尺以上至一丈的，用三块砖并列。楼台基高度在一丈以上至二丈的，用四块砖并列；高度在二丈至三丈以上的，用五块砖并列；高度在四丈以上的，用六块砖并列。普拍方外面的台阶头，从柱子的中心位置出三尺至三尺五寸。（每一阶外的细砖高十层，里面相并列的砖高八层。）殿堂等的台阶，如果平砌，每一阶高一尺，则向上收一分五厘；如果采用露龈砌，每一层砖，向上收一分（如果是粗垒，则向上收二分）。楼台亭榭，每一层砖，向上收二分（如果是粗垒，则向上收五分）。

铺地面

【原文】 铺砌殿堂等地面砖之制：用方砖，先以两砖面相合，磨令平；次斫四边，以曲尺较令方正；其四侧斫，令下棱收入一分。殿堂等地面，每柱心内方一丈者，令当心高二分；方三丈者，高三分。（如厅堂廊舍等，亦可以两椽为计。）柱外阶广五尺以下者，每一尺令自柱心起

至阶龈垂二分；广六尺以上者，垂三分。其阶龈压阑用石，或亦用砖。其阶外散水，量檐上滴水远近铺砌，向外侧砖砌线道二周。

【译文】 铺砌殿堂等地面砖的制度：使用方砖，先把方砖的两个砖面相贴合，相互摩擦使其平整；再砍掉四个边，用曲尺校准使其方正；砍削四个侧面，使下面的棱向里收入一分。殿堂等的地面砖，如果立柱中心位置为一丈见方的，则使地面中心高出二分；三丈见方的，则高出三分。（如果是厅堂廊舍等，也可以按两椽的长度计算。）柱子外的台阶宽度在五尺以下的，每宽一尺，则使从柱子中心起到阶龈下垂二分；宽六尺以上的，下垂三分。阶龈使用压阑石，或者也用砖。在台阶外侧做散水，根据檐上滴水的远近铺砌，向外侧用砖铺砌二圈线道。

墙下隔减

【原文】 垒砌墙隔减之制：殿阁外有副阶者，其内墙下隔减，长随墙广（下同）。其广六尺至四尺五寸（自六尺以减五寸为法，减至四尺五寸止）。高五尺至三尺四寸（自五尺以减六寸为法，至三尺四寸止）。如外无副阶者（厅堂同）。广四尺至三尺五寸，高三尺至二尺四寸。若廊屋之类，广三尺至二尺五寸，高二尺至一尺六寸。其上收同阶基制度。

【译文】 垒砌墙隔减的制度：殿阁外

有副阶的,在内墙下做隔减,长度根据墙的宽度而定(下同)。宽度为四尺五寸至六尺(从六尺开始往下减少,每次减少五寸,减到四尺五寸为止)。高度为三尺四寸至五尺(从五尺开始减少,每次减少六寸,减到三尺四寸为止)。如果殿阁外面没有副阶的(厅堂与此相同)。宽度为三尺五寸到四尺,高度在二尺四寸至三尺之间。如果是廊屋之类,则宽二尺五寸到三尺,高度在一尺六寸到二尺之间。上收的尺寸与阶基制度相同。

踏道

【原文】 造踏道之制:广随间广,每阶基高一尺,底长二尺五寸,每一踏高四寸,广一尺,两颊各广一尺二寸,两颊内线道各厚二寸。若阶基高八砖,其两颊内地栿、柱子等,平双转一周,以次单转一周,退入一寸,又以次单转一周,当心为象眼。每阶基加三砖,两颊内单转加一周。若阶基高二十砖以上者,两颊内平双转加一周,踏道下线道亦如之。

【译文】 建造踏道的制度:宽度根据开间宽度而定,阶基每高一尺,底边长二尺五寸,每一踏的高度为四寸,宽一尺,两颊各宽一尺二寸,两颊内的线道各厚二寸。如果阶基的高度为八砖,两立颊内的地栿、柱子等,需用两层砖沿两立颊内的两面砌一周,然后向里退一寸,用一层砖砌一周,又用一层砖再砌一周,当中为象眼。每个阶基增加三层砖的高度,两颊内的单层砖加砌一周。如果阶基的高在二十层砖以上,两颊内用两层砖加砌一周,踏道下面的线道也是如此。

慢道[1]

【原文】 垒砌慢道之制:城门慢道,每露台砖基高一尺,拽脚斜长五尺。(其广减露台一尺。)厅堂等慢道,每阶基高一尺,拽脚斜长四尺,作三瓣蝉翅,当中随间之广。(取宜约度。两额及线道并同踏道之制。)每斜长一尺,加四寸为两侧翅瓣下之广。若作五瓣蝉翅,其两侧翅瓣下取斜长四分之三。凡慢面砖,露龈皆深三分。(如华砖,即不露龈。)

【注释】 [1]慢道:亦称"马道",用砖石砌成锯齿形斜面坡道,多用于通向城墙顶部的坡道或大门外,以便车马通行。

【译文】 垒砌慢道的制度:城门的慢道,每个露台的砖基高为一尺,拽脚斜长为五尺。(宽度比露台减少一尺。)厅堂等的慢道,每阶基高为一尺,拽脚斜长为四尺,做三瓣蝉翅造型,正当中根据开间的宽度而定。(根据情况选择合适的尺寸。两额以及线道的尺寸都与踏道的制度相同。)斜长每长一尺,两侧的蝉翅瓣下面的宽度增加四寸。如果做五瓣蝉翅,两侧翅瓣下的宽度为斜长的四分之三。慢道的面砖都砌成锯齿形,深入三分。(如果是花砖,则不用砌成锯齿形。)

须弥坐[1]

【原文】 垒砌须弥坐之制：共高一十三砖，以二砖相并，以此为率。自下一层与地平，上施单混肚砖一层。次上牙脚砖[2]一层（比混肚砖下龈收入一寸）。次上罨牙砖一层（比牙脚出三分）。次上合莲砖一层（比罨牙收入一寸五分）。次上束腰砖一层（比合莲下龈收入一寸）。次上仰莲砖一层（比束腰出七分）。次上壸门柱子砖三层（柱子比仰莲收入一寸五分，壸门比柱子收入五分）。次上罨涩砖一层（比柱子出五分）。次上方涩平砖两层（比罨涩出五分）。如高下不同，约此率随宜加减之。（如殿阶作须弥坐砌垒者，其出入并依角石柱制度，或约此法加减。）

【注释】 〔1〕须弥坐：亦称“金刚座”、“须弥坛”，源于印度，该名是从梵文音译而来，意为圣山。为放置佛、菩萨像的台座。是一种上下凸出，中间凹进的基座，结构形式为一段台基，上下有几道水平线道，逐层渐渐向外展开。

〔2〕牙脚砖：指须弥坐下起第三层砖。

【译文】 垒砌须弥坐的制度：总共高十三砖，两砖并列，以此为准。最下面一层与地面相平，在上面铺设一层单混肚砖。再往上铺设一层牙脚砖（比混肚砖的下龈多收进去一寸）。再往上铺设一层罨牙砖（比牙脚砖多伸出三分）。再往上铺设一层合莲砖（比罨牙砖多收入一寸五分）。再往上铺设一层束腰砖（比合莲砖的下龈多收入

一寸）。再往上铺设一层仰莲砖（比束腰砖多伸出七分）。再往上铺设三层壸门柱子砖（柱子砖比仰莲砖多收入一寸五分，壸门砖比柱子砖多收入五分）。再往上铺设一层罨涩砖（比柱子砖出五分）。再往上铺设两层方涩平砖（比罨涩多出五分）。如果高低不一样，则根据此标准酌情增减尺寸。（如果在殿阶处垒砌须弥坐，伸出与收入的尺寸都以角石柱的制度为准，或者按这个规定酌情加减。）

砖墙

【原文】 垒砖墙之制：每高一尺，底广五寸，每面斜收一寸。若粗砌，斜收一寸三分。以此为率。

【译文】 垒砖墙的制度：墙每高一尺，则底面宽五寸，每一面斜收一寸。如果是粗砌，则斜收一寸三分。以此为标准。

露道

【原文】 砌露道之制：长广量地取宜，两边各侧砌[1]双线道，其内平铺砌。或侧砖虹面垒砌，两边各侧砌四砖为线。

【注释】 〔1〕侧砌：将砖立着砌墙。

【译文】 砌露道的制度：长宽根据地势选取合适的尺寸，两边各自侧砌双线道，露道内铺砌平整。或者采取中间高于

两边的砌法，两边各自侧砌四层砖为线。

城壁水道

【原文】 垒城壁水道之制：随城之高，匀分蹬踏。每踏高二尺，广六寸，以三砖相并（用趄模砖[1]）。面与城平，广四尺七寸。水道广一尺一寸，深六寸，两边各广一尺八寸。地下砌侧砖散水，方六尺。

【注释】 〔1〕趄模砖：走趄砖、趄条砖统称为"趄模砖"。

【译文】 垒城壁水道的制度：水道与城的高度相同，匀分蹬踏。每个蹬踏高度为二尺，宽六寸，用三块砖并列（使用趄模砖）。蹬踏的面与城相平，宽为四尺七寸。水道宽一尺一寸，深六寸，两边各宽一尺八寸。地下铺砌侧砖散水，六尺见方。

卷輂[1]河渠口

【原文】 垒砌卷輂河渠砖口之制：长广随所用。单眼卷輂者，先于渠底铺地面砖一重；每河渠深一尺，以二砖相并，垒两壁砖，高五寸；如深广五尺以上者，心内以三砖相并；其卷輂随圜分侧用砖（覆背砖同）。其上缴背顺铺条砖。如双眼卷輂者，两壁砖以三砖相并，心内以六砖相并；余并同单眼卷輂之制。

【注释】 〔1〕輂（jú）本意是驾马。卷輂

应当是半圆状的意思。

【译文】 垒砌卷輂河渠砖口的制度：长度和宽度根据使用情况而定。如修砌单眼卷輂，先在渠底铺设一重地面砖；河每深一尺，即用两块砖并列，垒在两壁上，高度为五寸；如果深度和宽度在五尺以上的，中心位置内用三块砖相并列；其上卷的弧度根据半圆的走势分侧用砖（覆背砖相同）。卷輂的上缴背需要铺设条砖。如果是双眼卷輂，两壁的砖要用三块砖相并列，心内的砖要用六块砖相并列；其余的做法都与单眼卷輂的制度相同。

接甑口

【原文】 垒接甑口之制：口径随釜或锅。先以口径圜样，取逐层砖定样斫磨口径。内以二砖相并，上铺方砖一重为面。（或只用条砖覆面。）其高随所用。（砖并倍用纯灰下。）

【译文】 垒接甑口的制度：口径根据釜或锅的尺寸而定。先根据口径的圆样，定出每一层砖的样子，砍削打磨。口径以内用两块砖相并列，上面铺一重方砖作为表面。（或者只使用条砖覆盖表面。）其高度根据使用时的要求而定。（两砖相并列时，要加倍使用纯灰涂抹。）

马台

【原文】 垒马台之制：高一尺六寸，分作两踏。上踏方二尺四寸，下踏广

一尺。以此为率。

【译文】 垒马台的制度：高度为一尺六寸，分成两个踏。上踏为二尺四寸见方，下踏宽度为一尺。以此为准。

马槽

【原文】 垒马槽之制：高二尺六寸，广三尺，长随间广。（或随所用之长。）其下以五砖相并，垒高六砖。其上四边垒砖一周，高三砖，次于槽内四壁侧倚方砖一周（其方砖后随斜分斫贴垒三重）。方砖之上铺条砖覆面一重。次于槽底铺方砖一重，为槽底面。（砖并用纯灰下。）

【译文】 垒马槽的制度：高度为二尺六寸，宽度为三尺，长度根据开间的宽度而定。（或根据所使用的长度而定。）马槽之下用五块砖相并列，垒成六砖的高度。马槽之上的四边垒一圈砖，高度为三砖，然后在马槽内的四面内壁侧砌方砖一圈（砌完之后，顺着马槽壁面砍削打磨方砖，使其贴合，垒三层）。方砖之上再铺一层条砖覆盖表面。然后在槽底铺一重方砖，作为槽底面。（砖全都要用纯灰涂抹。）

井

【原文】 甃井[1]之制：以水面径四尺为法。

用砖：若长一尺二寸，广六寸，厚二寸条砖，除抹角就圜，实收长一尺，视高计之。每深一丈，以六百口垒五十层。若深广尺寸不定，皆积而计之。

底盘版：随水面径斜，每片广八寸，牙缝搭掌在外。其厚以二寸为定法。

凡甃造井，于所留水面径外，四周各广二尺开掘。其砖甋用竹并芦葵编夹，垒及一丈，闪下甃砌。若旧井损缺难于修补者，即于径外各展掘一尺，拢套接垒下甃。

【注释】〔1〕甃（zhòu）井：用砖、石砌井，砌池子等。

【译文】 甃井的制度：以四尺的水面直径为统一规定。

用砖：如果砖是长为一尺二寸，宽六寸，厚二寸的条砖，除了抹掉角成圆的部分，实际收的长为一尺，根据井的高度计算。井每深一丈，用六百口条砖垒五十层。如果井的深度和宽度尺寸不确定，就都按上述比例来计算。

底盘板：与水面的径斜相同，每一片的宽度为八寸，牙缝搭掌在外面。其厚度以二寸为定则。

建造井的时候，在水面直径以外，以四周各延展二尺的距离开掘。砖甋用竹子和芦葵编夹，垒到一丈的时候，闪下甃砌。如果旧井损坏难于修补，则在水面直径以外延展一尺，用拢套接续垒下面的井。

窑作制度

瓦（其名有二：一曰瓦，二曰甍。）

【原文】 造瓦坯：用细胶土不夹砂者，前一日和泥造坯（鸱、兽事件同）。先于轮上安定札圈，次套布筒，以水搭泥拨圈，打搭收光，取札并布筒晾曝。（鸱、兽事件捏造火珠之类用轮床收托。）其等第依下项。

瓪瓦：

长一尺四寸，口径六寸，厚八分。（仍留曝干并烧变所缩分数。下准此。）

长一尺二寸，口径五寸，厚五分。

长一尺，口径四寸，厚四分。

长八寸，口径三寸五分，厚三分五厘。

长六寸，口径三寸，厚三分。

长四寸，口径二寸五分，厚二分五厘。

瓪瓦：

长一尺六寸，大头广九寸五分，厚一寸；小头广八寸五分，厚八分。

长一尺四寸，大头广七寸，厚七分；小头广六寸，厚六分。

长一尺三寸，大头广六寸五分，厚六分；小头广五寸五分，厚五分五厘。

长一尺二寸，大头广六寸，厚六分；小头广五寸，厚五分。

长一尺，大头广五寸，厚五分；小头广四寸，厚四分。

长八寸，大头广四寸五分，厚四分；小头广四寸，厚三分五厘。

长六寸，大头广四寸（厚同上）。小头广三寸五分，厚三分。

凡造瓦坯之制，候曝微干，用刀剺画，每桶作四片。（瓪瓦作二片。线道瓦于每片中心画一道，条子十字剺画。）线道条子瓦仍以水饰露明处一边。

【译文】 造瓦坯：用不夹砂的细胶土，提前一天和好泥造成土坯（造鸱、兽等物件相同）。先在轮子上安置固定好札圈，然后再套上布筒，用水搭泥拨圈，打搭收光，取出札圈和布筒曝晒。（鸱、兽等物件上需要捏造火珠之类，用轮床收托。）其等级次第按照下面的标准执行。

瓪瓦：

长度为一尺四寸，口径六寸，厚八分。（留出晒干和烧造变形缩小的量。以下都相同。）

长度为一尺二寸，口径五寸，厚五分。

长度为一尺，口径四寸，厚四分。

长度为八寸，口径三寸五分，厚三分五厘。

长度为六寸，口径三寸，厚三分。

长度为四寸，口径二寸五分，厚二分五厘。

瓪瓦：

长度为一尺六寸，大头宽度为九寸五

分，厚一寸；小头宽度为八寸五分，厚八分。

长度为一尺四寸，大头宽度为七寸，厚七分；小头宽度为六寸，厚六分。

长度为一尺三寸，大头宽度为六寸五分，厚六分；小头宽度为五寸五分，厚五分五厘。

长度为一尺二寸，大头宽度为六寸，厚六分；小头宽度为五寸，厚五分。

长度为一尺，大头宽度为五寸，厚五分；小头宽度为四寸，厚四分。

长度为八寸，大头宽度为四寸五分，厚四分；小头宽度为四寸，厚三分五厘。

长度为六寸，大头宽度为四寸，厚度同上。小头宽度为三寸五分，厚三分。

凡是制造瓦坯，都要等瓦坯晒得微干的时候，用刀子剔画，每桶做四片。（瓶瓦作两片。线道瓦在每片中心的位置画一道，条子瓦做十字形勒画。）线道条子瓦仍然用水饰露明处的一边。

砖（其名有四：一曰甓，二曰瓴甋，三曰瓾，四曰甗砖）

【原文】 造砖坯：前一日和泥打造，其等第依下项。

方砖：

二尺，厚三寸。

一尺七寸，厚二寸八分。

一尺五寸，厚二寸七分。

一尺三寸，厚二寸五分。

一尺二寸，厚二寸。

条砖：

长一尺三寸，广六寸五分，厚二寸五分。

长一尺二寸，广六寸，厚二寸。

压阑砖：长二尺一寸，广一尺一寸，厚二寸五分。

砖碇：方一尺一寸五分，厚四寸三分。

牛头砖：长一尺三寸，广六寸五分，一壁厚二寸五分，一壁厚二寸二分。

走趄砖：长一尺二寸，面广五寸五分，底广六寸，厚二寸。

趄条砖：面长一尺一寸五分，底长一尺二寸，广六寸，厚二寸。

镇子砖：方六寸五分，厚二寸。

凡造砖坯之制，皆先用灰衬隔模匣，次入泥，以杖剖脱曝令干。

【译文】 造砖坯：前一天要先和泥打造，其等级次第按照下面的标准执行。

方砖：

二尺见方，厚三寸。

一尺七寸见方，厚二寸八分。

一尺五寸见方，厚二寸七分。

一尺三寸见方，厚二寸五分。

一尺二寸见方，厚二寸。

条砖：

长度为一尺三寸，宽度为六寸五分，厚二寸五分。

长度为一尺二寸，宽度为六寸，厚二寸。

压阑砖：长度为二尺一寸，宽度为一尺一寸，厚二寸五分。

砖碇：一尺一寸五分见方，厚四寸三分。

牛头砖：长度为一尺三寸，宽度为六寸五分，一壁厚二寸五分，一壁厚二寸二分。

走趄砖：长度为一尺二寸，面宽度为五寸五分，底宽度为六寸，厚二寸。

趄条砖：面长度为一尺一寸五分，底长度为一尺二寸，宽度为六寸，厚二寸。

镇子砖：六寸五分见方，厚二寸。

凡是制作砖坯，都是先用灰衬隔开模匣，然后加入泥，用棍杖敲打使其脱落，晒干。

琉璃瓦[1]等（炒造黄丹附）

【原文】 凡造琉璃瓦等之制：药以黄丹[2]、洛河石[3]和铜末，用水调匀（冬月以汤）。甋瓦于背面，鸱、兽之类于安卓露明处（青掍同），并遍浇刷。瓪瓦于仰面内中心。（重唇瓪瓦仍于背上浇大头，其线道、条子瓦，浇唇一壁。）

凡合琉璃药所用黄丹阙炒造之制：以黑锡[4]、盆硝[5]等入镬，煎一日为粗釉，出候冷，捣罗作末；次日再炒，砖盖罨；第三日炒成。

【注释】 〔1〕琉璃瓦：以优质矿石为原料，经筛选、粉碎、高压成型、高温制成。

〔2〕黄丹：中药名，处方名为"铅丹、黄丹、广丹、东丹"，为纯铅加工而成的四氧化三铅。是由铅、硫黄、硝石等合炼而成。

〔3〕洛河石：亦称洛水石，主要生产于洛阳洛河沿岸。

〔4〕黑锡：铅的矿物制品药或药用矿物。古本草及现中医药界皆称铅为黑锡。

〔5〕盆硝：即芒硝，含有结晶水的硫酸钠的俗称。

【译文】 建造琉璃瓦等的制度：药用黄丹、洛河石和铜末，用水调匀（冬天用热水）。在甋瓦的背面，鸱、兽之类的构件高出基座，在显露出来的部分（青掍相同），浇遍通刷。瓪瓦是在仰面内的中心处浇刷。（重唇瓪瓦是在背面浇于大头之上，线道、条子瓦只浇带唇的那一面。）

混合琉璃的药物所用的黄丹阙炒制的制度：把黑锡、盆硝等放入镬中，煎熬一天得到粗釉，倒出来等待冷却，捣成粉末；第二天再炒，煎炒后盖住；第三天炒成。

青掍瓦[1]（滑石掍、茶土掍）

【原文】 青掍瓦等之制：以干坯用瓦石磨擦（甋瓦于背，瓪瓦于仰面，磨去布文）。次用水、湿布揩拭，候干，次以洛河石掍研，次掺滑石末令匀。（用茶土掍者，准先掺茶土，次以石掍研。）

【注释】 〔1〕青掍瓦：瓦面经渗碳处理，表面黑亮，多用于皇宫建筑。掍，同"混"。

【译文】 青掍瓦等的制度：用瓦石磨擦干坯（甋瓦在背面，瓪瓦在仰面，磨去表面排布的纹理）。然后用水、湿布擦拭，等待其晒干，再用洛河石混合碾压，再掺入滑石粉末，使其混合均匀。（使用茶土混合的，先掺入茶土，再用石棍碾压。）

烧变次序

【原文】 凡烧变砖瓦之制：素白窑，前一日装窑，次日下火烧变，又次日上水窨，更三日开，候冷透及七日出窑。青掍窑（装窑烧变出窑日分准上法）。先烧芟草[1]（茶土掍者，止于曝窑内搭带，烧变不用柴草、羊粪、油糁[2]）。次蒿草、松柏柴、羊粪、麻糁、浓油盖罨，不令透烟。琉璃窑，前一日装窑，次日下火烧变，三日开窑，候火冷，至第五日出窑。

【注释】 〔1〕芟草：割草，杂草。
〔2〕油糁：油料渣滓。

【译文】 烧变砖瓦的制度：素白窑，前一天装窑，第二天下火烧变，第三天用水封闭使其冷却，等待三天开，等其冷透到第七天出窑。青掍窑（装窑烧变出窑日等都与上同）。先烧杂草（用茶土混合的，只在曝窑内搭带，烧变时候不用柴草、羊粪、油渣）。然后用蒿草、松柏柴禾、羊粪、麻油渣滓、浓油掩盖，不能使烟漏出。琉璃窑，前一天装窑，第二天下火烧变，第三天开窑，等待火冷却，到第五天出窑。

垒造窑

【原文】 垒窑之制：大窑高二丈二尺四寸，径一丈八尺（外围地在外，曝窑

同）。

门：高五尺六寸，广二尺六寸。（曝窑高一丈五尺四寸，径一丈二尺八寸，门高同大窑，广二尺四寸。）

平坐：高五尺六寸，径一丈八尺（曝窑一丈二尺八寸）。垒二十八层。（曝窑同。）其上垒五币，高七尺（曝窑垒三币，高四尺二寸）。垒七层。（曝窑同。）

收顶：七币，高九尺八寸，垒四十九层。（曝窑四币，高五尺六寸，垒二十八层，逐层各收入五寸，递减半砖。）

龟壳窑眼暗突：底脚长一丈五尺（上留空分，方四尺二寸，盖罨实收长二尺四寸，曝窑同）。广五寸，垒二十层。（曝窑长一丈八尺，广同大窑，垒一十五层。）

床：长一丈五尺，高一尺四寸，垒七层。（曝窑长一丈八尺，高一尺六寸，垒八层。）

壁：长一丈五尺，高一丈一尺四寸，垒五十七层。（下作出烟口子，承重托柱。其曝窑长一丈八尺，高一丈，垒五十层。）

门：两壁各广五尺四寸，高五尺六寸，垒二十八层。仍垒脊。（子门同。曝窑广四尺八寸，高同大窑。）

子门：两壁各广五尺二寸，高八尺，垒四十层。

外围：径二丈九尺，高二丈，垒一百层。（曝窑径二丈二寸，高一丈八寸，垒五十四层。）

池：径一丈，高二尺，垒一十层。（曝窑径八尺，高一尺，垒五层。）

踏道：长三丈八尺四寸。（曝窑长二丈。）

凡垒窑，用长一尺二寸、广六寸、厚二寸条砖。平坐并窑门、子门、窑床、外围、踏道皆并二砌。其窑池下面作蛾眉垒砌承重，上侧使暗突出烟。

【译文】 垒窑的制度：大窑高度为二丈二尺四寸，直径为一丈八尺（外围的底在外，曝窑与其相同）。

门：高度为五尺六寸，宽度为二尺六寸。（曝窑高度为一丈五尺四寸，直径为一丈二尺八寸，门的高度与大窑相同，宽度为二尺四寸。）

平坐：高度为五尺六寸，直径为一丈八尺（曝窑为一丈二尺八寸）。垒二十八层。（曝窑相同。）其上面垒五匝，高度为七尺（曝窑垒三匝，高度为四尺二寸）。垒七层。（曝窑相同。）

收顶：七匝，高度为九尺八寸，垒四十九层。（曝窑四匝，高度为五尺六寸，垒二十八层，逐层各向里收五寸，每一层递减半砖。）

龟壳窑眼暗突：底脚的长度为一丈五尺（顶部留有空余部分，四尺二寸见方，烟囱出口实际长度为二尺四寸，曝窑相同）。宽度为五寸，垒二十层。（曝窑的长度为一丈八尺，宽度与大窑相同，垒十五层。）

床：长度为一丈五尺，高度为一尺四寸，垒七层。（曝窑长度为一丈八尺，高度为一尺六寸，垒八层。）

壁：长度为一丈五尺，高度为一丈一尺四寸，垒五十七层。（下面做出烟口子，承重托柱。曝窑长度为一丈八尺，高度为一丈，垒五十层。）

门：两壁各宽五尺四寸，高度为五尺六寸，垒二十八层。仍然要垒脊。（子门相同。曝窑宽度为四尺八寸，高度与大窑相同。）

子门：两壁各宽为五尺二寸，高度为八尺，垒四十层。

外围：直径为二丈九尺，高度为二丈，垒一百层。（曝窑直径为二丈二寸，高度为一丈八寸，垒五十四层。）

池：直径为一丈，高度为二尺，垒十层。（曝窑直径为八尺，高度为一尺，垒五层。）

踏道：长度为三丈八尺四寸。（曝窑长度为二丈。）

垒窑使用长度为一尺二寸、宽六寸、厚二寸的条砖。平坐连接窑门、子门、窑床、外围、踏道，都采用二块砖并排铺砌。在窑池下面做蛾眉垒砌承重，上侧使用暗烟囱出烟。

卷十六·壕寨功限　石作功限

　　本卷阐述各工种在壕寨及石作
中必须遵从的构件劳动定额和计算方
式。

壕寨功限

总杂功

【原文】 诸土干重六十斤为一担。（诸物准此。）如粗重物用八人以上，石段用五人以上可举者，或琉璃瓦名件等，每重五十斤为一担。

诸石每方一尺重一百四十三斤七两五钱（方一寸二两三钱）。砖八十七斤八两（方一寸一两四钱）。瓦九十斤六两二钱五分（方一寸一两四钱五分）。

诸木每方一尺重依下项：

黄松（寒松、赤甲松同），二十五斤。（方一寸四钱。）

白松，二十斤。（方一寸三钱二分。）

山杂木（谓海枣、榆、槐木之类），三十斤。（方一寸四钱八分。）

诸于三十里外般运物，一担往复一功。若一百二十步以上，约计每往复共一里，六十担亦如之。（牵拽舟、车、筏，地里准此。）

诸功作般运物，若于六十步外往复者（谓七十步以下者），并只用本作供作功。或无供作功者，每一百八十担一功。或不及六十步者，每短一步加一担。

诸于六十步内掘土般供者，每七十尺一功。（如地坚硬或砂礓[1]相杂者，减二十尺。）

诸自下就土供坛基、墙等，用本功。如加膊版高一丈以上用者，以一百五十担一功。

诸掘土装车及簇[2]篮，每三百三十担一功。（如地坚硬或砂礓相杂者，装一百三十担。）

诸磨褫石段，每石面二尺一功。

诸磨褫二尺方砖，每六口一功。（一尺五寸方砖八口，压阑砖一十口，一尺三寸方砖一十八口，一尺二寸方砖二十三口，一尺三寸条砖三十五口同。）

诸脱造垒墙条墼[3]，长一尺二寸，广六寸，厚二寸（干重十斤）。每二百口一功。（和泥起压在内。）

【注释】 〔1〕砂礓：一种质地坚硬，不透水的矿物。石灰质结核体，主要成分为碳酸钙和土粒结合。可用来代替砖石做建筑材料。

〔2〕簇（cuō）：竹笼。

〔3〕墼（jī）：未烧制的砖坯。

【译文】 各种土干重六十斤为一担。（其他物资也以此为准。）如果需要八人以上才能抬起的粗笨重物，五人以上才能举起的石头段，或琉璃瓦等构件，每五十斤为一担。

各种石头每一立方尺的重量为一百四十三斤七两五钱（一立方寸的为二两三钱）。每一立方尺的砖重量为八十七斤八两（一立方寸的为一两四钱）。每一立方尺的瓦重量为九十斤六两二钱五分（一立方寸的瓦重量为一两四钱五分）。

每一立方尺的木料重量根据以下各项规定：

黄松（寒松、赤甲松相同），二十五斤。（一立方寸的重量为四钱。）

白松，二十斤。（一立方寸的重量为三钱二分。）

山杂木（如海枣、榆、槐木等），三十斤。（一立方寸的重量为四钱八分。）

在三十里外搬运物资，每一担来回一趟为一个功。如果一百二十步以上，大约估计往返一次共一里，六十担为一功。（牵拽舟、车、木筏，也以此为准。）

搬运物资的各种功的计算，如果是在六十步以外往返的（到七十步以下），本作功和供作功合并一起计算。如果没有供作功的，则每一百八十担为一个功。或者不到六十步的，每减少一步增加一担。

在六十步以内掘土搬运的，每七十立方尺为一个功。（如果地面坚硬或者砂礓相杂其间的话，减少二十立方尺。）

从下面往上供土到坛基、墙等的上面，用本作功。如果加上膊板的高度在一丈以上，以搬运一百五十担土为一个功。

掘土装车或者篮筐的，每装三百三十担为一个功。（如果地面坚硬或者间杂砂礓的，装一百三十担为一个功。）

磨平石段，每磨平二平方尺的石面为一个功。

磨平二尺见方的方砖，每六口为一个功。（一尺五寸见方的方砖八口，压阑砖十口，一尺三寸方砖一十八口，一尺二寸方砖二十三口，一尺三寸条砖三十五口同。）

脱造垒墙的条砖，长为一尺二寸，宽六寸，厚二寸（干重为十斤）。每二百口为一个功。（包括和泥起压在内。）

筑基

【原文】 诸殿、阁堂、廊等基址开掘（出土在内，若去岸一丈以上，即别计般土功）方八十尺（谓每长广方深各一尺为计），就土铺填打筑六十尺，各一功。若用碎砖瓦、石札者，其功加倍。

【译文】 对于殿、阁堂、廊等的地基处开掘（出土在地基内，如果搬运到岸的距离有一丈以上，则搬运泥土的功另算）八十立方尺（比如以长宽方深各以一尺计算），或就着地基处的土铺填打筑六十平方尺，各计一个功。如果是用碎砖瓦、石札，用的功数量加倍。

筑城

【原文】 诸开掘及填筑城基，每各五十尺一功。削掘旧城及就土修筑女头墙及护堑墙者亦如之。

诸于三十步内供土筑城，自地至高一丈，每一百五担一功。（自一丈以上至二丈每一百担，自二丈以上至三丈每九十担，自三丈以上至四丈每七十五担，自四丈以上至五丈每五十五担同。其地步及城高下不等，准此细计。）

诸纽草葽二百条，或斫橛子五百枚，若划削城壁四十尺（般取膊椽[1]功在内），各一功。

【注释】〔1〕脯椽：即干，又名栽，一种圆木，用作筑墙的侧模板。

【译文】 开掘和填筑城墙地基，以五十尺为一功。整理挖掘旧城墙以及就地取土修筑女头墙和护崄墙的也是如此。

对于在三十步以内运土筑城的，从地面算起，高度为一丈的，每一百零五担为一个功。（从一丈以上到二丈的高度，每一百担为一个功，从二丈以上到三丈的高度，每九十担为一个功，从三丈以上到四丈的高度，每七十五担为一个功，从四丈以上到五丈，每五十五担为一个功。功根据距离远近以及城的高低不同，都以此为准仔细计算。）

编结二百条草薵子，或者砍五百枚橛子，又或者铲削四十尺城墙壁（搬取脯椽的功包括在内），各为一个功。

筑墙

【原文】 诸开掘墙基，每一百二十尺一功。若就土筑墙，其功加倍。诸用薵、橛就土筑墙，每五十尺一功。（就土抽纴筑屋下墙同。露墙六十尺亦准此。）

【译文】 对于开掘墙基，每一百二十尺为一个功。如果就地取土筑墙，则用功加倍。对于采用草薵、木橛，就地取土筑墙的，每五十尺为一个功。（就地取土，抽丝筑屋下墙也相同。露墙六十尺也遵循这个制度。）

穿井

【原文】 诸穿井开掘，自下出土，每六十尺一功。若深五尺以上，每深一尺，每功减一尺，减至二十尺止。

【译文】 对于穿井开掘，从下面起土，每六十尺为一个功。如果深度在五尺以上，每深一尺，每个功减少一个立方尺，直至减少到二十尺为止。

般运功

【原文】 诸舟船般载物（装卸在内）。依下项：

一去六十步外般物装船，每一百五十担。（如粗重物一件，及一百五十斤以上者减半。）

一去三十步外取掘土兼般运装船者，每一百担。（一去一十五步外者，加五十担。）

泝流拽船，每六十担。

顺流驾放，每一百五十担。

以上各一功。

诸车般载物（装卸、拽车在内）。依下项：

螭车载粗重物：

重一千斤以上者，每五十斤。

重五百斤以上者，每六十斤。

以上各一功。

轹辘车载粗重物：

重一千斤以下者，每八十斤一功。

驴拽车：

每车装物重八百五十斤为一运。（其重物一件重一百五十斤以上者，别破装卸功。）

独轮小车子：扶驾二人。

每车子装物重二百斤。

诸河内系筏驾放，牵拽般运竹木，依下项：

慢水泝流（谓蔡河[1]之类）。牵拽每七十三尺（如水浅，每九十八尺）。

顺流驾放（谓汴河[2]之类）。每二百五十尺。（绾系在内，若细碎及三十件以上者，二百尺。）

出漉，每一百六十尺。（其重物一件长三十尺以上者，八十尺。）

以上各一功。

【注释】〔1〕蔡河：宋初位于开封城西南，"舟楫相继，商贾毕至，都下利之"。

〔2〕汴河：古河名，属沂沭泗水系。隋炀帝时，发河南淮北诸郡民众，开掘大运河。故运河主干在汴水一段，习惯上也称汴河。

【译文】用舟船搬载物资（包括装卸在内）。依照下面各项：

一是在六十步以外搬运物资装船，一百五十担。（如有粗重物一整件，及一百五十斤以上的减半。）

一是在距离三十步以外地掘取土并搬运装船，一百担。（如果是在十五步以外的，加五十担。）

逆流拉船，六十担。

顺流驾放，一百五十担。

以上各为一个功的工作量。

用车搬载物资（包括装卸、拉车在内）。依照以下各项：

螭车拉载粗重物资：

重量在一千斤以上的，每五十斤。

重量在五百斤以上的，每六十斤。

以上各为一个功的工作量。

用辕辘车拉载粗重物资：

重量在一千斤以下的，每八十斤为一个功。

驴拉车：

每辆车装载重为八百五十斤的物资为一运。（一件重物的重量在一百五十斤以上的，装卸功另计。）

独轮小车子：扶车、驾车二人。

每车子装载物品重量二百斤。

在河里划船驾放牵拉搬运竹木的，依照以下各项：

在缓慢的水流中逆流搬运（比如蔡河之类的河流）。牵拽七十三尺（如果水较浅，则牵拉九十八尺）。

顺流驾放（比如汴河之类的河流）。二百五十尺。（包括系绳捆扎在内，如果细碎物品达到三十件以上的，则为二百尺。）

出漉，一百六十尺。（如果一件重物的长度在三十尺以上的，八十尺。）

以上各为一个功的工作量。

供诸作功

【原文】诸工作破供作功依下项：

瓦作结瓷；

泥作；

砖作；

铺垒安砌；

砌垒井；

窑作垒窑；

以上本作[1]每一功，供作[2]各二功。

大木作钉椽，每一功供作一功。

小木作安卓，每一件及三功以上者，每一功，供作五分功。（平棋、藻井、栱眼、照壁、裹栿版，安卓虽不及三功者，并计供作功。即每一件供作不及一功者不计。）

【注释】〔1〕本作：根本事务。

〔2〕供作：即从事辅助工作的杂工，类似小工。

【译文】需要计算供作功的工作如下：

瓦作中的结瓷；

泥作；

砖作；

铺垒安砌；

砌垒井；

窑作垒窑；

以上如果本作按每一个功计算，则供作算两个功。

大木作中的钉椽，本作每一功，供作算一功。

小木作中安装本作为一个功的一件构件，或者安装本作为三个功以上的构件，供作按五分功计算。（对于平棋、藻井、栱

眼、照壁、裹栿板，安装如果达不到三个功的，合并计算供作功。即每安装一件，供作不够一个功的就不计算。）

石作功限

总造作功

【原文】平面，每广一尺，长一尺五寸。（打剥、粗搏、细漉、斫砟在内。）

四边褊棱凿搏缝，每长二丈。（应有棱者准此。）

面上布墨蜡，每广一尺，长二丈。（安砌在内。减地平钑者，先布墨蜡，而后雕镌。其剔地起突及压地隐起华者，并雕镌毕方布蜡。或亦用墨。）

以上各一功。（如平面柱础在墙头下用者，减本功四分功。若墙内用者，减本功七分功。下同。）

凡造作石段名件等，除造覆盆及镌凿圜混，若成形物之类外，其余皆先计平面及褊棱功。如有雕镌者，加雕镌功。

【译文】平面，每宽度为一尺，长度为一尺五寸。（打剥、粗搏、细漉、斫砟计算在内。）

四边褊棱凿搏缝，长度为二丈。（本应有棱的遵照此条。）

面上布墨蜡，每宽一尺，长二丈。（包括安砌在内。如果是减地平钑，要先打墨

蜡，然后再雕刻。对于剔地起突及压地隐起花的，都要在雕刻完毕后才能打蜡。或者也可以使用墨。）

以上各为一个功。（如果在墙头下使用平面柱碇，本功减少四分。如果在墙内使用，本功减少七分。以下相同。）

对于造作石段等构件，除了做覆盆以及雕凿圌混这种成型的物件以外，其余的都先计算平面和褊棱的功。如果有雕刻的，加上雕刻功。

柱碇

【原文】 柱碇，方二尺五寸，造素覆盆。

造作功：

每方一尺，一功二分。（方三尺、方三尺五寸，各加一分功。方四尺加二分功。方五尺加三分功。方六尺加四分功。）

雕镌功：

方四尺，造剔地起突海石榴华，内间化生（四角水地内间鱼、兽之类，或亦用华，下同），八十功。（方五尺加五十功。方六尺加一百二十功。）

方三尺五寸，造剔地起突水地云龙（或牙鱼、飞鱼）、宝山，五十功。（方四尺加三十功。方五尺加七十五功。方六尺加一百功。）

方三尺，造剔地起突诸华，三十五功。（方三尺五寸加五功。方四尺加一十五功。方五尺加四十五功。方六尺加六十五功。）

方二尺五寸，造压地隐起诸华，一十四功。（方三尺加一十一功。方三尺五寸加一十六功。方四尺加二十六功。方五尺加四十六功。方六尺加五十六功。）

方二尺五寸，造减地平钑诸华，六功。（方一尺加二功。方三尺五寸加四功。方四尺加九功。方五尺加一十四功。方六尺加二十四功。）

方二尺五寸，造仰覆莲华，一十六功。（若造铺地莲华，减八功。）

方二尺，造铺地莲华，五功。（若造仰覆莲华，加八功。）

【译文】 柱碇为二尺五寸见方，做素覆盆。

造作功：

一尺见方，一功二分。（三尺见方、三尺五寸见方，各增加一分功。四尺见方，增加二分功。五尺见方，增加三分功。六尺见方，增加四分功。）

雕镌功：

四尺见方，造剔地起突海石榴花，中间做化生童子造型（四个角的水地里间杂鱼、兽之类，也可以用花，下同），八十个功。（五尺见方，增加五十个功，六尺见方，增加一百二十个功。）

三尺五寸见方，造剔地起突水地云龙（或者牙鱼、飞鱼）、宝山，五十个功。（四尺见方，增加三十个功。五尺见方，增加七十五个功。六尺见方，增加一百个功。）

三尺见方，造剔地起突诸花的，三十五个功。（三尺五寸见方，增加五个功。四尺见方，增加十五个功。五尺见方，增加四十五个功。六尺见方，增加六十五个功。）

二尺五寸见方，造压地隐起诸花的，十四个功。（三尺见方，增加十一个功。三尺五寸见方，增加十六个功。四尺见方，增加二十六个功。五尺见方，增加四十六个功。六尺见方，增加五十六个功。）

二尺五寸见方，造减地平钑诸花的，六个功。（一尺见方，增加二个功。三尺五寸见方，增加四个功。四尺见方，增加九个功。五尺见方，增加十四个功。六尺见方，增加二十四个功。）

二尺五寸见方，造仰覆莲花，十六个功。（如果造铺地莲花，减八个功。）

二尺见方，造铺地莲花，五个功。（如果造仰覆莲花，增加八个功。）

角石（角柱）

【原文】 角石：

安砌功：

角石一段，方二尺，厚八寸一功。

雕镌功：

角石两侧造剔地起突龙凤间华或云文，一十六功。（若面上镌作师子，加六功。造压地隐起华，减一十功。减地平钑华，减一十二功。）

角柱：城门角柱同。

造作剜凿功：

叠涩坐角柱，两面，共二十功。

安砌功：

角柱，每高一尺，方一尺二分，五厘

功。

雕镌功：

方角柱，每长四尺，方一尺，造剔地起突龙凤间华或云文，两面，共六十功。（若造压地隐起华减二十五功。）

叠涩坐角柱，上下涩造压地隐起华，两面，共二十功。

版柱，上造剔地起突，云地升龙，两面，共一十五功。

【译文】 角石：

安砌功：

安砌一段二尺见方，厚度为八寸的角石为一个功。

雕镌功：

角石两侧造剔地起突，间杂龙、凤、花纹或云纹理，十六个功。（如果面上雕刻狮子，加六个功。做压地隐起花，减去十个功。减地平钑花，减十二个功。）

角柱：城门角柱与此相同。

造作剜凿功：

做叠涩底座的角柱，两面，总共二十个功。

安砌功：

角柱，每高一尺，一尺二分见方，五厘功。

雕镌功：

方角柱，每长为四尺，一尺见方，造剔地起突，间杂龙、凤、花纹或云纹理，两面，共六十个功。（如果造压地隐起花，减去二十五个功。）

叠涩坐角柱，上下涩造压地隐起花，两面，共二十个功。

在板柱上造剔地起突，云底升龙，两面，共十五个功。

殿阶基

【原文】 殿阶基一坐：

雕镌功，每一段：

头子上减地平钑华，二功。束腰造剔地起突莲华，二功。（版柱子上减地平钑华同。）挞涩[1]，减地平钑华，二功。

安砌功，每一段：

土衬石，一功。（压阑、地面石同。）头子石，二功。（束腰石、隔身版柱子、挞涩同。）

【注释】 〔1〕挞涩：即叠涩。

【译文】 一座的殿阶基：

雕镌功，每一段：

头子上做减地平钑花，两个功。束腰，做剔地起突莲花，两个功。（板柱子上的减地平钑花相同。）挞涩，减地平钑花，两个功。

安砌功，一段：

土衬石，一个功。（压阑石、地面石相同。）头子石，两个功。（束腰石、隔身板柱子、挞涩相同。）

地面石（压阑石）

【原文】 地面石、压阑石：

安砌功：

每一段，长三尺，广二尺，厚六寸，一功。

雕镌功：

压阑石一段，阶头广六寸，长三尺，造剔地起突，龙凤间华，二十功。（若龙凤间云文减二功。造压地隐起华减一十六功。造减地平钑华减一十八功。）

【译文】 地面石、压阑石：

安砌功：

每安砌一段长为三尺，宽二尺，厚六寸的地面石或压阑石，一个功。

雕镌功：

压阑石一段，阶头宽六寸，长三尺，造剔地起突，龙凤间杂花纹造型，二十个功。（如果是龙凤间杂云纹则减两个功。造压地隐起花减十六个功。造减地平钑花减十八个功。）

殿阶螭首

【原文】 殿阶螭首，一只，长七尺。

造作镌凿，四十功。

安砌，一十功。

【译文】 殿阶螭首，一只，长七尺。

造作镌凿，四十个功。

安砌，十个功。

殿内斗八

【原文】 殿阶心内斗八，一段，共

方一丈二尺。

雕镌功：

斗八心内造剔地起突盘龙一条，云卷水地，四十功。

斗八心外诸枓格内并造压地隐起龙凤化生诸华，三百功。

安砌功：

每石二段，一功。

【译文】 殿阶中间位置的斗八，一段，总共一丈二尺见方。

雕镌功：

斗八中间位置造剔地起突盘龙一条，云卷水地，四十个功。

斗八中心外围的斗格里都做压地隐起的龙、凤、化生等花纹，三百个功。

安砌功：

每二段石头，一个功。

踏道

【原文】 踏道石，每一段，长三尺，广二尺，厚六寸。

安砌功：

土衬石，每一段一功。（踏子石同。）

象眼石[1]，每一段二功。（副子石同。）

雕镌功：

副子石一段，造减地平钑华，二功。

【注释】 〔1〕象眼石：亦称菱角石，用三角石砌成的垂带石侧面。

【译文】 踏道石，每一段长三尺，宽二尺，厚六寸。

安砌功：

土衬石，每一段一个功。（踏子石相同。）

象眼石，每一段两个功。（副子石相同。）

雕镌功：

副子石一段，造减地平钑花，两个功。

单钩阑（重台钩阑、望柱）

【原文】 单钩阑，一段高三尺五寸，长六尺。

造作功：

剜凿寻杖至地栿等事件（内"万"字不透）。共八十功。

寻杖，下若作单托神，一十五功。（双托神倍之。）

华版，内若作压地隐起华、龙或云龙，加四十功。（若"万"字透空，亦如之。）

重台钩阑，如素造，比单钩阑每一功加五分功。若盆唇、櫻项、地栿、蜀柱并作压地隐起华，大小华版并作剔地起突华造者，一百六十功。

望柱：

六瓣望柱，每一条长五尺，径一尺，出上下卯，共一功。

造剔地起突缠柱云龙，五十功。

造压地隐起诸华，二十四功。

造减地平钑华，一十一功。

柱下坐造覆盆莲华，每一枚七功。

柱上镌凿像生师子[1]，每一枚二十功。

安卓：六功。

【注释】 [1]像生师子：即仿真狮子。像生，仿天然产物制成的工艺品，旧时多用绫绢、通草制成花果人物等形状。

【译文】 单钩阑，一段，高三尺五寸，长六尺。

造作功：

剜凿寻杖、地栿等构件（里面的"万"字不镂空）。共八十个功。

寻杖，下面如果做单托神，十五个功。（双托神，功加倍。）

花板，里面如果做压地隐起花、龙或者云龙，加四十个功。（如果"万"字镂空，也是如此。）

重台钩阑，如果不做雕刻，比单钩阑每一个功多加五分功。如果盆唇、瘿项、地栿、蜀柱都做压地隐起花，大小花板都做剔地起突花造型，一百六十个功。

望柱：

六瓣望柱，每一条长五尺，直径一尺，上下出卯，共一个功。

造剔地起突缠柱云龙，五十个功。

造压地隐起的各种花型，二十四个功。

造减地平钑花，十一个功。

柱下坐造覆盆莲花，每一枚七个功。

柱上镌凿仿生狮子，每一枚二十个功。

安装：六个功。

螭子石

【原文】 安钩阑螭子石一段：

凿札眼、剜口子，共五分功。

【译文】 安装栏杆螭子石一段：

凿札眼、剜口子，共五分功。

门砧限（卧立柣、将军石、止扉石）

【原文】 门砧一段：

雕镌功：

造剔地起突华或盘龙：

长五尺，二十五功。

长四尺，一十九功。

长三尺五寸，一十五功。

长三尺，一十二功。

安砌功：

长五尺，四功。

长四尺，三功。

长三尺五寸，一功五分。

长三尺，七分功。

门限，每一段长六尺，方八寸。

雕镌功：

面上造剔地起突华，或盘龙，二十六功。（若外侧造剔地起突行龙间云文，又加四功。）

卧、立柣一副：

剜凿功：

卧柣，长二尺，广一尺，厚六寸，每一段三功五分。

立柣，长三尺，广同卧柣，厚六寸（侧面上分心凿金口一道）。五功五分。

安砌功：

卧、立柣，各五分功。

将军石一段，长三尺，方一尺。

造作，四功。（安立在内。）

止扉石，长二尺，方八寸。

造作，七功。（剜口子、凿栓寨眼子在内。）

【译文】门砧一段：

雕镌功：

做剔地起突花型或者盘龙造型：

长五尺，二十五个功。

长四尺，一十九个功。

长三尺五寸，十五个功。

长三尺，十二个功。

安砌功：

长五尺，四个功。

长四尺，三个功。

长三尺五寸，一个功零五分。

长三尺，七分功。

门限，每一段长六尺，八寸见方。

雕镌功：

面上造剔地起突花型，或者盘龙，二十六个功。（如果外侧造剔地起突的游龙，并间杂云纹，再加四个功。）

卧、立柣一副：

剜凿功：

卧柣，长二尺，宽一尺，厚六寸，每一段三个功零五分。

立柣，长三尺，宽同卧柣，厚六寸

（侧面上分心凿金口一道）。五个功零五分。

安砌功：

卧、立柣，各五分功。

将军石一段，长三尺，一尺见方。

造作一段将军石，四个功。（安装和竖立包括在内。）

止扉石，长二尺，八寸见方。

造作，七个功。（包括剜口子、凿栓寨眼子在内。）

地栿石

【原文】 城门地栿石、土衬石：

造作剜凿功，每一段：

地栿，一十功。

土衬，三功。

安砌功：

地栿，二功。

土衬，二功。

【译文】 城门地栿石、土衬石：

造作剜凿功，每一段：

地栿，十个功。

土衬，三个功。

安砌功：

地栿，两个功。

土衬，两个功。

流杯渠

【原文】 流杯渠一坐（剜凿水渠造）。每石一段，方三尺，厚一尺二寸。

造作，一十功。（开凿渠道加二功。）

安砌，四功。（出水斗子，每一段加一功。）

雕镌功：

河道两边面上络周华，各广四寸，造压地隐起宝相华、牡丹华，每一段三功。

流杯渠一坐（砌垒底版造）。

造作功：

心内看盘石，一段，长四尺，广三尺五寸。

厢壁石及项子石，每一段。

以上各八功。

底版石，每一段三功。

斗子石，每一段一十五功。

安砌功：

看盘及厢壁项子石、斗子石，每一段各五功。（地架每一段三功。）

底版石，每一段三功。

雕镌功：

心内看盘石造剔地起突华，五十功。（若间以龙凤，加二十功。）

河道两边面上遍造压地隐起华，每一段，二十功。（若间以龙凤，加一十功。）

【译文】 流杯渠一座（剔凿水渠的做法）。每一段石头，三尺见方，厚一尺二寸。

造作，十个功。（开凿渠道，另加两个功。）

安砌，四个功。（每做一段出水斗子，加一个功。）

雕镌功：

渠道两边的地面上雕刻宽度为四寸的花纹带一周，造压地隐起宝相花、牡丹花，每一段三个功。

流杯渠一座（垒砌底板的做法）。

造作功：

中心位置的看盘石，每一段长四尺，宽三尺五寸。

厢壁石和项子石，每一段。

以上各八个功。

底板石，每一段三个功。

斗子石，每一段十五个功。

安砌功：

看盘及厢壁项子石、斗子石，每一段各五个功。（安砌一段地架为三个功。）

底板石，每一段三个功。

雕镌功：

中心位置的看盘石造剔地起突花，五十个功。（如果间杂龙凤，加二十个功。）

河道两边的面上通体造压地隐起花，每一段，二十个功。（如果间杂龙凤，加十个功。）

坛

【原文】坛一坐：

雕镌功：

头子、版柱子、挞涩，造减地平钑华，每一段各二功。（束腰剔地起突造莲华，亦如之。）

安砌功：

土衬石，每一段一功。

头子、束腰、隔身版柱子、挞涩石，

每一段各二功。

【译文】 坛一座：

雕镌功：

雕刻头子、板柱子、挞涩，做减地平钑的花型，每一段各用两个功。（束腰剔地起突造莲花，也是如此。）

安砌功：

土衬石，每一段一个功。

头子、束腰、隔身板柱子、挞涩石，每一段各两个功。

卷輂水窗

【原文】 卷輂水窗石（河渠同），每一段，长三尺，广二尺，厚六寸。

开凿功：

下熟铁鼓卯，每二枚一功。

安砌：一功。

【译文】 卷輂水窗石（河渠的造法相同），每一段，长三尺，宽二尺，厚六寸。

开凿功：

下熟铁鼓卯，每二枚用一个功。

安砌：一个功。

水槽

【原文】 水槽，长七尺，高广各二尺，深一尺八寸。

造作开凿，共六十功。

【译文】 水槽，长七尺，高度和宽度各为二尺，深一尺八寸。

造作和开凿，总共六十个功。

马台

【原文】 马台一坐，高二尺二寸，长三尺八寸，广二尺二寸。

造作功：

刴凿踏道，三十功。（叠涩造加二十功。）

雕镌功：

造剔地起突华，一百功。

造压地隐起华，五十功。

造减地平钑华，二十功。

台面造压地隐起水波内出没鱼兽，加一十功。

【译文】 马台一座，高二尺二寸，长三尺八寸，宽二尺二寸。

造作功：

刴凿踏道，三十个功。（做叠涩造型，加二十个功。）

雕镌功：

造剔地起突花，一百个功。

造压地隐起花，五十个功。

造减地平钑花，二十个功。

台面造压地隐起水波内出没鱼兽，加十个功。

井口石

【原文】 井口石并盖口拍子一副：

造作镌凿功：

透井口石，方二尺五寸，井口径一尺，共一十二功。（造素覆盆加二功。若华覆盆加六功。）

安砌：二功。

【译文】 井口石和盖口拍子一副：

造作镌凿功：

凿穿井口石，二尺五寸见方，井的口径为一尺，总共十二个功。（做素覆盆，加两个功。如果做花覆盆，加六个功。）

安砌：两个功。

山棚铤脚石

【原文】 山棚铤脚石，方二尺，厚七寸。

造作开凿，共五功。

安砌：一功。

【译文】 山棚铤脚石，二尺见方，厚七寸。

造作和开凿，总共五个功。

安砌：一个功。

幡竿颊

【原文】 幡竿颊一坐：

造作开凿功：

颊二条及开栓眼，共十六功。

铤脚，六功。

雕镌功：

造剔地起突华，一百五十功。

造压地隐起华，五十功。

造减地平钑华，三十功。

安卓：一十功。

【译文】 幡竿颊一座：

造作和开凿功：

两条颊和开栓眼，总共十六个功。

铤脚，六个功。

雕镌功：

造剔地起突花，一百五十个功。

造压地隐起花，五十个功。

造减地平钑花，三十个功。

安装：十个功。

赑屃碑

【原文】 赑屃鳌坐碑一坐：

雕镌功：

碑首，造剔地起突盘龙云盘，共二百五十一功。

鳌坐，写生镌凿，共一百七十六功。

土衬，周回造剔地起突宝山水地等，七十五功。

碑身，两侧造剔地起突海石榴华或云龙，一百二十功。

络周造减地平钑华，二十六功。

安砌功：

土衬石，共四功。

【译文】 赑屃鳌坐碑一座：

雕镌功：

碑首，造剔地起突盘龙、云盘，共二百五十一个功。

鳌坐，雕凿写生，共一百七十六个功。

土衬，四周做剔地起突宝山水地等，七十五个功。

碑身，两侧造剔地起突海石榴花或云龙，一百二十个功。

环绕碑身四周做减地平钑花的造型，二十六个功。

安砌功：

土衬石，共四个功。

笏头碣

【原文】 笏头碣一坐：

雕镌功：

碑身及额，络周造减地平钑华，二十功。

方直坐，上造减地平钑华，一十五功。

叠涩坐，剜凿，三十九功。

叠涩坐，上造减地平钑华，三十功。

【译文】 笏头碣一座：

雕镌功：

碑身和额，四周做减地平钑花型，二十个功。

方直坐，上面做减地平钑花型，十五个功。

剜凿叠涩座，三十九个功。

叠涩座上做减地平钑花型，三十个功。

卷十七·大木作功限一

　　本卷阐述各工种在大木作中必须遵从的构件劳动定额和计算方式。

栱、枓等造作功

【原文】 造作功并以第六等材为准。

材：长四十尺一功。（材每加一等，递减四尺。材每减一等，递增五尺。）

栱：

令栱，一只二分五厘功。

华栱，一只；

泥道栱，一只；

瓜子栱，一只；

以上各二分功。

慢栱，一只五分功。

若材每加一等，各随逐等加之。华栱、令栱、泥道栱、瓜子栱、慢栱并各加五厘功。若材每减一等，各随逐等减之：华栱减二厘功，令栱减三厘功，泥道栱、瓜子栱各减一厘功，慢栱减五厘功。其自第四等加第三等，于递加功内减半加之。

（加足材及枓、柱、榑之类并准此。）

若造足材栱，各于逐等栱上更加功限。华栱、令栱各加五厘功，泥道栱、瓜子栱各加四厘功，慢栱加七厘功。其材每加减一等，递加减各一厘功。如角内列栱，各以栱头为计。

枓：

栌枓，一只五分功（材每增减一等，递加减各一分功）；

交互枓，九只（材每增减一等，递加减各一只）；

齐心枓，十只（加减同上）；

散枓，一十一只（加减同上）；

以上各一功。

出跳上名件：

昂尖，一十一只，一功。（加减同交互枓法。）

爵头，一只；

华头子，一只；

以上各一分功。（材每增减一等，递加减各二厘功。身内并同材法。）

【译文】 造作功都以第六等材为标准。

材：长四十尺，一个功。（材每提高一个等级，长度递减四尺。材每降低一个等级，长度增加五尺。）

栱：

令栱，一只二分五厘功。

华栱，一只；

泥道栱，一只；

瓜子栱，一只；

以上各二分功。

慢栱，一只，五分功。

如果材每提高一个等级，各构件都随等级逐等增加。华栱、令栱、泥道栱、瓜子栱、慢栱都各自增加五厘功。如果材每降低一个等级，各构件都随等级逐等降低：华栱减少二厘功，令栱减少三厘功，泥道栱、瓜子栱各减少一厘功，慢栱减少五厘功。材从第四等提高到第三等，将所增加的功减少一半再递加。（提高足材以及斗、柱、榑之类的等级都以此为准。）

如果造足材栱，各在相应的等级的栱上再另外增加功限。华栱、令栱各增加五厘功，泥道栱、瓜子栱各增加四厘功，慢栱增加七厘功。所用的材每加减一个等级，则各相应增减一厘功。如果是角内列栱，各以栱头来计算。

斗：

栌斗，一只，五分功（材每提高或者降低一个等级，则相应各增加或者减少一分功）；

交互斗，九只（材每提高或者降低一个等级，则相应各增加或减少一只）；

齐心斗，十只（加减同上）；

散斗，十一只（加减同上）；

以上各为一个功。

出跳上的名件：

昂尖，十一只，一个功。（加减与交互斗的方法相同。）

爵头，一只；

华头子，一只；

以上各用一分功。（材每提高或者降低一个等级，则相应增加或减少二厘功。身内其他构件都与材的方法相同。）

殿阁外檐补间铺作用栱、枓等数

【原文】殿阁等外檐，自八铺作至四铺作，内外并重栱计心，外跳出下昂，里跳出卷头。每补间铺作一朵用栱、昂等数下项（八铺作里跳用七铺作。若七铺作里跳用六铺作。其六铺作以下里外跳并同。转角者准此）：

自八铺作至四铺作各通用：

单材华栱，一只（若四铺作插昂不用）；

泥道栱，一只；

令栱，二只；

两出耍头，一只（并随昂身上下斜势，分作二只，内四铺作不分）；

衬方头，一条（足材，八铺作、七铺作各长一百二十分，六铺作、五铺作各长九十分，四铺作长六十分）；

栌枓，一只；

暗契，二条（一条长四十六分，一条长七十六分。八铺作、七铺作又加二条，各长随补间之广）；

昂栓，二条（八铺作各长一百三十分，七铺作各长一百一十五分，六铺作各长九十五分，五铺作各长八十分，四铺作各长五十分）。

八铺作、七铺作各独用：

第二抄华栱，一只（长四跳）；

第三抄外华头子内华栱，一只（长六跳）。

六铺作、五铺作各独用：

第二抄外华头子内华栱，一只（长四跳）。

八铺作独用：

第四抄内华栱，一只（外随昂，楆斜，长七十八分）。

四铺作独用：

第一抄外华头子内华栱，一只（长两跳，若卷头，不用）。

自八铺作至四铺作各用：

瓜子栱：

八铺作，七只；

七铺作，五只；

六铺作，四只；

五铺作，二只。（四铺作不用。）

慢栱：

八铺作，八只；

七铺作，六只；

六铺作，五只；

五铺作，三只；

四铺作，一只。

下昂：

八铺作，三只（一只身长三百分，一只身长二百七十分，一只身长一百七十分）；

七铺作，二只（一只身长二百七十分，一只身长一百七十分）；

六铺作，二只（一只身长二百四十分，一只身长一百五十分）；

五铺作，一只（身长一百二十分）；

四铺作插昂，一只（身长四十分）。

交互枓：

八铺作，九只；

七铺作，七只；

六铺作，五只；

五铺作，四只；

四铺作，二只。

齐心枓：

八铺作，一十二只；

七铺作，一十只；

六铺作，五只（五铺作同）；

四铺作，三只。

散枓：

八铺作，三十六只；

七铺作，二十八只；

六铺作，二十只；

五铺作，一十六只；

四铺作，八只。

【译文】 殿阁等外檐，从四铺作到八铺作，里外都做成重栱计心造，外跳出下昂，里跳出卷头。每一朵补间铺作用栱、昂等的数量如下（八铺作的里跳用七铺作。如果是七铺作的里跳则用六铺作。六铺作以下的里外跳都相同。转角的也以此为准）：

从四铺作到八铺作通用：

单材华栱，一只（如果是四铺作插昂不用）；

泥道栱，一只；

令栱，二只；

两出耍头，一只（都根据昂身上下的斜向走势，分成二只，里面的四铺作不分）；

衬方头，一条（足材，八铺作、七铺作各长度为一百二十分，六铺作、五铺作各长度为九十分，四铺作长六十分）；

栌斗，一只；

暗契，两条（一条长四十六分，一条长七十六分。八铺作、七铺作又加二条，各长根据补间的宽度而定）；

昂栓，两条（八铺作各长一百三十分，七铺作各长一百一十五分，六铺作各长九十五分，五铺作各长八十分，四铺作各长五十分）。

八铺作、七铺作单独使用的：

第二抄华栱，一只（长四跳）；

第三抄外华头子内华栱，一只（长六跳）。

六铺作、五铺作单独使用的：

第二抄外华头子内华栱，一只（长四跳）。

八铺作单独使用的：

第四抄内华栱，一只（外面根据昂、榑斜，长七十八分）。

四铺作单独使用的：

第一抄外华头子内华栱，一只（长为两跳，如果卷头，则不用）。

自八铺作至四铺作单独使用的：

瓜子栱：

八铺作，七只；

七铺作，五只；

六铺作，四只；

五铺作，两只（四铺作的不用）。

慢栱：

八铺作，八只；

七铺作，六只；

六铺作，五只；

五铺作，三只；

四铺作，一只。

下昂：

八铺作，三只（一只身长三百分，一只身长二百七十分，一只身长一百七十分）；

七铺作，两只（一只身长二百七十分，一只身长一百七十分）；

六铺作，两只（一只身长二百四十分，一只身长一百五十分）；

五铺作，一只（身长一百二十分）；

四铺作插昂，一只（身长四十分）。

交互斗：

八铺作，九只；

七铺作，七只；

六铺作，五只；

五铺作，四只；

四铺作，两只。

齐心斗：

八铺作，十二只；

七铺作，十只；

六铺作，五只（五铺作的相同）；

四铺作，三只。

散斗：

八铺作，三十六只；

七铺作，二十八只；

六铺作，二十只；

五铺作，十六只；

四铺作，八只。

殿阁身槽内补间铺作用栱、枓等数

【原文】 殿阁身槽内里外跳，并重栱计心出卷头，每补间铺作一朵用栱枓等数下项：

自七铺作至四铺作各通用：

泥道栱，一只；

令栱，二只；

两出耍头，一只（七铺作长八跳，六铺作长六跳，五铺作长四跳，四铺作长两跳）；

衬方头，一只（长同上）；

栌枓，一只；

暗契，二条（一条长七十六分，一条长四十六分）。

自七铺作至五铺作各通用：

瓜子栱：

七铺作，六只；

六铺作，四只；

五铺作，二只。

自七铺作至四铺作各用：

华栱：

七铺作，四只（一只长八跳，一只长六跳，一只长四跳，一只长两跳）；

六铺作，三只（一只长六跳，一只长四跳，一只长两跳）；

五铺作，二只（一只长四跳，一只长两跳）；

四铺作，一只（长两跳）。

慢栱：

七铺作，七只；

六铺作，五只；

五铺作，三只；

四铺作，一只。

交互科：

七铺作，八只；

六铺作，六只；

五铺作，四只；

四铺作，二只。

齐心科：

七铺作，一十六只；

六铺作，一十二只；

五铺作，八只；

四铺作，四只。

散科：

七铺作，三十二只；

六铺作，二十四只；

五铺作，一十六只；

四铺作，八只。

【译文】 殿阁身槽内的里外跳，都是重栱计心出卷头，每一朵补间铺作使用的斗拱等的数量如下：

从四铺作到七铺作通用：

泥道栱，一只；

令栱，两只；

两出耍头，一只（七铺作长八跳，六铺作长六跳，五铺作长四跳，四铺作长两跳）。

衬方头，一只（长度同上）；

栌斗，一只；

暗契，二条（一条长七十六分，一条长四十六分）。

从五铺作到七铺作通用：

瓜子栱：

七铺作，六只；

六铺作，四只；

五铺作，二只。

从四铺作到七铺作单独使用：

华栱：

七铺作，四只（一只长八跳，一只长六跳，一只长四跳，一只长两跳）；

六铺作，三只（一只长六跳，一只长四跳，一只长两跳）；

五铺作，两只（一只长四跳，一只长两跳）；

四铺作，一只（长两跳）。

慢栱：

七铺作，七只；

六铺作，五只；

五铺作，三只；

四铺作，一只。

交互斗：

七铺作，八只；

六铺作，六只；

五铺作，四只；

四铺作，两只。

齐心斗：

七铺作，十六只；

六铺作，十二只；

五铺作，八只；

四铺作，四只。

散斗：

七铺作，三十二只；

六铺作，二十四只；

五铺作，十六只；

四铺作，八只。

楼阁平坐补间铺作用栱、枓等数

【原文】 楼阁平坐，自七铺作至四铺作，并重栱计心，外跳出卷头，里跳挑斡棚栿及穿串上层柱身[1]。每补间铺作一朵，使栱枓等数下项：

自七铺作至四铺作各通用：

泥道栱，一只；

令栱，一只；

耍头，一只（七铺作身长二百七十分，六铺作身长二百四十分，五铺作身长二百一十

分，四铺作身长一百八十分）；

衬方，一只（七铺作身长三百分，六铺作身长二百七十分，五铺作身长二百四十分，四铺作身长二百一十分）；

栌枓，一只；

暗契，二条（一条长七十六分，一条长四十六分）。

自七铺作至五铺作各通用：

瓜子栱：

七铺作，三只；

六铺作，二只；

五铺作，一只。

自七铺作至四铺作各用：

华栱：

七铺作，四只（一只身长一百五十分，一只身长一百二十分，一只身长九十分，一只身长六十分）；

六铺作，三只（一只身长一百二十分，一只身长九十分，一只身长六十分）；

五铺作，二只（一只身长九十分，一只身长六十分）；

四铺作，一只（身长六十分）。

慢栱：

七铺作，四只；

六铺作，三只；

五铺作，二只；

四铺作，一只。

六互枓：

七铺作，四只；

六铺作，三只；

五铺作，二只；

四铺作，一只。

齐心枓：

七铺作，九只；

六铺作，七只；

五铺作，五只；

四铺作，三只。

散枓：

七铺作，一十八只；

六铺作，一十四只；

五铺作，一十只；

四铺作，六只。

【注释】〔1〕外跳出卷头，里跳挑斡棚
栿及穿串上层柱身：平坐层下无平棋时用"挑
斡"（不出昂头的昂尾，与上昂大略相当），承
挑"棚栿"（指由地面枋与铺板枋等组成的楼板
梁一类）；如果平坐层下有平棋，则用"后尾撒
头"做法，即将里跳上的横向栱件、斗枋等去
掉，不做装饰，呈竖向多层构件的简单叠置形
式。由于人常行走活动于平坐楼板之上，使其荷
重加大，故至少里跳的衬枋头、耍头两层的后尾
要加长插于柱身作为地板下的支承。"棚栿"是
包括实际作为楼板梁的这两层构件在内。

【译文】楼阁平坐，从四铺作到七铺
作，都做重栱计心造，外跳出卷头，里跳
挑斡棚栿，以及做穿串上层柱身。每一朵
补间铺作，使用斗拱等的数量如下：

从四铺作到七铺作通用：

泥道栱，一只；

令栱，一只；

耍头，一只（七铺作身长二百七十分，
六铺作身长二百四十分，五铺作身长二百一十

分，四铺作身长一百八十分）；

衬方，一只（七铺作身长三百分，六铺
作身长二百七十分，五铺作身长二百四十分，
四铺作身长二百一十分）；

栌斗，一只；

暗契，两条（一条长七十六分，一条长
四十六分）。

从五铺作到七铺作通用：

瓜子栱：

七铺作，三只；

六铺作，二只；

五铺作，一只。

从四铺作到七铺作单独使用：

华栱：

七铺作，四只（一只身长一百五十分，
一只身长一百二十分，一只身长九十分，一只
身长六十分）；

六铺作，三只（一只身长一百二十分，
一只身长九十分，一只身长六十分）；

五铺作，二只（一只身长九十分，一只
身长六十分）；

四铺作，一只（身长六十分）。

慢栱：

七铺作，四只；

六铺作，三只；

五铺作，二只；

四铺作，一只。

六互斗：

七铺作，四只；

六铺作，三只；

五铺作，二只；

四铺作，一只。

齐心斗：

七铺作，九只；

六铺作，七只；

五铺作，五只；

四铺作，三只。

散斗：

七铺作，十八只；

六铺作，十四只；

五铺作，十只；

四铺作，六只。

枓口跳每缝用栱、枓等数

【原文】 枓口跳，每柱头外出跳一朵，用栱、枓等下项：

泥道栱，一只；

华栱头，一只；

栌枓，一只；

交互枓，一只；

散枓，二只；

暗契，二条。

【译文】 斗口跳，每柱头外出一朵跳，用栱、枓等的数量如下：

泥道栱，一只；

华栱头，一只；

栌斗，一只；

交互斗，一只；

散斗，两只；

暗契，两条。

把头绞项作每缝用栱、枓等数

【原文】 把头绞项作，每柱头用栱枓等下项：

泥道栱，一只；

耍头，一只；

栌枓，一只；

齐心枓，一只；

散枓，二只；

暗契，二条。

【译文】 把头绞项作，每柱头用栱斗等的数量如下：

泥道栱，一只；

耍头，一只；

栌斗，一只；

齐心斗，一只；

散斗，两只；

暗契，两条。

铺作每间用方桁等数

【原文】 自八铺作至四铺作，每一间一缝内外用方桁等下项：

方桁：

八铺作，一十一条；

七铺作，八条；

六铺作，六条；

五铺作，四条；

四铺作，二条；

橑檐方，一条。

遮椽版（难子加版数一倍，方一寸为定）：

八铺作，九片；

七铺作，七片；

六铺作，六片；

五铺作，四片；

四铺作，二片。

殿槽内，自八铺作至四铺作，每一间一缝内外用方桁等下项：

方桁：

七铺作，九条；

六铺作，七条；

五铺作，五条；

四铺作，三条。

遮椽版：

七铺作，八片；

六铺作，六片；

五铺作，四片；

四铺作，二片。

平坐，自八铺作至四铺作，每间外出跳用方桁等下项：

方桁：

七铺作，五条；

六铺作，四条；

五铺作，三条；

四铺作，二条。

遮椽版：

七铺作，四片；

六铺作，三片；

五铺作，二片；

四铺作，一片；

雁翅版，一片（广三十分）。

枓口跳每间内前、后檐用方桁等下

项：

方桁，二条；

橑檐方，二条。

把头绞项作，每间内前、后檐用方桁下项：

方桁，二条。

凡铺作，如单栱及偷心造，或柱头内骑绞梁栱处，出跳皆随所用铺作除减枓栱。（如单栱造者，不用慢栱。其瓜子栱并改作令栱。若里跳别有增减者，各依所出之跳加减。）其铺作安勘、绞割、展拽每一朵（昂栓、暗契、暗斗口安札及行绳墨等功并在内。以上转角者并准此。）取所用枓、栱等造作功，十分中加四分。

【译文】 从四铺作到八铺作，每一间一缝的里外所用方桁等的数量如下：

方桁：

八铺作，十一条；

七铺作，八条；

六铺作，六条；

五铺作，四条；

四铺作，两条；

橑檐方，一条。

遮椽板（难子数比板子数多一倍，一寸见方为定法）：

八铺作，九片；

七铺作，七片；

六铺作，六片；

五铺作，四片；

四铺作，两片。

殿槽内，从四铺作到八铺作，每一间

一缝里外用方桁等的数量如下：

方桁：

七铺作，九条；

六铺作，七条；

五铺作，五条；

四铺作，三条。

遮椽板：

七铺作，八片；

六铺作，六片；

五铺作，四片；

四铺作，两片。

平坐，从四铺作到八铺作，每间外出跳用方桁等的数量如下：

方桁：

七铺作，五条；

六铺作，四条；

五铺作，三条；

四铺作，两条。

遮椽板：

七铺作，四片；

六铺作，三片；

五铺作，两片；

四铺作，一片；

雁翅板，一片（宽三十分）。

斗口跳每间内前、后檐所用方桁等的数量如下：

方桁，两条；

橑檐方，两条。

把头绞项作，每间内前、后檐使用的方桁数量如下：

方桁，两条。

如果是单栱及偷心造的铺作，或者是柱头内骑绞梁栿处的铺作，出跳都根据所用的铺作减除斗栱。（如果采用单栱造，不使用慢栱。瓜子栱都改成令栱。如果里跳另外有增减的，各依照所出的跳加减。）安勘、绞割、展拽每一朵铺作（昂栓、暗契、暗料口的安札以及施行绳墨等的功都包括在内，以上如果有转角的也都以此为准）。取所用的斗、栱等造作功，十分中增加四分。

卷十八·大木作功限二

本卷续卷十七，阐述各工种在大木作中必须遵从的构件劳动定额和计算方式。

殿阁外檐转角铺作用栱、枓等数

【原文】 殿阁等自八铺作至四铺作，内外并重栱计心，外跳出下昂，里跳出卷头，每转角铺作一朵用栱昂等数下项：

自八铺作至四铺作各通用：

华栱列泥道栱，二只（若四铺作插昂，不用）；

角内耍头，一只（八铺作至六铺作，身长一百一十七分，五铺作、四铺作身长八十四分）；

角内由昂，一只（八铺作身长四百六十分，七铺作身长四百二十分，六铺作身长三百七十六分，五铺作身长三百三十六分，四铺作身长一百四十分）；

栌枓，一只；

暗契，四条（二条长三十一分，二条长二十一分）。

自八铺作至五铺作各通用：

慢栱列切几头，二只；

瓜子栱列小栱头分首，二只（身长二十八分）；

角内华栱，一只；

足材耍头，二只（八铺作、七铺作身长九十分，六铺作、五铺作身长六十五分）。衬方，二条。（八铺作七铺作长一百三十分，六铺作、五铺作长九十分。）

自八铺作至六铺作各通用：

令栱，二只；

瓜子栱列小栱头分首，二只（身内交隐鸳鸯栱，长五十三分）；

令栱列瓜子栱，二只（外跳用）；

慢栱列切几头分首，二只（外跳用，身长二十八分）；

令栱列小栱头，二只（里跳用）；

瓜子栱列小栱头分首，四只（里跳用。八铺作添二只）；

慢栱列切几头分首，四只（八铺作同上）。

八铺作、七铺作各独用：

华头子，二只（身连间内方桁）；

瓜子栱列小栱头，二只（外跳用，八铺作添二只）；

慢栱列切几头，二只（外跳用，身长五十三分）；

华栱列慢栱，二只（身长二十八分）；

瓜子栱，二只（八铺作添二只）；

第二抄华栱，一只（身长七十四分）；

第三抄外华头子内华栱，一只（身长一百四十七分）。

六铺作五铺作各独用：

华头子列慢栱，二只（身长二十八分）。

八铺作独用：

慢栱，二只；

慢栱列切几头分首，二只（身内交隐鸳鸯栱，长七十八分）；

第四抄内华栱，一只（外随昂槫斜，一百一十七分）。

五铺作独用：

令栱列瓜子栱，二只（身内交隐鸳鸯

栱，身长五十六分）。

四铺作独用：

令栱列瓜子栱分首，二只（身长三十分）；

华头子列泥道栱，二只；

耍头列慢栱，二只（身长三十分）；

角内外华头子内华栱，一只（若卷头造不用）。

自八铺作至四铺作各用：

交角昂：

八铺作，六只（二只身长一百六十五分，二只身长一百四十分，二只身长一百一十五分）；

七铺作，四只（二只身长一百四十分，二只身长一百一十五分）；

六铺作，四只（二只身长一百分，二只身长七十五分）；

五铺作，二只（身长七十五分）；

四铺作，二只（身长三十五分）。

角内昂：

八铺作，三只（一只身长四百二十分，一只身长三百八十分，一只身长二百分）；

七铺作，二只（一只身长三百八十分，一只身长二百四十分）；

六铺作，二只（一只身长三百三十六分，一只身长一百七十五分）；

五铺作、四铺作，各一只（五铺作身长一百七十五分，四铺作身长五十分）。

交互科：

八铺作，一十只；

七铺作，八只；

六铺作，六只；

五铺作，四只；

四铺作，二只。

齐心科：

八铺作，八只；

七铺作，六只；

六铺作，二只（五铺作、四铺作同）。

平盘科：

八铺作，一十一只；

七铺作，七只（六铺作同）；

五铺作，六只；

四铺作，四只。

散科：

八铺作，七十四只；

七铺作，五十四只；

六铺作，三十六只；

五铺作，二十六只；

四铺作，一十二只。

【译文】殿阁等从四铺作到八铺作，内外都用重栱计心造，外跳出下昂，里跳出卷头，每一朵转角铺作所用栱昂等的数量如下：

从四铺作到八铺作通用：

华栱列泥道栱，两只（如果是四铺作的插昂，则不用）；

角内耍头，一只（六铺作到八铺作，身长一百一十七分，四铺作、五铺作身长八十四分）。

角内由昂，一只（八铺作身长四百六十分，七铺作身长四百二十分，六铺作身长三百七十六分，五铺作身长三百三十六分，四铺作身长一百四十分）。

卢斗，一只；

暗契，四条（两条长三十一分，两条长二十一分）。

从五铺作到八铺作通用：

慢栱列切几头，两只；

瓜子栱列小栱头分首，两只（身长二十八分）；

角内华栱，一只；

足材耍头，两只（八铺作、七铺作身长九十分，六铺作、五铺作身长六十五分）。衬方，两条（八铺作、七铺作长一百三十分，六铺作、五铺作长九十分）。

从六铺作到八铺作通用：

令栱，两只；

瓜子栱列小栱头分首，两只（在身内雕鸳鸯交栱，长五十三分）；

令栱列瓜子栱，两只（外跳用）；

慢栱列切几头分首，两只（外跳用，身长二十八分）；

令栱列小栱头，两只（里跳用）；

瓜子栱列小栱头分首，四只（里跳用。八铺作添两只）；

慢栱列切几头分首，四只（八铺作同上）。

七铺作、八铺作单独使用：

华头子，两只（华头子连接屋间内的方桁）；

瓜子栱列小栱头，两只（外跳用，八铺作再添两只）；

慢栱列切几头，两只（外跳用，身长五十三分）；

华栱列慢栱，两只（身长二十八分）；

瓜子栱，两只（八铺作添两只）；

第二抄华栱，一只（身长七十四分）；

第三抄外华头子内华栱，一只（身长一百四十七分）。

六铺作五铺作各独用：

华头子列慢栱，两只（身长二十八分）。

八铺作独用：

慢栱，两只；

慢栱列切几头分首，两只（在身内雕鸳鸯交栱，长七十八分）；

第四抄内华栱，一只（外面根据昂和樽斜而定，一百一十七分）。

五铺作独用：

令栱列瓜子栱，两只（在身内雕鸳鸯交栱，身长五十六分）。

四铺作独用：

令栱列瓜子栱分首，两只（身长三十分）；

华头子列泥道栱，两只；

耍头列慢栱，两只（身长三十分）；

角内外华头子内华栱，一只（如果是卷头造，则不用）。

从四铺作到八铺作单独使用：

交角昂：

八铺作，六只（两只身长一百六十五分，两只身长一百四十分，两只身长一百一十五分）；

七铺作，四只（两只身长一百四十分，两只身长一百一十五分）；

六铺作，四只（两只身长一百分，两只身长七十五分）；

五铺作，两只（身长七十五分）；

四铺作，两只（身长三十五分）。

角内昂：

八铺作，三只（一只身长四百二十分，一只身长三百八十分，一只身长二百分）；

七铺作，两只（一只身长三百八十分，一只身长二百四十分）；

六铺作，两只（一只身长三百三十六分，一只身长一百七十五分）；

五铺作四铺作，各一只（五铺作身长一百七十五分，四铺作身长五十分）。

交互斗：

八铺作，十只；

七铺作，八只；

六铺作，六只；

五铺作，四只；

四铺作，两只。

齐心斗：

八铺作，八只；

七铺作，六只；

六铺作，两只（五铺作、四铺作相同）。

平盘斗：

八铺作，一十一只；

七铺作，七只（六铺作相同）；

五铺作，六只；

四铺作，四只。

散斗：

八铺作，七十四只；

七铺作，五十四只；

六铺作，三十六只；

五铺作，二十六只；

四铺作，十二只。

殿阁身内转角铺作用栱、料等数

【原文】 殿阁身槽内里外跳，并重栱计心，出卷头，每转角铺作一朵用料栱等数下项：

自七铺作至四铺作各通用：

华栱列泥道栱，三只（外跳用）；

令栱列小栱头分首，二只（里跳用）；

角内华栱，一只；

角内两出耍头，一只（七铺作身长二百八十八分，六铺作身长一百四十七分，五铺作身长七十七分，四铺作身长六十四分）；

栌料，一只；

暗契，四条（二条长三十一分，二条长二十一分）。

自七铺作至五铺作各通用：

瓜子栱列小栱头分首，二只（外跳用，身长二十八分）；

慢栱列切几头分首，二只（外跳用，身长二十八分）；

角内第二抄华栱，一只（身长七十七分）。

七铺作六铺作各独用：

瓜子栱列小栱头分首，二只（身内交隐鸳鸯栱，身长五十三分）。

慢栱列切几头分首，二只（身长五十三分）；

令栱列瓜子栱，二只；

华栱列慢栱，二只；

骑栿令栱，二只；

角内第三抄华栱，一只（身长一百四十七分）。

七铺作独用：

慢栱列切几头分首，二只（身内交隐鸳鸯栱，身长七十八分）；

瓜子栱列小栱头，二只；

瓜子丁头栱，四只；

角内第四抄华栱，一只（身长二百一十七分）。

五铺作独用：

骑栿令栱分首，二只（身内交隐鸳鸯栱，身长五十三分）。

四铺作独用：

令栱列瓜子栱分首，二只（身长二十分）；

耍头列慢栱，二只（身长三十分）。

自七铺作至五铺作各用：

慢栱列切几头：

七铺作，六只；

六铺作，四只；

五铺作，二只。

瓜子栱列小栱头（数并同上）。

自七铺作至四铺作各用：

交互枓：

七铺作，四只（六铺作同）；

五铺作，二只（四铺作同）。

平盘枓：

七铺作，一十只；

六铺作，八只；

五铺作，六只；

四铺作，四只。

散枓：

七铺作，六十只；

六铺作，四十二只；

五铺作，二十六只；

四铺作，一十二只。

【译文】 殿阁身槽内的里外跳，都采用重栱计心造，出卷头，每一朵转角铺作所用斗栱等的数量如下：

从四铺作至七铺作通用：

华栱列泥道栱，三只（外跳用）；

令栱列小栱头分首，两只（里跳用）；

角内华栱，一只；

角内两出耍头，一只（七铺作身长二百八十八分，六铺作身长一百四十七分，五铺作身长七十七分，四铺作身长六十四分）；

栌斗，一只；

暗契，四条（两条长三十一分，两条长二十一分）。

自七铺作至五铺作各通用：

瓜子栱列小栱头分首，两只（外跳用，身长二十八分）；

慢栱列切几头分首，两只（外跳用，身长二十八分）；

角内第二抄华栱，一只（身长七十七分）。

七铺作六铺作各独用：

瓜子栱列小栱头分首，两只（在身内雕鸳鸯交栱，身长五十三分）；

慢栱列切几头分首，两只（身长五十三分）；

472

令栱列瓜子栱，两只；

华栱列慢栱，两只；

骑栿令栱，两只；

角内第三抄华栱，一只（身长一百四十七分）。

七铺作独用：

慢栱列切几头分首，两只（在身内雕鸳鸯交栱，身长七十八分）；

瓜子栱列小栱头，两只；

瓜子丁头栱，四只；

角内第四抄华栱，一只（身长二百一十七分）。

五铺作独用：

骑栿令栱分首，两只（在身内雕鸳鸯交栱，身长五十三分）。

四铺作独用：

令栱列瓜子栱分首，两只（身长二十分）；

耍头列慢栱，两只（身长三十分）。

从五铺作至七铺作单独使用：

慢栱列切几头：

七铺作，六只；

六铺作，四只；

五铺作，两只。

瓜子栱列小栱头（数量全都同上）。

从四铺作至七铺作单独使用：

交互斗：

七铺作，四只（六铺作相同）；

五铺作，两只（四铺作相同）。

平盘斗：

七铺作，十只；

六铺作，八只；

五铺作，六只；

四铺作，四只。

散斗：

七铺作，六十只；

六铺作，四十二只；

五铺作，二十六只；

四铺作，十二只。

楼阁平坐转角铺作用栱、斗等数

【原文】 楼阁平坐，自七铺作至四铺作，并重栱计心，外跳出卷头，里跳挑斡棚栿及穿串上层柱身，每转角铺作一朵用栱斗等数下项：

自七铺作至四铺作各通用：

第一抄角内足材华栱，一只（身长四十二分）；

第一抄入柱华栱，二只（身长三十二分）；

第一抄华栱列泥道栱，二只（身长三十二分）；

角内足材耍头，一只（七铺作身长二百一十分，六铺作身长一百六十八分，五铺作身长一百二十六分，四铺作身长八十四分）；

耍头列慢栱分首，二只（七铺作身长一百五十二分，六铺作身长一百二十二分，五铺作身长九十二分，四铺作身长六十二分）；

入柱耍头，二只（长同上）；

耍头列令栱分首，二只（长同上）；

衬方，三条（七铺作内：二条单材，长

一百八十分;一条足材,长二百五十二分。六铺作内:二条单材,长一百五十分;一条足材,长二百一十分。五铺作内:二条单材,长一百二十分;一条足材,长一百六十八分。四铺作内:二条单材,长九十分;一条足材,长一百二十六分);

卢枓,三只;

暗契,四条(二条长六十八分,二条长五十三分)。

自七铺作至五铺作各通用:

第二抄角内足材华栱,一只(身长八十四分);

第二抄入柱华栱,二只(身长六十三分);

第三抄华栱列慢栱,二只(身长六十三分)。

七铺作、六铺作、五铺作各用:

要头列方桁,二只(七铺作身长一百五十二分,六铺作身长一百二十二分,五铺作身长九十一分);

华栱列瓜子栱分首:

七铺作,六只(二只身长一百二十二分,二只身长九十二分,二只身长六十二分);

六铺作,四只(二只身长九十二分,二只身长六十二分);

五铺作,二只(身长六十二分)。

七铺作六铺作各用:

交角要头:

七铺作,四只(二只身长一百五十二分,二只身长一百二十二分);

六铺作,二只(身长一百二十二分)。

华栱列慢栱分首:

七铺作,四只(二只身长一百二十二分,二只身长九十二分);

六铺作,二只(身长九十二分)。

七铺作、六铺作各独用:

第三抄角内足材华栱,一只(身长二十六分);

第三抄入柱华栱,二只(身长九十二分);

第三抄华栱列柱头方,二只(身长九十二分)。

七铺作独用:

第四抄入柱华栱,二只(身长一百二十二分);

第四抄交角华栱,二只(身长九十二分);

第四抄华栱列柱头方,二只(身长一百二十二分);

第四抄角内华栱,一只(身长一百六十八分)。

自七铺作至四铺作各用:

六互枓:

七铺作,二十八只;

六铺作,一十八只;

五铺作,一十只;

四铺作,四只。

齐心枓:

七铺作,五十只;

六铺作,四十一只;

五铺作,一十九只;

四铺作，八只。

平盘枓：

七铺作，五只；

六铺作，四只；

五铺作，三只；

四铺作，二只。

散枓：

七铺作，一十八只；

六铺作，一十四只；

五铺作，一十只；

四铺作，六只。

凡转角铺作，各随所用每铺作枓栱一朵。如四铺作、五铺作，取所用栱枓等造作功，于十分中加八分为安勘、绞割、展拽功。若六铺作以上，加造作功一倍。

【译文】楼阁平坐，从四铺作至七铺作，都采用重栱计心造，外跳出卷头，里跳挑斡棚栿，以及穿串上层柱身，每一朵转角铺作所用栱斗等数量如下：

从四铺作至七铺作通用：

第一抄角内足材华栱，一只（身长四十二分）；

第一抄入柱华栱，二只（身长三十二分）；

第一抄华栱列泥道栱，二只（身长三十二分）；

角内足材耍头，一只（七铺作身长二百一十分，六铺作身长一百六十八分，五铺作身长一百二十六分，四铺作身长八十四分）；

耍头列慢栱分首，二只（七铺作身长

一百五十二分，六铺作身长一百二十二分，五铺作身长九十二分，四铺作身长六十二分）；

入柱耍头，二只（长度同上）；

耍头列令栱分首，二只（长度同上）；

衬方，三条（七铺作内：二条单材，长一百八十分；一条足材，长二百五十二分。六铺作内：二条单材，长一百五十分；一条足材，长二百一十分。五铺作内：二条单材，长一百二十分；一条足材，长一百六十八分。四铺作内：二条单材，长九十分；一条足材，长一百二十六分）；

栌斗，三只；

暗契，四条（二条长六十八分，二条长五十三分）。

从五铺作至七铺作通用：

第二抄角内足材华栱，一只（身长八十四分）；

第二抄入柱华栱，二只（身长六十三分）；

第三抄华栱列慢栱，二只（身长六十三分）。

五铺作、六铺作、七铺作单独使用：

耍头列方桁，二只（七铺作身长一百五十二分，六铺作身长一百二十二分，五铺作身长九十一分）；

华栱列瓜子栱分首：

七铺作，六只（二只身长一百二十二分，二只身长九十二分，二只身长六十二分）；

六铺作，四只（二只身长九十二分，二只身长六十二分）；

五铺作，二只（身长六十二分）。

七铺作六铺作独用：

交角耍头：

七铺作，四只（二只身长一百五十二分，二只身长一百二十二分）；

六铺作，二只（身长一百二十二分）。

华栱列慢栱分首：

七铺作，四只（二只身长一百二十二分，二只身长九十二分）；

六铺作，二只（身长九十二分）。

六铺作、七铺作单独使用：

第三抄角内足材华栱，一只（身长二十六分）；

第三抄入柱华栱，二只（身长九十二分）；

第三抄华栱列柱头方，二只（身长九十二分）。

七铺作独用：

第四抄入柱华栱，二只（身长一百二十二分）；

第四抄交角华栱，二只（身长九十二分）；

第四抄华栱列柱头方，二只（身长一百二十二分）；

第四抄角内华栱，一只（身长一百六十八分）。

从四铺作至七铺作各单独使用：

六互斗：

七铺作，二十八只；

六铺作，十八只；

五铺作，十只；

四铺作，四只。

齐心斗：

七铺作，五十只；

六铺作，四十一只；

五铺作，十九只；

四铺作，八只。

平盘斗：

七铺作，五只；

六铺作，四只；

五铺作，三只；

四铺作，两只。

散斗：

七铺作，十八只；

六铺作，十四只；

五铺作，十只；

四铺作，六只。

对于转角铺作，各自根据其长度，确定斗拱的长度。如果是四铺作、五铺作，将所用栱斗等的造作功的百分之八十作为安勘、绞割、展拽的功。如果是六铺作以上的，则造作功增加一倍。

卷十九·大木作功限三

　　本卷续卷十八，阐述各工种在大木作中必须遵从的构件劳动定额和计算方式。

殿堂梁、柱等事件功限

【原文】造作功：

月梁（材每增减一等，各递加减八寸。直梁准此）：

八椽栿，每长六尺七寸。（六椽栿以下至四椽栿各递加八寸，四椽栿至三椽栿加一尺六寸，三椽栿至两椽栿及丁栿、乳栿各加二尺四寸。）

直梁：

八椽栿，每长八尺五寸。（六椽栿以下至四椽栿各递加一尺，四椽栿至三椽栿加二尺，三椽栿至两椽栿及丁栿、乳栿各加三尺。）

以上各一功。

柱，每一条长一丈五尺，径一尺一寸，一功。（穿凿功在内。若角柱，每一功加一分功。）如径增一寸，加一分二厘功。（如一尺三寸以上，每径增一寸，又递加三厘功。）若长增一尺五寸，加本功一分功。（或径一尺一寸以下者，每减一寸，减一分七厘功，减至一分五厘止。）或用方柱，每一功减二分功。若壁内暗柱，圜者每一功减三分功，方者减一分功。（如只用柱头额者，减本功一分功。）

驼峰，每一坐（两瓣或三瓣卷杀），高二尺五寸，长五尺，厚七寸。

绰幕三瓣头，每一只。

柱碇，每一枚。

以上各五分功。（材每增减一等，绰幕头各加减五厘功，柱碇各加减一分功。其驼峰若高增五寸，长增一尺，加一分功。或作毡笠样造，减二分功。）

大角梁，每一条，一功七分。（材每增减一等，各加减三分功。）

子角梁，每一条，八分五厘功。（材每增减一等，各加减一分五厘功。）

续角梁，每一条，六分五厘功。（材每增减一等，各加减一分功。）

襻间、脊串、顺身串，并同材。

替木，一枚，卷杀两头，共七厘功。（身内同材。楷子同。若作华楷，加功三分之一。）

普拍方，每长一丈四尺。（材每增减一等，各加减一尺。）

橑檐方，每长一丈八尺五寸。（加减同上。）

槫，每长二丈。（加减同上。如草架，加一倍。）

札牵，每长一丈六尺。（加减同上。）

大连檐，每长五丈。（材每增减一等，各加减五尺。）

小连檐，每长一百尺。（材每增减一等，各加减一丈。）

椽，缠斫事造者，每长一百三十尺。（如斫棱事造者，加三十尺。若事造圜椽者，加六十尺。材每增减一等，各加减十分之一。）

飞子，每三十五只。（材每增减一等，各加减三只。）

大额，每长一丈四尺二寸五分。（材

每增减一等，各加减五寸。）

由额，每长一丈六尺。（加减同上。照壁方、承椽串同。）

托脚，每长四丈五尺。（材每增减一等，各加减四尺。叉手同。）

平暗版，每广一尺，长十丈。（遮椽版、白版同。如要用金漆及法油者，长即减三分。）

生头，每广一尺，长五丈。（搏风版、敦桥、矮柱同。）

楼阁上平坐内地面版，每广一尺，厚二寸，牙缝造。（长同上。若直缝造者，长增一倍。）

以上各一功。

凡安勘、绞割屋内所用名件柱、额等，加造作名件功四分。（如有草架、压槽方、襻间、暗契、樘柱固济等方木在内。）卓立搭架、钉椽、结裹，又加二分。（仓廒、库屋功限及常行散屋功限准此。其卓立搭架等，若楼阁五间三层以上者，自第二层平坐以上又加二分功。）

【译文】 造作功：

月梁（材每提高或者降低一等，各尺寸相应增减八寸。直梁也以此为准）：

八椽栿，每长六尺七寸。（六椽栿以下至四椽栿，各相应增加八寸，四椽栿至三椽栿，各相应增加一尺六寸，三椽栿至两椽栿及丁栿、乳栿，各相应增加二尺四寸。）

直梁：

八椽栿，每长八尺五寸。（六椽栿以下至四椽栿，各相应增加一尺，四椽栿至三椽栿，各相应增加二尺，三椽栿至两椽栿及丁栿、乳栿，各相应增加三尺。）

以上各为一个功。

柱，每一条长一丈五尺，直径一尺一寸，计一个功。（包括穿凿功在内。如果是角柱，每一个功增加一分功。）如果直径增加一寸，则增加一分二厘功。（如果直径在一尺三寸以上，直径每增加一寸，再增加三厘功。）如果长度增加一尺五寸，本功增加一分功。（如果直径在一尺一寸以下的，每减少一寸，则减去一分七厘功，减到一分五厘功为止。）如果使用方柱，每一个功减去二分功。如果壁内设暗柱，圆形的每一个功减去三分功，方形的减少一分功。（如果只用柱头额，本功减去一分功。）

驼峰，每一座（做两瓣或三瓣卷杀），高二尺五寸，长五尺，厚七寸。

绰幕三瓣头，每一只。

柱硕，每一枚。

以上各为五分功。（材每提高或者降低一等，绰幕头各增加或减少五厘功，柱硕各相应加减一分功。如果驼峰的高度增加五寸，长度增加一尺，则增加一分功。如果做毡笠样的造型，减少二分功。）

大角梁，每一条，用一个零七分功。（材每提高或者降低一等，各相应增减三分功。）

子角梁，每一条，用八分五厘功。（材每提高或者降低一等，各相应增减一分五厘功。）

续角梁，每一条，用六分五厘功。

（材每提高或者降低一等，各相应增减一分功。）

襻间、脊串、顺身串，都与材相同。

替木，一枚，两头做卷杀，共用七厘功。（身内与材相同。楷子也相同。如果做华楷，则增加三分之一的功。）

普拍方，每长一丈四尺。（材每提高或者降低一等，各尺寸相应增减一尺。）

橑檐方，每长一丈八尺五寸。（加减同上。）

槫，每长二丈。（加减同上。如草架，加一倍。）

札牵，每长一丈六尺。（加减同上。）

大连檐，每长五丈。（材每提高或者降低一等，各尺寸相应增减五尺。）

小连檐，每长一百尺。（材每提高或者降低一等，各尺寸相应增减一丈。）

椽，四面斫平，每长一百三十尺。（如果砍出棱边，则增加三十尺。如果做圆形椽子，加六十尺。材每提高或者降低一等，各尺寸相应增减十分之一。）

飞子，每三十五只。（材每提高或者降低一等，各尺寸相应增减三只。）

大额，每长一丈四尺二寸五分。（材每提高或者降低一等，各尺寸相应增减五寸。）

由额，每长一丈六尺。（加减同上。照壁方、承椽串同。）

托脚，每长四丈五尺。（材每提高或者降低一等，各尺寸相应增减四尺。叉手相同。）

平暗板，每宽一尺，长十丈。（遮椽板、白板相同。如果要使用金漆以及法油，长度则减少三分。）

生头，每宽一尺，长五丈。（搏风板、敦桥、矮柱相同。）

楼阁上平坐内地面板，每宽一尺，厚二寸，牙缝造。（长同上。如果做直缝造型，长度增加一倍。）

以上各为一个功。

对于安勘、绞割屋内所用的构件，如柱、额等，加四分造作构件功。（如果有草架、压槽方、襻间、暗契、樘柱固济等方木，都包括在内。）安装搭架、钉椽子、结里子，再加二分功。（仓廒、库屋所用的功限以及常行散屋所用功限都以此为准。对于所安设的搭架等，如果是五间三层以上的楼阁，从第二层平坐以上再增加二分功。）

城门道功限（楼台铺作准殿阁法）

【原文】造作功：

排叉柱，长二丈四尺，广一尺四寸，厚九寸。每一条一功九分二厘。（每长增减一尺，各加减八厘功。）

洪门栿，长二丈五尺，广一尺五寸，厚一尺。每一条一功九分二厘五毫。（每长增减一尺，各加减七厘七毫功。）

狼牙栿，长一丈二尺，广一尺，厚七寸。每一条八分四厘功。（每长增减一尺，各加减七厘功。）

托脚，长七尺，广一尺，厚七寸。每一条四分九厘功。（每长增减一尺，各加减七厘功。）

蜀柱，长四尺，广一尺，厚七寸。每一条二分八厘功。（每长增减一尺，各加减七厘功。）

涎衣木，长二丈四尺，广一尺五寸，厚一尺。每一条三功八分四厘。（每长增减一尺，各加减一分六厘功。）

永定柱，事造头口，每一条五分功。

檐门方，长二丈八尺，广二尺，厚一尺二寸。每一条二功八分。（每长增减一尺，各加减一厘功。）

盝顶版，每七十尺一功。

散子木，每四百尺一功。

跳方（柱脚方、雁翅版同），功同平坐。

凡城门道，取所用名件等造作功，五分中加一分，为展拽、安勘、穿栊功。

【译文】 造作功：

排叉柱，长度为二丈四尺，宽一尺四寸，厚九寸。每一条为一功九分二厘。（长度每增减一尺，各相应增减八厘功。）

洪门栿，长度为二丈五尺，宽一尺五寸，厚一尺。每一条一功九分二厘五毫。（长度每增减一尺，各相应增减七厘七毫功。）

狼牙栿，长度为一丈二尺，宽一尺，厚七寸。每一条八分四厘功。（长度每增减一尺，各相应增减七厘功。）

托脚，长度为七尺，宽一尺，厚七寸。每一条四分九厘功。（长度每增减一尺，各相应增减七厘功。）

蜀柱，长度为四尺，宽一尺，厚七寸。每一条二分八厘功。（长度每增减一尺，各相应增减七厘功。）

涎衣木，长度为二丈四尺，宽一尺五

寸，厚一尺。每一条三功八分四厘。（长度每增减一尺，各相应增减一分六厘功。）

永定柱，采用带头口的造法，每一条为五分功。

檐门方，长度为二丈八尺，宽二尺，厚一尺二寸。每一条二功八分。（长度每增减一尺，各相应增减一厘功。）

盝顶板，每七十尺一个功。

散子木，每四百尺一个功。

跳方（柱脚方、雁翅板相同），功与平坐相同。

对于城门道取所用构件等的造作功，每五分中增加一分，作为展拽、安勘、穿栊功。

仓廒、库屋功限（其名件以七寸五分材为祖计之，更不加减。常行散屋同）

【原文】 造作功：

冲脊柱（谓十架椽屋用者），每一条三功五分。（每增减两椽，各加减五分之一。）

四椽栿，每一条二功。（壶门柱同。）

八椽栿项柱，一条，长一丈五尺，径一尺二寸，一功三分。（如转角柱，每功加一分功。）

三椽栿，每一条一功二分五厘。

角栿，每一条一功二分。

大角梁，每一条一功一分。

乳栿，每一条；

椽，共长三百六十尺；

大连檐，共长五十尺；

小连檐，共长二百尺；

飞子，每四十枚；

白版，每广一尺，长一百尺；

横抹，共长三百尺；

搏风版，共长六十尺；

以上各一功。

下檐柱，每一条八分功。

两下㭼，每一条七分功。

子角梁，每一条五分功。

槏柱，每一条四分功。

续角梁，每一条三分功。

壁版柱，每一条二分五厘功。

札牵，每一条二分功。

槫，每一条；

矮柱，每一枚；

壁版，每一片；

以上各一分五厘功。

枓，每一只一分二厘功。

脊串，每一条；

蜀柱，每一枚；

生头，每一条；

脚版，每一片；

以上各一分功。

护替木楷子，每一只九厘功。

额，每一片八厘功。

仰合楷子，每一只六厘功。

替木，每一枚；

叉手，每一片（托脚同）；

以上各五厘功。

【译文】造作功：

冲脊柱（十架椽的房屋所用），每一条

三功五分。（每增减两架椽子，各相应增减五分之一功。）

四椽㭼，每一条，二个功。（壶门柱相同。）

八椽㭼项柱，一条，长一丈五尺，直径一尺二寸，一功三分。（如果是转角柱，每个功另加一分功。）

三椽㭼，每一条，一功二分五厘。

角㭼，每一条，一功二分。

大角梁，每一条，一功一分。

乳㭼，每一条；

椽，总共长三百六十尺；

大连檐，总共长五十尺；

小连檐，总共长二百尺；

飞子，每四十枚；

白板，每宽一尺，长一百尺；

横抹，总共长三百尺；

搏风板，总共长六十尺；

以上各用一个功。

下檐柱，每一条，八分功。

两下㭼，每一条，七分功。

子角梁，每一条，五分功。

槏柱，每一条，四分功。

续角梁，每一条，三分功。

壁板柱，每一条，二分五厘功。

札牵，每一条，二分功。

槫，每一条；

矮柱，每一枚；

壁板，每一片；

以上各用一分五厘功。

斗，每一只一分二厘功。

脊串，每一条；

蜀柱，每一枚；

生头，每一条；

脚板，每一片；

以上各用一分功。

护替木楷子，每一只九厘功。

额，每一片八厘功。

仰合楷子，每一只六厘功。

替木，每一枚；

叉手，每一片（托脚相同）；

以上各用五厘功。

常行散屋功限（官府廊屋之类同）

【原文】 造作功：

四橡栿，每一条二功。

三橡栿，每一条一功二分。

乳栿，每一条；

椽，共长三百六十尺；

连椽，每长二百尺；

搏风版，每长八十尺；

以上各一功。

两橡栿，每一条七分功。

驼峰，每一坐四分功。

槫，每一条二分功。（梢槫加二厘功。）

札牵，每一条一分五厘功。

枓，每一只；

生头木，每一条；

脊串，每一条；

蜀柱，每一条。

以上各一分功。

额，每一条九厘功。（侧项额同。）

替木，每一枚八厘功。（梢槫下用者，

加一厘功。）

叉手，每一片（托脚同）；

楷子每一只；

以上各五厘功。

右若枓口跳以上，其名件各依本法。

【译文】 造作功：

四橡栿，每一条，二个功。

三橡栿，每一条，一功二分。

乳栿，每一条；

椽，总共长三百六十尺；

连椽，每长二百尺；

搏风板，每长八十尺；

以上各用一个功。

两橡栿，每一条，七分功。

驼峰，每一座，四分功。

槫，每一条，二分功。（梢槫另加二厘功。）

札牵，每一条，一分五厘功。

斗，每一只；

生头木，每一条；

脊串，每一条；

蜀柱，每一条。

以上各用一分功。

额，每一条九厘功。（侧项额相同。）

替木，每一枚八厘功。（用在梢槫下的，加一厘功。）

叉手，每一片（托脚相同）；

楷子每一只；

以上各用五厘功。

以上如果用在斗口跳之上，其所用的构件各自遵循本规则。

跳舍行墙功限

【原文】 造作功（穿凿、安勘等功在内）：

柱，每一条一分功。（槫同。）

椽，共长四百尺。（椽巴子所用同。）

连檐，共长三百五十尺。（椽巴子同上。）

以上各一功。

跳子，每一枚一分五厘功。（角内者，加二厘功。）

替木，每一枚四厘功。

【译文】 造作功（包括穿凿、安勘等功在内）：

柱，每一条，一分功。（槫相同。）

椽，总共长四百尺。（椽巴子所用相同。）

连檐，共长三百五十尺。（椽巴子同上。）

以上各为一个功。

跳子，每一枚一分五厘功。（如果用在角内，加二厘功。）

替木，每一枚四厘功。

望火楼功限

【原文】 望火楼一坐，四柱，各高三十尺（基高十尺）。上方五尺，下方一丈一尺。

造作功：

柱，四条，共一十六功。

椲，三十六条，共二功八分八厘。

梯脚，二条，共六分功。

平栿，二条，共二分功。

蜀柱，二枚；

搏风版，二片；

右各共六厘功。

槫，三条，共三分功。

角柱，四条；

厦瓦版，二十片；

以上各共八分功。

护缝，二十二条，共二分二厘功。

压脊，一条，一分二厘功。

坐版，六片，共三分六厘功。

右以上穿凿、安卓，共四功四分八厘。

【译文】 望火楼一座，四根柱子，各高三十尺（地基高为十尺）。上面五尺见方，下面一丈一尺见方。

造作功：

柱子，四条，总共一十六功。

椲，三十六条，总共二功八分八厘。

梯脚，二条，总共六分功。

平栿，二条，总共二分功。

蜀柱，二枚；

搏风板，二片；

以上各一共六厘功。

槫，三条，共三分功。

角柱，四条；

厦瓦板，二十片；

以上各一共八分功。

护缝，二十二条，总共二分二厘功。

压脊，一条，一分二厘功。

坐板，六片，总共三分六厘功。

以上穿凿、安装，总共四功四分八厘。

营屋功限（其名件以五寸材为祖计之）

【原文】 造作功：

㭼项柱，每一条；

两椽㭼，每一条；

以上各二分功。

四椽下檐柱，每一条一分五厘功。

（三椽者一分功，两椽者七厘五毫功。）

枓，每一只；

槫，每一条；

以上各一分功。（梢槫加二厘功。）

搏风版，每共广一尺，长一丈，九厘功。

蜀柱，每一条；

额，每一片；

以上各八厘功。

牵，每一条七厘功。

脊串，每一条五厘功。

连檐，每长一丈五尺；

替木，每一只；

以上各四厘功。

叉手，每一片二厘五毫功。（虲翘：三分中减二分功。）

椽，每一条一厘功。

以上钉椽、结裹[1]，每一椽四分功。

【注释】 〔1〕结裹：装束，打扮。此处指对构件的装饰。

【译文】 造作功：

㭼项柱，每一条；

两椽㭼，每一条；

以上各为二分功。

四椽下檐柱，每一条，一分五厘功。

（三椽的为一分功，两椽的为七厘五毫功。）

枓，每一只；

槫，每一条；

以上各为一分功。（梢槫另外加二厘功。）

搏风板，每总共宽一尺，长一丈，九厘功。

蜀柱，每一条；

额，每一片；

以上各为八厘功。

牵，每一条，七厘功。

脊串，每一条，五厘功。

连檐，每长一丈五尺；

替木，每一只；

以上各为四厘功。

叉手，每一片，二厘五毫功。（虲翘：减去三分之二的功。）

椽，每一条，一厘功。

以上构件的钉椽、结裹，每一椽为四分功。

拆修、挑、拔舍屋功限（飞檐同）

【原文】 拆修铺作舍屋，每一椽：

槫檩衮转、脱落，全拆重修，一功二分。（枓口跳之类八分功，单枓双替以下六分功。）

揭箔翻修，挑拔柱木，修整檐宇，八分功。（枓口跳之类六分功，单枓双替以下五分功。）

连瓦挑拔，推荐柱木，七分功。（枓

口跳之类以下五分功。如相连五间以上，各减功五分之一。）

重别结裹飞檐，每一丈，四分功。（如相连五丈以上，减功五分之一。其转角处加功三分之一。）

【译文】 拆修铺作舍屋，每一架椽子：

全部拆除松动、脱落的槫、檩，重新修建，一功二分。（斗口、跳头之类，八分功，单斗双替以下的，六分功。）

揭开箔片翻修，挑动拔正柱木，修整檐宇，八分功。（斗口、跳头之类，六分功，单枓双替以下的，五分功。）

挑动拔正连瓦，推倒柱木，七分功。（斗口、跳头以下等，五分功。如果五间以上相连的，各减去五分之一的功。）

重新对飞檐进行包裹装饰，每一丈，四分功。（如果是五丈以上相连的，减去五分之一的功。转角的地方增加三分之一的功。）

荐拔、抽换柱、栿等功限

【原文】 荐拔、抽换殿宇、楼阁等柱栿之类，每一条：

殿宇、楼阁：

平柱：

有副阶者（以长二丈五尺为率）。一十功。（每增减一尺，各加减八分功。其厅堂、三门、亭台栿项柱减功三分之一。）

无副阶者（以长一丈七尺为率）。六功。（每增减一尺，各加减五分功。其厅堂、三门、亭台下檐柱减功三分之一。）

副阶平柱（以长一丈五尺为率）。四功。（每增减一尺，各加减三分功。）

角柱，比平柱每一功加五分功。（厅堂、三门、亭台同。下准此。）

明栿：

六架椽，八功（草栿六功五分）；

四架椽，六功（草栿五功）；

三架椽，五功（草栿四功）；

两下栿（乳栿同）。四功。（草栿三功。草乳栿同。）

牵，六分功。（札牵减功五分之一。）

椽，每一十条一功。（如上、中架，加数二分之一。）

枓口跳以下，六架椽以上舍屋：

栿，六架椽四功（四架椽二功，三架椽一功八分，两丁栿一功五分，乳栿一功五分）；

牵，五分功（札牵减功五分之一）；

栿项柱，一功五分（下檐柱八分功）。

单枓双替以下，四架椽以上舍屋（枓口跳之类四椽以下舍屋同）：

栿，四架椽一功五分（三架椽一功二分，两丁栿并乳栿各一功）；

牵，四分功（札牵减功五分之一）；

栿项柱，一功（下檐柱五分功）；

椽每一十五条一功（中、下架，加数二分之一）。

【译文】 荐拔、抽换殿宇、楼阁等的柱栿之类，每一条：

殿宇、楼阁：

平柱：

有副阶的（长度以二丈五尺为准）。十个功。（长度每增减一尺，各相应增减八分功。对于厅堂、三门、亭台的枓项柱，减去三分之一的功。）

无副阶的（长度以一丈七尺为准）。六个功。（长度每增减一尺，各相应增减五分功。对于厅堂、三门、亭台下檐柱，减去三分之一的功。）

副阶平柱（长度以一丈五尺为准）。四个功。（长度每增减一尺，各相应增减三分功。）

角柱，在平柱每个功的基础上加五分功。（厅堂、三门、亭台相同。以下以此为准。）

明栿：

六架椽，八个功（草栿为六功五分）；

四架椽，六个功（草栿为五功）；

三架椽，五个功（草栿为四功）；

两下栿（乳栿同）。四个功。（草栿三个功。草乳栿相同。）

牵，六分功。（札牵减去五分之一的功。）

椽，每十条一个功。（如果是上架和中架，增加二分之一的功。）

斗口跳以下，六架椽以上的屋舍：

栿，六架椽的四个功（四架椽的两个功，三架椽的一功八分，两丁栿一功五分，乳栿一功五分）；

牵，五分功（札牵减去五分之一的功）；

枓项柱，一功五分。（下檐柱八分功。）

单斗双替以下，四架椽以上的屋舍（枓口、跳头等四椽以下的屋舍相同）：

栿，四架椽的一功五分（三架椽的一功二分，两丁栿并乳栿各一个功）；

牵，四分功（札牵减去五分之一的功）；

枓项柱，一个功（下檐柱为五分功）；

每十五条椽子一个功（中架、下架的椽子，增加二分之一的功）。

卷二十·小木作功限一

　　本卷阐述各工种在小木作中必须
遵从的构件劳动定额和计算方式。

版门（独扇版门、双扇版门）

【原文】 独扇版门，一坐，门额、限、两颊及伏兔、手栓全。

造作功：

高五尺，一功二分。

高五尺五寸，一功四分。

高六尺，一功五分。

高六尺五寸，一功八分。

高七尺，二功。

安卓功：

高五尺，四分功。

高五尺五寸，四分五厘功。

高六尺，五分功。

高六尺五寸，六分功。

高七尺，七分功。

双扇版门，一间，两扇，额、限、两颊、鸡栖木及两砧全。

造作功：

高五尺至六尺五寸，加独扇版门一倍功。

高七尺，四功五分六厘。

高七尺五寸，五功九分二厘。

高八尺，七功二分。

高九尺，一十功。

高一丈，一十三功六分。

高一丈一尺，一十八功八分。

高一丈二尺，二十四功。

高一丈三尺，三十功八分。

高一丈四尺，三十八功四分。

高一丈五尺，四十七功二分。

高一丈六尺，五十三功六分。

高一丈七尺，六十功八分。

高一丈八尺，六十八功。

高一丈九尺，八十功八分。

高二丈，八十九功六分。

高二丈一尺，一百二十三功。

高二丈二尺，一百四十二功。

高二丈三尺，一百四十八功。

高二丈四尺，一百六十九功六分。

双扇版门所用手栓、伏兔、立桥、横关等依下项（计所用名件添入造作功限内）：

手栓，一条，长一尺五寸，广二寸，厚一寸五分；并伏兔二枚，各长一尺二寸，广三寸，厚二寸；共二分功。

上、下伏兔，各一枚，各长三尺，广六寸，厚二寸，共三分功。

又，长二尺五寸，广六寸，厚二寸五分，共二分四厘功。

又，长二尺，广五寸，厚二寸，共二分功。

又，长一尺五寸，广四寸，厚二寸，共一分二厘功。

立桥，一条，长一丈五尺，广二寸，厚一寸五分，二分功。

又，长一丈二尺五寸，广二寸五分，厚一寸八分，二分二厘功。

又，长一丈一尺五寸，广二寸二分，厚一寸七分，二分一厘功。

又，长九尺五寸，广二寸，厚一寸五分，一分八厘功。

又，长八尺五寸，广一寸八分，厚一寸四分，一分五厘功。

立桥身内手把，一枚，长一尺，广三寸五分，厚一寸五分，八厘功。（若长八寸，广三寸，厚一寸三分，则减二厘功。）

立桥上下伏兔，各一枚，各长一尺二寸，广三寸，厚二寸，共五厘功。

搕锁柱，二条，各长五尺五寸，广七寸，厚二寸五分，共六分功。

门横关，一条，长一丈一尺，径四寸，五分功。

立柣卧柣，一副，四件，共二分四厘功。

地栿版，一片，长九尺，广一尺六寸（楅在内）。一功五分。

门簪，四枚，各长一尺八寸，方四寸，共一功。（每门高增一尺，加二分功。）

托关柱，二条，各长二尺，广七寸，厚三分，共八分功。

安卓功：

高七尺，一功二分。

高七尺五寸，一功四分。

高八尺，一功七分。

高九尺，二功三分。

高一丈，三功。

高一丈一尺，三功八分。

高一丈二尺，四功七分。

高一丈三尺，五功七分。

高一丈四尺，六功八分。

高一丈五尺，八功。

高一丈六尺，九功三分。

高一丈七尺，一十功七分。

高一丈八尺，一十二功二分。

高一丈九尺，一十三功八分。

高二丈，一十五功五分。

高二丈一尺，一十七功三分。

高二丈二尺，一十九功二分。

高二丈三尺，二十一功二分。

高二丈四尺，二十三功三分。

【译文】 独扇板门，一座，门额、门限、两颊及伏兔、手栓齐全。

造作功：

高度为五尺，一功二分。

高五尺五寸，一功四分。

高六尺，一功五分。

高六尺五寸，一功八分。

高七尺，二功。

安装功：

高五尺，四分功。

高五尺五寸，四分五厘功。

高六尺，五分功。

高六尺五寸，六分功。

高七尺，七分功。

双扇板门，一间，两扇，门额、门限、两颊、鸡栖木及两砧齐全。

造作功：

高五尺至六尺五寸，比独扇板门多用一倍功。

高七尺，四功五分六厘。

高七尺五寸，五功九分二厘。

高八尺，七功二分。

高九尺，十功。

高一丈，十三功六分。

高一丈一尺，十八功八分。

高一丈二尺，二十四功。

高一丈三尺，三十功八分。

高一丈四尺，三十八功四分。

高一丈五尺，四十七功二分。

高一丈六尺，五十三功六分。

高一丈七尺，六十功八分。

高一丈八尺，六十八功。

高一丈九尺，八十功八分。

高二丈，八十九功六分。

高二丈一尺，一百二十三功。

高二丈二尺，一百四十二功。

高二丈三尺，一百四十八功。

高二丈四尺，一百六十九功六分。

双扇板门所用手栓、伏兔、立榇、横关等的造作功如下项（包括所用的构件添入造作功限内）：

手栓，一条，长一尺五寸，宽二寸，厚一寸五分；包括两枚伏兔，各长一尺二寸，宽三寸，厚二寸；共二分功。

上、下伏兔，各一枚，各长三尺，宽六寸，厚二寸，共三分功。

又，长二尺五寸，宽六寸，厚二寸五分，共二分四厘功。

又，长二尺，宽五寸，厚二寸，共二分功。

又，长一尺五寸，宽四寸，厚二寸，共一分二厘功。

立榇，一条，长一丈五尺，宽二寸，厚一寸五分，二分功。

又，长一丈二尺五寸，宽二寸五分，厚一寸八分，二分二厘功。

又，长一丈一尺五寸，宽二寸二分，厚一寸七分，二分一厘功。

又，长九尺五寸，宽二寸，厚一寸五分，一分八厘功。

又，长八尺五寸，宽一寸八分，厚一寸四分，一分五厘功。

立榇身内手把，一枚，长一尺，宽三寸五分，厚一寸五分，八厘功。（如果长八寸，宽三寸，厚一寸三分，则减去二厘功。）

立榇上下伏兔，各一枚，各长一尺二寸，宽三寸，厚二寸，共五厘功。

搕锁柱，二条，各长五尺五寸，宽七寸，厚二寸五分，共六分功。

门横关，一条，长一丈一尺，径四寸，五分功。

立株卧株，一副，四件，共二分四厘功。

地栿板，一片，长九尺，宽一尺六寸（包括榀在内）。一功五分。

门簪，四枚，各长一尺八寸，四寸见方，共一功。（每扇门高度增加一尺，则增加二分功。）

托关柱，二条，各长二尺，宽七寸，厚三分，共八分功。

安装功：

高七尺，一功二分。

高七尺五寸，一功四分。

高八尺，一功七分。

高九尺，二功三分。

高一丈，三个功。

高一丈一尺，三功八分。

高一丈二尺，四功七分。

高一丈三尺，五功七分。

高一丈四尺，六功八分。

高一丈五尺，八个功。

高一丈六尺，九功三分。

高一丈七尺，十功七分。

高一丈八尺，十二功二分。

高一丈九尺，十三功八分。

高二丈，十五功五分。

高二丈一尺，十七功三分。

高二丈二尺，十九功二分。

高二丈三尺，二十一功二分。

高二丈四尺，二十三功三分。

乌头门

【原文】 乌头门，一坐，双扇、双腰串造。

造作功：

方八尺，一十七功六分。（若下安鋜脚者，加八分功。每门高增一尺，又加一分功。如单腰串造者，减八分功。下同。）

方九尺，二十一功二分四厘。

方一丈，二十五功二分。

方一丈一尺，二十九功四分八厘。

方一丈二尺，三十四功八厘。（每扇各加承楎一条，共加一功四分。每门高增一尺，又加一分功。若用双承楎者，准此计功。）

方一丈三尺，三十九功。

方一丈四尺，四十四功二分四厘。

方一丈五尺，四十九功八分。

方一丈六尺，五十五功六分八厘。

方一丈七尺，六十一功八分八厘。

方一丈八尺，六十八功四分。

方一丈九尺，七十五功二分四厘。

方二丈，八十二功四分。

方二丈一尺，八十九功八分八厘。

方二丈二尺，九十七功六分。

安卓功：

方八尺，二功八分。

方九尺，三功二分四厘。

方一丈，三功七分。

方一丈一尺，四功一分八厘。

方一丈二尺，四功六分八厘。

方一丈三尺，五功二分。

方一丈四尺，五功七分四厘。

方一丈五尺，六功三分。

方一丈六尺，六功八分八厘。

方一丈七尺，七功四分八厘。

方一丈八尺，八功一分。

方一丈九尺，八功七分四厘。

方二丈，九功四分。

方二丈一尺，一十功八厘。

方二丈二尺，一十功七分八厘。

【译文】 乌头门，一座，双扇、双腰串造。

造作功：

八尺见方，十七功六分。（如果下面安装鋜脚，增加八分功。每扇门的高度增加一尺，再加一分功。如果使用单腰串，减少八分功。以下相同。）

九尺见方，二十一功二分四厘。

一丈见方，二十五功二分。

一丈一尺见方，二十九功四分八厘。

一丈二尺见方，三十四功八厘。（每扇各加一条承棍，总共加一功四分。每扇门的高度增加一尺，再加一分功。如果使用双承棍，按此标准计算功。）

一丈三尺见方，三十九功。

一丈四尺见方，四十四功二分四厘。

一丈五尺见方，四十九功八分。

一丈六尺见方，五十五功六分八厘。

一丈七尺见方，六十一功八分八厘。

一丈八尺见方，六十八功四分。

一丈九尺见方，七十五功二分四厘。

二丈见方，八十二功四分。

二丈一尺见方，八十九功八分八厘。

二丈二尺见方，九十七功六分。

安装功：

八尺见方，二功八分。

九尺见方，三功二分四厘。

一丈见方，三功七分。

一丈一尺见方，四功一分八厘。

一丈二尺见方，四功六分八厘。

一丈三尺见方，五功二分。

一丈四尺见方，五功七分四厘。

一丈五尺见方，六功三分。

一丈六尺见方，六功八分八厘。

一丈七尺见方，七功四分八厘。

一丈八尺见方，八功一分。

一丈九尺见方，八功七分四厘。

二丈见方，九功四分。

二丈一尺见方，十功八厘。

二丈二尺见方，十功七分八厘。

软门（牙头护缝软门、合版用楅软门）

【原文】 软门，一合，上下内外牙头、护缝、拢桯、双腰串造，方六尺至一丈六尺。

造作功：

高六尺，六功一分。（如单腰串造，各减一功。用楅软门同。）

高七尺，八功三分。

高八尺，一十功八分。

高九尺，一十三功三分。

高一丈，一十七功。

高一丈一尺，二十功五分。

高一丈二尺，二十四功四分。

高一丈三尺，二十八功七分。

高一丈四尺，三十三功三分。

高一丈五尺，三十八功二分。

高一丈六尺，四十三功五分。

安卓功：

高八尺，二功。（每高增减一尺，各加减五分功。合版用楅软门同。）

软门，一合，上下牙头、护缝、合版用楅造，方八尺至一丈三尺。

造作功：

高八尺，一十一功。

高九尺，一十四功。

高一丈，一十七功五分。

高一丈一尺，二十一功七分。

高一丈二尺，二十五功九分。

高一丈三尺，三十功四分。

【译文】 软门，一合软门，包括上下

内外的牙头、护缝、抢程、双腰串，六尺见方至一丈六尺见方。

造作功：

高六尺，六功一分。（如果采用单腰串造型，各减去一个功。用楅软门的相同。）

高七尺，八功三分。

高八尺，十功八分。

高九尺，十三功三分。

高一丈，十七功。

高一丈一尺，二十功五分。

高一丈二尺，二十四功四分。

高一丈三尺，二十八功七分。

高一丈四尺，三十三功三分。

高一丈五尺，三十八功二分。

高一丈六尺，四十三功五分。

安装功：

高八尺，两个功。（高度每增加或减少一尺，各相应增减五分功。合板用楅软门相同。）

软门，一合，上下牙头、护缝、合板用楅，八尺见方至一丈三尺见方。

造作功：

高八尺，十一功。

高九尺，十四功。

高一丈，十七功五分。

高一丈一尺，二十一功七分。

高一丈二尺，二十五功九分。

高一丈三尺，三十功四分。

破子棂窗

【原文】 破子棂窗，一坐，高五尺，子桯长七尺。

造作，三功三分。（额、腰串、立颊在内。）

窗上横钤、立旌，共二分功。（横钤三条，共一分功。立旌二条，共一分功。若用槫柱，准立旌。下同。）

窗下障水版、难子，共二功一分。（障水版、难子，一功七分。心柱二条，共一分五厘功。槫柱二条，共一分五厘功。地栿一条，一分功。）

窗下或用牙头、牙脚、填心，共六分功。（牙头三枚，牙脚六枚，共四分功。填心三枚，共二分功。）

安卓，一功。

窗上横钤、立旌，共一分六厘功。（横钤三条，共八厘功。立旌二条，共八厘功。）

窗下障水版、难子，共五分六厘功。（障水版、难子，共三分功。心柱、槫柱各二条，共二分功。地栿一条，六厘功。）

窗下或用牙头、牙脚、填心，共一分五厘功。（牙头三枚，牙脚六枚，共一分功。填心三枚，共五厘功。）

【译文】 破子棂窗，一座，高度为五尺，子桯长七尺。

造作，三功三分。（包括额、腰串、立颊在内。）

窗上的横钤、立旌，共二分功。（横钤三条，共一分功。立旌二条，共一分功。如果使用槫柱，与立旌相同。以下相同。）

窗下的障水板、难子，共二功一分。（障水板、难子，一功七分。两条心柱，共一分五厘功。两条槫柱，共一分五厘功。一条地栿，一分功。）

窗下如果用牙头、牙脚、填心，共六分功。（三枚牙头，六枚牙脚，共四分功。三枚填心，共二分功。）

安装，计一个功。

窗上横钤、立旌，共一分六厘功。（三条横钤，共八厘功。两条立旌，共八厘功。）

窗下障水板、难子，共五分六厘功。（障水板、难子，共三分功。心柱、槫柱各二条，共二分功。地栿一条，六厘功。）

窗下如果用牙头、牙脚、填心，共一分五厘功。（三枚牙头，六枚牙脚，共一分功。三枚填心，共五厘功。）

睒电窗

【原文】 睒电窗，一坐，长一丈，高三尺。

造作，一功五分。

安卓，三分功。

【译文】 睒电窗，一座，长一丈，高三尺。

造作，一功五分。

安装，三分功。

版棂窗

【原文】 版棂窗，一坐，高五尺，长一丈。

造作，一功八分。

窗上横钤、立旌，准破子棂窗内功限。

窗下地栿、立旌，共二分功。（地栿

一条，一分功。立旌二条，共一分功。若用槫柱，准立旌。下同。）

安装，五分功。

窗上横钤、立旌，同上。

窗下地栿、立旌，共一分四厘功。（地栿一条，六厘功。立旌二条，共八厘功。）

【译文】 版棂窗，一座，高五尺，长一丈。

造作，一功八分。

窗上横钤、立旌，以破子棂窗内的功限为准。

窗下地栿、立旌，共二分功。（一条地栿，一分功。两条立旌，共一分功。如果使用槫柱，以立旌制度为准。以下相同。）

安装，五分功。

窗上横钤、立旌，同上。

窗下地栿、立旌，共一分四厘功。（一条地栿，六厘功。两条立旌，共八厘功。）

截间版帐

【原文】 截间牙头护缝版帐，高六尺至一丈。每广一丈一尺。（若广增减者，以本功分数加减之。）

造作功：

高六尺，六功。（每高增一尺，则加一功。若添腰串，加一分四厘功。添槫柱，加三分功。）

安卓功：

高六尺，二功一分。（每高增一尺，

则加三分功。若添腰串，加八厘功。添槏柱，加一分五厘功。)

【译文】 截间牙头护缝板帐，高度在六尺至一丈之间。每宽一丈一尺。(如果宽度有所增减，以本功的分数按比例加减。)

造作功：

高六尺，六功。(高度每增加一尺，则增加一分功。如果另添腰串，加一分四厘功。如果添槫柱，再加三分功。)

安装功：

高度六尺，二功一分。(高度每增加一尺，则增加三分功。如果另添腰串，再加八厘功。如果添槏柱，再加一分五厘功。)

照壁屏风骨 (截间屏风骨、四扇屏风骨)

【原文】 截间屏风，每高广各一丈二尺。

造作，一十二功。(如作四扇造者，每一功加二分功。)

安卓，二功四分。

【译文】 截间屏风，每高度、宽度各一丈二尺。

造作，十二个功。(如果做四扇造型，每一个功增加二分功。)

安装，二功四分。

隔截横钤立旌

【原文】 隔截横钤、立旌，高四尺至八尺，每广一丈一尺。(若广增减者，

以本功分数加减之。)

造作功：

高四尺，五分功。(每高增一尺，则加一分功。若不用额，减一分功。)

安卓功：

高四尺，三分六厘功。(每高增一尺，则加九厘功。若不用额，减六厘功。)

【译文】 隔截横钤、立旌，高度在四尺至八尺之间，每宽一丈一尺。(如果宽度有所增减，以本功的分数按比例加减。)

造作功：

高四尺，五分功。(高度每增加一尺，则另加一分功。如果不使用额，减一分功。)

安装功：

高四尺，三分六厘功。(高度每增加一尺，则增加九厘功。如果不使用额，减六厘功。)

露篱

【原文】 露篱，每高广各一丈：

造作，四功四分。(内版屋，二功四分，立旌、横钤等，二功。)若高减一尺，即减三分功。(版屋减一分，余减二分。)若广减一尺，即减四分四厘功。(版屋减二分四厘，余减二分。)加亦如之。若每出际造垂鱼、惹草、搏风版、垂脊，加五分功。

安卓，一功八分。(内版屋八分，立旌、横钤等，一功。)若高减一尺，即减一分五厘功。(版屋减五厘，余减一分。)若广减一尺，即减一分八厘功。(版屋减八厘，余减一分。)加亦如之。若每出际造

垂鱼、惹草、搏风版、垂脊，加二分功。

【译文】 露篱的高度、宽度，以各为一丈计算：

造作，四功四分。（内板屋，二功四分，立桩、横钤等，二功。）如果高度减少一尺，则减三分功。（板屋减一分，其余的减二分。）如果宽度减少一尺，则减去四分四厘功。（板屋减二分四厘，其余的减二分。）增加也按这个办法。如果在每个出际上造垂鱼、惹草、搏风板、垂脊，再加五分功。

安装，一功八分。（内板屋，八分，立桩、横钤等，一个功。）如果高度减少一尺，则减去一分五厘功。（板屋减少五厘，其余的减一分。）如果宽度减少一尺，则减一分八厘功。（板屋减八厘，其余的减一分。）增加也是如此。如果在每个出际上造垂鱼、惹草、搏风板、垂脊，增加二分功。

版引檐

【原文】 版引檐，广四尺，每长一丈。

造作，三功六分。
安装，一功四分。

【译文】 板引檐，宽度为四尺，每长一丈。

造作，三功六分。
安装，一功四分。

水槽

【原文】 水槽，高一尺，广一尺四寸，每长一丈。

造作，一功五分。
安卓，五分功。

【译文】 水槽，高度为一尺，宽一尺四寸，每长一丈。

造作，一功五分。
安装，五分功。

井屋子

【原文】 井屋子，自脊至地，共高八尺（井匮子高一尺二寸在内）。方五尺。

造作，一十四功。（拢裹在内。）

【译文】 井屋子，从屋脊到地面，总共高八尺（包括井匮子的高度一尺二寸在内）。五尺见方。

造作，十四个功。（包括拢裹在内。）

地棚

【原文】 地棚，一间，六椽，广一丈一尺，深二丈二尺。

造作，六功。
铺放安钉，三功。

【译文】 地棚，一间，六架椽子，宽一丈一尺，深度为二丈二尺。

造作，六个功。
铺放安钉，三个功。

卷二十一·小木作功限二

本卷续卷二十，阐述各工种在小木作中必须遵从的构件劳动定额和计算方式。

格子门（四斜球文格子、四斜球文上出条桱重格眼、四直方格眼、版壁、两明格子）

【原文】 四斜球文格子门，一间四扇，双腰串造，高一丈，广一丈二尺。

造作功（额、地栿、槫柱在内。如两明造[1]者，每一功加七分功。其四直方格眼及格子门桯准此）：

四混中心出双线；

破瓣双混平地出双线；

以上各四十功。（若球文上出条桱重格眼造，即加二十功。）

四混中心出单线；

破瓣双混平地出单线；

各三十九功。

通混出双线；

通混出单线；

通混压边线；

素通混；

方直破瓣；

以上通混出双线者，三十八功。（余各递减一功。）

安卓，二功五分。（若两明造者，每一功加四分功。）

四直方格眼格子门，一间四扇，各高一丈，共广一丈一尺，双腰串造。

造作功：

格眼四扇：

四混绞双线，二十一功；

四混出单线；

丽口绞瓣双混出边线；

以上各二十功。

丽口绞瓣单混出边线，一十九功；

一混绞双线，一十五功；

一混绞单线，一十四功；

一混不出线；

丽口素绞瓣；

以上各一十三功。

平地出线，一十功；

四直方绞眼，八功。

格子门桯（事件在内。如造版壁，更不用格眼功限。于腰串上用障水版，加六功。若单腰串造，如方直破瓣减一功，混作出线减二功）：

四混出双线；

破瓣双混平地出双线；

以上各一十九功。

四混出单线；

破瓣双混平地出单线；

以上各一十八功。

一混出双线；

一混出单线；

通混压边线；

素通混；

方直破瓣撺尖；

以上一混出双线一十七功。余各递减一功。（其方直破瓣，若叉瓣造，又减一功。）

安卓功：

四直方格眼格子门，一间，高一丈，广一丈一尺（事件在内）。共二功五分。

【注释】 〔1〕两明造：正反两面各透雕

出两层不同的纹样，两层中间完全透开，四周边缘相连合为一整体。纹饰镂空，正反相错，互相掩映，巧妙奇特。难度较大，做工精细。

【译文】 四斜球纹格子门，一间做成四扇，采用双腰串，高一丈，宽一丈二尺。

造作功（包括额、地栿、槫柱在内。如果采用两明造，每一个功另外加七分功。四直方格眼和格子门桯也以此为准）：

四混中心出双线；

破瓣双混平地出双线；

以上各用四十功。（如果是球纹上出条桯重格眼造，则加二十个功。）

四混中心出单线；

破瓣双混平地出单线；

以上各用三十九功。

通混出双线；

通混出单线；

通混压边线；

素通混；

方直破瓣；

以上通混出双线的，用三十八个功。（其余各递减一个功。）

安装，二功五分。（如果采用两明造，每一个功加四分功。）

四直方格眼格子门，一间做成四扇，每扇门高一丈，总宽一丈一尺，采用双腰串造型。

造作功：

格眼四扇：

四混绞双线，二十一个功；

四混出单线；

丽口绞瓣双混出边线；

以上各二十个功。

丽口绞瓣单混出边线，十九个功；

一混绞双线，十五个功；

一混绞单线，十四个功；

一混不出线；

丽口素绞瓣；

以上各用十三个功。

平地出线，十个功；

四直方绞眼，八个功。

格子门桯（格子门桯制作的所有事项包括在内。如果制作板壁，则不遵循格眼功限。在腰串上使用障水板，加六个功。如果采用单腰串造型，方直破瓣减去一个功，混作出线减去两个功）：

四混出双线；

破瓣双混平地出双线；

以上各十九个功。

四混出单线；

破瓣双混平地出单线；

以上各十八个功。

一混出双线；

一混出单线；

通混压边线；

素通混；

方直破瓣揥尖；

以上一混出双线用十七个功。其余各递减一个功。（方直破瓣的样式，如果采用叉瓣造，再减去一个功。）

安装功：

四直方格眼格子门，一间，高一丈，宽一丈一尺（包括安装所有事项在内）。共二功五分。

阑槛钩窗

【原文】 钩窗，一间，高六尺，广一丈二尺，三段造。

造作功（安卓事件在内）：

四混绞双线，一十六功；

四混绞单线；

丽口绞瓣（瓣内双混）面上出线；

以上各一十五功。

丽口绞瓣（瓣内单混）面上出线，一十四功；

一混双线，一十二功五分；

一混单线，一十一功五分；

丽口绞素瓣；

一混绞眼；

以上各一十一功。

方绞眼，八功。

安卓，一功三分。

阑槛，一间，高一尺八寸，广一丈二尺。

造作，共一十功五厘。（槛面版一功二分。鹅项四枚，共二功四分。云栱四枚，共二功。心柱二条，共二分功。槫柱二条，共二分功。地栿三分功。障水版三片，共六分功。托柱四枚，共一功六分。难子二十四条，共五分功。八混寻杖一功五厘。其寻杖若六混，减一分五厘功，四混减三分功，一混减四分五厘功。）

安卓，二功二分。

【译文】 钩窗，一间所用，高为六尺，宽一丈二尺，做成三段的造型。

造作功（包括安装事项在内）：

四混绞双线，十六个功；

四混绞单线；

丽口绞瓣（瓣内双混）面上出线；

以上各用十五个功。

丽口绞瓣（瓣内单混）面上出线，十四个功；

一混双线，十二功五分；

一混单线，十一功五分；

丽口绞素瓣；

一混绞眼；

以上各用十一个功。

方绞眼，八个功。

安装，一功三分。

阑槛，一间的阑槛，高一尺八寸，宽一丈二尺。

造作，共用十个功零五厘。（槛面板用一功二分。四枚鹅项，总共二功四分。四枚云栱，总共两个功。两条心柱，总共二分功。两条槫柱，总共二分功。地栿用三分功。三片障水板，总共六分功。四枚托柱，总共一功六分。二十四条难子，总共五分功。八混寻杖用一功五厘。寻杖如果采用六混，减去一分五厘功，如果采用四混减去三分功，一混则减去四分五厘功。）

安装，二功二分。

殿内截间格子

【原文】 殿内截间四斜球文格子，一间，单腰串造，高广各一丈四尺。（心柱、槫柱等在内。）

造作，五十九功六分。

安卓，七功。

【译文】 制作大殿内截间的四斜球纹格子，一间，采用单腰串，高度和宽度各为一丈四尺。（包括心柱、槫柱等在内。）

造作，五十九功六分。

安装，七个功。

堂阁内截间格子

【原文】 堂阁内截间四斜球文格子，一间，高一丈，广一丈一尺（槫柱在内）。额子、泥道，双扇门造。

造作功：

破瓣撺尖、瓣内双混、面上出心线、压边线，四十六功；

破瓣撺尖、瓣内单混，四十二功；

方直破瓣撺尖，四十功。（方直造者减二功。）

安卓，二功五分。

【译文】 制作堂阁内截间的四斜球纹格子，一间，高度为一丈，宽一丈一尺（槫柱在内）。额子、泥道，采用双扇门。

造作功：

破瓣撺尖、瓣内双混、面上出心线、压边线，四十六个功；

破瓣撺尖、瓣内单混，四十二个功；

方直破瓣撺尖，四十个功。（方直造型的减两个功。）

安装，二功五分。

殿阁照壁版

【原文】 殿阁照壁版，一间，高五尺至一丈一尺，广一丈四尺。（如广增减者，以本功分数加减之。）

造作功：

高五尺，七功。（每高增一尺，加一功四分。）

安卓功：

高五尺，二功。（每高增一尺，加四分功。）

【译文】 殿阁的照壁板，一间，高度为五尺至一丈一尺，宽一丈四尺。（如果宽度有所增减，以本功的分数按比例增减。）

造作功：

高五尺，七个功。（高度每增加一尺，加一功四分。）

安装功：

高五尺，两个功。（高度每增加一尺，加四分功。）

障日版

【原文】 障日版，一间，高三尺至五尺，广一丈一尺。（如广增减者，即以本功分数加减之。）

造作功：

高三尺，三功。（每高增一尺，则加一功。若用心柱、槫柱、难子合版造，则每功各加一分功。）

安卓功：

高三尺，一功二分。（每高增一尺，

503

则加三分功。若用心柱、榑柱、难子合版造，则每功减二分功。下同。）

【译文】 障日板，一间，高度在三尺至五尺，宽一丈一尺。（如果宽度有所增减，以本功的分数按比例增减。）

造作功：

高三尺，三个功。（高度每增加一尺，则加一个功。如果使用心柱、榑柱、难子合板等，则每个功各加一分功。）

安装功：

高三尺，一功二分。（高度每增加一尺，则加三分功。如果用心柱、榑柱、难子合板造，则每功减二分功。下同。）

廊屋照壁版

【原文】 廊屋照壁版，一间，高一尺五寸至二尺五寸，广一丈一尺。（如广增减者，即以本功分数加减之。）

造作功：

高一尺五寸，二功一分。（每增高五寸，则加七分功。）

安卓功：

高一尺五寸，八分功。（每增高五寸，则加二分功。）

【译文】 廊屋照壁板，一间，高度在一尺五寸至二尺五寸，宽一丈一尺。（如果宽度有所增减，以本功的分数按比例增减。）

造作功：

高一尺五寸，二功一分。（高度每增加五寸，则加七分功。）

安装功：

高一尺五寸，八分功。（高度每增加五寸，则加二分功。）

胡梯

【原文】 胡梯，一坐，高一丈，拽脚长一丈，广三尺，作十二踏，用枓子、蜀柱、单钩阑造。

造作，一十七功。

安卓，一功五分。

【译文】 胡梯，一座，高一丈，拽脚长为一丈，宽三尺，做十二个踏，用斗子、蜀柱、单钩阑。

造作，十七个功。

安装，一功五分。

垂鱼、惹草

【原文】 垂鱼，一枚，长五尺，广三尺。

造作，二功一分。

安卓，四分功。

惹草，一枚，长五尺。

造作，一功五分。

安卓，二分五厘功。

【译文】 垂鱼，一枚，长五尺，宽三尺。

造作，二功一分。

安装，四分功。

惹草，一枚，长五尺。

造作，一功五分。

安装，二分五厘功。

栱眼壁版

【原文】 栱眼壁版，一片，长五尺，广二尺六寸。（于第一等材栱内用。）

造作，一功九分五厘。（若单栱内用，于三分中减一分功。若长加一尺，增三分五厘功。材加一等，增一分三厘功。）

安卓，二分功。

【译文】 栱眼壁板，一片，长五尺，宽二尺六寸。（在第一等材栱内使用。）

造作，一功九分五厘。（如果在单栱内使用，则使用三分之二的功。如果长度增加一尺，则增加三分五厘功。材提高一等，增加一分三厘功。）

安装，二分功。

裹栿版

【原文】 裹栿版，一副，厢壁两段，底版一片。

造作功：

殿槽内裹栿板，长一丈六尺五寸，广二尺五寸，厚一尺四寸，共二十功。

副阶内裹栿版，长一丈二尺，广二尺，厚一尺，共一十四功。

安钉功：

殿槽，二功五厘。（副阶减五厘功。）

【译文】 一副裹栿板，两段厢壁，一

片底板。

造作功：

殿槽内裹栿板，长一丈六尺五寸，宽二尺五寸，厚一尺四寸，总共二十个功。

副阶内裹栿板，长一丈二尺，宽二尺，厚一尺，总共十四个功。

安装钉子的功：

殿槽，二功五厘。（副阶则减去五厘功。）

擗帘竿

【原文】 擗帘竿，一条。（并腰串。）

造作功：

竿，一条，长一丈五尺，八混造，一功五分。（破瓣造减五分功。方直造减七分功。）

串，一条，长一丈，破瓣造，三分五厘功。（方直造减五厘功。）

安卓，三分功。

【译文】 擗帘竿，一条。（包括腰串。）

造作功：

竿，一条，长一丈五尺，做成八混的，一个功零五分。（破瓣造型减去五分功。方直造型减去七分功。）

串，一条，长一丈，破瓣造型，三分五厘功。（方直造型减去五厘功。）

安装，三分功。

护殿阁檐竹网木贴

【原文】 护殿阁檐枓栱雀眼网上、下木贴，每长一百尺。（地衣簟贴同。）

造作，五分功。（地衣簟贴、绕碇之类

随曲剜造者，其功加倍。安钉同。）

安钉，五分功。

【译文】 护殿阁檐枓栱的雀眼网的上、下木贴，每长一百尺。（地衣簟贴相同。）

造作，五分功。（地衣簟贴、绕磉等构件根据弧度进行剜造的，所用的功加倍。安钉子相同。）

安钉，五分功。

平棊

【原文】 殿内平棊，一段。

造作功：

每平棊于贴内贴络华文，长二尺，广一尺（背版桯贴在内）。共一功。

安搭，一分功。

【译文】 殿内平棊，一段。

造作功：

每段平棊在贴内贴络花纹，长二尺，宽一尺（背板桯贴在内）。共一个功。

安搭，一分功。

斗八藻井

【原文】 殿内斗八，一坐。

造作功：

下斗四方井，内方八尺，高一尺六寸，下昂、重栱、六铺作枓栱，每一朵共二功二分。（或只用卷头造，减二功。）

中腰八角井，高二尺二寸，内径六尺四寸，枓槽压厦版、随瓣方等事件，共八

功。

上层斗八，高一尺五寸，内径四尺二寸，内贴络龙凤华版并背版、阳马等，共二十二功。（其龙凤并雕作计功。如用平棊制度贴络华文，加一十二功。）

上昂、重栱、七铺作枓栱，每一朵共三功。（如入角，其功加倍。下同。）

拢裹功：

上下昂、六铺作枓栱，每一朵五分功。（如卷头者，减一分功。）

安搭，共四功。

【译文】 殿内斗八，一座。

造作功：

下斗四方井，里面八尺见方，高度为一尺六寸，下昂、重栱、六铺作枓栱，每一朵共用两个功零二分。（如果采用卷头造型，减去两个功。）

中腰八角井，高度为二尺二寸，内径为六尺四寸，枓槽压厦板、随瓣方等构件，共八个功。

上层斗八，高度为一尺五寸，内径为四尺二寸，内贴络龙凤花板和背版、阳马等，共二十二个功。（龙凤等雕作一并计算所用功。如果用平棊制度贴络花纹，加十二个功。）

上昂、重栱、七铺作枓栱，每一朵共三个功。（如果采用入角，所用功加倍。以下相同。）

组合以上构件所用功：

上下昂、六铺作枓栱，每一朵用五分功。（如果采用卷头造型的，减去一分功。）

安搭，共四个功。

小斗八藻井

【原文】 小斗八，一坐，高二尺二寸，径四尺八寸。

造作，共五十二功。

安搭，一功。

【译文】 小斗八，一座，高二尺二寸，直径四尺八寸。

造作，共五十二个功。

安搭，一个功。

拒马叉子

【原文】 拒马叉子，一间，斜高五尺，间广一丈，下广三尺五寸。

造作，四功。（如云头造，加五分功。）

安卓，二分功。

【译文】 拒马叉子，一间，斜高为五尺，开间宽一丈，下面宽三尺五寸。

造作，四个功。（如果采用云头造型，加五分功。）

安装，二分功。

叉子

【原文】 叉子，一间，高五尺，广一丈。

造作功（下并用三瓣霞子）：

棂子：

笋头方直（串方直），三功；

挑瓣云头，方直（串破瓣），三功七分；

云头，方直，出心线（串侧面出心线），四功五分；

云头，方直，出边线，压白（串侧面出心线压白），五功五分；

海石榴头，一混，心出单线，两边线（串破瓣单混出线），六功五分；

海石榴头，破瓣，瓣里单混，面上出心线（串侧面上出心线压白边线），七功。

望柱：

仰覆莲华，胡桃子，破瓣，混面上出线，一功；

海石榴头，一功二分。

地栿：

连梯混，每长一丈，一功二分；

连梯混，侧面出线，每长一丈，一功五分。

衮砧，每一枚：

云头，五分功；

方直，三分功。

托枨，每一条，四厘功。

曲枨，每一条，五厘功。

安卓，三分功。（若用地栿、望柱，其功加倍。）

【译文】 叉子，一间，高度为五尺，宽一丈。

造作功（下面都用三瓣霞子）：

棂子：

笋头方直（腰串也是方直型），三功；

挑瓣云头，方直（腰串破瓣），三功七分；

云头，方直，出心线（腰串侧面出心

线），四功五分；

云头，方直，出边线，压白（腰串侧面出心线压白），五功五分；

海石榴头，一混，心出单线，两边线（腰串破瓣单混出线），六功五分；

海石榴头，破瓣，瓣里单混，面上出心线（腰串侧面上出心线压白边线），七个功。

望柱：

仰覆莲花，胡桃子，破瓣，混面上出线，一个功；

海石榴头，一功二分。

地栿：

连梯混，每长为一丈，一功二分；

连梯混，侧面出线，每长为一丈，一功五分。

衮砧，每一枚：

云头，五分功；

方直，三分功。

托枨，每一条，四厘功。

曲枨，每一条，五厘功。

安装，三分功。（如果采用地栿、望柱，所用的功数量加倍。）

钩阑（重台钩阑、单钩阑）

【原文】重台钩阑，长一丈为率，高四尺五寸。

造作功：

角柱，每一枚，一功二分。

望柱（破瓣仰覆莲胡桃子造）。每一条，一功五分。

矮柱，每一枚，三分功。

华托柱，每一枚，四分功。

蜀柱瘿项，每一枚，六分六厘功。

华盆霞子，每一枚，一功。

云栱，每一枚，六分功。

上华版，每一片，二分五厘功。（下华版减五厘功。其华文并雕作计功。）

地栿，每一丈，二功。

束腰（长同上）。一功二分。（盆唇并八混寻杖同。其寻杖若六混造，减一分五厘功，四混减三分功，一混减四分五厘功。）

拢裹：共三功五分。

安卓：一功五分。

单钩阑，长一丈为率，高三尺五寸。

造作功：

望柱：

海石榴头，一功一分九厘。

仰覆莲胡桃子，九分四厘五毫功。

万字，每片四字，二功四分。（如减一字，即减六分功。加亦如之。如作钩片，每一功减一分功。若用华版，不计。）

托枨，每一条，三厘功。

蜀柱撮项，每一枚，四分五厘功。（青蜓头，减一分功。枓子，减二分功。）

地栿，每长一丈四尺，七厘功。（盆唇，加三厘功。）

华版，每一片，二分功。（其华文并雕作计功。）

八混寻杖，每长一丈，一功。（六混减二分功，四混减四分功，一混减六分七厘功。）

云栱，每一枚，五分功。

卧棂子，每一条，五厘功。

拢裹：一功。

安卓：五分功。

【译文】重台钩阑，长一丈为准，高度为四尺五寸。

造作功：

角柱，每一枚角柱，一个功零二分。

望柱（破瓣仰覆莲胡桃子造型）。每一条，一功五分。

矮柱，每一枚，三分功。

花托柱，每一枚，四分功。

蜀柱瘿项，每一枚，六分六厘功。

花盆霞子，每一枚，一个功。

云栱，每一枚，六分功。

上花板，每一片，二分五厘功。（下面的花板减去五厘功。花纹等并雕作都计入所用功。）

地栿，每一丈，两个功。

束腰（长度同上）。一功二分。（盆唇与八混寻杖相同。寻杖如果采用六混造型，则减去一分五厘功，四混则减去三分功，一混减去四分五厘功。）

拢裹：共三个功零五分。

安装：一功五分。

单钩阑，长度以一丈为标准，高三尺五寸。

造作功：

望柱：

海石榴头，一功一分九厘。

仰覆莲胡桃子，九分四厘五毫功。

万字，每片做四字，二功四分。（如果减少一字，则减去六分功。增加也是如此。

如果做钩片，每一个功减去一分功。如果采用花板，不计功。）

托枨，每一条，三厘功。

蜀柱撮项，每一枚，四分五厘功。（蜻蜓头，减去一分功。斗子，减去二分功。）

地栿，每长一丈四尺，七厘功。（做盆唇，另加三厘功。）

花板，每一片，二分功。（花纹等雕作计入所用功。）

八混寻杖，每长一丈，一个功。（六混减二分功，四混减四分功，一混减六分七厘功。）

云栱，每一枚，五分功。

卧棂子，每一条，五厘功。

拢裹：一个功。

安装：五分功。

棵笼子

【原文】棵笼子，一只，高五尺，上广二尺，下广三尺。

造作功：

四瓣、锭脚、单棂、棂子，二功。

四瓣、锭脚、双棂、腰串、棂子、牙子，四功。

六瓣、双棂、单腰串、棂子、子桯、仰覆莲华胡桃子，六功。

八瓣、双棂、锭脚、腰串、棂子、垂脚牙子、柱子海石榴头，七功。

安卓功：

四瓣、锭脚、单棂、棂子。

四瓣、锭脚、双棂、腰串、棂子、牙子。

以上各三分功。

六瓣、双棍、单腰串、楬子、子桯、仰覆莲花胡桃子。

八瓣、双棍、锭脚、腰串、楬子、垂脚牙子、柱子海石榴头。

以上各五分功。

【译文】 棵笼子，一只，高度为五尺，上面宽二尺，下面宽三尺。

造作功：

四瓣、锭脚、单棍、楬子，两个功。

四瓣、锭脚、双棍、腰串、楬子、牙子，四个功。

六瓣、双棍、单腰串、楬子、子桯、仰覆莲花胡桃子，六个功。

八瓣、双棍、锭脚、腰串、楬子、垂脚牙子、柱子海石榴头，七个功。

安装功：

四瓣、锭脚、单棍、楬子。

四瓣、锭脚、双棍、腰串、楬子、牙子。

以上各用三分功。

六瓣、双棍、单腰串、楬子、子桯、仰覆莲花胡桃子。

八瓣、双棍、锭脚、腰串、楬子、垂脚牙子、柱子海石榴头。

以上各用五分功。

井亭子

【原文】 井亭子，一坐，锭脚至脊，共高一丈一尺（鸱尾在外）。方七尺。

造作功：

结瓦、柱木、锭脚等，共四十五功。

科栱，一寸二分材，每一朵，一功四分。

安卓，五功。

【译文】 井亭子，一座，从锭脚到脊，总共高一丈一尺（不包括鸱尾）。七尺见方。

造作功：

结瓦、柱木、锭脚等，共四十五个功。

斗栱，一寸二分的材，每一朵，一个功零四分。

安装，五个功。

牌

【原文】 殿堂、楼阁、门、亭等牌，高二尺至七尺，广一尺六寸至五尺六寸。（如官府或仓库等用，其造作功减半，安卓功三分减一分。）

造作功（安勘头、带、舌内华版在内）：

高二尺，六功。（每高增一尺，其功加倍。安挂功同。）

安挂功：

高二尺，五分功。

【译文】 殿堂、楼阁、门、亭等的牌匾，高度为二尺至七尺，宽一尺六寸至五尺六寸。（如果是官府或仓库等使用，造作功减去一半，安卓功减去三分之一。）

造作功（包括安装、校勘牌头、牌带、牌舌内的花板在内）：

高二尺，六个功。（高度每增加一尺，所用功加倍。安挂牌匾所用的功相同。）

安挂功：

高二尺，五分功。

卷二十二·小木作功限三

本卷续卷二十一，阐述各工种在小木作中必须遵从的构件劳动定额和计算方式。

佛道帐

【原文】 佛道帐，一坐，下自龟脚，上至天宫鸱尾，共高二丈九尺。

坐，高四尺五寸，间广六丈一尺八寸，深一丈五尺。

造作功：

车槽上下涩、坐面猴面涩、芙蓉瓣造，每长四尺五寸；

子涩，芙蓉瓣造，每长九尺；

卧棍，每四条；

立棍，每一十条；

上下马头棍，每一十二条；

车槽涩并芙蓉华版，每长四尺；

坐腰并芙蓉华版，每长三尺五寸；

明金版芙蓉华瓣，每长二丈；

拽后棍，每一十五条（罗文棍同）；

柱脚方，每长一丈二尺；

榻头木，每长一丈三尺；

龟脚，每三十枚；

枓槽版并钥匙头，每长一丈二尺（压厦版同）；

钿面合版，每长一丈，广一尺；

以上各一功。

贴络门窗并背版，每长一丈，共三功；

纱窗上五铺作重栱卷头枓栱，每一朵二功。（方桁及普拍方在内。若出角或入角者，其功加倍。腰檐平坐同。诸帐及经藏准此。）

拢裹：一百功。

安卓：八十功。

帐身，高一丈二尺五寸，广五丈九尺一寸，深一丈二尺三寸，分作五间造。

造作功：

帐柱，每一条；

上内外槽隔枓版（并贴络及仰托榫在内）。每长五尺；

欢门，每长一丈；

右各一功五分。

里槽下锭脚版（并贴络等）。每长一丈，共二功二分；

帐带，每三条；

虚柱，每三条；

两侧及后壁版，每长一丈，广一尺；

心柱，每三条；

难子，每长六丈；

随间枓，每二条；

方子，每长三丈；

前后及两侧安平棋搏难子，每长五尺；

以上各一功。

平棋，依本功；

斗八，一坐，径三尺二寸，并八角共高一尺五寸，五铺作重栱卷头，共三十功；

四斜球文截间格子，一间，二十八功；

四斜球文泥道格子门，一扇，八功。

拢裹：七十功。

安卓：四十功。

腰檐，高三尺，间广五丈八尺八寸，深一丈。

造作功：

前后及两侧枓槽版并钥匙头，每长一

丈二尺；

压厦版，每长一丈二尺（山版同）；

枓槽卧楅，每四条；

上下顺身楅，每长四丈；

立楅，每一十条；

贴身，每长四丈；

曲椽，每二十条；

飞子，每二十五枚；

屋内槫，每长二丈（槫脊同）；

大连檐，每长四丈（瓦陇条同）；

厦瓦版并白版，每各长四丈，广一尺；

瓦口子（并签切）。每长三丈；

以上各一功。

抹角栿，每一条，二分功；

角梁，每一条；

角脊，每四条；

以上各一功二分。

六铺作重栱一抄两昂枓栱，每一朵共二功五分。

拢裹：六十功。

安卓：三十五功。

平坐，高一尺八寸，广五丈八尺八寸，深一丈二尺。

造作功：

枓槽版并钥匙头，每一丈二尺；

压厦版，每长一丈；

卧楅，每四条；

立楅，每一十条；

雁翅版，每长四丈；

面版，每长一丈；

以上各一功。

六铺作重栱卷头枓栱，每一朵，共二功三分。

拢裹：三十功。

安卓：二十五功。

天宫楼阁：

造作功：

殿身，每一坐（广三瓣）。重檐并挟屋及行廊（各广二瓣，诸事件并在内）。共一百三十功；

茶楼子，每一坐（广三瓣，殿身、挟屋、行廊同上）；

角楼，每一坐（广一瓣半，挟屋、行廊同上）；

以上各一百一十功。

龟头，每一坐（广二瓣），四十五功。

拢裹：二百功。

安卓：一百功。

圈桥子，一坐，高四尺五寸（拽脚长五尺五寸）。广五尺，下用连梯、龟脚，上施钩阑、望柱。

造作功：

连梯桯，每二条；

龟脚，每一十二条；

促踏版楅，每三条；

以上各六分功。

连梯当，每二条，五分六厘功；

连梯楅，每二条，二分功；

望柱，每一条，一分三厘功；

背版，每长广各一尺；

月版，长广同上；

以上各八厘功。

望柱上棍，每一条，一分二厘功；

难子，每五丈，一功；

颊版，每一片，一功二分；

促踏版，每一片，一分五厘功；

随圜势钩阑，共九功。

拢裹：八功。

以上佛、道帐总计：造作共四千二百九功九分，拢裹共四百六十八功，安卓共二百八十功。

若作山华帐头造者，唯不用腰檐及天宫楼阁（除造作、安卓，共一千八百二十功九分）。于平坐上作山华帐头，高四尺，广五丈八尺八寸，深一丈二尺。

造作功：

顶版，每长一丈，广一尺；

混肚方，每长一丈；

榰，每二十条；

以上各一功。

仰阳版，每长一丈（贴络在内）；

山华版，长同上；

以上各一功二分。

合角贴，每一条，五厘功；

以上造作计一百五十三功九分。

拢裹：一十功。

安卓：一十功。

【译文】 佛道帐，一座，下面从龟脚算起，上面至天宫鸱尾，总共高二丈九尺。

坐，高四尺五寸，开间宽度为六丈一尺八寸，深一丈五尺。

造作功：

车槽上下涩、坐面猴面涩、芙蓉瓣的做法，每长四尺五寸；

子涩，芙蓉瓣的做法，每长九尺；

卧棍，每四条；

立棍，每十条；

上下马头棍，每十二条；

车槽涩并芙蓉花板，每长四尺；

坐腰并芙蓉花板，每长三尺五寸；

明金板芙蓉花瓣，每长二丈；

拽后棍，每十五条（罗纹棍与此相同）。

柱脚方，每长一丈二尺；

榻头木，每长一丈三尺；

龟脚，每三十枚；

斗槽板和钥匙头，每长一丈二尺（压厦板与此同）；

钿面合板，每长一丈，宽一尺；

以上各一功。

贴络门窗和背板，每长一丈，共三个功；

纱窗上五铺作重栱卷头斗栱，每一朵两个功。（包括方桁和普拍方在内。如果是出角或者入角，所用的功数量加倍。腰檐平坐与此相同。其他诸帐和经藏也以此为准。）

拢裹：一百个功。

安装：八十个功。

帐身，高度为一丈二尺五寸，宽五丈九尺一寸，深一丈二尺三寸，分成五间建造。

造作功：

帐柱，每一条；

上面的内外槽隔斗板（包括贴络和仰托
棂在内）。每长五尺；

欢门，每长一丈；

以上各用一个功零五分。

里槽下锃脚板（包括贴络等在内）。每
长一丈，共二功二分；

帐带，每三条；

虚柱，每三条；

两侧及后壁板，每长一丈，宽一尺；

心柱，每三条；

难子，每长六丈；

随间棋，每二条；

方子，每长三丈；

前后及两侧安平棋搏难子，每长五尺；

以上各一个功。

平棋，依照本功；

斗八，一座，直径三尺二寸，包括
八个分角总共高一尺五寸，五铺作重棋卷
头，共三十个功；

四斜球纹截间格子，一间，二十八个
功；

四斜球纹泥道格子门，一扇，八个功。

拢裹：七十个功。

安装：四十个功。

腰檐，高三尺，间宽五丈八尺八寸，
深一丈。

造作功：

前后及两侧料槽板并钥匙头，每长一
丈二尺；

压厦板，每长一丈二尺（山板与此同）。

斗槽卧棂，每四条；

上下顺身棂，每长四丈；

立棂，每十条；

贴身，每长四丈；

曲椽，每二十条；

飞子，每二十五枚；

屋内槫，每长二丈（槫脊与此同）；

大连檐，每长四丈（瓦陇条与此同）；

厦瓦板并白板，每各长四丈，宽一尺；

瓦口子（包括签切）。每长三丈；

以上各一功。

抹角栿，每一条，二分功；

角梁，每一条；

角脊，每四条；

以上各一功二分。

六铺作重棋一抄两昂斗拱，每一朵共
二功五分。

拢裹：六十个功。

安装：三十五个功。

平坐，高一尺八寸，宽五丈八尺八
寸，深一丈二尺。

造作功：

斗槽板并钥匙头，每一丈二尺；

压厦板，每长一丈；

卧棂，每四条；

立棂，每十条；

雁翅板，每长四丈；

面板，每长一丈；

以上各一功。

六铺作重棋卷头斗拱，每一朵，共二
功三分。

拢裹：三十个功。

安装：二十五个功。

天宫楼阁：

造作功：

殿身，每一座（宽三瓣）。重檐包括挟屋和行廊（各宽二瓣，其余所用构件都包括在内）。共一百三十个功；

茶楼子，每一座（宽三瓣，殿身、挟屋、行廊同上）；

角楼，每一座（宽一瓣半，挟屋、行廊同上）；

以上各一百一十个功。

龟头，每一座（宽二瓣）。四十五个功。

拢裹：二百个功。

安装：一百个功。

圈桥子：一座，高四尺五寸（拽脚长五尺五寸）。宽五尺，下面使用连梯、龟脚，上面设置栏杆、望柱。

造作功：

连梯桯，每二条；

龟脚，每十二条；

促踏板榥，每三条；

以上各六分功。

连梯当，每二条，五分六厘功；

连梯榥，每二条，二分功；

望柱，每一条，一分三厘功；

背板，每长宽各一尺；

月板，长度和宽度同上；

以上各八厘功。

望柱上榥，每一条，一分二厘功；

难子，每五丈，一个功；

颊板，每一片，一功二分；

促踏板，每一片，一分五厘功；

跟随圆势建造栏杆，共九个功。

拢裹：八个功。

以上佛、道帐总计：制作的用功限额，总计四千二百零九个功零九分，拢裹总计四百六十八个功，安装总计二百八十个功。

如果做山花帐头的造型，只是不使用腰檐和天宫楼阁（除去制作的用功定额、安装功，总计一千八百二十个功零九分）。在平坐之上做山花帐头，高四尺，宽五丈八尺八寸，深一丈二尺。

造作功：

顶板，每长一丈，宽一尺；

混肚方，每长一丈；

榀，每二十条；

以上各一个功。

仰阳板，每长一丈（包括贴络在内）；

山花板，长度同上；

以上各一个功二分。

合角贴，每一条，五厘功；

以上制作用工限额总计一百五十三功九分。

拢裹：十个功。

安装：十个功。

牙脚帐

【原文】牙脚帐，一坐，共高一丈五尺，广三丈，内外槽共深八尺，分作三间，帐头及坐各分作三段。（帐头枓栱在外。）

牙脚坐，高二尺五寸，长三丈二尺（坐头在内）。深一丈。

造作功：

连梯，每长一丈；

龟脚，每三十枚；

上梯盘，每长一丈二尺；

束腰，每长三丈；

牙脚，每一十枚；

牙头，每二十片（剜切在内）；

填心，每一十五枚；

压青牙子，每长二丈；

背版，每广一尺，长二丈；

梯盘棍，每五条；

立棍，每一十二条；

面版，每广一尺，长一丈；

以上各一功。

角柱，每一条；

锭脚上衬版，每一十片；

以上各二分功。

重台小钩阑，共高一尺，每长一丈七功五分。

拢裹：四十功。

安卓：二十功。

帐身，高九尺，长三丈，深八尺，分作三间。

造作功：

内外槽帐柱，每三条；

里槽下锭脚，每二条；

以上各三功。

内外槽上隔枓版（并贴络仰托棍在内）。每长一丈，共二功二分（内外槽欢门同）；

颊子，每六条，共一功二分（虚柱同）；

帐带，每四条；

帐身版难子，每长六丈（泥道版难子同）；

平棋槫难子，每长五丈；

平棋贴，内每广一尺，长二尺；

以上各一功。

两侧及后壁帐身版，每广一尺，长一丈，八分功；

泥道版，每六片，共六分功；

心柱，每三条，共九分功。

拢裹：四十功。

安卓：二十五功。

帐头，高三尺五寸，枓槽长二丈九尺七寸六分，深七尺七寸六分，分作三段造。

造作功：

内外槽并两侧夹枓槽版，每长一丈四尺（压厦版同）；

混肚方，每长一丈（山华版、仰阳版并同）；

卧棍，每四条；

马头棍，每二十条（楅同）；

以上各一功。

六铺作重栱一抄两下昂枓栱，每一朵，共二功三分；

顶版，每广一尺，长一丈，八分功；

合角贴，每一条，五厘功。

拢裹：二十五功。

安卓：一十五功。

以上牙脚帐总计：造作共七百四功三分，拢裹共一百五功，安卓共六十功。

【译文】 牙脚帐，一座，总共高一丈五尺，宽三丈，内外槽总共深八尺，分成三间，帐头和底座各分成三段（不包括帐头斗拱在内）。

牙脚坐，高二尺五寸，长三丈二尺（包括坐头在内）。深一丈。

造作功：

连梯，每长一丈；

龟脚，每三十枚；

上梯盘，每长一丈二尺；

束腰，每长三丈；

牙脚，每十枚；

牙头，每二十片（包括剜凿切割在内）；

填心，每十五枚；

压青牙子，每长二丈；

背板，每宽一尺，长二丈；

梯盘榥，每五条；

立榥，每十二条；

面板，每宽一尺，长一丈；

以上各一个功。

角柱，每一条；

鋜脚上衬板，每十片；

以上各二分功。

重台小钩阑，共高一尺，每长一丈，七功五分。

拢裹：四十个功。

安装：二十个功。

帐身，高九尺，长三丈，深八尺，分成三间。

造作功：

内外槽帐柱，每三条；

里槽下鋜脚，每二条；

以上各三个功。

内外槽上隔斗板（包括贴络仰托榥在内）。每长一丈，共二功二分（内外槽欢门相同）；

颊子，每六条共一功二分（虚柱相同）。

帐带，每四条；

帐身板难子，每长六丈（泥道板、难子相同）。

平棋搏难子，每长五丈；

平棋贴，里面每宽一尺，长二尺；

以上各一个功。

两侧及后壁帐身板，每宽一尺，长一丈，八分功；

泥道板，每六片，共六分功；

心柱，每三条，共九分功。

拢裹：四十个功。

安装：二十五个功。

帐头，高三尺五寸，斗槽长二丈九尺七寸六分，深七尺七寸六分，分成三段制作。

造作功：

内外槽并两侧夹斗槽板，每长一丈四尺（压厦板相同）；

混肚方，每长一丈（山花板、仰阳板都相同）。

卧榥，每四条；

马头榥，每二十条（楅相同）；

以上各一个功。

六铺作重栱一抄两下昂斗拱，每一朵，共二功三分；

顶板，每宽一尺，长一丈，八分功；

合角贴，每一条，五厘功。

拢裹：二十五个功。

安装：一十五个功。

以上牙脚帐总计：制作用功定额，共

七百零四个功零三分，拢裹总计一百五十个功，安装总计共六十功。

九脊小帐

【原文】九脊小帐，一坐，共高一丈二尺，广八尺，深四尺。

牙脚坐，高二尺五寸，长九尺六寸，深五尺。

造作功：

连梯，每长一丈；

龟脚，每三十枚；

上梯盘，每长一丈二尺；

以上各一功。

连梯棍；

梯盘棍；

以上各共一功。

面版，共四功五分。

立榥，共三功七分。

背版；

牙脚；

以上各共三功。

填心；

束腰锭脚；

以上各共二功。

牙头；

压青牙子；

以上各共一功五分。

束腰锭脚衬版，共一功二分；

角柱，共八分功；

束腰锭脚内小柱子，共五分功；

重台小钩阑并望柱等，共一十七功。

拢裹：二十功。

安卓：八功。

帐身，高六尺五寸，广八尺，深四尺。

造作功：

内外槽帐柱，每一条，八分功；

里槽后壁并两侧下锭脚版并仰托幌（贴络在内）。共三功五厘；

内外槽两侧并后壁上隔枓版并仰托幌（贴络柱子在内）。共六功四分。

两颊；

虚柱；

以上各共四分功。

心柱，共三分功；

帐身版，共五功。

帐身难子；

内外欢门；

内外帐带；

以上各二功。

泥道版，共二分功；

泥道难子，六分功。

拢裹：二十功。

安卓：一十功。

帐头，高三尺（鸱尾在外）。广八尺，深四尺。

造作功：

五铺作重栱一抄一下昂枓栱，每一朵，共一功四分；

结瓦事件等，共二十八功。

拢裹：一十二功。

安卓：五功。

帐内平棋：

造作，共一十五功。（安难子，又加一功。）

安挂功：

每平棋一片，一分功。

右九脊小帐总计：造作共一百六十七功八分，拢裹共五十二功，安卓共二十三功三分。

【译文】 九脊小帐，一座，共高一丈二尺，宽八尺，深四尺。

牙脚坐，高二尺五寸，长九尺六寸，深五尺。

造作功：

连梯，每长一丈；

龟脚，每三十枚；

上梯盘，每长一丈二尺；

以上各一个功。

连梯棍；

梯盘棍；

以上各自共计一个功。

面板，共四功五分；

立棍，共三功七分。

背板；

牙脚；

以上各共三个功。

填心；

束腰锃脚；

以上各自共计两个功。

牙头；

压青牙子；

以上各共一功五分。

束腰锃脚衬板，共一功二分；

角柱，共八分功；

束腰锃脚内小柱子，共五分功；

重台小钩阑并望柱等，共十七个功。

拢裹：二十个功。

安装：八个功。

帐身，高六尺五寸，宽八尺，深四尺。

造作功：

内外槽帐柱，每一条，八分功；

里槽后壁以及两侧下锃脚板和仰托棍（包括贴络在内）。共三功五厘；

内外槽两侧并后壁上隔斗板并仰托棍（包括贴络柱子在内）。共六功四分。

两颊；

虚柱；

以上各自共计四分功。

心柱，共三分功；

帐身板：共五个功。

帐身难子；

内外欢门；

内外帐带；

以上各两个功。

泥道板，共二分功；

泥道难子，六分功。

拢裹：二十个功。

安卓：十功。

帐头，高三尺（不包括鸱尾在内）。宽八尺，深四尺。

造作功：

五铺作重棋一抄一下昂斗拱，每一朵，共一功四分；

结瓦事件等，共二十八个功。

拢裹：十二个功。

安装：五个功。

帐内平棋：

造作，一十五个功。（安装难子，再加一个功。）

安挂功：

每平棋一片，一分功。

以上九脊小帐总计：制作用功定额，共计一百六十七个功零八分，拢裹共计五十二个功，安装共计二十三个功零三分。

壁帐

【原文】 壁帐，一间，广一丈一尺，共广一丈五尺。

造作功（拢裹功在内）：

枓栱五铺作一抄一下昂（普拍方在内）。每一朵，一功四分；

仰阳山华版、帐柱、混肚方、枓槽版、压厦版等，共七功；

球文格子、平棋、叉子。并各依本法。

安卓，三功。

【译文】 壁帐，一间，宽一丈一尺，总宽度为一丈五尺。

造作功（包括拢裹功在内）：

斗拱五铺作一抄一下昂（包括普拍方在内）。每一朵，用一功四分；

仰阳山花板、帐柱、混肚方、斗槽板、压厦板等，共七个功；

球纹格子、平棋、叉子。全都依照本规定。

安装，三个功。

卷二十三·小木作功限四

本卷续卷二十二，阐述各工种在小木作中必须遵从的构件劳动定额和计算方式。

转轮经藏

【原文】转轮经藏，一坐，八瓣，内、外槽帐身造。

外槽，帐身、腰檐、平坐，上施天宫楼阁，共高二丈，径一丈六尺。

帐身，外柱至地，高一丈二尺。

造作功：

帐柱，每一条；

欢门，每长一丈；

以上各一功五分。

隔枓版并贴柱子及仰托榥，每长一丈，二功五分；

帐带，每三条，一功。

拢裹：二十五功。

安卓：一十五功。

腰檐，高二尺，枓槽径一丈五尺八寸四分。

造作功：

枓槽版，长一丈五尺（压厦版及山版同）。一功；

内外六铺作，外跳一抄两下昂，里跳并卷头枓栱，每一朵，共二功三分；

角梁，每一条（子角梁同）。八分功。

贴生，每长四丈；

飞子，每四十枚；

白版，约计每长三丈广一尺（厦瓦版同）；

瓦陇条，每四丈；

槫脊，每长二丈五尺（搏脊槫同）；

角脊，每四条；

瓦口子，每长三丈；

小山子版，每三十枚；

井口榥，每三条；

立榥，每一十五条；

马头榥，每八条；

以上各一功。

拢裹：三十五功。

安卓：二十功。

平坐，高一尺，径一丈五尺八寸四分。

造作功：

枓槽版，每长一丈五尺（压厦版同）；

雁翅版，每长三丈；

井口榥，每三条；

马头榥，每八条；

面版，每长一丈，广一尺；

以上各一功。

枓栱六铺作并卷头（材广厚同腰檐）。每一朵，共一功一分；

单钩阑，高七寸，每长一丈（望柱在内）。共五功。

拢裹：二十功。

安卓：一十五功。

天宫楼阁，共高五尺，深一尺。

造作功：

角楼子，每一坐（广二瓣）。并挟屋行廊（各广二瓣）。共七十二功；

茶楼子，每一坐（广同上）。并挟屋行廊（各广同上）。共四十五功。

拢裹：八十功。

安卓：七十功。

里槽，高一丈三尺，径一丈。

坐，高三尺五寸，坐面径一丈一尺四寸四分，枓槽径九尺八寸四分。

造作功：

龟脚，每二十五枚；

车槽上下涩、坐面涩、猴面涩，每各长五尺；

车槽涩并芙蓉华版，每各长五尺；

坐腰上下子涩、三涩，每各长一丈（壶门神龛并背版同）。

坐腰涩并芙蓉华版，每各长四尺；

明金版，每长一丈五尺；

枓槽版，每长一丈八尺（压厦版同）；

坐下榻头木，每长一丈三尺（下卧棍同）；

立棍，每一十条；

柱脚方，每长一丈二尺（方下卧棍同）；

拽后棍，每一十二条（猴面钿面棍同）；

猴面梯盘棍，每三条；

面版，每长一丈，广一尺；

以上各一功。

六铺作重栱卷头枓栱，每一朵，共一功一分；

上下重台钩阑，高一尺，每长一丈，七功五分。

拢裹：三十功。

安卓：二十功。

帐身，高八尺五寸，径一丈。

造作功：

帐柱，每一条一功一分；

上隔枓版并贴络柱子及仰托棍，每各长一丈，二功五分；

下锃脚隔枓版并贴络柱子及仰托棍，每各长一丈，二功；

两颊，每一条，三分功；

泥道版，每一片，一分功。

欢门华瓣，每长一丈；

帐带，每三条；

帐身版，约计每长一丈，广一尺；

帐身内外难子及泥道难子，每各长六丈；

以上各一功。

门子，合版造，每一合四功。

拢裹：二十五功。

安卓：一十五功。

柱上帐头，共高一尺，径九尺八寸四分。

造作功：

枓槽版，每长一丈八尺（压厦版同）；

角栿，每八条；

搭平棋方子，每长三丈；

以上各一功。

平棋，依本功；

六铺作重栱卷头枓栱，每一朵，一功一分。

拢裹：二十功。

安卓：一十五功。

转轮，高八尺，径九尺，用立轴长一丈八尺，径一尺五寸。

造作功：

轴，每一条九功；

辐，每一条；

外辋，每二片；

里辋，每一片；

里柱子，每二十条；

外柱子，每四条；

挟木，每二十条；

面版，每五片；

格版，每一十片；

后壁格版，每二十四片；

难子，每长六丈；

托辐牙子，每一十枚；

托枨，每八条；

立绞榥，每五条；

十字套轴版，每一片；

泥道版，每四十片；

以上各一功。

拢裹：五十功。

安卓：五十功。

经匣，每一只，长一尺五寸，高六寸（盝顶在内）。广六寸五分。

造作、拢裹，共一功。

右转轮经藏总计：造作共一千九百三十五功二分，拢裹共二百八十五功，安卓共二百二十功。

【译文】 转轮经藏，一座，八边形，帐身做内、外槽两部分。

外槽，帐身、腰檐、平坐，上面建造天宫楼阁，共高二丈，直径为一丈六尺。

帐身，外面的柱子到地面，高一丈二尺。

造作功：

帐柱，每一条；

欢门，每长一丈；

以上各用一功五分。

隔斗板包括贴柱子和仰托榥，每长一丈，二功五分；

帐带，每三条，一个功。

拢裹：二十五个功。

安装：十五个功。

腰檐，高二尺，斗槽直径为一丈五尺八寸四分。

造作功：

斗槽板，长一丈五尺（压厦板及山板与此相同）。一个功；

内外六铺作，外跳一抄两下昂，里跳并卷头斗拱，每一朵，共用二功三分；

角梁，每一条（子角梁与此相同）。八分功；

贴生，每长四丈；

飞子，每四十枚；

白板，粗略计算每长三丈宽一尺（厦瓦板与此相同）；

瓦陇条，每四丈；

槫脊，每长二丈五尺（搏脊槫与此相同）；

角脊，每四条；

瓦口子，每长三丈；

小山子板，每三十枚；

井口榥，每三条；

立榥，每十五条；

马头榥，每八条；

以上各一个功。

拢裹：三十五个功。

安装：二十个功。

平坐，高一尺，直径一丈五尺八寸四分。

造作功：

斗槽板，每长一丈五尺（压厦板与此相同）；

雁翅板，每长三丈；

井口榥，每三条；

马头榥，每八条；

面板，每长一丈，宽一尺；

以上各一个功。

斗拱六铺作并卷头（材的宽度和厚度与腰檐相同）。每一朵，共用一功一分；

单钩阑，高七寸，每长一丈（包括望柱在内）。共五功。

拢裹：二十个功。

安装：十五个功。

天宫楼阁，共高五尺，深一尺。

造作功：

角楼子，每一座（宽为二瓣）。连带挟屋行廊（各宽为二瓣）。共七十二个功；

茶楼子，每一座（宽度同上）。连带挟屋行廊（各宽同上）。共四十五个功。

拢裹：八十个功。

安装：七十个功。

里槽，高一丈三尺，直径一丈。

坐，高三尺五寸，坐面直径一丈一尺四寸四分，斗槽直径为九尺八寸四分。

造作功：

龟脚，每二十五枚；

车槽上下涩、坐面涩、猴面涩，每样各长五尺；

车槽涩和芙蓉花板，每样各长五尺；

坐腰上下子涩、三涩，每样各长一丈（壶门神龛和背板与此相同）；

坐腰涩和芙蓉花板，每样各长四尺；

明金板，每长一丈五尺；

斗槽板，每长一丈八尺（压厦板与此相同）；

坐下榻头木，每长一丈三尺（下卧榥与此相同）；

立榥，每十条；

柱脚方，每长一丈二尺（方下卧榥与此相同）；

拽后榥，每一十二条（猴面钿面榥与此相同）；

猴面梯盘榥，每三条；

面板，每长一丈，宽一尺；

以上各用一个功。

六铺作重栱卷头斗拱，每一朵，共用一功一分；

上下重台钩阑，高一尺，每长一丈，七功五分。

拢裹：三十个功。

安装：二十个功。

帐身，高八尺五寸，径一丈。

造作功：

帐柱，每一条一功一分；

上隔斗板和贴络柱子以及仰托榥，每各长一丈，二功五分；

下锃脚隔斗板和贴络柱子以及仰托榥，每各长一丈，二功；

两颊，每一条，三分功；

泥道板，每一片，一分功；

欢门花瓣，每长一丈；

帐带，每三条；

帐身板，粗略计为每长一丈，宽一尺；

帐身内外难子以及泥道难子，每样各长六丈；

以上各用一个功。

门子，采用合板做法，每一合四个功。

拢裹：二十五个功。

安装：十五个功。

柱上帐头，共高一尺，直径九尺八寸四分。

造作功：

斗槽板，每长一丈八尺（压厦板与此相同）；

角栿，每八条；

搭平棋方子，每长三丈；

以上各一个功。

平棋，依照本功；

六铺作重栱卷头斗拱，每一朵，一功一分。

拢裹：二十个功。

安装：一十五功。

转轮：高八尺，直径九尺，用立轴的长度为一丈八尺，直径一尺五寸。

造作功：

轴，每一条九个功。

辐，每一条；

外辋，每两片；

里辋，每一片；

里柱子，每二十条；

外柱子，每四条；

挟木，每二十条；

面板，每五片；

格板，每十片；

后壁格板，每二十四片；

难子，每长六丈；

托辐牙子，每十枚；

托枨，每八条；

立绞榥，每五条；

十字套轴板，每一片；

泥道板，每四十片；

以上各用一个功。

拢裹：五十个功。

安装：五十个功。

经匣，每一只长一尺五寸，高六寸（包括盝顶在内）。宽六寸五分。

造作、拢裹，共一功。

以上转轮经藏总计：制作共计一千九百三十五个功零二分，拢裹共计二百八十五个功，安装以上构件共计二百二十个功。

壁藏

【原文】 壁藏，一坐，高一丈九尺，广三丈，两摆手各广六尺，内外槽共深四尺。

坐，高三尺，深五尺二寸。

造作功：

车槽上下涩并坐面、猴面涩，芙蓉瓣，每各长六尺；

子涩，每长一丈；

卧榥，每一十条；

立榥，每十二条（拽后榥、罗文榥同）；

上下马头榥，每一十五条；

车槽涩并芙蓉华版，每各长五尺；

坐腰并芙蓉华版，每各长四尺；

明金版（并造瓣）。每长二丈（枓槽、压厦版同）；

柱脚方，每长一丈二尺；

榻头木，每长一丈三尺；

龟脚，每二十五枚；

面版（合缝在内）。约计每长一丈，广一尺；

贴络神龛并背版，每各长五尺；

飞子，每五十枚；

五铺作重栱卷头枓栱，每一朵；

以上各一功。

上下重台钩阑，高一尺，长一丈，七功五分。

拢裹：五十功。

安卓：三十功。

帐身，高八尺，深四尺，作七格，每格内安经匣四十枚。

造作功：

上隔枓并贴络及仰托榥，每各长一丈，共二功五分；

下锭脚并贴络及仰托榥，每各长一丈，共二功。

帐柱，每一条；

欢门（剜造华瓣在内）。每长一丈；

帐带（剜切在内）。每三条；

心柱，每四条；

腰串，每六条；

帐身合版，约计每长一丈，广一尺；

格榥，每长三丈（逐格前后柱子同）；

钿面版榥，每三十条；

格版，每二十片，各广八寸；

普拍方，每长二丈五尺；

随格版难子，每长八丈；

帐身版难子，每长六丈；

以上各一功。

平棊，依本功；

折叠门子，每一合，共三功；

逐格钿面版，约计每长一丈，广一尺，八分功。

拢裹：五十五功。

安卓：三十五功。

腰檐，高二尺，枓槽共长二丈九尺八寸四分，深三尺八寸四分。

造作功：

枓槽版，每长一丈五尺（钥匙头及压厦版并同）。

山版，每长一丈五尺，合广一尺；

贴生，每长四丈（瓦陇条同）；

曲椽，每二十条；

飞子，每四十枚；

白版，约计每长三丈，广一尺（厦瓦版同）；

搏脊槫，每长二丈五尺；

小山子版，每三十枚；

瓦口子（签切在内）。每长三丈；

卧榥，每一十条；

立榥，每一十二条；

以上各一功。

六铺作重栱一抄两下昂枓栱，每一朵，一功二分；

角梁，每一条（子角梁同）。八分功；

角脊，每一条，二分功。

拢裹：五十功。

安卓：三十功。

平坐，高一尺，枓槽共长二丈九尺八寸四分，深三尺八寸四分。

造作功：

枓槽版，每长一丈五尺（钥匙头及压厦版并同）；

雁翅版，每长三丈；

卧榥，每一十条；

立榥，每一十二条；

钿面版，约计每长一丈，广一尺；

以上各一功。

六铺作重栱卷头枓栱，每一朵，共一功一分；

单钩阑，高七寸，每长一丈五功。

拢裹：二十功。

安卓：一十五功。

天宫楼阁：

造作功：

殿身，每一坐（广二瓣）。并挟屋行廊（各广二瓣）。各三层，共八十四功；

角楼，每一坐，（广同上）并挟屋行廊等，并同上；

茶楼子，并同上；

以上各七十二功。

龟头，每一坐（广一瓣）。并行廊屋

（广二瓣）。各三层，共三十功。

拢裹：一百功。

安卓：一百功。

经匣准转轮藏经匣功。

以上壁藏一坐总计：造作共三千二百八十五功三分，拢裹共二百七十五功，安卓共二百一十功。

【译文】 制作壁藏，一座，高度为一丈九尺，宽三丈，两个摆手各宽六尺，内外槽总共深四尺。

坐，高为三尺，深五尺二寸。

造作功：

车槽上下涩包括坐面、猴面涩，芙蓉瓣，每样各长六尺；

子涩，每长一丈；

卧榥，每十条；

立榥，每十二条（拽后榥、罗文榥与此相同）；

上下马头榥，每十五条；

车槽涩和芙蓉花板，每各长五尺；

坐腰和芙蓉花板，每各长四尺；

明金板（包括造瓣）。每长二丈（枓槽、压厦板与此相同）；

柱脚方，每长一丈二尺；

榻头木，每长一丈三尺；

龟脚，每二十五枚；

面板（包括合缝在内）。约计每长一丈，宽一尺；

贴络神龛和背板，每各长五尺；

飞子，每五十枚；

五铺作重栱卷头斗拱，每一朵；

以上各用一个功。

上下重台钩阑，高一尺，长一丈，七功五分。

拢裹：五十个功。

安装：三十个功。

帐身，高八尺，深四尺，做七个格，每个格内安装四十枚经匣。

造作功：

上隔斗并贴络及仰托棍，每各长一丈，共二功五分；

下锃脚并贴络及仰托棍，每各长一丈，共二功。

帐柱，每一条；

欢门（包括剜造花瓣在内）。每长一丈；

帐带（包括剜凿切割在内）。每三条；

心柱，每四条；

腰串，每六条；

帐身合板，约计每长一丈，宽一尺；

格棍，每长三丈（每一格前后的柱子与此相同）；

钿面板棍，每三十条；

格板，每二十片，各宽八寸；

普拍方，每长二丈五尺；

依随格板的难子，每长八丈；

帐身板难子，每长六丈；

以上各一个功。

平棋，依照本功；

折叠门子，每一合，共三个功；

逐格钿面板，约计每长一丈，宽一尺，八分功。

拢裹：五十五个功。

安装：三十五个功。

腰檐，高度为二尺，枓槽全长二丈九尺八寸四分，深三尺八寸四分。

造作功：

斗槽板，每长一丈五尺（钥匙头及压厦板都与此相同）；

山板，每长一丈五尺，合宽一尺；

贴生，每长四丈（瓦陇条与此相同）；

曲椽，每二十条；

飞子，每四十枚；

白板，约计每长三丈，宽一尺（厦瓦板与此相同）；

搏脊槫，每长二丈五尺；

小山子板，每三十枚；

瓦口子（包括签切在内）。每长三丈；

卧棍，每十条；

立棍，每十二条；

以上各一个功。

六铺作重栱一抄两下昂斗拱，每一朵，一功二分；

角梁，每一条（子角梁相同）。八分功；

角脊，每一条，二分功。

拢裹：五十个功。

安装：三十个功。

平坐，高一尺，斗槽共长二丈九尺八寸四分，深三尺八寸四分。

造作功：

斗槽板，每长一丈五尺（钥匙头及压厦板都与此相同）；

雁翅板，每长三丈；

卧棍，每十条；

立棍，每十二条；

钿面板，约计每长一丈，宽一尺；

以上各一个功。

六铺作重栱卷头斗拱，每一朵，共一功一分；

单钩阑，高七寸，每长一丈五功。

拢裹：二十个功。

安卓：一十五功。

天宫楼阁：

造作功：

殿身，每一座（宽二瓣）。连带挟屋行廊（各宽二瓣）。各三层，共八十四个功；

角楼，每一座（宽度同上）。连带挟屋

行廊等，都与以上相同；

茶楼子，全都同上；

以上各七十二个功。

龟头，每一座（宽一瓣）。连带行廊屋（宽二瓣）。各三层，共三十个功。

拢裹：一百功。

安装：一百功。

经匣以转轮藏的经匣功为准。

以上一座壁藏总计：制作共计三千二百八十五功三分，拢裹共计二百七十五个功，安装以上构件共计二百一十个功。

卷二十四·诸作功限一

　　本卷阐述各工种在诸作中必须遵从的构件劳动定额和计算方式。

雕木作

【原文】每一件：

混作：

照壁内贴络。

宝床，长三尺（每尺高五寸，其床垂牙、豹脚造，上雕香炉、香合、莲华、宝窠、香山、七宝等）。共五十七功。（每增减一寸，各加减一功九分。仍以宝床长为法。）

真人，高二尺，广七寸，厚四寸，六功。（每高增减一寸，各加减三分功。）

仙女，高一尺八寸，广八寸，厚四寸，一十二功。（每高增减一寸，各加减六分六厘功。）

童子，高一尺五寸，广六寸，厚三寸，三功三分。（每高增减一寸，各加减二分二厘功。）

角神，高一尺五寸，七功一分四厘。（每增减一寸，各加减四分七厘六毫功。宝藏神每功减三分功。）

鹤子，高一尺，广八寸，首尾共长二尺五寸，三功。（每高增减一寸，各加减三分功。）

云盆或云气，曲长四尺，广一尺五寸，七功五分。（每广增减一寸，各加减五分功。）

帐上：

缠柱龙，长八尺，径四寸（五段造：并爪、甲、脊膊焰、云盆或山子）。三十六功。（每长增减一尺，各加减三功。若牙鱼并缠写生华，每功减一分功。）

虚柱莲华蓬，五层（下层莲径六寸为率，带莲荷、藕叶、枝梗）。六功四分。（每增减一层，各加减六分功。如下层莲径增减一寸，各加减三分功。）

扛坐神，高七寸，四功。（每增减一寸，各加减六分功。力士每功减一分功。）

龙尾，高一尺，三功五分。（每增减一寸，各加减三分五厘功。鸱尾功减半。）

嫔伽，高五寸（连翅并莲华坐，或云子，或山子）。一功八分。（每增减一寸，各加减四分功。）

兽头，高五寸，七分功。（每增减一寸，各加减一分四厘功。）

套兽，长五寸，功同兽头。

蹲兽，长三寸，四分功。（每增减一寸，各加减一分三厘功。）

柱头（取径为准）：

坐龙，五寸，四功。（每增减一寸，各加减八分功。其柱头如带仰覆莲荷台坐，每径一寸，加功一分。下同。）

师子，六寸，四功二分。（每增减一寸，各加减七分功。）

孩儿，五寸，单造，三功。（每增减一寸，各加减六分功。双造每功加五分功。）

鸳鸯（鹅鸭之类同）。四寸，一功。（每增减一寸，各加减二分五厘功。）

莲荷：

莲华，六寸（实雕六层）。三功。（每增减一寸，各加减五分功。如增减层数，以所计功作六分，每层各加减一分，减至三层止。）

如莲叶造，其功加倍。）

荷叶，七寸，五分功。（每增减一寸，各加减七厘功。）

半混：

雕插及贴络写生华。（透突造同。如剔地，加功三分之一。）

华盆：

牡丹（芍药同）。高一尺五寸，六功。（每增减一寸，各加减五分功，加至二尺五寸，减至一尺止。）

杂华，高一尺二寸（卷搭造）。三功。（每增减一寸，各加减二分三厘功。平雕减功三分之一。）

华枝，长一尺（广五寸至八寸）。

牡丹（芍药同）。三功五分。（每增减一寸，各加减三分五厘功。）

杂华，二功五分。（每增减一寸，各加减二分五厘功。）

贴络事件：

升龙（行龙同）。长一尺二寸（下飞凤同）。二功。（每增减一寸，各加减一分六厘功。牌上贴络者同。下准此。）

飞凤（立凤、孔雀、牙鱼同）。一功二分。（每增减一寸，各加减一分功。内凤如华尾造平雕，每功加三分功。若卷搭，每功加八分功。）

飞仙（嫔伽类）。长一尺一寸，二功。（每增减一寸，各加减一分七厘功。）

师子（狻猊、麒麟、海马同）。长八寸，八分功。（每增减一寸，各加减一分功。）

真人，高五寸（下至童子同）。七分功。（每增减一寸，各加减一分五厘功。）

仙女，八分功。（每增减一寸，各加减一分六厘功。）

菩萨，一功二分。（每增减一寸，各加减一分四厘功。）

童子（孩儿同）。五分功。（每增减一寸，各加减一分功。）

鸳鸯（鹦鹉、羊鹿之类同）。长一尺（下云子同）。八分功。（每增减一寸，各加减八厘功。）

云子，六分功。（每增减一寸，各加减六厘功。）

香草，高一尺，三分功。（每增减一寸，各加减三厘功。）

故实人物（以五件为率）。各高八寸，共三功。（每增减一件，各加减六分功。即每增减一寸各加减三分功。）

帐上：

带，长二尺五寸（两面结带造）。五分功。（每增减一寸，各加减二厘功。若雕华者，同华版功。）

山华蕉叶版（以长一尺、广八寸为率。实云头造）。三分功。

平棋事件：

盘子，径一尺。（划云子间起突盘龙。其牡丹华间起突龙凤之类，平雕者同，卷搭者加功三分之一。）三功。（每增减一寸，各加减三分功，减至五寸止。下云圈、海眼版同。）

云圈，径一尺四寸，二功五分。（每

增减一寸，各加减二分功。）

海眼版（水地间海鱼等）。径一尺五寸，二功。（每增减一寸，各加减一分四厘功。）

杂华，方三寸（透突平雕）。三分功。（角华减功之半，角蝉又减三分之一。）

华版：

透突（间龙凤之类同）。广五寸以下，每广一寸，一功。（如两面雕，功加倍。其剔地，减长六分之一；广六寸至九寸者，减长五分之一；广一尺以上者，减长三分之一。华版带同。）

卷搭（雕云龙同。如两卷造，每功加一分功。下海石榴华两卷、三卷造准此）。长一尺八寸。（广六寸至九寸者，即长三尺五寸；广一尺以上者，即长七尺二寸。）

海石榴，长一尺。（广六寸至九寸者，即长二尺二寸；广一尺以上者，即长四尺五寸。）

牡丹（芍药同）。长一尺四寸。（广六寸至九寸者，即长二尺八寸；广一尺以上者，即长五尺五寸。）

平雕，长一尺五寸。（广六寸至九寸者，即长六尺；广一尺以上者，即长一十尺。如长生蕙草间羊、鹿、鸳鸯之类，各加长三分之一。）

钩阑、槛面（实云头，两面雕造。如凿扑，每功加一分功。其雕华样者，同华版功。如上面雕者，减功之半）：

云栱，长一尺，七分功。（每增减一寸，各加减七厘功。）

鹅项，长二尺五寸，七分五厘功。（每增减一寸，各加减三厘功。）

地霞，长二尺，一功三分。（每增减一寸，各加减六厘五毫功。如用华盆，即同华版功。）

矮柱，长一尺六寸，四分八厘功。（每增减一寸，各加减三厘功。）

划万字版，每方一尺，二分功。（如钩片，减功五分之一。）

椽头盘子（钩阑寻杖头同）。剔地云凤或杂华，以径三寸为准，七分五厘功。（每增减一寸，各加减二分五厘功。如云龙造，功加三分之一。）

垂鱼（凿扑实雕云头造，惹草同）。每长五尺，四功。（每增减一尺，各加减八分功。如间云鹤之类，加功四分之一。）

惹草，每长四尺，二功。（每增减一尺，各加减五分功。如间云鹤之类，加功三分之一。）

搏枓莲华（带枝梗）。长一尺二寸，一功二分。（每增减一寸，各加减一分功。如不带枝梗，减功三分之一。）

手把飞鱼，长一尺，一功二分。（每增减一寸，各加减一分二厘功。）

伏兔荷叶，长八寸，四分功。（每增减一寸，各加减五厘功。如莲华造，加功三分之一。）

叉子：

云头，两面雕造双云头，每八条一功。（单云头加数二分之一。若雕一面，减功之半。）

锃脚壸门版、实雕结带华（透突华同）。每一十一盘一功。

球文格子挑白，每长四尺，广二尺五寸，以球文径五寸为率，计七分功。（如球文径每增减一寸，各加减五厘功。其格子长广不同者，以积尺加减。）

【译文】 每一件：

混作雕刻：

照壁内做贴络装饰花纹：

宝床，长为三尺（每一尺的高为五寸，其床做垂牙、豹脚造型，上面雕刻香炉、香合、莲花、宝窠、香山、七宝等）。共五十七个功。（尺寸每增减一寸，各加减一个功零九分。仍然以宝床的长度为标准。）

真人，高二尺，宽七寸，厚四寸，六个功。（高度每增减一寸，各加减三分功。）

仙女，高一尺八寸，宽八寸，厚四寸，十二个功。（高度每增减一寸，各加减六分六厘功。）

童子，高一尺五寸，宽六寸，厚三寸，三功三分。（高度每增减一寸，各加减二分二厘功。）

角神，高一尺五寸，七功一分四厘。（每增减一寸，各加减四分七厘六毫功。如果是宝藏神，则在原来每个功里减去三分功。）

鹤子，高一尺，宽八寸，首尾总共长二尺五寸，三个功。（高度每增减一寸，各加减三分功。）

云盆或云气，曲长四尺，宽一尺五寸，七功五分。（宽度每增减一寸，各加减

五分功。）

帐上：

缠柱龙，龙身长八尺，直径为四寸（做成五段：包括爪、甲、脊膊焰、云盆或山子）。三十六个功。（长度每增减一尺，各加减三个功。如果牙鱼都缠绕写生花，每个功减去一分功。）

虚柱莲花蓬，五层（下层莲花蓬的直径以六寸为标准，连带莲荷、藕叶、枝梗）。六个功零四分。（每增减一层，各加减六分功。如果下层莲荷的直径增减一寸，则各分别加减三分功。）

扛坐神，高七寸，四功。（每增减一寸，各加减六分功。如果做大力士造型，每个功减去一分功。）

龙尾，高一尺，三功五分。（每增减一寸，各加减三分五厘功。鸱尾所用功减半。）

嫔伽，高五寸（连翘带莲花座，或云子，或山子）。一功八分。（每增减一寸，各加减四分功。）

兽头，高五寸，七分功。（每增减一寸，各加减一分四厘功。）

套兽，长为五寸，所用功与兽头相同。

蹲兽，长三寸，四分功。（每增减一寸，各加减一分三厘功。）

柱头（取直径为准）：

坐龙，五寸，四个功。（每增减一寸，各加减八分功。坐龙的柱头如果连带仰覆莲荷台平坐，每直径一寸，加一分功。以下相同。）

狮子，六寸，四个功零二分。（每增

减一寸，各加减七分功。）

孩儿，五寸，单个，三个功。（每增减一寸，各加减六分功。双个孩儿造型的，每个功加五分功。）

鸳鸯（鹅鸭等与此同）。四寸，一个功。（每增减一寸，各加减二分五厘功。）

莲荷：

莲花，六寸（实雕六层）。三个功。（每增减一寸，各加减五分功。如果增减层数，以所计功作为六分，每层各加减一分，减少至三层为止。如果做蓬叶造型，功的数量加倍。）

荷叶，七寸，五分功。（每增减一寸，各加减七厘功。）

半混：

雕插及贴络写生花。（透突形式与此相同。如果用剔地雕法，加三分之一的功。）

花盆：

牡丹（芍药花盆与此同）。高一尺五寸，六个功。（每增减一寸，各加减五分功，加至二尺五寸，减至一尺为止。）

杂花，高一尺二寸（采用卷搭造型）。三个功。（每增减一寸，各加减二分三厘功。如果是平雕，则所用功减去三分之一。）

花枝，长为一尺（宽五寸至八寸）。

牡丹（芍药相同）。三功五分。（每增减一寸，各加减三分五厘功。）

杂花，二功五分。（每增减一寸，各加减二分五厘功。）

贴络装饰花纹等构件：

升龙（与行龙相同）。长为一尺二寸（下面的飞凤相同）。两个功。（每增减一

寸，各加减一分六厘功。牌匾上做贴络装饰的与此同。以下以此为准。）

飞凤（立凤、孔雀、牙鱼与此同）。一功二分。（每增减一寸，各加减一分功。其中的凤如果采取花尾造型，用平雕手法，每个功增加三分功。如果是卷搭造型，每个功增加八分功。）

飞仙（嫔伽类）。长为一尺一寸，两个功。（每增减一寸，各加减一分七厘功。）

狮子（狻猊、麒麟、海马同此）。长为八寸，八分功。（每增减一寸，各加减一分功。）

真人，高五寸（向下一直至童子，与此相同）。七分功。（每增减一寸，各加减一分五厘功。）

仙女，八分功。（每增减一寸，各加减一分六厘功。）

菩萨，一功二分。（每增减一寸，各加减一分四厘功。）

童子（孩儿同）。五分功。（每增减一寸，各加减一分功。）

鸳鸯（鹦鹉、羊鹿之类与此相同）。长为一尺（下面的云子相同）。八分功。（每增减一寸，各加减八厘功。）

云子，六分功。（每增减一寸，各加减六厘功。）

香草，高一尺，三分功。（每增减一寸，各加减三厘功。）

神话典故中的人物（以五件为一组）。各高为八寸，共三个功。（每增减一件，各加减六分功。即每增减一寸各加减三分功。）

帐上：

穿带，长为二尺五寸（做成两面结带的样式）。五分功。（每增减一寸，各加减二厘功。如果雕花，则与花板功相同。）

山花蕉叶板（以长一尺、宽八寸为标准。造成实云头的形状。）三分功。

平棋等构件及事项：

盘子，直径为一尺。（在云子之间做盘龙浮雕。在牡丹花之间做龙凤之类的浮雕，平雕的情况与此相同，做卷搭的形式加三分之一的功。）三个功。（每增减一寸，各加减三分功，减少至五寸为止。下面的云圈、海眼板相同。）

云圈，直径一尺四寸，二功五分。（每增减一寸，各加减二分功。）

海眼板（水纹底之间做海鱼图案等）。直径为一尺五寸，两个功。（每增减一寸，各加减一分四厘功。）

杂花，三寸见方（用透突或平雕的手法）。三分功。（做角花减去一半的功，做角蝉再减去三分之一。）

花板：

透突（间龙凤之类与此相同）。宽度在五寸以下，每宽一寸，一个功。（如果做两面雕刻，所用功加倍。如果做剔地，长度减去六分之一；宽六寸至九寸的，长度减去五分之一；宽一尺以上的，长度减去三分之一。花板带与此相同。）

卷搭（雕刻云龙同此；如果是两卷造型，每个功加一分功；下面的两卷、三卷海石榴花造型以此为准）。长为一尺八寸。（宽六寸到九寸的，则长三尺五寸；宽一尺以上的，则长七尺二寸。）

海石榴，长一尺。（宽六寸至九寸的，则长二尺二寸；宽一尺以上的，则长四尺五寸。）

牡丹（芍药同此）。长一尺四寸。（宽六寸到九寸的，则长二尺八寸；宽一尺以上的，则长五尺五寸。）

平雕，长一尺五寸。（宽六寸到九寸的，则长六尺；宽一尺以上的，则长一十尺。如果在长生蕙草之间雕刻羊、鹿、鸳鸯之类，长度各加三分之一。）

栏杆、槛面（做成实云头，两面雕刻。如果凿扑，每个功加一分功。雕花样的，与花板所用功相同。如果在上面雕的话，所用功减去一半）：

云栱，长一尺，七分功。（每增减一寸，各加减七厘功。）

鹅项，长二尺五寸，七分五厘功。（每增减一寸，各加减三厘功。）

地霞，长二尺，一功三分。（每增减一寸，各加减六厘五毫功。如果使用花盆，则与花板功相同。）

矮柱，长一尺六寸，四分八厘功。（每增减一寸，各加减三厘功。）

划万字板，每一尺见方，二分功。（如果使用钩片，减去五分之一的功。）

橡头的盘子（做栏杆寻杖头同此）。剔地云凤或杂花，以直径三寸为准，七分五厘功。（每增减一寸，各加减二分五厘功。如果是云龙造型，加三分之一的功。）

垂鱼（凿扑实雕为云头造型，蕙草同此）。每长五尺，四个功。（每增减一尺，各加减八分功。如果间杂云鹤之类图样，加四分之一个功。)

惹草，每长四尺，两个功。(每增减一尺，各加减五分功。如果间杂云鹤之类图样，加三分之一个功。)

搏斗莲花（连带枝梗）。长一尺二寸，一功二分。(每增减一寸，各加减一分功。如果不带枝梗，减去三分之一的功。)

手把飞鱼，长一尺，一功二分。(每增减一寸，各加减一分二厘功。)

伏兔荷叶，长八寸，四分功。(每增减一寸，各加减五厘功。如果是莲花造型，加三分之一的功。)

叉子：

云头，两面雕刻双云头造型，每八条一个功。(如果是单云头，数量增加二分之一。如果只雕一面，功减半。)

鋜脚壶门板、实雕结带花（做透突的花同此）。每十一盘一个功。

球纹格子挑白，每长为四尺，宽为二尺五寸，球纹直径以五寸为标准，共计七分功。(如果球纹直径每增减一寸，则各加减五厘功。格子的长度和宽度不相同的，根据其面积尺寸增减。)

旋作

【原文】殿堂等杂用名件：

椽头盘子，径五寸，每一十五枚。(每增减五分，各加减一枚。)

楷角梁宝瓶，每径五寸。(每增减五分，各加减一分功。)

莲华柱顶，径二寸，每三十二枚。

（每增减五分，各加减三枚。）

木浮沤，径三寸，每二十枚。(每增减五分，各加减二枚。)

钩阑上葱台钉，高五寸，每一十六枚。(每增减五分，各加减二枚。)

盖葱台钉筒子，高六寸，每二十二枚。(每增减三分，各加减一枚。)

以上各一功。

柱头仰覆莲胡桃子（二段造）。径八寸，七分功。(每增一寸，加一分功。若三段造，每一功加二分功。)

照壁宝床等所用名件：

注子，高七寸，一功。(每增一寸，加二分功。)

香炉，径七寸。(每增一寸，加一分功。下酒杯盘、荷叶同。)

鼓子，高三寸。(鼓上钉镮等在内。每增一寸，加一分功。)

注碗，径六寸。(每增一寸，加一分五厘功。)

以上各八分功。

酒杯盘，七分功。

荷叶，径六寸。

鼓坐，径三寸五分。(每增一寸，加五厘功。)

右各五分功。

酒杯，径三寸。(莲子同。)

卷荷，长五寸。

杖鼓，长三寸。

右各三分功。(如长、径各增一寸，各加五厘功。其莲子外贴子造，若剔空旋属贴莲子，加二分功。）

披莲，径二寸八分，二分五厘功。
（每增减一寸，各加减三厘功。）

莲蓓蕾，高三寸，并同上。

佛道帐等名件：

火珠，径二寸，每一十五枚。（每增减二分，各加减一枚。至三寸六分以上，每径增减一分同。）

滴当子，径一寸，每四十枚。（每增减一分，各加减二枚。至一寸五分以上，每增减一分，各加减一枚。）

瓦头子，长二寸，径一寸，每四十枚。（每径增减一分，各加减四枚，加至一寸五分止。）

瓦钱子，径一寸，每八十枚。（每增减一分，各加减五枚。）

宝柱子，长一尺五寸，径一寸二分（如长一尺、径二寸者同）。每一十五条（每长增减一寸，各加减一条）。如长五寸，径二寸，每三十条。（每长增减一寸，各加减二条。）

贴络门盘浮沤，径五分，每二百枚。（每增减一分，各加减一十五枚。）

平棋钱子，径一寸，每一百一十枚。（每增减一分，各加减八枚，加至一寸二分止。）

角铃，以大铃高三寸为率，每一钩。（每增减五分，各加减一分功。）

栌枓，径二寸，每四十枚。（每增减一分，各加减一枚。）

以上各一功。

虚柱头莲华并头瓣，每一副胎钱子，径五寸，八分功。（每增减一寸，各加减一分五厘功。）

【译文】 殿堂等各处杂用构件：

橡头的盘子，直径五寸，每十五枚。（每增减五分，各加减一枚。）

楷角梁宝瓶，每直径五寸。（每增减五分，各加减一分功。）

莲花柱顶，直径二寸，每三十二枚。（每增减五分，各加减三枚。）

木浮沤，直径三寸，每二十枚。（每增减五分，各加减二枚。）

栏杆上的葱台钉，高五寸，每一十六枚。（每增减五分，各加减二枚。）

盖葱台钉的筒子，高六寸，每二十二枚。（每增减三分，各加减一枚。）

以上各用一个功。

柱头的仰覆莲胡桃子（采用二段制作）。直径八寸，七分功。（每增一寸，加一分功。如果采用三段制作，每一个功加二分功。）

照壁宝床等所用构件：

注子，高七寸，一个功。（每增加一寸，加二分功。）

香炉，直径七寸。（每增一寸，加一分功。下面的酒杯盘、荷叶与此相同。）

鼓子，高三寸。（鼓上的钉镊等包括在内。每增加一寸，加一分功。）

注碗，直径六寸。（每增加一寸，加一分五厘功。）

以上各八分功。

酒杯盘，七分功。

荷叶，直径六寸。

鼓坐，直径三寸五分。（每增加一寸，加五厘功。）

以上各五分功。

酒杯，直径三寸。（莲子与此相同。）

卷荷，长五寸。

杖鼓，长三寸。

以上各用三分功。（如果长度、直径各增加一寸，则各另加五厘功。莲子外贴子的，如果剔空旋屠贴莲子，则再加二分功。）

披莲，直径二寸八分，二分五厘功。（每增减一寸，各加减三厘功。）

莲蓓蕾，高三寸，其余全都同上。

佛道帐等构件：

火珠，直径二寸，每十五枚。（每增减二分，各加减一枚。到三寸六分以上，每直径则增减一分，其余以此类推。）

滴当子，直径一寸，每四十枚。（每增减一分，各加减二枚。至一寸五分以上，每增减一分，各加减一枚滴当子。）

瓦头子，长二寸，直径一寸，每四十枚。（每直径增减一分，各加减四枚，增加至一寸五分为止。）

瓦钱子，直径一寸，每八十枚。（每增减一分，各加减五枚。）

宝柱子，长为一尺五寸，直径一寸二分（如果是长一尺，直径二寸的与此相同）。每十五条（长度每增减一寸，宝柱子各加减一条）。如果长度为五寸，直径二寸，每三十条。（长度每增减一寸，各加减二条。）

贴络门盘的浮沤，直径五分，每二百枚。（每增减一分，各加减十五枚。）

平棋钱子，直径一寸，每一百一十枚。（每增减一分，各加减八枚，增加到一寸二分为止。）

角铃，以大铃高三寸为标准，每一个钩。（每增减五分，各加减一分功。）

炉斗，直径二寸，每四十枚。（每增减一分，各加减一枚。）

以上各用一个功。

虚柱头莲花的并头瓣，每一副胎钱子，直径为五寸，八分功。（每增减一寸，各加减一分五厘功。）

锯作

【原文】解割功：

橺[1]、檀、栌木[2]，每五十尺；

榆、槐木、杂硬材，每五十五尺（杂硬材谓海枣[3]、龙菁之类）；

白松[4]木，每七十尺；

柟[5]、柏木、杂软材，每七十五尺（杂软材谓香椿、椵木之类）；

楡、黄松[6]、水松[7]、黄心木[8]，每八十尺；

杉桐木[9]，每一百尺；

右各一功。（每二人为一功，或内有盘截，不计。）若一条长二丈以上，枝撑[10]高远，或旧材内有夹钉脚者，并加本功一分功。

【注释】〔1〕橺：即橺木，其中红橺木

为名贵硬木。

〔2〕栎木：即苦栎木。分布于日本、台湾地区以及中国大陆的长江以南、西南等地，生长在海拔300米至1800米的河谷、山地及石灰岩裸坡上。

〔3〕海枣：即枣椰树，世界上最古老的树种之一，是木质化的草本植物。

〔4〕白松：又名华山松、五须松，长在秦巴山区、渭北山区丘陵地带。纹理平直均匀，结构疏松度中等偏粗；心材乳白色或淡红褐色，外露时颜色会变深，边材淡黄白色；材质轻、软，韧性中等；耐用性好，不易翘曲变形。

〔5〕柟：同"楠"。常绿乔木，生长于南方，是建筑、造船、造器物等的贵重木材。

〔6〕黄松：边材近白至淡黄、橙白色，心材明显，呈淡红褐或浅褐色。含树脂多，生长轮清晰。拥有美观漂亮的自然纹理外表，木理纹路独特且优美，能极好地体现出自然美。

〔7〕水松：乔木，生于湿生环境，树干基部膨大成柱槽状，并且有伸出土面或水面的吸收根，树干有扭纹；树皮褐色或灰白色而带褐色，纵裂成不规则的长条片。

〔8〕黄心木：即高档黄心楠木，生于中缅边境特殊的原始森林环境中。

〔9〕杉桐木：即杉木和桐木。

〔10〕樘：撑的异体字。枝撑即建筑物内起支撑作用的梁柱。

【译文】 截取切割木料用功：

椆木、檀木、栎木，每五十尺；

榆木、槐木、杂硬材，每五十五尺（杂硬材即指海枣木、龙菁木之类）；

白松木，每七十尺；

楠木、柏木、杂软材，每七十五尺

（杂软材即指香椿木、椵木之类）；

榆木、黄松、水松、黄心木，每八十尺；

杉木和桐木，每一百尺；

以上锯割木头各一个功。（每两个人为一个功，如果中间截断，不计。）如果其中一条长度在二丈以上，用来支撑的梁柱又高又长。或者是旧材内有夹钉脚的情况，都在本功的基础上加一分功。

竹作

【原文】 织簟，每方一尺：

细棋文素簟，七分功。（劈篾、刮削、拖摘，收广一分五厘。如刮篾收广三分者，其功减半。织华加八分功。织龙、凤又加二分五厘功。）

粗簟（劈篾青白，收广四分）。二分五厘功。（假棋文造，减五厘功。如刮篾收广二分，其功加倍。）

织雀眼网，每长一丈，广五尺：

间龙、凤、人物、杂华，刮篾造，三功四分五厘六毫。（事造贴钉在内。如系小木钉贴，即减一分功，下同。）

浑青刮篾造，一功九分二厘。

青白造，一功六分。

笍索，每一束（长二百尺，广一寸五分，厚四分）。

浑青造，一功一分。

青白造，九分功。

障日笿，每长一丈，六分功（如织簟造，别计织簟功）。

每织方一丈：

笆，七分功。（楼阁两层以上处，加二分功。）

编道，九分功。（如缚棚阁两层以上，加二分功。）

竹栅，八分功。

夹截，每方一丈，三分功。（劈竹篾在内。）

搭盖凉棚，每方一丈二尺，三功五分。（如打笆造，别计打笆功。）

【译文】织竹席，每一尺见方：

细篾的无花棋纹席，七分功。（包括劈篾、刮削、拖摘，收边的宽度为一分五厘。如果刮篾收宽为三分，所用功减去一半。织花要加八分功。织龙、凤再加二分五厘功。）

粗篾竹席（用青白篾劈篾，收边的宽度为四分）。二分五厘功。（如果做假棋纹造型的，减五厘功。如果刮篾收边宽二分，所用的功加倍。）

织雀眼网，每长度为一丈，宽为五尺：

其间做龙、凤、人物、杂花，用刮篾的手法，三功四分五厘六毫。（包括造构件、贴钉在内。如果是小木钉贴，则减去一分功，以下相同。）

浑青刮篾的手法，一个功零九分二厘。

青白的手法，一功六分。

笍索，每一束（长二百尺，宽一寸五分，厚四分）。

浑青的手法，一功一分。

青白的手法，九分功。

障日篛，每长一丈，六分功（如果采用织箪的手法，织箪所用的功另计）。

每织一丈见方的竹席：

竹笆，七分功。（楼阁两层以上的地方，加二分功。）

编道，九分功。（如果绑在棚阁两层以上的地方，加二分功。）

竹栅，八分功。

夹截，每一丈见方，三分功。（包括劈竹篾在内。）

搭盖凉棚，每一丈二尺见方，三功五分。（如果采用打笆的做法，打笆所用的功另计。）

卷二十五·诸作功限二

　　本卷续卷二十四，进一步阐述各工种在诸作中必须遵从的构件劳动定额和计算方式。

瓦作

【原文】斫事甋瓦口（以一尺二寸甋瓦、一尺四寸瓯瓦为准。打造同）：

琉璃：

揮窠，每九十口。（每增减一等，各加减二十口。至一尺以下，每减一等，各加三十口。）

解桥（打造大当沟同）。每一百四十口。（每增减一等，各加减三十口。至一尺以下，每减一等，各加四十口。）

青掍素白：

揮窠，每一百口。（每增减一等，各加减二十口。至一尺以下，每减一等，各加三十口。）

解桥，每一百七十口。（每增减一等，各加减三十五口。至一尺以下，每减一等，各加四十五口。）

以上各一功。

打造甋瓯瓦口：

琉璃瓯瓦：

线道，每一百二十口。（每增减一等，各加减二十五口，加至一尺四寸止。至一尺以下，每减一等，各加三十五口。劵画者加三分之一。青掍素白瓦同。）

条子瓦，比线道加一倍。（劵画者加四分之一。青掍素白瓦同。）

青掍素白：

瓯瓦大当沟，每一百八十口。（每增减一等，各加减三十口。至一尺以下，每减一

等，各加三十五口。）

瓯瓦：

线道，每一百八十口。（每增减一等，各加减三十口，加至一尺四寸止）；

条子瓦，每三百口（每增减一等，各加减六分之一，加至一尺四寸止）；

小当沟，每四百三十枚（每增减一等，各加减三十枚）；

以上各一功。

结瓦，每方一丈（如尖斜高峻，比直行，每功加五分功）：

甋瓯瓦：

琉璃（以一尺二寸为准）。二功二分。（每增减一等，各加减一分功。）

青掍素白，比琉璃其功减三分之一。

散瓯、大当沟，四分功。（小当沟减功三分之一。）

垒脊，每长一丈（曲脊加长一二倍）。

琉璃，六层。

青掍素白，用大当沟，一十层。（用小当沟者，加二层。）

以上各一功。

安卓：

火珠，每坐（以径二尺为准）。二功五分。（每增减一等，各加减五分功。）

琉璃，每一只：

龙尾，每高一尺，八分功（青掍素白者减二分功）；

鸱尾，每高一尺，五分功（青掍素白者减一分功）；

兽头（以高二尺五寸为准）。七分五厘

功（每增减一等，各加减五厘功，减至一分止）；

套兽（以口径一尺为准）。二分五厘功（每增减二寸，各加减六厘功）；

嫔伽（以高一尺二寸为准）。一分五厘功（每增减二寸，各加减三厘功）；

阀阅，高五尺，一功（每增减一尺，各加减二分功）；

蹲兽（以高六寸为准）。每一十五枚（每增减二寸，各加减三枚）；

滴当子（以高八寸为准）。每三十五枚（每增减二寸，各加减五枚）；

以上各一功。

系大䭾，每三百领。（铺䭾减三分之一。）

抹栈及笆䭾，每三百尺。

开燕颔版，每九十尺。（安钉在内。）

织泥篮子，每一十枚。

以上各一功。

【译文】 瓪瓦口的砍斫修整（以一尺二寸瓪瓦版、一尺四寸瓪瓦为准。打造同）：

琉璃瓦：

揥窠，每九十口。（每增减一等，各加减二十口。到一尺以下，每减一等，各加三十口。）

解桥（打造大当沟与此相同）。每一百四十口。（每增减一等，各加减三十口。到一尺以下，每减一等，各加四十口。）

青掍素白：

揥窠，每一百口。（每增减一等，各加

减二十口。至一尺以下，每减一等，各加三十口。）

解桥，每一百七十口。（每增减一等，各加减三十五口。至一尺以下，每减一等，各加四十五口。）

以上各一个功。

打造瓯瓪瓦口：

琉璃瓪瓦：

线道瓦，每一百二十口。（每增减一等，各加减二十五口，增加到一尺四寸为止。到一尺以下，每降低一个等级，各加三十五口。劈画的增加三分之一。青掍素白瓦与此相同。）

条子瓦，比线道增加一倍。（劈画的增加四分之一。青掍素白瓦相同。）

青掍素白：

瓯瓦大当沟，每一百八十口。（每增减一等，各加减三十口。到一尺以下，每降低一个等级，各加三十五口。）

瓪瓦：

线道，每一百八十口（每增减一等，各加减三十口，加至一尺四寸止）；

条子瓦，每三百口（每增减一等，各加减六分之一。加至一尺四寸止）；

小当沟，每四百三十枚（每增减一等，各加减三十枚）；

以上各用一个功。

结瓦，每一丈见方（如果是尖斜高峻的一面，比照直行的面，每个功加五分功）。

瓯瓪瓦：

琉璃（以一尺二寸为标准）。二功二分（每增减一个等级，各加减一分功）。

青掍素白，比照制琉璃的功减去三分之一。

散瓪、大当沟，四分功。（小当沟的功减去三分之一。）

垒脊，每长一丈（曲脊，加长一倍或二倍。）

琉璃瓦，六层。

青掍素白，用大当沟，一十层。（用小当沟的，增加二层。）

以上各一个功。

安装：

火珠，每坐（以直径二尺为标准）。二功五分。（每增减一等，各加减五分功。）

琉璃，每一只：

龙尾，每高一尺，八分功（青掍素白的减去二分功）；

鸱尾，每高一尺，五分功（青掍素白的减去一分功）；

兽头（以高二尺五寸为标准）。七分五厘功（每增减一等，各加减五厘功，减少至一分为止）；

套兽（以口径一尺为标准）。二分五厘功（每增减二寸，各加减六厘功）；

嫔伽（高度以一尺二寸为标准）。一分五厘功（每增减二寸，各加减三厘功）；

阀阅，高五尺，一个功（每增减一尺，各加减二分功）；

蹲兽（以高六寸为标准）。每十五枚（每增减二寸，各加减三枚）；

滴当子（以高八寸为标准）。每三十五枚（每增减二寸，各加减五枚）；

以上各一个功。

系大箔，每三百领（铺箔减去三分之一）。

抹栈及笆箔，每三百尺。

开燕颔板，每九十尺。（包括安装钉子在内。）

织泥篮子，每十枚。

以上各一个功。

泥作

【原文】 每方一丈（殿宇、楼阁之类，有转角、合角、托匙处，于本作每功上加五分功。高二丈以上，每一丈、每一功各加一分二厘功，加至四丈止。供作并不加。即高不满七尺，不须棚阁者，每功减三分功，贴补同）：

红石灰（黄、青、白石灰同）。五分五厘功。（收光五遍、合和、斫事、麻捣在内。如仰泥缚棚阁者，每两椽加七厘五毫功，加至一十椽。上下并同。）

破灰。

细泥。

以上各三分功。（收光在内。如仰泥缚棚阁者，每两椽各加一厘功。其细泥作画壁，并灰衬，二分五厘功。）

粗泥，二分五厘功。（如仰泥缚棚阁者，每两椽加二厘功。其画壁披盖麻篾，并搭乍中泥。若麻灰细泥下作衬，一分五厘功。如仰泥缚棚阁，每两椽各加五毫功。）

沙泥画壁：

劈篾被篾，共二分功。

披麻，一分功。

下沙收压，一十遍，共一功七分。（栱眼壁同。）

　　垒石山（泥假山同）。五功。

　　壁隐假山，一功。

　　盆山，每方五尺，三功。（每增减一尺，各加减六分功。）

　　用坯：

　　殿宇墙（厅堂、门楼墙，并补垒柱窠同）。每七百口。（廊屋散舍墙，加一百口。）

　　贴垒脱落墙壁，每四百五十口。（创、接、垒墙头、射垛加五十口。）

　　垒烧钱炉，每四百口。

　　侧札照壁（窗坐、门颊之类同）。每三百五十口。

　　垒砌灶（茶炉同）。每一百五十口。（用砖同。其泥饰各组计积尺别计功。）

　　以上各一功。

　　织泥篮子，每一十枚一功。

　　【译文】　每一丈见方（殿宇、楼阁之类的建筑，有转角、合角、托匙的地方，在本作功的基础上每个加五分功。高度在二丈以上的，每一丈、每一个功各加一分二厘的功，加到四丈为止。供作所用的功不增加。如果高度不满七尺，不需要棚阁的，每个功减去三分功，贴补相同）：

　　红石灰（黄石灰、青石灰、白石灰相同）。五分五厘功。（包括收光五遍、和泥、砍斫、麻捣在内。如果是仰泥缚棚阁的情况，每两架椽子增加七厘五毫功，增加到十椽为止。上下都相同。）

　　破灰。

　　细泥。

　　以上各用三分功。（包括收光在内。如果是仰泥缚棚阁，每两架椽子各增加一厘功。所用细泥作画壁，以及灰衬，共二分五厘功。）

　　粗泥，二分五厘功。（如果是仰泥缚棚阁，每两架椽子加二厘功。画壁上披盖麻篾，并要搭配中泥。如果麻灰细泥下做衬，则一分五厘功。如果是仰泥缚棚阁，每两架椽子各加五毫功。）

　　沙泥画壁：

　　劈篾被篾，共二分功。

　　披麻，一分功。

　　下沙收压，十遍，总共一功七分。（栱眼壁与此相同。）

　　垒石山（泥假山同此）。五个功。

　　壁隐假山，一个功。

　　盆山，每五尺见方，三个功。（每增减一尺，各加减六分功。）

　　用坯：

　　殿宇墙（厅堂、门楼墙，包括补垒柱窠也相同）。每七百口。（如果是廊屋散舍墙，则增加一百口。）

　　贴垒脱落的墙壁，每四百五十口。（创、接、垒墙头和射垛，加五十口。）

　　垒烧钱炉，每四百口。

　　侧札照壁（窗坐、门颊之类同此）。每三百五十口。

　　垒砌锅灶（茶炉同此）。每一百五十口。（用砖相同。其泥饰各组计积尺别计功。）

以上各一个功。

织泥篮子，每十枚一个功。

彩画作

【原文】五彩间金：

描画、装染，四尺四寸。（平棋、华子之类系雕造者，即各减数之半。）

上颜色雕华版，一尺八寸。

五彩遍装，亭子、廊屋、散舍之类，五尺五寸。（殿宇、楼阁，各减数五分之一。如装画晕锦，即各减数十分之一。若描白地枝条华，即各加数十分之一。或装四出、六出锦者同。）

以上各一功。

上粉贴金出褫，每一尺，一功五分。

青绿碾玉（红或抢金碾玉同）。亭子、廊屋、散舍之类，一十二尺。（殿宇、楼阁，各项减数六分之一。）

青绿间红、三晕棱间，亭子、廊屋、散舍之类，二十尺。（殿宇、楼阁各项，减数四分之一。）

青绿二晕棱间，亭子、廊屋、散舍之类，二十五尺。（殿宇、楼阁各项，减数五分之一。）

解绿画松、青绿缘道，厅堂、亭子、廊屋、散舍之类，四十五尺。（殿宇、楼阁，减数九分之一。如间红三晕，即各减十分之二。）

解绿赤白，廊屋、散舍、华架之类，一百四十尺。（殿宇，即减数七分之二。若楼阁、亭子、厅堂、门楼及内中屋各项，减廊屋数七分之一。若间结华或卓柏，各减十分之二。）

丹粉赤白，廊屋、散舍、诸营厅堂及鼓楼、华架之类，一百六十尺。（殿宇、楼阁，减数四分之一。即亭子、厅堂、门楼及皇城内屋，各减八分之一。）

刷土黄、白缘道，廊屋、散舍之类，一百八十尺。（厅堂、门楼、凉棚各项，减数六分之一。若墨缘道，即减十分之一。）

土朱刷（间黄丹或土黄刷，带护缝、牙子抹绿同）。版壁、平暗、门窗、叉子、钩阑、棵笼之类，一百八十尺。（若护缝、牙子解染青绿者，减数三分之一。）

合朱刷：

格子，九十尺。（抹合绿方眼同。如合绿刷球文，即减数六分之一。若合朱画松难子，壶门解压青绿，即减数之半。如抹合绿于障水版之上，刷青地描染戏兽、云子之类，即减数九分之一。若朱红染难子，壶门牙子解染青绿，即减数三分之一。如土朱刷间黄丹，即加数六分之一。）

平暗、软门、版壁之类（难子、壶门、牙头、护缝解染青绿）。一百二十尺。（通刷素绿同。若抹绿牙头，护缝解染青华，即减数四分之一。如朱红染牙头，护缝等解染青绿，即减数之半。）

槛面钩阑（抹绿同）。一百零八尺。（万字、钩片版、难子上解染青绿，或障水版之上描染戏兽、云子之类，即各减数三分之一。朱红染同。）

叉子（云头、望柱头，五彩或碾玉装造）。五十五尺。（抹绿者，加数五分之一。若朱红染者，即减数五分之一。）

棵笼子（间刷素绿牙子，难子等解压青绿）。六十五尺。

乌头绰楔门（牙头、护缝、难子压染青绿，根子抹绿）。一百尺。（若高广一丈以上，即减数四分之一。如若土朱刷间黄丹者，加数二分之一。）

抹合绿窗（难子刷黄丹，顺串、地栿刷土朱）。一百尺。

华表柱并装染柱头、鹤子、日月版。（须缚棚阁者，减数五分之一。）

刷土朱通造，一百二十五尺。

绿笋通造，一百尺。

用桐油每一斤。（煎合在内。）

以上各一功。

【译文】 五彩色间描金色：

描画、装染，四尺四寸。（平棋、华子之类属于雕造的构件，则各减去一半的数量。）

雕花板上颜色，一尺八寸。

五彩遍装，描绘亭子、廊屋、散舍之类的，五尺五寸。（如果是殿宇、楼阁，数量各减去五分之一。如果装画晕锦，则各减去十分之一的数量。如果描画白底的枝条花朵，则各增加十分之一的数量。另外，装饰四出、六出的锦，情况相同。）

以上各一个功。

上粉贴金出褫，每一尺，一个功零五分。

青绿碾玉（红碾玉或者抢金碾玉同此）。绘制亭子、廊屋、散舍之类的，十二尺。（绘于殿宇、楼阁各项，数量减去六分之一。）

青绿间红、三晕棱间，绘制亭子、廊屋、散舍之类，二十尺。（殿宇、楼阁各项，数量减去四分之一。）

青绿二晕棱间，绘制亭子、廊屋、散舍之类，二十五尺。（殿宇、楼阁各项，数量减去五分之一。）

解绿画松、青绿缘道，绘制厅堂、亭子、廊屋、散舍之类，四十五尺。（殿宇、楼阁，数量减去九分之一。如果是间红三晕，则各减去十分之二。）

解绿赤白，绘制廊屋、散舍、花架之类，一百四十尺。（殿宇，则数量减去七分之二。如果是楼阁、亭子、厅堂、门楼及内中屋的各项，则廊屋的数量减去七分之一。如果期间结华或者卓柏，各减去十分之二。）

丹粉赤白，绘制于廊屋、散舍、诸营厅堂以及鼓楼、花架之类，一百六十尺。（殿宇、楼阁的数量，减去四分之一。如果是亭子、厅堂、门楼及皇城内的屋子，各减去八分之一。）

刷土黄、白缘道，绘制于廊屋、散舍之类，一百八十尺。（厅堂、门楼、凉棚各项，数量减去六分之一。如果涂黑缘道，则减去十分之一。）

土朱刷（间杂黄丹或者土黄刷，带护缝、牙子抹绿相同）。板壁、平暗、门窗、叉子、栏杆、棵笼之类的，一百八十尺。（如果是护缝、牙子解染青绿，数量减去三分之一。)

合朱刷：

染刷格子，九十尺。（方眼上混合绿色同此。如果球纹上混合绿色，则数量减去六分之一。如果混合红色画松难子，壶门上绘解压青绿，则减去数量的一半。如果在障水板上混合绿色，刷青底描染戏兽、云子之类的，则数量减去九分之一。如果用朱红色染难子，壶门牙子解染青绿色，则数量减去三分之一。如果土朱刷间杂黄丹色，则数量增加六分之一。）

绘制在平暗、软门、板壁之类的（难子、壶门、牙头、护缝用解染青绿）。一百二十尺。（通体刷素绿色相同。如果是抹绿牙头，护缝刷解染青华，则数量减去四分之一。如果是朱红染牙头，护缝刷解染青绿，则数量减去一半。）

槛面钩阑（抹绿同此）。一百零八尺。（万字、钩片板、难子上解染青绿，或者障水板上描染戏兽、云子之类的，则数量各减去三分之一。朱红染的与此相同。）

叉子（云头、望柱头，采用五彩装或碾玉装）。五十五尺。（抹绿的，数量增加五分之一。如果是朱红染的，则数量减去五分之一。）

棵笼子（间或刷染素绿牙子，难子等解压青绿）。六十五尺。

乌头绰楔门（牙头、护缝、难子压染青绿，棍子抹绿）。一百尺。（如果高度和宽度在一丈以上，则数量减去四分之一。如果采用土朱刷间杂黄丹的，则数量增加二分之一。）

抹合绿窗（难子上刷黄丹色，颊串、地

栿刷土朱色）。一百尺。

刷染华表柱的同时装染柱头、鹤子、日月板。（如果需要绑缚棚阁者，数量减去五分之一。）

刷土朱通造，一百二十五尺。

绿笋通造，一百尺。

用桐油每一斤。（煎熬煮合在内。）

以上各一个功。

砖作

【原文】斫事：

方砖：

二尺，一十三口（每减一寸，加二口）；

一尺七寸，二十口（每减一寸，加五口）；

一尺二寸，五十口。

压阑砖，二十口。

以上各一功。（铺砌功并以斫事砖数加之。二尺以下加五分，一尺七寸加六分，一尺五寸以下各倍加，一尺二寸加八分。压阑砖加六分。其添补功即以铺砌之数减半。）

条砖，长一尺三寸，四十口（趄面砖加一分）。一功。（垒砌功即以斫事砖数加一倍。趄面砖同。其添补者，即减创垒砖八分之五。若砌高四尺以上者，减砖四分之一。如补换华头，即以斫事之数减半。）

粗垒条砖（谓不斫事者）。长一尺三寸，二百口。（每减一寸，加一倍。）一功。（其添补者，即减创垒砖数：长一尺三寸者减四分之一，长一尺二寸各减半。若垒高四尺以上，各减砖五分之一，长一尺二寸者，减四分之一。）

事造剜凿（并用一尺三寸砖）：

地面斗八（阶基、城门坐砖侧头、须弥台坐之类同）。龙、凤、华样、人物、壶门、宝饼之类。

方砖，一口。（间窠球文，加一口半。）

条砖，五口。

以上各一功。

透空气眼：

方砖每一口：

神子，一功七分；

龙、凤、华盆，一功三分。

条砖，壶门，三枚半（每一枚用砖百口）。一功。

刷染砖甋、基阶之类，每二百五十尺（须缚棚阁者，减五分之一）。一功。

甃垒井，每用砖二百口，一功。

淘井，每一眼，径四尺至五尺，二功。（每增一尺，加一功。至九尺以上，每增一尺加二功。）

【译文】斫雕工事：

方砖：

二尺，十三口（每减少一寸，增加二口）；

一尺七寸，二十口（每减少一寸，增加五口）；

一尺二寸，五十口。

压阑砖，二十口。

以上各一个功。（铺砌所用的功加上斫雕的砖的数量。二尺以下的增加五分，一尺七寸的增加六分，一尺五寸以下的各加倍，一尺

二寸的增加八分。压阑砖增加六分。添补功则在铺砌功的基础上数量减半。）

条砖，长度为一尺三寸，四十口（趄面砖则增加一分）。一个功。（垒砌功则以雕斫砖的数量增加一倍。趄面砖与此相同。如果有所添补，则减去创垒砖的八分之五。如果砌高四尺以上的砖墙，则减去四分之一。如果需要修补更换花头，则在斫雕功的基础上数量减半。）

粗垒条砖（即指不进行砍斫的砖）。长一尺三寸，二百口。（每减一寸，增加一倍。）一个功。（如果是添补的，则减去创垒砖的数量：长度为一尺三寸的减去四分之一，长度为一尺二寸的各减一半。如果垒高四尺以上，各减去五分之一的砖，如果长一尺二寸的，减去四分之一。）

剜凿之功（全都用一尺三寸的砖）：

地面斗八之上（阶基、城门坐砖的侧头、须弥台坐之类的与此相同）。雕龙、凤、花样、人物、壶门、宝饼之类。

方砖，一口。（如果其间挖凿球纹花纹，则加一口半。）

条砖，五口。

以上各一功。

透空气眼：

方砖每一口：

神像，一功七分；

龙、凤、花盆，一功三分。

条砖，用于壶门，三枚半（每一枚用百口砖）。一个功。

刷染砖甋、基阶之类，每二百五十尺（如果必须绑缚棚阁的，减去五分之一）。一

个功。

垒砌井，每用砖二百口，一个功。

淘井，每一眼井，直径为四尺至五尺，两个功。（每增加一尺，增加一个功。到九尺以上，每增加一尺，加两个功。）

窑作

【原文】造坯：

方砖：

二尺，一十口（每减一寸，加二口）；

一尺五寸，二十七口（每减一寸，加六口。砖碇与一尺三寸方砖同）；

一尺二寸，七十六口。（盘龙、凤、杂华同。）

条砖：

长一尺三寸，八十二口（牛头砖同。其趄面砖加十分之一）；

长一尺二寸，一百八十七口。（趄条并走趄砖同。）

压阑砖，二十七口。

右各一功。（般取土末、和泥、事襻、晒曝、排垛在内。）

瓪瓦，长一尺四寸，九十五口。（每减二寸，加三十口。其长一尺以下者，减一十口。）

甋瓦：

长一尺六寸，九十口（每减二寸，加六十口。其长一尺四寸展样，比长一尺四寸瓦，减二十口）；

长一尺，一百三十六口（每减二寸，加一十二口）。

以上各一功。（其瓦坯并华头所用胶土即别计。）

黏甋瓦华头，长一尺四寸，四十五口。（每减二寸，加五口。其一尺以下者，即倍加。）

拨瓪瓦重唇，长一尺六寸，八十口。（每减二寸，加八口。其一尺二寸以下者，即倍加。）

黏镇子砖系，五十八口。

右各一功。

造鸱、兽等，每一只：

鸱尾，每高一尺，二功。（龙尾功，加三分之一。）

兽头：

高三尺五寸，二功八分（每减一寸，减八厘功）；

高二尺，八分功（每减一寸，减一分功）；

高一尺二寸，一分六厘八毫功。（每减一寸，减四毫功。）

套兽，口径一尺二寸，七分二厘功。（每减二寸，减一分三厘功。）

蹲兽，高一尺四寸，二分五厘功。（每减二寸，减二厘功。）

嫔伽，高一尺四寸，四分六厘功。（每减二寸，减六厘功。）

角珠，每高一尺，八分功。

火珠，径八寸，二功。（每增一寸，加八分功。至一尺以上，更于所加八分功外递加一分功。谓如径一尺，加九分功，径一尺一寸，加一功之类。）

阀阅，每高一尺，八分功。

行龙、飞凤、走兽之类，长一尺四寸，五分功。

用茶土挼瓶瓦，长一尺四寸，八十口一功。（长一尺六寸瓯瓦同。其华头、重唇在内。余准此。如每减二寸，加四十口。）

装素白砖瓦坯（青挼瓦同，如滑石挼，其功在内）。大窑计烧变所用芟草数，每七百八十束（曝窑，三分之一）。为一窑。以坯十分为率，须于往来一里外至二里般六分，共三十六功。（递转在内。曝窑，三分之一。）若般取六分以上，每一分加三功，至四十二功止。（曝窑每一分加一功，至一十五功止。）即四分之外，及不满一里者，每一分减三功，减至二十四功止。（曝窑每一分减一功，减至七功止。）

烧变大窑，每一窑：

烧变，一十八功（曝窑，三分之一，出窑功同）。

出窑，一十五功。

烧变琉璃瓦等，每一窑七功（合和、用药、般装、出窑在内）。

捣罗洛河石末，每六斤一十两一功。

炒黑锡，每一料一十五功。

垒窑每一坐：

大窑，三十二功。

曝窑，一十五功三分。

【译文】 造制待烧土坯：

方砖：

二尺，十口（每减少一寸，增加二口）；

一尺五寸，二十七口；（每减少一寸，增加六口。砖碇和一尺三寸的方砖与此相同）

一尺二寸，七十六口。（盘龙、凤、杂花与此相同。）

条砖：

长一尺三寸，八十二口（牛头砖同此。趄面砖则增加十分之一）；

长一尺二寸，一百八十七口。（趄条砖和走趄砖与此相同。）

压阑砖，二十七口。

以上各一个功。（包括搬取土末、和泥、事褫、曝晒、排垛在内。）

瓶瓦，长一尺四寸，九十五口。（每减二寸，加三十口。其长一尺以下的，减一十口。）

瓯瓦：

长一尺六寸，九十口（每减少二寸，增加六十口。其长度为一尺四寸，比长一尺四寸的瓦，减少二十口）；

长一尺，一百三十六口（每减少二寸，增加十二口）。

以上各一个功。（其瓦坯和华头所用的胶土则另当别计。）

黏合瓶瓦的华头，长一尺四寸，四十五口。（每减少二寸，增加五口。一尺以下的则加倍。）

拨制瓯瓦重唇，长一尺六寸，八十口。（每减少二寸，增加八口。一尺二寸以下的，则加倍。）

黏合镇子砖系，五十八口。

以上各一个功。

造鸱、兽等，每一只：

鸱尾，每高一尺，两个功。（龙尾所用的功，增加三分之一。）

兽头：

高为三尺五寸，二功八分（每减少一寸，减去八厘功）。

高为二尺，八分功（每减少一寸，减去一分功）。

高为一尺二寸，一分六厘八毫功。（每减少一寸，减去四毫功。）

套兽，口径为一尺二寸，七分二厘功。（每减少二寸，减去一分三厘功。）

蹲兽，高为一尺四寸，二分五厘功。（每减少二寸，减去二厘功。）

嫔伽，高为一尺四寸，四分六厘功。（每减少二寸，减去六厘功。）

角珠，每高一尺，八分功。

火珠，直径为八寸，两个功。（每增加一寸，增加八分功。到一尺以上，再在所加的八分功之外另加一分功。即如果直径一尺，则增加九分功，直径一尺一寸则增加一个功，等等。）

阀阅，每高为一尺，八分功。

行龙、飞凤、走兽之类，长一尺四寸，五分功。

用茶土捏瓶瓦，长一尺四寸，八十口用一个功。（长为一尺六寸的瓬瓦相同。包括华头、重唇在内。其余以此为准。如果每减少二寸，则增加四十口。）

装运素白砖瓦坯（青掍瓦相同。如果是滑石掍，其功计算在内）。大窑计算烧变所用的芟草数量，每七百八十束（曝窑，计烧制三分之一的功）。为一窑。以制坯需要十分功为标准，需要在往来一里外至二里搬运六分功，共计三十六个功。（包括递转在内，曝窑的功为三分之一。）如果搬取的功在六分以上，每一分加三个功，加到四十二个功为止。（曝窑，每一分加一个功，加到十五个功为止。）搬运功在四分之下，以及不满一里的，每一分减三个功，减到二十四个功为止。（曝窑，每一分减一个功，减到七个功为止。）

大窑的烧变，每一窑：

烧变，十八个功（曝窑，占三分之一功，出窑的功与此相同）。

出窑，十五个功。

烧变琉璃瓦等，每一窑七个功（包括混合、用药、搬装、出窑在内）。

捣碎洛河石粉末，每六斤十两为一个功。

炒黑锡，每一料十五个功。

垒窑每一座：

大窑，三十二个功。

曝窑，十五功三分。

卷二十六·诸作料例一

　　本卷阐述各工种在诸作中必须遵从的用料定额和质量标准。

石作

【原文】蜡面，每长一丈，广一尺（碑身整坐同）：

黄蜡，五钱；

木炭，三斤（一段通及一丈以上者，减一斤）；

细墨，五钱。

安砌，每长三尺，广二尺，矿石灰五斤（赑屃碑一坐三十斤，笏头碣一十斤）。

每段：

熟铁鼓卯，二枚（上下大头各广二寸，长一寸，腰长四寸，厚六分，每一枚重一斤）；

铁叶，每铺石二重，隔一尺用一段。（每段广三寸五分，厚三分。如并四造，长七尺。并三造，长五尺。）

灌鼓卯缝，每一枚用白锡三斤。（如用黑锡，加一斤。）

【译文】蜡面，每长为一丈，宽为一尺（碑身、整坐与此相同）：

黄蜡，五钱；

木炭，三斤（一段通和一丈以上的，减去一斤）；

细墨，五钱。

安砌，每长为三尺，宽为二尺，需要矿石灰五斤。（赑屃碑一座，用矿石灰三十斤。笏头碣，用矿石灰十斤。）

每段：

熟铁鼓卯，两枚（上下大头各宽二寸，长一寸，腰长四寸，厚六分，每一枚重一斤）；

铁叶，每铺两重石头，隔一尺用一段。（每一段宽三寸五分，厚三分。如果是四段并排，则长七尺。三段并排，则长五尺。）

灌鼓卯缝，每一枚用三斤白锡。（如果用黑锡，则加一斤。）

大木作（小木作附）

【原文】用方木：

大料模方，长八十尺至六十尺，广三尺五寸至二尺五寸，厚二尺五寸至二尺。充十二架椽至八架椽栿。

广厚方，长六十尺至五十尺，广三尺至二尺，厚二尺至一尺八寸。充八架椽栿并檐栿、绰幕、大檐头。

长方，长四十尺至三十尺，广二尺至一尺五寸，厚一尺五寸至一尺二寸。充出跳六架椽至四架椽栿。

松方，长二丈八尺至二丈三尺，广二尺至一尺四寸，厚一尺二寸至九寸。充四架椽至三架椽栿，大角梁，檐额，压槽方，高一丈五尺以上版门及裹栿版，佛道帐所用料槽压厦版。（其名件广厚非小松方以下可充者同。）

朴柱，长三十尺，径三尺五寸至二尺五寸。充五间八架椽以上殿柱。

松柱，长二丈八尺至二丈三尺，径二尺至一尺五寸。就料剪截，充七间八架椽以上殿副阶柱，或五间、三间八架椽至六架椽殿身柱，或七间至三间八架椽至六架橡厅堂柱。

就全条料又剪截解割用下项：

小松方，长二丈五尺至二丈二尺，广一尺三寸至一尺二寸，厚九寸至八寸。

常使方，长二丈七尺至一丈六尺，广一尺二寸至八寸，厚七寸至四寸。

官样方，长二丈至一丈六尺，广一尺二寸至九寸，厚七寸至四寸。

截头方，长二丈至一丈八尺，广一尺三寸至一尺一寸，厚九寸至七寸五分。

材子方，长一丈八尺至一丈六尺，广一尺二寸至一尺，厚八寸至六寸。

方八方，长一丈五尺至一丈三尺，广一尺一寸至九寸，厚六寸至四寸。

常使方八方，长一丈五尺至一丈三尺，广八寸至六寸，厚五寸至四寸。

方八子方，长一丈五尺至一丈二尺，广七寸至五寸，厚五寸至四寸。

【译文】用方木：

大料的模方，长为六十尺至八十尺，宽为二尺五寸至三尺五寸，厚为二尺至二尺五寸。充任八架橡至十二架的橡栿。

宽厚方，长五十尺至六十尺，宽二尺至三尺，厚一尺八寸至二尺。充任八架橡栿以及檐栿、绰幕、大檐头。

长方，长三十尺至四十尺，宽一尺五寸至二尺，厚一尺二寸至一尺五寸。充任出跳四架橡至六架橡栿。

松方，长二丈三尺至二丈八尺，宽一尺四寸至二尺，厚九寸至一尺二寸。充

当三架橡至四架橡栿，大角，檐额，压槽方，高一丈五尺以上的板门和裹栿板，佛道帐所用的枓槽压厦板。（这些构件中，凡是宽度和厚度用小松方以下不可以充当的，尺寸相同。）

朴柱，长三十尺，径二尺五寸至三尺五寸。充当五间八架橡以上的殿柱。

松柱，长二丈三尺至二丈八尺，直径为一尺五寸至二尺。根据木料切割剪截，充当七间八架橡以上的殿副阶的柱子，或者五间、三间八架橡至六架橡殿身的柱子，或者七间至三间八架橡至六架橡厅堂的柱子。

根据整条木料剪截解割的尺寸用以下各项：

小松方，长二丈二尺至二丈五尺，宽一尺二寸至一尺三寸，厚八寸至九寸。

常使方，长一丈六尺至二丈七尺，宽八寸至一尺二寸，厚四寸至七寸。

官样方，长一丈六尺至二丈，宽九寸至一尺二寸，厚四寸至七寸。

截头方，长一丈八尺至二丈，宽一尺一寸至一尺三寸，厚七寸五分至九寸。

材子方，长一丈六尺至一丈八尺，宽一尺至一尺二寸，厚六寸至八寸。

方八方，长一丈三尺至一丈五尺，宽九寸至一尺一寸，厚四寸至六寸。

常使方八方，长一丈三尺至一丈五尺，宽六寸至八寸，厚四寸至五寸。

方八子方，长一丈二尺至一丈五尺，宽五寸至七寸，厚四寸至五寸。

竹作

【原文】色额等第：

上等（每径一寸，分作四片，每片广七分。每径加一分，至一寸以上，准此计之。中等同。其打笆用下等者，只推竹造）：

漏三，长二丈，径二寸一分（系除梢实收数，下并同）；

漏二，长一丈九尺，径一寸九分；

漏一，长一丈八尺，径一寸七分。

中等：

大竿条，长一丈六尺（织簟，减一尺，次竿、头竹同）。径一寸五分；

次竿条，长一丈五尺，径一寸三分；

头竹，长一丈二尺，径一寸二分；

次头竹，长一丈一尺，径一寸。

下等：

笪竹，长一丈，径八分；

大管，长九尺，径六分；

小管，长八尺，径四分。

织细棋文素簟（织华或龙凤造同）。每方一尺，径一寸二分竹一条。（衬簟在内。）

织粗簟（假棋文簟同）。每方二尺，径一寸二分，竹一条八分。

织雀眼网（每长一丈，广五尺）。以径一寸二分竹：

浑青造，一十一条（内一条作贴。如用木贴，即不用，下同）；

青白造，六条。

笍索，每一束（长二百尺，广一寸五

分，厚四分）。以径一寸三分竹：

浑青叠四造，一十九条；

青白造，一十三条。

障日㰖，每三片，各长一丈，广二尺：

径一寸三分竹，二十一条（劈篾在内）；

芦箊，八领。（压缝在内。如织簟造不用。）

每方一丈：

打笆，以径一寸三分竹为率，用竹三十条造。（一十二条作经，一十八条作纬，钩头、揿压在内。其竹，若瓪瓦结瓦，六椽以上，用上等；四椽及瓯瓦六椽以上，用中等；瓪瓦两椽、瓯瓦四椽以下，用下等。若阙本等，以别等竹比折充。）

编道，以径一寸五分竹为率，用二十三条造。（棍并竹钉在内，阙以别色充。若照壁中缝及高不满五尺，或栱壁、山斜、泥道，以次竿或头竹、次竹比折充。）

竹栅，以径八分竹一百八十三条造。（四十条作经，一百四十三条作纬编造。如高不满一丈，以大管竹或小管竹比折充。）

夹截：

中箊，五领（揿压在内）；

径一寸二分竹，一十条（劈篾在内）。

搭盖凉棚，每方一丈二尺：

中箊，三领半；

径一寸三分竹，四十八条（三十二条作椽，四条走水，四条裹唇，三条压缝，五条劈篾青白用）；

芦发，九领（如打笆造不用）。

【译文】 竹材的数量和等级：

上等（每直径一寸，分作四片，每片宽七分。每直径增加一分，加到一寸以上，依照此标准计算尺寸。中等同此。如果用下等竹材打竹笆的，只用竹材的制作标准推算）：

孔隙为三个的，长二丈，直径二寸一分（系除梢位实收数量。以下都同此）；

孔隙为二个的，长一丈九尺，直径一寸九分；

孔隙为一个的，长一丈八尺，直径一寸七分。

中等：

大竿竹条，长一丈六尺（织竹席，减去一尺，次竿、头竹与此相同）。直径一寸五分；

次竿竹条，长一丈五尺，直径一寸三分。

头竹，长一丈二尺，直径一寸二分；

次头竹，长一丈一尺，直径一寸。

下等：

笪竹，长一丈，直径八分；

大管，长九尺，直径六分；

小管，长八尺，直径四分。

织细篾棋纹素竹席（织花或龙凤图案同此）。每方一尺，直径一寸二分，用竹一条。（包括衬席在内。）

织粗竹席（假棋纹竹席同此）。每二尺见方，直径一寸二分，用竹一条八分。

织雀眼网（每长一丈，宽五尺）。用直径为一寸二分的竹子：

全部青竹篾制作，十一条（里面一条作贴。如果用木制贴，则不用，以下相同）；

用青白竹篾制作，六条。

笍索，每一束（长为二百尺，宽一寸五分，厚四分）。用直径一寸三分的竹子：

全青竹篾叠四制作，十九条；

青白竹篾制作，十三条。

障日㕁，每三片，各长一丈，宽二尺：

用直径一寸三分的竹子，共二十一条（包括劈篾在内）；

芦席，八领。（包括压缝在内。如果制竹席，则不用。）

每方一丈：

打竹笆，以直径一寸三分竹为标准，用三十条竹子制作。（用十二条作经，十八条作纬，包括钩头、挽压在内。对于竹材的选用，如果是瓶瓦结瓦，六椽以上的，用上等竹材；四椽以及瓯瓦六椽以上的，用中等竹材；瓶瓦两椽、瓯瓦四椽以下的，用下等竹材。如果缺乏本等竹材，则以照原等级竹材用别等竹材抵换充当。）

编道，以直径一寸五分竹为标准，用二十三条竹子制作。（包括楗和竹钉在内，如果缺乏，就用别等竹材充当。如果用在照壁中缝和高不满五尺，或者栱壁、山斜、泥道等，则次竿或头竹、次竹，比照标准尺寸抵换充当。）

竹栅，用直径八分的竹材，一百八十三条制作。（四十条作经，一百四十三条作纬，编制。如果高度不满一丈，则用大管竹或小管竹，比照标准尺寸抵换充当。)

夹截:

中箔,五领(包括挽压在内);

直径一寸二分的竹材,十条。(包括劈篾在内。)

搭盖凉棚,每一丈二尺见方:

中箔,三领半;

直径一寸三分的竹材,四十八条(三十二条作椽,四条走水,四条裹唇,三条压缝,五条劈篾青白使用);

芦发,九领。(如果是打竹笆,则不用。)

瓦作

【原文】用纯石灰(谓矿灰,下同):

结瓦,每一口:

甋瓦,一尺二寸,二斤。(即浇灰结瓦用五分之一。每增减一等,各加减八两。至一尺以下,各减所减之半。下至垒脊条子瓦同。其一尺二寸瓪瓦准一尺甋瓦法。)

仰瓪瓦,一尺四寸,三斤。(每增减一等,各加减一斤。)

点节甋瓦,一尺二寸,一两。(每增减一等,各加减四钱。)

垒脊(以一尺四寸瓪瓦结瓦为率):

大当沟(以甋瓦一口造)。每二枚,七斤八两。(每增减一等,各加减四分之一。线道同。)

线道(以甋瓦一口造二片)。每一尺,两壁共二斤。

条子瓦(以甋瓦一口造四片)。每一尺,两壁共一斤。(每增减一等,各加减五

分之一。)

泥脊白道,每长一丈,一斤四两。

用墨煤染脊,每层,长一丈,四钱。

用泥垒脊,九层为率,每长一丈:

麦䴴[1]一十八斤(每增减二层,各加减四斤);

紫土,八担。(每一担重六十斤,馀应用土并同。每增减二层,各加减一担。)

小当沟,每瓪瓦一口造二枚。(仍取条子瓦二片。)

燕颔或牙子版,每合角处用铁叶一段。(殿宇长一尺,广六寸。馀长六寸,广四寸。)

结瓦,以瓪瓦长,每口挽压四分,收长六分。(其解桥剪截,不得过三分。)合溜处尖斜瓦者,并计整口。

布瓦陇,每一行依下项:

甋瓦(以仰瓪瓦为计):

长一尺六寸,每一尺;

长一尺四寸,每八寸;

长一尺二寸,每七寸;

长一尺,每五寸八分;

长八寸,每五寸;

长六寸,每四寸八分。

瓪瓦:

长一尺四寸,每九寸;

长一尺二寸,每七寸五分。

结瓦,每方一丈:

中箔,每重,二领半。(压占在内。殿宇、楼阁五间以上用五重,三间四重,厅堂三重,馀并二重。)

土，四十担。（系筒瓯结瓦，以一尺四寸瓯瓦为率。下莭栽同。每增一等，加一十担。每减一等，减五担。其散瓯瓦，各减半。）

麦麸，二十斤。（每增一等加一斤，每减一等减八两，散瓯瓦各减半。如纯灰结瓦不用。其麦䴷同。）

麦䴷，一十斤。（每增一等加八两，每减一等减四两。散瓯瓦不用。）

泥蓝，二枚。（散瓯瓦一枚。用径一寸三分竹一条，织造二枚。）

击箔常使麻，一钱五分。

抹柴栈或版笆箔，每方一丈（如纯灰于版并笆箔上结瓦者，不用）：

土，二十担。

麦䴷，一十斤。

安卓：

鸱尾，每一只（以高三尺为率。龙尾同）：

铁脚子，四枚，各长五寸。（每高增一尺，长加一寸。）

铁束，一枚，长八寸。（每高增一尺，长加二寸。其束子大头广二寸，小头广一寸二分为定法。）

抢铁，三十二片，长视身三分之一。（每高增一尺，加八片。大头广二寸，小头广一寸为定法。）

拒鹊子，二十四枚（上作五叉子，每高增一尺，加三枚）。各长五寸。（每高增一尺，加六分。）

安拒鹊等石灰，八斤。（坐鸱尾及龙尾同。每增减一尺，各加减一斤。）

墨煤，四两。（龙尾三两。每增减一尺，各加减一两三钱。龙尾加减一两。其琉璃者，不用。）

鞠，六道，各长一尺。（曲在内为定法。龙尾同。每增一尺，添八道，龙尾添六道。其高不及三尺者，不用。）

柏桩，二条（龙尾同，高不及三尺者减一条）。长视高，径三寸五分。（三尺以下径三寸。）

龙尾：

铁索，二条。（两头各带独脚屈膝，其高不及三尺者，不用。）

一条长视高一倍，外加三尺。

一条长四尺。（每增一尺加五寸。）

火珠，每一坐（以径二尺为准）。

柏桩，一条，长八尺。（每增减一等，各加减六寸。其径以三寸五分为定法。）

石灰，一十五斤。（每增减一等，各加减二斤。）

墨煤，三两。（每增减一等，各加减五钱。）

兽头，每一只：

铁钩，一条。（高二尺五寸以上钩长五尺，高一尺八寸至二尺钩长三尺，高一尺四寸至一尺六寸钩长二尺五寸，高一尺二寸以下钩长二尺。）

系腮铁索，一条，长七尺。（两头各带直脚屈膝。兽高一尺八寸以下，并不用。）

滴当子，每一枚（以高五寸为率）：

石灰，五两。（每增减一等，各加减一

两。)

嫔伽,每一只(以高一尺四寸为率):

石灰,三斤八两。(每增减一等,各加减八两。至一尺以下,减四两。)

蹲兽,每一只(以高六寸为率):

石灰,二斤。(每增减一等,各加减八两。)

石灰,每三十斤,用麻捣一斤。

出光琉璃瓦,每方一丈,用常使麻八两。

【注释】〔1〕麸(yì):麦殻破碎者,即空小麦壳磨碎。

【译文】用纯石灰(即矿灰。下同):

结瓦,每一口:

瓯瓦,一尺二寸,用二斤纯石灰。(浇灰、结瓦用五分之一。每增减一个等级,则各加减八两。到一尺以下的瓦,各减去所减的一半。下至垒脊、条子瓦与此相同。一尺二寸的瓯瓦以一尺的瓯瓦的制度为准。)

仰瓯瓦,一尺四寸,三斤。(每增减一等,各加减一斤。)

点节瓯瓦,一尺二寸,用一两纯石灰。(每增减一等,各加减四钱。)

垒脊(以一尺四寸的瓯瓦结瓦为准):

大当沟(用瓯瓦一口建造)。每二枚,用七斤八两纯石灰。(每增减一等,各加减四分之一。制作线道所用石灰量同此。)

线道瓦(用瓯瓦一口,建造两片)。每一尺,两壁共需要二斤石灰。

条子瓦(以瓯瓦一口,建造四片)。每一尺,两壁,共需要一斤石灰。(每增减一等,各加减五分之一。)

泥脊白道,每长一丈,用一斤四两石灰。

用墨煤染脊,每一层,长一丈,用四钱石灰。

用泥垒脊,以九层为标准,每长一丈:

用麦麸十八斤(每增减两层,各加减四斤);

紫土,八担。(每一担重六十斤,其余所应用土都与此相同。每增减两层,各相应加减一担。)

小当沟,每瓯瓦一口,建造两枚。(仍取两片条子瓦。)

燕颔或牙子板,每个合角处用一段铁叶。(殿宇所用燕颔或牙子板长一尺,宽六寸。其余的长六寸,宽四寸。)

结瓦,以瓯瓦的长度,每一口搀压四分,收边长为六寸。(解桥、剪截,不能超过三分。)合溜处的尖斜瓦,都以整口计算。

排布瓦陇,每一行依照以下各项:

瓯瓦(以仰瓯瓦的尺寸计算):

长一尺六寸,每一尺;

长一尺四寸,每八寸;

长一尺二寸,每七寸;

长一尺,每五寸八分;

长八寸,每五寸;

长六寸,每四寸八分。

瓯瓦:

长一尺四寸,每九寸;

长一尺二寸，每七寸五分。

结瓦，每一丈见方：

中箔，每一重，用二领半。（压占所用的计算在内。殿宇、楼阁五间以上的用五重，三间的用四重，厅堂用三重，其余都用两重。）

土，四十担。（系瓶瓦，瓯瓦，结瓦，以一尺四寸的瓯瓦为标准。下面的靮耿与此相同。每增加一个等级，加十担。每减少一个等级，减去五担。散瓯瓦，各样都减半。）

麦耿，二十斤。（每增加一个等级，加一斤，每减一等减八两，散瓯瓦各减一半。如果用纯石灰结瓦，则不用。下面的麦靮与此相同。）

麦靮，十斤。（每增加一等加八两，每减少一等减四两。散瓯瓦不用。）

泥蓝，两枚。（散瓯瓦一枚。用直径一寸三分的竹子一条，织造两枚。）

系箔常使的麻，一钱五分。

抹柴栈或板、笆、箔，每一丈见方（如果是在板、笆、箔上用纯石灰结瓦的，则不用）：

土，二十担。

麦靮，十斤。

安装：

鸱尾，每一只（以高三尺为标准。龙尾相同）：

铁脚子，四枚，各长五寸。（高度每增加一尺，长度增加一寸。）

铁束，一枚，长八寸。（高度每增加一尺，长度增加二寸。所用束子大头的宽度为二寸，小头宽一寸二分，这是定法。）

抢铁，三十二片，长度根据身长的三分之一而定。（高度每增加一尺，则增加八片抢铁。大头宽二寸，小头宽一寸，这是定法。）

拒鹊子，二十四枚（上面做五叉子造型，高度每增加一尺，加三枚）。各长五寸。（高度每增加一尺，增加六分。）

安拒鹊等所用石灰，八斤。（安放鸱尾和龙尾与此相同。每增减一尺，各加减一斤石灰。）

墨煤，四两。（龙尾用三两。每增减一尺，各加减一两三钱。龙尾加减一两。如果是琉璃的，不用。）

鞠，六道，各长为一尺。（包括曲面在内，此为定法。龙尾同此。每增加一尺，添八道，龙尾添六道。高度不及三尺的，不用。）

柏桩，两条（龙尾同，高度不及三尺的，减去一条）。长度根据高度而定，直径三寸五分。（三尺以下的，直径三寸。）

龙尾：

铁索，两条。（两头各带独脚屈膝，高度不及三尺的，不用。）

一条的长度根据高度的一倍，另外加三尺。

另一条长四尺。（每增一尺加五寸。）

火珠，每一座（直径以二尺为准）。

柏桩，一条，长度为八尺。（每增减一等，各加减六寸。其直径以三寸五分为定法。）

石灰，十五斤。（每增减一等，各加减二斤。）

墨煤，三两。（每增减一等，各加减五

钱。）

兽头，每一只：

铁钩，一条。（高度在二尺五寸以上的，钩长五尺，高度在一尺八寸至二尺的，钩长三尺，高度在一尺四寸至一尺六寸的，钩长二尺五寸，高一尺二寸以下的，钩长二尺。）

系腮铁索，一条，长为七尺。（两头各带直脚屈膝。兽的高度在一尺八寸以下的，都不用。）

滴当子，每一枚（以高五寸为标准）：

石灰，五两。（每增减一等，各加减一两。）

嫔伽，每一只（以高一尺四寸为标准）：

石灰，三斤八两。（每增减一等，各加减八两。到一尺以下的，减去四两。）

蹲兽，每一只（以高六寸为标准）：

石灰，二斤。（每增减一等，各加减八两。）

石灰，每三十斤，用一斤麻捣。

出光琉璃瓦，每方一丈，用常使麻八两。

卷二十七·诸作料例二

　　本卷续卷二十六，进一步阐述各工种在诸作中必须遵从的用料定额和质量标准。

泥作

【原文】每方一丈：

红石灰（干厚一分三厘。下至破灰同。石灰，三十斤；非殿阁等，加四斤。若用矿灰，减五分之一，下同）：

赤土，二十三斤；

土朱，一十斤。（非殿阁等，减四斤。）

黄石灰：

石灰，四十七斤四两；

黄土，一十五斤十二两。

青石灰：

石灰，三十二斤四两；

软石炭，三十二斤四两。（如无软石炭，即倍加石灰之数，每石灰一十斤，用粗墨一斤，或墨煤十一两。）

白石灰：

石灰，六十三斤。

破灰：

石灰，二十斤；

白蔑土，一担半；

麦𪎭，一十八斤。

细泥：

麦𪎭，一十五斤（作灰衬同，其施之于城壁者倍用，下麦䴬准此）；

土，三担。

粗泥（中泥同）：

麦䴬，八斤（搭络及中泥作衬，并减半）；

土，七担。

沙泥画壁：

沙土、胶土、白蔑土，各半担；

麻捣，九斤（栱眼壁同，每斤洗净者收一十二两）；

粗麻，一斤；

径一寸三分竹，三条。

垒石山：

石灰，四十五斤；

粗墨，三斤。

泥假山：

长一尺二寸，广六寸，厚二寸砖，三十口；

柴，五十斤（曲堰者）；

径一寸七分竹，一条；

常使麻皮，二斤；

中箔，一领；

石灰，九十斤；

粗墨，九斤；

麦䴬，四十斤；

麦𪎭，二十斤；

胶土，一十担。

壁隐假山：

石灰，三十斤；

粗墨，三斤。

盆山，每方五尺：

石灰，三十斤（每增减一尺，各加减六斤）；

粗墨，二斤。

每坐：

立灶（用石灰或泥，并依泥饰料例约计。下至茶炉子准此）：

突，每高一丈二尺，方六寸，坯四十口。（方加至一尺二寸倍用。其坯系长一尺二寸，广六寸，厚二寸。下应用砖坯并同。）

垒灶身，每一斗坯八十口。（每增一斗，加一十口。）

釜灶（以一石为率）：

突，依立灶法。（每增一石腔口，直径加一寸，至十石止。）

垒腔口坑子罨烟，砖五十口。（每增一石，加一十口。）

坐甑：

生铁灶门。（依大小用。镬灶同。）

生铁版，二片，各长一尺七寸，（每增一石加一寸。）广二寸，厚五分。

坯，四十八口。（每增一石，加四口。）

矿石灰，七斤。（每增一口，加一斤。）

镬灶（以口径三尺为准）：

突，依釜灶法。（斜高二尺五寸，曲长一丈七尺，驼势在内。自方一尺五寸并二垒砌，为定法。）

砖，一百口。（每径加一尺，加三十口。）

生铁版，二片，各长二尺（每径长加一尺，加三寸）。广二寸五分，厚八分。

生铁柱子，一条，长二尺五寸，径三寸。（仰合莲造。若径不满五尺，不用。）

茶炉子（以高一尺五寸为率）：

燎杖（用生铁或熟铁造）。八条，各长八寸，方三分。

坯，二十口。（每加一寸，加一口。）

垒坯墙：

用坯，每一千口，径一寸三分竹三条。（造泥篮在内。）

暗柱，每一条（长一丈一尺，径一尺二寸为准。墙头在外）。中箔，一领。

石灰，每一十五斤，用麻捣一斤。（若用矿灰加八两。其和红、黄、青灰，即以所用土朱之类斤数在石灰之内。）

泥篮，每六椽屋一间，三枚。（以径一寸三分竹一条织造。）

【译文】 每一丈见方：

红石灰的拌和比例（干了之后，厚度为一分三厘。以下到破灰，与此相同。石灰，三十斤；如果不是殿阁等房屋，则加四斤。如果使用矿灰，则减去五分之一。以下相同）：

赤土，二十三斤；

土朱，十斤。（如果不是殿阁等房屋，则减去四斤。）

黄石灰的拌和比例：

石灰，四十七斤四两；

黄土，十五斤十二两。

青石灰的拌和比例：

石灰，三十二斤四两；

软石炭，三十二斤四两。（如果没有软石炭，则石灰的数量加倍，每十斤石灰，用粗墨一斤，或者墨煤十一两。）

白石灰的拌和比例：

石灰，六十三斤。

破灰的拌和比例：

石灰，二十斤；

白蔑土，一担半；

麦麸，十八斤。

细泥的拌和比例：

麦䴙，十五斤（做灰衬与此相同。如果是施用在城壁上的则加倍，以下的麦䴙以此为准）；

土，三担。

粗泥的拌和比例（中泥同此）：

麦䴙，八斤（如果做搭络，以及用中泥做衬，都要减半）：

土，七担。

用沙泥做画壁：

沙土、胶土、白蒇土，各半担；

麻捣，九斤（做栿眼的墙壁与此相同。每一斤洗净后，收为十二两）。

粗麻，一斤；

直径一寸三分的竹子，三条。

垒石山：

石灰，四十五斤；

粗墨，三斤。

泥抹假山：

长一尺二寸，宽六寸，厚二寸的砖，三十口；

柴，五十斤（曲堰）；

直径一寸七分的竹子，一条；

常使麻皮，二斤；

中箔，一领；

石灰，九十斤；

粗墨，九斤；

麦䴙，四十斤；

麦䴙，二十斤；

胶土，十担。

垒砌壁隐假山：

石灰，三十斤；

粗墨，三斤。

盆山，每五尺见方：

石灰，三十斤（每增减一尺，各加减六斤）；

粗墨，二斤。

每座：

立灶（用石灰或泥，都依据泥饰料例的细则计算。以下直至茶炉子都以此为准）：

烟囱，每高一丈二尺，六寸见方，用四十口坯。（如果边长加到一尺二寸见方，则用料加倍。所用坯长一尺二寸，宽六寸，厚二寸。以下应用的砖、坯，都与此相同。）

垒灶身，每一斗用八十口坯。（每增加一斗，加十口。）

釜灶（以一石为标准）：

烟囱，依照立灶的规则。（每增一石腔口，直径增加一寸，增加至十石为止。）

垒腔口坑子罨烟，用砖五十口。（每增一石，增加十口。）

坐甑：

生铁灶门。（根据大小而用。镬灶与此相同。）

生铁板，两片，各长一尺七寸（每增加一石，长度增加一寸）。宽二寸，厚五分。

坯，四十八口。（每增一石，加四口。）

矿石灰，七斤。（每增一口，加一斤。）

镬灶（口径以三尺为准）：

烟囱，依照釜灶的规则。（斜高为二尺五寸，曲长一丈七尺，包括驼形弯曲走势在内。一尺五寸见方，采取并排二垒砌，这是定法。）

砖，一百口。（直径每增加一尺，加三十口。）

生铁板，两片，各长二尺（直径长每增加一尺，加三寸）。宽二寸五分，厚八分。

生铁柱子，一条，长二尺五寸，直径三寸。（采用仰合莲造型。如果直径不满五尺，不用。）

茶炉子（以高一尺五寸为标准）：

燎杖（用生铁或熟铁铸造）。八条，各长八寸，三分见方。

坯，二十口。（每加一寸，加一口。）

垒坯墙：

用坯，每一千口，直径为一寸三分的竹子，三条。（包括造泥篮在内。）

暗柱，每一条（长一丈一尺，直径一尺二寸为准，墙头在外）。中箔，一领。

石灰，每十五斤，用麻捣一斤。（如果用矿灰，则增加八两。和红灰、黄灰、青灰，即以所用的土朱之类的斤数和在石灰之内。）

泥篮，每六椽屋一间，做三枚。（以直径一寸三分的竹子一条编造。）

彩画作

【原文】 应刷染木植，每面方一尺，各使下项（栱眼壁各减五分之一，雕木华版加五分之一，即描华之类，准折计之）：

定粉，五钱三分；

墨煤，二钱二分八厘五毫；

土朱，一钱七分四厘四毫（殿宇、楼阁加三分，廊屋、散舍减二分）。

白土，八钱（石灰同）；

土黄，二钱六分六厘（殿宇、楼阁加二分）；

黄丹，四钱四分（殿宇、楼阁加二分，廊屋、散舍减一分）；

雌黄，六钱四分（合雌黄、红粉同）；

合青华，四钱四分四厘（合绿华同）；

合深青，四钱（合深绿及常使朱红、心子朱红、紫檀，并同）；

合朱，五钱（生青绿华、深朱红同）；

生大青，七钱（生大青、浮淘青、梓州熟大青绿、二青绿，并同）；

生二绿，六钱（生二青同）；

常使紫粉，五钱四分；

藤黄，三钱；

槐华，二钱六分；

中绵胭脂，四片（若合色，以苏木五钱二分，白矾一钱三分煎合充）；

描画细墨，一分；

熟桐油，一钱六分。（若在暗处不见风日者，加十分之一。）

应合和颜色，每斤，各使下项：

合色：

绿华（青华减定粉一两，仍不用槐华白矾）：

定粉，一十三两；

青黛，三两；

槐华，一两；

白矾，一钱。

朱：

黄丹，一十两；

常使紫粉，六两。

绿：

雌黄，八两；

淀，八两。

红粉：

心子朱红，四两；

定粉，一十二两。

紫檀：

常使紫粉，一十五两五钱；

细墨，五钱。

草色：

绿华（青华减槐华、白矾）：

淀，一十二两；

定粉，四两；

槐华，一两；

白矾，一钱。

深绿（深青即减槐华、白矾）：

淀，一斤；

槐华，一两；

白矾，一钱。

绿：

淀，一十四两；

石灰，二两；

槐华，二两；

白矾，二钱。

红粉：

黄丹，八两；

定粉，八两。

衬金粉：

定粉，一斤；

土朱，八钱。（颗块者。）

应使金箔，每面方一尺，使衬粉四两，颗块土朱一钱。每粉三十斤，仍用生白绢一尺（滤粉，木炭一十斤，熁粉），绵

半两。（描金。）

应煎合桐油，每一斤：

松脂、定粉、黄丹，各四钱；

木扎，二斤。

应使桐油，每一斤，用乳丝四钱。

【译文】 应刷的染木植油，每面为一尺平方，各种原料使用如以下各项（栱眼壁的各项减去五分之一，雕木花板增加五分之一，即描花之类，按照这个标准折算）：

定粉，五钱三分；

墨煤，二钱二分八厘五毫；

土朱，一钱七分四厘四毫（殿宇、楼阁增加三分，廊屋、散舍减去二分）；

白土，八钱（石灰同此）；

土黄，二钱六分六厘（殿宇、楼阁增加二分）；

黄丹，四钱四分（殿宇、楼阁增加二分，廊屋、散舍减去一分）；

雌黄，六钱四分（混合雌黄、红粉与此相同）；

混合青华，四钱四分四厘（混合绿华相同）；

混合深青，四钱（混合深绿及常使用的朱红、心子朱红、紫檀，都相同）；

混合朱，五钱（生青绿华、深朱红与此相同）；

生大青，七钱（生大青、浮淘青、梓州熟大青绿、二青绿，都相同）；

生二绿，六钱（生二青与此相同）；

常使用的紫粉，五钱四分；

藤黄，三钱；

槐华，二钱六分；

中绵胭脂，四片（如果和混合颜色，用五钱二分苏木，一钱三分白矾，煎煮调和充当）；

描画细墨，一分；

熟桐油，一钱六分。（如果是在阴暗不见阳光和风的地方，增加十分之一。）

几种混合颜色的调制，每斤所使用的配料如以下各项：

混合色：

绿华（青华减一两定粉，仍然不用槐华和白矾）：

定粉，十三两；

青黛，三两；

槐华，一两；

白矾，一钱。

朱：

黄丹，十两；

常使紫粉，六两。

绿：

雌黄，八两；

淀，八两。

红粉：

心子朱红，四两；

定粉，十二两。

紫檀：

常使紫粉，十五两五钱；

细墨，五钱。

草色：

绿华（青花减槐华、白矾）：

淀，十二两；

定粉，四两；

槐华，一两；

白矾，一钱。

深绿（深青则减去槐华、白矾）：

淀，一斤；

槐华，一两；

白矾，一钱。

绿：

淀，十四两；

石灰，二两；

槐华，二两；

白矾，二钱。

红粉：

黄丹，八两；

定粉，八两。

衬金粉：

定粉，一斤；

土朱，八钱。（用颗粒块状的矿料。）

应使金箔，每面一平方尺，使用四两衬粉，一钱颗粒块状土朱。每三十斤粉，仍然使用生白绢一尺（滤粉，木炭十斤，熁粉），半两棉花。（描金。）

应煎煮调和的桐油，每一斤：

松脂、定粉、黄丹，各四钱；

木扎，二斤。

应使桐油，每一斤，用四钱乳丝。

砖作

【原文】 应铺垒、安砌，皆随高、广，指定合用砖等第，以积尺计之。若阶基、慢道之类并二或并三砌，应用尺三条砖，细垒者，外壁斫磨砖，每一十行，里壁粗砖八行填后。（其隔减、砖瓶，及楼阁高窝，或行数不及者，并依此增减计定。）

应卷輂河渠，并随圜用砖，每广二寸，计一口，覆背卷准此。其缴背，每广六寸，用一口。

应安砌所须矿灰，以方一尺五寸砖，用一十三两。（每增减一寸，各加减三两。其条砖减方砖之半，压阑于二尺方砖之数减十分之四。）

应以墨煤刷砖瓶基阶之类，每方一百尺，用八两。

应以灰刷砖墙之类，每方一百尺，用一十五斤。

应以墨煤刷砖瓶基阶之类，每方一百尺，并灰刷砖墙之类，计灰一百五十斤，各用苕帚一枚。

应甃垒，并所用盘版，长随径（每片广八寸，厚二寸）。

每一片：

常使麻皮，一斤；

芦蕟[1]，一领；

径一寸五分竹，二条。

【注释】 〔1〕蕟（fèi）：一种粗竹席。

【译文】 关于铺垒、安砌，都根据高度和宽度而定，指定适合用途的砖的等级，按照该面积或体积的数量来计算所需砖的用量。如果是阶基、慢道之类的，采用两砖并列或者三砖并列的砌法，应该用尺度为三条砖，细垒，外壁用砍斫消磨的砖，每壁十行，里面的墙壁用八行粗砖填

后。（隔减、砖筒，以及楼阁高窝，或者行数不够的，都依照这个标准增减计算确定。）

关于卷輂河渠，根据涵洞的弧形用砖，每宽两寸，计一口，覆背的卷曲处以此为准。其缴背，每宽六寸，用一口。

关于安砌所需要的矿灰，以每一尺五寸见方的砖为单位，用十三两。（每增减一寸，各加减三两。条砖要减去方砖的一半，砌压阑，二尺方砖的数量减去十分之四。）

关于用墨煤刷砖瓶、基阶之类，每一百尺见方，用八两。

关于用灰刷砖墙之类，每一百尺见方，用十五斤。

关于用墨煤刷砖瓶、基阶之类，每一百尺见方，包括用灰刷砖墙之类，总计用灰一百五十斤，各用苕帚一枚。

关于用甃垒，包括所用的盘板，长度根据直径而定（每片宽八寸，厚二寸）。

每一片：

常使麻皮，一斤；

芦苇编成的粗席子，一领；

直径一寸五分的竹子，二条。

窑作

【原文】 烧造用芟草：

砖，每一十口：

方砖：

方二丈，八束。（每束重二十斤。徐芟草称束者，并同。每减一寸，减六分。）

方一尺二寸，二束六分。（盘龙凤华，并砖碇同。）

条砖：

长一尺三寸，一束九分。（牛头砖同。其趄面即减十分之一。）

长一尺二寸，九分。（走趄并趄条砖同。）

压阑砖：长二尺一寸，八束。

瓦：

素白，每一百口。

瓪瓦：

长一尺四寸，六束七分。（每减二寸，减一束四分。）

长六寸，一束八分。（每减二寸，减七分。）

甋瓦：

长一尺六寸，八束。（每减二寸，减二束。）

长一尺，三束。（每减二寸，减五分。）

青掍瓦：以素白所用数加一倍。

诸事件（谓鸱、兽、嫔伽、火珠之类，本作内。馀称事件者准此）。每一功，一束。（其龙尾所用芟草，同鸱尾。）

琉璃瓦并事件，并随药料，每窑计之（谓曝窑）。大料（分三窑。折大料同）。一百束，折大料八十五束，中料（分二窑，小料同）。一百一十束，小料一百束。

掍造鸱尾（龙尾同）。每一只，以高一尺为率，用麻捣，二斤八两。

青掍瓦：

滑石掍：

坯数：

大料，以长一尺四寸甋瓦，一尺六寸

甋瓦，各六百口（华头重唇在内，下同）。

中料，以长一尺二寸甋瓦，一尺四寸瓪瓦，各八百口。

小料，以甋瓦一千四百口（长一尺，一千三百口，六寸并四寸各五十口）。瓪瓦一千三百口（长一尺二寸一千二百口，八寸并六寸各五十口）。

柴药数：

大料，滑石末，三百两，羊粪，三篓（中料减三分之一，小料减半）。浓油一十二斤，柏柴一百二十斤，松柴麻糁各四十斤（中料减四分之一，小料减半）。

茶土掍：长一尺四寸甋瓦，一尺六寸瓪瓦，每一口一两。（每减二寸减五分。）

造琉璃瓦并事件：

药料：每一大料，用黄丹二百四十三斤。（折大料二百二十五斤，中料二百二十二斤，小料二百九斤四两。）每黄丹三斤用铜末三两，洛河石末一斤。

用药每一口（鸱兽事件及条子线道之类，以用药处通计尺寸折大料）：

大料，长一尺四寸甋瓦，七两二钱三分六厘。（长一尺六寸瓪瓦，减五分）。

中料，长一尺二寸甋瓦，六两六钱一分六毫六丝六忽。（长一尺四寸瓪瓦，减五分。）

小料，长一尺甋瓦，六两一钱二分四厘三毫三丝二忽。（长一尺二寸瓪瓦，减五分。）

药料所用黄丹阙，用黑锡炒造。其锡以黄丹十分加一分。（即所加之数，斤以下不计。）每黑锡一斤，用密驼僧二分九厘，硫黄八分八厘，盆硝二钱五分八厘，柴二斤一十一两。炒成收黄丹十分之数。

【译文】烧造所用的芟草：

烧制砖，每十口：

方砖：

二丈见方的，八束。（每束重为二十斤。下文所提到的"芟草"称"束"的，一并同此。每减一寸，则减六分。）

一尺二寸见方的，二束六分。（盘龙、凤、花，都与砖碇相同。）

条砖：

长为一尺三寸的，一束九分。（牛头砖与此相同。趄面则减去十分之一。）

长为一尺二寸的，九分。（走趄砖和趄条砖与此相同。）

压阑砖：长为二尺一寸的，八束。

瓦：

素白，每一百口；

瓶瓦：

长为一尺四寸的，六束七分。（每减少二寸，减去一束四分。）

长为六寸的，一束八分。（每减少二寸，减去七分。）

瓪瓦：

长为一尺六寸的，八束。（每减少二寸，减去二束。）

长为一尺的，三束。（每减少二寸，减去五分。）

青掍瓦：在素白瓦所用数量的基础上增加一倍。

各个构件（例如鸱、兽、嫔伽、火珠之类，本工序内其他各处提到的构件都以此为准。）每一个功，用一束。（烧制龙尾所用的芟草数量，与鸱尾数相同。）

琉璃瓦及其构件，一同根据药料，以每窑为单位来计算（即曝窑）。大料（分三窑，折大料相同）。一百束，折大料八十五束，中料（分为二窑，小料相同）。一百一十束，小料一百束。

掍造鸱尾（龙尾同此）。每一只，以高一尺为标准，用麻捣，二斤八两。

青掍瓦：

滑石掍：

坯数：

大料，以长为一尺四寸的瓶瓦，一尺六寸的瓪瓦，各六百口。（包括华头、重唇在内。以下相同。）

中料，以长一尺二寸的瓶瓦、一尺四寸的瓪瓦，各八百口。

小料，以瓶瓦一千四百口（长一尺一寸的，三百口，四寸以及六寸的，各五十口）。瓪瓦一千三百口（长一尺二寸的，一千二百口，六寸和八寸的，各五十口）。

所用柴禾以及配药数量：

烧制大料，滑石末，用三百两，羊粪，用三篑（中料，减去三分之一，小料，减半）。浓油用十二斤，柏柴用一百二十斤，松柴麻糁各四十斤。（中料减去四分之一，小料减半。）

茶土掍：用长一尺四寸的瓶瓦、一尺六寸的瓪瓦，每一口一两。（每减少二寸，减去五分。）

造琉璃瓦等构件：

药料：每一大料，用黄丹二百四十三斤。（折大料用二百二十五斤，中料用二百二十二斤，小料用二百零九斤四两。）每三斤黄丹用三两铜末，一斤洛河石粉末。

用药以每一口为计量单位（鸱、兽等构件以及条子、线道之类，以用药处总计所有尺寸折合大料计算）：

大料，长一尺四寸的甋瓦，需要七两二钱三分六厘。（长一尺六寸瓪瓦，则减去五分。）

中料，长一尺二寸的甋瓦，需要六两六钱一分六毫六丝六忽。（长一尺四寸的瓪瓦，则减去五分。）

小料，长一尺的甋瓦，需要六两一钱二分四厘三毫三丝二忽。（长一尺二寸的瓪瓦，则减去五分。）

药料所用的黄丹阙，用黑锡炒制而成。所用的锡以十分黄丹加一分。（即所加的数量，一斤以下不计算在内。）每一斤黑锡，用密陀僧二分九厘，硫黄八分八厘，盆硝二钱五分八厘，柴二斤十一两。炒制完成后加进十分的黄丹数便成。

卷二十八·诸作用钉料例
诸作用胶料例　诸作等第

　　本卷阐述各工种在诸作用钉和用胶方面必须遵从的用料定额和质量标准，以及各工种的等级。

诸作用钉料例

用钉料例

【原文】 大木作：

椽钉，长加椽径五分。（有余分者从整寸。谓如五寸椽用七寸钉之类。下同。）

角梁钉，长加材厚一倍。（柱碩同）。

飞子钉，长随材厚。

大小连檐钉，长随飞子之厚。（如不用飞子者，长减椽径之半。）

白版钉，长加版厚一倍。（平暗遮椽版同。）

搏风版钉，长加版厚两倍。

横抹版钉，长加版厚五分。（隔减并襻同。）

小木作：

凡用钉，并随版木之厚，如厚三寸以上或用签钉者，其长加厚七分。（若厚二寸以下者，长加厚一倍。或缝内用两入钉者，加至二寸止。）

雕木作：

凡用钉，并随版木之厚，如厚二寸以上者，长加厚五分，至五寸止。（若厚一寸五分以下者，长加厚一倍。或缝内用两入钉者，加至五寸止。）

竹作：

压笆钉，长四寸。

雀眼网钉，长二寸。

瓦作：

瓶瓦上滴当子钉，如高八寸者，钉长一尺。若高六寸者，钉长八寸。（高一尺二寸及一尺四寸嫔伽，并长一尺二寸。瓶瓦同。）或高三寸及四寸者，钉长六寸。（高一尺嫔伽，并六寸。华头瓶瓦同，并用本作葱台长钉。）

套兽长一尺者，钉长四寸。如长六寸以上者，钉长三寸。（月版及钉箔同。）若长四寸以上者，钉长二寸。（燕颌版牙子同。）

泥作：

沙壁内麻华钉，长五寸。（造泥假山钉同。）

砖作：

井盘版钉，长三寸。

【译文】 大木作：

椽钉，长度为椽子直径的基础上再增加五分。（如果椽钉有多余的部分，则采用整寸。例如，五寸的椽子就用七寸的椽钉，等等。下同。）

角梁钉，长度在材厚度的基础上增加一倍。（柱碩与此相同。）

飞子钉，长度根据材的厚度而定。

大小连檐钉，长度根据飞子的厚度而定。（如果不使用飞子的，长度在椽子直径的基础上减半。）

白板钉，长度在板材厚度的基础上增加一倍。（平暗遮椽板相同。）

搏风板钉，长度在板材厚度的基础上

增加两倍。

横抹板钉，长度在板材厚度的基础上增加五分。（隔减和襻相同。）

小木作：

凡是使用椽钉，都根据板木的厚度而定，如果厚度在三寸以上，需要嵌入椽钉的，长度要在厚度的基础上增加七分。（如果厚度在二寸以下的，长度要比厚度增加一倍。或者缝内用两根椽钉嵌入的，增加到二寸为止。）

雕木作：

凡是使用椽钉，都根据板木的厚度而定，如果厚度在二寸以上，长度要在厚度的基础上增加五分，加到五寸为止。（如果厚度在一寸五分以下，长度要在厚度的基础上增加一倍。或者缝内用两根椽钉嵌入的，增加到五寸为止。）

竹作：

压笆钉，长为四寸。

雀眼网钉，长为二寸。

瓦作：

瓪瓦上的滴当子钉，如果高度为八寸，椽钉长为一尺。如果高六寸，椽钉长为八寸。（如果是高一尺二寸和一尺四寸的嫔伽，则椽钉都长一尺二寸。瓪瓦与此相同。）如果高度为三寸和四寸，椽钉长为六寸。（如果是高一尺的嫔伽，则椽钉全长六寸。花头瓪瓦与此相同，同时采用本作中葱台钉的长度。）

套兽长为一尺，钉长四寸。如果长度在六寸以上，钉长三寸。（月板和钉箔同此。）如果长在四寸以上的，椽钉长为二

寸。（燕颔板牙子用钉与此相同。）

泥作：

沙壁内的麻花钉，长为五寸。（造泥假山的椽钉同此。）

砖作：

井盘板钉，长为三寸。

用钉数

【原文】大木作：

连檐，随飞子椽头每一条（营房隔间同）；

大角梁，每一条（续角梁二枚，子角梁三枚）；

托槫，每一条；

生头，每长一尺（搏风版同）；

搏风版，每长一尺五寸；

横抹，每长二尺；

以上各一枚。

飞子，每一条（襻槫同）；

遮椽版，每长三尺，双使（难子每长五寸一枚）；

白版，每方一尺；

槫枓，每一只；

隔减，每一出入角（襻每条同）；

以上各二枚。

椽，每一条（上架三枚，下架一枚）；

平暗版，每一片；

柱硕，每一只；

以上各四枚。

小木作：

门道立卧株，每一条（平棋华、露篱、

帐、经藏猴面等椠之类同；帐上透栓卧椠隔缝用，井亭大连檐随椽隔间同）；

乌头门上如意牙头，每长五寸（难子、贴络、牙脚、牌带签面并福、破子窗填心、水槽底版、胡梯促踏版、帐上山华贴及福、角脊、瓦口、转轮经藏钿面版之类同；帐及经藏签面版等隔椠用；帐上合角并山华络牙脚、帐头福，用二枚）；

钩窗槛面的搏肘，每长七寸；

乌头门和格子签子程，每长一尺（格子等搏肘版、引檐，不用；门簪、鸡栖、平棋、梁抹瓣、方井亭等搏风版、地棚地面版、帐经藏仰托椠、帐上混肚方、牙脚帐压青牙子、壁藏科槽版签面之类同。其裹栿随水路两边各用）；

破子窗签子程，每长一尺五寸；

签平棋程，每长二尺（帐上槫同）；

藻井背版，每广二寸，两边各用；

水槽底版罨头，每广三寸；

帐上明金版，每广四寸（帐经藏厦瓦版，随椽隔间用）；

随福签门版，每广五寸（帐并经藏坐面随椠；背版、井亭厦瓦版随椽隔间用。其山版用二枚）；

平棋背版，每广六寸（签角蝉版，两边各用）；

帐上山华蕉叶，每广八寸（牙脚帐随椠钉。顶版同）。

帐上坐面版随椠，每广一尺；

铺作，每科一只；

帐并经藏车槽等涩、子涩、腰华版，

每瓣（壁藏坐壶门牙头同。车槽坐腰面等涩背版隔瓣用。明金版，隔瓣用二枚）；

以上各一枚。

乌头门抢柱，每一条（独扇门等伏兔、手栓、承拐福、用门簪鸡栖、立牌牙子、平棋护缝、斗四瓣方、帐上桩子、车槽等处卧椠方子、壁帐马衔填心，转轮经藏辋頰子之类同）；

护缝，每长一尺（井亭等脊、角梁，帐上仰阳隔科贴之类同）；

以上各二枚。

七尺以下门福，每一条（垂鱼钉槫头、版引檐跳椽、钩阑华托柱，叉子马衔、井亭搏脊、帐并经藏腰檐、抹角栿、曲剜椽子之类同）；

露篱上屋版，随山子版每一缝；

以上各三枚。

七尺至一丈九尺门福，每一条，四枚（平棋福、小平棋科槽版、横钤、立柣、版门等伏兔、槫柱、日月版、帐上角梁、随间栿、牙脚帐格椠、经藏井口椠之类同）；

二丈以上门福，每一条，五枚（随圈桥子上促踏版之类同）；

斗四并井亭子上科槽版，每一条（帐带、猴面椠、山华、蕉叶、钥匙头之类同）；

帐上腰檐、鼓坐、山华、蕉叶、科槽版，每一间；

以上各六枚。

截间格子槫柱，每一条（上面八枚，下面四枚）；

斗八上科槽版，每片一十枚；

小斗四、斗八平棋上并钩阑、门窗、雁翅版、帐并壁藏天宫楼阁之类，随宜计数。

雕木作：

宝床，每长五寸（脚并事件，每件三枚）；

云盆，每长广五寸；

以上各一枚。

角神安脚，每一只（膝窠，四枚，带五枚。安钉，每身六枚）；

扛坐神（力士同）。每一身；

华版，每一片（如通长造者，每一尺一枚。其华头系贴钉者，每朵一枚。若一寸以上，加一枚）；

虚柱，每一条钉卯；

以上各二枚。

混作真人童子之类，高二尺以上，每一身（二尺以下二枚）；

柱头人物之类，径四寸以上，每一件（如三寸以下一枚）；

宝藏神臂膊，每一只（腿脚四枚，裆二枚，带五枚。每一身安钉六枚）；

鹤子腿，每一只（每翅四枚，尾每段一枚。如施于华表柱头者，加脚钉，每只四枚）；

龙凤之类接搭造，每一缝（缠柱者加一枚。如全身作浮动者，每长二尺又加二枚。每长增五寸加一枚）；

应贴络，每一件（以一尺为率，每增减五寸，各加减一枚，减至二枚止）；

椽头盘子，径六寸至一尺每一箇（径五寸以下三枚）；

以上各三枚。

竹作：

雀眼网贴，每长二尺一枚。

压竹笆，每方一丈三枚。

瓦作：

滴当子、嫔伽（瓯瓦华头同）。每一只；

燕颔或牙子版，每长二尺；

以上各一枚。

月版，每段每广八寸二枚。

套兽，每一只三枚。

结瓦铺箔系转角处者，每方一丈四枚。

泥作：

沙泥画壁披麻，每方一丈五枚。

造泥假山，每方一丈三十枚。

砖作：

井盘版，每一片三枚。

【译文】 大木作用钉：

连檐，依据飞子椽头，每一条（营房隔间与此相同）；

大角梁，每一条（续角梁用两枚钉，子角梁用三枚钉）。

托樽，每一条；

生头，每长一尺（搏风板与此相同）；

搏风板，每长一尺五寸；

横抹，每长二尺；

以上各用一枚椽钉。

飞子，每一条（襻樽同此）；

遮椽板，每长三尺，使用双份（难子

每长五寸，用一枚椽钉）；

白板，每一尺见方；

槫枓，每一只；

隔减，每一个出入角（每条襻同此）；

以上各用两枚椽钉。

椽，每一条（上架用三枚，下架用一枚）；

平暗板，每一片；

柱碿，每一只；

以上各用四枚椽钉。

小木作：

门道的立桄、卧桄，每一条（平棋花、露篱、帐、经藏猴面等桄之类与此相同；帐上的透栓、卧榥、隔缝使用方法以及井亭大连檐、随椽隔间与此相同）；

乌头门上的如意牙头，每长五寸（难子、贴络、牙脚、牌带签面及福、破子窗填心、水槽底板、胡梯促踏板、帐上山花贴及福、角脊、瓦口、转轮经藏钿面板之类与此相同；帐及经藏签面板等隔榥用。帐上合角和山花络牙脚、帐头福，用二枚椽钉）；

钩窗槛面搏肘，每长七寸；

乌头门并格子签子桯，每长一尺（格子等搏肘板、引檐，不用椽钉。门簪、鸡栖、平棋、梁抹瓣、方井亭等搏风板、地棚地面板、帐经藏仰托榥、帐上混肚方、牙脚帐压青牙子、壁藏科槽板签面之类的，与此相同。裹栿根据水路两边，各需用钉）；

破子窗签子桯，每长一尺五寸；

签平棋桯，每长二尺（帐上槫与此相同）；

藻井背板，每宽二寸，各在两边使用；

水槽底板罨头，每宽三寸；

帐上明金板，每宽四寸（帐、经藏的厦瓦板，根据椽子的隔间使用）；

随福签门板，每宽五寸（帐以经藏坐面根据榥而定；背板、井亭厦瓦板根据椽子的隔间使用；山板用两枚钉）；

平棋背板，每宽六寸（签角蝉板，两边各用）；

帐上的山花、蕉叶，每宽八寸（牙脚帐随榥所用钉数。顶板与此相同）。

帐上坐面板，随榥，每宽一尺；

铺作，每斗一只；

帐和经藏的车槽等涩、子涩、腰花板，每一瓣（壁藏的坐壶门、牙头与此相同；车槽坐腰面等涩、背板、隔瓣用；明金板，隔瓣用两枚）。

以上各用一枚钉。

乌头门的抢柱，每一条（独扇门等伏兔、手栓、承拐福、用门簪鸡栖、立牌牙子、平棋护缝、斗四瓣方、帐上桩子、车槽等处卧榥方子、壁帐马衔填心、转轮经藏的辋、颊子之类，与此相同）；

护缝，每长一尺（井亭等的脊、角梁，帐上的仰阳隔斗贴之类，与此相同）；

以上各用两枚钉。

七尺以下的门福，每一条（垂鱼钉搏头、版引檐跳椽、栏杆花托柱，叉子马衔、井亭搏脊、帐并经藏腰檐、抹角栿、曲剜椽子之类的，与此相同）；

露篱上的屋板，依随山子板，每一缝；

以上各用三枚。

七尺至一丈九尺的门楣，每一条，用四枚钉（平棋楣、小平棋斗槽板、横铃、立柣、板门等伏兔、槫柱、日月版、帐上角梁、随间栿、牙脚帐格榥、经藏井口榥之类，与此相同）；

二丈以上的门楣，每一条，用五枚钉（随圜桥子上的促踏板之类，与此相同）；

斗四以及井亭子上的斗槽板，每一条；（帐带、猴面榥、山花、蕉叶、钥匙头之类的与此相同）；

帐上的腰檐、鼓坐、山花、蕉叶、斗槽板，每一间；

以上各用六枚钉。

截间格子槫柱，每一条（上面八枚，下面四枚）；

斗八上的斗槽板，每片十枚；

小斗四、斗八平棋上以及栏杆、门窗、雁翅板、帐和壁藏天宫楼阁之类，酌情计算所需数量。

雕木作的用钉：

宝床，每长五寸（床脚等构件，每件用三枚钉）；

云盆，每长宽五寸；

以上各用一枚。

角神安脚，每一只（膝窠，用四枚钉，带用五枚钉；安钉，每身用六枚钉）。

扛坐神（力士造型与此相同）。每一身；

花板，每一片（如果是通长造；每一尺用一枚。华头应该贴钉的，每一朵用一枚钉；如果是一寸以上，增用一枚钉）；

虚柱，每一条钉卯；

以上各用两枚钉。

混作真人童子之类，高度在二尺以上，每一身（二尺以下的，用两枚钉）；

柱头人物之类，直径在四寸以上的，每一件（如果三寸以下的，用一枚钉）；

宝藏神臂膊，每一只（腿脚用四枚钉，檐用两枚钉，带用五枚钉。每一身的安钉，用六枚钉）。

鹤子腿，每一只（每一翅脚用四枚钉，尾每一段用一枚钉；如果施用在华表柱头上的，加用脚钉，每一只用四枚）；

龙凤之类的接搭造型，每一缝（缠柱的增加用一枚钉子；如果全身做成浮动的造型，每长二尺，再加两枚钉子。长度每增加五寸，增加用一枚钉子）；

应贴络，每一件（以一尺为标准，每增减五寸，各加减一枚，减少至两枚为止）；

椽头盘子，直径六寸至一尺的每一个（直径五寸以下的用三枚钉）；

以上各用三枚。

竹作：

雀眼网贴，每长二尺，用一枚钉；

压竹笆，每方一丈，用三枚钉。

瓦作：

滴当子、嫔伽（瓶瓦华头与此相同）。每一只；

燕颔或牙子板，每长二尺；

以上各用一枚钉。

月板，每段每宽八寸，用二枚钉；

套兽，每一只，用三枚钉；

位于转角处的结瓦铺箔，每方一丈，用四枚钉。

泥作：

沙泥画壁的披麻，每方一丈，用五枚钉。

造泥假山，每方一丈，用三十枚钉。

砖作：井盘板，每一片三枚钉。

通用钉料例

【原文】 每一枚：

葱台头钉（长一尺二寸，盖下方五分，重一十一两。长一尺一寸，盖下方四分八厘，重一十两一分。长一尺，盖下方四分六厘，重八两五钱）。

猴头钉（长九寸，盖下方四分，重五两三钱。长八寸，盖下方三分八厘，重四两八钱）。

卷盖钉（长七寸，盖下方三分五厘，重三两。长六寸，盖下方三分，重二两。长五寸，盖下方二分五厘，重一两四钱。长四寸，盖下方二分，重七钱）。

圈盖钉（长五寸，盖下方二分三厘，重一两二钱。长三寸五分，盖下方一分八厘，重六钱五分。长三寸，盖下方一分六厘，重三钱五分）。

拐盖钉（长二寸五分，盖下方一分四厘，重二钱二分五厘。长二寸，盖下方一分二厘，重一钱五分。长一寸三分，盖下方一分，重一钱。长一寸，盖下方八厘，重五分）。

葱台长钉（长一尺，头长四寸，脚长六寸，重三两六钱。长八寸，头长三寸，脚长五寸，重二两三钱五分。长六寸，头长二寸，脚长四寸，重一两一钱）。

两入钉（长五寸，中心方二分二厘，重六钱七分。长四寸，中心方二分，重四钱三分。长三寸，中心方一分八厘，重二钱七分。长二寸，中心方一分五厘，重一钱二分。长一寸五分，中心方一分，重八分）。

卷叶钉（长八分，重一分，每一百枚重一两）。

【译文】 以下每一枚用钉：

葱台头钉（长为一尺二寸的钉，钉盖部分为五分见方，重十一两。长一尺一寸的钉，钉盖部分为四分八厘见方，重十两一分。长一尺的钉，钉盖部分为四分六厘见方，重八两五钱）。

猴头钉（长为九寸的钉，钉盖部分为四分见方，重五两三钱。长八寸的钉，钉盖部分为三分八厘见方，重四两八钱）。

卷盖钉（长为七寸的钉，钉盖部分为三分五厘见方，重三两。长六寸的钉，钉盖部分为三分见方，重二两。长五寸的钉，钉盖部分为二分五厘见方，重一两四钱。长四寸的钉，钉盖部分为二分见方，重七钱）。

圈盖钉（长为五寸的钉，钉盖部分为二分三厘见方，重一两二钱。长三寸五分的钉，钉盖部分为一分八厘见方，重六钱五分。长三寸的钉，钉盖部分为一分六厘见方，重三钱五分）。

拐盖钉（长为二寸五分的钉，钉盖部分为一分四厘见方，重二钱二分五厘。长二寸的钉，钉盖部分为一分二厘见方，重一钱五分。长一寸三分的钉，钉盖部分为一分见方，重一钱。长一寸的钉，钉盖部分为八厘见方，重五分）。

葱台长钉（长为一尺的钉，头长四寸，脚长六寸，重三两六钱。长八寸的钉，头长三寸，脚长五寸，重二两三钱五分。长六寸的钉，头长二寸，脚长四寸，重一两一钱）。

两入钉（长为五寸的钉，中心二分二厘见方，重六钱七分。长四寸的钉，中心二分见方，重四钱三分。长三寸的钉，中心一分八厘见方，重二钱七分。长二寸的钉，中心一分五厘见方，重一钱二分。长一寸五分的钉，中心一分见方，重八分）。

卷叶钉（长为八分的钉，重一分，每一百枚重一两）。

诸作用胶料例

【原文】小木作（雕木作同）：
每方一尺（入细生活，十分中三分用鳔，每胶一斤，用木札二斤煎；下准此）：
缝，二两。
卯，一两五钱。
瓦作：
应使墨煤，每一斤，用一两。
泥作：
应使墨煤，每一十一两，用七钱。
彩画作：
应颜色，每一斤用下项（拢窨在内）：
土朱，七两；
黄丹，五两；

墨煤，四两；
雌黄，三两（土黄、淀、常使朱红、大青绿、梓州熟大青绿、二青绿、定粉、深朱红、常使紫粉同）；
石灰，二两。（白土、生二青绿、青绿华同。）
合色：
朱；
绿；
以上各四两。
绿华（青华同）。二两五钱；
红粉；
紫檀；
以上各二两。
草色：
绿，四两；
深绿（深青同）。三两；
绿华（青华同）；
红粉；
以上各二两五钱。
衬金粉，三两。（用鳔。）
煎合桐油，每一斤，用四钱。
砖作：
应用墨煤，每一斤，用八两。

【译文】小木作（雕木作与此相同）：
每一尺见方（精细的活计，十分中三分用鳔。每一斤胶，用二斤木札煎熬。以下以此为准）：
缝，用二两。
卯，用一两五钱。

瓦作：

应使用的墨煤，每一斤，用一两。

泥作：

应使用的墨煤，每十一两，用七钱。

彩画作：

所使用的颜色，每一斤用以下各项调和（包括拢窨在内）。

土朱，七两；

黄丹，五两；

墨煤，四两；

雌黄，三两（土黄、淀、常使朱红、大青绿、梓州熟大青绿、二青绿、定粉、深朱红、常使紫粉，与此相同）；

石灰，二两。（白土、生二青绿、青绿华同此。）

混合色：

朱色；

绿色；

以上各用四两。

绿华（青华同此）。二两五钱；

红粉；

紫檀；

以上各二两。

草色：

绿，四两；

深绿（深青同此）。三两；

绿华（青华同此）；

红粉；

以上各用二两五钱。

衬金粉，用三两。（用鳔。）

煎合桐油，每一斤，用四钱。

砖作：

应使用的墨煤，每一斤，用八两。

诸作等第

【原文】石作：

镌刻混作、剔地起突及压地隐起华、或平钑华。（混作，谓蟠头或钩阑之类。）

以上为上等。

柱碇、素覆盆（阶基、望柱、门砧、流杯之类，应素造者同）；

地面（踏道、地栿同）；

碑身（笏头及坐同）；

露明斧刃卷辇水窗；

水槽（井口、井盖同）。

以上为中等。

钩阑下螭子石（暗柱碇同）；

卷辇水窗拽后底版。（山棚鋜脚同。）

以上为下等。

大木作：

铺作科栱（角梁、昂、抄、月梁同）；

绞割展拽地架。

以上为上等。

铺作所用槫、柱、栿、额之类，并安椽；

科口跳（绞泥道栱，或安侧项方，及用把头栱者）。所用科栱。（华驼峰、楷子、大连檐、飞子之类同。）

以上为中等。

科口跳以下所用槫、柱、栿、额之类，并安椽；

凡平暗内所用草架栿之类（谓不事造者。其科口跳以下所用素驼峰、楷子、小连檐之类同）。

以上为下等。

小木作：

版门、牙、缝、透栓、垒肘造；

格子门（阑槛钩窗同）；

球纹格子眼（四直方格眼出线自一混四撺尖以上造者同）；

桯出线造。

斗八藻井（小斗八藻井同）；

叉子（内霞子、望柱、地栿、衮砧随本等造，下同）：

棂子（马衔同）。海石榴头，其身瓣内单混、面上出心线以上造；

串，瓣内单混，出线以上造。

重台钩阑（井亭子并胡梯同）；

牌带贴络雕华；

佛、道帐。（牙脚九脊壁帐、转轮经藏、壁藏同。）

以上为上等。

乌头门（软门及版门牙缝同）；

破子窗（井屋子同）；

格子门（平棋及阑槛钩窗同）。

格子，方绞眼，平出线或不出线造；

桯，方直、破瓣、撺尖。（素通混或压边线造同。）

栱眼壁版（裹栿版、五尺以上垂鱼、惹草同）；

照壁版，合版造（障日版同）；

擗帘竿，六混以上造；

叉子：

棂子，云头、方直出心线或出边线、压白造；

串，侧面出心线或压白造。

单钩阑，撮项蜀柱，云栱造。（素牌及裸笼子，六瓣或八瓣造同。）

以上为中等。

版门，直缝造（版棂窗、睒电窗同）；

截间版帐（照壁、障日版、牙头护缝造、并屏风骨子及横钤、立桟之类同）；

版引檐（地棚并五尺以下垂鱼、惹草同）；

擗帘竿，通混、破瓣造；

叉子（拒马叉子同）：

棂子，挑瓣云头或方直笏头造；

串，破瓣造。（托栿或曲栿与同。）

单钩阑，科子蜀柱、蜻蜓头造。（裸笼子，四瓣造，同。）

以上为下等。

凡安卓，上等门窗之类为中等，中等以下并为下等。其门井版壁、格子，以方一丈为率，于计定造作功限内，以加功二分作下等。（每增减一尺，各加减一分功。乌头门比版门合得下等功限加倍。）破子窗，以六尺为率，于计定功限内以五分功作下等。（每增减一尺，各加减五厘功。）

雕木作：

混作：

角神（宝藏神同）；

华牌，浮动神仙、飞仙、升龙、飞凤

之类；

柱头，或带仰覆莲荷台坐、造龙、凤、师子之类；

帐上缠柱龙。（缠宝山，或牙鱼，或间华，并扛坐神、力士、龙尾、嫔伽同。）

半混：

雕插及贴络写生牡丹华、龙、凤、师子之类（宝床事件同）；

牌头（带舌同）。华版；

椽头盘子，龙、凤或写生华（钩阑寻杖头同）；

槛面（钩阑同）。云栱（鹅项、矮柱、地霞、华盆之类同。中下等准此）。剔地起突二卷或一卷造；

平棊内盘子，剔地云子间起突雕华、龙、凤之类。（海眼版、水地间海鱼等同）。

华版：

海石榴，或尖叶牡丹，或写生，或宝相，或莲荷（帐上欢门，车槽猴面等华版，及裹栿、障水、填心版、格子、版壁腰内所用华版之类同。中等准此）；

剔地起突卷搭造（透突、起突造）；

透突洼叶间龙、凤、师子、化生之类；

长生草或双头蕙草，透突龙、凤、师子、化生之类。

以上为上等。

混作，帐上鸱尾。（兽头、套兽、蹲兽同。）

半混：

贴络鸳鸯、羊、鹿之类（平棊内角蝉并华之类同；）

槛面（钩阑同）。云栱、洼叶平雕；

垂鱼、惹草，间云鹤之类（立桥手把飞鱼同）；

华版，透突洼叶平雕长生草，或双头蕙草，透突平雕，或剔地间鸳鸯、羊、鹿之类。

以上为中等。

半混：

贴络香草、山子、云霞；

槛面（钩阑同）。

云栱，实云头；

万字钩片剔地。

叉子云头或双云头；

锭脚壶门版（帐带同）。造实结带或透突华叶；

垂鱼、惹草、实云头；

槫枓莲华。（伏兔莲荷及帐上山华、蕉叶版之类同。）

球纹格子，挑白。

以上为下等。

旋作：

宝床所用名件（槢角梁、宝饼、穗铃同）。

以上为上等。

宝柱（莲华柱顶、虚柱莲华并头瓣同）；

火珠（滴当子、椽头盘子、仰覆莲胡桃子、葱台钉并盖钉筒子同）。

以上为中等。

栌枓；

门盘浮沤（瓦头子、钱子之类同）。

以上为下等。

竹作：

织细棋文簟，间龙凤或华样。

以上为上等。

织细棋文素簟；

织雀眼网，间龙凤人物或华样。

以上为中等。

织粗簟（假棋文簟同）；

织素雀眼网；

织笆（编道竹栅、打篸、笍索、夹载盖棚同）。

以上为下等。

瓦作：

结瓦殿阁、楼台；

安卓鸱、兽事件；

斫事琉璃瓦口。

以上为上等。

瓪瓯结瓦厅堂、廊屋（用大当沟散瓯结瓦，摊钉行垅同）；

斫事大当沟（开剜燕颔、牙子版同）。

以上为中等。

散瓯瓦结瓦；

斫事小当沟并线道、条子瓦；

抹栈、笆、箔。（混染黑脊、白道、系箔并织造泥篮同。）

以上为下等。

泥作：

用红灰（黄白灰同）；

沙泥画壁（被篾、披麻同）；

垒造锅镬灶（烧钱炉、茶炉同）；

垒假山（壁隐山子同）。

以上为上等。

用破灰泥；

垒坯墙。

以上为中等。

细泥（粗泥并搭乍中泥作衬同）；

织造泥篮。

以上为下等。

彩画作：

五彩装饰（间用金同）；

青绿碾玉。

以上为上等。

青绿棱间；

解绿赤、白及结华（画松文同）；

柱头、脚及槫画束锦。

以上为中等。

丹粉赤白（刷土黄丹）；

刷门窗（版壁、叉子、钩阑之类同）。

以上为下等。

砖作：

镌华；

垒砌象眼、踏道。（须弥华台坐同。）

以上为上等。

垒砌平阶、地面之类（谓用斫磨砖者）；

斫事方条砖。

以上为中等。

垒砌粗台阶之类（谓用不斫磨砖者）；

卷輂河渠之类。

以上为下等。

窑作：

591

鸥兽（行龙、飞凤、走兽之类同）；

火珠（角珠、滴当子之类同）。

以上为上等。

瓦坯（黏较并造华头、拔重唇同）；

造琉璃瓦之类；

烧变砖瓦之类。

以上为中等。

砖坯；

装窑（墨鋬窑同）。

以上为下等。

【译文】石作的等级：

镌刻混作、剔地起突以及压地隐起花、或平钑花。（混作，即螭头或钩阑之类的构件。）

以上为上等。

柱碇、素覆盆（阶基、望柱、门砧、流杯之类，所有不雕花的构件与此相同）；

地面（踏道、地栿同此）；

碑身（笏头及底座同此）；

露明斧刃卷輂水窗；

水槽（井口、井盖同此）。

以上为中等。

栏杆下的螭子石（暗柱碇同此）；

卷輂水窗拽后底板。（山棚銵脚同此。）

以上为下等。

大木作的等级：

铺作斗拱（角梁、昂、抄、月梁同此）；

绞割展拽地架：

以上为上等。

铺作所用的槫、柱、栿、额之类，包括安椽；

斗口跳（绞泥道栱，或者安侧项方，以及用把头栱的，与此相同）。所用的斗拱。（华驼峰、楷子、大连檐、飞子之类，与此相同。）

以上为中等。

斗口跳以下所用的槫、柱、栿、额之类构件，包括安椽；

凡是平暗内所用是草架栿之类构件（指不进行艺术加工的构件；斗口跳以下所用的素驼峰、楷子、小连檐之类，与此相同）。

以上为下等。

小木作的等级：

板门、牙、缝、透栓、垒肘造；

格子门（阑槛钩窗，与此相同）。

球纹格子眼（四直方格眼，出线，自一混，四撺尖以上的构件，与此相同）；

桯出线造。

斗八藻井（小斗八藻井，与此相同）；

叉子（内霞子、望柱、地栿、衮砧随本等级别的制式。以下相同）。

棍子（马衔同此）。海石榴头，棍子身瓣内的单混、面上出心线以上的制作；

串、瓣内单混，出线以上的制作。

重台钩阑（井亭子和胡梯，与此相同）；

牌带贴络雕花；

佛、道帐（牙脚九脊壁帐、转轮经藏、壁藏，与此相同）。

以上为上等。

乌头门（软门及板门牙缝同此）；

破子窗（井屋子同此）；

格子门（平棋和栏杆钩窗同此）。

格子，方绞眼，平出线或不出线的制

作；

桯，方直、破瓣、撺尖。（素通混或压边线的方式制作，同此。）

栱眼壁板（裹栿板、五尺以上的垂鱼、惹草，同此）；

照壁板，合板造（障日板同此）；

擗帘竿，六混以上的制作；

叉子：

椁子，云头、方直出心线或出边线、压白的制作方式；

串，侧面出心线或压白制作。

单钩阑，撮项蜀柱，用云栱造型。（素牌及裸笼子，六瓣或八瓣的造型，与此同。）

以上为中等。

板门，直缝造型（板棍窗、睒电窗，同此）；

截间板帐（照壁、障日板、牙头护缝造、包括屏风骨子以及横铃、立旌之类，同此）；

板引檐（地棚以及五尺以下的垂鱼、惹草，同此）；

擗帘竿，通混、破瓣造型；

叉子（拒马叉子，同此）。

椁子，跳瓣云头或方直笋头造；

串，破瓣造。（托枨或曲枨，同此。）

单钩阑，斗子蜀柱、蜻蜓头的造型。（裸笼子，四瓣造，同此。）

以上为下等。

凡是安装，上等门窗之类为中等，中等以下的都为下等。门井板壁、格子，以一丈见方为标准，在计划确定的造作功限内，以一个功零二分作为下等。（每增减一

尺，各加减一分功。乌头门比照板门合计为下等功限应加倍。）破子窗，以六尺为标准，在计划确定的造作功限内，以五分功作为下等。（每增减一尺，各加减五厘功。）

雕木作的等级：

混作：

角神（宝藏神与此相同）；

花牌，浮动神仙、飞仙、升龙、飞凤之类；

柱头，或者带仰覆莲荷台坐、造龙、凤、狮子之类；

帐上缠柱龙。（缠宝山，或者牙鱼，或者间杂花型，包括扛坐神、力士、龙尾、嫔伽，与此相同。）

半混的构件：

雕插及贴络写生牡丹花、龙、凤、狮子之类（宝床等构件，与此相同）；

牌头（牌带、牌舌，与此相同）。花板；

橡头盘子，龙、凤或写生花（栏杆寻杖头，与此相同）；

槛面（栏杆同此）。云栱（鹅项、矮柱、地霞、花盆之类，与此相同。中下等以此为准）。剔地起突二卷或一卷造；

平棋内盘子，剔地云子间起突雕花、龙、凤之类。（海眼板、水底间杂海鱼等，与此相同。）

花板：

海石榴，或尖叶牡丹，或写生，或宝相，或莲荷（帐上的欢门，车槽猴面等花板，以及裹栿、障水、填心板、格子、板壁腰内所用花板之类，与此相同。中等级别以此为

准）；

剔地起突卷搭造型（透突、起突造型）；

透突洼叶间杂龙、凤、狮子、化生之类；

长生草或双头蕙草，透突龙、凤、狮子、化生之类；

以上为上等。

混作的构件，如帐上鸱尾。（兽头、套兽、蹲兽同此。）

半混：

贴络鸳鸯、羊、鹿之类（平棋内的角蝉包括花样之类，同此）；

槛面（栏杆同此）。云栱、洼叶平雕；

垂鱼、惹草，间杂云鹤之类（立榥手把飞鱼，与此相同）；

花板，透突洼叶平雕长生草，或者双头蕙草，透突平雕，或剔地间杂鸳鸯、羊、鹿之类。

以上为中等。

半混：

贴络香草、山子、云霞；

槛面（栏杆，同此）。

云栱，实云头；

万字钩片剔地。

叉子云头或双云头；

鋜脚壸门板（帐带，同此）。造实结带或透突花叶；

垂鱼、惹草、实云头；

槫斗莲花。（伏兔莲荷及帐上山花、蕉叶板之类，同此。）

球纹格子，挑白。

以上为下等。

旋作的等级：

宝床所用的构件（槢角梁、宝饼、穗铃，同此）。

以上为上等。

宝柱（莲花柱顶、虚柱莲花包括头瓣，同此）；

火珠（滴当子、橡头盘子、仰覆莲胡桃子、葱台钉包括盖钉筒子，同此）。

以上为中等。

栌斗：

门盘浮沤（瓦头子、钱子之类，同此）。

以上为下等。

竹作的等级：

织细棋纹竹席，间杂龙凤或花样。

以上为上等。

织细棋纹素竹席；

织雀眼网，间杂龙凤人物或花样。

以上为中等。

织粗簟（假棋纹竹席，同此）；

织素雀眼网；

织笆（编道竹栅、打篱、笍索、夹载盖棚，同此）。

以上为下等。

瓦作的等级：

结瓦殿阁、楼台；

安装鸱、兽等构件；

雕斫琉璃瓦口。

以上为上等。

瓪瓦、瓯瓦、结瓦厅堂、廊屋（用大当沟散瓯瓦结瓦，摊钉行垄，同此）；

斫事大当沟（开剜燕颔、牙子板，同此）。

以上为中等。

散砭瓦结瓦：

雕斫小当沟包括线道、条子瓦；

涂抹栈、笆、箔。（混染黑脊、白边、系箔包括织造泥篮，同此。）

以上为下等。

泥作的等级：

用红灰（黄白灰，同此）；

沙泥画壁（被篾、披麻，同此）；

垒造锅的镬灶（烧钱炉、茶炉，同此）；

垒假山（壁隐山子，同此）。

以上为上等。

用破灰泥；

垒坯墙。

以上为中等。

细泥（与粗泥混合为中泥做衬底，同此）；

织造泥篮。

以上为下等。

彩画作的等级：

五彩装饰（间杂用金色，同此）；

青绿碾玉装。

以上为上等。

青绿棱间；

解绿赤、白以及结花（描画松纹，同此）；

柱头、脚以及榑画束锦。

以上为中等。

丹粉赤白（刷土黄丹）；

刷门窗（板壁、叉子、栏杆之类，同此）。

以上为下等。

砖作的等级：

镌花；

垒砌象眼、踏道。（须弥花台坐，同此。）

以上为上等。

垒砌平阶、地面之类（指用消斫砍磨砖的情况）；

雕斫方条砖。

以上为中等。

垒砌粗台阶之类（指不用消斫砍磨砖的情况）；

卷輂河渠之类。

以上为下等。

窑作的等级：

鸱兽（行龙、飞凤、走兽之类，同此）；

火珠（角珠、滴当子之类，同此）。

以上为上等。

瓦坯（黏胶包括花头、拔重唇，同此）；

造琉璃瓦之类；

烧变砖瓦之类。

以上为中等。

砖坯；

装窑（墨輂窑同此）。

以上为下等。

第七辑

《蜜蜂的寓言》
〔荷〕伯纳德·曼德维尔 / 著

《宇宙体系》
〔英〕艾萨克·牛顿 / 著

《周髀算经》
〔汉〕佚 名 / 著　赵 爽 / 注

《化学基础论》
〔法〕安托万–洛朗·拉瓦锡 / 著

《控制论》
〔美〕诺伯特·维纳 / 著

《福利经济学》
〔英〕A.C.庇古 / 著

中国古代物质文化丛书

《长物志》
〔明〕文震亨 / 撰

《园冶》
〔明〕计 成 / 撰

《香典》
〔明〕周嘉胄 / 撰
〔宋〕洪 刍　陈 敬 / 撰

《雪宧绣谱》
〔清〕沈 寿 / 口述
〔清〕张 謇 / 整理

《营造法式》
〔宋〕李 诫 / 撰

《海错图》
〔清〕聂 璜 / 著

《天工开物》
〔明〕宋应星 / 著

《髹饰录》
〔明〕黄 成 / 著　扬 明 / 注

《工程做法则例》
〔清〕工 部 / 颁布

《清式营造则例》
梁思成 / 著

《中国建筑史》
梁思成 / 著

《鲁班经》
〔明〕午 荣 / 编

"锦瑟"书系

《浮生六记》
〔清〕沈 复 / 著　刘太亨 / 译注

《老残游记》
〔清〕刘 鹗 / 著　李海洲 / 注

《影梅庵忆语》
〔清〕冒 襄 / 著　龚静染 / 译注

《生命是什么？》
〔奥〕薛定谔 / 著　何 滟 / 译

《对称》
〔德〕赫尔曼·外尔 / 著　曾 怡 / 译

《智慧树》
〔瑞〕荣 格 / 著　乌 蒙 / 译

《蒙田随笔》
〔法〕蒙 田 / 著　霍文智 / 译

《叔本华随笔》
〔德〕叔本华 / 著　衣巫虞 / 译

《尼采随笔》
〔德〕尼 采 / 著　梵 君 / 译

《乌合之众》
〔法〕古斯塔夫·勒庞 / 著　范 雅 / 译

《自卑与超越》
〔奥〕阿尔弗雷德·阿德勒 / 著　刘思慧 / 译